耀斑环物理

黄光力 〔俄〕Victor Melnikov 季海生 宁宗军 著

科 学 出 版 社
北 京

内 容 简 介

耀斑是太阳磁场能量释放的重要方式之一，属于太阳物理基础研究和空间天气国家需求研究的前沿. 近年来系列空间卫星和大型地面设备使耀斑环状位形的细节得以分辨，极度加深了人们对耀斑物理过程的理解. 本书作者近年来基于射电、X射线等多波段数据分析，结合相关的辐射机制及电子传输理论的研究，在耀斑环亮度、偏振、频谱的时空演化，磁场和非热电子等参数的诊断，耀斑环整体行为等方面进行了系列的研究. 本书着重介绍了上述以耀斑环为基本单元的观测和理论研究的最新进展，将有助于我国太阳物理工作者了解该领域的研究动态；为了方便初入门的研究者阅读此书，适当增加了射电、X射线辐射基础理论的篇幅.

本书适合太阳物理、日地空间物理及相关天文学专业的研究生、科研人员学习使用，并可供从事空间天气研究的有关工作者阅读参考.

图书在版编目(CIP)数据

耀斑环物理/黄光力等著. —北京：科学出版社，2015. 3
ISBN 978-7-03-043561-3

Ⅰ. ①耀… Ⅱ. ①黄… Ⅲ. ①耀斑-研究 Ⅳ. ①P182.5

中国版本图书馆 CIP 数据核字 (2015) 第 046038 号

责任编辑：钱 俊／责任校对：钟 洋
责任印制：肖 兴／封面设计：耕者设计工作室

科学出版社 出版
北京东黄城根北街 16 号
邮政编码：100717
http://www.sciencep.com

北京凌奇印刷有限责任公司 印刷
科学出版社发行 各地新华书店经销
*
2015 年 3 月第 一 版 开本：720 × 1000 1/16
2015 年 3 月第一次印刷 印张：22 1/2 彩插：8
字数：439 000

定价：148.00 元
(如有印装质量问题，我社负责调换)

作 者 简 介

黄光力, 1949 年 5 月出生, 1982 年毕业于山东大学物理系, 1985 年于西南物理研究院获等离子体物理硕士学位, 1990 年于紫金山天文台获天体物理博士学位. 1999~2010 年任紫金山天文台“太阳活动”创新团组首席研究员、博士生导师. 长期从事太阳射电和天体等离子体物理研究, 在国内外学术刊物发表了百余篇论文; 在南京大学、山东大学承担等离子体动力学的研究生课程, 培养多名博士和硕士研究生, 被评为中国科学院优秀研究生指导教师. 主持完成“九五”和“十五”国家自然科学重点项目各一项, 面上基金多项. 完成或参与了《等离子体动力学及其在太阳物理中的应用》、《空间等离子体中的孤波》、《空间物理学进展》、《现代天体物理》等书的写作. 1988 年获美国史密松天文台博士前基金、1994 年获法国科学中心——王宽诚博士后基金、2000 年获日本文部省访问教授职称; 1993 年获中国科学院自然科学二等奖, 2000 年获北京市科学技术一等奖.

Victor Melnikov, 1953 年 8 月出生, 1975 年获俄罗斯萨拉托夫州立大学射电物理学士学位, 1990 年获得俄罗斯下洛夫戈尔德射电物理研究所博士学位, 在该单位先后任工程师、观测人员、初级研究员、研究员、资深研究员和首席研究员, 2006 年在该单位获科学博士学位(俄罗斯最高学位). 现担任俄国科学院圣彼得堡 Pulkovo 天文台首席研究员, 欧洲射电天文学家协会和欧洲物理学会太阳物理分会理事会成员, 长期从事耀斑物理研究和太阳活动的微波诊断方法的发展工作, 在国际和俄国学术期刊上发表了系列研究成果. 在中俄两国自然科学基金联合项目的支持下, 与本书中方作者有多年合作和互访经历, 同时与美国、欧洲、日本和巴西等国的相关单位有非常活跃的国际合作并取得丰硕成果.

季海生, 1965 年 5 月出生, 1987 年获得南京大学天文系学士学位, 1992 年和 1997 年分别获紫金山天文台硕士学位和博士学位. 在紫金山天文台历任助理研究员、副研究员和研究员. 2001~2004 年在美国大熊湖天文台从事博士后研究, 并与之建立了长期合作的关系. 之后回国任紫金山天文台“太阳活动”创新团组研究员, 并获得中国科学院百人计划的支持. 2010 年起任该团组首席研究员和博士生导师至今. 长期从事太阳耀斑物理的研究，在国际学术期刊上发表系列的研究论文，通过自己的观测发现“未遂暗条爆发”、剪切耀斑环收缩过程、太阳低层大气和日冕之间的超精细能量通道等新现象. 负责国家自然科学重点基金两项和面上基金多项.

宁宗军, 1972 年 12 月出生，紫金山天文台研究员，太阳物理学专业. 1991 年毕业于西安矿业学院机械工程系, 2001 年获得复旦大学物理博士学位. 2002~2003 年在德国马普太阳系研究所做博士后，主要从事太阳紫外辐射现象研究. 2004~2005 年在南京大学天文系做博士后，主要从事太阳耀斑的多波段研究. 2006 年至今在紫金山天文台工作，主要从事太阳耀斑的射电和硬 X 射线观测研究. 在国内外重要学术刊物上发表论文数十篇，曾获多项国家自然科学基金项目. 曾访问过日本国立天文台、美国大熊湖天文台和俄罗斯 Pulkovo 天文台等.

致　谢

首先感谢科学出版社对作者之一黄光力 2009 年出版的《等离子体动力学及其在太阳物理中的应用》一书质量和影响度的认可, 进而主动联系和大力支持本书的写作计划. 本书作者之一 Victor Melnikov 博士为俄罗斯太阳射电资深学者, 与中方作者有多年合作研究的经历, 长期得到中国和俄罗斯自然科学基金联合项目的支持, 并于 2012 年获得中国科学院国外特聘专家项目的资助, 本书亦为该项目计划完成的内容之一. 由于 Victor Melnikov 博士的健康原因, 定稿日期从原计划的 2013 年 11 月推迟至 2014 年 11 月, 这里要特别感谢山东大学 (威海) 空间科学和物理学院陈耀教授邀请 Victor Melnikov 博士来华, 并在威海访问期间完成了其负责书写的部分, 对本书进展起到了关键的推动作用; 感谢科学出版社钱俊编辑自始至终推动、支持和关注本书的出版; 作者黄光力借此机会敬祝导师王德焴研究员的八十寿辰, 感谢妻子顾利民在威海陪伴完成本书初稿. 本书有关的研究得到了国家重点基础研究发展计划 (973 计划)“日地空间天气预报的物理基础和模式研究”子课题 (项目编号: 2011CB811402) 和“深空探测高精度天文测角测速组合自主导航基础研究”子课题 (项目编号: 2014CB744200), 国家自然科学基金重点项目“高时空谱分辨率条件下的太阳大气中的重联过程多波段联合研究”(项目编号: 10833007) 和“太阳活动的高分辨率观测与研究”(项目编号: 11333009), 以及面上项目“日冕磁场的射电诊断”(项目编号: 11073058) 等项目的支持. 最后感谢全体作者共同努力保证了本书的顺利完稿.

作　者
2014 年 12 月

目 录

引　言

太阳耀斑是在我们生存的太阳系中最为激烈的爆发事件, 其释放的能量范围通常在 $10^{30} \sim 10^{32}$ erg(1erg=10^{-7}J). 这些能量的绝大部分表现为如下几种形式：被加热至 2×10^{7} K 的高温等离子体, 被加速至几 keV 到几 GeV 的高能电子、质子和其他离子, 以及等离子体的激烈运动 [1]. 被加热的高温等离子体和被加速的高能粒子可由全波段的电磁辐射来体现, 包括射电、光学、紫外、软和硬的 X 射线和 GAMMA 射线等波段. 耀斑通常伴随所谓太阳高能粒子事件 (SEP) 和日冕物质抛射 (CME), 并通过行星际空间的传播可能会到达地球, 甚至对人造卫星的运行、导航和通信系统, 乃至电网运行产生灾难性的影响[2].

太阳耀斑的基本元素及其最有趣和最大的信息量来自耀斑环, 也可把耀斑环视为太阳耀斑的一个最基本的结构. 太阳耀斑涉及的炽热和稠密的磁流管中的系列物理过程, 对整个天体物理、等离子体物理和日地空间物理都是具有普遍性的问题. 其中包括剧烈的能量释放、带电粒子的加速和加热、不同尺度的磁流体波、等离子体湍动的形成演化, 以及非热或热辐射的产生和传播等. 因而, 太阳耀斑环物理对基础和应用研究都具有十分重要的意义. 近年来, 有关太阳耀斑的问题与具有空间、时间和频率 (能量) 分辨能力的望远镜的高速发展密切相关, 海量的和高质量的太阳数据流为发展精细的物理机制和模型提供了极好的机遇, 其结果已经应用于恒星和其他天体的研究.

在射电波段, 今天已有下列重要的地基设备, 可以提供太阳耀斑环的高空间、时间和频率分辨的数据, 现扼要介绍如下：①野边山日像仪 (NoRH), 由 84 面口径为 80cm 的抛物型天线组成的综合孔径 (东西方向 490 m 和南北方向 220 m 的 T 型阵), 首次在 17GHz 成像于 1992 年 4 月, 1992 年 6 月起每天工作 6 h. 1996 年 4 月起在 17GHz 和 34GHz 两个频率同时成像, 角分辨率分别为 7arcsec 和 14arcsec(该空间分辨率是对于夏季正午的东西方向, 南北方向则分别为 8arcsec 和 16arcsec). 稳定观测的时间分辨率 1 s, 对爆发事件提高到 0.1 s[3,4]. ②西伯利亚太阳射电望远镜 (SSRT), 升级后由 96 面天线组成, 工作于 4~8 GHz, 空间分辨率在 8 GHz 达到 13 arcsec[5,6]. ③中国频谱日像仪 (CSRH)[7] 的一期工作频率为 0.4~2GHz, 由 40 面口径 4.5 m 的天线组成, 已经投入试观测阶段, 二期工作频率为 2~15 GHz 的 60 面天线也将于近期建成, 届时可实现多频率的太阳同时成像.

还有大量空间可分辨的太阳多波段数据由卫星观测提供. 其中, Ramaty 高能太阳谱像仪 RHESSI 可对 3 keV~20 MeV 范围内的光子成像, 并可在 X 射线和

GAMMA 射线成像的每个像素构造光子谱. TRACE 卫星是太阳过渡区和日冕探测器的缩写, 通过对光球层、过渡区和日冕的观测, 可以几乎同时在这些不同温度的区域成像, 空间分辨率达到 1 arcsec. SOHO 卫星主要用于观测太阳的结构、化学组成、太阳内部的动力学、太阳外部大气的结构 (密度、温度和速度场) 及其动力学、太阳风及其与太阳大气的关系. 近期发射的太阳卫星有太阳动力学观测台 SDO 搭载了太阳大气成像仪 (AIA)、极紫外成像仪 (EVE) 和日球层磁场观测仪 (HMI), 对太阳内部、太阳磁场、日冕内部的高温等离子体, 以及导致地球电离层产生的辐射进行观测. 日出卫星 Hinode 搭载了口径 0.5 m 的光学望远镜 (SOT)、空间分辨率为 0.2 arcsec 的矢量磁像仪、口径 34cm 的 X 射线望远镜 (XRT) 和极紫外成像摄谱仪 (EIS). 日地关系天文台 (STEREO) 由分别位于地球绕太阳公转轨道前方和后方的两颗卫星组成, 首次实现了对 CME 的速度、轨迹和形状的三维立体观测.

在太阳耀斑中存在多种多样的加速机制 (评述性论文 [8-10]), 其中包括: ①直流电场加速 (在电流片或扭曲磁环中); ②随机加速 (等离子体波湍动和微耀斑); ③激波加速 (传播的磁流体激波及重联外流中的驻激波); ④电子感应加速 (塌缩的磁捕获). 进而导致加速电子在耀斑环不同部位的注入 (如在环顶或者环足附近). 而且, 不同的加速机制可产生不同投射角分布的电子 (各向同性, 以及具有横向或平行方向的各向异性). 实际上, 各种机制均有可能存在于耀斑环中, 只有通过观测证实在具体的耀斑事件中是何种机制起主要的作用.

利用 NoRH 观测到的空间可分辨的微波数据, 已经发现了许多非常有趣和意料之外的现象. 其中之一是在耀斑环顶部存在强的光学薄微波辐射源[11,12]. 回旋同步 (GS) 辐射产生于中等相对论电子, 并强烈依赖于微波源中的磁场强度. 问题是: 如何在磁场相对较弱的环顶产生强度超过环足的 GS 辐射. 为了回答该问题可以假设中等相对论电子集中在微波耀斑环的上部[12]. 如果电子具有横向投射角的各向异性分布, 则有可能导致电子集中在环顶附近. 最近, 在两个耀斑事件里发现了高能电子投射角具有平行于磁场方向的各向异性的证据[13,14].

类似的问题出现在太阳耀斑环的 X 射线研究之中. 近年来利用 Yohkoh 和 RHESSI 卫星发现, 硬 X 射线源不仅存在于环足, 而且也存在于环顶[15]. 现有的硬 X 射线和 GAMMA 射线辐射理论在解释日冕源时遇到困难, 首先与环顶没有足够高的等离子体密度有关[16]. 为了克服这一困难提出下面的假设: ①在环顶存在极端高密度的等离子体[15]; ②电子加速和捕获发生的区域具有高度等离子体湍动的水平[17−19]; ③电子沿垂直于磁力线的方向注入耀斑环并被捕获[20]; ④中等相对论电子与软 X 射线和极紫外辐射的光子产生逆康普顿散射[21].

最近 Melnikov 等基于更为一般的非稳态相对论动力学方程的严格求解, 发展了在不均匀磁环顶部的高能电子捕获和积累的论点, 并与前述的工作进行比较[22]. 早些时候, 该方法已经成功发展和应用于中等相对论电子的空间分布和耀斑环中的

GS 微波辐射的动力学分析 [14,23]. 在 Melnikov 等的系列工作中[23−25], 证明了加速区的位置和辐射电子的投射角各向异性对磁环不同位置的 GS 辐射和自由–自由硬 X 射线辐射的强度、偏振和频谱属性具有强烈的影响. 这些结果可以用来诊断耀斑环中加速区位置和加速电子投射角各向异性的类型, 进一步可以得到对加速机制的一些新的观测约束条件.

Huang 等选择了 24 个 NoRH 观测到的微波耀斑环, 对环顶和环足的峰值时刻亮温度、偏振和光学薄谱指数等观测量的分布特性, 及其与计算得到源区磁场和高能电子密度之间的关系进行了系列的统计研究[26−28], 并发现一系列有趣的结果. 例如, 环顶比环足更亮的事件数占有相当大的比例[26]; 谱指数的演化在简单脉冲事件里呈现通常的软硬软或软硬硬特征, 然而在具有多峰的复杂事件里, 对于单个子峰发现了硬软硬的新特征, 同时整体演化仍保持原有的软硬软或软硬硬特征[27]; 足点的观测亮温度等属性存在普遍的不对称性, 并难以用熟知的磁镜效应来解释, 而与非热电子投射角的各向异性分布密切相关[28]. 与此同时, 还选择了 13 个 RHESSI 硬 X 射线耀斑环事件 (包含 28 个子峰), 对环顶和环足的峰值亮度和谱指数进行统计研究[29], 发现环足和环顶谱指数之间具有非单调的关系, 可以分别用厚靶和薄靶模型加上较高的低能截止来解释; 对不同能段的多峰事件的谱指数演化的研究发现了与微波多峰事件类似的硬软硬特征, 有趣的是该特征仅在较高能段出现, 并可用回流效应解释[30]. 进而对微波和硬 X 射线频谱演化进行了深入的比较研究, 发现两者均与耀斑环位置有关, 硬软硬的新特征主要出现在耀斑环顶部, 而微波频谱演化同样具有对频率的依赖性[31,32], 上述结果可用磁镜的捕获效应做出自洽解释[33,34].

在环状耀斑物理中的另一个研究热点是所谓双带耀斑, 作为一种复杂现象, 可能同时伴随 CME 和日珥喷发 (评述性论文 [35]). 该类耀斑的基本模型是标准的磁场重联的模型, 即众所周知的 CSHKP 模型[36−39]. 在该模型中, 耀斑发生在包含日珥的冕弧结构, 其触发因素是在上升冕弧之下的重联. 由于耀斑激发的快速喷发导致冕弧磁力线的延伸, 并在磁场反转线的上方形成电流片, 进而产生高能粒子和耀斑重联. 这一物理图像经多人发展, 包括 Priest[40], Moore 等[41,42] 和 Shibata[43−45]. 该模型预期下列形态特征, 如耀斑双带即足点距离的扩张和耀斑环系的发展. 过去十年里, Ji 等对一种新的观测现象投以关注: 耀斑环在上升阶段的收缩, 这是标准耀斑模型没有预期的. 通常耀斑环的膨胀运动仅是发生在收缩之后, 环的收缩由三种不同的观测因素组成: 从硬 X 射线辐射测量到的足点会聚[46−50], 软 X 射线观测到的环顶下降运动[51−54], 以及环的长度的收缩[55,56]. 该现象是对标准耀斑模型的挑战, 从而推动耀斑模型的进一步发展和完善.

最近十年里太阳物理的一个最重要的进展是空间可分辨的磁流体波和日冕的振荡行为 (如文献 [57]). 关于日冕中不同种类的磁流体波已有丰富的观测证据. 某

些理论预期的波模 (横向和纵向扭曲和腊肠模) 已经被具有高时间和空间分辨的光学、极紫外、软 X 射线和微波的成像和频谱数据所确认 [57,58]. 磁流体波的特征周期从几秒到几分钟, 已在太阳冕环、冕羽及其他结构的成像观测中直接测定. 对日冕波和振荡的兴趣主要与其可能具有的加热日冕等离子体[1,59], 及其作为等离子体诊断的天然探针有关 (如文献 [57], [58] 和 [60]). 近期日冕磁流体波的观测和理论研究进展促进了有关知识对其他日冕振荡研究的应用, 例如, 耀斑环能量释放的准周期振荡 (QPP), 其周期从小于 1s[61−63] 到几分钟[64,65], 经常在太阳耀斑的光变曲线中观测到. QPP 可能存在于双带或者致密耀斑, 调制深度可以达到辐射强度的 100%, 并无需数据处理即可辨认. 最有影响的 QPP 与耀斑加速的非热电子在微波、硬 X 射线和白光等波段相关[58]. QPP 可能在耀斑的所有阶段, 从耀斑前直至下降阶段被观测到[66]. 在调制深度较大的情况, 该耀斑可以视为一系列周期性爆发的组成. 通常, QPP 在不同波段是同时看到的, 例如, 在硬 X 射线和微波段[67−69]. 对耀斑的 QPP 的研究兴趣出于以下的动机. 首先, QPP 是耀斑的内禀属性, 从而携带了有关能量释放、过程和触发机制等信息. 从日冕波动物理的视角, 耀斑的高亮度特征可以用远小于 1s 的高时间分辨率进行观测, 这就使得我们有可能分辨波的传输时间 (如当波穿越等离子体的磁结构时), 这对各种日冕振荡的测量是十分重要的. 进而, 耀斑发生地附近很可能位于波和振荡高度激发的区域. 此外, 理解 QPP 和耀斑等离子体参数的关系可为星冕振荡和探索太阳与类太阳星冕的结构相似性等做出贡献[70].

随着耀斑环研究的不断深入, 基于成熟的理论和观测数据进行等离子体参数的诊断已经成为耀斑环研究的一个重要组成部分, 其中, 最重要的参数莫过于日冕磁场. 著名太阳物理学者 Kundu 在题为射电测量太阳磁场的评述中介绍了利用厘米波段的偏振估算色球上方的活动区磁场, 利用微波段的回旋共振辐射计算活动区上方的日冕磁场强度, 利用回旋谱线测量日冕磁场等方法[71]. 一些作者利用不均匀磁环中的回旋同步辐射诊断耀斑环中的磁场分布[72−74], 利用自由–自由机制产生的微波辐射强度和偏振测量色球和日冕磁场[75], 及利用微波偏振在横向穿越日冕磁场时的变化导出日冕磁图[76]. 此外还有利用各种射电精细结构及其理论反演日冕磁场的许多研究, 在这里就不一一引述了. 早期有关太阳磁场的射电诊断方法还可参考 Gary 和 Keller 的评述论文[77]. 在微波爆发源区磁场的射电诊断方面, Zhou 和 Karlicky[78] 基于 Dulk 和 Marsh[79] 对严格的回旋同步辐射的发射和吸收系数的系列拟合公式, 提出利用回旋同步辐射的流量、谱指数和峰值频率计算磁场和非热电子密度的表达式. 近期 Huang[80,81] 提出增加回旋同步辐射偏振的测量, 可以计算回旋同步辐射与背景磁场的夹角, 即得到日冕磁场在平行和垂直于视线方向的两个分量, 并发现了中性线附近的横向磁场在耀斑期间的剧烈变化.

近年来, 有包括低能截止、光球的康普顿散射等多种因素可导致观测到的 X 射线低能段的变平[82−91]. 部分研究者提出：若扣除光球的康普顿散射的影响, 无需考虑低能截止便可很好地解释上述观测现象, 从而认为以往对低能截止的诊断有非物理因素在内, 并在 RHESSI 卫星的数据处理软件中增加了该项功能[88−90]. 另外, 对 RHESSI 卫星的数据统计发现, 即便预先扣除了光球的康普顿散射的影响, 仍有部分事例存在低能段的变平[91], 表明低能截止的影响不能排除. 关于低能截止和高能截止的存在是毋庸可疑的, 因为任何带电粒子的加速机制必然存在一个有效的能量范围. 另外, 任何加速机制均与各种形式电场有关 (包括直流电场和各种等离子体波的电场分量), 而给定的电场只能加速在某一阈值以上的带电粒子, 或者说对给定的能量的电子需要某一阈值以上的电场才能加速[92], 这也是低能截止存在的物理基础. 近期研究表明：无论对硬 X 射线辐射还是微波辐射, 其辐射谱指数和电子能谱指数的关系均依赖于低能截止的大小, 通常使用的一些关系 (包括厚靶、薄靶和回旋同步辐射等) 都是在低能截止很小时 (接近于零) 方可使用[93], 而实际诊断的低能截止可能有较大的取值范围[82].

此外还有很多等离子体参数的诊断研究, 包括前面多次提及的高能电子投射角分布. 耀斑环中的捕获电子和沉降电子比例由磁镜比和非热电子投射角共同决定 (参考本书 3.2 节有关电子传输的理论推导), 投射角的直接诊断尚需更多的观测信息 (正在尝试进行), 目前从耀斑环足点辐射强度之比和计算得到足点磁场强度之比, 结合有关的理论结果可以计算非热电子在环足的初始投射角之比[28,94].

本书基于各位作者近些年完成或指导研究生完成的有关耀斑环的研究工作 (以微波和 X 射线为主, 包括光学和其他波段), 选择其中一些可能对太阳物理比较重要的内容编写而成. 本书的另一特色是观测和等离子体理论的密切结合, 观测方面包括个例和统计研究, 理论方面包括解析和数值研究. 作者希望这些内容对国内太阳物理研究人员, 特别是研究生有一定的参考价值, 尽管主要文献均已在国际期刊发表, 毕竟采用中文表述对多数读者而言, 比阅读原文更加方便和准确, 而且从离散的论文到系统的专著将会有新的理解和提高. 以上就是作者编写此书的主要动机, 并将由作者之一的 Victor Melnikov 把本书翻译成俄文, 最终以中、俄、英等三种文字出版.

参 考 文 献

[1] Aschwanden M J. Physics of the Solar Corona. An Introduction. 2004, Chichester, UK, and Springer-Verlag Berlin: Published by Praxis Publishing Ltd.

[2] Miroshnichenko L I. Solar Cosmic Rays. Astrophysics and Space Science Library, V.260, 2010, Springer.

[3] Nakajima H, Nishio M, Enome S, et al. The nobeyama radioheliograph. Proc. IEEE, 1994, 82: 705-713.

[4] Takano T, Nakajima H, Enome S, et al. An upgrade of nobeyama radioheliograph to a dual-frequency (17 and 34 GHz) system. Coronal Physics from Radio and Space Observations; Proceedings of the CESRA Workshop held in Nouan le Fuzelier, France 3-7 June 1996, edited by Gerard Trottet, Published by Springer, 1997, 183.

[5] Smolkov G J, Zandanov V G, Altyntsev A T. Toward the creation of a new-generat,ion radioheliograph. Proc. SPIE, Radio Telescopes, Harvey R B Ed., 2000, 4015: 197-203.

[6] Lesovoi S V, Altyntsev A T, Ivanov E F, Gubin A V. The Multifrequency Siberian Radioheliograph. Solar Phys., 2012, 280: 651-661.

[7] Yan Y, Zhang J, Chen Z, Wang W, Liu F, Geng L. On solar radio imaging-spectroscopy. Science with Large Solar Telescopes, Proceedings of IAU Special Session 6, held 22-24 August, 2012.

[8] Aschwanden M J. Particle acceleration and kinematics in solar flares - a synthesis of recent observations and theoretical concepts (Invited Review). Space Science Reviews, 2002, 101: 1-227.

[9] Vlahos L. Magnetic complexity, fragmentation, particle acceleration and radio emission from the sun. The High Energy Solar Corona: Waves, Eruptions, Particles, Lecture Notes in Physics, 725, Springer-Verlag Berlin Heidelberg, 2007, 15.

[10] Zaitsev V V, Stepanov A V. Reviews of topical problems: coronal magnetic loops. Physics Uspekhi, 2008, 51: 1123-1160.

[11] White S M, Kundu M R, Garaimov V I, Yokoyama T, Sato J. The physical properties of a flaring loop. Astrophysical Journal, 2002, 576: 505-518.

[12] Melnikov V F, Shibasaki K, Reznikova V E. Loop-top nonthermal microwave source in extended solar flaring loops. Astrophys. J., 2002, 580: L185-L188.

[13] Altyntsev A T, Fleishman G D, Huang G L, melnikov V F. A broadband microwave burst produced by electron beams. Astrophysical Journal, 2008, 677: 1367-1377.

[14] Reznikova V E, Melnikov V F, Shibasaki K, Gorbikov S P, Pyatakov N P, Myagkova I N, Ji H. 2002 August 24 limb flare loop: dynamics of microwave brightness distribution. Astrophysical Journal, 2009, 697: 735-746.

[15] Veronig A M, Brown J C. A Coronal thick-target interpretation of two hard X-ray loop events. Astrophysical Journal, 2004, 603: L117-L120.

[16] Krucker S, Battaglia M, Cargill P J, Fletcher L, Hudson H S, et al. Hard X-ray emission from the solar corona. The Astronomy and Astrophysics Review, 2008, 16: 155-208.

[17] Petrosian V, Donaghy T Q. On the spatial distribution of hard X-rays from solar flare loops. Astrophysical Journal, 1999, 527: 945-957.

[18] Stepanov A V, Tsap Y T. Electron-whistler interaction in coronal loops and radiation signatures. Solar Phys., 2002, 211: 135-154.

[19] Petrosian V, Liu S. Stochastic acceleration of electrons and protons. I. Acceleration by Parallel-Propagating Waves. Astrophysical Journal, 2004, 610: 550-571.

[20] Fletcher L, Martens P C H. A model for hard X-ray Emission from the top of flaring loops. Astrophysical Journal, 1998, 505: 418-431.

[21] Chen B, Bastian T S. The role of inverse compton scattering in solar coronal hard X-ray and gamma-ray sources.

[22] Melnikov V F, Charikov Y E, Kudryavtsev I V. Spatial brightness distribution of hard X-ray emission along flare loops. Geomagnetism and Aeronomy, 2013, 53: 863-866.

[23] Melnikov V F. Electron acceleration and transport in microwave flaring loops. Proc. Nobeyama Symposium (Kiosato, 26-29 October 2004), Ed. K.Shibasaki, 2006, NSRO Report, 1: 11-22.

[24] Melnikov V F, Gorbikov S P, Pyatakov N P. Formation of anisotropic distributions of mildly relativistic electrons in flaring loops. Universal Heliophysical Processes, Proceedings of the International Astronomical Union, IAU Symposium, 2009, 257: 323-328.

[25] Melnikov V F, Pyatakov N P, Shibasaki K. Constraints for electron acceleration models in solar flares from microwave observations with high spatial resolution. Hinode-3: The 3rd Hinode Science Meeting, Proceedings of the conference held 1-4 December 2009 at Hitotsubashi Memorial Hall, Tokyo, Japan. Edited by Sekii T, Watanabe T, and Sakurai T. ASP Conference Series, Vol. 454. San Franciso: Astronomical Society of the Pacific, 2012, 321.

[26] Huang G L, Nakajima H. Statistical analysis of flaring loops observed by nobeyama radioheliograph. I. Comparison of Looptop and Footpoints. Astrophysical Journal, 2009, 696: 136-142.

[27] Huang G L, Nakajima H. Statistics of flaring loops observed by nobeyama radioheliograph. II. Spectral Evolution. Astrophysical Journal, 2009, 702: 19-26.

[28] Huang G L, Song Q W, Huang Y. Statistics of flaring loops observed by the nobeyama radioheliograph. III. Asymmetry of Two Footpoint Emissions. Astrophysical Journal, 2010, 723: 1806-1816.

[29] Shao C W, Huang G L. Comparative study of solar HXR flare spectra in looptop and footpoint sources. Astrophysical Journal, 2009, 691: 299-305.

[30] Shao C W, Huang G L. Hard-soft-hard flare spectra and their energy dependence in spectral evolution of a solar hard X-ray flare. Astrophysical Journal, 2009, 694: L162-L16.

[31] Song Q W, Huang G L, Nakajima H. Co-analysis of solar microwave and hard X-ray spectral evolutions. I. In Two Frequency or Energy Ranges. Astrophysical Journal, 2011, 734: 113-124.

[32] Huang G L, Li J P. Co-analysis of solar microwave and hard X-ray spectral evolutions. II. In Three Sources of a Flaring Loop. Astrophysics Journal, 2011, 740: 46-56.

[33] Metcalf T R, Alexander D. Coronal trapping of energetic flare particles:Yohkoh/HXT observations. Astrophysical Journal, 1999, 522: 1108-1116.

[34] Minoshima T, Yokoyama T, Mitani N. Comparative analysis of nonthermal emissions and electron transport in a solar flare. Astrophysics Journal, 2008, 673: 598-610.

[35] Priest E R, Forbes T G. The magnetic nature of solar flares. The Astronomy and Astrophysics Review, 2002, 10: 313-377.

[36] Carmichael H. A Process for Flares. The physics of solar flares, Proceedings of the AAS-NASA Symposium held 28-30 October, 1963 at the Goddard Space Flight Center, Greenbelt MD. Edited by Wilmot N H. Washington, DC: National Aeronautics and Space Administration, Science and Technical Information Division, 1964, 451.

[37] Sturrock P A. Model of the high-energy phase of solar flares. Nature, 1996, 211: 695-697.

[38] Hirayama T. Theoretical Model of Flares and Prominences. I: Evaporating Flare Model. Solar Phys., 1974, 34: 323-338.

[39] Kopp R A, Pneuman G W. Magnetic reconnection in the corona and the loop prominence phenomenon. Solar Phys., 1976, 50: 85-98.

[40] Priest E R. Book-review - solar flare magnetohydrodynamics. Science, 1981, 214: 356.

[41] Moore R L. Evidence that magnetic energy shedding in solar filament eruptions is the drive in accompanying flares and coronal mass ejections. Astrophysical Journal, 1988, 324: 1132-1137.

[42] Moore R L, Roumeliotis G. Triggering of eruptive flares - destabilization of the preflare magnetic field configuration. Eruptive Solar Flares. Proceedings of Colloquium 133 of the International Astronomical Union, held at Iguazu, Argentina, August 2-6, 1991. Editors Z, Svestka B V, Jackson M E M. New York: Publisher, Springer-Verlag, 1992, 69.

[43] Shibata K. New observational facts about solar flares from YOHKOH studies - evidence of magnetic reconnection and a unified model of flares. Advances in Space Research, 1996, 17: 9-18.

[44] Shibata K. A unified model of solar flares. Observational Plasma Astrophysics : Five Years of Yohkoh and Beyond. Edited by Tetsuya Watanabe, Takeo Kosugi, and Alphonse C. Sterling. Boston, Mass.: Kluwer Academic Publishers, 1998, 229: 187.

[45] Shibata K. Evidence of magnetic reconnection in solar flares and a unified model of flares. Structure Formation and Function of Gaseous, Biological and Strongly Coupled Plasmas, 1999, 74.

[46] Ji H, Wang H, Goode P R, Jiang Y, Yurchyshyn V. Traces of the dynamic current sheet during a solar flare. Astrophysical Journal, 2004, 607: L55-L58.

[47] Ji H, Huang G, Wang H, Zhou T, Li Y. Zhang Y, Song M. Converging motion of H α conjugate kernels: The Signature of Fast Relaxation of a Sheared Magnetic Field. Astrophysical Journal, 2006, 636: L173-L174.

[48] Ji H, Huang G, Wang H. The relaxation of sheared magnetic fields: a contracting process. Astrophysical Journal, 2007, 660: 893-900.

[49] Liu R, Wang H, Alexander D. Implosion in a coronal eruption. Astrophysical Journal, 2009, 696: 121-135.

[50] Yang Y H, Cheng C Z, Krucker S, Lin R P, Ip W H. A statistical study of hard X-ray footpoint motions in large solar flares. Astrophysical Journal, 2009, 693: 132-139.

[51] Sui L, Holman G D. Evidence for the formation of a large-scale current sheet in a solar flare. Astrophysical Journal, 2003, 596: L251-L254.

[52] Sui L, Holman G D, Dennis B R. Evidence for magnetic reconnection in three homologous solar flares observed by RHESSI. Astrophysical Journal, 2004, 612: 546-556.

[53] Li Y P, Gan W Q. On the Peak Times of Thermal and Nontheral Emissions in Solar Flares. Astrophysical Journal, 2006, 652: L61-L63.

[54] Shen J, Zhou T, Ji H, Wang N, Cao W, Wang H. Early abnormal temperature structure of X-ray loop-top source of solar flares. Astrophysical Journal, 2008, 686: L37-L40.

[55] Li Y P, Gan W Q. The shrinkage of flare radio loops. Astrophysical Journal, 2005, 629: L137-L139.

[56] Joshi B, Veronig A, Cho K-S, Bong S-C, Somov B V, et al. Magnetic reconnection during the two-phase evolution of a solar eruptive flare. Astrophysical Journal, 2009, 706: 1438-1450.

[57] Nakariakov V M, Verwichte E. Coronal waves and oscillations. Living Reviews in Solar Physics, 2005, 2: 1-65.

[58] Nakariakov V M, Melnikov V F. Quasi-periodic pulsations in solar flares. Space Science Reviews, 2009, 149: 119-151.

[59] Erd é lyi R, Ballai I. Heating of the solar and stellar coronae: a review. Astronomische Nachrichten, 2007, 328: 726-733.

[60] Banerjee D, Erd é lyi R, Oliver R, O'Shea E. Present and future observing trends in atmospheric magnetoseismology. Solar Phys., 2007, 246: 3-29.

[61] Aschwanden M J. Theory of radio pulsations in coronal loops. Solar Phys., 1987, 111: 113-136.

[62] Fleishman G D, Fu Q J, Huang G L, Melnikov V F, Wang M. Discovery of unusual large group delay in microwave millisecond oscillating events. Astronomy and Astrophysics, 2002, 385: 671-685.

[63] Tan B. Observable parameters of solar microwave pulsating structure and their implications for solar flare. Solar Phys., 2008, 253: 117-131.

[64] Foullon C, Verwichte E, Nakariakov V M, Fletcher L. X-ray quasi-periodic pulsations in solar flares as magnetohydrodynamic oscillations. Astronomy and Astrophysics, 2005, 440: L59-L62.

[65] Kislyakov A G, Zaitsev V V, Stepanov A V, Urpo S. On the possible connection between photospheric 5-Min oscillation and solar flare microwave emission. Solar Phys., 2006, 233: 89-106.

[66] Kupriyanova E G, Melnikov V F, Nakariakov V M, Shibasaki K. Types of microwave quasi-periodic pulsations in single flaring loops. Solar Phys., 2010, 267: 329-342.

[67] Asai A, Shimojo M, Isobe H, Morimoto T, Yokoyama T, Shibasaki K, Nakajima H. Periodic acceleration of electrons in the 1998 November 10 solar flare. Astrophysical Journal, 2001, 562: L103-L106.

[68] Melnikov V F, Reznikova V E, Shibasaki K, Nakariakov V M. Spatially resolved microwave pulsations of a flare loop. Astronomy and Astrophysics, 2005, 439: 727-736.

[69] Kupriyanova E G, Melnikov V F, Shibasaki K. Spatially resolved microwave observations of multiple periodicities in a flaring loop. Solar Phys., 2013, 284: 559-578.

[70] Nakariakov V M. MHD oscillations in solar and stellar coronae: Current results and perspectives. Advances in Space Research, 2007, 39: 1804-1813.

[71] Kundu M R. Measurement of solar magnetic fields from radio observations. Societá Astronomica Italiana, Memorie, 1990, 61: 431-455.

[72] Preka-Papadema P, Alissandrakis C E, Dennis B R, et al. Modeling of a microwave burst emission. Solar Physics, 1997, 172: 233-238.

[73] Nindos A, White S M, Kundu M R, et al. Observations and models of a flaring loop. Astrophysical Journal, 2000, 533: 1053-1062.

[74] Kundu M R, Nindos A, Grechnev V V. The configuration of simple short-duration solar microwave bursts. Astronomy Astrophysics, 2004, 420: 351-359.

[75] Grebinskij A, Bogod V, Gelfreikh G, et al. Microwave tomography of solar magnetic fields. Astronomy Astrophysics Supplements, 2000, 144: 169-180.

[76] Ryabov B I, Maksimov V P, Lesovoi S V, et al. Coronal magnetography of solar active region 8365 with the SSRT and NoRH radio heliographs. Solar Physics. 2005, 226: 223-237.

[77] Gary D E, Keller C U, eds. Solar and space weather radiophysics-current status and future developments. ASTROPHYSICS AND SPACE SCIENCE LIBRARY, 314. Dordrecht: Kluwer Academic Publishers, 2004.

[78] Zhou, A H, Karlicky M. Magnetic field estimation in microwave radio sources. Solar Physics, 1994, 153: 441-444.

[79] Dulk G A, Marsh K A. Simplified expressions for the gyrosynchrotron radiation from mildly relativistic, nonthermal and thermal electrons. Astrophysical Journal, 1982, 259: 350-358.

[80] Huang G L. Calculations of coronal magnetic field parallel and perpendicular to line-of-sight in microwave bursts. Solar Physics, 2006, 237: 173-183.

[81] Huang G L, Ji H S, Wu G P. The radio signature of magnetic reconnection for the M-class flare of 2004 November 1. Astrophysical Journal, 2008, 672: L131-L134.

[82] Gan W Q, Li Y P, Chang J. Energy shortage of nonthermal electrons in powering a solar flare. Astrophysics Journal, 2001, 552: 858-862.

[83] Kontar E P, Brown J C, McArthur G. Nonuniform target ionization and fitting thick target electron injection spectra to RHESSI data. Solar Physics, 2002, 210: 419-429.

[84] Kontar E P, Brown J C, Emslie A G, Schwartz R A, Smith D M, Alexander R C. An explanation for non-power-law behavior in the hard X-ray spectrum of the 2002 July 23 solar flare. Astrophysics Journal, 2003, 598: L123-L126.

[85] Holman G D. The effects of low- and high-energy cutoffs on solar flare microwave and hard X-ray spectra. Astrophysics Journal, 2003, 586: 606-616.

[86] Zhang J, Huang G L, The effect of the compton backscattering component on the photon spectra of three Yohkoh/hard X-ray telescope flare. Astrophysics Journal, 2003, 592: L49-L52.

[87] Zhang J, Huang G L. Joint effects of compton backscattering and low-energy cutoff on the flattening of solar hard X-ray spectra at lower energies. Solar Physics, 2004, 219: 135-148.

[88] Kašparová J, Karlický M, Kontar E P, Schwartz R A, Dennis B R. Multi-wavelength analysis of high-energy electrons in solar flares: a case study of the August 20, 2002 Flare. Solar Physics, 2005, 232: 63-86.

[89] Kontar E P, MacKinnon A L, Schwartz R A, Brown J C. Compton backscattered and primary X-rays from solar flares: angle dependent Green's function correction for photospheric albedo. Astronomy Astrophysics, 2006, 446: 1157-1163.

[90] Kašparová J, Kontar E P, Brown J C. Hard X-ray spectra and positions of solar flares observed by RHESSI: photospheric albedo, directivity and electron spectra. Astronomy Astrophysics, 2007, 466: 705-712.

[91] Han G, Li Y P, Gan W Q. A study of the low energy cutoff of nonthermal electrons in RHESSI flares. 2008, Chinese Astronomy and Astrophysics, 2009, 33: 168-178.

[92] 宫本健郎. 热核聚变等离子体物理学. 金尚宪, 译. 北京：科学出版社，1981.

[93] Huang G L. Diagnostics of the low-cutoff energy of nonthermal electrons in solar microwave and hard X-ray bursts. Solar Physics, 2009, 257: 323-334.

[94] Huang G L. Initial pitch-angle of narrowly beamed electrons injected into a magnetic mirror, formation of trapped and precipitating electron distribution, and asymmetry of hard X-ray and microwave footpoint emissions. New Astronomy, 2007, 12: 483-489.

第 1 章　太阳耀斑环中的微波辐射理论

我们知道太阳耀斑中存在多种多样的加速机制 (详见文献 [1], [2]). 其中包括: ①直流电场加速 (在电流片或者扭曲磁环中); ②随机加速 (等离子体波湍动, 微耀斑); ③激波加速 (磁流体激波的传播, 重联外流中的磁流体驻激波); ④电子感应加速 (在塌缩的磁捕获中). 由于其性质不同, 可能使加速电子在不同部位注入耀斑环, 例如, ①在垂直电流片中的加速之后注入环顶附近 (亦称为标准模型), 该加速亦可发生在强湍区域; ②双环位形中的加速注入在大环的足点附近, 或者③扭曲磁环或包含大量的微电流片的加速注入到整个磁环. 进而, 不同加速机制可以产生不同的电子投射角分布 (各向同性和具有横向或平行的各向异性).

在太阳耀斑中可能同时发生上面提及的加速机制, 只有观测才能告诉我们到底何种机制在特定的耀斑位形中起支配的作用. 野边山空间可分辨的微波观测数据的分析使得我们有可能发现非常有趣和未知的现象. 其中之一是在一些单个耀斑环的顶部存在微波光学薄的辐射源[3,4], 之后的研究证明了这样的单环耀斑形成了相当大的一类, 总数占 30%~50%, 其余多数事件的特征是具有一个或者两个足点源[5,6].

该现象被解释为中等相对论电子在微波耀斑环上部的集中程度增大[4]. 如果电子具有横向投射角不对称性, 这样的环顶电子的集中是有可能的, 而且电子加速和沉降都会发生在环顶附近[7]. 另一现象是对于日面耀斑, 足点附近的微波辐射谱变软[8], 该发现被其他事件所证实[9,10]. 最近, 文献 [11] 在一个特定的耀斑环中发现了存在平行磁场的投射角各向异性的充分证据. 类似束流的观测最有趣的证据是来自光学薄区 GS 辐射源的正常模, 正如文献 [12] 所预期的那样.

现存和未来的空间可分辨的射电观测设备可以提供有关加速区位置和辐射电子投射角的数据, 从而给加速机制提供新的有价值的判据. 以下将集中讨论耀斑环不同部位的电子分布函数的动力学演化和 GS 辐射的频谱属性.

1.1　微波辐射的观测特征

有关与太阳耀斑相关的射电辐射的评述性文献可参考 [13], 评述文章 [14] 则进一步扩展到太阳活动区的射电辐射, 另一篇评述文章 [15] 涉及太阳射电与硬 X 射线辐射的关系. 此外还有辐射机制方面的代表性评述论文 [16] 和 [17]. 可以大体把太阳射电辐射分为两类: 以等离子体辐射为主的米波以及更长波辐射; 以回旋同步辐射为主的厘米乃至毫米波辐射. 前者主要发生在较高的日面层, 其背景磁场相对较弱 (几高斯或更小), 在对应的频率范围几乎不可能产生低次谐波的回旋辐射. 后者发生在较低的日面层, 其背景磁场达到几十到几百高斯, 然而背景等离子体密度则小于 10^{10}cm^{-3}, 在对应的频率范围很难产生低次谐波的等离子体辐射 (无论是回旋辐射还是等离子体辐射, 低次谐波总是明显强于高次谐波). 本书侧重介绍空间可分辨的太阳微波段连续谱辐射和硬 X 射线辐射, 及其对耀斑环物理的贡献. 尽管现有的高时间和高频率分辨的频谱观测也可提供耀斑环的某些信息 (如Ⅱ、Ⅲ射电爆发等), 但由于篇幅所限, 本书基本不包含等离子体辐射以及电子回旋脉塞等相干机制的观测和理论. 当然, 下面介绍的基本概念和辐射转移等基本规律对所有的射电辐射 (包括其他天体射电源) 都是适用的.

1.1.1 微波辐射的强度、频谱和偏振

射电辐射的强度 (I_ν) 定义为单位时间 (s^{-1})、频率 ν 处单位频率间隔 (Hz^{-1})、单位立体角 (sr^{-1}) 和单位面积 (cm^{-2}) 接收到的辐射能量 (erg). 如果用一个理想的黑体代替辐射源, 并能产生相同强度的辐射, 该黑体的温度被称之为辐射源的亮温度 (T_b), 利用瑞利–金斯定律:

$$I_\nu = k_\text{B} T_b \nu^2/c^2, \tag{1.1}$$

这里, k_B 为玻尔兹曼常量, c 为真空中的光速. 由此可用亮温度来等效地衡量射电辐射的强度, 对于具有空间分辨能力的射电观测设备, 得到的是太阳或其他天体亮温度的二维分布图. 值得注意的是, T_b 并非辐射源的真实温度. 对于太阳耀斑, 观测到的亮温度通常在 $10^6 \sim 10^9$ K, 甚至更高 (如对回旋脉塞等相干机制), 因此, 观测到的 T_b 明显高于太阳大气的等离子体温度.

另外, 对于没有空间分辨能力的观测设备, 要把上述辐射强度或亮温度对射电源所张的立体角进行积分, 从而得到整个射电源的辐射流量密度 (S_ν). 如果太阳表面仅有单个耀斑所对应的射电辐射源, 该积分实际上代表了全日面的总辐射流量密度 (因为耀斑对应的射电辐射和宁静太阳辐射相比要强两个数量级).

$$S_\nu = k_\text{B}\nu^2/c^2 \int T_b \text{d}\Omega. \tag{1.2}$$

常用的射电流量密度的单位是 SFU($10^{-19}\text{erg}\cdot\text{s}^{-1}\cdot\text{Hz}^{-1}\cdot\text{cm}^{-2}$), 还有一个常用的流量单位央斯基 (Jansky), 两者的换算关系为: 1SFU = 10^4Jansky. 耀斑所对应的射电辐射的流量密度有很大的变化范围, 从几 SFU 到几万 SFU, 甚至更强.

太阳微波辐射来自中等相对论电子 (包括热电子和幂律分布的非热电子) 的贡献, 频率覆盖了整个厘米波段, 其低端和高端分别涉及分米和毫米波段, 因而是一个典型的连续谱辐射. 其频谱特征是非单调曲线, 具有一个辐射最强的频率, 称之

为峰值频率或反转频率. 在对数坐标中, 峰值频率两边的曲线分别具有正和负的斜率 (谱指数), 这就是下节将介绍的光学厚和光学薄区域. 理论计算的热和非热的回旋同步辐射的频谱在图 1.1 中给出[16], 并与热的轫致辐射以及同步辐射频谱进行了比较. 特别需要注意的是: 图 (a) 的亮温度 (T_b) 谱和图 (b) 的流量密度 (S) 谱的光学厚和光学薄的谱指数有明显的区别, 在光学薄区具有相同的谱指数的电子产生的亮温度谱指数的绝对值和流量密度谱指数相比较大 (较软), 其差值恒等于 2.

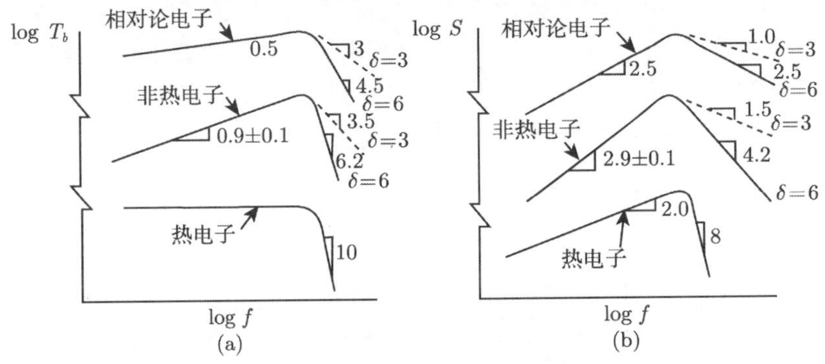

图 1.1　当非热电子谱指数 δ 等于 3 和 6 时, 由相对论电子产生的同步辐射, 幂律分布电子和热电子产生的回旋同步辐射, 热电子产生的轫致辐射的亮温度谱 (a) 和流量密度谱 (b). 光学厚谱指数和不同电子谱对应的光学薄谱指数在图中注明 (除平行即斜率为零之外), 横坐标为频率 (f) 的对数. 本图引自文献 [16]

一般而言, 比较关注光学薄的微波辐射谱指数, 因为光学薄区的辐射与耀斑能量释放和非热电子谱指数的关系更为直接, 而光学厚区的辐射则与多种吸收机制相关, 与耀斑以及电子谱的联系相对较弱, 在 2.1.3 节将介绍进一步的观测证据. 谱指数随射电源的位置和时间而变化, 随时间变化的规律多为软硬软或软硬硬, 也有出现硬软硬的情况, 在 2.4 节将会给出最新的观测结果.

关于太阳射电的偏振性质, 由于传播过程中法拉第旋转的消偏效应, 观测到的射电辐射仅有圆偏振的信息, 而没有椭圆偏振或线偏振等分量, 在四个斯托克斯参数中, 仅需要 I 和 V 就足以描述太阳射电的偏振属性. 因而从观测的角度, 接收到的太阳射电辐射具有左旋和右旋两个分量, 观测上对偏振度的定义是右旋和左旋强度之差 (斯托克斯 V) 除以两者之和 (斯托克斯 I). 另外, 理论上关于回旋同步辐射的偏振是用反常模和正常模来定义的, 只有在射电源的磁场已知的条件下, 才能得到理论模式和观测模式之间的对应关系. 有关射电偏振的最新观测研究结果将在 2.5 节介绍.

1.1.2　关于辐射转移

望远镜接收到的太阳射电信号实际包含了背景和射电源两部分的贡献. 同样

可用有效温度 $T_{\rm eff}$ 来描述射电源的辐射能力, 并定义源函数 S_ν, 则从瑞利–金斯定律得到:

$$S_\nu = k_{\rm B} T_{\rm eff} \nu^2 / c^2. \tag{1.3}$$

进而采用辐射源的热动平衡和辐射平衡假设, 得到发射率 η_ν 和吸收系数 κ_ν 的关系, 即所谓基尔霍夫定律:

$$\eta_\nu = \kappa_\nu k_{\rm B} T_{\rm eff} \nu^2 / c^2. \tag{1.4}$$

辐射转移方程可以由此写为

$$\frac{{\rm d}T_b}{{\rm d}\tau_\nu} = -T_b + T_{\rm eff}, \tag{1.5}$$

其中, 光学厚度 τ_ν 定义为 $\tau_\nu = \int \kappa_\nu {\rm d}l$, 进而辐射转移方程可写成积分形式:

$$T_b = \int_0^{\tau_\nu} T_{\rm eff} \exp(-t_\nu){\rm d}t_\nu + T_{b0} \exp(-t_\nu), \tag{1.6}$$

其中, t_ν 为射电辐射在视线方向的传播距离, T_{b0} 为背景辐射对应的亮温度. 如果忽略背景辐射, 在光学厚 ($\tau_\nu \gg 1$) 和光学薄 ($\tau_\nu \ll 1$) 两种近似下分别得到 $T_b \approx T_{\rm eff}$ 和 $T_b \approx T_{\rm eff}\tau_\nu$.

1.1.3 热和非热辐射

耀斑能量释放中的粒子加速和等离子体加热是两个不可分割的物理过程, 两者在耀斑释能中所占有的份额一直是有争议的问题. 太阳射电辐射包括热和非热的回旋同步辐射、热的轫致辐射和回旋共振辐射、相对论电子的同步辐射, 以及等离子体辐射和回旋脉塞等相干辐射. 对于微波连续谱辐射, 后面三种机制一般不用考虑, 而热的回旋共振辐射是产生活动区的背景微波辐射的主要机制, 耀斑对应的微波辐射则主要来自非热回旋同步和热的轫致 (自由–自由) 辐射, 后者在耀斑环顶部, 特别是在耀斑演化的衰变阶段比较重要.

1.2 回旋同步辐射

关于回旋同步辐射的理论, 使用较多的是文献 [16] 的解析近似公式, 然而对回旋同步辐射属性的深入计算发现, 这些公式并不是足够好的, 特别是对于加速电子的参数诊断.

在讨论数值结果之前, 简要回顾现有的幂律谱能量 E 或动量 p 分布的各向同性电子产生回旋同步辐射的想法. 典型的辐射频谱 J 由光学厚 (随频率 f 上升) 和光学薄 (随频率 f 而下降) 等两部分组成, 频谱极大值对应的频率定义如下:

$$\tau(f) \sim 1, \tag{1.7}$$

这里, τ 为射电源的光学厚度. 该频谱峰值也可用 Razin 效应来定义[18], 其峰值频率接近于 Razin 频率 $f_{\mathrm{R}}=2f_{pe}^2/3f_{Be}$, 这里 f_{pe} 和 f_{Be} 分别是电子等离子体频率和电子回旋频率. 在 Razin 频率之上的光学薄区域假设满足幂律分布:

$$J \propto f^{-\alpha}, \tag{1.8}$$

这里, α 为光学薄区的辐射谱指数, 并由电子能谱指数 δ 所确定. 在极端相对论的近似下, 两者的关系是 [19,20]

$$\alpha=\frac{\delta-1}{2}, \tag{1.9}$$

在某些频率范围内, 上述关系依赖于电子能量分布的低能和高能截止[21,22], 同时, 对中等相对论的情况, 以及在 $10<f/f_{Be}<100$ 等限制下, 文献 [23] 提出的 α 和 δ 的关系为

$$\alpha=0.90\delta-1.22. \tag{1.10}$$

事实上, 上述关系仅在非常有限的范围内适用, 在一般情况下, 应把电子能谱指数视为一个未知参数来反演[24]. 必须注意的是: 严格的回旋同步辐射理论并未给出单个幂律谱指数[25], 实际的计算结果表明, α 随频率连续变化 (参见图 1.7~图 1.15 底部). 对于稀薄等离子体, 在低频范围内 ($f/f_{Be}<20$), 谱指数 α 和式 (1.9) 和式 (1.10) 的预期相比有显著的增大. 另一方面, 如果射电源的等离子体密度足够高, 谱指数在较大的光学薄范围变小[26]. 上述两种情况对太阳微波观测中 δ 的估算有相当大的影响[9].

极端相对论电子的辐射是线偏振的, 因而其圆偏振度为零[27]. 然而, 在中等相对论的情况下, 辐射主要是圆偏振的[25,28]. 其偏振极性在光学薄区对应反常 (X) 模, 而在光学厚区则对应正常 (O) 模. 偏振度对小视角 (准平行于磁场方向) 较大, 而对大视角 (准垂直于磁场方向) 较小.

上述这些普遍被接受的微波辐射属性将会因考虑各向异性的电子投射角分布而改变, 这是回旋同步辐射理论在近期的重要进展, 并将在下面进行详细的介绍.

1.2.1 发射和吸收系数

对于每一个波模 $\sigma(\sigma=\pm1$ 分别对应正常和反常模), 从基尔霍夫定律可以得到:

$$J_\sigma(\omega,\vartheta)=\frac{j_\sigma(\omega,\vartheta)}{\kappa_\sigma(\omega,\vartheta)}(1-\mathrm{e}^{-\tau_\sigma}), \tag{1.11}$$

其中, 光学厚度 $\tau_\sigma=\kappa_\sigma L$, L 为视线方向的射电源尺度. j_σ 和 κ_σ 分别为对应波模

的发射率和吸收系数, 其表达式分别如下[25,29,30]:

$$
\begin{aligned}
j_\sigma(\omega,\vartheta)=&\frac{4\pi^2e^2\ \omega^2[\partial(\omega n_\sigma)/\partial\omega]}{c\ (1+K_\sigma^2+\varGamma_\sigma^2)}\sum_{n=1}^{\infty}\int\gamma_e\beta^2\mathrm{d}^3p(1-\mu^2)f(\boldsymbol{p})\\
&\times\left[\frac{\varGamma_\sigma\sqrt{1-\eta^2}+K_\sigma(\eta-\beta\mu n_\sigma)}{n_\sigma\beta\sqrt{(1-\mu^2)(1-\eta^2)}}\mathrm{J}_n(z)+\mathrm{J}_n'(z)\right]^2\\
&\times\delta(\gamma_e\omega-n\omega_{Be}-\gamma_e\beta n_\sigma\eta\mu\omega),
\end{aligned}
\tag{1.12}
$$

$$
\begin{aligned}
\kappa_\sigma(\omega,\vartheta)=&-\frac{\pi\omega_{pe}^2}{(1+K_\sigma^2+\varGamma_\sigma^2)\,(2n_\sigma[\partial(\omega n_\sigma)/\partial\omega])\,v_\sigma N}\sum_{n=1}^{\infty}\int\mathrm{d}^3p(1-\mu^2)\\
&\times\left[\frac{\varGamma_\sigma\sqrt{1-\eta^2}+K_\sigma(\eta-\beta\mu n_\sigma)}{n_\sigma\beta\sqrt{(1-\mu^2)(1-\eta^2)}}\mathrm{J}_n(z)+\mathrm{J}_n'(z)\right]^2\\
&\times\left[p\frac{\partial}{\partial p}-(\mu-n_\sigma\beta\eta)\frac{\partial}{\partial\mu}\right]f(\boldsymbol{p})\,\delta(\gamma_e\omega-n\omega_{Be}-\gamma_e\beta n_\sigma\eta\mu\omega),
\end{aligned}
\tag{1.13}
$$

其中, $f(\boldsymbol{p})$ 为非热电子分布函数, 定义为

$$
f(\boldsymbol{p})=\frac{N_e}{2\pi}f_1(p)f_2(\mu),\qquad\int f(\boldsymbol{p})p^2\mathrm{d}p\mathrm{d}\mu\mathrm{d}\varphi=N_e,
\tag{1.14}
$$

这里, $\mu=\cos\theta$, θ 为电子投射角, 函数 f_1 和 f_2 均满足归一化条件:

$$
\int f_1(p)p^2\mathrm{d}p=1,\qquad\int_{-1}^{1}f_2(\mu)\mathrm{d}\mu=1.
\tag{1.15}
$$

其他参数的含义是: ω_{pe} 和 ω_{Be} 分别是电子等离子体频率和电子回旋频率, N 和 N_e 分别为背景等离子体密度和快电子密度, $\eta=\cos\vartheta$, ϑ 为视角, $\mathrm{J}_n(z)$ 和 $\mathrm{J}_n'(z)$ 分别为贝塞尔函数及其对自变量 z 的导数, $z=(\omega/\omega_{Be})\gamma_e n_\sigma\beta\sqrt{(1-\mu^2)(1-\eta^2)}$, $\beta=v/c$ 是无量纲的粒子速度, v_σ 为模式为 σ 的波的群速度. 对于模式为 σ 的波, 其偏振矢量 $\boldsymbol{e}_{\sigma,\boldsymbol{k}}$($\sigma=1$ 对应 O 模, $\sigma=-1$ 对应 X 模) 在沿 z 轴方向的磁场 $\boldsymbol{B}$ 和沿 y 轴的波矢量 $\boldsymbol{k}$ 组成的 $(y,\ z)$ 平面内的形式为

$$
\boldsymbol{e}_{\sigma,\boldsymbol{k}}=\frac{(1,\ \mathrm{i}\alpha_\sigma,\ \mathrm{i}\beta_\sigma)}{(1+\alpha_\sigma^2+\beta_\sigma^2)^{1/2}},
\tag{1.16}
$$

其中

$$
\alpha_\sigma=K_\sigma\cos\vartheta-\varGamma_\sigma\sin\vartheta,\quad\beta_\sigma=K_\sigma\sin\vartheta+\varGamma_\sigma\cos\vartheta,
\tag{1.17}
$$

$$
\begin{gathered}
K_\sigma=\frac{2\sqrt{u}(1-v)\cos\vartheta}{u\sin^2\vartheta-\sigma[u^2\sin^4\vartheta+4u(1-v)^2\cos^2\vartheta]^{1/2}},\\
K_XK_O=-1,
\end{gathered}
\tag{1.18}
$$

$$\Gamma_\sigma = -\frac{v\sqrt{u}\sin\vartheta + uvK_\sigma\cos\vartheta\sin\vartheta}{1-u-v(1-u\cos^2\vartheta)}, \tag{1.19}$$

$$v = \omega_{pe}^2/\omega^2, \qquad u = \omega_{Be}^2/\omega^2. \tag{1.20}$$

等离子体折射率的表达式为

$$n_\sigma^2 = 1 - \frac{2v(1-v)}{2(1-v) - u\sin^2\vartheta + \sigma[u^2\sin^4\vartheta + 4u(1-v)^2\cos^2\vartheta]^{1/2}}. \tag{1.21}$$

在数值计算之前, 要进行发射率 (式 (1.5)) 和吸收系数 (式 (1.6)) 对方位角 ϕ 和参数 μ 的解析积分 (为此采用了 δ 函数), 得到了如下的结果:

$$\begin{aligned} j_\sigma(\omega,\vartheta) = {}& \frac{8\pi^3e^2}{cn_\sigma|\eta|}[\partial(\omega n_\sigma)/\partial\omega]\frac{\omega\dfrac{\partial(\omega n_\sigma)}{\partial\omega}}{(1+K_\sigma^2+\Gamma_\sigma^2)}\sum_{n=1}^{\infty}\int\beta p^2\mathrm{d}p(1-\mu^2)f(\boldsymbol{p}) \\ & \times\left[\frac{\Gamma_\sigma\sqrt{1-\eta^2}+K_\sigma(\eta-\beta\mu n_\sigma)}{n_\sigma\beta\sqrt{(1-\mu^2)(1-\eta^2)}}\mathrm{J}_n(z)+\mathrm{J}_n'(z)\right]^2\Bigg|_{\mu=\mu_*}, \end{aligned} \tag{1.22}$$

$$\begin{aligned} \kappa_\sigma(\omega,\vartheta) = {}& -\frac{\pi^2\omega_{pe}^2}{\omega|\eta|v_\sigma N(1+K_\sigma^2+\Gamma_\sigma^2)\left(n_\sigma^2\dfrac{\partial(\omega n_\sigma)}{\partial\omega}\right)}\sum_{n=1}^{\infty}\int\frac{p^2}{\gamma_e\beta}\mathrm{d}p(1-\mu^2) \\ & \times\left[\frac{\Gamma_\sigma\sqrt{1-\eta^2}+K_\sigma(\eta-\beta\mu n_\sigma)}{n_\sigma\beta\sqrt{(1-\mu^2)(1-\eta^2)}}\mathrm{J}_n(z)+\mathrm{J}_n'(z)\right]^2 \\ & \times\left[p\frac{\partial}{\partial p}-(\mu-n_\sigma\beta\eta)\frac{\partial}{\partial\mu}\right]f(\boldsymbol{p})\Big|_{\mu=\mu_*}, \end{aligned} \tag{1.23}$$

其中

$$\mu_* = \frac{\gamma_e\omega - n\omega_{Be}}{\gamma_e\beta n_\sigma\eta\omega}, \quad |\mu_*| \leqslant 1. \tag{1.24}$$

1.2.2　回旋同步辐射谱的形成

众所周知, 由非相对论 (热) 电子产生的回旋共振辐射是宁静太阳的微波背景的主要机制, 原则上讲是由当地回旋频率的整数次谐频的谱线系列组成的. 然而, 考虑各向同性的电子运动速度的多普勒效应导致谱线的加宽, 上述谱线具有一定的相对带宽. 若能精确测量其位置, 将可提供当地磁场强度的重要信息. 对于中等相对论电子的回旋同步辐射, 乃至相对论电子的同步辐射, 其多普勒展宽将更为明显, 从而使原来基本分离的相邻谱线连接成为连续谱的辐射.

在实际计算中曾有人采用非整数的谐波次数, 并以此为产生连续谱的主要原因, 但与电磁辐射从时域变换到频域的傅里叶原理是不符合的, 由此将导致高频辐射持续下降和光学厚区缺失的非物理结果. 还有一点重要的计算原则是: 对于给定的辐射频率, 初始谐波数随当地磁场强度而变化. 当磁场增大, 初始谐波数减小, 以便与辐射频率相匹配, 否则将会导致高频辐射持续上升和光学薄区缺失的非物理结果.

理想的回旋同步辐射 (GS) 的频谱具有单个峰值, 所在的频率 $\nu=\nu_{\rm pk}$ 称之为峰值频率或反转频率. 反转频率较低的原因可能是由于 GS 自吸收[31] 或者是由于 Razin 抑制[18,26]. 对于 GS 自吸收, 反转频率处的光学厚度约等于 1.

$$\tau(\nu_{\rm pk})=\kappa_\nu L\sim 1, \tag{1.25}$$

其中, κ_ν 表示反转频率处的吸收系数, L 表示射电源的厚度. 在 Razin 抑制的情形 (对于经典的同步辐射), 反转频率与 Razin 频率相关:

$$\nu_R=\frac{2\nu_p^2}{3\nu_B}, \tag{1.26}$$

这里的 ν_p 和 ν_B 分别表示等离子体频率和回旋频率. 因而, 该频率正比于等离子体密度和磁场的比值. 较高的背景密度或者较低的磁场将会使 ν_R 升高. 下面将用严格的 GS 发射率和吸收系数的公式[25,32] 计算均匀源的 GS 辐射谱, 源区的非热电子具有各向同性的幂律分布, 从 t_0 到 $t_{\rm m}$ 满足高斯形态的时间剖面:

$$n(E,t)=k\exp\left[-\frac{(t-t_{\rm m})^2}{t_0^2}\right]E^{-\delta}, \tag{1.27}$$

其中, E 是以 MeV 为单位, 范围在 0.01~500 MeV 的电子能量, δ 为电子能谱指数, k 为常数. 背景等离子体密度以 n_0 表示, 计算结果将在图 1.3~ 图 1.6 中给出.

1.2.3 磁场强度的影响

在光学薄的射电源中用微波谱的斜率估算电子能谱指数时, 经常被忽略的一点是当地磁场强度对微波谱斜率的影响. 其根源是采用了简化的电子能谱指数 δ 与同步辐射及回旋同步辐射的谱指数的关系: $\alpha=(\delta-1)/2$ [20], 及 $\alpha=0.90\delta-1.22$[23].

然而, 较低的谐波系数的 GS 谱指数在低密度等离子体中 ($\omega_{pe}<\omega_{Be}$) 随磁场增大, 由幂律分布的电子产生的 GS 辐射的一个普遍特征, 可从 GS 发射系数和吸收系数的严格表达式直接得到这一结果[10,25]. 为了理解这一特征, 考虑均匀射电源 $n_{\rm o}=10^9\ {\rm cm}^{-3}$, 磁场和视线夹角为 80°. 假设该射电源被各向同性的幂律分布的非热电子充满 ($N(E)=kE^{-\delta}$, $\delta=5$), 图 1.2(a) 显示了磁场 $B=120$ G 时非热电子产生的 GS 谱, (b) 则给出了不同的磁场 ($B=60$ G、$B=120$ G、$B=360$ G 和 $B=720$ G) 条件下较高频率 ($f>f_{\rm max}$) 的谱指数随频率的变化.

图 1.2(b) 显示了 GS 谱指数 α 随磁场强度的增大出现显著的增大, 对于固定频率的不同磁场, 谱指数的变化可以达到 0.5 乃至 1.5, 可以把计算的 α 与极端相对论及中等相对论的近似结果进行比较: $\alpha=(\delta-1)/2$(图 1.2 中较低的水平虚线

所示), 及 $\alpha = 0.90\delta - 1.22$(图 1.2 中较高的水平虚线所示), 从而看到磁场强度的改变导致 GS 谱指数和常用的理论近似结果的差异.

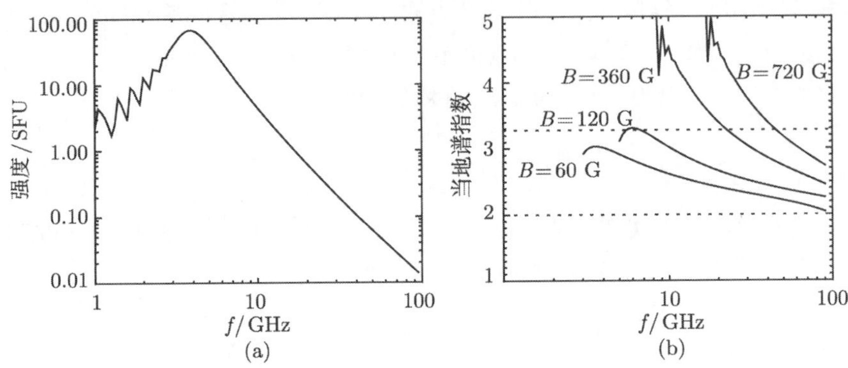

图 1.2　磁场强度对 GS 高频谱斜率的影响

1.2.4　高等离子体密度的影响: Razin 效应

当射电源等离子体密度和磁场的比值较大时 ($Y = \nu_p/\nu_B \gg 1$), GS 频谱承受背景介质的强烈影响, 即所谓 Razin 抑制, 并从两方面改变 GS 频谱: ①在低频 ($\nu < \nu_R$) 产生发射率和吸收系数的指数衰减[18], ②在较高频率使得原来的同步辐射幂律谱 $S_\nu \sim \nu^{-\alpha}$ 相当程度地变平[26].

上述影响的物理意义在于等离子体介质中的折射率 $n < 1$ 对 Lienard-Wiechert 势函数 $\boldsymbol{A}$ 和 ϕ 的改变[33]:

$$\boldsymbol{A}(t) = \left[\frac{ev}{c(r - n\boldsymbol{r}\cdot\boldsymbol{v}/c)}\right]_{t-n\frac{r}{c}}, \tag{1.28}$$

$$\phi(t) = \left[\frac{e}{n^2(r - n\boldsymbol{r}\cdot\boldsymbol{v}/c)}\right]_{t-n\frac{r}{c}}, \tag{1.29}$$

这里, e 为单个电子的电荷, $\boldsymbol{r}$ 和 $\boldsymbol{v}$ 分别为电子在时间延迟 $t' = t - nr/c$ 的位置和速度矢量. 从式 (1.28) 和式 (1.29) 可以看出, 单个电子的发射率强烈依赖于电子速度 v 和波的相速 $v_{\mathrm{ph}} = c/n$ 之比. 在真空中 $n = 1$, 当电子速度接近光速时其辐射效率非常高, 因为式 (1.28) 和式 (1.29) 的分母趋近于零. 在等离子体中 $n < 1$, 上述分母不可能趋于零即使 $v \simeq c$. 因而一个相对论电子的发射率和非相对论电子可比, 即远远低于真空的情形. 由此导致等离子体中的辐射受到很强的抑制, 特别是在较低频率, 等离子体中 $n^2 \simeq 1 - \nu_{\mathrm{p}}^2/\nu^2$, 折射率接近于零, Razin 抑制更为明显. 注意 Razin 抑制并不是一种吸收机制, 而且主要是一个相对论的效应. 从式 (1.28) 和式 (1.29) 可以看到, 这种由于折射系数 n 的强烈影响只是在电子速度接近于真空光速时才有可能发生.

图 1.3 显示了在相对较高的等离子体密度 $n_0 = 5 \times 10^{10}\ \text{cm}^{-3}$ 时 GS 辐射频谱的演化. 在上升相初期和衰变相后期, 由于 Razin 效应的影响, 低频射电源可能是光学薄的. 而且比值 n_0/B 较高, ν_{pk} 也比较高, 达到约 5GHz. 虽然在此阶段流量密度在改变, 但峰值频率几乎保持不变. 低频和高频流量几乎以相同的速率变化, 因而导致其比值 $R \approx \text{const}$. 而在极大流量 S_{pk} 附近, 当非热电子柱密度变得足够大, $\nu \leqslant \nu_{\text{pk}}$ 射电源变为光学厚, 尽管 Razin 抑制的影响仍然存在, 而在 ν_{pk} 处的谱指数演化与自吸收起主要作用时的方式类似. 然而注意峰值频率变化范围减小, 仅为 S_{pk} 变化数量级的大约 30%, 比值 R 的变化 (< 0.5 的绝对大小) 也比单纯的自吸收的情形小得多 (参见下章图 2.19). ν_{pk} 相对 S_{pk} 的斜率比没有 Razin 抑制时更为平坦: $\beta < 0.17$, 该斜率和一些具有中等 $\Delta\nu_{\text{pk}}/\nu_{\text{pk}}$ 的事件具有的斜率可比 (参见 2.1.2 节的观测介绍). 显然对于较小的高能粒子数密度, ν_{pk} 的变化幅度和 β 值将会减小. 对于足够小的高能粒子数密度, 不可能观测到 ν_{pk} 的变化. 另一个高等离子体密度 (高 Razin 抑制) 情况下的显著特征是较为平坦的高频 ($\nu > \nu_{\text{pk}}$) 频谱斜率 (参见图 1.3(e)), 与单纯自吸收的差值为 0.5(参见图 2.19(e)). 总之, 图 1.3 的频率反转由两个因素决定: 在上升阶段开始和下降阶段后期由 Razin 抑制决定, 而在爆发极大时刻附近由自吸收决定, 而且峰值频率和 R 均有较高的初值和较小的变化范围.

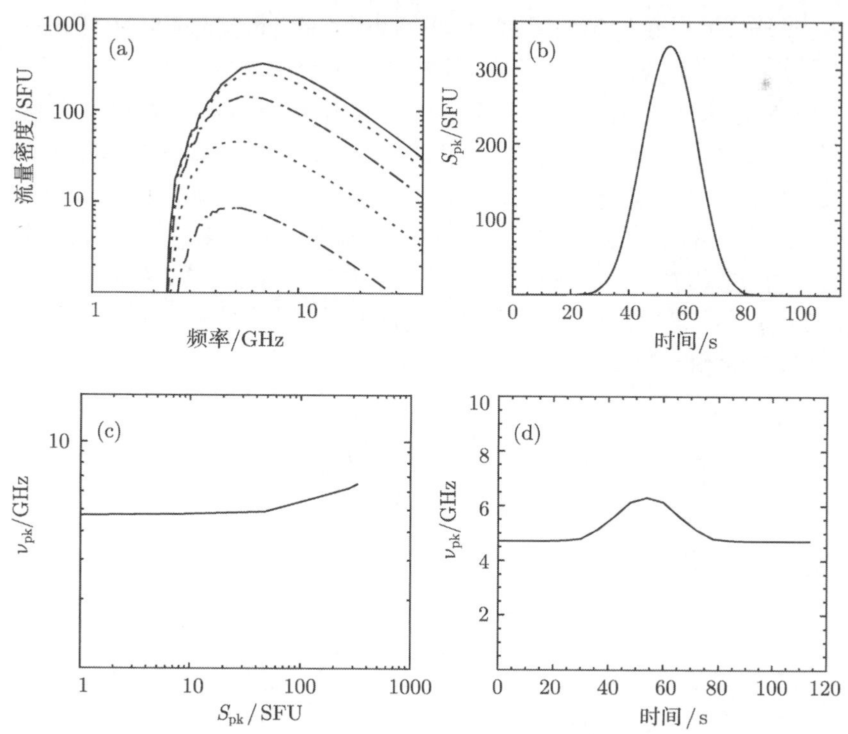

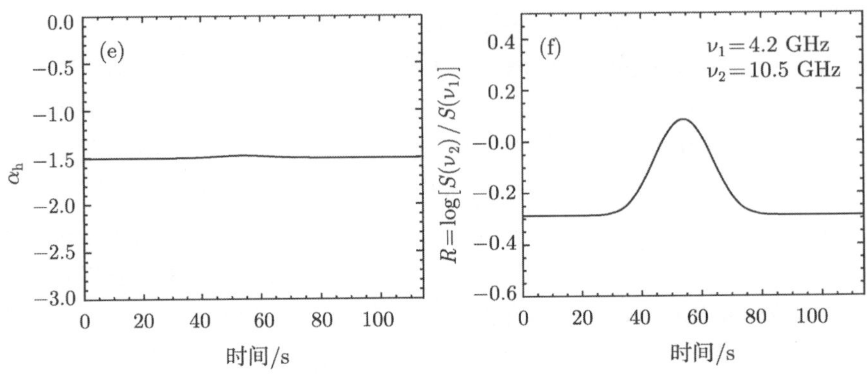

图 1.3 (a) 高密度等离子体 $n_0 = 5 \times 10^{10}\ \text{cm}^{-3}$ 的 GS 频谱演化, 实线为极大时刻, 点线和点划线分别为上升和下降阶段的不同时刻; (b) 峰值流量的演化; (c) 峰值频率和峰值流量的关系; (d) 峰值频率、(e)$\nu > \nu_2$ 的高频段谱指数; 及 (f)$\nu_1 < \nu_{\text{pk}}$ 和 $\nu_2 > \nu_{\text{pk}}$ 的流量比值的演化; 计算式 (1.27) 的其他参数: $B = 150$ G, $t_{\text{m}} = 54$ s, $t_0 = 12$ s, $\delta = 4.0$, $L = 10^9$ cm, $\phi = 17''$ 及 $k = 10^4$

1.2.5 Razin 效应和电子幂律谱指数

图 1.4 显示在同时有电子能谱硬化和 Razin 抑制存在时的频谱演化. 对较平坦的能谱或较低的 δ, 我们预期较高的 ν_{pk}. 假设爆发期间 δ 从 5~3 具有一个线性的变化, 为了显示单纯的 Razin 效应, 令高能电子数密度足够得低, 从而 GS 自吸收不是非常重要, 即便在爆发峰值阶段. 如同所预期的那样, 峰值频率在整个爆发的上升和下降阶段都是在增大, 同时电子能谱指数连续地变硬 (参见图 1.4(d)). 当 δ 从 5 减小至 3, 峰值频率从 3.5GHz 增至 8GHz. ν_{pk} 较为陡峭的增大发生在衰变相, 其中电子能谱是最硬的. 注意到高频和低频流量比值在整个爆发期间具有相当程度的增大 (几乎达到一个数量级, 参见图 1.4(f)). 其发生的原因在于两个频率 ν_1 和 ν_2 都是处于光学薄区. 因而, 由于电子能谱变硬, 低频流量在爆发上升相增长较慢, 而在爆发衰变相减小较快.

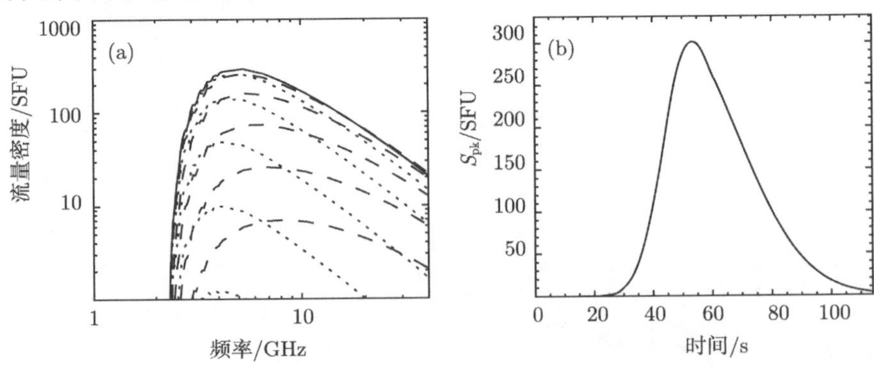

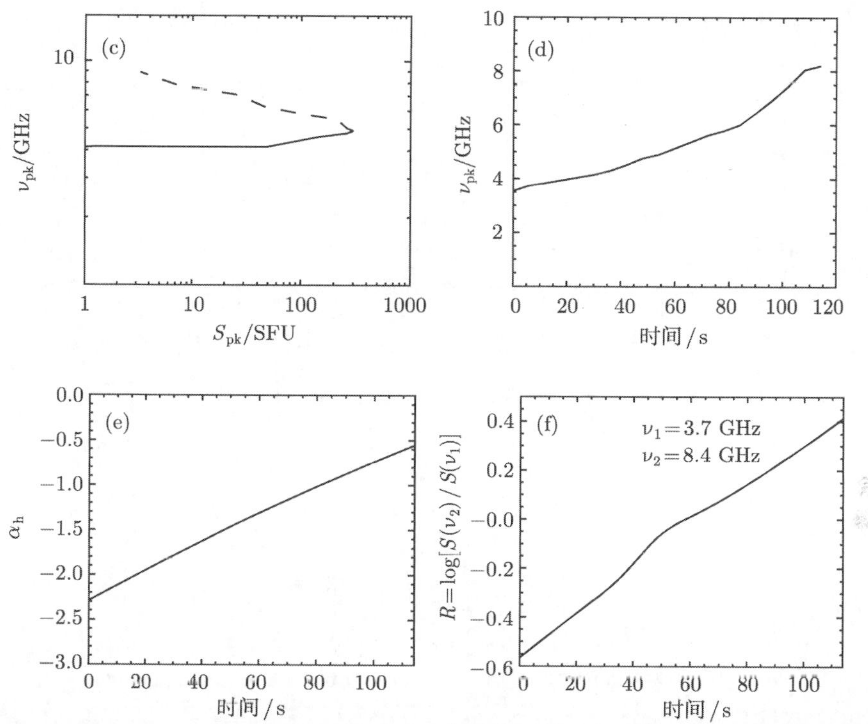

图 1.4 高密度等离子体和电子能谱连续硬化时 ($\delta = 4.0 - (t - t_{\max})/t_{\max}$) 的 GS 频谱演化. 其他参数与图 1.3 完全相同, 除了 $k = 10^3$ 以及 $\phi = 45''$. 在上升阶段和下降阶段 ν_{pk} 和 R 持续增大. 在本图 (a) 和 (b) 两图中, 实线和虚线分别表示上升相和衰变相的不同时刻

最后, 在图 1.5 中通过增大高能粒子的数密度 (相对于图 1.4 大约 10 倍) 加入了 GS 自吸收的影响. 正如原来预期的那样, 在爆发峰值附近的演化由于 GS 源的光学厚度增大而改变. 在其他时段, Razin 效应对谱峰的影响仍然处于支配的地位. 注意 ν_{pk} 和 R 在衰变相 (图 1.5(c)~(f)) 总是高于上升相, 类似于 2.2 节介绍的观测事件.

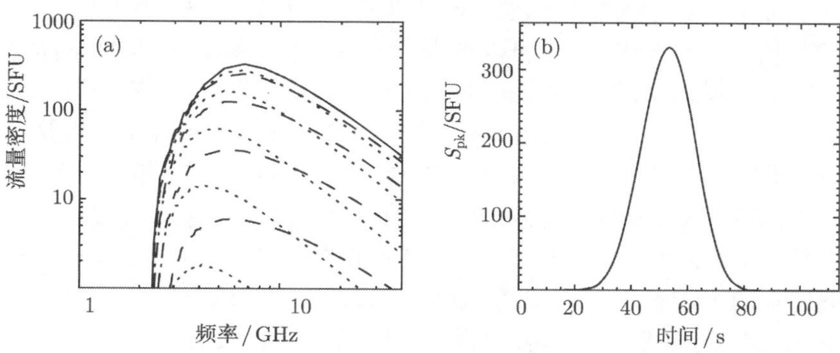

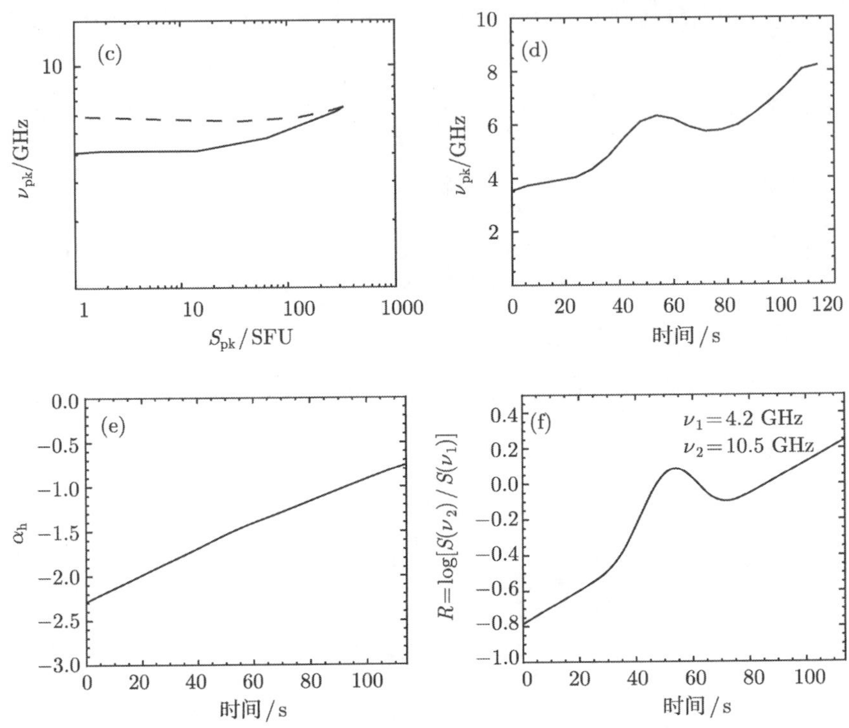

图 1.5 高密度等离子体和电子能谱连续硬化时 ($\delta = 4.0 - (t - t_{\max})/l_{\max}$) 的 GS 频谱演化. 其他参数与图 1.3 完全相同. 在辐射主峰 ν_{pk} 和 R 的增加和减小是由于 GS 自吸收的缘故. 峰值频率和流量比值随时间出现的新的增大在衰变相清晰可见, 此时射电源在较低频率变为光学薄, 而且 Razin 抑制成为确定谱峰的主导因素

1.2.6 爆发衰变相后期的等离子体密度增大

耀斑环中的能量释放足够大时将伴随色球蒸发, 并将使环内的等离子体密度随时间增大. 如果这样的密度增长足够大, 可能导致 ν_{pk} 在衰变相中后期逐渐增大, 与此同时 Razin 效应处于支配的地位. 该过程的数值模拟结果显示在图 1.6 中. 假设环内的等离子体密度增长起始于爆发极大时刻, 并在整个衰变相期间持续增大. 靠近爆发极大时刻, 反转频率较低的主要原因是 GS 自吸收, 但在衰变相 Razin 效应成为主导的机制. 这一点可从低频和高频流量以几乎可比的速率变化看出 (参见图 1.6(a) 中的虚线). 在图 (c) 和 (d) 可以看出峰值频率在爆发极大时刻后与上升阶段相比下降较慢 ($\beta = 0.02$), 然后开始上升. 为了使 ν_{pk} 增大 2GHz(如图 (d) 所示), 仅需等离子体密度增长 50%. 有趣的是随着衰变相等离子体密度增大, 高频谱指数也是增加的 (即谱变平, 参见图 1.6(e)). 这是由于上述介质在高频 $\nu > \nu_{pk}$ 的响应[26], 注意这仅在有限的频率范围内有效, 在更高的频率处谱指数是渐进不变的.

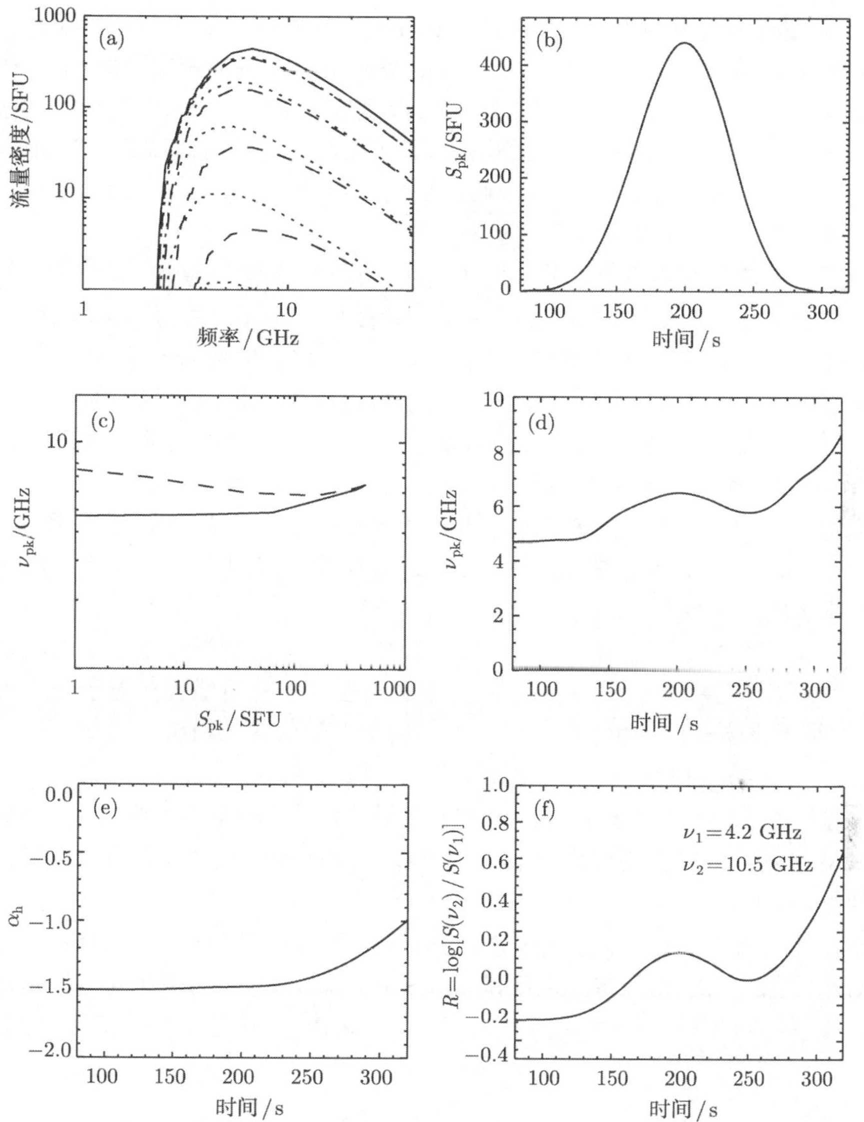

图 1.6 当等离子体密度在下降阶段增大 $n(t)=n_0[1+2(t-t_m)^2/t_m^2]$ 时的 GS 辐射谱的演化. 其中, $n_0=5\times10^{10}\ \mathrm{cm}^{-3}$, $t_m=200$ s. 除了 $\phi=20''$ 之外, 其他参数和图 1.2 相同. ν_{pk}、R 和 α_h 在下降阶段后期增大完全是较高的等离子体密度 (Razin 效应) 的影响

如果在衰变相后期射电源磁场逐渐变小, 也会发生类似的 ν_{pk} 的增长. 为了得到相同的 ν_{pk} 的增大, 仅要把磁场强度降低 25%. 原则上, 当日面盔状结构持续发生能量释放和粒子加速时, 这种情况会发生在日面较高层的新重联的环内.

关于快电子密度对电磁波辐射的影响 (即介质中的波色散的作用), 在 20 世纪

50 年代初期有所发现, 特别是文献 [34] 研究了在折射率 $n > 1$ 时密度对介质中的辐射的影响. 文献 [33] 证明了同步辐射发射率的下降在稠密等离子体 ($n < 1$) 中变得很重要, 同时, 文献 [35] 检验了密度对轫致辐射的影响. 当等离子参数 Y 很大时 ($Y = \nu_p/\nu_B \gg 1$), 众所周知的密度影响使同步辐射频谱发生很强的变形 (Razin 效应): ①在低频 $f < f_R$ 的发射率和吸收系数出现指数衰减[18], 和②原有的回旋同步幂律谱 $F_f \sim f^{-\alpha}$ 在较高频率下显著变平[26].

下面的数值计算不再考虑非热电子密度的演化, 而侧重考虑 1.3 节讨论的投射角各向异性的影响. 图 1.7 显示了 $Y = 1$ 即密度的影响不是很强时的辐射, 对准平行方向 ($\eta = \cos\vartheta = 0.8$) 和准横向 ($\eta = \cos\vartheta = 0.2$) 的两种情况, 主要的谱峰是由光学厚度的影响来决定的, 一般而言, 光学厚度的增大导致谱峰向高频方向移动. 关于投射角各向异性 (由参数 θ_c 决定) 将在 1.3 节详细讨论. 注意偏振度从谱峰向左 (光学厚区) 减小, 甚至可以改变偏振极性 (从反常模变为正常模, 参见图 (d)). 谱指数随频率增大并有一个极大值, 然后趋于相对论值 ($\alpha = 2$). 在适当的各向异性 ($\theta_c = \pi/6$) 时出现谱指数的振荡 (参见图 (e)), 主要是由于密度增大和电子能谱指数减小所致 (参见 1.3 节).

对于比较大的等离子体参数 (在图 1.8 中 $Y = 3$), 光学厚度的影响不是非常重要 (为了强调这一点, 图 1.8 中的 τ_0 相对于图 1.7 有所增大). 对于准平行传播辐射, 谱指数完全是由密度的影响来决定, 由此出现低频辐射强度迅速下降的区域 ($\omega < \omega_R \approx 6\omega_{Be}$). 峰值强度比图 1.7 减小一个数量级.

偏振度不同于图 1.7 那样从谱峰向左下降, 而是随频率下降保持上升, 这就意味着密度对正常模的抑制作用要强于反常模. 各向异性的偏振度总体强于各向同性的情形.

谱指数的属性定性不同于图 1.7(e) 和 (f): 没有明显的极大, 同时各向异性逼近相对论值 ($\alpha = 2$) 比各向同性更快, 与图 1.7 恰好相反. 两图相同之处是对同一频率而言, 各向异性的谱指数大于各向同性, 也就是说, 各向异性越强, 频谱越陡峭.

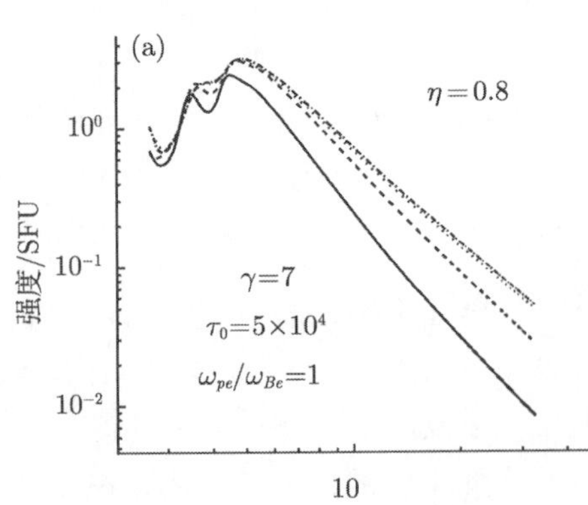

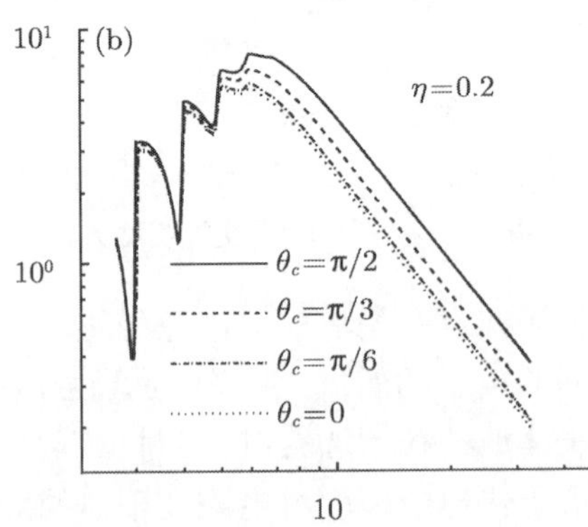

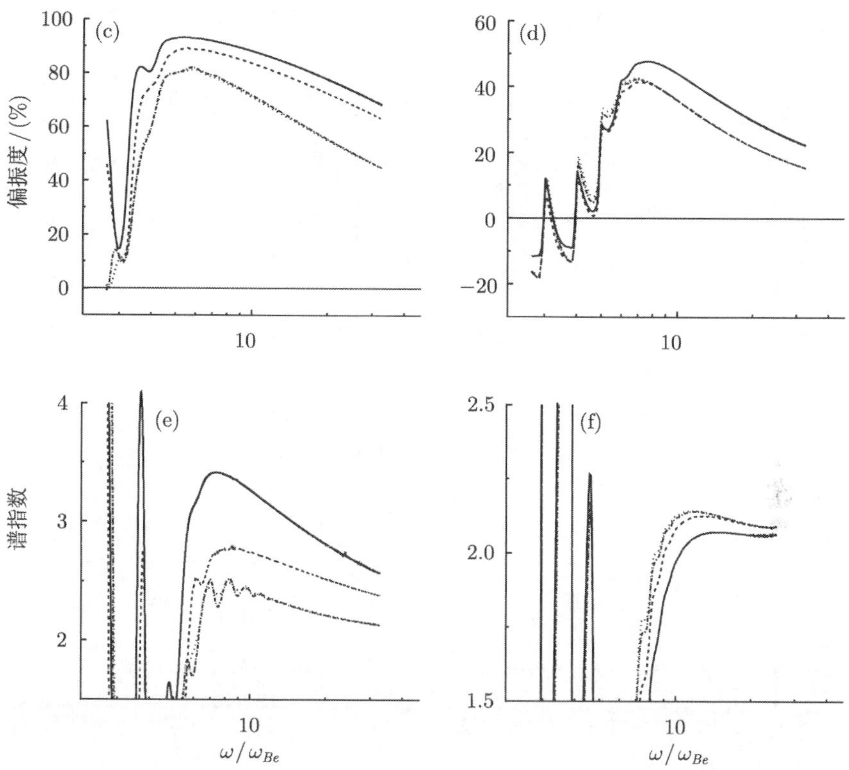

图 1.7 在高等离子体密度 $Y = \omega_{pe}/\omega_{Be}$ 从 0.3 增至 1 以及电子谱较硬时的回旋同步辐射的强度、偏振度和谱指数随频率的变化, 分别在准平行传播 ($\eta = 0.8$) 和准横向传播 ($\eta = 0.2$) 以及不同的损失锥角 θ_c 的情形. 其他参数均在图中注明

对于准横向传播 (图 1.8 的右边一列), 光学厚度的影响值得注意: 当 $\omega/\omega_{Be} = 6 \sim 10$, 偏振度随频率减小而下降, 密度的影响即使在较低频率仍然起支配的作用 (即偏振度再次增大). 然而没有辐射频谱的指数衰减, 后者反映了 Razin 抑制.

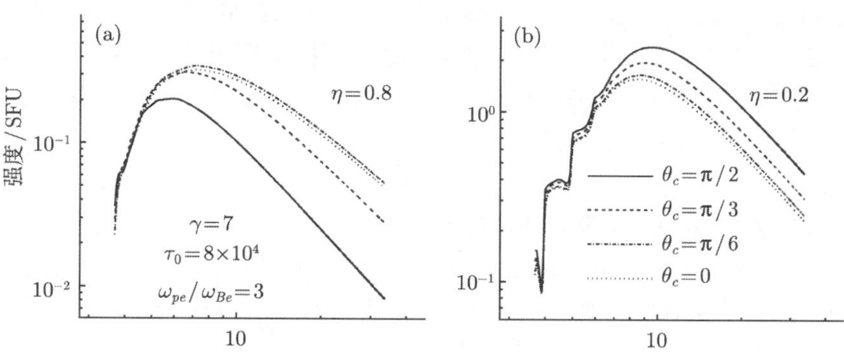

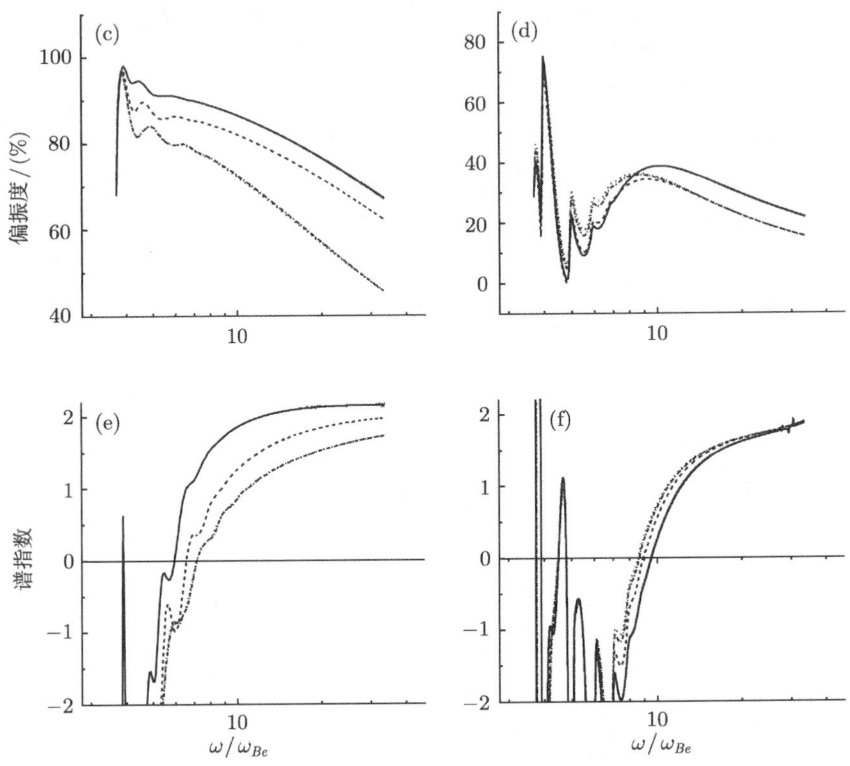

图 1.8　同图 1.7 但是等离子体比较稠密. 对于准平行传播的辐射, 谱指数完全是由 Razin 效应决定. 偏振度和谱指数均不同于图 1.7

Razin 效应与光学厚度同时起作用的情况在图 1.9 中清晰可见 (左边一列). 谱峰 ($\omega/\omega_{Be} = 20 \sim 30$) 主要是由光学厚度的作用, 同时密度的影响也是很重要的 (Razin 频率为 $\omega_R \approx 17\omega_{Be}$). 密度的作用是保持偏振度在光学厚区为正值, 由于其压制正常模比反常模更强烈. 对各向异性的偏振度可能非常大 (大于 60%), 对各向同性则小于 40%. 当频率低于 Razin 频率 ($\omega < 17\omega_{Be}$), 发射率和吸收系数均会出现指数因子的减小. 无论如何, 发射率缓慢向低频减小直至 $\tau > 1$, 因为辐射强度是方程 (1.11) 定义的比值 j_σ/κ_σ 确定. 然而, 随 τ 下降至小于 1 后, 由于 Razin 抑制的作用, 辐射强度开始指数衰减 ($\omega < 8\omega_{Be}$), 偏振度开始增长 (由于正常模受到的抑制强于反常模), 而这些频率的谱指数则急剧减小.

图 1.9 的右列展示了非常大的光学厚度 ($\tau_0 = 5 \times 10^{11}$) 的情形. 各向异性对辐射强度已经没有影响, 而仅对偏振度有较弱的影响. 需要强调的是谱指数对频率的依赖性: 光学厚的回旋同步辐射并未展示明显的幂律分布, 而是在较高的频率 ($\omega > 50\omega_{Be}$) 逼近相对论的值 (约为 $\omega^{2.5}$), 对各向同性和各向异性均是如此.

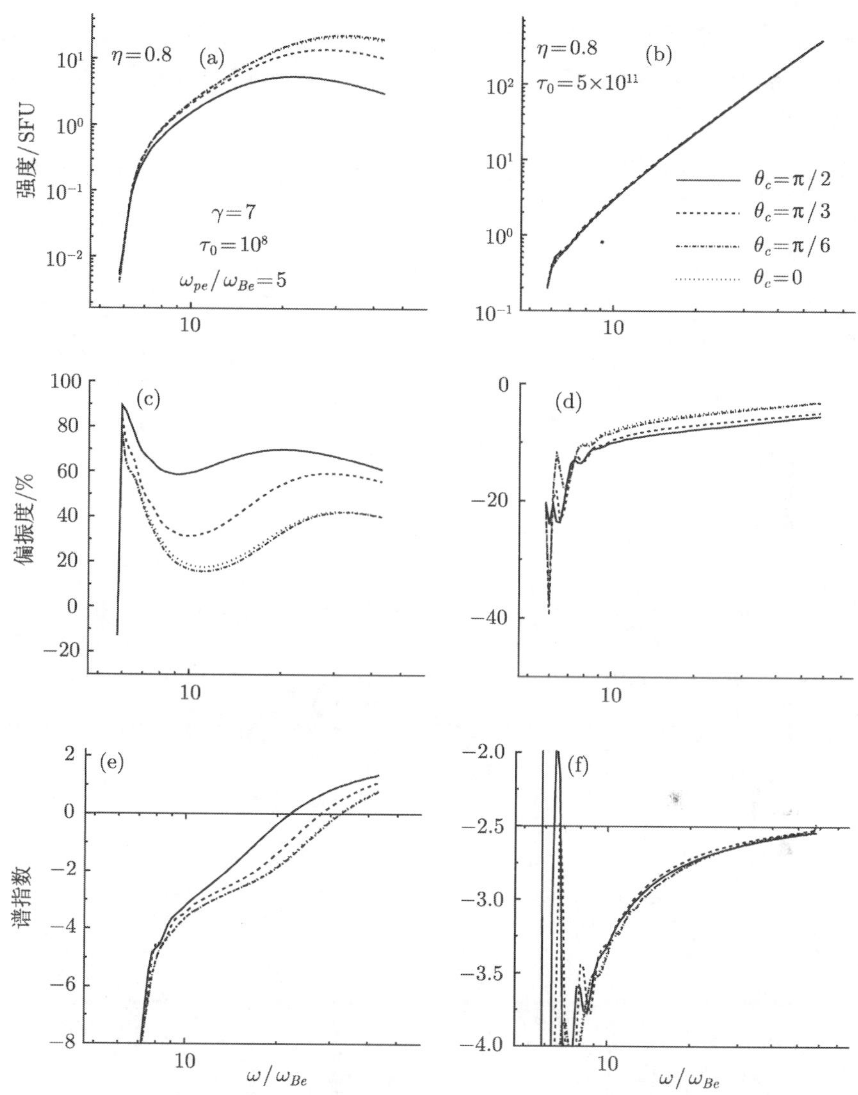

图 1.9 左列为 Razin 效应和高光学厚度同时起作用的情形, 右列为非常大的光学厚的情形. 计算结果参见有关讨论

关于密度的影响值得注意：如图 1.10 所示, 即使对于中等的 Y 值, 在低频段并没有明显的抑制. 图中左右两列仅有 Y 值的差异：对于左列 $Y=1$, 而对于右列 $Y=2$. 由密度的影响产生辐射的下列改变：①光学厚区变得更为平滑, ②光学厚区的反常模偏振变得更强, 在各向异性的情况下偏振极性可能对应反常模, 而各向同性则可能对应正常模 (参见图 1.10(d)), 以及③谱峰区变得更宽, 即谱指数为零的过程更为缓慢.

在各向异性时谱指数将从各向同性区的下方逼近相对论值 ($\alpha = 1$). 注意谱极大的位置 ($\alpha = 0$) 也是依赖于投射角的各项异性, 峰值频率 f_{peak} 随各向异性程度的增大而下降.

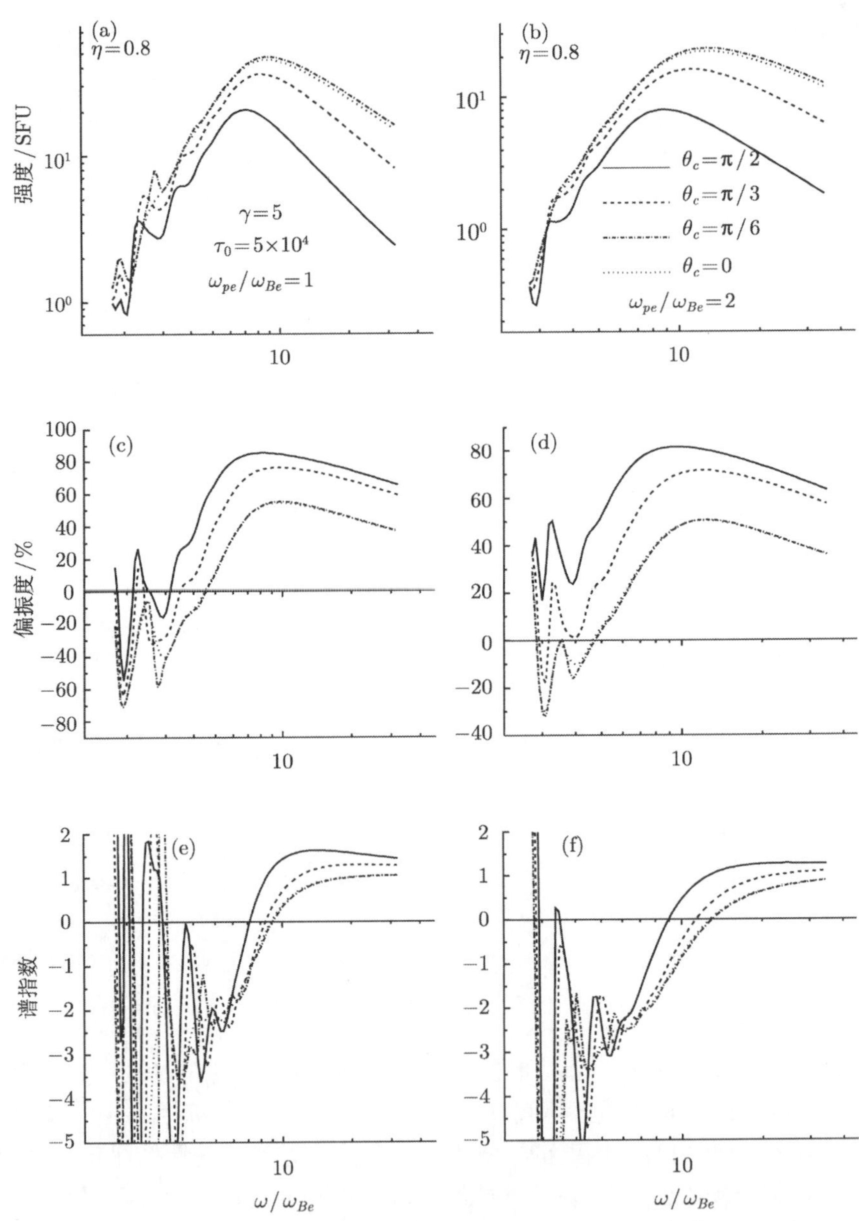

图 1.10　等离子体密度对辐射参数的影响, 参见有关讨论

1.3 电子投射角的各向异性

自从同步辐射被认为是宇宙非热射电辐射的机制以来[36,37], 很快发现具有幂律分布的极端相对论电子产生具有幂律分布的光学薄辐射[19,20,22]. 此后, 详细的宇宙同步辐射谱[31,38,18] 和偏振[39−41] 的理论得到了发展. 虽然极端相对论近似对于多数宇宙目标都是适用的[42], 对于太阳并非完全合理[25,29,43].

由此, 大量的工作致力于非相对论和中等相对论电子产生的回旋同步辐射的有效近似[44−50], 或者进行严格的数值计算[51,52]. 虽然 GS 理论的一般形式[25] 允许考虑任意的投射角 (即电子速度与当地磁场方向的夹角) 的各向异性分布, 多数文章仍然只考虑各向同性分布的快电子, 只有少数人考虑较弱的各向异性投射角分布[44,47,48]. 这些文章的作者也没有发现各向异性对回旋同步辐射频谱和偏振产生有重要意义的影响.

由单个极端相对论电子产生的同步辐射的主要特征是其沿粒了速度方向的辐射, 大部分能量的发射集中在很窄的锥角范围内.

$$\vartheta \sim \gamma_{\mathrm{e}}^{-1} = mc^2/E, \tag{1.30}$$

其中, γ_{e} 为电子的洛伦兹因子; m 和 E 分别为电子的质量和能量; c 表示光速, 因而, 若 $\gamma_{\mathrm{e}} \gg 1$, 则有 $\vartheta \ll 1$. 仅当极强的各向异性 (当电子分布函数在很小的角度范围变化) 才能影响极端相对论电子系综产生的同步辐射. 这里, 任何可预期的各向异性对于来自遥远天体 (如射电星系的超新星遗迹) 的同步辐射计算是完全不重要的. 然而, 这并不包含太阳的情形, 由于是半相对论和中等相对论的电子分布贡献于回旋同步辐射. 因而, 如果存在各向异性, 对于太阳微波连续谱辐射的回旋同步机制, 具有潜在的重要性[13].

实际上, 有充分证据表明耀斑高能电子的分布具有投射角的各项异性. 我们利用光学薄的微波谱和硬 X 射线的时变和频谱, 分析粒子动力学对各种辐射的影响[53−56], 结果表明相当一部分加速电子累积在耀斑环中. 由于磁镜的捕获效应本身就暗示损失锥中的电子缺失, 从而在垂直于磁场的方向形成各向异性分布. 进而有更强的证据表明横向的各向异性的存在, 即光学薄的回旋同步辐射在耀斑环顶部出现亮度的峰值[3,57], 并被解释为中等相对论电子在耀斑环顶部的捕获和积累的示踪[4]. 另一方面, 大量观测显示电子束流存在于太阳日面和耀斑环[58]. 还要提及所发现的从日面中心到边缘强度变化的太阳 GAMMA 射线耀斑的强方向性[59], 同样也发现了微波爆发从日面中心到边缘的变化[60]. 如前所述, 某些加速过程可以产生各向异性的电子分布[61,62,1]. 由此, 具有非各向同性投射角分布的快电子应该是十分常见的.

尽管如此, 除了少数文献 [56], [63] 和 [64] 之外, 大多数关于回旋同步辐射的研究仍然忽略了电子投射角各向异性的影响. 文献 [56] 主要研究了具有初始各向异性分布的电子的动力学行为, 同时考虑了磁镜效应和弱的库仑散射. 投射角的分布随时间的变化导致计算的微波谱处于光学薄的区域. 该模型成功地应用于一个特定的微波爆发的分析[63], 提供了太阳耀斑的各向异性电子分布的证据.

1.3.1 数值模拟

为了研究投射角各向异性对回旋同步辐射的影响, 改变投射角分布的类型 (类损失锥和类束流) 及其参数, 如 $\sin^N$ 和高斯函数的宽度、θ_c 和 μ_0 等. 考虑这些变化对计算参数的影响, 例如, 电子谱指数 γ 和参数 $\tau_0=\frac{\pi L\omega_{Be}}{2c}\frac{N_e}{N}$, 后者规定了源的光学厚度, 以及等离子体频率和回旋频率之比 $Y=\omega_{pe}/\omega_{Be}$. 分别计算了准平行和准横向传播的回旋同步辐射的强度、偏振度和谱指数对频率的依赖性 (磁场矢量和视线夹角分别为 $\vartheta=37°$ 和 $\vartheta=78°$).

1.3.2 $\sin^N$ 型投射角分布

首先在式 (1.14) 中用 $\sin^N$ 函数描述损失锥类型的分布[63], 其中, 参数 N 选为 6. 损失锥的大小 (参数 θ_c) 的变化从 0(各向同性) 到 $\pi/2$(非常宽的损失锥, 高能电子分布在垂直于磁场的方向).

$$f_2(\mu)\propto\begin{cases}\sin^N\left(\dfrac{\pi}{2}\dfrac{\theta}{\theta_c}\right), & 0<\theta<\theta_c,\\ 1, & \theta_c<\theta<\pi-\theta_c,\\ \sin^N\left[\dfrac{\pi(\theta-\pi)}{2\theta_c}\right], & \pi-\theta_c<\theta<\pi.\end{cases}\tag{1.31}$$

1. 一般属性

考虑比较软的电子谱 ($\gamma=9$) 和相对稀薄的等离子体 ($Y=0.3$), 对应的参数 $\tau_0=5\times10^4$, 计算结果参见图 1.11.

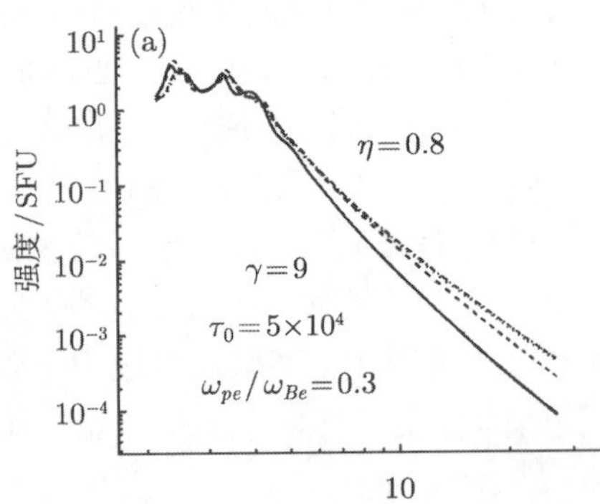

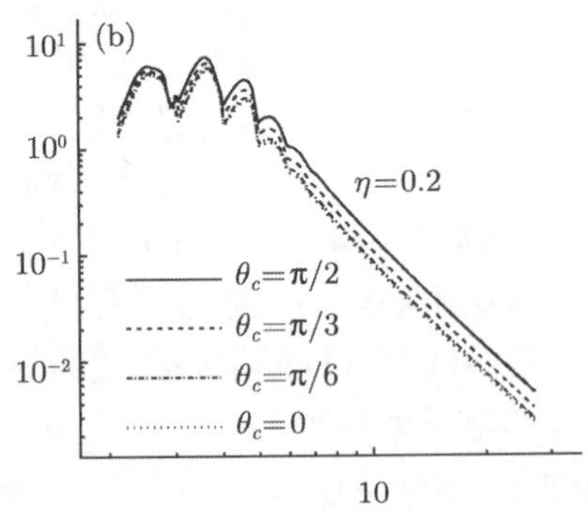

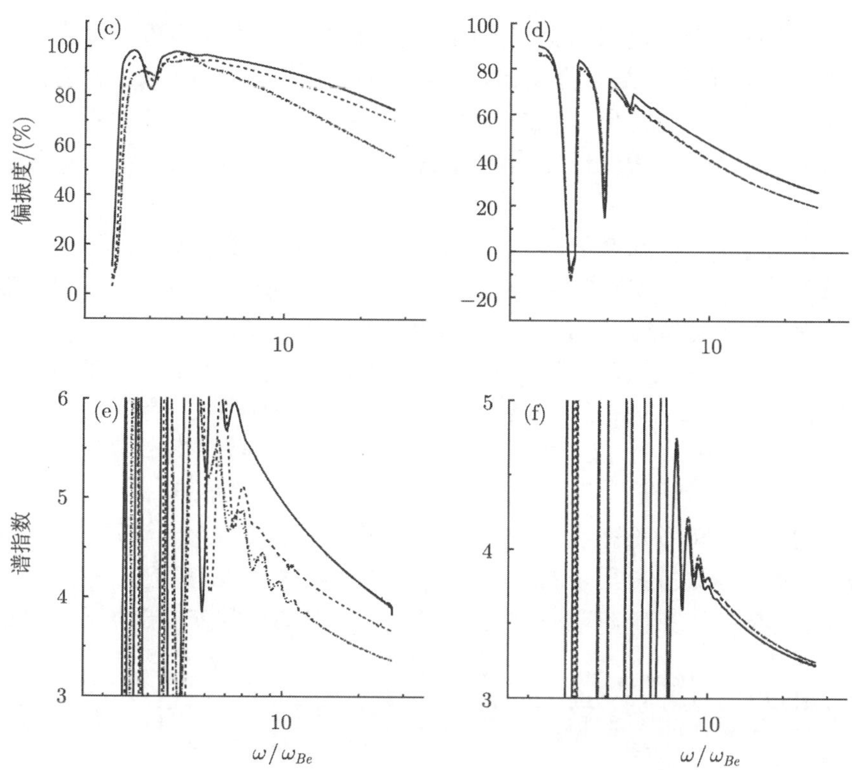

图 1.11 回旋同步辐射的强度、偏振度和谱指数随频率的变化, 其中, 采用了 $\sin^N$ 函数的投射角分布和变化的损失锥角 θ_c. 在准平行传播的情况下 $(\eta = 0.8)$, 强度随 θ_c 减小, 而偏振度和谱指数随 θ_c 增加十分明显. 计算参数在图中标出

比较软的电子谱有利于观测回旋同步辐射的谱结构, 选择 $Y = 0.3$ 是因为较大的 Y 会产生较强的密度 (Razin) 效应, 而较小的 Y 值则有利于产生相干的电子回旋脉塞辐射. 在上述参数下, 光学厚度 τ 只有在较低的回旋频率谐波系数才会超过 1 (图 1.11 (c)$s = 2$, (d)$s = 2, 3$).

众所周知的是, 随各向异性增强, 在准平行方向 $(\eta = \cos\vartheta = 0.8)$, 较高频率的光学薄射电源的辐射强度将急剧下降 (直至 5~10 倍的变化), 同时伴随偏振度的增大 (变幅达到 10%~20%), 而谱指数的增大也是十分显著的 $(\Delta\alpha \sim 1)$. 对于相对较大的各向异性 $(\theta_c = \pi/3, \theta_c = \pi/2)$ 曲线将明显偏离各向同性和较弱的各向异性分布 $(\theta_c = \pi/6)$, 同时也显示了超过相对论谱指数 $(\alpha = (\delta - 1)/2 = (\gamma - 3)/2 = 3)$ 的较大增长, 后者成为足够高的频率的渐进值.

上述结果的物理解释如下. 准平行方向的低频辐射强度对各向异性的敏感度较低是因为这些频率辐射的能量主要来自低能电子的贡献. 单个低能电子的辐射

没有突出的方向性, 因而, 投射角分布的变化对低频辐射不是很重要. 然而, 方向性随辐射电子能量而增大, 导致高频辐射在较小的损失锥视角 θ 的缺失. 而偏振度随各向异性增大的原因是正常模在给定频率的辐射所需的电子能量比对应的反常模更高, 因而, 正常模辐射的方向性比反常模要强, 在准平行方向不利于正常模辐射的条件.

在准横向传播 ($\eta = 0.2$, 图 1.11 右列) 的辐射性质对损失锥类型的各向异性不是那么敏感, 这与上面单电子的分析结果是一致的. 对各向异性分布导致的辐射强度增大是由于和各向同性相比, 更多的快电子移动到磁场的准横向. 偏振度的明显增大发生在很宽的损失锥的情形 ($\theta_c = \pi/2$), 其原因是较宽投射角范围的电子对反常模有贡献, 同样也因为反常模辐射的电子能量低于正常模. 谱指数的变小虽然存在但比较微弱 ($\theta_c = \pi/2$), 除了中等各向异性 ($\theta_c = \pi/6, \pi/3$) 时偏振度和谱指数保持不变, 其原因是对准横向辐射贡献的电子分布在平坦区域 (与 θ 无关).

注意到微波谱的顶部出现起伏 (图 1.11) 与回旋同步辐射的谐波结构有关, 对应的谱指数的振荡是非常显著的 (图 1.11(e) 和 (f)). 这些振荡直至 $\omega/\omega_{Be} \sim 10$ 依然清晰可见, 或许可用来诊断射电源区的磁场. 振荡的次数依赖于各向异性: 振荡次数最多的曲线 ($\eta = 0.8$, 图 1.11(e)) 对应于 $\theta_c = \pi/6$, 此时辐射方向接近于分布函数随投射角变化最快的方向 (相对于 $\theta_c = \pi/6, \cos\theta_c \approx 0.87$).

2. 光学厚度的影响

在一般情况下定性而言, 各向异性对光学薄区域辐射性质的影响对射电源的不同参数是相似的, 然而, 电子谱指数和等离子体密度 (即参数 $Y = \omega_p/\omega_B$) 的光学厚度的变化仍有可能对辐射性质产生重要的影响.

通常光学厚度的增加产生谱峰向高频的漂移 (无论是在各向同性或各向异性的情况下). 图 1.12 展示了回旋同步辐射在与图 1.11 基本相同的参数下, 除了 τ_0 增大了四个数量级. 大的光学深度对各向同性和各向异性的主要影响是谱峰移

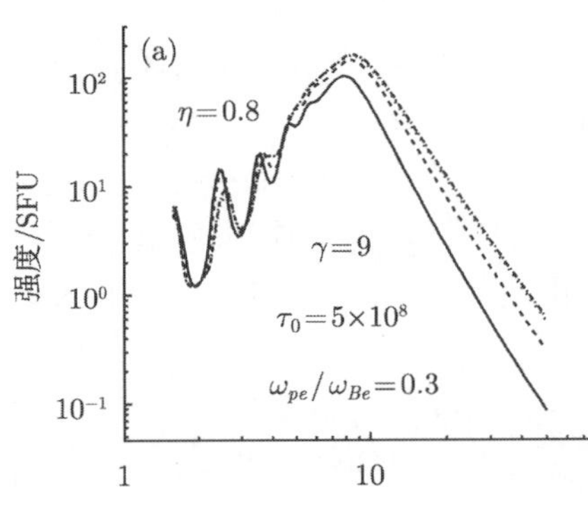

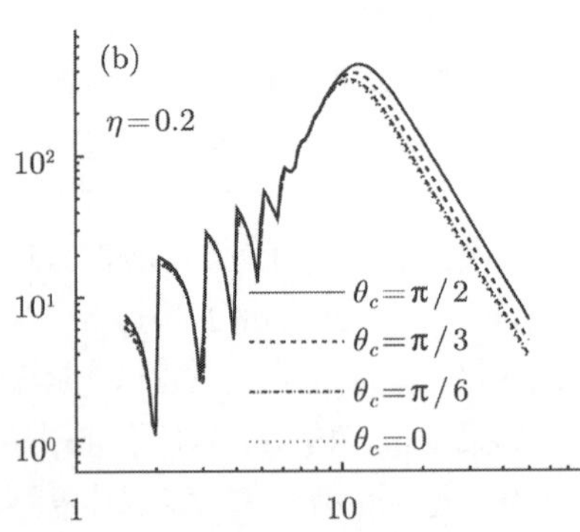

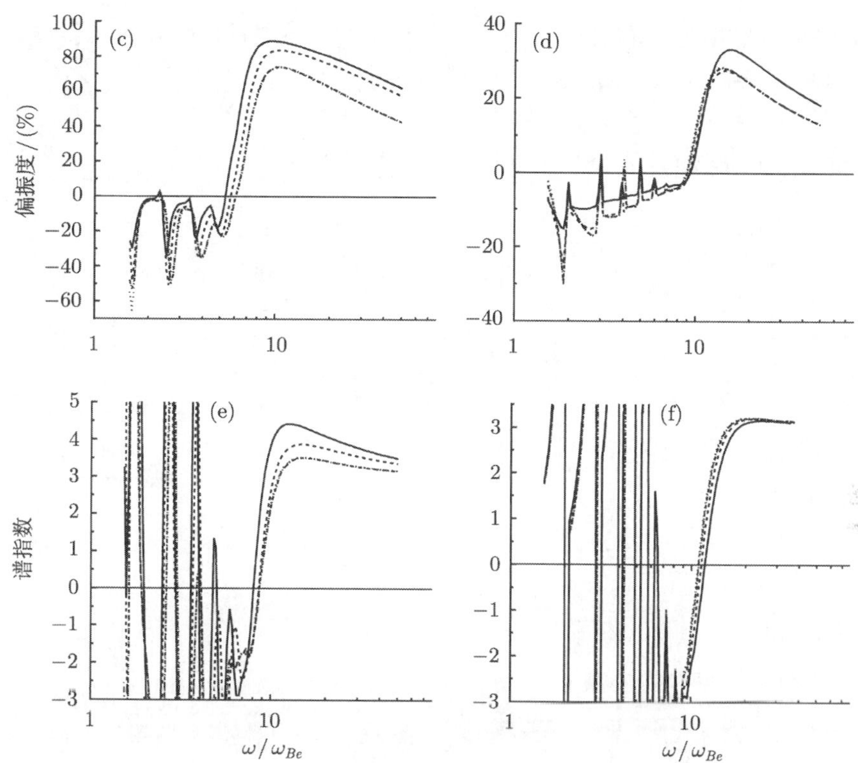

图 1.12 与图 1.11 参数基本相同但光学厚度增大四个量级

至 $\omega/\omega_{Be} \approx 10$, 而且谐波结构在光学厚到光学薄的过渡区域不再显著, 同时谱指数的变化表现为平滑的曲线, 并有明显的极大值, 在较高频率将趋近于相对论值 $\alpha = (\gamma - 3)/2 = 3$ 时.

偏振度的行为类似于图 1.11, 但在光学厚区域主要对应正常模, 其原因是上述在给定频率产生正常模和反常模辐射的电子能量的差异. 由于光学厚区域的辐射水平定性的依赖于辐射电子的有效温度, 正常模的亮温度将大于反常模, 由此决定其正常模的偏振, 这在各向同性的情形是众所周知的结论. 而在各向异性时正常模偏振变弱, 以为如上所述损失锥分布比各向同性更有利于反常模的产生.

1.3.3 高斯分布的损失锥

回旋同步辐射的属性对损失锥类型的投射角分布函数的形态有很强的依赖性. 在式 (1.14) 中用文献 [12] 中的高斯函数, 参数 $\mu_1 = 0$, 而参数 μ_0 在 0.2~10 变化 (即从很窄的类似馅饼的分布到接近各向同性分布).

$$f_2(\mu) \propto \exp[-(\mu - \mu_1)^2/\mu_0^2]. \tag{1.32}$$

图 1.13 给出相对稀薄的等离子体, 即 $Y = 0.5$, 图中各向异性时的辐射强度相比于各向同性具有数量级的差异. 而在光学薄区的谱指数的变化因子达到了 4(参见图 1.13(e)). 同样, 偏振度的变化也是十分显著的, 对于准横向传播可超过 50%, 而对于准平行传播则可达 100%. 而且在光学厚区的偏振极性可能对应反常模.

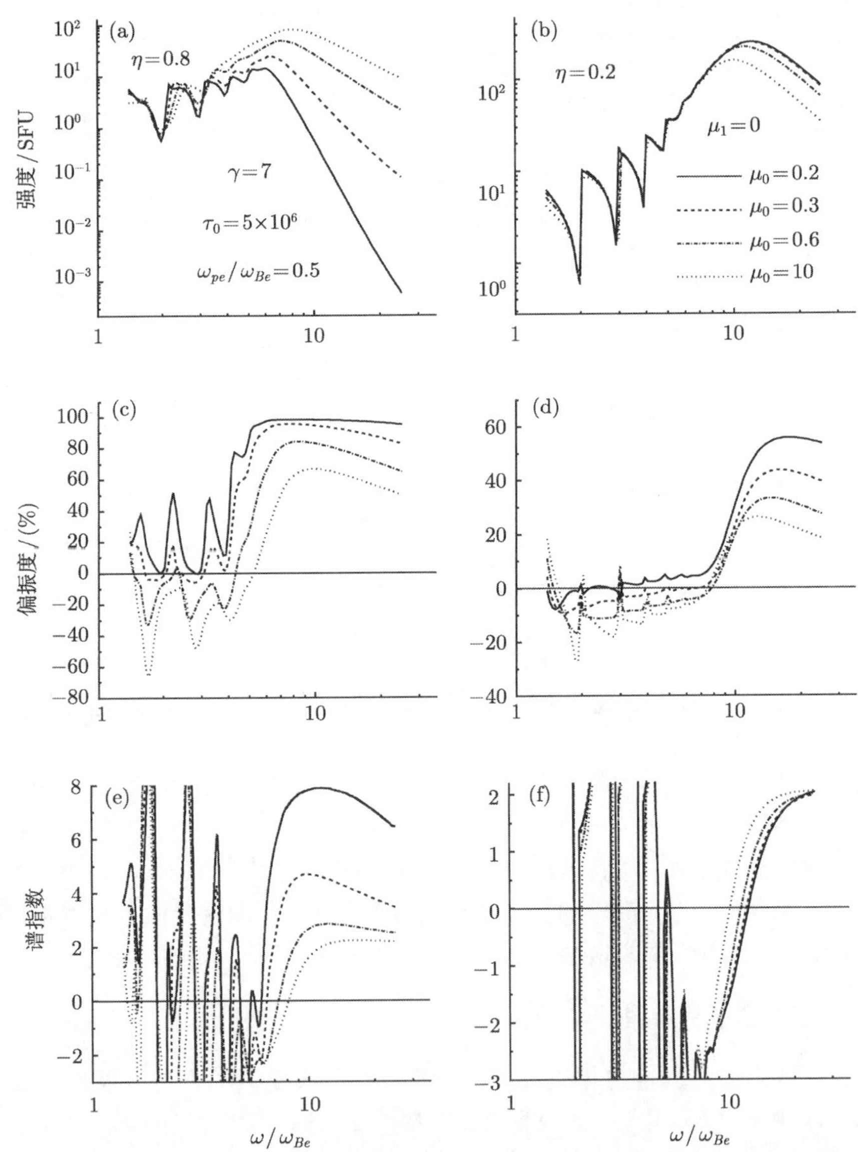

图 1.13　高斯型损失锥投射角分布 $f_2(\mu) \propto \exp[-(\mu-\mu_1)^2/\mu_0^2](\mu_1=0)$, 取不同的 μ_0 时的回旋同步辐射强度、偏振度和谱指数随频率的变化, 和 $\sin^N$ 分布相比对各向异性的依赖更强

上述影响对相对稠密的等离子体依然存在，如图 1.14 所示的 $Y = 2$ 的情形. 一般而言，谱峰随 Y 增大向更高的频率移动，因而，略微减小了 τ_0 的值，使得谱峰和图 1.13 保持在相同的频率. 和图 1.13 相比，光学薄区没有发生大的变化，然而在光学厚区对稠密等离子体变化比较平滑 (由于低能电子的贡献被密度影响所抑制). 我们也注意到谱指数的范围对稠密等离子体略微变宽，对各向同性和各向异性皆如此，这也类似于 $\sin^N$ 投射角分布所看到的结果. 还有光学厚区的反常模偏振度比图 1.13 中稀薄的等离子体有显著的增大.

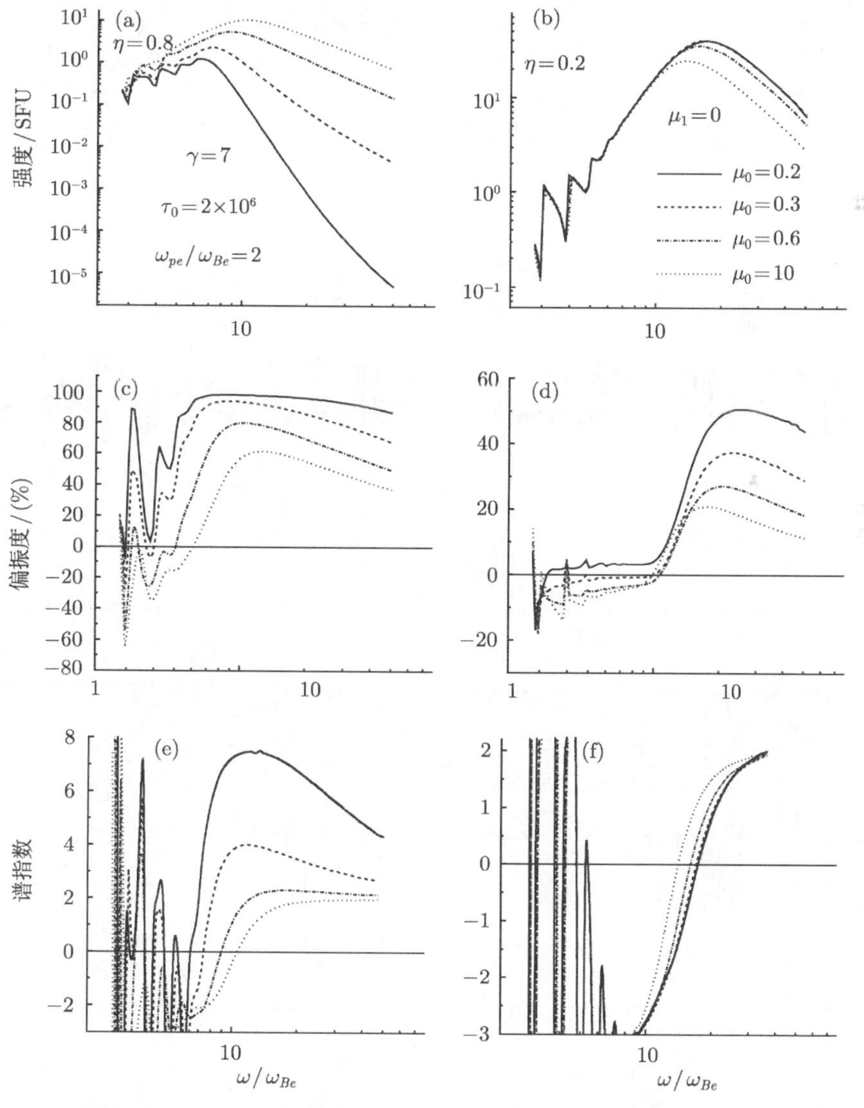

图 1.14 与图 1.13 参数基本相同，对于较稠密等离子体 $Y = 2$

严格的结果还依赖于电子能谱指数 γ. 假定在图 1.13 和图 1.14 相同的参数下, 但是 $\gamma = 9$, 将发现谱指数的振荡起始于峰值频率附近. 对于 τ_0 小于图 1.13 和图 1.14 的取值时, 该振荡将更为显著, 参图 1.15(Y 值取为 1, 介于图 1.13 和图 1.14 所取的 0.5 和 2 之间, 此时 Y 值的变化不会产生大的差别).

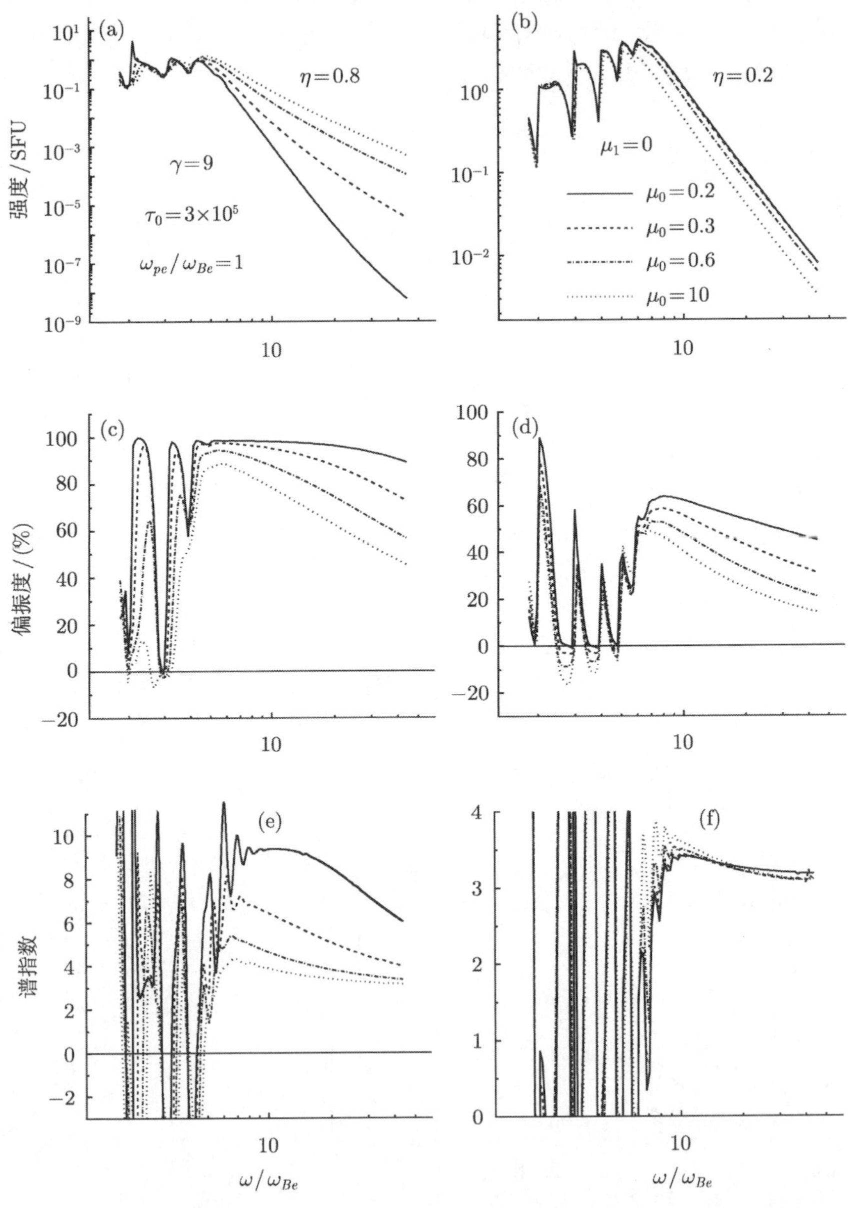

图 1.15 与图 1.13 参数基本相同, 但电子谱指数较软 $\gamma = 9$

此时光学厚区反常模偏振随频率在 0%~100% 变化. 光学薄区的谱指数的振荡在准平行和准横向均变得更为明显. 各向异性越强, 准平行方向的谱指数振荡越显著 (参见图 1.15(e)), 这也不同于 $\sin^N$ 分布的行为 (图 1.11(e)), 其中, 中等的各向异性 ($\theta_c=\pi/6$) 产生最强的谱指数振荡.

总之, 高斯分布的各向异性对辐射的影响远强于 $\sin^N$ 的类型, 这是由于高斯型分布的损失锥电子数相对于 $\sin^N$ 减少得更快. 一般而言, 在相同条件下, 损失锥比各向同性分布更有利于反常模辐射的产生.

1.3.4 投射角分布形态的影响–束流类分布

现在把注意力转向束流分布的电子所产生的回旋同步辐射. 为此, 采用高斯型分布, 而取参数 $\mu_1=1$[12]. 图 1.16 显示了束流在半球传播的视角. 显然, 在沿束流的方向 ($\eta=0.8$) 有辐射强度的上升. 谱指数对不同的束流宽度 (μ_0) 的离散虽然存在, 但不是太大. 然而, 必须提及偏振度在准平行方向的一个显著的减小, 各向同性时可以超过 50%, 而对各向异性则可能小于 30%, 这对于准平行传播是一个不寻常的值.

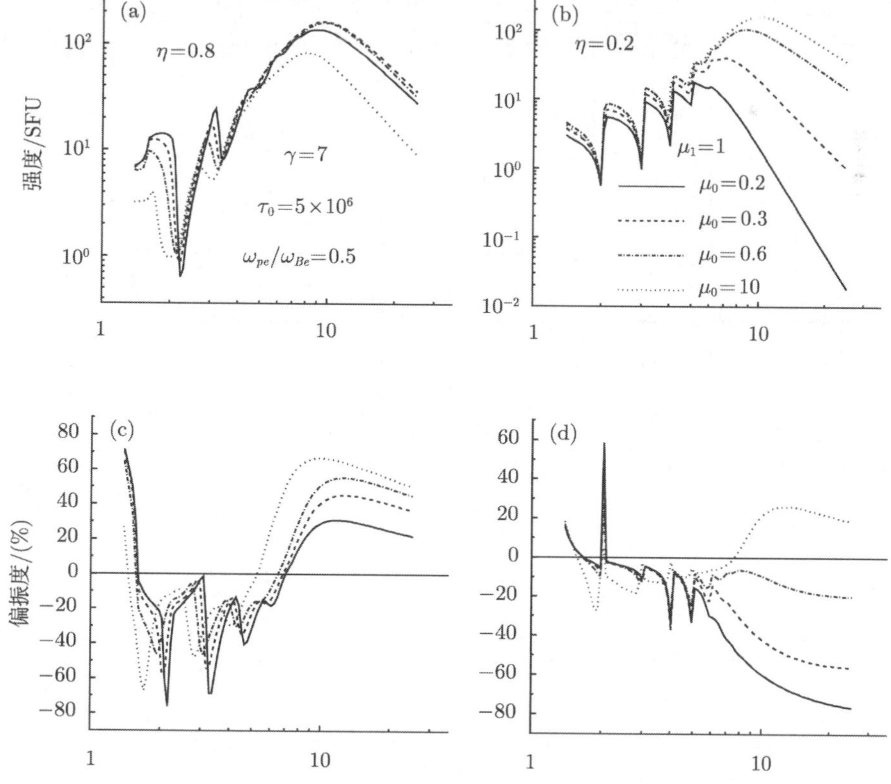

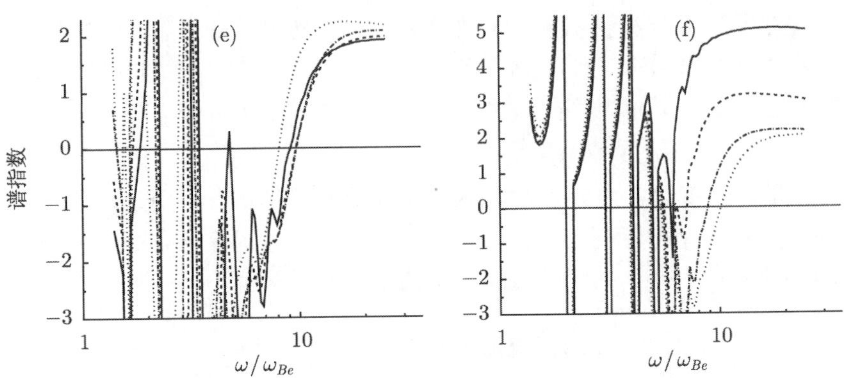

图 1.16 高斯型类束流投射角分布 $f_2(\mu) \propto \exp[-(\mu-\mu_1)^2/\mu_0^2](\mu_1=0)$, 取不同的 μ_0 时的回旋同步辐射强度、偏振度和谱指数随频率的变化. 各向异性的影响在准横向传播时特别明显 (右列). 类束流分布有利于正常模辐射 (甚至在光学薄区)

类束流的各向异性对偏振的影响特别是在准横向传播时尤为明显, 正常模占优的情况可能在光学厚和光学薄区同时出现. 随着各向异性的增强, 光学薄区的偏振极性出现从反常模到正常模的反转. 因而, 类束流分布有利于正常模的回旋同步辐射的产生, 甚至出现在光学薄区. 这种变化可能发生在所有的视角 (参见图 1.17).

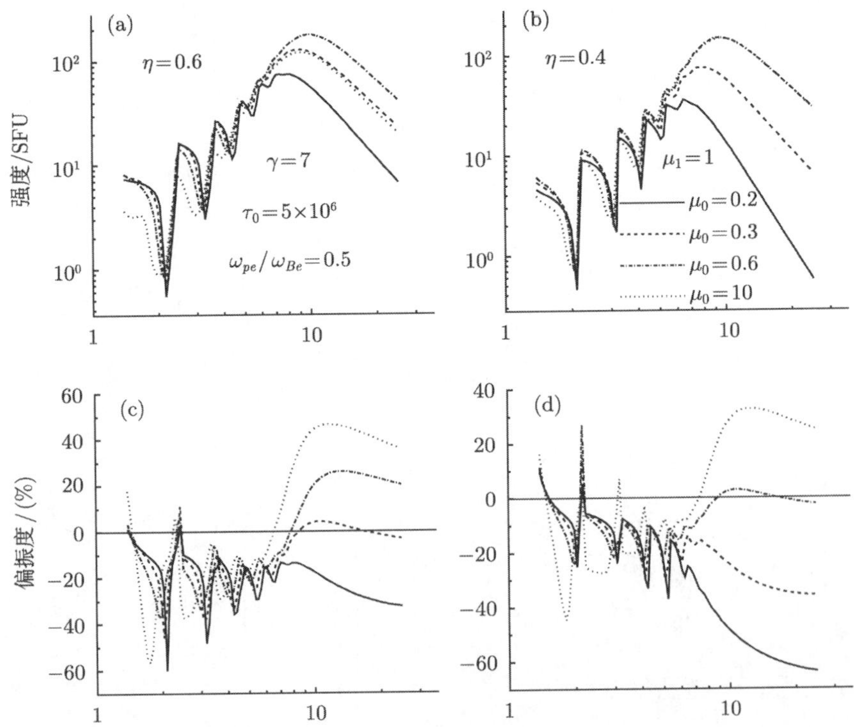

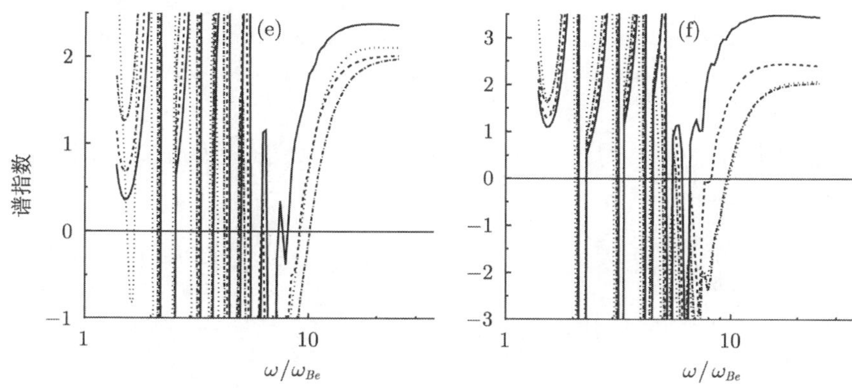

图 1.17 与图 1.16 参数相同, 但对于不同的传播角 $\eta = 0.6, 0.4$

要特别注意偏振极性在光学薄区可能随频率而改变.

对于另外一个半球, 情况与沿束流传播时恰好相反: 对所有视角均观测到强的反常模辐射, 如图 1.18 所示. 同时, 谱指数的值发生了特别大的分散. 通常认为很大的谱指数 ($\alpha > 8$) 意味着回旋同步辐射是由热电子产生的[23]. 然而, 图 1.18 显示各向异性的非热电子也可产生非常软的回旋同步辐射谱.

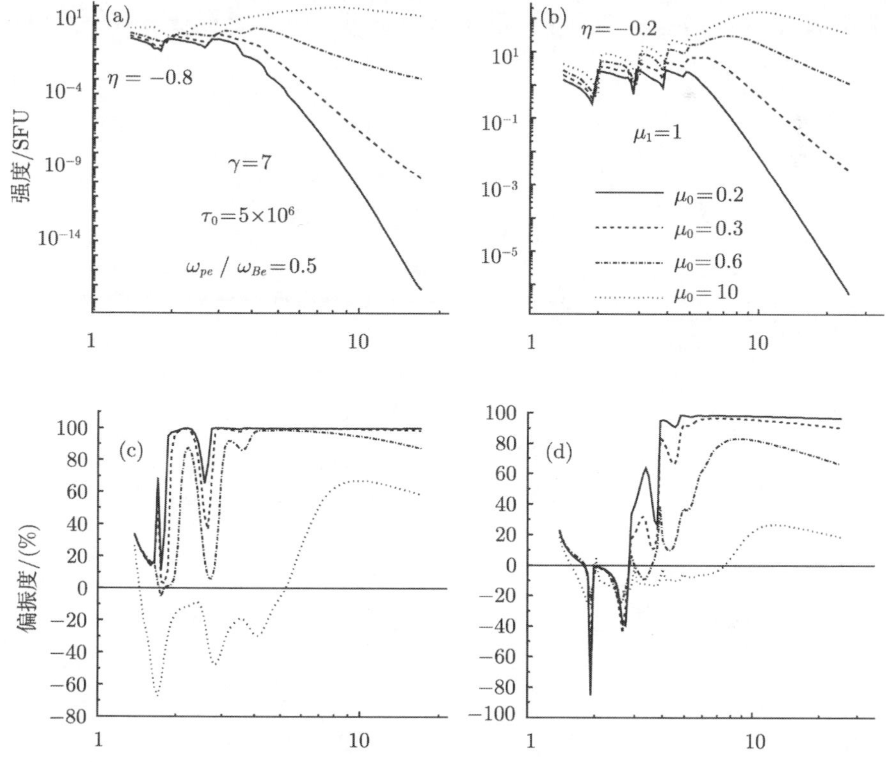

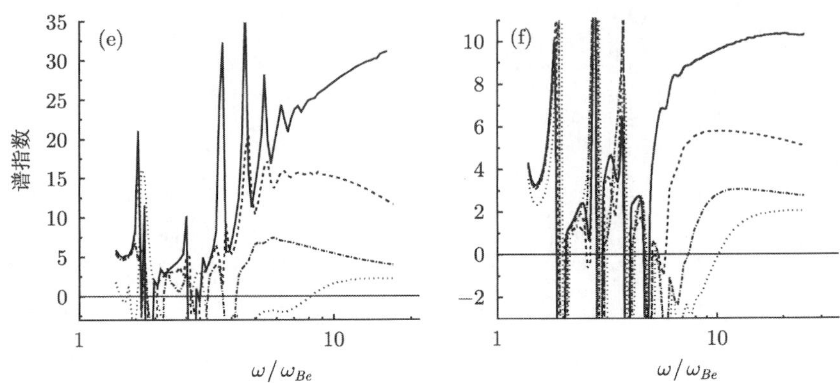

图 1.18　与图 1.16 参数相同, 但对束流传播的方向相反. 谱指数随各向异性可比原来增大 10, 因而产生极软的频谱

图 1.19 展示了稠密等离子体 ($Y = 2.5$) 中由束流激发的回旋同步辐射, 此时的光学深度比较大. 其偏振和谱指数的一般行为与图 1.16 相同. 然而, 必须注意：甚至在相当宽的光学厚区内并不遵循简单的幂律谱, 谱指数不包含任何平坦的负值, 这种属性在上述损失锥和各向同性分布已经涉及.

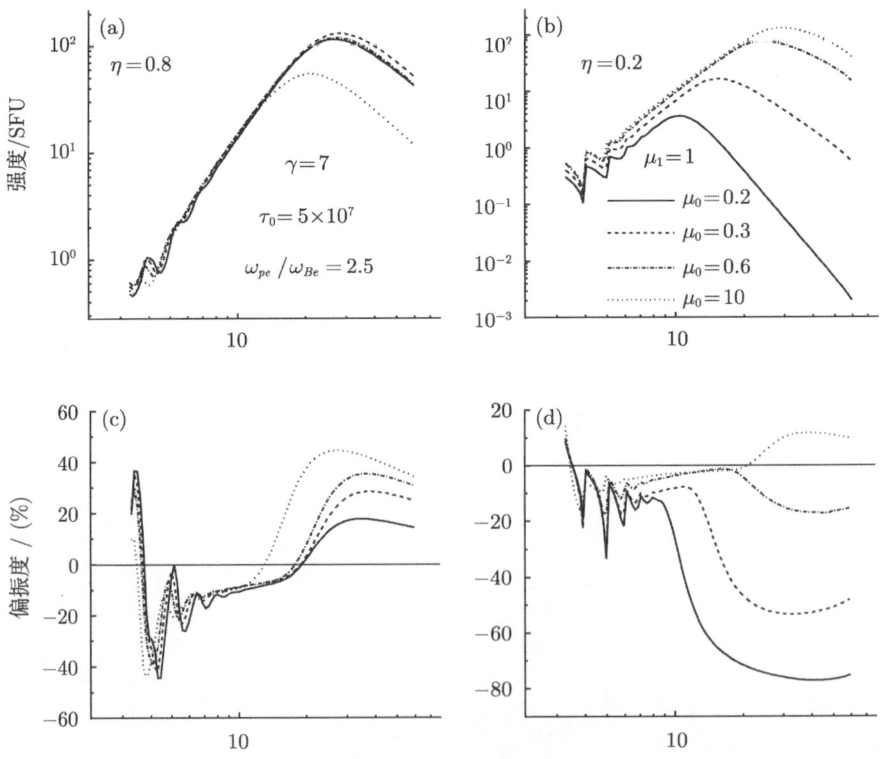

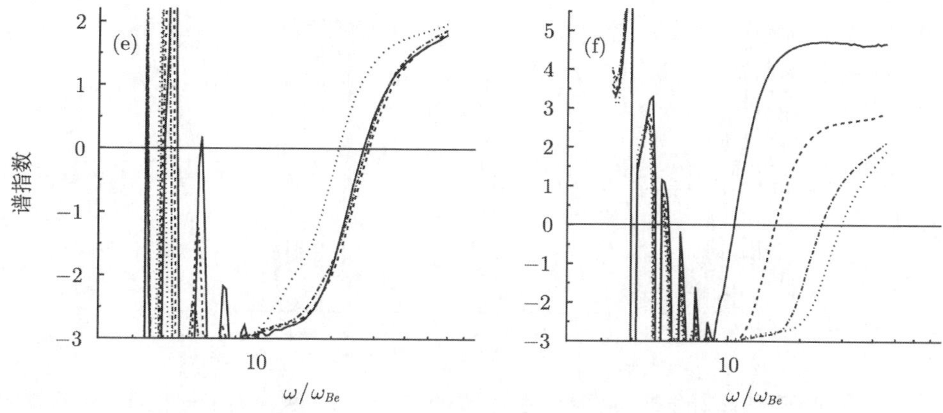

图 1.19 与图 1.16 参数相同, 但对于稠密等离子体 $Y = 2.5$

图 1.20 给出了不同类型的高斯分布的各向异性: 损失锥 ($\mu_1 = 0$)、束流 ($\mu_1 = 1$) 和斜向传播的束流 ($\mu_1 = 0.3,\ 0.6$). 从该图可以确认从损失锥到束流分布的逐渐过渡.

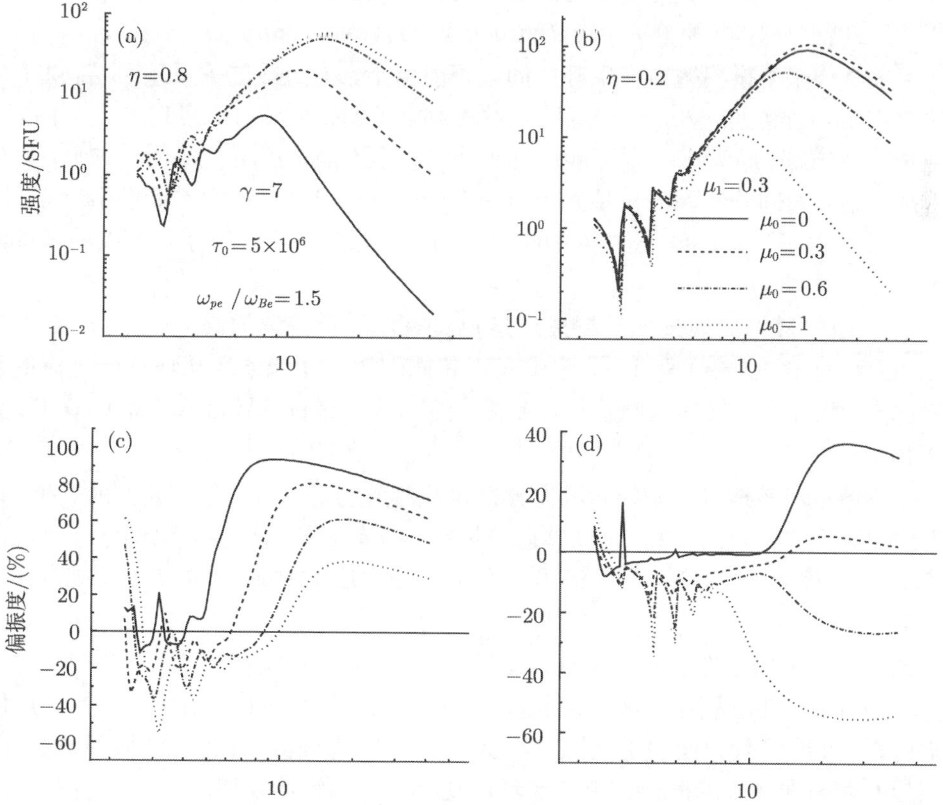

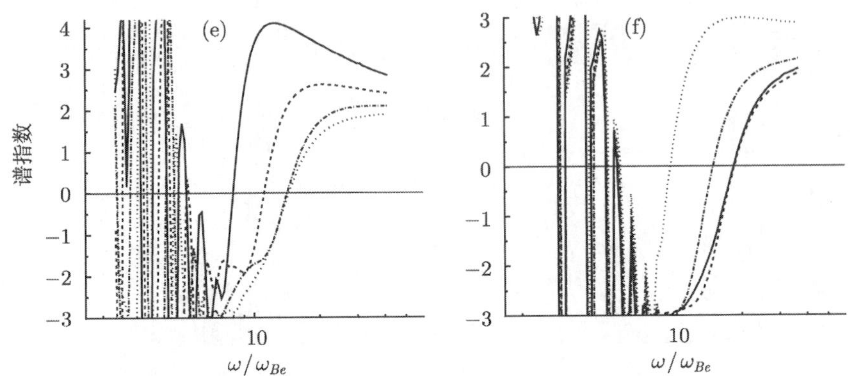

图 1.20　不同类型的高斯分布的各向异性：损失锥 ($\mu_1 = 0$)、束流 ($\mu_1 = 1$) 和斜向传播的束流 ($\mu_1 = 0.3,\ 0.6$) 对应的回旋同步辐射强度、偏振度和谱指数

1.3.5　讨论

上述研究证明了投射角各向异性可以显著地影响回旋同步辐射的属性. 首先, 必须注意各向异性对光学薄区辐射强度和谱指数具有很强的影响, 并主要与随能量变化的方向性有关, 可参考单个电子同步辐射的公式 (1.28).

目前认为辐射谱指数与产生辐射的电子能谱指数有直接的关系, 由此提供了从微波谱推断电子谱的方法[13]. 然而, 如果辐射电子的投射角具有各向异性, 不能直接应用上述方法, 因为谱指数可能明显偏离各向同性时的对应值. 无论如何, 如果能用高频谱和空间分辨率的设备分析谱指数沿磁环的分布, 上述结果对高能粒子诊断将会很有潜在意义甚至是强有力的 [66]. 进而, 谱指数的振荡行为可以用来诊断磁场.

从 NoRH 数据发现延展的耀斑环足点具有比环顶较软的谱 ($\Delta\alpha$ ~(1~1.5) 在 17 GHz 到 34 GHz 的频段)[8,9]. 这就表明其原因之一在于磁场从环顶到足点的系统增加. 对应的足点辐射的回旋谐波次数低于环顶, 这将导致较软的足点谱 (参见图 1.10), 具有 $\Delta\alpha \sim (0.5\sim1)$[9].

上述结果清楚地显示投射角各向异性对观测到的谱指数变化有重要的贡献. 如果考虑磁力线向足点的会聚, 可以预期的是比环顶更为各向异性的电子分布出现在足点. 进而, 对于日面耀斑, 足点源是在准平行方向被观测到, 同时环顶源则是在准横向被观测到.

图 1.7~ 图 1.8、图 1.11~ 图 1.12、图 1.13~ 图 1.15 显示: 相比于各向同性或弱的各向异性 (在准横向传播的环顶源), 各向异性分布产生了系统较软的回旋同步辐射谱 (在准平行方向的足点源), 与上述 NoRH 的观测数据吻合. 因而, 投射角各向异性对于观测到的谱指数沿耀斑环的变化起了关键的作用.

还应注意到：由于投射角各向异性, 准平行方向的辐射强度的减小对解释观测到的临近日面中心的耀斑环射电亮度从环顶到足点的减小是十分关键的因素 [4].

实际上, 回旋同步辐射强度和谱指数研究结合 RHESSI 卫星的硬 X 射线和 GAMMA 射线数据, 将对研究沿耀斑环的快电子投射角分布提供全新的强有力的工具. 由此得到的信息对快电子在磁环中的传播模型极为重要, 可以加入最基本的限制, 包括镜比、背景粒子数密度, 以及环中的湍动谱的水平, 所有这些将决定磁环中的粒子动力学行为.

进而, 偏振属性也可用于参数诊断的目的. 各向异性分布可以导致光学厚区的反常模偏振, 或者在束流分布的某些情形下, 在光学薄区出现正常模辐射. 也可能发生偏振极性随频率多次改变的情况, 偏振度可以极大地偏离各向同性的对应值.

我们的结论是：这里预期的多数影响是可观测到的 (其中一部分已经观测到), 由此, 用这些结果详细解释微波数据将极大地改善高能粒子的诊断, 并提供太阳耀斑中的快电子投射角各向异性的新的观测限制.

1.4 电子在耀斑环中的传输及其对回旋同步辐射的影响

为了采用比以往更为定量的方式, 研究耀斑环不同部位的微波辐射属性和演化, 考虑磁镜效应和库仑碰撞, 在不同的物理条件假设下, 以及不同的投射位置 (环顶、环臂及环足), 求解非稳态的福克尔–普朗克 (Fokker-Planck) 方程[67], 建立电子能谱、投射角和沿磁环的空间分布的模型.

$$\begin{aligned}\frac{\partial f}{\partial t}=&-c\beta\mu\frac{\partial f}{\partial s}+c\beta\frac{\mathrm{d}\ln B}{\mathrm{d}s}\frac{\partial}{\partial\mu}\left[\frac{1-\mu^2}{2}f\right]\\&+\frac{c}{\lambda_0}\frac{\partial}{\partial E}\left(\frac{f}{\beta}\right)+\frac{c}{\lambda_0\beta^3\gamma^2}\frac{\partial}{\partial\mu}\left[\left(1-\mu^2\right)\frac{\partial f}{\partial\mu}\right]+S,\end{aligned}\tag{1.33}$$

这里, $f=f(E,\mu,s,t)$ 是动能为 $E=\gamma-1$ (单位 mc^2) 的电子分布函数, 投射角余弦为 $\mu=\cos\ \alpha$, s 表示到耀斑环中心的距离, t 为时间, $S=S(E,\mu,s,t)$ 之投射速率, $\beta=v/c$, v 和 c 分别为电子速度和光速, $\gamma=1/\sqrt{1-\beta^2}$ 为洛伦兹因子, $B=B(s)$ 表示磁场沿环向的分布, $\lambda_0=10^{24}/n(s)\ln\Lambda$, $n(s)$ 表示等离子体密度分布, $\ln\Lambda$ 为库仑对数.

基于文献 [68] 发展的方法, 下面给出的数值结果仅针对两种情况：模型 1 的高能电子源位于磁捕获的中心位置 $s=0$, 而模型 2 则接近某个环足 $s=2.4\times10^9$ cm. 两个模型的捕获均是对称环, 其半长度为 3×10^9 cm, 磁镜比 $B_{\max}/B_{\min}=2$, 以及 $B_{\min}=200$ G(1G= 10^{-4}T). 等离子体密度沿环向是均匀的：$n(s)=5\times10^{10}\ \mathrm{cm}^{-3}$. 投射函数 $S(E,\mu,s,t)$ 假设为可分离变量的函数乘积 (能量 E、投射角余弦 μ、位

置 s 和时间 t):

$$S(E,\mu,s,t)=k\ S_1(E)\ S_2(\mu)\ S_3(s)\ S_4(t), \tag{1.34}$$

其中, k 为归一化因子, 能量依赖性为幂律谱 $S_1(E)=k(E/E_{\min})^{-\delta}$, $E_{\min}=30\,\mathrm{keV}$, 谱指数 $\delta=5$; 投射角分布满足各向同性 $S_2(\mu)=1$; 时间依赖性为高斯型 $S_4(t)=\exp[-(t-t_{\mathrm{m}})^2/t_0^2]$, $t_{\mathrm{m}}=25\ \mathrm{s}$, $t_0=14\ \mathrm{s}$; 空间分布也是高斯型, 对于模型 1, $S_3(s)=\exp(-s^2/s_0^2)$, 对于模型 2, $S_3(s)=\exp[-(s-s_1)^2/s_0^2]$, $s_0=3\times10^8\ \mathrm{cm}$, $s_1=2.4\times10^9\ \mathrm{cm}$.

我们知道回旋同步辐射的谱和偏振性质对射电源电子的投射角分布是非常敏感的 [10], 因而, 图 1.21 给出中等相对论电子 ($E=405\ \mathrm{keV}$) 的投射角分布在磁环捕获中心和端点的模型 1 和模型 2 的计算结果.

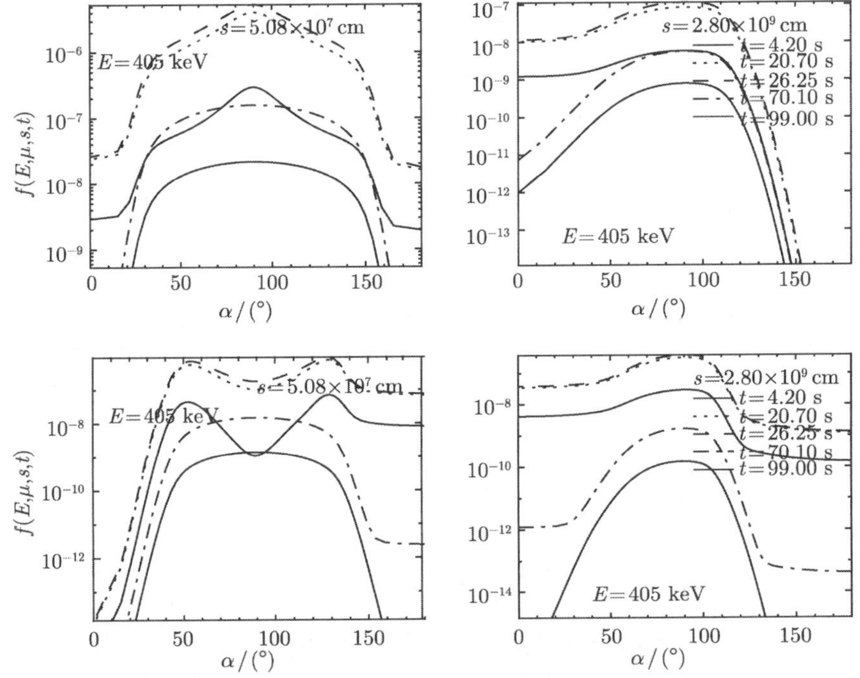

图 1.21　模型 1(顶部) 和模型 2(底部) 的模拟结果, 对应两个位置: 环顶附近 (左幅) 和环足附近 (右幅), 电子能量为 405 keV, 对于不同投射角 α, 投射的上升阶段用实线 ($t=4.2$ s)、点线 ($t=20.7$ s) 和虚线 ($t=26.25$ s) 表示, 下降阶段用点划线 ($t=70.1$ s) 和三点划线表示

模型 1(环顶注入). 在上升、极大 ($t_{\mathrm{m}}=25$ s) 和下降阶段, 环的中心分布均保持垂直于磁场的各向异性. 然而, 各向异性随时间而减少, 特别是在下降阶段. 在一个环足附近, 电子投射角分布有明显的不对称性, 表明相当一部分电子具有小的投射角. 下降阶段的分布变得越来越对称, 峰值接近于 $\alpha=90°$(横向各向异性增大).

模型 2(注入靠近某个足点). 足点附近的投射角分布和演化非常类似于模型 1,

然而在环的中心, 分布和演化则截然不同. 首先, 可看到两个峰值分别位于投射角为 50° 和 130°, 表明存在电子束流在斜向的流量. 其次, 下降阶段分布急剧改变, 变得更加各向同性. 显然, 由于库仑碰撞产生的投射角散射, 沉降到损失锥对上述过程起重要作用.

1.4.1 对于特定的电子分布的射电响应

下面将显示电子分布的演化对耀斑环不同位置的微波段回旋同步辐射的偏振和频谱的影响. 数值模拟仍然是在模型 1 和模型 2 所假设的情况, 并采用文献 [25] 和 [12] 给出的严格的辐射理论. 磁环是稀薄的, 因而微波源在研究的范围内是光学薄的, 而且位于一个基本垂直于视线方向的平面内 ($\theta = 78.5°$). 数值模拟结果分别在图 1.22 和图 1.23 中给出.

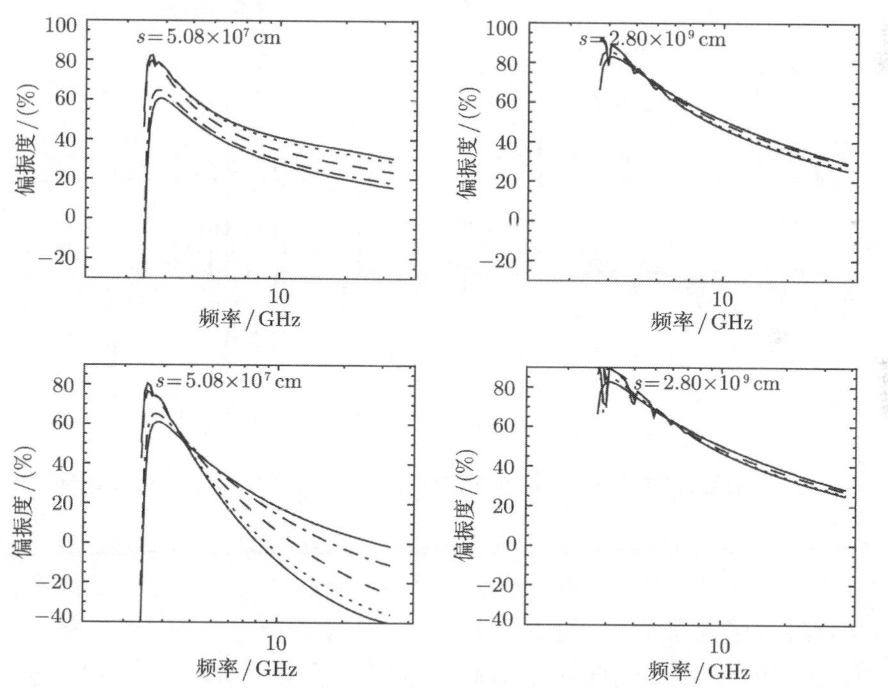

图 1.22 偏振谱及其演化, 顶部和底部分别为模型 1 和模型 2, 左幅和右幅分别表示环顶和靠近某个足点. 线型与图 1.21 相同

图 1.22 给出偏振度随频率的分布及其时间演化, 顶部和底部分别表示模型 1 和模型 2, 左幅和右幅分别表示两个不同位置：环顶和靠近某个足点. 对于不同模型, 足点附近的偏振谱非常类似. 偏振度对所有频率皆为反常模, 而且偏振度比较高 (25%~30%), 即使在较高频率也是如此. 而偏振谱随时间的变化很不明显.

然而环顶附近的偏振谱则完全不同, 具有非常明显的演化过程. 模型 1 和模型

2 的最显著差别如下：首先，模型 2 的高频偏振度为负 (正常模)，而模型 1 无论低频和高频皆为正. 这样一个不寻常的现象可由模型 2 在环中心具有斜向电子流量解释 (参见图 1.22)，而斜向高能电子束流可在准横向的光学薄区产生正常模偏振的辐射[12]. 第二个显著区别在于偏振谱的演化，从图 1.22 可以看到模型 1 的偏振度随时间减小 10%~20%，而模型 2 则明显增大 20%~40%，甚至在入射的下降阶段改变其偏振极性.

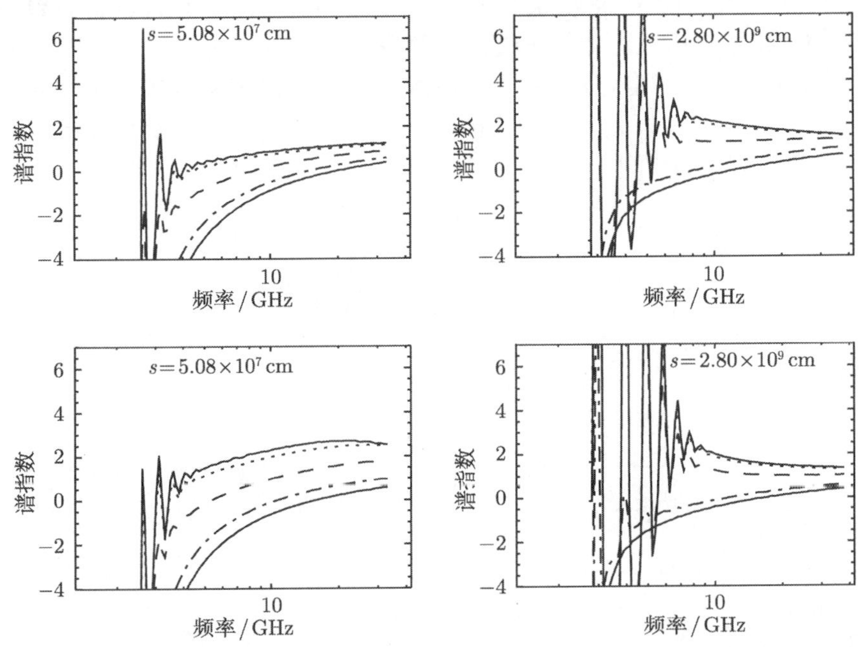

图 1.23　当地的谱指数 $\alpha(f)$ 随频率的分布及其演化，所有说明与图 1.22 相同

当地谱指数 $\alpha(f)$ 的频谱及其演化在模型 1(顶部) 和模型 2(底部) 的比较参见图 1.23. 同样在足点附近 (右幅) 的结果对两种模型非常类似，而在环顶附近 $\alpha(f)$ 的大小和演化对两种模型有明显的区别. 对于模型 2，$\alpha(f)$ 的值大于模型 1. 而且，在高频的 $\alpha(f)$ 甚至大于足点源的值. 模型 2 的环顶具有较高的 $\alpha(f)$ 值，与类束流高能电子在磁环中心的各向异性有确定的关系 (参见图 1.22). 这样的各向异性会在准横向产生较陡的回旋同步辐射频谱[12].

1.4.2　结论

对于两种入射模型的偏振和频谱性质的差异可以作为一个诊断工具，以便区分耀斑环各向异性分布的不同类型. 这些观测和理论发现可以发展成新的方法，借助于具有空间和频率分辨的微波观测设备，对耀斑环高能电子的动力学和加速机制进行直接的诊断. 这些新的设备包括 FASR、CSRH 和改进后的 SSRT，可在很宽的频率范围对微波强度和偏振进行高空间、高频率和高时间分辨的观测，由此解决太阳耀斑粒子加速中的一些关键问题.

1.5 其他参数对回旋同步辐射的影响

在很多文献中详细计算和总结了各个背景等离子体和高能电子参数对回旋同步辐射的影响 (如文献 [69]). 回旋同步辐射的经典理论 (文献 [25]) 涉及 6 个背景参数：辐射源区的磁场强度 B_0、非热电子谱指数 δ、低能截止 $E_{\rm min}$、高能截止 $E_{\rm max}$ 和数密度 n_0, 以及辐射 (视线) 方向与磁场的夹角 ϑ. 利用 SSW (太阳物理软件) 给出的计算程序 (vmramaty_gysy_core.pro), 将上述不同参数对计算结果的影响程度进行比较, 参数的变化范围如下：200 G$\geqslant B_0\geqslant$ 10 G, $7\geqslant\delta\geqslant 2$, 90 keV$\geqslant E_{\rm min}\geqslant$ 10 keV, 35 MeV$\geqslant E_{\rm max}\geqslant$ 10 MeV, $10^{11}{\rm cm}^{-3}\geqslant n_0\geqslant 10^9{\rm cm}^{-3}$, 以及 $80^\circ\geqslant\vartheta\geqslant 20^\circ$. 下面首先来比较回旋同步辐射 (GS) 的频谱对上述 6 个参数的敏感度, 图 1.24 从 (a) 到 (f) 分别给出了 GS 谱随 B_0、δ、$E_{\rm min}$、$E_{\rm max}$、n_0 和 θ 的变化, 每幅图的参数选取在表 1.1 中给出.

表 1.1 图 1.24 的计算参数

Para.	B_0/G	δ	$E_{\rm min}$/keV	$E_{\rm max}$/MeV	n_0/cm^{-3}	ϑ/(°)
B_0	20.0,100.0,200.0	5.0	30.0	10.0	1.0×10^{10}	60.0
δ	100.0	3.0,5.0,7.0	30.0	10.0	1.0×10^{10}	60.0
$E_{\rm min}$	100.0	5.0	10.0,50.0,90.0	10.0	1.0×10^{10}	60.0
$E_{\rm max}$	100.0	5.0	30.0	10.0,20.0,35.0	1.0×10^{10}	60.0
n_0	100.0	5.0	30.0	10.0	$1.0\times10^8, 1.0\times10^9$, 1.0×10^{10}	60.0
ϑ	100.0	5.0	30.0	10.0	1.0×10^{10}	30,50,70

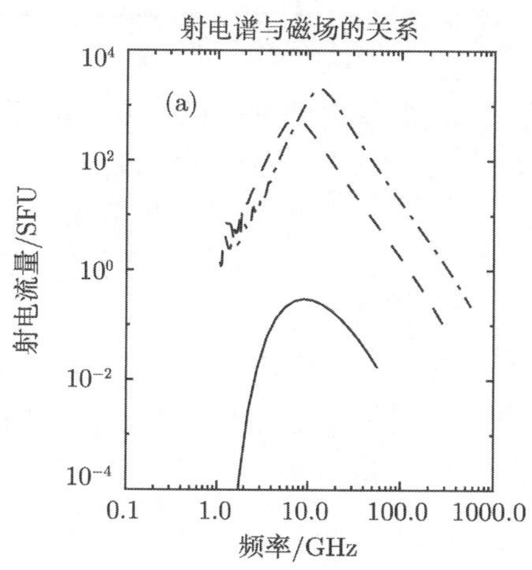

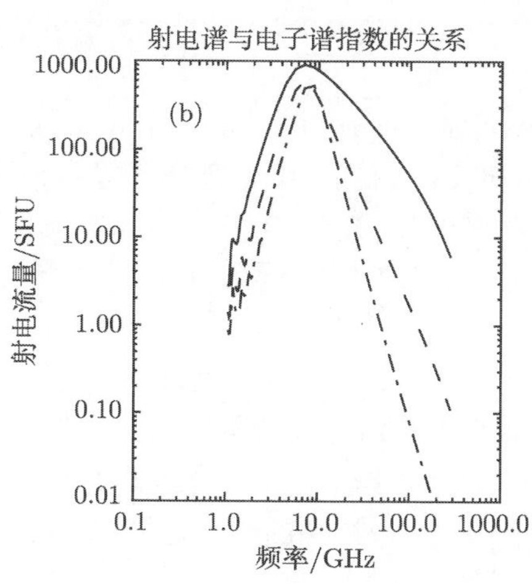

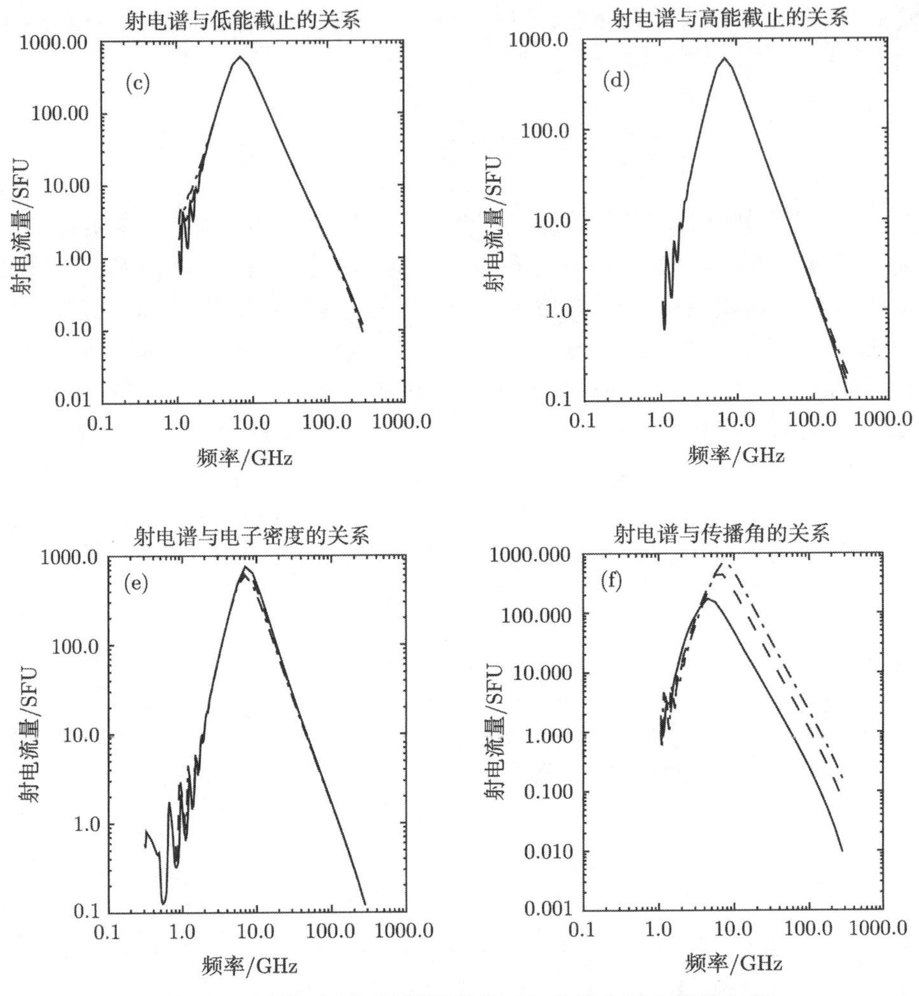

图 1.24　回旋同步辐射频谱随背景和非热电子参数的变化

从图 1.24 可以清楚地看出 GS 频谱对上述 6 个参数的敏感度有很大的差别. 对谱的形态、斜率和峰值频率比较敏感的参数为磁场 B_0、电子能谱指数 δ 和传播角 ϑ. 值得注意的是: 非热电子数密度的数量级变化只对 GS 谱的峰值流量产生不到一个数量级的影响, 而非热电子的低能截止和高能截止的大幅变化几乎对 GS 谱没有任何影响.

进一步计算了本书使用最多的野边山日像仪的两个工作频率, 17GHz 和 34GHz 来计算其理论流量密度随上述 6 个参数的变化, 结果显示在图 1.25 中. 同样, 图 1.25 从 (a) 到 (f) 分别给出了 17GHz 和 34GHz 流量随 B_0、δ、$E_{\min}$、$E_{\max}$、n_0 和 ϑ 的变化, 每幅图的参数选取在表 1.2 中给出.

表 1.2 图 1.25 的计算参数

Para.	B_0/G	δ	$E_{\min}$/keV	$E_{\max}$/MeV	n_0/cm^{-3}	ϑ/(°)
B_0	10.0∼200.0	5.0	30.0	10.0	1.0×10^{10}	60.0
δ	100.0	2.0∼7.0	30.0	10.0	1.0×10^{10}	60.0
$E_{\min}$	100.0	5.0	10.0∼90.0	10.0	1.0×10^{10}	60.0
$E_{\max}$	100.0	5.0	30.0	10.0∼35.0	1.0×10^{10}	60.0
n_0	100.0	5.0	30.0	10.0	1.0×10^{10}∼1.0×10^{11}	60.0
ϑ	100.0	5.0	30.0	10.0	1.0×10^{10}	20∼80

图 1.25 的结果和图 1.24 基本一致, 可以确定的是非热电子的低能截止和高能截止对计算射电流量的影响可以忽略, 非热电子数密度对流量计算 (特别是较低频率 17 GHz) 的影响还是比较明显的. 另外三个参数 (磁场 B_0、电子能谱指数 δ 和

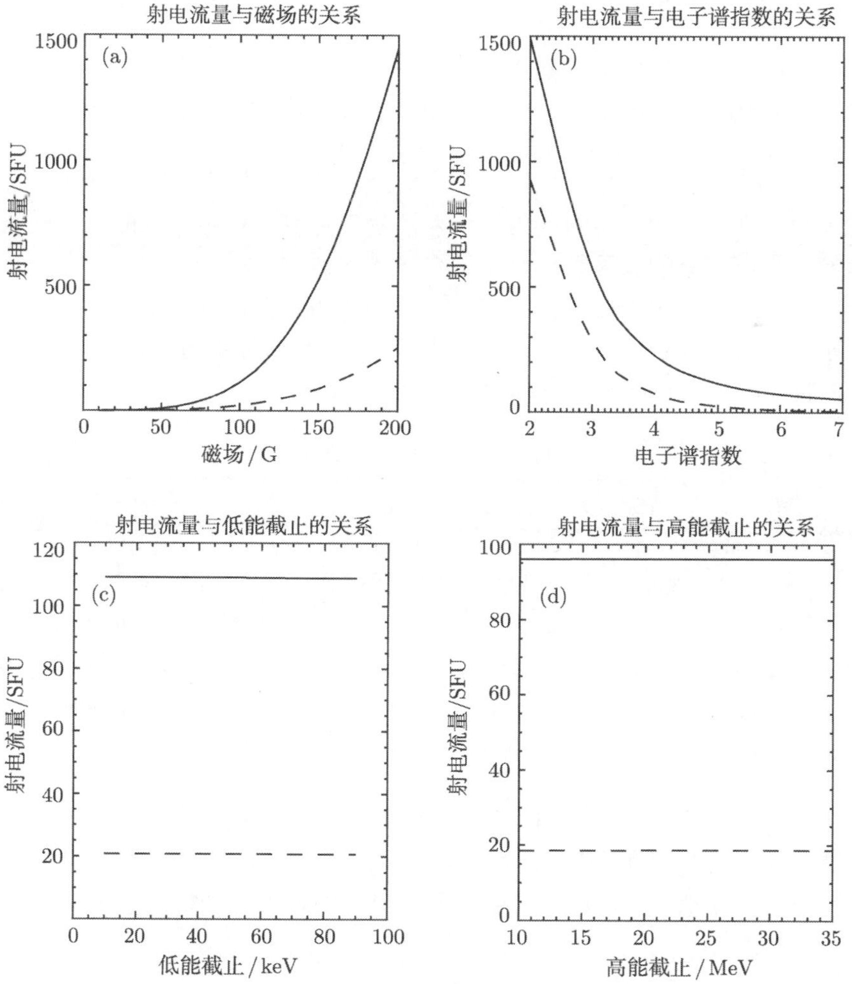

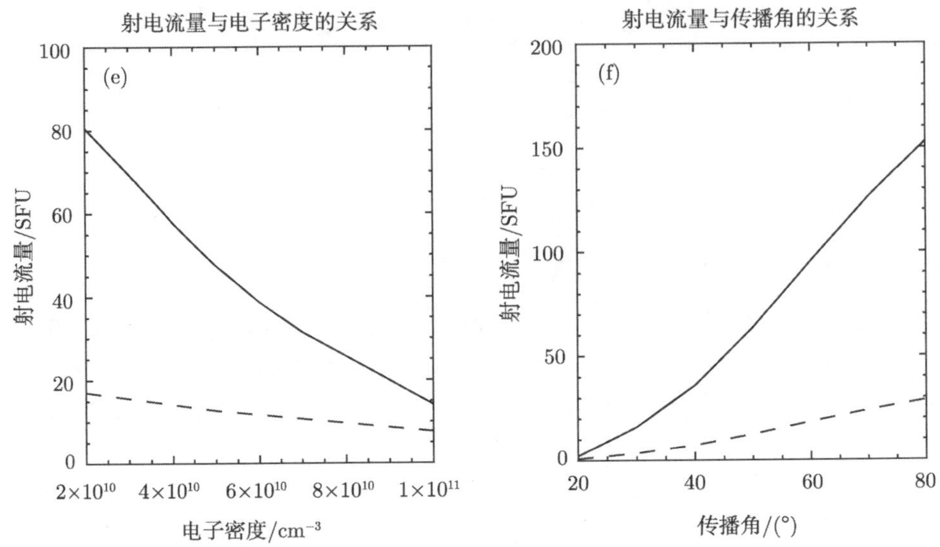

图 1.25　17GHz(实线) 和 34GHz(虚线) 的 GS 流量随背景和非热电子参数的变化

传播角 ϑ) 的影响是重要的, 流量随磁场增大而增大、随谱指数增大 (变软) 而减小, 以及随视角的增大而增大与回旋同步辐射的物理过程是完全一致的. 此外, 流量随电子密度增大而下降的原因则是反映了自吸收的影响.

最后, 在图 1.26 中给出了 GS 频谱的光学薄区的谱指数对上述 6 个参数的敏感度的比较. 同样, 图 1.26 从 (a) 到 (f) 分别给出光学薄谱指数随 B_0、δ、$E_{\min}$、$E_{\max}$、n_0, 和 ϑ 的变化, 每幅图的参数选取在表 1.3 中给出.

表 1.3　图 1.26 的计算参数

Para.	B_0 /G	δ	$E_{\min}$/keV	$E_{\max}$/MeV	n_0/cm^{-3}	ϑ/(°)
B_0	10.0~200.0	5.0	30.0	10.0	1.0×10^{10}	60.0
δ	100.0	2.0~7.0	30.0	10.0	1.0×10^{10}	60.0
$E_{\min}$	100.0	5.0	10.0~90.0	10.0	1.0×10^{10}	60.0
$E_{\max}$	100.0	5.0	30.0	10.0~35.0	1.0×10^{10}	60.0
n_0	100.0	5.0	30.0	10.0	1.0×10^{8}~1.0×10^{10}	60.0
ϑ	100.0	5.0	30.0	10.0	1.0×10^{10}	20~80

图 1.26 中的比较重要的结果是: GS 频谱的光学薄区的谱指数仅对磁场 B_0 和电子能谱指数 δ 较为敏感, 其余参数 ($E_{\min}$、$E_{\max}$、n_0 和 ϑ) 的影响均可忽略, 从而减少自由参数的个数, 在本书第 3 章将用以诊断磁场和电子能谱指数.

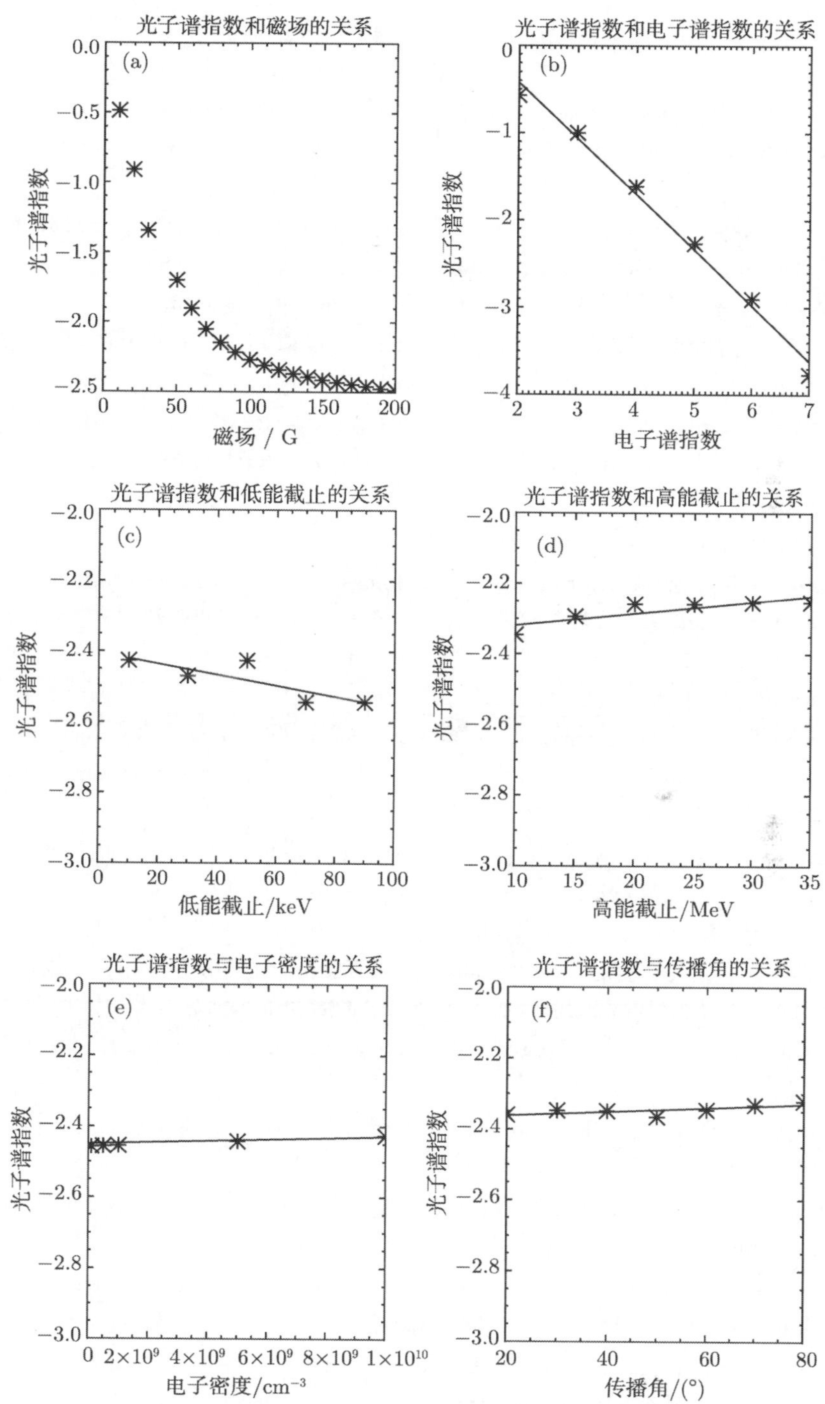

图 1.26 GS 光学薄区的谱指数随背景和非热电子参数的变化

参 考 文 献

[1] Aschwanden M J. Particle acceleration and kinematics in solar flares - a synthesis of recent observations and theoretical concepts (Invited Review). Space Science Reviews, 2002, 101: 1-227.

[2] Vlahos L. Magnetic complexity, fragmentation, particle acceleration and radio emission from the sun. The High Energy Solar Corona: Waves, Eruptions, Particles, Lecture Notes in Physics, 725, Springer-Verlag Berlin Heidelberg, 2007, 15.

[3] Kundu M R, Nindos A, White S M, Grechnev V V. A multiwavelength study of three solar flares. Astrophys. J., 2001, 557: 880-890.

[4] Melnikov V F, Shibasaki K, Reznikova V E. Loop-top nonthermal microwave source in extended solar flaring loops. Astrophys. J., 2002, 580: L185-L188.

[5] Martynova O V, Melnikov V F, Reznikova V E. Proc. of 11th Pulkovo Int. Conf. on Solar Physics, Saint-Peterburg, 2007, 241.

[6] Tzatzakis V, Nindos A, Alissandrakis C E, Shibasaki K. A statistical study of microwave flare morphologies. RECENT ADVANCES IN ASTRONOMY AND ASTROPHYSICS: 7th International Conference of the Hellenic Astronomical Society. AIP Conference Proceedings, 2006, 848: 248-252.

[7] Melnikov V F. Electron acceleration and transport in microwave flaring loops. Proc. Nobeyama Symposium (Kiosato, 26-29 October 2004), Ed. K.Shibasaki, 2006, NSRO Report, 1: 11-22.

[8] Yokoyama T, Nakajima H, Shibasaki K, Melnikov V F, Stepanov A V. Microwave observations of the rapid propagation of nonthermal sources in a solar flare by the Nobeyama radioheliograph. Astrophys. J., 2002, 576: L87-L90.

[9] Melnikov V F, Yokoyama T, Shibasaki K, Reznikova V E. Spectral dynamics of mildly relativistic electrons in extended flaring loops. The 10th European Solar Physics Meeting, 9-14 September 2002, Prague, Czech Republic. Ed. A. Wilson. ESA SP-506, 1: 339-342.

[10] Fleishman G D, Gary D E, Nita G M. Decimetric spike bursts versus microwave continuum. Astrophys. J., 2003, 593: 571-580.

[11] Altyntsev A T, Fleishman G D, Huang G L, Melnikov V F. A broadband microwave burst produced by electron beams. Astrophysical Journal, 2008, 677: 1367-1377.

[12] Fleishman G D, Melnikov V F. Gyrosynchrotron emission from anisotropic electron distributions. Astrophys. J., 2003, 587: 823-835.

[13] Bastian T S, Benz A O, Gary D E. Radio emission from solar flares. Annu. Rev. Astron. Astrophys., 1998, 36: 131-188.

[14] Lee J. Radio emissions from solar active regions. Space Sci Rev., 2007, 133: 73-102.

[15] White S M, Benz A O, Christe S, Farnik F, Kundu M R, et al. The relationship between solar radio and hard X-ray emission. Space Sci Rev., 2011, 159: 225-261.

[16] Dulk G A. Radio emission from the sun and stars. Annual Rev. Astron. Astrophys., 1985, 23: 169-224.

[17] Melrose D B. Collective plasma radiation process. Annual Rev. Astron. Astrophys., 1991, 29: 31-57.

[18] Razin V A. Izv. Vyssh. Uchebn. Zaved. Radiofiz., 1960, 3: 584.

[19] Korchak A A, Terletsky Y P. Zh. Eks. Teor. Fiz., 1952, 22: 507.

[20] Getmantsev G G. Dokl. Akad. Nauk. SSSR, 1952, 83: 557.

[21] Korchak A A. Electromagnetic radiation by cosmic-ray particles in the galaxy. Soviet Astronomy, 1957, 1：360-365.

[22] Syrovatskii S I. The distribution of relativistic electrons in the galaxy and the spectrum of synchrotron radio emission. Astronomicheskii Zhurnal, 1959, 36: 17.

[23] Dulk G A, Marsh K A. Simplified expressions for the gyrosynchrotron radiation from mildly relativistic, nonthermal and thermal electrons. Astrophysical Journal, 1982, 259: 350-358.

[24] Huang G L. Diagnostics of the low-cutoff energy of nonthermal electrons in solar microwave and hard X-ray bursts. Solar Physics, 2009, 257: 323-334.

[25] Ramaty R. Gyrosynchrotron emission and absorption in a magnetoactive plasma. Astrophys. J., 1969, 158: 753-770.

[26] Razin V A. Izv. Vyssh. Uchebn. Zaved. Radiofiz., 1960, 3: 921.

[27] Korchak A A, Syrovatsky S I. Astron. Zh., 1961, 38: 885.

[28] Takakura T. The self absorption of gyro-synchrotron emission in a magnetic dipole field: microwave impulsive burst and hard X-ray burst. Solar Phys., 1972, 26: 151-175.

[29] Eidman V Y. Soviet Phys. -JETP, 1958, 7: 91.

[30] Eidman V Y. Soviet Phys. -JETP, 1959, 9: 947.

[31] Twiss R Q. Philos. Mag., 1954, 45: 249.

[32] Ramaty R, Schwarz R A, Enome S, Nakajima H. Gamma-ray and millimeter-wave emissions from the 1991 June X-class solar flares. Astrophys. J., 1994, 436: 941-949.

[33] Ginzburg V L. Uspekhi Fiz. Nauk., 1953, 51: 343.

[34] Tsytovich V N. VestnikMosk. Gos. Univ., 1951, 4: 27.

[35] Ter-Mikaelyan M L. Dokl. Akad. Nauk. SSSR, 1954, 94: 1033.

[36] Alfven N, Herlofson N. Phys. Rev., 1950, 78: 616.

[37] Kiepenheuer K O. Phys. Rev., 1950, 79: 738.

[38] Trubnikov B A. Dokl. Akad. Nauk. SSSR, 1958, 118: 913.

[39] Garibyan G M, Goldman I I. Izv. Krymskoi Astrofiz. Obs., 1954, 7: 31.

[40] Sokolov A A, Ternov I M. Zh. Eksp. Teor. Fiz, 1956, 31: 473.

[41] Westfold K C. The polarization of synchrotron radiation. Astrophys. J., 1959, 130: 241-258.

[42] Ginzburg V L, Syrovatsky S I. The origin of cosmic rays. 1964, New York: Macmillan.

[43] Ramaty R, Petrosian V. Free-free absorption of gyrosynchrotron radiation in solar microwave bursts. Astrophysical Journal, 1972, 178: 241-250.

[44] Petrosian V. Synchrotron emissivity from mildly relativistic particles. Astrophysical Journal, 1981, 251: 727-738.

[45] Grebinskii A S, Sedov A P. Microwave emission of solar flares. Soviet Astronomy, 1982, 26: 220-224.

[46] Dulk G A, Marsh K A. Simplified expressions for the gyrosynchrotron radiation from mildly relativistic, nonthermal and thermal electrons. Astrophys. J., 1982, 259: 350-358.

[47] Robinson P A. Gyrosynchrotron emission - generalizations of petrosian's method. Astrophysical Journal, 1985, 298: 161-169.

[48] Klein K-L. Microwave radiation from a dense magneto-active plasma. Astron. Astrophys., 1987, 183: 341-350.

[49] Zhou A H, Ma C Y, Zhang J, Wang X D, Zhang H Q. Two sets of improved approximate expressions of the gyrosynchrotron radiation. Solar Physics, 1998, 177: 427-437.

[50] Zhou A H, Huang G L, Wang, X D. Approximate expressions for gyrosynchrotron radiation in transverse propagation. Solar Physics, 1999, 189: 345-356.

[51] Hildebrandt J, Kruger A. Kleinheubacher Berichte, 1996, 39: 717.

[52] Belkora L. Time evolution of solar microwave bursts. The Astrophysical Journal, 1997, 481: 532-544.

[53] Melnikov V F. Electron acceleration and capture in impulsive and gradual bursts: results of analysis of microwave and hard x-ray emissions. Radiophys. Quant. Electr., 1994, 37: 557-568.

[54] Melnikov V F, Magun A. Spectral flattening during solar radio bursts at cm-mm-wavelengths and the dynamics of energetic electrons in a flare loop. Solar Phys., 1998, 178: 591-609.

[55] Melnikov V F, Silva A V R. Temporal evolution of solar flare microwave and hard X-ray spectra: evidence for electron spectral dynamics-II. In: Ramaty R, Mandzhavidze N (eds.), High Energy Solar Physics Workshop — Anticipating Hessi, ASP Conf. Ser., 2000, 206: 475-477.

[56] Lee J, Gary D E. Solar microwave bursts and injection pitch-angle distribution of flare electrons. Astrophysical Journal, 2000, 543: 457-471.

[57] Melnikov V F, Shibasaki K, Nakajima H, Yokoyama T, Reznikova V E. Energy conversion and particle acceleration in the solar corona. in CESRA Workshop, 2001, Zurich: ETH, 17.

[58] Aschwanden M J, Benz A O, Schwartz R A, Lin R, Pelling R M, Stehling W. Flare fragmentation and type III productivity in the 1980 June 27 flare. Sol. Phys., 1990, 130: 39-55.

[59] McTiernan J M, Petrosian V. Center-to-limb variations of characteristics of solar flare hard X-ray and gamma-ray emission. The Astrophysical Journal, 1991, 379: 381-391.

[60] Silva A V R, Valente M M. Center-to-limb variation of solar microwave bursts. Sol. Phys., 2002, 206: 177-188.

[61] Miller J A, Cargill P J, Emsly, A G, et al. Critical issues for understanding particle acceleration in impulsive solar flares. J. Geophys. Res., 1997, 102: 14631-14660.

[62] Pryadko J M, Petrosian V. Stochastic acceleration of electrons by plasma waves. III. Waves Propagating Perpendicular to the Magnetic Field. The Astrophysical Journal, 1999, 515: 873-881.

[63] Lee J, Gary D E, Shibasaki K. Magnetic trapping and electron injection in two contrasting solar microwave bursts. The Astrophysical Journal, 2000, 531: 1109-1120.

[64] Fleishman G D, Melnikov V F. Optically thick gyrosynchrotron emission from anisotropic electron distributions. The Astrophysical Journal, 2003, 584: 1071-1083.

[65] Hewitt R G, Melrose D B, Rönnmark K G. The loss-cone driven electron-cyclotron maser. Australian J. Phys., 1982, 35: 447-471.

[66] Gary D E, Bastian T S, White S M, Hurford G J. The frequency-agile solar radiotelescope (FASR) (invited). Asia-Pacific Radio Science Conference AP-RASC '01, Proceedings of a conference held 1-4 August, 2001 at Chuo University, Tokyo, Japan. Sponsored by Japan National Committee of URSI and the Institute of Electronics, Information and Communication Engineers. Co-sponsored by International Union of Radio Science., 236.

[67] Hamilton R J, Lu E T, Petrosian V. Numerical solution of the time-dependent kinetic equation for electrons in magnetized plasma. Astrophys. J., 1990, 354: 726-734.

[68] Gorbikov G D, Melnikov V F. The numerical solution of the Fokker-Plank equation for modeling of particle distribution in solar magnetic traps. Mathematical Modeling, 2007, 19: 112-122.

[69] Benka S G, Holman G D. A thermal/nonthermal model for solar microwave bursts. Astrophysical Journal, 1992, 391: 854-864.

第 2 章　耀斑环中微波辐射的观测和解释

2.1　没有空间分辨率的观测研究

微波爆发辐射可提供有关电子加速及其在耀斑环中存储等重要信息. 近年来从硬 X 射线和微波观测得到一些涉及粒子加速的新的结果: ①微波和 X 射线流量比 (I_μ/I_x) 从脉冲耀斑到渐变耀斑的增加[1,2]；②渐变耀斑的衰变相出现硬 X 射线谱的变平, 伴随微波和硬 X 射线之间较大的时间延迟. 对于脉冲耀斑, 则会出现硬 X 射线谱的变软, 并且没有发现上述时间延迟[2,3]. 有两种途径用来解释上述观测特征. 其一: 假设在渐变 (长时) 和脉冲 (短时) 耀斑发生了两种不同的加速过程, 渐变耀斑的加速过程分为两步, 第二步加速在高能段更为有效[4]. 其二: 假设两类耀斑的加速过程相同, 但其辐射源区的物理条件则有所不同.

上述第一种假设遇到几个困难. 通常假设第二步加速与激波有关, 后者在第一步加速中产生, 并传播进入较高层的日面. 然而, 对应的米波Ⅱ型爆发在一些渐变耀斑中没有被观测到, 或者在硬 X 射线和微波辐射结束前已经终止[5]. 进而, 有空间分辨能力的观测发现微波和Ⅱ型爆发的辐射源之间距离很远[6,7]. 另一个问题是缺少 I_μ/I_x 和硬 X 射线爆发寿命 (10~1000s) 之间的统计关系, 以及微波和硬 X 射线峰值之间的时间延迟随寿命线性单调增长的统计关系[8].

对于第二类解释, 当考虑耀斑期间高能电子注入封闭磁环的动力学过程, 以及耀斑环的大小和高度的增加 (通常脉冲耀斑发生在致密磁环, 而渐变耀斑则发生在大的磁弧[6,9]), 有些问题可进一步解决. 对于硬 X 射线谱在渐变爆发中变硬, 可用电子能谱在捕获过程中由于库仑碰撞变硬得到自然的解释[10]. 又如 I_μ/I_x 在爆发期间的统计增长, 是由中等相对论电子的有效积累所导致, 与不太致密的等离子体和较强磁场的微波辐射相对应, 这样才能解释 I_μ/I_x 具有 2~3 个数量级的增长[8]. 此外, 微波和硬 X 射线极大时刻的延迟及其在爆发期间的增大也很容易得到理解, 在电子能谱演化中发现的微波和硬 X 射线电子数的众所周知的差异也可以被排除[11−13].

2.1.1　太阳厘米–毫米波段射电爆发谱变平和耀斑环高能电子的动力学

只有利用合适的模型才能对带电粒子的能谱及其物理条件 (磁场和等离子体密度等) 进行正确的诊断, 因此耀斑环的动力学效应需要进一步研究, 并与各种不同的观测作比较. 一种可能性是研究耀斑环中的电子能谱的变形对其产生的回旋

同步辐射谱的影响 (特别是在毫米波段, 到目前为止只有很少的研究), 进而改善现有的动力学模型.

目前可以对耀斑进行毫米波观测的设备有 Itapetinga、Bern、BIMA、Metsöhovi 和 Nobeyama, 其中某些设备已经具备较高的时间和空间分辨能力 (可参考的文献如文献 [14]~[17]). 观测结果给出了能量释放的时间演化、加速区位置和耀斑环物理条件等信息[18−21]. 毫米波段的辐射谱携带了非常高能 (几百到几兆电子伏特) 的耀斑电子的重要信息, 其观测显示了大量脉冲和渐变微波连续谱爆发时的动力学模型对光学薄射电辐射的影响, 此类研究在早期只是对少数峰值频率小于 5 GHz 的渐变爆发进行[12,13].

哪些特征在毫米波段爆发谱的时间演化中是可以预期的呢? 众所周知的是太阳微波爆发起源于耀斑环里的中等相对论电子, 因而在计算微波谱的动力学过程之前必须了解电子能谱的演化. 在捕获加沉降的模型框架里已有系列的文章研究了电子能谱演化[22−25], 通常该模型采取了简单的假设, 即电子被捕获在均匀的等离子体密度和磁场中, 同时假设电子投射的源函数具有简单的时间剖面, 以及不变的幂律谱指数 γ, 而且电子具有各向同性的分布, 而且对于较高能量的电子, 捕获数量累积达到极大产生时间的延迟. 不难证明上述结果对回旋同步辐射谱的影响很大, 多数特征体现在该谱的光学薄部分, 可与厘米–毫米波段的观测作如下比较: ①在电子投射的全过程及其后会产生高频谱斜率的连续变平; ②在投射和微波辐射峰值之间有明显的时间延迟, 并随频率而增大. 本节的目的是研究高于反转频率即射电源变为光学薄时的上述特性.

1. 观测和数据分析

在 Melnikov 和 Magun 的研究中[26], 从 Bumishus (IAP, University of Bern, Switzerland) 和 Zimenki (NIRFI, Nizhnii Novgorod, Russia) 同时观测到的事件中选取了 23 个有效样本, 绝大多数事件记录了 0.95~50GHz 的微波谱. 最重要的选择判据是: 在观测频率范围内微波谱的极大时刻的流量远大于噪声水平, 典型流量值在 100~10000SFU, 微波谱的峰值频率在 5~20GHz. 选择标准未涉及爆发寿命的长短和时间轮廓的复杂性. 对研究所关注的光学薄的微波谱仅使用 Bumishus 的观测, 观测频率为 3.1、5.2、8.4、11.8、19.6、35 和 50GHz, 爆发期间的时间采样率为 0.1s.

引人关注的是发生在所有研究事件中的强烈而且有特点的频谱演化. 四个典型的事例分别是: 1981 年 4 月 26 日的长周期事件 (图 2.1), 延续至少 30min, 并在文献 [13] 中进行了细致地分析; 1991 年 3 月 13 日具有典型寿命为 1min 的事件 (图 2.2); 1991 年 12 月 26 日的较短寿命的爆发, 延续时间少于 10s 并有双峰结构 (图 2.3); 以及 1992 年 1 月 30 日的多峰结构叠加在缓变分量之上的事件 (图 2.4). 在每张图的图 (a) 中给出了接近于峰值频率的流量时变曲线, 图 (b) 显示了

图 (a) 中用垂直线所标注时刻的微波频谱. 由于缺少足够的谱分辨率和系统的流量误差分析, 该微波谱是比较粗糙的, 然而在峰值频率以上的频谱演化是非常明显的, 具有在爆发衰变阶段变得较为平坦的共同趋势. 微波谱时间演化的重要细节非常明显的体现在微波辐射的谱指数 α 的定义:

$$\alpha(t) = \frac{\ln\{S_h(t)/S_l(t)\}}{\ln(f_h/f_l)}, \tag{2.1}$$

其中, f_l 和 f_h 为两个相邻的频率, 并记录了随时间变化的流量 $S_l(t)$ 和 $S_h(t)$. 由于有限的频率分辨率, α 代表真实的谱指数的一个近似值. 图 2.1~ 图 2.4 给出了远

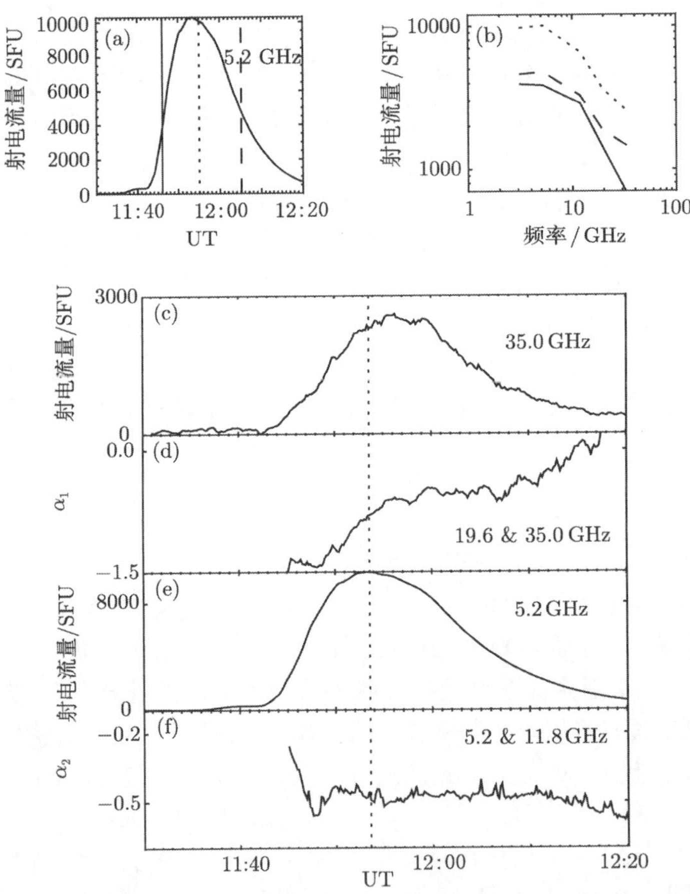

图 2.1　1981 年 4 月 26 日的长周期微波爆发的频谱演化. (a) 和 (b) 分别为 5.2 GHz 流量时变曲线和极大时刻附近选取的三个时刻 (在图 (a) 中用垂直线标注) 的微波谱. (c)~(f) 分别为远大于和接近于峰值频率的流量和谱指数 (α_1 和 α_2) 的时间演化, 垂直虚线标注了接近于峰值频率的流量极大时刻

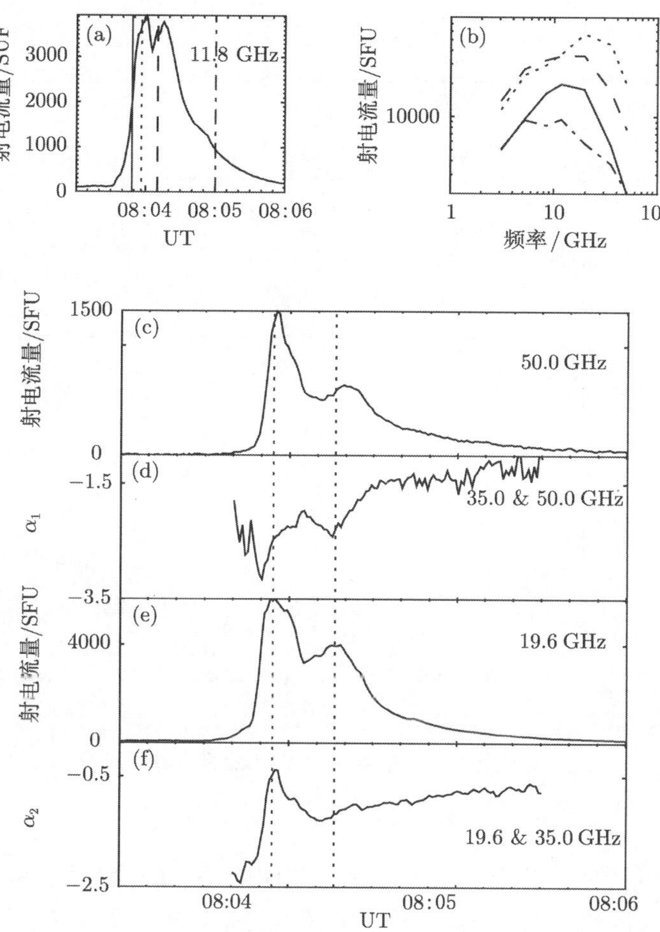

图 2.2 1991 年 3 月 13 日的中等周期的微波爆发的流量和频谱演化, (a)~(f) 的含义与图 2.1 类似

高于和接近于峰值频率的流量和近似的谱指数 (α_1 和 α_2) 的时间演化. 在这些频率可以清楚地看出电子能谱和光学厚度的影响, 垂直的点线标注了接近于峰值频率的流量演化的极大时刻.

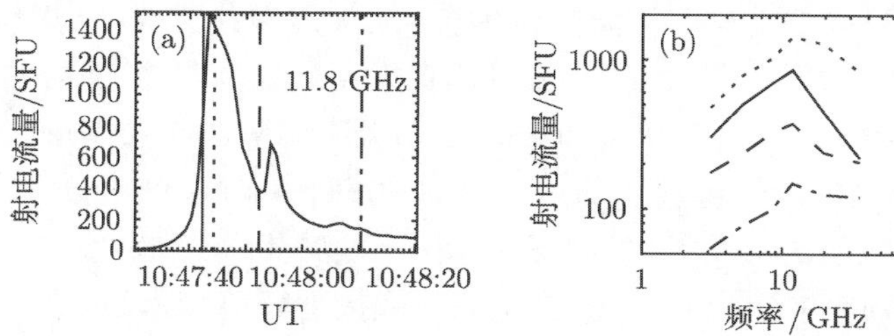

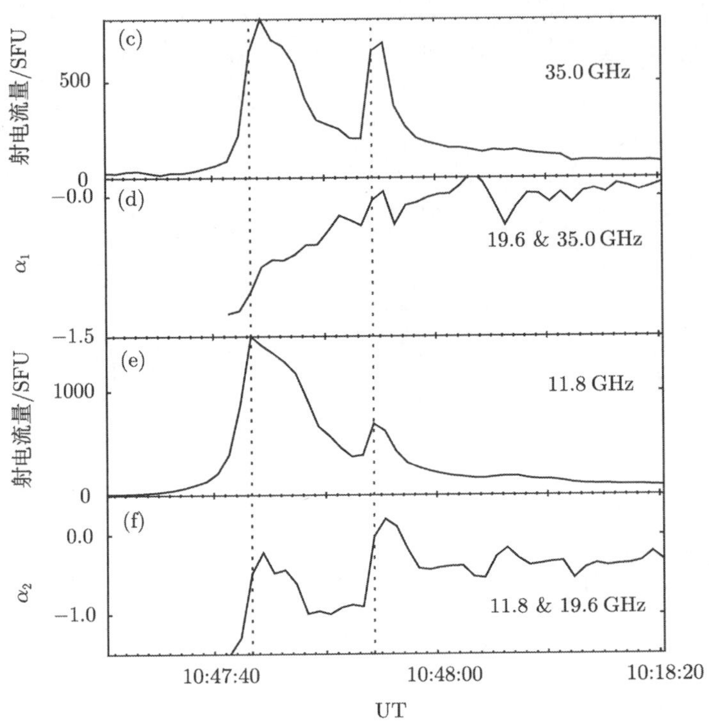

图 2.3　1991 年 12 月 26 日的较短周期的微波爆发的流量和频谱演化, (a)~(f) 的含义与图 2.1 类似

在谱指数的时间演化及其与流量时变曲线的关系中, 最显著和典型的特征包括: ①远高于峰值频率以上的谱指数 α_1 在所有事件中均出现明显而逐渐的增大, 从而使谱变平, 并从辐射开始持续到事件结束; ②在接近峰值频率的谱指数 α_2 的时间演化中, 该影响依然存在于两个事件的衰减相的后期 (图 2.2 和图 2.3). 另一方面, 在每一个爆发的下降阶段, α_2 出现一个显著而短暂的减少 (图 2.2~ 图 2.4 三个事件); ③另一个典型特征是在峰值频率以上的频率的流量演化的时间延迟 (图 2.1~ 图 2.3).

这些微波谱演化典型特征在几乎全部 22 个事件中都可观测到, 包括对同一事件中可区分的流量峰的上升和下降阶段的分析, 总共研究了 33 个流量峰. 所有的统计结果用直方图表示在图 2.5 中, 流量峰宽采用最大流量的 20% 的起始和结束时间之差来测量的, 其范围在 4~280s, 在 4 个频率间隔 (8~12GHz、12~20GHz、20~35GHz 及 35~50GHz) 计算流量峰上升阶段和下降阶段谱指数的变化, 用符号 “+” 表示增加, “0” 表示不变, “−” 表示减小, 及其相继变化的组合. 这些频率范围是在实际观测频率中选择的, 而且都是高于或接近峰值频率的.

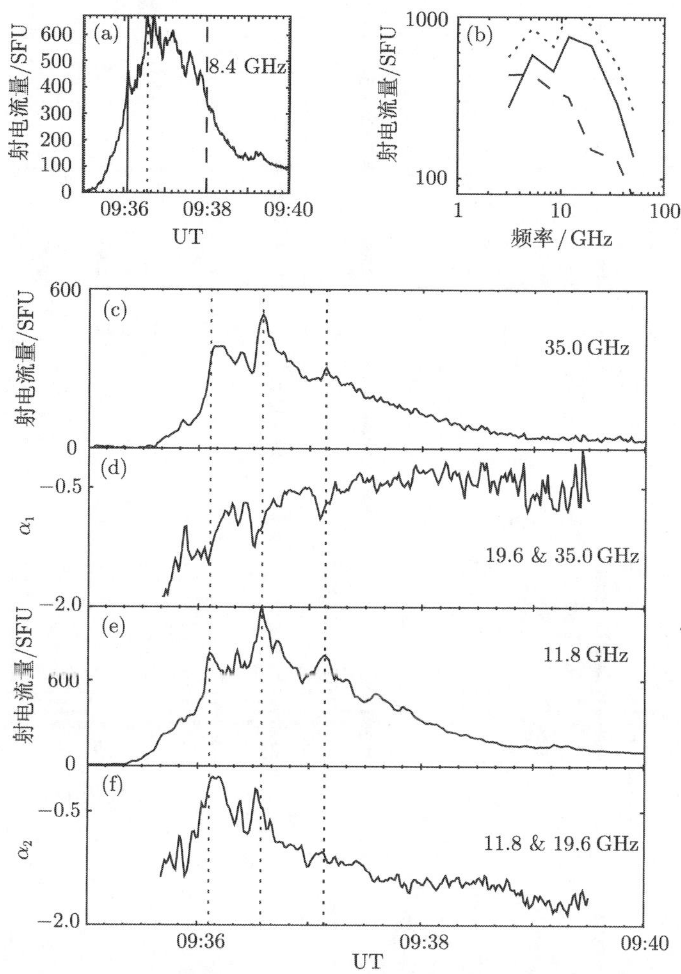

图 2.4　1992 年 1 月 30 日具有多峰结构的微波爆发的流量和频谱演化, (a)~(f) 的含义与图 2.1 类似

图 2.5 的主要结果归纳如下:

(1) 在两个较高的频率范围 (20~25GHz 和 35~50GHz) 以正的时间延迟为主 (14 个正延迟和 4 个负延迟), 并明显区别于两个接近于峰值频率即较低的频率范围 (8~12GHz 和 12~20GHz), 其中正负延迟的数目接近相等 (分别是 9 个和 7 个). 对于大多数流量峰, 时间延迟小于 1s, 由于积分时间的限制已经不可分辨.

(2) 在远高于峰值频率的范围内谱指数的增大即谱变平是十分常见的 (可参考图 2.1~ 图 2.4 中的若干实例). 另一方面, 在接近于峰值频率时, 谱指数的减小也是明显的 (图 2.3~ 图 2.4). 在中等频率范围 (12~20GHz 和 20~35GHz) 的谱指数在“+”和“−”之间变化值得注意.

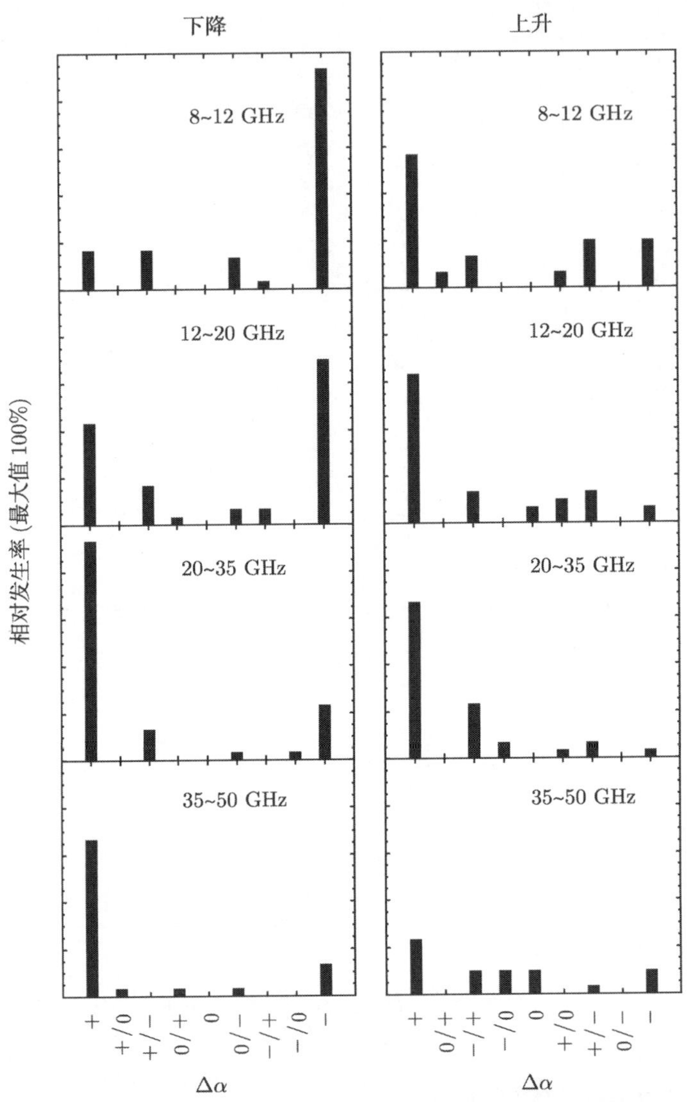

图 2.5　在各个流量峰的上升和下降阶段谱指数的变化 $\Delta\alpha$ 的分布图, “+”表示增加, “−”表示减小, “0”则不变. 而时间变化用这些符号的组合表示

(3) 在流量峰的上升阶段谱指数变化规律并不是非常清楚, 然而在所有的频率范围都可发现谱的变平, 在简单脉冲爆发和多峰事件的第一个峰尤为显著 (图 2.2~ 图 2.4), 其次第二个峰, 然而却显示出不同变化方式 (“+/−”, “−/+”等), 如图 2.4 所示 (多个峰值时刻用垂直虚线标注).

(4) 在衰减阶段发现的其他谱特征也具有某些共性, 不仅在长周期渐变爆发 (图 2.1), 也在中等周期和短周期脉冲爆发 (图 2.2~ 图 2.3) 出现.

2. 讨论

在分析厘米–毫米波段爆发数据中发现了哪些主要的较新的结果呢？

(1) 一个典型的特征是几乎在每一个毫米波段流量时变曲线的下降阶段出现单调的谱变平；

(2) 在大多数简单脉冲爆发的上升阶段也会发生谱的快速变平；

(3) 许多事件中发现从最高的 50 GHz 到峰值频率的流量极大时刻的延迟, 具有负的时间延迟爆发的相对数量在两个较低的频率范围内有所增加；

(4) 谱的变平和峰值延迟不仅出现在长周期渐变爆发, 而且也出现在短周期的脉冲爆发.

下面将分别进行讨论这些现象涉及的若干的物理解释.

1) 动力学捕获模型

上述结果和前言中提及的动力学捕获模型的预期非常一致. 事实上, 光学薄毫米波段谱的持续变平和在耀斑环中累积的投射电子能谱变硬的预期是相互自洽的. 基于电子寿命随能量增加, 及在捕获过程中其瞬时数量达到极大的时刻较晚等事实, 较高频率的流量极大时刻的延迟也是可以预期的结果.

为了得到更加定量的物理图像, 进行了捕获电子产生微波辐射的数值模拟. 图 2.6 和图 2.7 给出了流量和谱指数 α_i (参见式 (2.1)), 以及合理的源和电子参数的计算结果. 所选的频比 $f/f_{\rm peak}$ 类似于观测的定义, 并以频率与背景回旋频率 f_{g0} 之比为单位. 图 2.6(a) 和 (b) 表示远大于峰值频率的相对流量和谱指数 α_1, (c) 和 (d) 则显示接近于峰值频率的结果. 图中可以清楚看到显著的谱变平和不同频率流量峰值时刻的延迟, 和观测到的微波谱的分析结果完全一致.

该动力学模型还可解释其他观测谱的详细演化特征. 其中之一是在多峰事件的较高频率处, 各峰的下降阶段谱指数 α_1 具有的“+/−”变化方式 (参见图 2.2 和图 2.4 中 α_1 的演化). 其原因是新入射的电子很快使原来的入射电子能谱快速变陡, 后者已经由于上述动力学过程而变硬. 同样的考虑可解释下一个流量峰上升阶段的谱指数具有的“−/+”的变化方式.

另一个有趣的结果是流量峰期间接近峰值频率的谱指数 α_2 具有“+/−”的变化行为 (参见图 2.2 和图 2.4). α_2 变化的计算结果已经比较明确的显示在图 2.6 中, 对峰值频率上下的计算 (图 2.7) 已非常类似于图 2.2 和图 2.4 的观测结果, 两者的频比 $f/f_{\rm peak}$ 也是类似的. 这一结果很容易用动力学模型来解释, 如果考虑自吸收随时间的变化, 在靠近峰值频率会变得更加显著. 在光学薄源区流量强烈依赖于辐射电子数目, 而在光学厚部分这种依赖性变弱. 在上升阶段流量较快增长的原因不仅是由于高能电子的有效积累, 也是由于源是光学薄的 ($t < t_{\rm max}$, 参见图 2.7(b)). 恰好在流量极大之后 α_2 的值减小然后再增大, 这是由于产生峰值频率以上光学薄

辐射的电子数减少变得比较明显. α_2 的减小持续到光学厚度变得对所有的频率都远小于 1, 此时电子能谱的动力学效应处于支配的地位. 早期在 1~9 GHz 频率范围的多数连续谱爆发中发现 α_2 的这种"+/−"演化行为[27]. 既然这些频率通常是低于或接近于峰值频率, 该结果可用同样的原因解释.

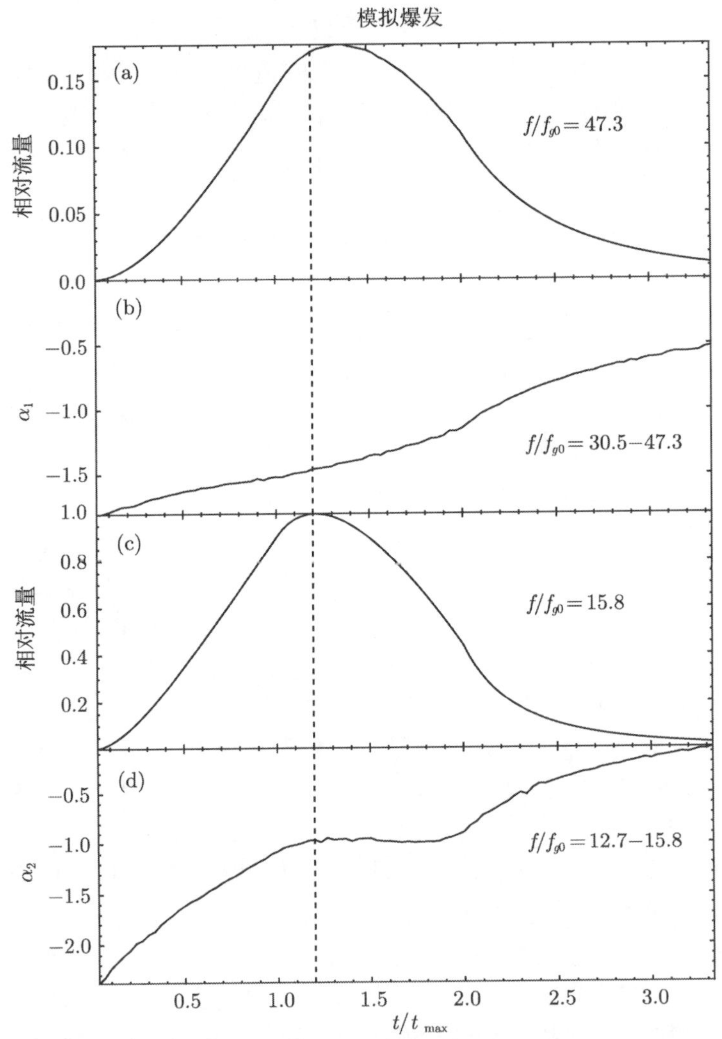

图 2.6　计算得到的流量时变曲线, 以及远高于和接近于峰值频率的谱指数 (α_1 和 α_2). 源参数为: 等离子体密度 $5\times10^{10}\text{cm}^{-3}$, 磁场 300G, 视角 60°, 源尺度 $3\times10^{8}\text{cm}$. 电子投射函数 $J(E,t)=K(t)E^{\gamma}$ 具有幂律谱指数 $\gamma=-4$, 和三角时间剖面 $K(t)=a(2t_{\text{m}}-t)$, 及 $t_{\text{m}}=30\text{s}$, $a=6\times10^{10}\text{cm}^{-3}\text{keV}^{-1}\text{s}^{-2}$. 在电子能量范围在 10~6000 keV, 辐射和吸收系数的计算精度为 5%

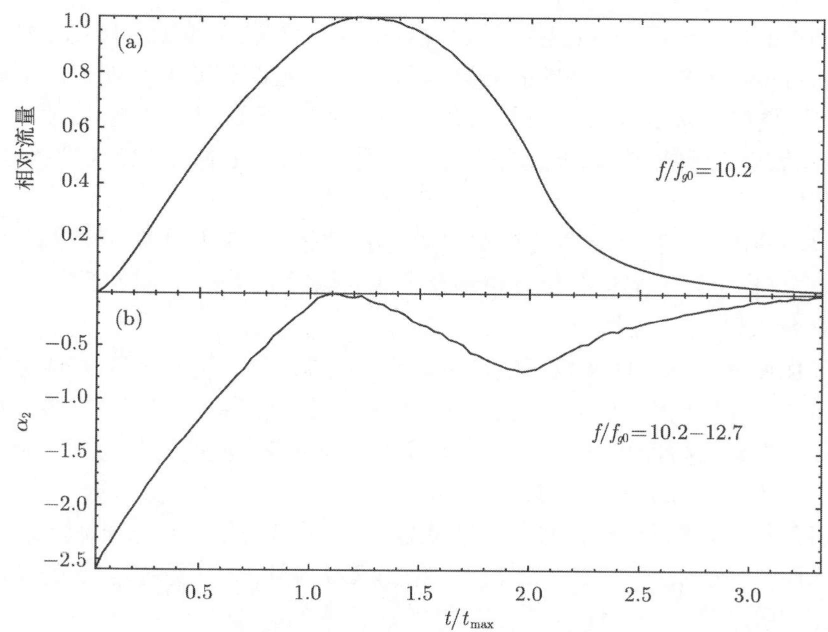

图 2.7 在接近于峰值频率上下的流量时变曲线和近似谱指数的演化. 源参数和电子投射函数同图 2.6

虽然上述结果表面上与硬 X 射线谱在多数脉冲爆发衰减阶段的变软[2] 是矛盾的, 但仍可在动力学模型的框架里理解. 因为在一定条件下, 捕获电子谱在高能段的硬化可以超过入射电子谱的软化而处于支配地位. 除了动力学模式的解释之外, 还有其他各种可能解释爆发衰减阶段的时间延迟和谱的硬化, 但所有其他的解释都不如动力学模式那么自洽和自然.

2) 多次入射

在几乎半数的事件分析中注意到爆发主峰顶部的精细结构 (图 2.4), 这就表明加速过程并非是完全连续的, 而是由若干可区分的相互叠加的快电子相继入射组成, 观测微波谱的动力学同样依赖于这些入射的位置和能量. 模拟了相似的电子能谱重复入射到同一耀斑环并被捕获, 在厘米–毫米波段谱的演化和电子连续入射的结果几乎相同. 然而, 当后续的电子入射到磁场越来越强的致密区域时, 所观测到的频谱硬化和峰值延迟也可能是由此产生的较高频率微波辐射增强的结果[13,18]. 对于缺少高的空间和时间分辨能力的微波观测, 很难排除这种可能性. 如果这种现象存在, 将会非常普遍存在于所有的简单脉冲型爆发或者多峰爆发.

3) 热韧致辐射

在光学薄等离子体中热的韧致辐射的逐渐增强是快电子的热化或者色球蒸发产生, 也会导致谱的硬化. 然而, 该过程只会在爆发的后相 (脉冲峰值后几分钟) 比较有效. 通常, 一个短暂和强烈的毫米波峰在时间上与硬 X 射线和 GAMMA 射线的峰值相对应, 同时一个次强的缓变分量与一个延迟的软 X 射线增强的分量同步发生[16,28]. 典型的软 X 射线增强分量的时间尺度远大于本书所分析的脉冲爆发周期的半宽, 因而我们相信, 对于微波峰值后时间小于 1min 的有关结果的解释中, 热的轫致辐射可以忽略.

值得注意的是：和色球蒸发有关的背景电子密度的增长在捕获过程中导致硬化的加强, 这样可以理解整个事件中逐渐硬化的原因 (图 2.1~ 图 2.4).

4) 两步加速

两步加速被认为是加速电子能谱在整个长周期 (渐变型) 硬 X 射线爆发和短时脉冲型 GAMMA 射线爆发中连续硬化的原因[2]. 然而如上所述, 大多数短时硬 X 射线爆发在衰减阶段出现软化, 而观测到的厘米–毫米波段的动力学行为无论长时渐变爆发还是短时脉冲爆发都有类似表现. 我们并不清楚所分析的厘米–毫米波段脉冲事件是否伴随硬 X 射线衰减阶段的硬化, 前者可能是由于加速过程中电子能谱硬化而至. 实际上, 在硬 X 射线高能段确实观测到谱的硬化, 并认为是电子能谱的硬化导致.

为了理解硬 X 射线软硬软的演化和微波谱在衰减阶段的硬化, 必须假定硬 X 射线和微波辐射来源于不同能量范围的电子, 而且较高能量范围的电子在不同的加速过程 (两步加速) 中更为有效. 另一方面, 谱的演化也可在上述动力学框架中理解. 然而, 还需要用硬 X 射线和 GAMMA 射线的数据来检验上述假定.

3. 结论

总之, 观测结果指出几百 keV 以上的电子能谱在爆发衰减阶段的硬化与爆发寿命 (渐变或者脉冲) 无关, 且与捕获加沉降的动力学模型一致, 然而也能用加速过程中电子能谱的硬化, 或电子多次注入磁场逐渐增大的致密耀斑环来解释. 最后的结论还需用相同事件中的硬 X 射线和 GAMMA 射线的数据来检验.

我们的分析仅仅涉及谱演化的部分特性, 例如, 还不能定量的考虑射电辐射的峰值频率、谱斜率的精确值、绝对流量、与毫米波辐射的时间延迟和电子入射的时间剖面等因素的动力学模型, 因为耀斑环磁场和等离子体密度等参数存在许多假设. 然而这些问题可能需要从厘米–毫米、硬 X 射线和 GAMMA 射线的联合分析来解决.

2.1.2 太阳微波爆发中的峰值频率的动力学：自吸收和 Razin 效应

1. 概述

太阳耀斑期间微波段的辐射可以提供粒子加速和传输过程、耀斑环等离子体密度和磁场等重要信息 (参考评述性文献 [29]~[32]). 有关微波谱形的研究起始于

20 世纪 60 年代[33,34], 之后对微波流量谱形进行了的细致分析[35], 上述分析基于确定和分离的频率的观测数据. 由观测发现所推动的理论研究表明太阳宽带微波爆发产生于回旋同步 (简称 GS) 辐射机制[35−38], 也提出了一些简化的微波诊断太阳耀斑的表述[39−41].

微波辐射谱通常具有的形状特征是一个峰值频率 ν_{pk}, 在 ν_{pk} 之上的辐射由于光学薄而下降, 此时的谱斜率主要由电子能谱决定, 同时 ν_{pk} 和更低的频率的斜率则由自吸收[42] 或者 Razin 抑制效应[43] 决定. 因而微波频谱的不同部分给出诊断耀斑环的不同工具. 例如, $\nu > \nu_{\mathrm{pk}}$ 的高频斜率、流量密度和偏振可提供非热电子谱指数[44]、高能电子总密度, 以及投射角各向异性[30] 等信息. 低频斜率和流量密度强烈依赖于磁场强度及其不均匀性和辐射电子的有效能量, 若 Razin 抑制比较重要时, 还取决于等离子密度和磁场的比值.

微波谱极大处的峰值频率 ν_{pk} 是太阳微波爆发的关键参数之一, 结合峰值流量 S_{pk}, 可给出磁场强度和非热电子柱密度的信息[45]. 在强的 Razin 抑制的情形, 这些参数也可给出耀斑环体密度的信息. 某些高密度耀斑必然具有很强的 Razin 抑制, 也可显示在等离子体加热时, 自由–自由吸收的改变所导致的 ν_{pk} 的演化, 对此在一个事件里进行了详细的讨论[46].

更为重要的结果经过多频率的综合研究所获取[47], 从 49 个爆发的研究发现, 多数事件上升和下降阶段 ν_{pk} 的变化远小于 GS 理论的预期[39]. 利用均匀射电源中简化的 GS 辐射理论[39], 分析了峰值频率受到磁场强度 B、非热电子的视向柱密度 nL、相对于磁场方向的视角 ϑ, 以及射电源大小 Ω 的影响. 结果表明爆发源的大小对峰值频率几乎没有影响, 而其他几个源参数的增加都会导致峰值频率的增高. 为了解释 ν_{pk} 几乎不变, 多数事件中的源参数 (高能电子数以及磁场强度等) 在爆发进程中必然以某种方式变化, 使得峰值频率保持不变.

对一个特定耀斑中峰值频率的变化的综合分析[48] 中, 采用了 OVSA(欧文斯谷太阳射电阵) 具有空间分辨能力的观测, 从而有可能导出亮温度谱, 而非总流量密度谱. 一个显著特点是爆发中峰值频率几乎不变, 而亮温度的变化达到两个数量级, 如果 Razin 抑制存在, 只需非热电子数的改变就可产生观测到的亮温度的变化. 观测谱的陡峭低频斜率支持 Razin 抑制的存在, 在该事件的解释中所需的参数是: 电子密度 $n_{\mathrm{e}} = 2 \times 10^{11}\ \mathrm{cm}^{-3}$ 和磁场强度 $B = 300$ G.

下述研究的主要目标是: ①在较大的样本范围显示峰值频率的演化行为, 可用自吸收和 Razin 印制这两种竞争的机制来解释; ②利用微波谱的演化行为, 发展一种分析方法来区分这两种效应; ③统计分析一个典型的爆发演化过程中哪些时段是何种效应为主导; ④决定各种物理效应为主导的事件比例. 为此, 对 OVSA 在 2001~2002 年期间观测的 338 个事件[49] 进行了统计研究, 对其中具有相对简单的时间剖面的 38 个事件进行了详尽的峰值频率演化的分析.

2. 观测数据

经过升级后, OVSA 发展为六面天线 (两面 27 m 和四面 2 m), 其数据由各面天线的总功率和各条基线的相关幅度和位相组成, 下面仅限于总功率即总流量密度, 即没有空间分辨率的研究. 由于 27m 天线视场的限制, 造成流量绝对定标的困难, 进一步限制在 2 m 天线的总强度 (斯托克斯 I) 分析. 2m 天线总功率观测的灵敏度为几个太阳流量单位 (SFU, 1 SFU = 10^{-22} W m^{-2} Hz^{-1}), 并在 1~18 GHz 范围大约对数分布的 40 个频率进行观测, 时间分辨率为 4 s. 2 m 天线的相对定标基于 NOAA (National Oceanic and Atmospheric Administration) 对宁静太阳的流量密度观测, 详细定标过程参考文献 [49]. 由于 OVSA 较大的频率数目覆盖了 1~18 GHz, 大多数爆发的流量极大落在该频率范围, 因而 OVSA 数据非常适合于 GS 谱的峰值频率的研究.

文献 [49] 分析的 412 个爆发中包含分米波爆发 (没有明显的 GS 分量). 初始选择谱峰 ν_{pk} 在 3~16 GHz 范围, 由此可视为 GS 辐射, 这样总共有 338 个事件. 在数据定标之后, 采用了文献 [47] 引入的解析函数形式, 在每个时刻进行了爆发频谱的 4 参数拟合,

$$S(\nu) = a_1\ \nu^{a_2}\ [1 - \exp(-a_3\ \nu^{-a_4})], \tag{2.2}$$

由此产生四个相关的物理参数：低频谱指数 a_2、高频谱指数 $\alpha_h = a_4 - a_2$、峰值或反转频率 ν_{pk} 和峰值流量 $S(\nu_{pk})$. 该解析函数具有类似从文献 [39] 的简化公式得到的 GS 辐射的谱形, 由此拟合的一个例子显示在图 2.8 中. 在一些事件的低频部分存在一个附加的低频谱峰 $\nu_{pk} \approx 1$~2 GHz[49,50], 此时, 把频率范围限制在合理的值, 使 ν_{min} 对不同爆发总是在 2~3 GHz 的范围内.

在 388 个爆发事件的统计研究中, 也对爆发的较小的子系列进行了细致分析. 为了避免不同谱分量或时间分量的相互叠加产生的复杂性, 在更细致的研究中, 仅选取了在爆发极大时刻具有单个谱峰, 以及流量密度 $S_{pk} > 100$SFU 具有单个时间演化剖面的事件, 由此从 338 个爆发中筛选出 40 个事件. 进而对这 40 个事件从

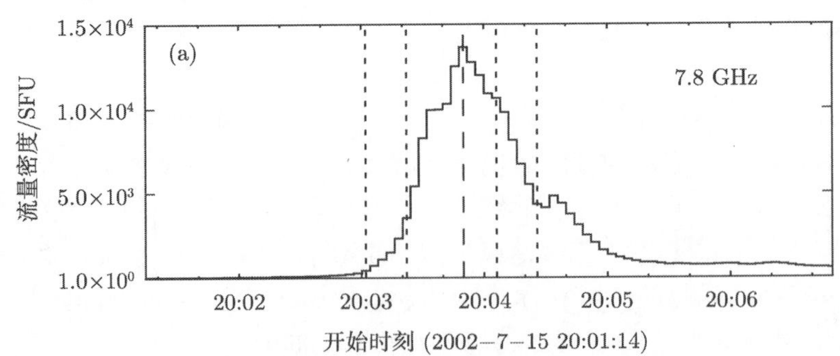

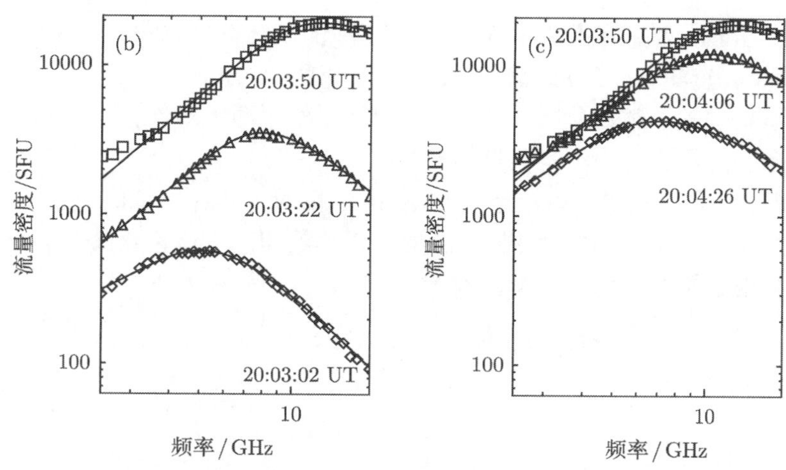

图 2.8 2002 年 7 月 15 日多峰爆发的第一个峰的谱演化. 实线为解析函数式 (2.2) 最佳拟合的结果. 反转频率在上升阶段的增大和下降阶段的减小非常明显

NOAA 检查了耀斑的位置, 发现 2001 年 12 月的两个事件位于太阳边沿可能部分被日面遮挡, 由此进一步去除, 对留下的 38 个事件进行深度研究.

3. 峰值频率的动力学演化

对于一个爆发不同时刻的频谱的比较清楚的显示, 大多数事件中峰值频率随时间的演化, 图 2.8 给出了一个频谱演化的典型事例. 该图中把爆发不同时刻的谱分为两幅, 分别在上升和下降阶段来显示. 可以看到, 上升阶段 $\nu_{\rm pk}$ 有相当的增大, 然后在爆发极大时刻之后减小. 该事件频谱演化的显著特征是流量在 $\nu > \nu_{\rm pk}$ 的频率的增长远快于 $\nu < \nu_{\rm pk}$, 这就暗示该射电源在 $\nu < \nu_{\rm pk}$ 是光学厚的. 进而选择参数 R 作为峰值频率两侧流量密度变化率之差的度量:

$$R = \log \frac{S(\nu_2)}{S(\nu_1)}, \tag{2.3}$$

其中, $\nu_1 < \nu_{\rm pk}$ 和 $\nu_2 > \nu_{\rm pk}$ 分别代表某一给定爆发中远离峰值频率的两个 (固定) 频率, 为此定义: $\nu_1 = (\nu_{\rm pabs} + \nu_{\rm min})/2$ 以及 $\nu_2 = (\nu_{\rm pabs} + \nu_{\rm max})/2$, 这里 $\nu_{\rm pabs}$ 是爆发期间 $\nu_{\rm pk}(t)$ 的最大值, $\nu_{\rm min}$ 和 $\nu_{\rm max}$ 给出了爆发接收到的频率范围. 我们感兴趣的并非是 R 的值, 然而仅是其随时间的变化行为. 下面将定量显示, 比值 R 在爆发上升阶段的增大和下降阶段的减小表明反转频率是由自吸收决定的, 而相对不变的 R 表明在反转频率两侧的频率是光学薄的, 这是 Razin 抑制的信号. 相对于图 2.8 中的事件, 图 2.9 的爆发谱展示了整个事件的上升和大部分下降阶段, R 几乎不变, 这是猜测 Razin 抑制存在的极好的例证, 进而是峰值频率在爆发期间保持不变的例证.

另一个 Razin 抑制的传统信号是低频斜率的变陡[41], 在图 2.9 的事件中并未发现, 实际上在空间积分的总流量密度谱中是少见的. 在后面将证明耀斑环等离子体密度的不均匀性导致低频 GS 谱变平, 即使在射电源主要部分存在 Razin 抑制, 谱变平还有可能是磁场的不均匀性所产生[51].

图 2.8 中的几个关键参数显示在图 2.10(a) 幅的 S_{pk}、(b) 幅的 ν_{pk}、(c) 幅的 R 之间均有明显的正相关. 高频谱指数 α_{h} 在 (d) 幅给出, 并具有较低的正相关, 这也是度量非热电子能谱演化的一个重要的参数.

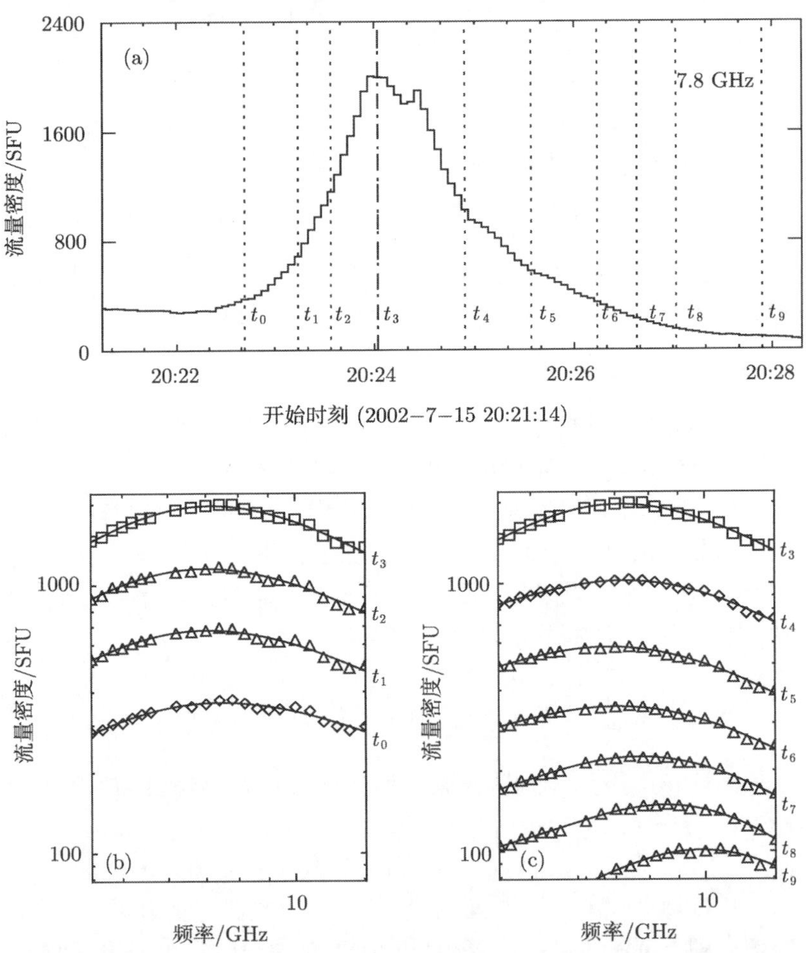

图 2.9　在 2002 年 7 月 15 日事件图 2.8 之后的第二个峰值处的频谱演化. 注意到峰值频率在整个爆发期间显著不变的特征, 在峰值频率两侧取相同的上升和下降时段, 导致了不变的 R, 以及在下降阶段后期低频谱增长和变陡

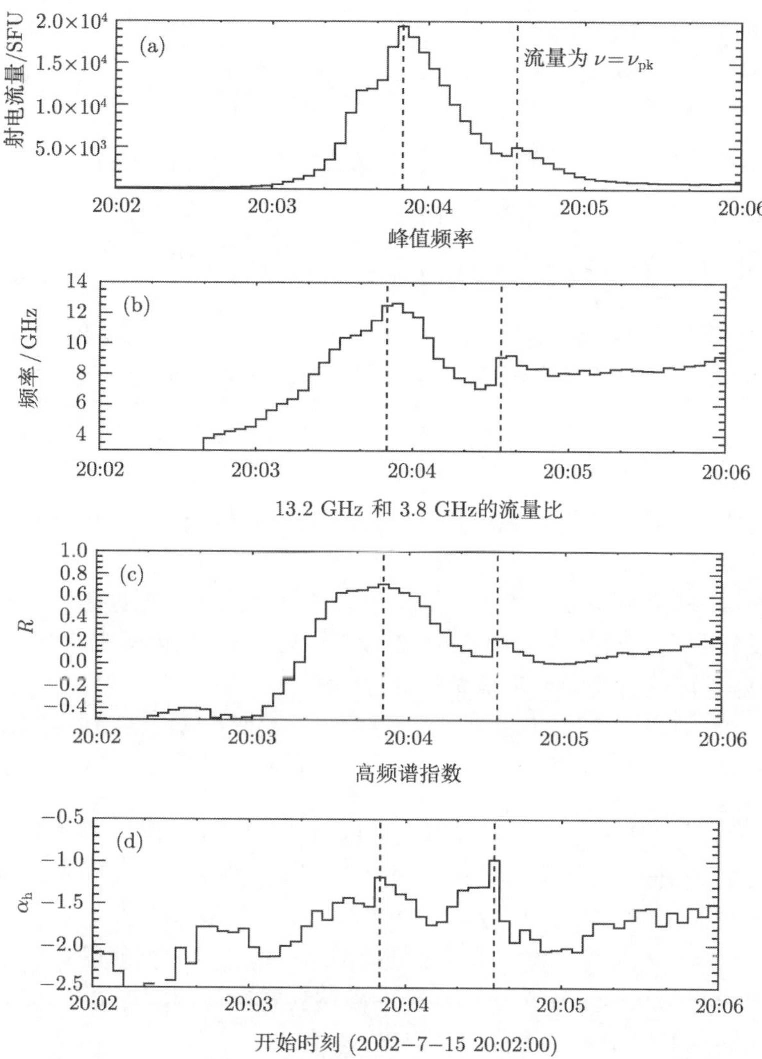

图 2.10 图 2.8 事件中几个关键参数的时间截面: (a) 流量密度, (b) 峰值频率, (c) 两个频率流量比值 R, 峰值频率两侧高频取 13.2 GHz, 低频取 3.8 GHz, 及 (d) 高频谱指数. 很强的正相关存在于上面三幅图之间, 包括在上升阶段和下降阶段的初期. 垂直的点线标明了 (a) 幅中的峰值时刻

为了确定图 2.10 中的流量密度和峰值频率的相关性是否普遍, 在图 2.11 中给出了所选样本的上升和下降阶段 ν_{pk} 和 S_{pk} 的相关系数分布的直方图, 这里比较明确的上升和下降阶段是指: 流量变化至少超过极大值的 70%. 该图的上下两幅所用的爆发数目分别是 202 和 216.

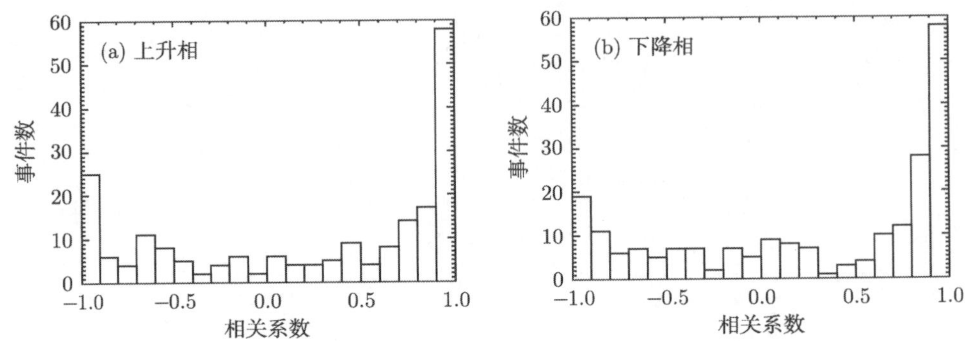

图 2.11　在样本库中的爆发上升和下降阶段的峰值频率和峰值流量相关系数的分布

显然, 峰值频率和峰值流量之间强的正相关 (相关系数 $r > 0.5$) 存在于较大的爆发子集中, 在上升和下降阶段的比例分别是 50% 和 52%. 然而, 一个类似数目的爆发中, 相关系数具有随机的弥散, 有一个小的分布峰值接近于 $r = -1.0$, 显示了一个明显的负相关, 其含义将在下面讨论.

定量的说, 峰值频率和峰值流量的正相关是简单的 GS 理论模型所预期的, 其中低频的反转是由于自吸收的缘故. 可从文献 [39] 的简化理论来进行半定量的说明, 对均匀射电源辐射流量谱由辐射转移方程给出:

$$S(\nu) = \frac{2k_{\mathrm{D}}T_{\mathrm{eff}}(\nu)}{c^2}\nu^2[1-\mathrm{e}^{-\tau(\nu)}] \times \frac{A}{R_{\mathrm{s}}^2}, \tag{2.4}$$

其中 k_{B} 和 c 分别是玻尔兹曼常量和真空光速, R_{s} 为日地距离, A 为射电源面积. 通常有效亮温度 $T_{\mathrm{eff}}(\nu)$ 和光学厚度 $\tau(\nu)$ 均为电子能量和投射角分布、磁场强度 B、磁场方向和视线之间的夹角 ϑ、等离子体密度 n_0, 以及源深度 L 的复杂函数 [36,30]. 当流量密度 $S(\nu)$ 达到其极大 S_{pk} 所处的频率 $\nu = \nu_{\mathrm{pk}}$ 满足光学厚度 $\tau(\nu_{\mathrm{pk}}) \simeq 1$, 即 $1-\mathrm{e}^{-\tau(\nu_{\mathrm{pk}})} \simeq 0.6$. 此时, 文献 [39] 中的简化公式对低密度等离子体和各向同性的单幂律 (谱指数 δ) 分布的高能电子有效, 即有

$$S_{\mathrm{pk}} \simeq 1.9 \times 10^{-54.0-0.31\delta}(\sin\vartheta)^{-0.36-0.06\delta}\nu_B^{-0.50-0.085\delta}\nu_{\mathrm{pk}}^{2.50+0.085\delta}\ A, \tag{2.5}$$

这里, ν_B 表示回旋频率. 在式 (2.5) 中峰值流量和峰值频率的正相关是显而易见的. 文献 [39] 中也给出了均匀模型下的峰值频率的表达式

$$\nu_{\mathrm{pk}} \simeq 2.72 \times 10^{3+0.27\delta}(\sin\vartheta)^{0.41+0.03\delta}B^{0.68+0.03\delta}(nL)^{0.32-0.03\delta}, \tag{2.6}$$

该表达式依赖于能量大于 10keV 的非热电子密度、谱指数、磁场强度、视角, 以及源深度, 注意 ν_{pk} 与源面积 A 无关. 从方程 (2.6) 和 (2.5) 可知, 电子柱密度 nL 的任何增大都会导致微波流量和峰值频率的减小 (参考文献 [46] 的图 8).

光学薄流量 $S_{\rm thin}$ 正比于辐射率和体积的相乘, 而光学厚流量密度 $S_{\rm thick} \propto T_{\rm eff}\nu^2 A$. 利用文献 [39] 给出的 GS 理论辐射率和有效温度 $T_{\rm eff}$ 的公式, 其比值为

$$\frac{S_{\rm thin}}{S_{\rm thick}} \simeq 10^{4-0.21\delta}(\sin\vartheta)^{0.71\delta-0.07}\nu_1^{-2}\left(\frac{\nu_2}{\nu_B}\right)^{1.22-0.90\delta} B\left(\frac{\nu_1}{\nu_B}\right)^{-0.985\delta-0.72}(nL). \quad (2.7)$$

因而, 对于 GS 辐射, 该比值 (进而 $R=\log\dfrac{S_{\rm thin}}{S_{\rm thick}}$) 与式 (2.6) 给出的 $\nu_{\rm pk}$ 和式 (2.5) 给出的 $S_{\rm pk}$ 类似, 均正比于 nL、B 以及 δ. 注意式 (2.7) 中的比值仅对均匀源成立, 在真实的耀斑环中, 射电源是不均匀的, 辐射在不同频率来自耀斑环的不同部位. 由此, 必须使用不同的 B 和 A, 或许还有 δ 来计算 $S_{\rm thin}$ 和 $S_{\rm thick}$, R 以及 $S_{\rm pk}$ 的一般表达式尚待给出.

检验了 38 个样本中 R 和 $\nu_{\rm pk}$ 等关系, 发现与一个强的正相关 ($r>0.5$) 对 76% 事件的上升阶段和 70% 事件的下降阶段成立. 只有 13% 事件的上升阶段和 17% 事件的下降阶段 R 和 $\nu_{\rm pk}$ 之间变为负相关.

然而, 在一般情况下, 爆发期间显示多种不同的演化行为, 包括峰值频率的变化方式. 可从图 2.11 看出一小部分然而不可忽略的事件中表现出强的负相关 $r<-0.5$(分别占 27% 事件的上升阶段和 22% 事件的下降阶段, 以及非常弱或不相关 $|r|<0.5$(分别为总爆发的 23% 和 26%). 对于 R 和 $S_{\rm pk}$ 之间的相关分析同样如此. 上述频谱演化行为不能简单基于 GS 的自吸收来解释.

4. **峰值频率变化的大小**

为了对爆发上升和下降阶段频谱演化进行更加仔细的分析, 仅选择了相对简单的时间剖面和谱峰, 总样本数为 38, 包括 24 个平滑上升和 34 个平滑下降的事件. 下面处理的要点是理解峰值时刻不对称的太阳耀斑, 通常在上升阶段有典型的快速单调的变化, 导致关键参数相对简单的演化行为. 对应的下降阶段通常比较缓慢, 而且可能显示混合行为, 比如复杂的磁场和等离子体能化系统, 使得原本平滑的下降阶段被复杂和非单调的等离子体参数演化所改变, 这在微波爆发的峰值频率演化中十分常见. 因而在我们的样本中, 上升阶段的行为比较容易理解, 而下降阶段则远要复杂得多.

在较大的爆发事件中, 峰值频率的总变化量也是较大的. 因而采用一个简单测度: 峰值频率在爆发期间的总变化量 (用 $\nu_{\rm pk}$ 归一化), 结果显示在图 2.12 中. 该图的 (a) 幅显示了流量密度从 25% 增加到 100% 极大值时 $\Delta\nu_{\rm pk}/\nu_{\rm pk}$ 的分布, 而 (b) 幅则显示下降到极大值的 25% 时该参数的分布. 正如 GS 的自吸收理论所预期, 几乎在所有的事件 (83%) 均有正的上升阶段 $\Delta\nu_{\rm pk}$, 而多数事件 (62%) 的下降阶段均有负的 $\Delta\nu_{\rm pk}$.

一个有趣的特征是相对高的百分比的事件具有小的峰值频率变化量 ($-0.1<\Delta\nu_{\rm pk}/\nu_{\rm pk}<0.1$), 分别为 33% 的上升阶段和 30% 的下降阶段. 然而注意到这些比

例远小于文献 [47] 发现的结果. 另一个有趣的特征是相对较高的比例 (38%) 的事件在下降阶段具有正的变化, 这在 GS 自吸收的理论框架里无法解释.

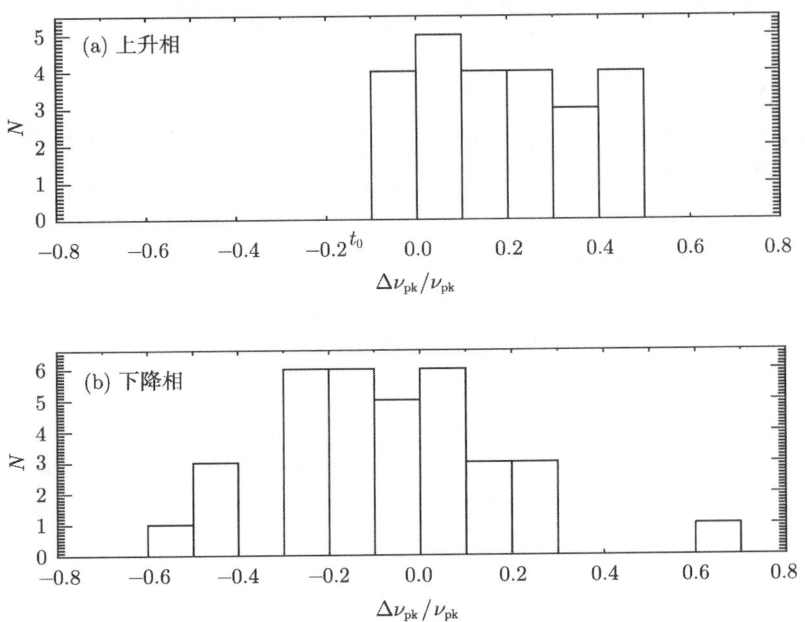

图 2.12　峰值频率变化量 $\Delta\nu_{pk}/\nu_{pk}$ 的分布, (a) 上升阶段; (b) 下降阶段; 流量密度分别从 25% 极大开始增加, 或者减少到 25% 极大; 总爆发个数分别是 24 和 34. 这里, ν_{pk} 表示极大流量 $S_{pk}(t)$ 对应的峰值时刻

为了下面的分析, 把事件分为三组: 峰值频率变化相对较大 $|\Delta\nu_{pk}/\nu_{pk}| \geqslant 0.3$, 中等的 $0.1 \leqslant |\Delta\nu_{pk}/\nu_{pk}| < 0.3$ 和小的 $|\Delta\nu_{pk}/\nu_{pk}| < 0.1$, 并在下面进行详细讨论. 我们将证明无论峰值频率变化大小如何, 不同事件组的解释仍然依赖于两个效应: GS 自吸收和 Razin 抑制.

5. 爆发上升阶段峰值频率的演化

1) 较大的峰值频率的变化

图 2.13 中, 显示了具有较大的相对峰值频率变化 ($\Delta\nu_{pk}/\nu_{pk} > 0.3$) 的 7 个事件的上升阶段 ν_{pk} 和 S_{pk} 之间的相关性. 图中直线为接近于爆发峰值时刻的最佳的线性拟合 (对数坐标), 满足下面的幂律关系, 其谱指数 β 随事件而变化, 每个事件的 β 值列在表 2.1 中, 平均值为 0.27.

$$\nu_{pk} \propto S_{pk}^{\beta}, \tag{2.8}$$

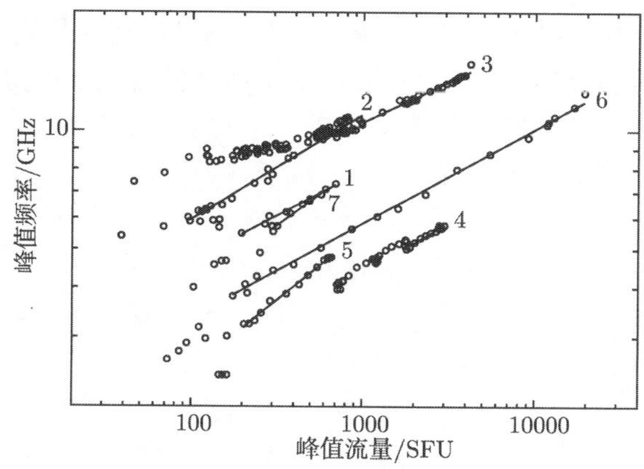

图 2.13 7 个事件的上升阶段峰值频率和峰值流量的关系. 直线是在峰值时刻附近对数坐标下的最佳线性拟合. 事件日期和编号参照表 2.1

表 2.1 由图 2.13 满足 $\Delta\nu_{pk}/\nu_{pk} > 0.3$ 的 7 个事件得到的线性回归系数

序号	事件日期	$\beta(\nu_{pk}, S_{pk})$	$\beta(\nu_{pk}, S_2)$	$\beta(\nu_{pk}, S_1)$
1	22 Apr 2001	0.23	0.14	0.30
2	19 Oct 2001	0.27	0.17	0.31
3	22 Oct 2001	0.21	0.18	0.27
4	04 Nov 2001	0.26	0.20	0.34
5	22 Nov 2001	0.34	0.27	0.66
6	15 Jul 2002	0.26	0.17	0.43
7	04 Dec 2002	0.32	0.22	0.54
均值		0.27	0.19	0.41

为了比较起见, 在表 2.1 中显示了方程 (2.3) 所定义的峰值频率上下的两个频率 ν_1 和 ν_2 的流量获得的幂律谱指数 β_1 和 β_2, 其平均值分别为 0.41 和 0.19. 我们可以理解 β、β_1 和 β_2 之间的差异是由于自吸收的原因. 事实上, β_2 的值最小, 而 β_1 的值最大, 其原因是 GS 流量在光学薄区的变化预期远大于光学厚区, 这是由于 n、L、δ, 或 B 等参数变化的结果. 同时, 峰值频率处的 β 介于上述两者之间是因为 S_{pk} 是从部分光学厚和光学薄源区而来, 其光学厚度 $\tau \simeq 1$.

基于方程 (2.5) 和面积 A、谱指数 δ、磁场 B 在爆发上升阶段不变的假设, 与 β 的值有定量的对应关系. 对电子谱指数 $\delta = 2.0 \sim 6.0$, 理论值 $\tilde{\beta} = 1/(2.50+0.085\delta) = 0.37 \sim 0.33$ 略大于 β, 并给出一个平均差 $\tilde{\beta} - \beta = 0.08$. 这种 β 的微小然而系统的减小是由方程 (2.5) 的近似产生, 因为 S_{pk} 实际上是不透明度高于 $\tau \approx 1$ 的情形. 我们的数值模拟确认 ν_{pk} 处 GS 变化略小于方程 (2.5) 的预期.

2) 中等的峰值频率的变化：时间延迟

在 8 个具有中等的峰值频率相对变化 $(0.1 < \Delta\nu_{pk}/\nu_{pk} < 0.3)$ 的事件中, 流量和峰值频率的比较分析显示这些爆发可根据 ν_{pk} 的演化行为分为两个子类.

第一个子类的特征从爆发上升阶段刚开始就有相对高和稳定的峰值频率, 峰值频率仅在流量增加后少许延迟就开始增加, 达到极大的时间和流量极大相同 (OVSA 的时间分辨率为 4s). 一个例子在图 2.14 的 (a) 和 (b) 幅给出, 其中, $\nu_{\rm pk}$ 在整个爆发中保持较大的值, 只有在非常接近流量峰值时略有增大 ($\Delta\nu_{\rm pk}/\nu_{\rm pk}=0.21$). 我们认为这种情况暗示 Razin 抑制的存在, 下面还将进行详细分析.

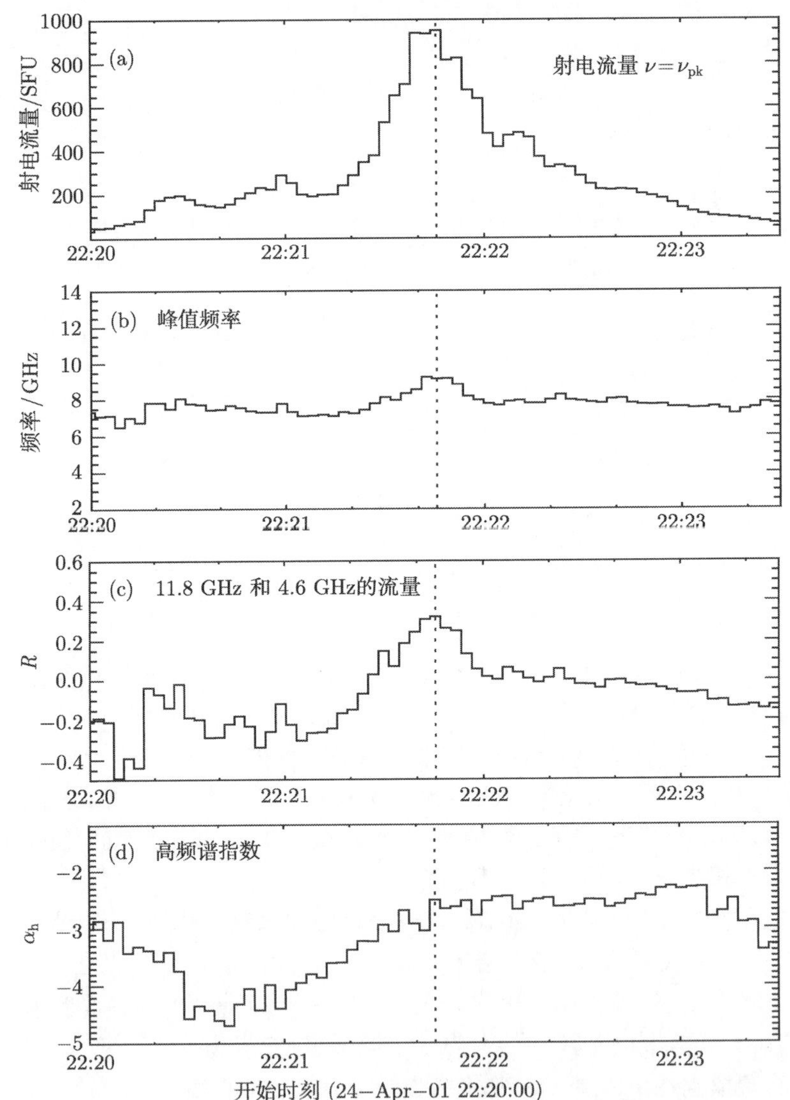

图 2.14　如同图 2.10 给出 2001 年 4 月 24 日爆发的时变曲线. (b) 幅的峰值频率保持较高的值, 除了在 (a) 幅的主峰附近几乎不变. (c) 幅中的比值 R 也取较大值且在下降阶段变化不大. 注意 (d) 幅中的谱指数 $\alpha_{\rm h}$ 在上升阶段一直在增大, 在大部分下降阶段变化不大

第二个子类的特征是 ν_{pk} 达到极大的时间超前于峰值流量 S_{pk}, 如图 2.15 所示. 对于这些事件, 峰值频率在爆发开始时按常规速率增大, 然而在爆发峰值之前开始持续减小. 注意图 2.15 中 R 的变化显示了类似的时间行为. 这样的时间延迟也存在于下面第 3 节) 较小的峰值频率相对变化 ($\Delta\nu_{pk}/\nu_{pk}$) 的事件. 作为一个整体, 我们发现在 24 个事件中有 10 个事件具有这样的时间延迟. 理解该行为的关键是所有这些事件均有显著的 α_h 的增大 (变硬), 对应于电子能谱指数 δ 系统的变硬. 电子能谱随时间变硬 (变陡) 可以导致 ν_{pk} 达到极大值的时刻落后 (超前) 于流量密度的极大时刻.

注意到射电谱在爆发下降阶段变硬是十分常见的, 从表面上与多数硬 X 射线事件中的软硬软变化行为有矛盾. 这种射电的软硬硬行为及其与硬 X 射线行为之间的关系已经在文献 [52] 和文献 [53] 中进行了细致研究, 这里的差别是由于硬 X 射线表示沉降分量, 而微波谱反映了捕获分量的缘故. 在耀斑环顶或日面源的捕获电子与硬 X 射线辐射无关[54], 发现具有一个远硬于足点源的谱. 虽然两者来源于同一次入射的非热电子[44], 其发展过程是不同的, 并可解释上述矛盾.

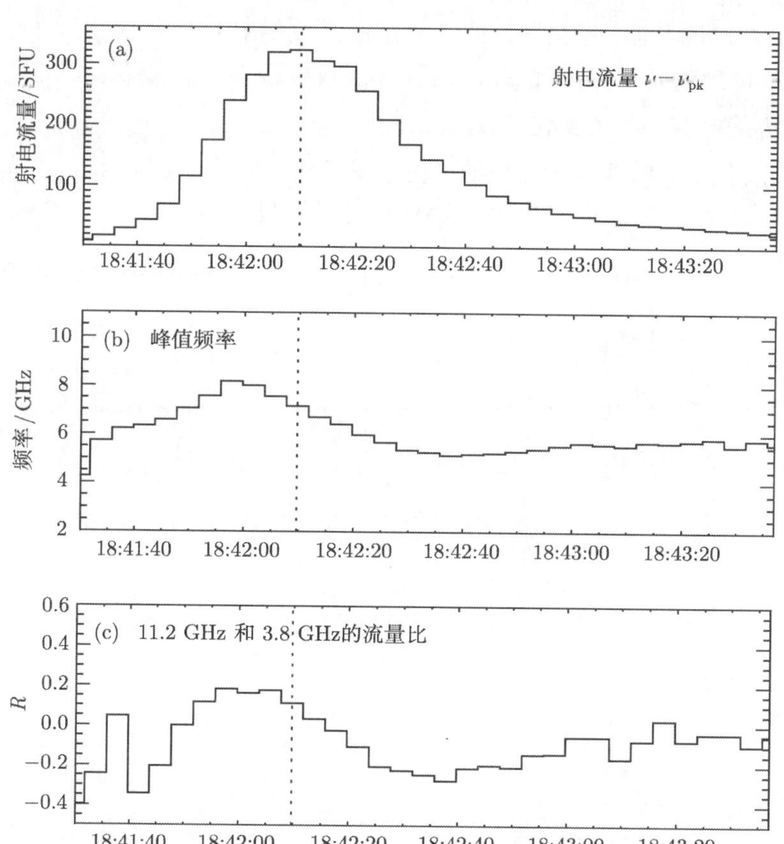

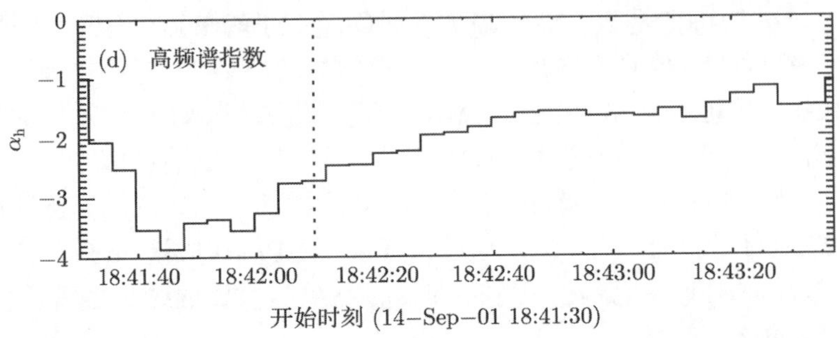

图 2.15 如同图 2.10 给出 2001 年 9 月 14 日爆发的时变曲线. 该事例显示 (b) 幅中的 ν_{pk} 和 (a) 幅中的 S_{pk} 之间的时间延迟. 注意在下降阶段 ν_{pk} 首先减小然后略有增大. (d) 幅中 α_{h} 在整个爆发中持续增大

为了证明电子能谱的硬化或软化可影响 ν_{pk} 的时间演化到如此明显的程度, 图 2.16 给出了数值模拟的结果. 这里利用了辐射谱指数和电子谱指数的关系[39]：$\alpha_{\text{h}} = 0.90\delta - 1.22$, 相对三种不同的电子谱指数的变化 $\Delta\delta = -1$, -0.5, $+0.5$, 以及具有高斯分布的 nL 时间截面. 这些变化的 δ 对应于微波斜率的变化 $\Delta\alpha_{\text{h}} = +0.9, +0.45, -0.45$. 可以清楚的看到电子谱的硬化或软化是如何影响 ν_{pk} 以观测到的方式变化.

3) 较小的峰值频率的变化

9 个事件的上升阶段显示较小的峰值频率的相对变化：$-0.1 < \Delta\nu_{\text{pk}}/\nu_{\text{pk}} < 0.1$, 尽管试图选择简单的爆发, 其中 5 个事件仍然呈现复杂的行为. 比如 2001 年 8 月

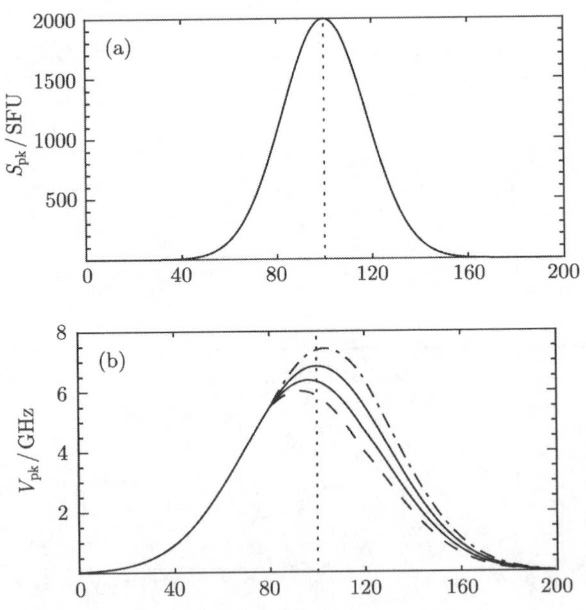

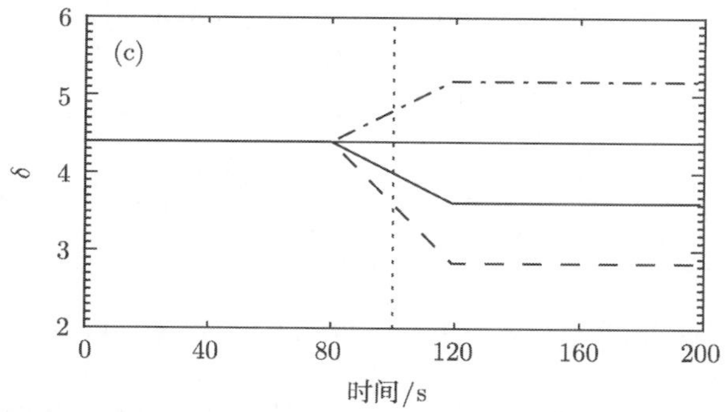

图 2.16 模拟电子能谱硬化或者软化对 (a) 中的高斯分布的流量密度时间截面的影响, (b) 导致 $\nu_{\rm pk}$ 极大的超前或落后, (c) 假设的电子能谱指数的演化：实线表示 δ =const, 虚线表示 $\Delta\delta=-0.5$, 点线表示 $\Delta\delta=-1.0$, 点划线表示 $\Delta\delta=+0.5$. 如果电子能谱变平峰值频率超前于流量密度, 如果电子能谱变陡 (软) 则落后于流量密度

31 日的一个事例 (未显示) 具有简单的流量密度时间剖面, 然而具有复杂的 $\nu_{\rm pk}$ 变化, 在爆发开始到峰值附近的正常变化之前, 峰值频率快速变小. 这样的变化可能是由此前的某些爆发所导致, 或者是射电源沿径向从强磁场区域漂移到弱磁场区域.

保留 4 个 $\Delta\nu_{\rm pk}/\nu_{\rm pk}$ 较小的事件的特征是在穿越流量密度峰时具有接近常数的 $\nu_{\rm pk}$. 与此同时, $S_{\rm pk}$ 先增大后减小数倍. 图 2.17 给出两个这样的事例, 其中稳定的高频谱指数表明电子能谱指数 δ 几乎不变, 因而不会影响 $\nu_{\rm pk}$ 的行为. 这些爆发相对寿命较长, 而且时间剖面比较平缓. 事实上, 两个爆发均为之前事件的二次分量. 两个事件中 R 也是接近于常数, 表明流量密度在低频 ($\nu<\nu_{\rm pk}$) 和高频 ($\nu>\nu_{\rm pk}$) 增大和减小的速率几乎相同. 如前所述, 这就表明峰值频率两侧均为光学薄辐射, 并为 Razin 抑制的明确信号. 下面还将对此进行详细地分析.

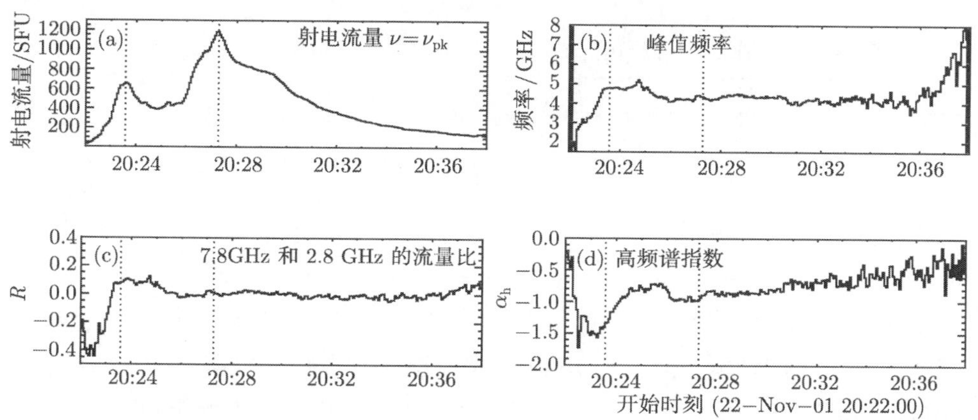

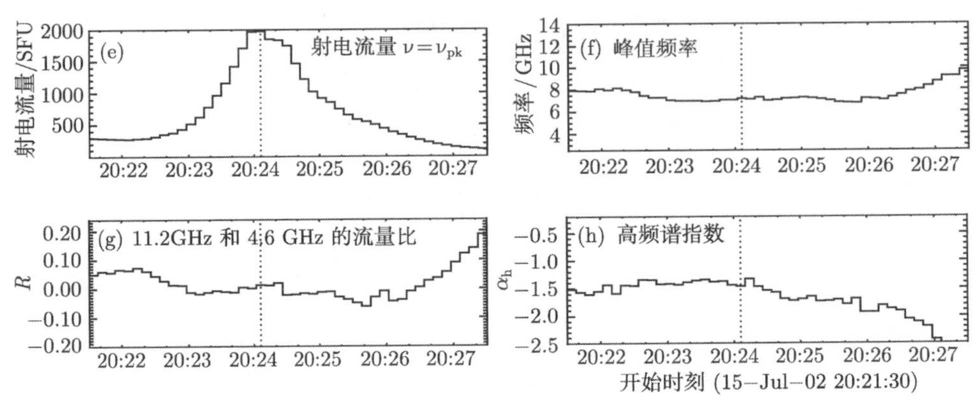

图 2.17　如同图 2.10 给出 (a)~(d)2001 年 11 月 22 日和 (e)~(h)2002 年 7 月 15 日的时变曲线. 两个事件的峰值频率明显保持不变, 同样如此的还有比值 R. 在下降阶段的后期峰值频率开始增大

6. 爆发下降阶段峰值频率的演化

一般来说, 峰值频率在下降阶段的演化和上升阶段有所不同. 在上升阶段看到的 ν_{pk} 对 S_{pk} 的幂律关系仅在下降阶段初期存在, 在下降阶段后期, 两者会出现相反的关系, 即 ν_{pk} 再次开始增大, 出现在相当一部分事件.

1) 大而负的峰值频率变化

可对 34 个事件研究其下降阶段, 其中 4 个事件具有较大而负的峰值频率的相对变化 ($\Delta\nu_{pk}/\nu_{pk}=-0.4\sim-0.6$. 图 2.18 显示了这 4 个事件中 ν_{pk} 和 S_{pk} 的关系. 直线为爆发峰值附近对数坐标下的最佳线性拟合, 同样可用幂律表达式 (2.8) 来表述. 对这 4 个事件的 β 值列在表 2.2 中, 可看出相对于方程 (2.5) 所预期的 $\beta=\tilde{\beta}\simeq 0.35$, 表中给出相当高的 β 值 (平均值 0.57), 远高于表 2.1 中上升阶段的 β 值.

表 2.2　由图 2.18 得到的 $\Delta\nu_{pk}/\nu_{pk}<-0.4$ 的事件的线性回归系数

序号	事件日期	$\beta(\nu_{pk},S_{pk})$	$\beta(\nu_{pk},S_{thin})$	$\beta(\nu_{pk},S_{thick})$
1	30 Aug 2001	0.80	0.45	>0.78
2	31 Aug 2001	0.55	0.39	>0.55
3	22 Oct 2001	0.39	0.32	>0.52
4	28 Aug 2002	0.53	0.27	>0.42
均值		0.57	0.36	>0.57

下降阶段如此强烈的 ν_{pk} 的变小可用上面讨论的一种或更多的物理效应解释, 包括源面积 A 增大, 电子能谱指数变硬 (δ 变小), 或者磁场强度 B 的减小. 没有空间可分辨的观测, 无法研究磁场和源面积的变化, 但可以利用观测到的微波谱指

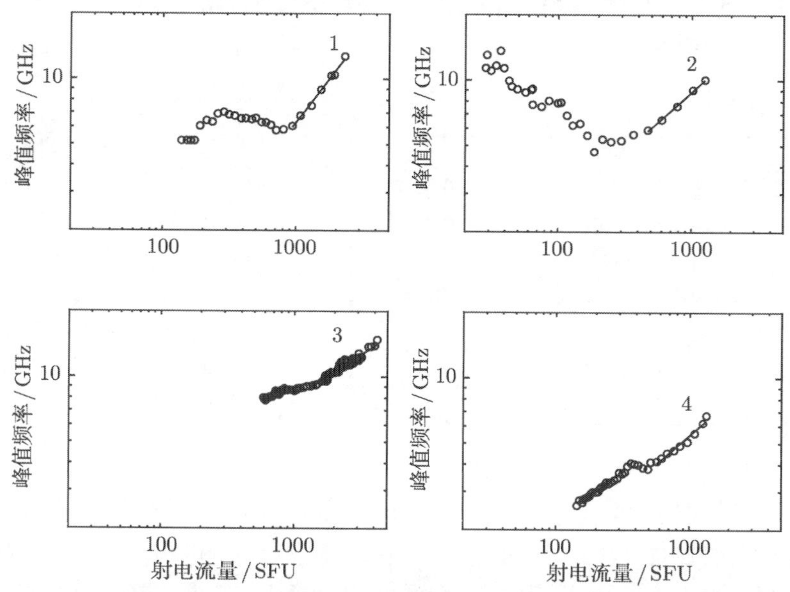

图 2.18 在较大的 $\Delta\nu_{\rm pk}/\nu_{\rm pk}$ 的 4 个事件的下降阶段, 峰值频率 $\nu_{\rm pk}$ 和峰值流量密度 $S_{\rm pk}=S(\nu_{\rm pk})$ 的关系. 直线表示对数坐标下接近爆发峰值处的最佳线性拟合, 事件日期和编号参照表 2.2

数 $\alpha_{\rm h}$ 研究 δ. 首先, 发现爆发下降阶段 $\alpha_{\rm h}$ 确实变硬, 在表 2.2 的 1~4 号事件中分别给出 $\Delta\alpha_{\rm h}=1.8$, 1.3, 1.3 及 0.6. 这些值对应的电子能谱指数的变化分别为 $\Delta\delta=2.0$, 1.4, 1.4 及 0.7. 这些谱指数的变化可以解释 $\tilde{\beta}-\beta$ 差异的相当部分, 但并非全部. 某些 $\nu_{\rm pk}$ 的快速减小必须考虑其他物理效应, 例如, 射电源向环顶磁场较弱的区域移动[55]. 我们认为 GS 自吸收可以解释较大的峰值频率的负变化, 但必须考虑其他物理效应的影响.

有趣的是, 很强的 Razin 抑制也可导致下降阶段出现较大的峰值频率 $\nu_{\rm pk}$ 的负变化, 如文献 [46] 中的图 8(c)~(d) 所示, 由等离子体加热 (降低自由–自由不透明度) 和高能粒子密度减小等联合, 可导致任意高的 $\beta(\nu_{\rm pk})$, 即对于接近不变的 $S_{\rm pk}$ 时 $\nu_{\rm pk}$ 减小.

2) 中等而负的峰值频率变化

共计 12 个事件显示了相对变化 $-0.3<\Delta\nu_{\rm pk}/\nu_{\rm pk}<-0.1$. 从中选择了 6 个事件加以说明, 结果在表 2.3 中给出. 这些事件具有接近于理论预期的平均值 $\beta\simeq 0.4$. 详细分析表明某些具有中等变化的情形实际上是较大变化的事件, 其总体变化为中等的原因是观测时段内其 $\nu_{\rm pk}$ 演化从初始的陡降到不变或增加. 这样的情况在下降阶段是非常典型的. 事实上, 仅在 12 个事件中的 4 个事件, 其峰值频率的变化是

单调的. 其余 8 个事件峰值频率最初快速下降, 然后在 S_{pk} 下降一个数量级之前保持不变或者开始增大.

表 2.3　满足 $-0.3 < \Delta\nu_{pk}/\nu_{pk} < -0.1$ 的事件的线性回归系数

序号	事件日期	$\beta(\nu_{pk}, S_{pk})$	$\beta(\nu_{pk}, S_{thin})$	$\beta(\nu_{pk}, S_{thick})$
1	25 Aug 2001	0.95	0.52	1.97
2	28 Dec 2001	0.35	0.19	0.65
3	20 Jul 2001	0.21	0.16	0.38
4	26 Jul 2001	0.27	0.20	0.56
5	28 Aug 2002	0.27	0.20	0.43
6	31 Oct 2002	0.38	0.20	> 0.7
	均值	0.40	0.24	> 0.8

3) 小的峰值频率变化

在 11 个事件的下降阶段发现较小的相对峰值频率的变化 $-0.1 < \Delta\nu_{pk}/\nu_{pk} < 0.1$. 大约一半的事件 (11 个中的 6 个) 可用类似的 ν_{pk} 和 S_{pk} 关系斜率从最初减小稍后增大的变化来解释. 在其他 5 个事件的下降阶段, 我们发现较小和逐渐的单调变化, 或者是平坦的 ν_{pk} 值, 类似于讨论过的上升阶段. 具有类似行为的事例可参考图 2.17. 在 11 个事件中的 7 个, 峰值频率接近常数并在 S_{pk} 下降一个数量级之前开始增大 (参见图 2.18).

4) 正的峰值频率变化

尽管 GS 自吸收要求 ν_{pk} 在下降阶段减小, 在相当大的样本比例中 (34 个事件中的 23 个, 约占 68%), ν_{pk} 的增大出现在下降阶段的某些时刻. 如上所述, 多数情况下增大开始于爆发流量下降之后 (通常是在 2~3 倍的变化因子, 有时也有较大的因子).

峰值频率开始增大相对于爆发极大时刻的特征时间延迟为 2min. 然而, 该延迟对不同事件有很大的变化. 在若干事件中, 刚好开始于强度峰值之后, 在三分之一的事件里比较长, 在 2~8min 范围里变化. 这些事件经常是长时间渐变爆发, 开始增大之前具有较低的峰值频率 $\nu_{pk} \leqslant 7$ GHz, 可参见图 2.17 中的事例, 其中, (f) 和 (g) 在下降阶段后期清楚看到明显增大的 ν_{pk} 和比值 R, 起始于 20:26 UT. R 增大意味着 $\nu_1 = 4.6$ GHz $< \nu_{pk}$ 的低频流量变小的速率快于高频 $\nu_2 = 11.2$ GHz $> \nu_{pk}$. 低频流量的快速减小 ($\nu < \nu_{pk}$ 的频谱变陡) 不难看到在图 2.9 中 (c) 幅的 t_6 之后, 这是和图 2.17 中 (e) 和 (h) 属同一爆发.

检验了下降阶段 ν_{pk} 增大的各种可能的原因, 例如, 热的 GS 辐射, 或者源参数的变化 (A 的减小或 B 的增大), 再次发现最合理的解释是下降阶段的密度上升, 从而导致 Razin 抑制随时间增加, 2.2 节有进一步的分析.

7. 模型拟合

早期证明了多数爆发的峰值频率和流量密度有很好的相关性 (至少在爆发极大时刻附近), 正如 GS 自吸收所预期的那样. 也证明了其他效应, 如电子能谱演化可影响 GS 自吸收并解释某些特定的频谱演化 (如 $\nu_{\rm pk}$ 和 $S_{\rm pk}$ 之间的时间延迟).

然而, GS 自吸收不能解释相当一部分事例中的行为: ①即使在爆发强度改变一个数量级甚至更多时, 峰值频率仍变化微小或甚至不变; 或者②在下降阶段中后期, 峰值频率移至更高的频率. 与上述行为相关的一个共同的特征是 $\nu_{\rm pk}$ 具有相对较小的极大值. 在某些事件中 $\nu_{\rm pk}$ 可能低至 3 GHz, 表明射电源的磁场相对较弱. 本节将检验 Razin 抑制作为一种可能的机制解释这些属性.

一个主要的 Razin 抑制存在的观测线索是一个均匀射电源预期的陡峭的低频总功率谱. 除了少数例外, 我们的事件没有显示陡的谱. 但众所周知的是, 陡的低频谱仅在均匀源的总功率谱的情况下预期发生, 而典型的耀斑包含了相当程度的不均匀性, 我们认为会由此破坏 Razin 抑制的信号. 如前所述, 不均匀性当然也会影响峰值频率的演化. 无论如何, 为了避免不必要的复杂性, 以显示 Razin 抑制对微波谱演化的影响, 下面的模型中射电源的等离子体密度和磁场是均匀的.

8. GS 谱的形成

理想的 GS 谱具有单峰 $\nu = \nu_{\rm pk}$, 其低频反转是由 GS 自吸收 [42] 或者 Razin 抑制[43,56] 产生. 在 GS 自吸收的情况, 峰值频率处光学厚度接近等于 1:

$$\tau(\nu_{\rm pk}) = \kappa_\nu L \approx 1, \tag{2.9}$$

这里, κ_ν 为吸收系数, L 为射电源厚度. 在 Razin 抑制的情况, 对于经典的同步辐射, 低频反转与 Razin 频率有关:

$$\nu_{\rm R} = \frac{2\nu_{\rm p}^2}{3\nu_B}, \tag{2.10}$$

其中, $\nu_{\rm p}$ 和 ν_B 分别为等离子体频率和回旋频率. 因而, 该频率正比于等离子体密度和磁场强度的比值, 较高的背景等离子体密度或较低的磁场强度使得 $\nu_{\rm R}$ 升高.

本节利用 GS 辐射和吸收系数的严格表达式 [36,57] 进行均匀射电源中的峰值频率演化的数值模拟. 射电源中的电子满足幂律谱并且是各向同性的分布. 非热电子的时间截面选为高斯形式, 其有效寿命和极大时刻分别定义为 t_0 和 $t_{\rm m}$.

$$n(E,t) = k\ \exp\Big[-\frac{(t-t_{\rm m})^2}{t_0^2}\Big]E^{-\delta}, \tag{2.11}$$

这里, E 是以 MeV 为单位的电子能量, 在 0.01~500 MeV 的范围, δ 为电子能谱指数, k 是任意常数. 分别考虑低密度和高密度等离子体, 具有常数和变化的电子幂律谱指数, 以及等离子体密度随时间增大的情况.

9. 自吸收的影响

图 2.19 展示了低密度等离子体中 GS 辐射的频谱演化, 参数选择使得低频反转完全由 GS 自吸收决定, Razin 抑制几乎可忽略 ($\nu \geqslant 2$ GHz). 由于高能电子

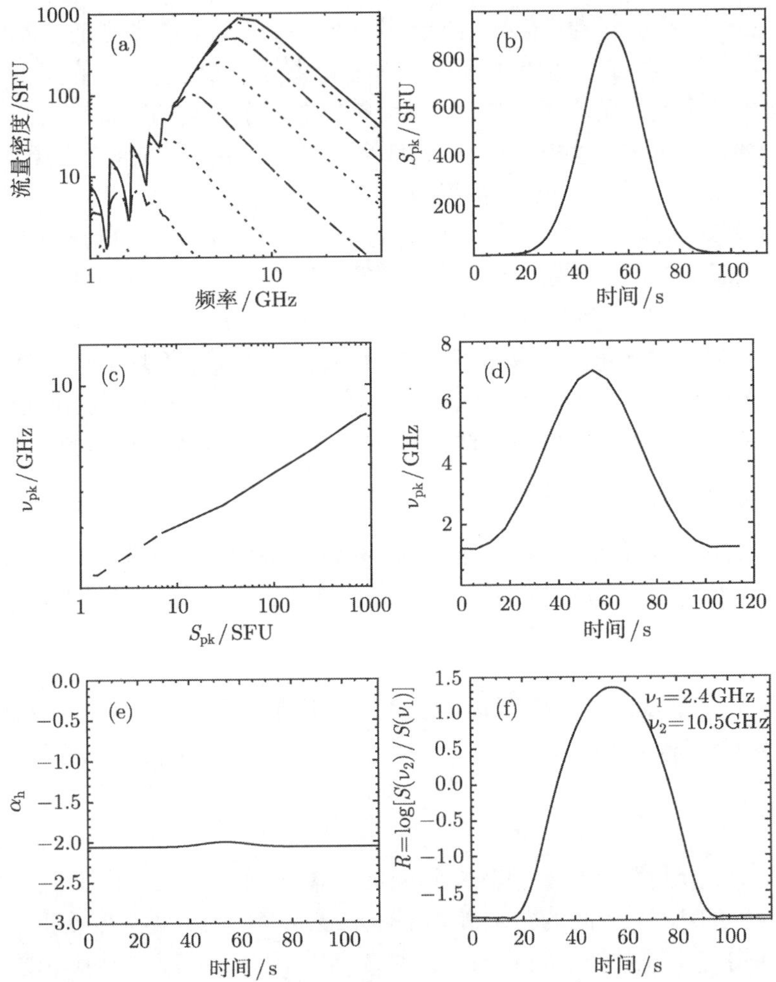

图 2.19　GS 辐射谱在低密度等离子体中的演化 ($n_0 = 5 \times 10^9$ cm^{-3}, $B = 150$ G, $t_m = 54$ s, $t_0 = 12$ s, $\delta = 4.0$, $L = 10^9$ cm, $\phi = 17''$ 及 $k = 10^4$). 对于上述参数, 低频反转由 GS 自吸收决定. (a) 幅: 在上升 (点线) 和下降 (虚线) 阶段不同时刻的流量密度谱. (b) 幅: 峰值流量的时间截面 $S_{pk} = S(\nu_{pk})$. (c) 幅: 对数坐标下峰值频率对峰值流量的依赖性 (实线和虚线分别为上升和下降阶段). (d) 幅: 峰值频率的演化. (e) 幅: 高频谱指数的演化, 是从 (a) 幅中 $\nu > \nu_2$ 计算谱的拟合得到, $\nu_2 = 1.5\nu_{pabs}$(参见式 (2.3)). (f) 幅: 在 $\nu_2 > \nu_{pk}$ 和 $\nu_1 < \nu_{pk}$ 流量比 R 的对数的演化

数增加, GS 强度在上升阶段增大, 导致峰值频率的相应增大, 可参见图中的 (a) 和 (b) 幅. 在下降阶段具有对称的形式. 注意 $\nu_{\rm pk}$ 具有小的初值可以低至 1.2 GHz, 而且当峰值流量变化一个数量级时, 峰值频率有两倍因子的较大范围变化. 还注意到方程 (2.3) 定义的高频 $\nu_2 > \nu_{\rm pk}$ 和低频 $\nu_1 < \nu_{\rm pk}$ 流量比值 R 也有强烈的变化 (两个数量级), 这是因为在光学厚的 ν_1 的流量密度变化很小. (c) 幅显示了峰值频率对峰值流量的依赖性 (类似图 2.13), 该依赖性可粗略用幂律谱表示, 即 $\nu_{\rm pk} \propto S_{\rm pk}^{\beta}$, 以及 $\beta = 0.27$, 与图 2.13 的结果一致, 然而低于简化 GS 理论[39] 导出的式 (2.5) 的预期值. 图 2.19 看来与图 2.8 的事件类似.

10. 高等离子体密度的影响: Razin 效应

关于 Razin 效应的物理意义和理论基础的介绍, 已在本书 1.2.3 小节给出, 这里不再重复. 图 1.2 计算了较高的等离子体密度 $n_0 = 5 \times 10^{10}\ \rm cm^{-3}$ 时 GS 辐射频谱的演化, 图中可以清楚地看到: 在上升相初期和衰变相后期, 由于 Razin 效应的影响, 射电源在低频是光学薄的. 然而, 在极大流量 $S_{\rm pk}$ 附近, 当非热电子柱密度变得足够大, 在 $\nu \leqslant \nu_{\rm pk}$, 射电源变为光学厚, 尽管 Razin 抑制的影响仍然存在, 然而在 $\nu_{\rm pk}$ 处的谱指数演化类似自吸收起主要作用的方式 (比较图 2.19 的情形). 注意图 1.2 中的频谱演化与图 2.9 事件中 $\nu_{\rm pk}$ 的演化类似. 具有这类频谱演化的爆发表明 Razin 抑制必须考虑, 并可作为高等离子体密度和磁场比值 (即较低的相对磁化程度) 的耀斑环的一个诊断.

1) Razin 效应和电子幂律谱指数

同样, 在本书 1.2.3 小节给出的图 1.3 显示了谱的硬化和 Razin 抑制同时存在的情况. 预期对较平坦的电子能谱 (较低的 δ) 对应较高的 $\nu_{\rm pk}$. 为了显示这种影响, 令高能电子数密度足够低, 使得 GS 自吸收即使在爆发极大时刻附近也不再重要. 进而假设爆发期间 δ 从 5~3 具有一个线性的变化, 峰值频率在上升和下降阶段持续增大, 参见图 1.3 的 (d) 幅. 当 δ 从 5 变化到 3, 峰值频率从 3.5GHz 增加到 8GHz. $\nu_{\rm pk}$ 的陡峭增大发生在下降阶段后期, 此时电子能谱是最硬的.

相对于图 1.3, 在 1.2.3 小节的图 1.4 中, 通过增加高能电子数密度 10 倍来计入自吸收的影响. 如前所述, 上述修改后的行为在爆发极大时刻附近使 GS 源的光学厚度暂时增大, 其他时间是 Razin 抑制为主确定谱峰. 注意在下降阶段 $\nu_{\rm pk}$ 和 R 总是高于上升阶段, 类似于前面给出的一些观测事例.

2) 下降阶段后期等离子体密度的增大

在耀斑环中足够大的能量释放将会伴随色球的蒸发, 并导致环内的等离子体密度随时间增大. 如前所述, 当这样的增加足够大时, 随着 Razin 效应成为主导因素, 可能产生 $\nu_{\rm pk}$ 在下降阶段中后期的逐渐增大.

该过程的模拟结果显示在本书 1.2.3 小节的图 1.5. 假设环内等离子体密度在

爆发极大时刻附近开始增加, 并在整个下降阶段保持增大. 在爆发极大时刻附近, 低频反转的决定性机制为 GS 自吸收, 然而在下降阶段后期 Razin 效应是决定性的因素. 这显示为低频和高频流量几乎是以可比的速率变化, 参见图 1.5 的 (a) 幅中的虚线. 在图 1.5 的 (c) 和 (d) 幅看到刚好在流量极大之后, 峰值频率的减小比上升阶段更慢 ($\beta = 0.02$), 然后又开始增大. 为了得到 (d) 幅中显示的 2 GHz 的 $\nu_{\rm pk}$ 的增量, 仅需 50% 的等离子体密度的上升. 有趣的是注意到高频谱指数也会随等离子体密度在下降阶段增大 (谱变硬), 参见图 1.5 的 (e) 幅, 这是因为上述因素在高频 $\nu > \nu_{\rm pk}$ 的影响 [55], 注意这只在有限的频率范围存在.

必须指出的是, 当射电源磁场在下降阶段后期逐渐减小会出现一个类似的 $\nu_{\rm pk}$ 增长. 为此仅需磁场减小 25% 即可得到相同的 $\nu_{\rm pk}$ 的增长. 原则上讲, 这可能解释为在盔状日面结构中, 连续的能量释放和粒子加速期间, 在较高的日面层存在新的重联的冕环.

3) 不均匀性对 Razin 抑制的影响

不均匀性对总功率谱的影响通常是低频谱斜率的变平. 该影响可以容易地抵消 Razin 抑制所预期的较陡的低频斜率. 为了证明这一点, 给出一个简单的耀斑环模型, 其不均匀性垂直于其对称轴, 考虑图 2.20 中沿视线的射电辐射向下穿越环顶, 环轴高度取为 $h = 6 \times 10^8$ cm, 环轴上的 Razin 频率选择为 $\nu_R = 20n_{\rm e}/B = 10$ GHz, 环顶电子密度为 $n_0 = 5 \times 10^{10}\ {\rm cm}^{-3}$, 磁场为 100G. 为了考虑不均匀性, 令磁场沿视线 s 方向有小的变化 $B = 120[s_1/(s + s_1)]^3$, 其中, $s_1 = 9.6 \times 10^9$ cm. 电子密度沿视线方向具有高斯分布, 在环轴处的极大值为 $n_{\rm e} = n_0\ \exp\left[-(s-h)^2/s_0^2\right]$,

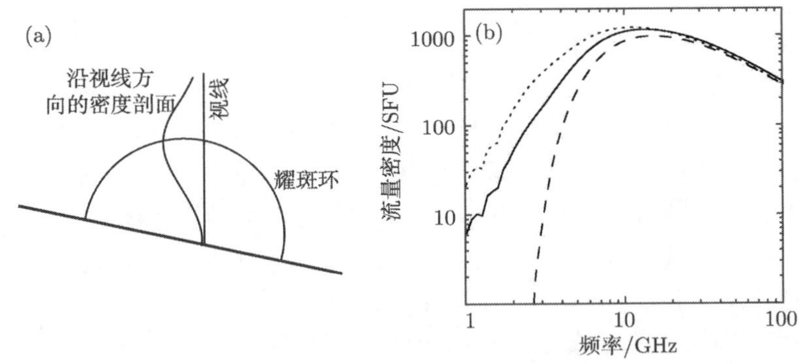

图 2.20 等离子体密度不均匀性对 GS 谱的低频斜率的影响. (a) 模型的几何示意图. 高斯曲线表明背景和高能电子密度沿视线方向的分布, (b) 虚线为经典的 Razin 抑制谱, 如同具有环轴参数的均匀源. 实线为沿视线方向得到的谱, 由于不均匀模型的影响. 点线则是在实线谱的同样条件下, 但考虑了柱状几何沿径向的面积权重

其中, 变化 $1/e$ 的宽度为 $s_0 = 3.3 \times 10^8$ cm. 同样, 跨越冕环的高能电子分布为 $N(E > 1\ \mathrm{MeV}) = N_0 \exp\left[-1.7\,(s-h)^2/s_0^2\right]$, 其中, $N_0 = 1.1 \times 10^5\ \mathrm{cm}^{-3}$. 磁场和视线的夹角 $\approx 78°$. 电子能谱是简单的幂律谱, 能量范围 $E = 100 \sim 31600$ keV, 谱指数 $\delta = 3.0$.

对于该模型所应用的合理参数, 得到图 2.20 的 (b) 幅中的辐射谱. 峰值频率和高频辐射主要来自中心 (比较稠密) 的部分, 那里的 Razin 效应抑制了低频辐射而形成谱峰. 另一方面, 低频辐射主要来自环的外围, 由于等离子体密度远小于环轴处, Razin 抑制几乎可以忽略. 如图 2.20 所示, 相对于一个均匀源的谱 (虚线). 总的谱具有比较平坦的低频斜率 (实线). 当考虑柱状几何的实际情况, 低频源变得较大, 从而得到更为平坦的谱 (点线). 如果没有 Razin 抑制, 仅从谱形不能区分这些不均匀性谱和通常的 GS 谱.

11. 讨论和结论

分析了 2001~2002 年 OVSA 观测到的 338 个爆发事件的 GS 谱的峰值频率的变化, 发现这些变化可分别用 GS 自吸收和 Razin 抑制两个物理效应来解释. 对于所选的 38 个简单事件, 观测发现峰值频率和爆发强度有很好的相关性, 至少是在爆发极大时刻附近. 峰值频率在 24 个事件中约 83% 的上升阶段增大, 并可清楚地测定, 同时在 34 个事件的约 62% 的下降阶段减小, 与 GS 自吸收的预期定量吻合, 可以作为比较小的微波谱反转频率的来源. 然而部分这类事件里发现下降阶段 ν_{pk} 变小比预期的要快, 而且与微波谱高频斜率变平 (α_{h} 增大) 相关, 这表明电子能谱分布的硬化. 在许多爆发中 ν_{pk} 和 S_{pk} 极大时刻之间存在正的或者负的差异, 也是在电子能谱演化 (通常变硬但有时变软) 的条件下由 GS 自吸收所导致的.

然而, 也发现在 30%~36% 的爆发极大时刻附近峰值频率增加很小或者完全没有变化. 在这些事件里 ν_{pk} 典型的情况是在爆发开始时为一个相当高的频率, 然后当爆发强度相当大的增加和减少 (约 10 倍) 时几乎保持不变. 对于这种时变方式的解释如下: 在爆发上升的起始阶段和下降阶段后期由于 Razin 效应使得低频射电源为光学薄. 但是接近于极大时刻, 电子柱密度变得足够高, 尽管 Razin 抑制仍然存在, 射电源在 $\nu \leqslant \nu_{\mathrm{pk}}$ 成为光学厚, 此时谱的 ν_{pk} 演化具有 GS 自吸收的特征.

大约 70% 的爆发从下降阶段的某一时刻开始出现 ν_{pk} 的逐渐增大. 我们证明了这一行为不难用 Razin 抑制解释, 同时伴有高能电子谱的硬化或者 Razin 参量的增大 (由于微波源的等离子体密度增大或者磁场强度的减小). 再次提及电子能谱硬化的存在可能直接从微波高频谱斜率的变平得到证实. 如果 ν_{pk} 在下降阶段后期的增大没有伴随微波谱的变平则可给出色球蒸发的直接的信号, 或者表明射电源向磁场较弱的更高日面运动.

利用包含介质影响的 GS 理论的数值模拟, 确认在很宽范围的演化行为可用 GS 自吸收和 Razin 抑制的相互作用来解释. 在图 2.21 给出了理论预期的示意, 在

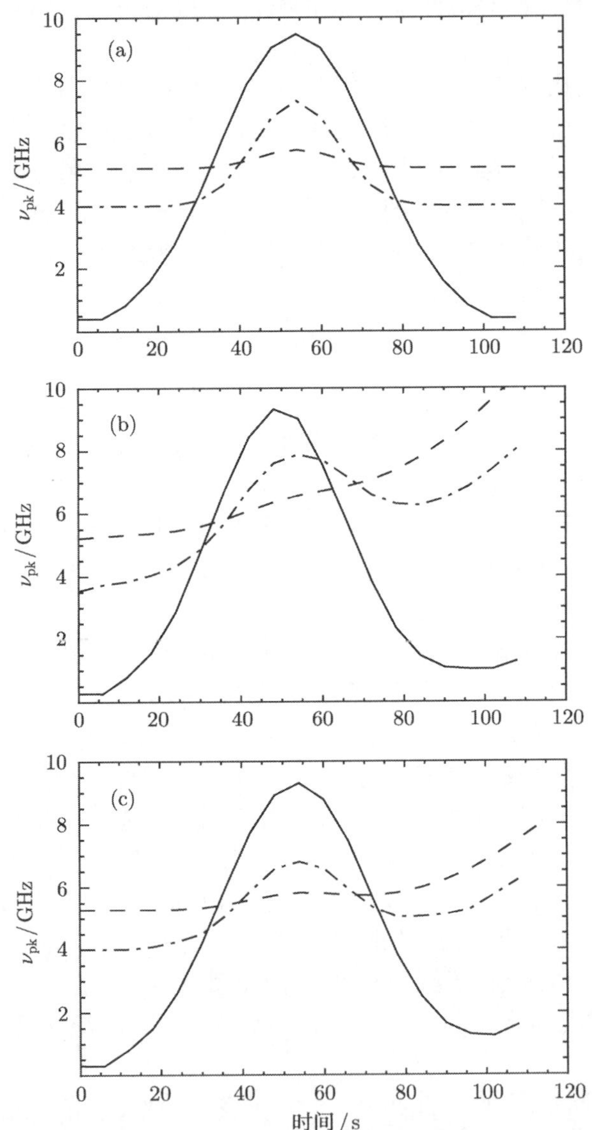

图 2.21 GS 理论预期的峰值频率时间剖面的特征示意图. 每幅图的三条曲线分别表示自吸收在整个爆发期间是决定性的 (实线), Razin 抑制在爆发初期和结束时起支配作用, 而自吸收在爆发极大时重要 (点划线), 以及 Razin 抑制在全爆发期间是决定性的 (虚线). (a) 幅显示电子谱指数保持不变, (b) 幅表示电子能谱连续变硬, 而 (c) 幅显示稳定的电子谱指数, 然而 Razin 抑制 (参数 $Y = \nu_p/\nu_B$) 在下降阶段增大

每幅图中显示的 ν_{pk} 的时间截面有三种情况：①GS 自吸收在爆发全过程中起支配作用 (实线)；②Razin 抑制在爆发的开始和结束起支配作用, 同时 GS 自吸收在接近爆发极大时是重要的 (点划线)；③Razin 抑制在整个爆发期间是决定性的 (虚线). 这三种情况对应于参数 $Y = \nu_p/\nu_B$ 从较低到中等再到较高值的增长. 图 2.21 的 (a) 幅显示其他参数不变时的情况；(b) 幅显示电子能谱连续变硬 (可从 α_h 的演化来识别)；(c) 幅显示对电子能谱稳定, 而参数 $Y = \nu_p/\nu_B$ 在爆发下降阶段增大的情况.

把这些理论预期应用到观测的发现, Razin 抑制在超过 70% 的爆发的谱演化中 (至少在下降阶段) 起重要作用. 为了使 Razin 效应对相对大量的事件重要 (平均的 $\nu_{pk} \approx 6$ GHz), 需要射电源磁场相对较弱 (100~300G), 对应的等离子体密度为 $(1 \sim 10) \times 10^{10}$ cm^{-3}. 现在我们显示如何从爆发的 ν_{pk} 和 R 的改变来识别 Razin 抑制的存在. ν_{pk} 的变化可视为一个判断等离子体参数演化的定量依据, 特别是背景密度和磁场强度. 同时, 结合测量 ν_{pk} 的时间演化, R 作为 α_h 上下的流量密度之比, 和相对于谱峰极大的流量密度 S_{pk} 的高频斜率, 可以为微波爆发的 GS 起源提供一个新的有价值的诊断.

众所周知的是[29], 典型的微波爆发源具有空间不均匀的结构, 包括不均匀的磁场、等离子体密度和高能电子分布 (如文献 [51], [59] 和 [60]) 可相当程度地影响总的微波谱及其演化. 因而, 为了有最强的诊断能力, 必须测量亮温度的谱演化, 即具有空间可分辨的谱. 此时, 以上理论预期仍可直接使用, 因为不均匀性仅在沿视线方向考虑. 这样的测量手段需要在一个较宽范围内的空间和频率的分辨率. 目前仅在在文献 [48] 和 [61] 中给出了亮温度谱的 Razin 抑制的事例. 这样的观测将有待于新一代射电日像仪的投入, 例如, 频率可调的射电望远镜 (FASR) 和中国多频射电日像仪正在发展之中. 对更加深入的耀斑环诊断, 上述微波数据必须结合紫外、X 射线和 GAMMA 射线的数据. 本书主要结果已经发表于文献 [62].

2.1.3 光学薄辐射、耀斑幂律分布和耀斑发生率

1. 数据选择

不同波段的射电爆发的发生率可以作为耀斑在不同的日面高度发生概率的一个指示. 其关键在于：不同的射电频率可能与射电源在日面的高度有某种对应的关系. 一般来说, 低频射电源比高频射电源的位置更高 (以光球为基准), 但是要给出射电频率和源区高度的定量关系并非易事, 其原因是：①对于不同的射电辐射机制, 射电频率对应于不同的日面参数 (密度或者磁场)；②日面等离子体的密度和磁场的分布模型有很大的不确定性, 特别是磁场, 至今仍无可靠的测量方法.

另一方面, 大量的 X 射线耀斑的统计证明：不同强度耀斑的发生概率满足幂律分布, 而且其谱指数大约等于 1.8[63], 由此提出：对于不同时间和位置发生的耀

斑事件, 可能存在一个普遍的磁能释放的雪崩模型, 该模型预期的耀斑幂律分布的谱指数与观测结果完全吻合. 类似的统计在光学、射电和紫外等波段基本上支持雪崩模型的理论预期, 后者得到了太阳物理界的普遍认可, 成为磁能释放、粒子加速, 以及日面加热的理论基础之一. 具体文献可参考近期的评述论文 [64].

实际上, 不同的波段、设备和数据处理方法对耀斑幂律分布指数的计算均会产生一定程度的影响, 导致统计结果与理论预期值的离散[64]. 尽管有人试图比较不同设备在不同的射电频率 (2~11.8 GHz) 观测的谱指数的变化规律, 但仅得到一些不确定的结果, 例如, 谱指数可能在某一个中间频率出现的极大值, 且随峰年而变[65]. 为了解决这一问题, 分析了相同设备 NoRP(野边山偏振计) 的 1、2、3.75、9.375、17 和 35GHz 在 1994~2005 年观测到的 486 个爆发事件 (其中排除了信噪比较差的 80 GHz 数据, 以及 1992~1994 年异地观测的数据)[66].

2. 处理方法

由于文献 [66] 的样本数相对于前人工作 (如文献 [65]) 比较小, 如何选择数据处理的方法显得尤为关键. 以往多数文献采用的最大似然法的最大缺陷是: 去除偏离幂律分布的小事件 (大概率) 的任意性, 特别是对不同频率的低端截止选取没有统一的标准, 从而影响不同频率的幂律分布谱指数的可比性. 为此选择了统计专业发展的改进后的最大似然法[67,68], 其中提出了选取低端截止的严格方法, 以及是否满足幂律分布的判据, 从而可避免以往研究中在不同的频率人为的选取相同的低端截止的方法. 所得到的不同频率的幂律谱指数随低端截止的变化在图 2.22 给出, 其中, 根据改进后的最大似然法选取的低端截止用垂直虚线标出. 表 2.4 中归纳了图 2.22 所得到的统计参数, 即不同频率 ν 的低端截止 (事件数)N_1、满足幂律分布的事件数 N_2、幂律谱指数 $\hat{\alpha}$, 以及对应低端截止的峰值流量 f_p(统计对象为 486 个爆发事件的峰值流量).

表 2.4　不同频率 ν 的低端截止 (事件数)N_1、满足幂律分布的事件数 N_2、幂律谱指数 $\hat{\alpha}$ 及其误差, 和对应低端截止的峰值流量 f_p

ν/GHz	1	2	3.75	9.4	17	35
N_2	433	347	342	251	190	141
N_1	53	139	144	235	296	345
$\hat{\alpha}$	1.87 ± 0.12	1.83 ± 0.07	1.82 ± 0.07	1.78 ± 0.05	1.74 ± 0.04	1.77 ± 0.04
f_p/SFU	392	84	100	118	81	41

从表 2.4 可以清楚地看出: 与前人结果相比, 用改进后的最大似然法所得到的不同频率的幂律谱指数 (1.74~1.87), 和理论预期值 1.8 更为接近. 有趣的是: 较低频率的低端截止的事件数 N_2 较大, 因而满足幂律分布的事件数 N_1 则较小, 其物理原因将在下面讨论[69].

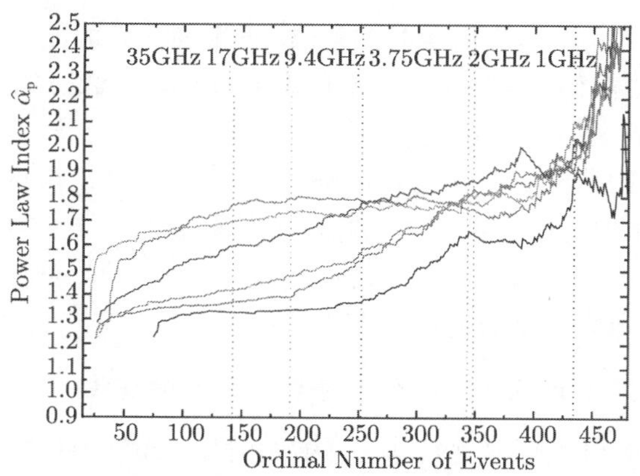

图 2.22 不同颜色的曲线表示 NoRP 的 6 个不同频率的幂律谱指数随低端截止的变化, 同时由改进后的最大似然法得到的低端截止的位置用垂直的点线标出

3. 幂律分布的事件数随频率变化的物理本质

图 2.23(a) 给出低端截止 (事件数)N_1 和满足幂律分布的事件数 N_2 随频率 ν 的变化, 显然在对数坐标中均可作线性拟合, 即满足幂律关系, 谱指数分别为 -0.31 和 0.48. 为了理解这些关系, 在图 2.23(b) 给出的是用标准的回旋同步辐射理论[36] (计算程序参见太阳物理软件包 Solar Software) 计算的给定源参数下的正常模和反常模光学厚度随频率的变化.

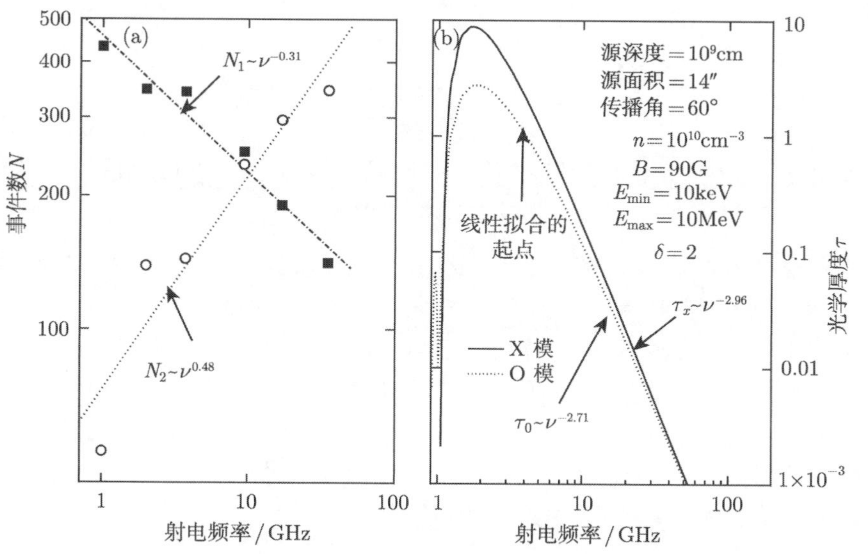

图 2.23 (a) 为低端截止 (事件数)N_1 和满足幂律分布的事件数 N_2 随频率 ν 的变化, (b) 为理论计算的正常模和反常模的光学厚度随频率的变化

尽管观测到的 486 个事件的源参数有很大的区别, 因而图 2.23 的 (a) 和 (b) 两幅原则上没有可比性. 但 (b) 显示的光学厚度随频率指数衰减的规律是众所周知的事实, 也就是说, 较高频率的光学薄辐射的概率要一定大于较低频率, 从而表明幂律分布与光学薄辐射之间有某种内在的关联. 如本书 1.1.1 节的理论部分所述, 和光学厚区相比, 光学薄区的微波辐射与耀斑能量释放具有更为直接的关系, 因而可以视为耀斑发生率的一个指示. 下面将进一步证明满足幂律分布的事件数随频率增加的物理本质与光学厚度的关系.

4. 从峰值频率的统计确认光学薄事件数随频率的变化

我们知道典型的微波辐射谱具有一个峰值频率 (或称为反转频率), 低于反转频率的区域的光学厚度远大于 1(光学厚), 而高于反转频率的区域的光学厚度远小于 1(光学薄). 对所分析的 486 个爆发事件的峰值频率进行了统计, 结果如图 2.24(a) 所示.

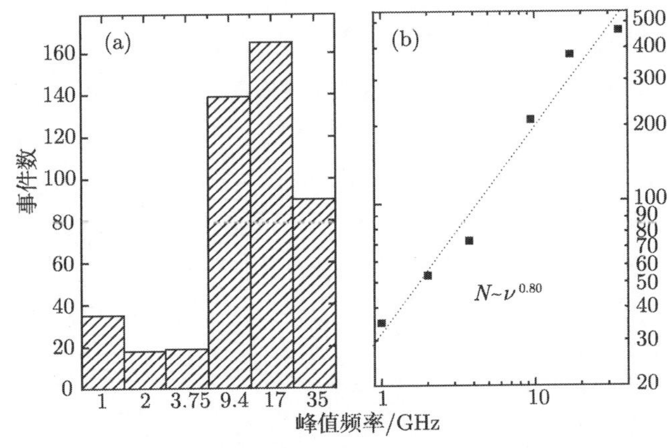

图 2.24　(a) 为 486 个事件的峰值频率的统计分布图, 图 (b) 是从图 (a) 结果得到的光学薄事件数随频率的变化

由于 NoRP 的频率分辨率较低, 我们简单地假设: 在给定的峰值频率的事件中, 一半属于光学厚, 而另一半属于光学薄. 这样在该频率处的光学薄事件数等于其事件数的一半, 再加上所有的峰值频率小于该频率的事件数. 由此得到光学薄事件数随频率的变化显示在图 2.24(b) 中, 显然在对数坐标下, 两者满足线性拟合的幂律分布, 谱指数为 0.80, 略大于图 2.23(a) 中的幂律分布事件数 N_2 随频率变化的指数 0.48, 但两者的变化趋势和大小是比较吻合的. 因而, 用完全独立的方法证明了幂律分布事件和光学薄辐射之间的物理关联.

5. 耀斑发生率随频率的变化

下面采用图 2.23 即表 2.4 得到的幂律分布的事件数讨论不同频率的耀斑发生

率. 关键问题是: 如何定义不同频率的耀斑发生率? 如果简单的用给定频率的幂律分布事件数定义耀斑发生的概率, 其缺陷是没有考虑相邻频率的间隔大小对发生率的影响. 因而, 采用相邻频率的事件数之差除以对应的频率间隔, 从而得到在某一给定频率处的单位频率间隔内的幂律事件数, 以此作为该频率的耀斑发生率. 如果用 GHz 为单位频率间隔, 从表 2.4 得到的 N_2, 1GHz 的结果为 53, 2GHz 的结果为 $139 - 53 = 86$, 如此等等. 最终得到的耀斑发生率对频率分布在图 2.25 中给出.

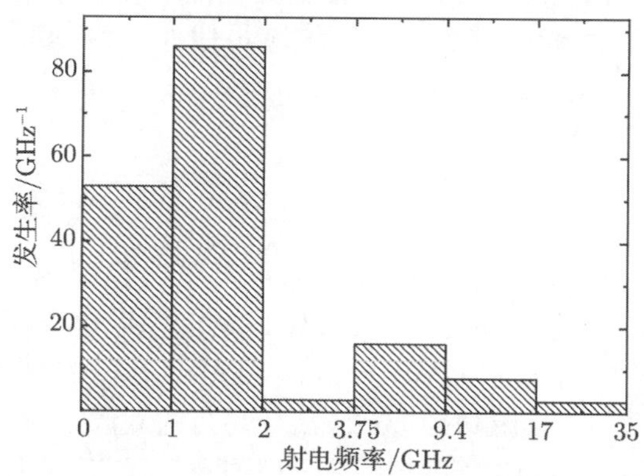

图 2.25 单位频率间隔的幂律事件数随频率的变化

从图 2.25 可以看出, 较低频率 (1~2GHz) 的耀斑发生率明显高于较高频率, 换句话说, 多数耀斑发生在较高的日面层, 这是和以往的认识完全一致的. 实际上, 还可以用表 2.4 得到的幂律谱指数随频率的变化来验证这一结果 (参见图 2.26).

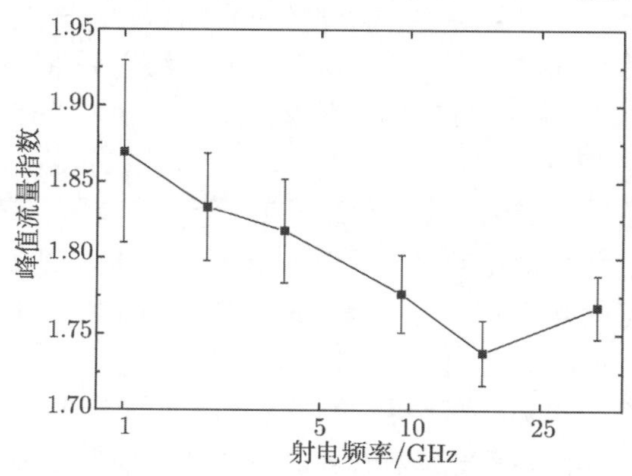

图 2.26 幂律分布谱指数随频率的变化

显然, 图 2.26 给出的幂律谱指数也是随频率单调下降的 (35 GHz 的回升在误差范围内). 幂律谱指数较大, 表明小事件的数量相对较多, 例如, 当该谱指数大于 2 时, 可以基本满足微耀斑加热日面的要求[70]. 因而, 图 2.25 和图 2.26 的结果是互相支持的.

6. **结论**

总之, 有三点理由认为光学薄的微波辐射和耀斑的幂律分布有内在的联系: ①光学薄区的微波辐射没有太多的传播效应 (如各种吸收机制) 的影响, 从而与能量释放的关系更为直接 (例如, 从光学薄谱指数可估算耀斑加速的电子能谱指数). ②光学厚度随频率指数增加, 与幂律分布的事件数随频率的变化规律类似. ③通过峰值频率的统计直接估算的光学薄事件数随频率的变化, 和幂律分布事件数随频率的变化规律十分类似, 两者在对数坐标下均满足线性关系, 其斜率也相当接近 (分别为 0.8 和 0.48).

2.2　微波辐射的亮度沿耀斑环的分布

在单个耀斑环中的非热辐射的空间分布可以带给我们有关粒子加速和传输的重要信息. 对微波辐射的亮度分布的研究起始于 20 世纪 80 年代的 WSRT(Westerbork Radio Synthesis Telescope) 和 VLA(Very Large Array)等设施的利用. 发现了两类微波源, 即单个致密的环顶源和位于共轭磁环足点的双源[71−74], 并促进了沿模型磁环的回旋同步辐射亮度分布的理论模拟的发展[29,59,75]. 之后利用 NoRH17GHz 观测进行了类似的研究[76−78], 发现了射电双源和三源存在于较大和较小耀斑环的足点.

近年来 NoRH 具备了新的功能使得我们有可能获取两个高频, 17GHz 和 34 GHz 的耀斑成像, 同时具有高的角分辨 $5'' \sim 10''$ 和时间分辨 0.1 s 的能力. 这些频率明显高于通常观测的峰值频率 $f_{\rm peak}$ =5~10GHz[49], 该处具有回旋同步辐射的光学厚度 $\tau \approx 1$, 由此给了我们研究包含微波谱斜率的亮度分布的机遇, 而且是在耀斑环不同光学厚度的部分进行. 这种独特的机遇给我们提供了很强的能力限定中等相对论的电子在耀斑环中的加速和传播等属性.

现有的两个频率的研究报告[71,72] 给了我们出乎意料的结果, 至少在部分事件中很亮的环顶源是光学薄的, 该事实显示了与模拟的光学薄的微波辐射沿不均匀磁环的分布有明显差异. 近年来若干新的研究进一步理解上述问题[55,61,81−87], 对这些新的结果的特别兴趣在于所涉及的沿耀斑环的微波谱斜率的空间分布和演化[30,82,88,89].

本节限制在对单个可以很好分辨的环状微波源的属性. 将主要总结最近的 NoRH 的研究, 涉及①微波亮度沿耀斑环的分布; ②在耀斑环不同部位的时间演化行为的特点; ③获得的高能电子的空间、能谱和投射角分布. 通过对新的 NoRH 观测到的微波亮度沿耀斑环的分布和模型拟合的详细比较分析, 揭示粒子加速和注入机制以及中等相对论的电子在太阳耀斑中的演化的若干重要限制.

2.2.1　在延展的太阳耀斑环顶部的非热微波辐射源

在耀斑环足点存在的双源和三源及其不对称性[76−78] 很好地符合已有的射电

辐射的理论模型[29,59,75], 回旋同步辐射强度对磁场强度具有如此强的依赖性是产生上述分布的理由. 另一方面, 具有光学薄的微波亮度峰值位于耀斑环顶是对理解耀斑环物理过程的挑战[81,55,90], 这是需要在 2.2.2 节详细考虑的问题.

首先对一个耀斑环中微波辐射的细致研究选择了可以分辨的延展的微波单源, 其 17GHz 和 34GHz 的时变曲线相对简单. 例如, 发生在 1999 年 8 月 28 日, 2000 年 1 月 12 日和 3 月 13 日, 2001 年 10 月 23 日和 2002 年 8 月 24 日等事件. 其大小 ($25\sim90''$) 明显超过 NoRH 的束大小 ($\Delta\varphi\sim5''$ 和约 $10''$ 分别在 34GHz 和 17GHz). 第一、第三和第四个耀斑发生在日面上, 第二和第五个分别接近于东西两个边缘. 射电源在日面的投影显示了非常好的环状结构 (包括两个频率), 边缘事件则具有椭圆形状. 这些事件的峰值亮度在 17 京赫兹的变化范围从 $7.0\cdot10^6\ K$ 到 $1.2\cdot10^8\ K$, 在 34 京赫兹从 $8.0\cdot10^5\ K$ 到 $2.5\cdot10^7\ K$. 两个频率的时间截面非常简单, 其主峰持续时间为 $\Delta T_{0.5}=20-110\ s$.

所有射电源都是光学薄的 (至少在 34GHz), 分析表明, 流量谱在 17~34 GHz 的斜率在微波爆发脉冲阶段为负值. 为了分析微波源结构, 我们还采用了 NoRH 的偏振图和 SOHO/MDI 磁图. 图 2.27 给出了 NoRH 等值线叠加在 MDI 磁图的一个例子. 一个环状的结构在其中心有 34 GHz 亮度极大 (白色等值线), MDI 数据分析表明源的中心部位和环顶附近的光球黑子没有关联, 同时 MDI 磁图展示了在两个环状结构端点具有相反的极性的磁场的增强 (表明环足的位置).

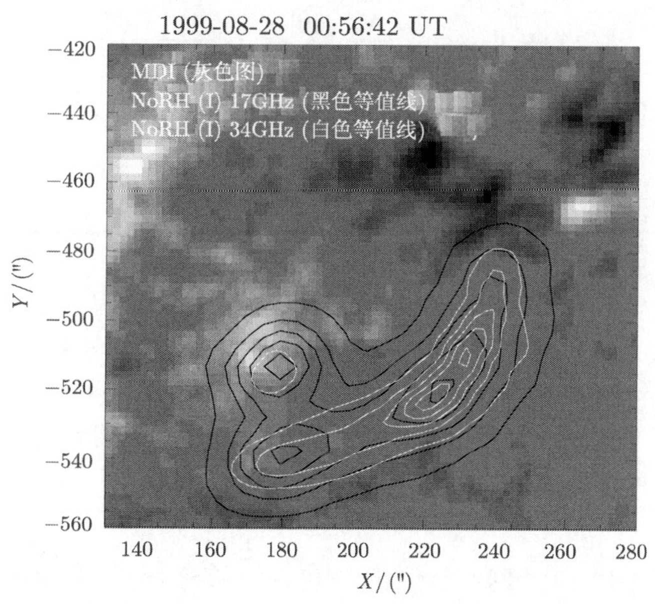

图 2.27　射电亮温度极大的 0.1、0.3、0.5、0.7 和 0.9 的等值线叠加在 MDI 磁图 (17GHz 和 34 GHz 分别为黑色和白色), 后者接近于射电源的观测时间

每个事件的峰值时刻沿环状结构的亮度空间截面显示在图 2.28 中. 我们可以清楚看到亮度极大位于靠近源中心, 特别是在高频 34GHz, 射电源一定是光学薄的.

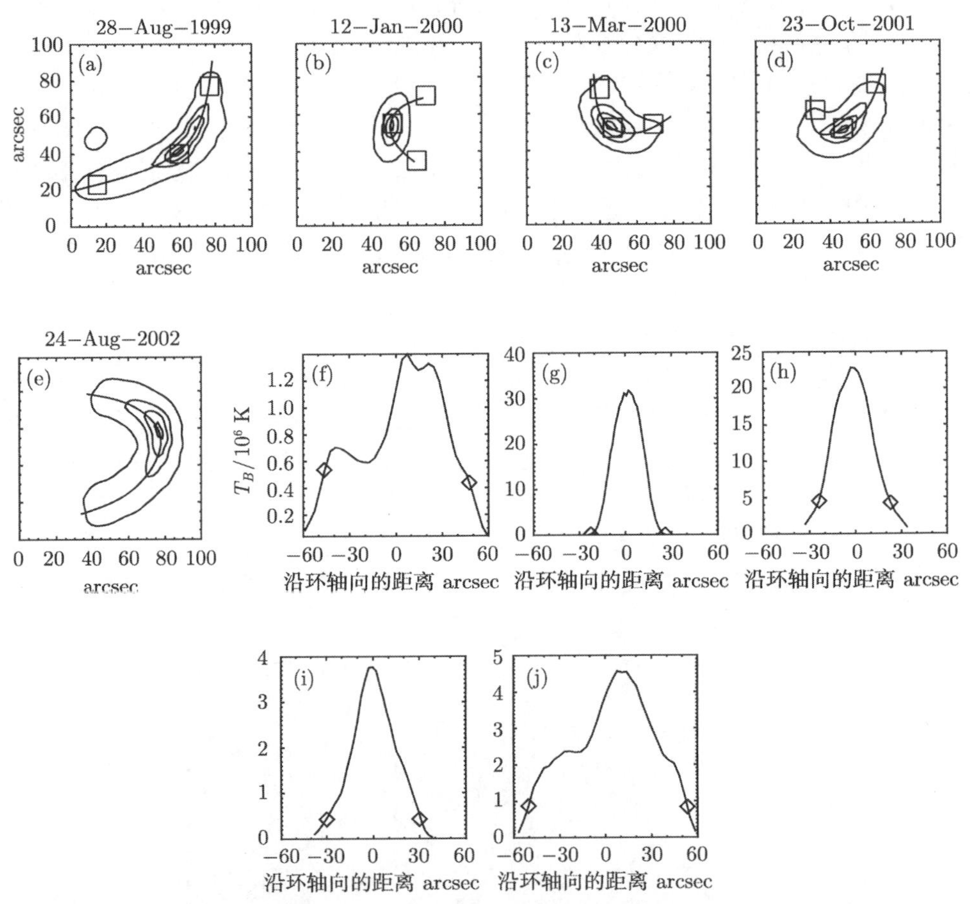

图 2.28　(a)—(e): 五个事件爆发峰值时刻 34GHz 爆发源图, 除了 (e) 幅是在事件的上升阶段. 等值线为极大亮温度的 0.1、0.5、0.75 和 0.95 的水平. 细实线标出耀斑环轴所在的位置. 三个大小为 $10''\times10''$ 的方框显示了两个足点和一个环顶的位置, 以及下面计算流量的面积. (f)—(j): 各个事件的 34GHz 亮温度沿耀斑环轴的空间分布, X 轴的零点位置对应于环轴的中点, 即从环轴长度的一半处计算得到, 负值对应于 (a)、(c) 和 (d) 幅的左边的足点, 以及 (b) 和 (e) 幅的较低的足点

注意到 NoRH 的三个边缘事件具有类似的亮度分布[81], 表明这样的分布对延展的耀斑环是十分常见的, 因而也是必须仔细研究的.

2.2.2 微波辐射的环状结构不同部位的时间延迟分析

在文献 [90] 中指出从环状微波源不同部位的辐射时间延迟携带了高能电子在耀斑环中的捕获和累积等重要信息. 图 2.29 的 (a) 和 (b) 幅显示了 2000 年 3 月 13 日环状结构不同位置的流量时间截面：环顶 (对应于图 2.30 的 (b)、(c) 幅中的黑色等值线) 和东北足点 (相同图幅的白色点划等值线). 从另一个足点辐射具有十分类似的时间截面, 因而图中未曾显示. 用来计算流量的区域大小为 $10'' \times 10''$.

从图 2.29 可以清楚看到环顶的辐射相对于足点具有几秒的时间延迟, 在 34GHz 的延迟比 17GHz 更为明显. 进而还可看出比较远的环顶辐射的时间截面比靠近足点的区域较宽, 但没有发现两个共轭足点之间存在值得注意的时间延迟.

类似的延迟及其差异存在于所有的事件 (例如, 在后面研究的 1999 年 8 月 28 日事件的图 2.37). 注意到足点流量的峰值时刻和硬 X 射线流量峰值时刻一致 (比较后面给出的图 2.37 和 2.38 其中垂直线标明的硬 X 射线流量峰值时刻 00:56:42 UT).

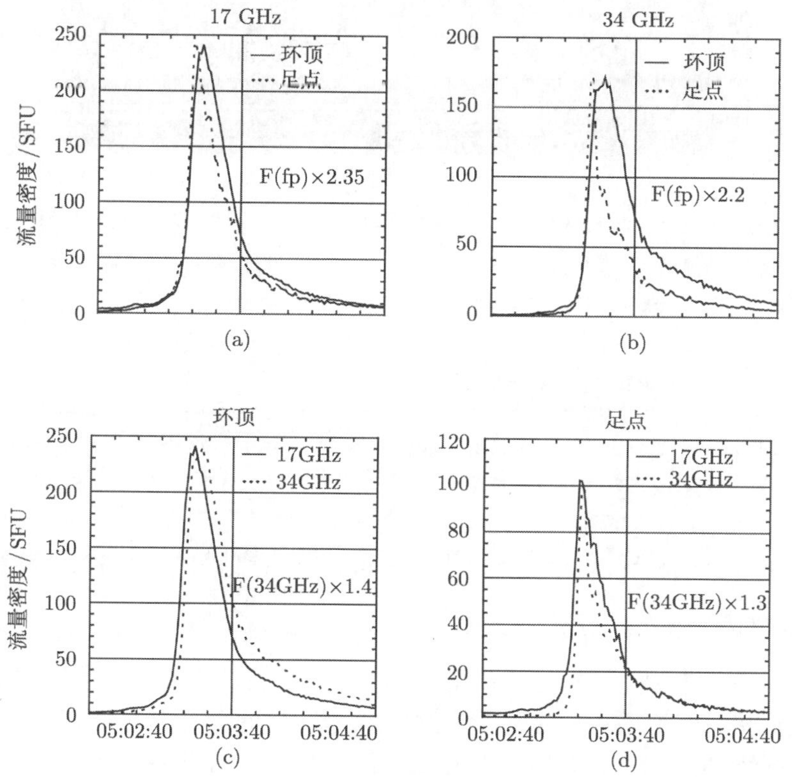

图 2.29 2000 年 3 月 13 日耀斑来自环顶和左边的足点 (参见图 2.30) 的 $10'' \times 10''$ 方框内的 NoRH 流量密度时间截面

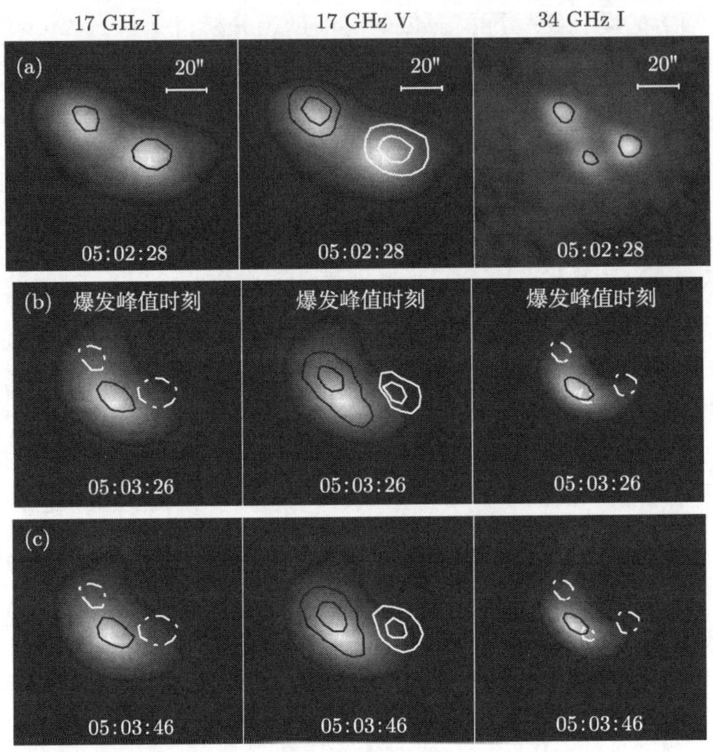

图 2.30 2000 年 3 月 13 日耀斑上升和峰值阶段的 NoRH 成像. 左右列分别为 17GHz 和 34GHz 强度, 等值线为当前时刻 (黑色实线), 以及 05:02:28 UT (白色点划线) 极大值的 95%. 中间一列为偏振极大的 40% 和 80% 的等值线, 黑色为正值, 白色为负值

2.2.3 不同频率微波辐射的时间延迟

图 2.29 的 (c) 和 (d) 幅 (以及后面的图 2.37) 给出微波辐射在耀斑环同一区域的 17GHz 和 34GHz 时间截面的比较. 可以清楚的看出爆发主峰, 高频 34GHz 的辐射相对于 17GHz 有所延迟, 在环顶该延迟非常明显, 然而, 足点则不够明显, 两个频率的极大时刻和硬 X 射线峰值几乎是同时的 (参见图 2.36 和图 2.37).

2.2.4 耀斑环微波亮度的重新分布

进一步分析表明五个可分辨的耀斑环的微波亮度分布在一个爆发的单峰演化中并非是保持不变的[82]. 在几乎所有事件中均有相同的演化趋势 (如图 2.30 所示). 在爆发开始时总是在一段时间内亮度峰值位于一个环的两个或一个足点附近, 当接近于爆发极大或在下降阶段, 靠近环顶的区域变为最亮. 这样类似的演化过程在 1999 年 5 月 29 日的事件中进行了详细研究[83].

为了定量的显示这一趋势, 在图 2.31 中对 2000 年 3 月 13 日的事件位于左足点 (a)、右足点 (c) 和环顶 (b) 的 $10'' \times 10''$ 方框内的流量及其比值的时间截面进行了比较, 其中, 方框的位置在图 2.28 的 (c) 幅中标明, 点线和实线分别对应 17GHz 和 34GHz 辐射. (d) 和 (e) 分别为环顶、左边和右边足点流量密度比值 F_{LT}/F_{FP},

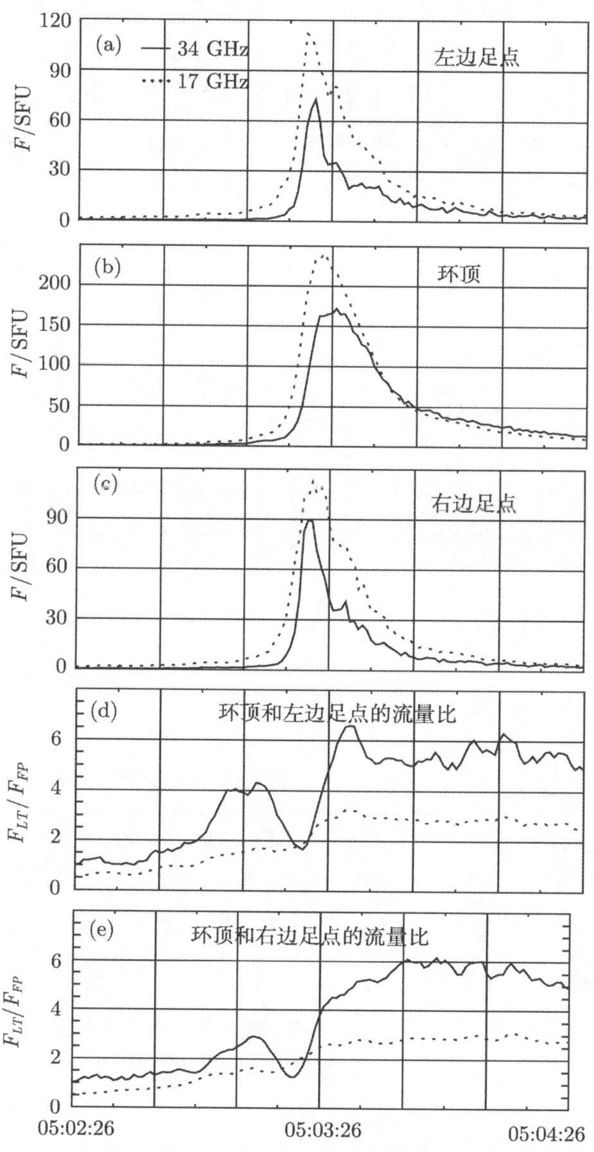

图 2.31 2000 年 3 月 13 日耀斑 NoRH 流量密度的时间截面, 分别位于左足点 (a)、右足点 (c) 和环顶 (b) 的 $10'' \times 10''$ 方框内. (d) 和 (e) 分别为环顶和左边和右边足点流量密度比值 F_{LT}/F_{FP}

可以清楚看出在爆发期间这些比值的增大, 特别是在下降阶段初期, 该比值达到极大值 4~5.

在 2002 年 8 月 24 日的临边事件里亮度分布有非常不同的变化. 在爆发主峰, 当上升阶段从 00:59:00 UT 开始, 南边足点在 34 GHz 成为最亮, 并保持最亮直至极大时刻 01:00:30 UT. 峰值时刻的 34 GHz 亮温度达到极高: $T_{\mathrm{Bmax}} \approx 250$ MK. 在图 2.32 中可以看到另外两个亮度的峰值, 一个接近于相反的北边足点, 另一个在环顶, 但是比南边足点弱得多. 只有到下降阶段环顶变得相对比足点源更亮, 后者在谷底时刻 (即在时间截面的第二个峰值来临之前) 几乎消失 (图 2.32 的 (c) 和 (d) 幅). 在下降阶段南边足点的亮温度下降 5 倍, 而环顶仅下降 20%.

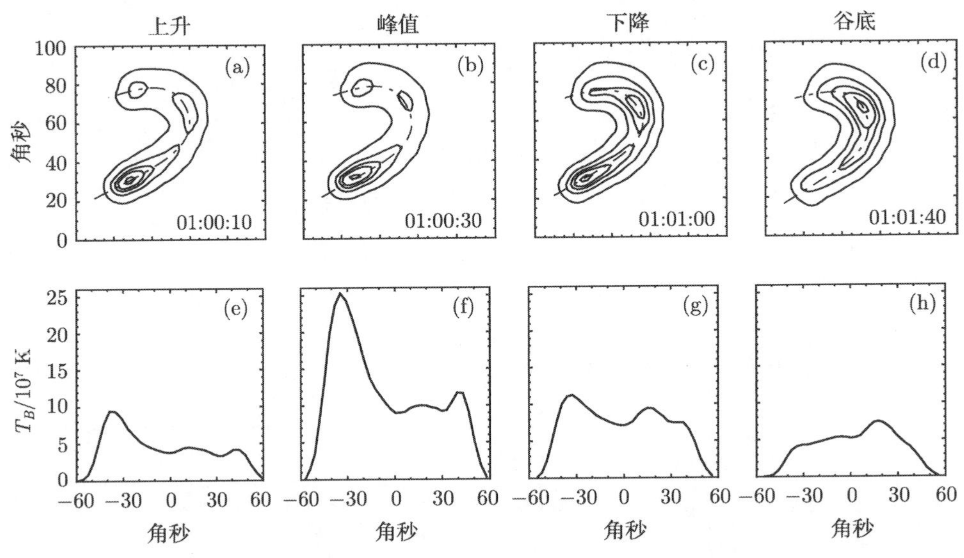

图 2.32 2002 年 8 月 24 日的临边事件里亮度分布的变化

值得注意的是在爆发主峰当总流量的变化达 20~30 倍时, 微波耀斑环的可视大小几乎不变, 这就意味辐射流量完全是由于环内的中等相对论电子数的改变而致, 但是与源面积或体积的变化无关. 某种类似的情况在其他所选耀斑中被观测到.

2.2.5 观测与现有模型预期的比较

在所有事件中最有趣的特征是微波亮温度的峰值在爆发极大时位于环顶附近 (除了 2002 年 8 月 24 日之外). 这一事实与众所周知的模型拟合所预期的在非均匀磁场下延展耀斑环足点的光学薄辐射不符 [59,75]. 亮温度增大的原因在于回旋同步辐射强度 I_f 对磁场强度 B 具有很强的依赖性, 通常与其在延展的耀斑环足点附近的磁场强度较大. 例如, 假设电子能谱指数为 $\delta = 4$, 按照文献 [39]

$$I_f \propto NB^{3.4}(\sin\vartheta)^{2.2}, \tag{2.12}$$

其中, N 是非热电子数密度, ϑ 为视角 (磁场和视线方向的夹角). 下面按照文献 [75], 即使当观测者从一个耀斑环上方看去, 环顶亮温度 I_{fLT} 和环足亮温度 I_{fFP} 之比为 $I_{fLT}/I_{fFP} \simeq 0.5$, 这里假设两者的磁场差为 $B_{LT}/B_{FP} = 1/2$. 注意一个足点的亮度峰位于强的色球吸收层之上, 该区域的视角 $\theta \ll 90°$. 但仍然不是太小.

令人震撼的事实是环顶的亮度峰值在边缘耀斑中仍可观测到. 边缘事件的平面几乎垂直于视线, $\vartheta = 80° \sim 90°$, 例如, 2000 年 1 月 12 日和 2002 年 8 月 24 日两个事件, 上述比值远远低于相同磁场差的预期: $I_{fLT}/I_{fFP} \approx 0.1 \sim 0.2$. 由图 2.32(及从文献 [81] 和 [83] 所分析的边缘事件) 可看到, 观测的高频 34 GHz 的比值恰好相反 $I_{fLT}/I_{fFP} \approx 3 \sim 20$.

在现有模型的框架中, 根据通常假设的耀斑环物理条件, 如此强大的环顶附近亮度的增加是不可能解释的. 环顶亮度隆起的可能性之一来自光学厚辐射的影响 [91,29] 在我们的情况下被排除, 因为所有的事件的 17GHz 和 34GHz 谱指数均为负值, 因而耀斑环的辐射 (至少在 34 GHz) 是光学薄的.

对于接近日面中心的耀斑环, 视角 ϑ 在足点附近很小, 下面的两条假设可使环顶比环足更亮. 首先是耀斑环中的磁场不变 (可参见文献 [92] 和方程 (2.12)). 其次是辐射电子具有相当大的横向投射角各向异性[30,93]. 第一条假设的问题是既然耀斑环中的磁场不变, 就不会有捕获效应以及所分析事件中发现的时间延迟. 第二条假定则是非常有可能的, 已得到谱指数在足点方向硬化的观测支持 (可能是各向异性的后果之一), 也得到耀斑环中电子分布的数值模拟的支持.

对于接近于边沿的耀斑环, 其平面几乎垂直于视线, 上述假设的影响太小, 不足以解释观测到的比值 I_{fLT}/I_{fFP}, 以及沿耀斑环的空间截面的形状[81,83,30].

2.2.6 高能电子在耀斑环中的分布

我们必须注意原有的模型拟合均基于高能电子沿耀斑环的分布是均匀的, 这一假设可能强烈偏离真实的情形. 事实上, 在高频和低频以及硬 X 射线强度的时间截面的延迟就是微波源中的捕获电子的直接证据[94,26]. 从环顶和环足的微波辐射之间的时间延迟以及来自环顶的较长时延, 均为高能电子在耀斑环的上部捕获和积累提供了很强的证据.

高能电子密度在环顶的相对强的增加可以消除上述观测和理论之间的矛盾[61]. 在这一假定下, 可从方程 (2.12) 不难导出电子数密度增长的大小, 以及上节涉及的观测比值 I_{fLT}/I_{fFP}. 对应的环顶和环足的数密度差异落在 $N_{LT}/N_{FP} \approx 10 \sim 100$ 的范围.

为了说明这一想法, 图 2.33 展示了三种类型的归一化的环向电子数密度空间分布, 左列是电子数密度 (虚线)、柱密度 (实线) 和磁场的分布 (点线). 这些类型的电子空间分布是在无碰撞的情况下得到的, 当一阶绝热不变量满足沿均匀磁场

$B(s)$ 的磁力线方向为常数 $[1-\mu^2(s)]/B(s)=\text{const}$, 在环中心的对应的电子投射角分布如下：(a) 类束流 $\phi(\mu)=\exp[-(1-\mu^2)/\mu_{\parallel}^2]$, 束流沿磁场宽度 $\mu_{\parallel}=0.3$, (b) 各向同性 (考虑损失锥), 和 (c) 类似馅饼的 $\phi(\mu)=\exp[-\mu^2/\mu_{\perp}^2]$, 相对磁场的横向束流宽度 $\mu_{\perp}=0.4$, 其中, $\mu=\cos\alpha_0$, α_0 为环中心的投射角.

对应的沿模型耀斑环的光学薄区 (34 GHz) 的回旋同步辐射强度展示在图 2.33 的右列. 该辐射强度是由严格的理论计算得到[36,30]. 假设电子具有幂律谱的能量分布 $g(E)=g_0E^{-\delta}$, 模型耀斑环位于日面边缘, 视角为 $\vartheta=80°$. 对于类似束流的分布乃至损失锥分布 (数密度的峰值位于环的中心), 射电辐射在足点均有两个很强的峰值 (分别参见图 2.33 的 (a)~(d) 幅和 (b)~(e) 幅). 只有对类似馅饼的分布, 可得到射电亮度的峰值位于环的中心 (参见图 2.33 的 (c)~(f) 幅). 亮度集中在环中心的程度 (即比值 I_{fLT}/I_{fFP}) 随参数 $\mu_{\perp}$ (高斯分布函数) 在很大的范围内变化.

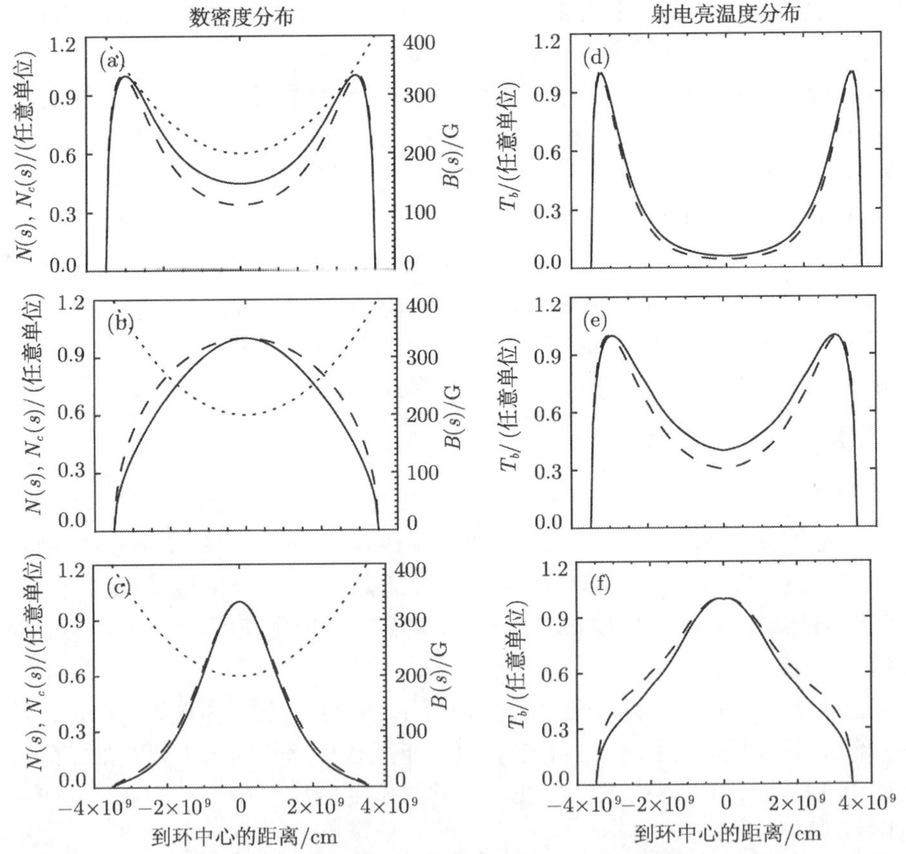

图 2.33　左列: 归一化的环向电子数密度空间分布[30]. 左列是电子数密度 (虚线)、柱密度 (实线) 和磁场的分布 (点线). (a) 类束流, (b) 损失锥和 (c) 类似馅饼电子投射角分布. 右列: 对应的光学薄的回旋同步辐射强度 (34GHz)

2.2.7 电子和微波的空间分布演化

为了理解微波亮度分布特征的起源及其沿不同的耀斑环的动力学演化, 对不同的环内的物理条件和电子注入位置 (环顶或环足), 通过求解非稳态福克尔–普朗克 (Fokker-Planck) 方程[95], 研究沿磁环的电子空间分布函数的演化, 其中考虑了库仑碰撞和磁镜效应:

$$\begin{aligned}\frac{\partial f}{\partial t}=&-c\beta\mu\frac{\partial f}{\partial s}+c\beta\frac{\mathrm{d}\ln B}{\mathrm{d}s}\frac{\partial}{\partial\mu}\left(\frac{1-\mu^2}{2}f\right)\\&+\frac{c}{\lambda_0}\frac{\partial}{\partial E}\left(\frac{f}{\beta}\right)+\frac{c}{\lambda_0\beta^3\gamma^2}\frac{\partial}{\partial\mu}\left[\left(1-\mu^2\right)\frac{\partial f}{\partial\mu}\right]+S,\end{aligned}\tag{2.13}$$

这里, $f=f(E,\mu,s,t)$ 为电子动能 $E=\gamma-1$ (以 mc^2 为单位) 的分布函数, 投射角的余弦 $\mu=\cos\alpha$, 至耀斑环中心的距离 s 和时间 t, 入射率 $S=S(E,\mu,s,t)$, $\beta=v/c$, v 和 c 分别是电子速度和光速, 洛伦兹因子 $\gamma=1/\sqrt{1-\beta^2}$, $B=B(s)$ 为环向磁场分布, $\lambda_0=10^{24}/n(s)\ln\Lambda$, $n(s)$ 表示等离子体密度分布, $\ln\Lambda$ 为库仑对数. 利用文献 [96] 发展的方法在两种情况下运行数值计算. 在第一种情况 (模型 1), 高能电子源位于磁捕获的中心 $s=0$, 而在第二种情况 (模型 2), 接近于一个环足 $s=2.4\times10^9$ cm 的捕获. 两个模型中, 捕获的磁环是对称的, 其半长度为 3×10^9 cm, 磁镜比为 $B_{\max}/B_{\min}=5$. 环向均匀的等离子体密度 $n(s)=2.5\times10^{10}\ \mathrm{cm}^{-3}$. 注入函数 $S(E,\mu,s,t)$ 假设为单个变量 (能量 E、投射角余弦 μ、位置 s 和时间 t) 的函数乘积:

$$S(E,\mu,s,t)=S_1(E)S_2(\mu)S_3(s)S_4(t),\tag{2.14}$$

其中, 能量函数为幂律谱 $S_1(E)=(E/E_{\min})^{-\delta}$, $E_{\min}=30$ keV, 谱指数 $\delta=5$; 投射角分布是各向同性的 $S_2(\mu)=1$, 时间依赖为高斯型 $S_4(t)=\exp[-(t-t_{\mathrm{m}})^2/t_0^2]$, $t_{\mathrm{m}}=2.5$ s, $t_0=1.4$ s; 空间分布也是高斯型的, 对于模型 1, $S_3(s)=\exp(-s^2/s_0^2)$, 对于模型 2, $S_3(s)=\exp[-(s-s_1)^2/s_0^2]$, 这里, $s_0=3\times10^8$ cm, $s_1=2.4\times10^9$ cm. 数值计算的结果在图 2.34 中给出, 从图可以看到对能量 $E=454$ keV 的电子数密度的环向时间演化.

从图 2.34 可以看出对于模型 1, 空间分布的形状随时间没有多大变化. 分布函数在所有投入的时间保持类似的形状, 其峰值位于环顶附近. 模拟也显示环中的电子投射角分布具有很强的各向异性. 电子集中在环顶的程度足以产生微波亮度分布的峰值 (比较图 2.33). 在模型 2 的情况下, 空间分布随时间剧烈的改变, 在开始的双峰变成下降阶段的单峰. 比较图 2.33, 这样的分布将在爆发开始和极大阶段产生足点的两个射电亮度的峰值, 在爆发下降阶段亮度峰值位于环顶.

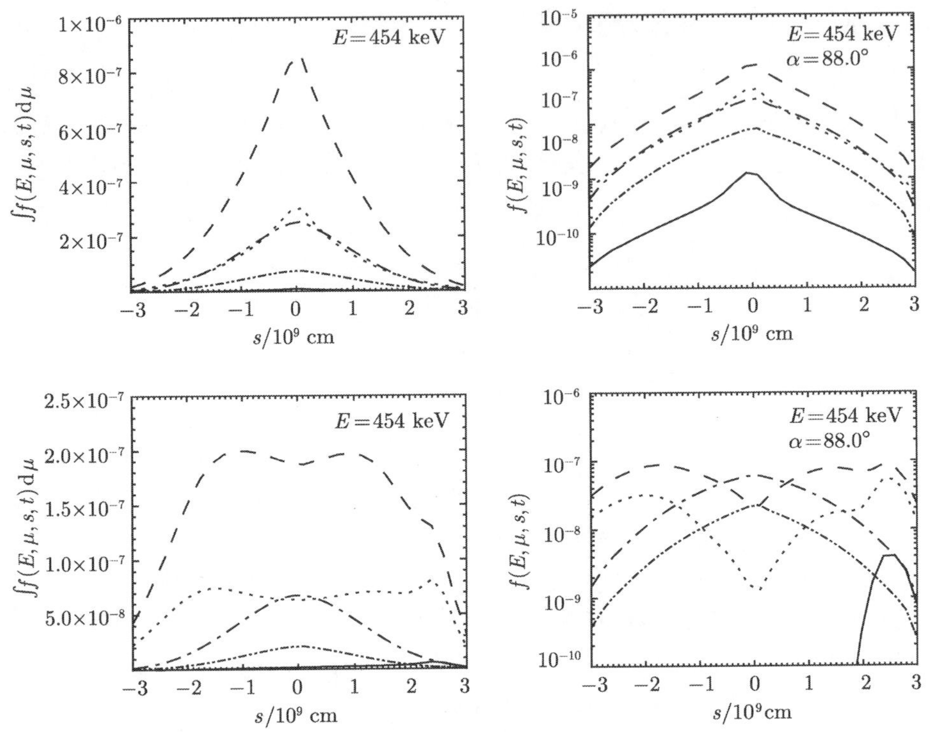

图 2.34　福克尔–普朗克 (Fokker-Planck) 方程[95] 的数值模拟结果. 注入的上升阶段的分布函数用实线 (t = 0.2 s), 点线 (t = 1.7 s) 和虚线 (t = 3.25 s) 表示, 对下降阶段用点划线 (t = 7.1 s) 和点–点–点划线 (t = 10 s) 表示. 顶部表示模型 1 的时间演化 (注入函数的极大位于捕获中心附近 $s = 0$), 底部表示模型 2(注入函数的极大位于环足附近 $s = 2.4 \times 10^9$ cm). 左边: 电子分布函数对所有的 μ 进行积分并以线性尺度展示. 右边: 分布函数仅对投射角为 $\alpha = 88°$ 的电子

2.2.8　对粒子加速、投射和运动的约束

上述发现导致耀斑环中的高能电子加速、投射和运动的一些约束. 从上述分析, 如果入射区域靠近环顶, 可在爆发极大时刻产生环顶的电子分布峰值. 投射角的分布应该是各向同性或者是类似馅饼的各向异性, 这样的入射在某些加速和入射模型中被采用[97−99]. 最近发展的模型[100,101,86] 考虑重联之后一个磁捕获的塌缩, 且提供了电子在磁力线的横向回旋加速的条件. 另一方面, 一些模型提出沿扭曲磁环轴向的直流电场加速, 或者随机的磁流体湍动的级联加速, 其中, 加速发生在沿磁力线的方向 (参见评述论文 [102] 和 [103]). 上述模拟显示这一类入射并不能产生环顶的微波亮度峰值, 然而, 不能排除由于环顶的投射角散射和捕获电子积累导致下降阶段环顶源的形成的可能性.

结果表明当入射区域靠近某一足点时很容易得到在足点附近的微波亮度峰值. 这一结论是非常普遍的, 模拟显示对任何入射电子的投射角分布均可成立. 这就意味着加速机制本身不是非常重要的, 主要的是加速和入射区域所在的位置. 我们的结论是对微波辐射在足点附近亮度极大 (如 2002 年 8 月 24 日的事件 [76−78]), 加速区可能发生在接近某一环足的根部. 然而必须注意的是, 这并非唯一的解释. 足点的亮度也可能在加速区靠近环顶时被观测到. 但这种情况必须适合于发生在环轴 (类似束流的入射). 为了区分这两种可能性, 必须涉及微波耀斑环的其他观测属性. 对此需要更细致的研究, 更严格的约束来自微波和硬 X 射线辐射的空间和频谱演化.

2.3 耀斑环中微波亮度分布的统计研究

2.3.1 环顶和环足微波亮度的比较[104]

在 NoRH 的观测中选择了 24 个具有明显环状结构, 或者分离的一个环顶源和两个足点源的事例 (参见表 2.5 和表 2.6), 并把爆发峰值时刻的亮度作为分析对象. 选择数据和预处理的基本原则如下:

(1) 利用野边山偏振计的 1~35 GHz 的 6 个频率的全日面观测所估算的微波辐射谱, 排除那些具有明显热成份的事件, 以及峰值频率明显大于 17GHz 的事例 (保证日像仪的观测频率 17GHz 和 34GHz 处于光学薄区).

(2) 采用专门的程序去除那些由于天气等原因造成的天线 (图像) 抖动较大的事件, 并选择那些面积比 (定义为源半功率面积和天线束面积之比) 大于 4 的事件, 从而保证所选的事例由于天线抖动造成的谱指数的误差小于 ± 0.3, 这对下面的频谱分析尤为重要.

(3) 所选事件的峰值辐射的亮温度 (包括 17GHz 和 34GHz) 大于 5×10^4K, 从而远大于这两个频率在宁静太阳的辐射强度 (大约为 10^4 K).

(4) 采用专门的程序计算 17~34 GHz 的光学薄区的辐射谱指数, 关键是这两个频率的空间分辨率 (即天线束的面积) 是不同的, 因而谱指数的计算必须对两者的亮温度进行相应的卷积计算. 这对下面的谱指数分析至关重要.

(5) 对比较均匀的环状结构, 为了确定环顶和足点源的位置, 采用亮度最大值的0.1 作等值线选择耀斑环两端的位置为足点源位置, 等值线的中点为环顶源的位置, 并保证所有源的计算面积大于 3×3 个像素平方.

图 2.35 给出 1999 年 5 月 29 号和 2005 年 8 月 22 日两个典型事例 (分别具有较均匀的环状结构和三个分离源), 在其极大时刻 34 GHz 的源区成像, 上面叠加的等值线是 17 GHz 的同时观测数据. 图中一个环顶和两个足点源的位置分别用三个方框来标注.

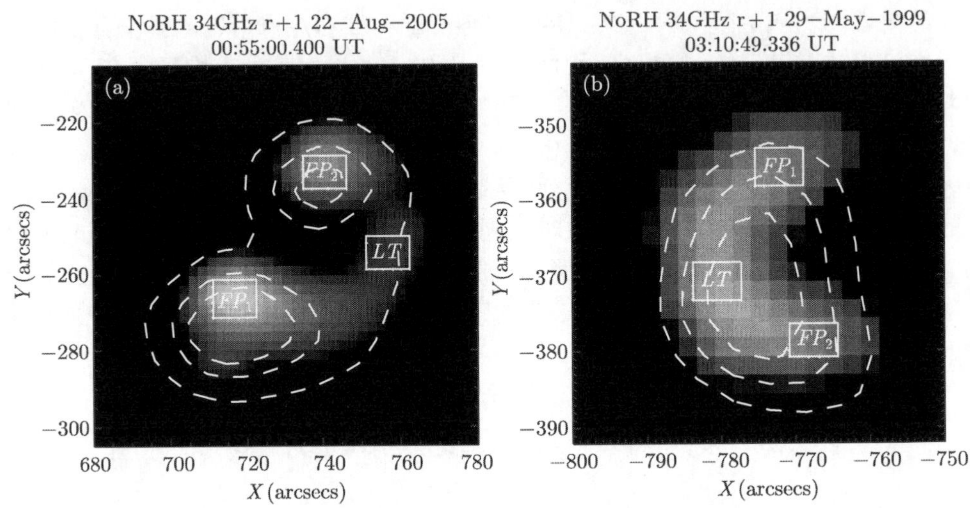

图 2.35　NoRH 观测的三源和环状结构的典型事例

图 2.36 显示了 24 个事件中环顶和环足亮度的关系，图中的星号和三角符号分别表示足点一和足点二 (足点一总是比足点二的谱硬).

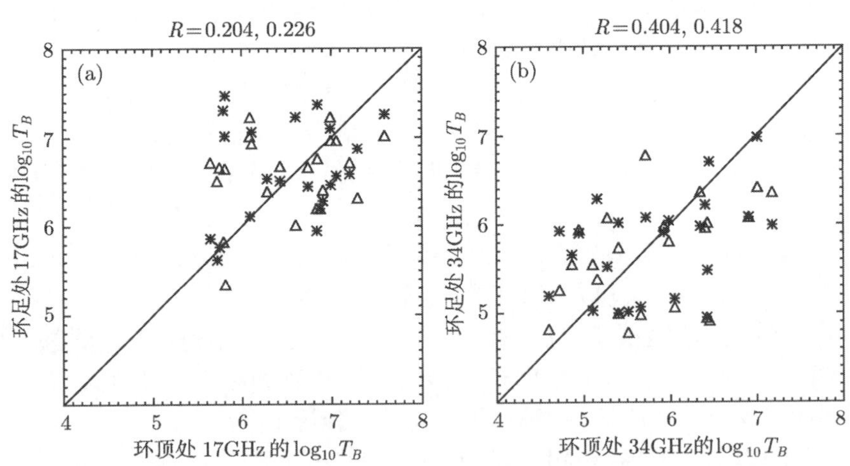

图 2.36　在 24 个事例中 17GHz 和 34 GHz 的环顶和环足辐射亮度的比较

从图 2.36 可以看出，无论在 17GHz 还是 34 GHz，环顶辐射比环足辐射更强的事例 (在图中对角线之上) 在整个样本中占有一定的比例. 在 17GHz 和 34GHz 两个频率，环顶辐射比两个环足都要强的事件数分别是 10 和 9，在整个样本中所占有的比例分别是 42% 和 38%.

2.3.2 耀斑环微波亮度和其他参数的关系[104]

图 2.37 给出的是利用 Dulk 近似[39] 计算得到的射电源区的磁场强度和非热电子柱密度 (请参考本书 5.2 节) 在环顶和环足的比较 (符号的定义同图 2.36).

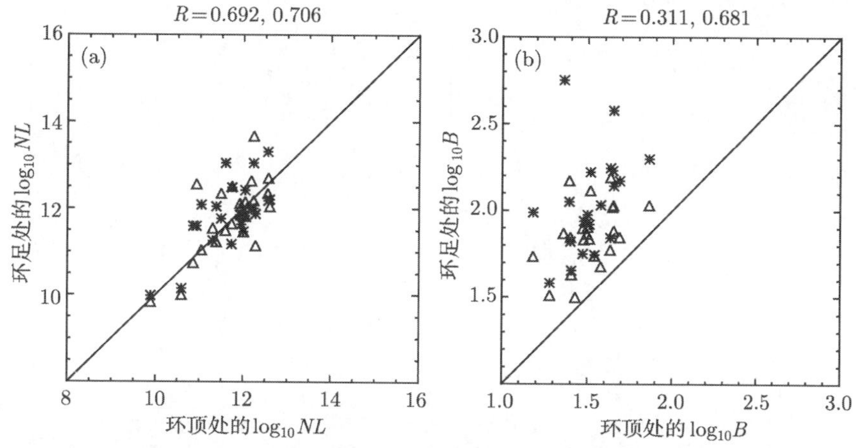

图 2.37 在 24 个事例中环顶和环足非热电子柱密度和磁场强度的比较

从图 2.37 可以看出, 在 13 个事件中环顶的非热电子柱密度高于两个环足, 占整个样本的 54%, 可以用来解释图 2.36 中环顶较亮的比例. 同时环顶的磁场强度一般弱于环足, 与耀斑环中存在磁镜结构的理论预期是一致的. 图 2.38~ 图 2.40 分别给出了环顶 (星号) 和两个环足 (分别用三角和正方形符号表示) 的 17GHz 和 34 GHz 亮温度和计算得到的非热电子柱密度、磁场强度和由 17GHz 和 34 GHz 辐射计算的谱指数的关系.

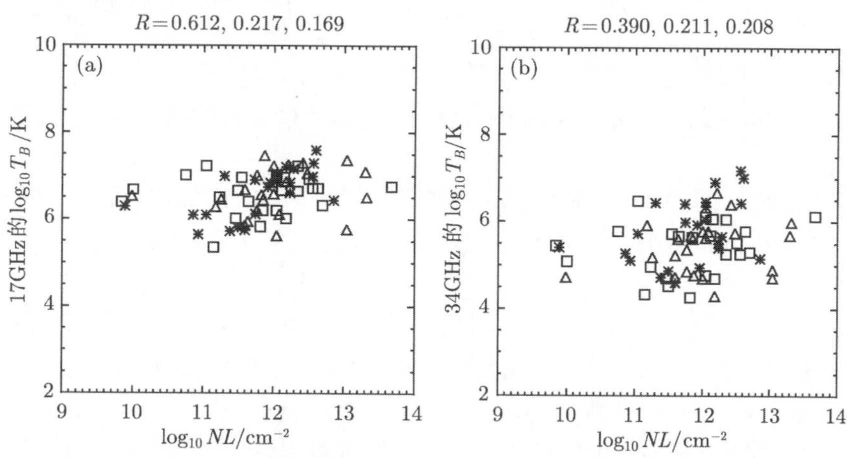

图 2.38 在 24 个事例中环顶和环足辐射与非热电子柱密度的关系

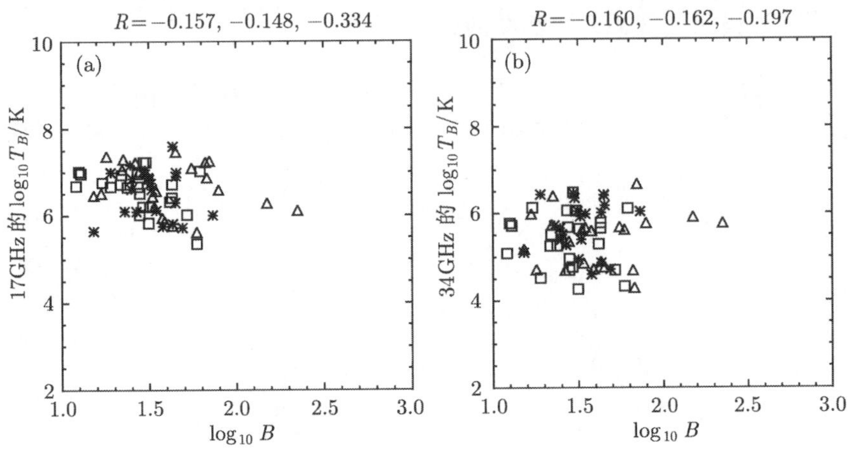

图 2.39　在 24 个事例中环顶和环足辐射与磁场强度的关系

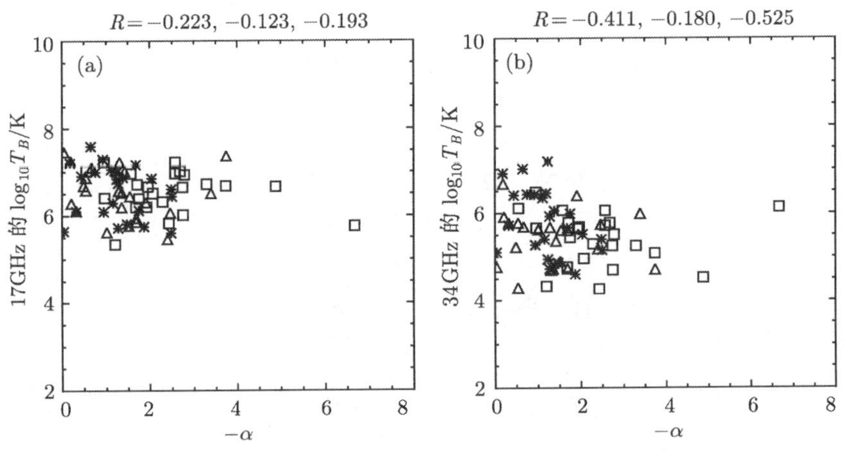

图 2.40　在 24 个事例中环顶和环足辐射与辐射谱指数的关系

从图 2.38～ 图 2.40 中给出的相关系数来看, 在环顶和环足源的 17GHz 和 34GHz 亮温度和非热电子柱密度、磁场强度和谱指数之间呈现弱相关 (对于 24 个样本数, 满足 95% 置信度的相关系数为 0.21). 其中, 与非热电子柱密度的正相关的物理意义比较容易理解, 在日面磁场的计算公式里可以直接得到与磁场强度反相关 (请参考本书有关日面磁场诊断的章节), 与辐射谱指数的反相关和以往的计算结果也是一致的[105]. 实际上, 由于辐射亮温度或流量由以上三个 (甚至更多的) 物理量决定, 而且具有不同的相关性, 从而不难理解对某一物理量的弱相关的原因, 但是亮温度随不同物理量变化的趋势还是可信的.

2.3.3 耀斑环足点微波亮度的不对称性[106]

1. 概况

众所周知, 耀斑环足点的微波和 X 射线辐射分别来自沉降和捕获电子产生的韧致辐射和回旋同步辐射, 因而足点亮度显然是由足点的非热电子密度决定的.

早期关于不对称性的研究主要集中在 X 射线波段, 一般是考虑足点磁场的不对称性来解释辐射亮度的不对称性, 即具有较强磁场的足点导致更多电子在到达足点前被反射 (捕获), 从而减少了该足点的 X 射线辐射强度. 例如, 阳光卫星的统计结果大多支持上述观点[107−109], 但是在少数事例中仍然发现了与磁镜效应的预期相反的不对称性[107,110], 更细致的研究还发现足点不对称性随时间和能量而变化等复杂情况, 例如, 不对称性随能量增加而减少, 乃至出现足点辐射的强弱反置[111,112].

在微波段的研究则相对较少, 这里需要提及的是 NoRH 的统计发现[113,77]: 多数事件与 X 射线有时空对应的观测, 有趣的是多数事件中出现了双环或多环结构, 通常是一个致密环位于大尺度环的具有较强磁场的足点附近, 小环足点具有较强的 X 射线辐射, 而微波辐射则出现在具有较弱磁场的大环足点. 以上结果都是用简单的磁镜效应所无法解释的.

另一方面, OVSA 的系列研究表明: 耀斑环足点的微波辐射与非热电子的初始投射角分布有密切的关系[114,115], 而且支持非热电子的初始投射角具有很窄的分布范围, 而非各向同性. 本书 3.2 节在有关电子传输理论中导出了耀斑环中的捕获和沉降电子对给定的初始投射角的分布函数分别为

$$f_1 = C\sin\theta_0\cos\theta_c\left(\frac{E}{E_0}\right)^{-\delta}\ln\left[\frac{\tan(\theta/2)}{\tan(\theta_c/2)}\right], \tag{2.15}$$

$$f_2 = C\cos\theta_0\sin\theta_c\left(\frac{E}{E_0}\right)^{-\delta}\ln\left[\frac{\tan(\theta_c/2)}{\tan(\theta/2)}\right], \tag{2.16}$$

$$C = \frac{n}{\left(2\pi\dfrac{T}{m}\right)^{3/2}\ln\left(\dfrac{1}{\sin\theta_c}\right)}, \tag{2.17}$$

$$\sin\theta_c = \left(\frac{B_{\min}}{B_{\max}}\right)^{1/2}, \tag{2.18}$$

其中, E_0 为电子所满足的幂律分布中动能的归一化值, 通常取为电子的热能, 归一化常数 C 的表达式 (2.17) 中的 T 和 m 分别表示电子的温度和质量. 从式 (2.15) 和式 (2.16) 可以看出, 捕获粒子数随磁镜临界角 θ_c 的减小而增加, 逃逸粒子数则随磁镜临界角 θ_c 的减小而减少; 同时, 捕获粒子数随初始投射角 θ_0 的增大而增加,

而逃逸粒子数则随初始投射角 θ_0 的增大而减少. 这些结果用直观的物理分析都是容易理解的.

2. 两组样本的选择

在上述具有环状结构或三个分离源的 24 个事件中, 根据环顶和环足谱指数的差异再次进行分类: 当环顶谱比两个环足谱都硬时作为第一组, 而当环顶谱至少比一个环足谱软时作为第二组, 图 2.41 给出两组事件的亮度图叠加谱指数等值线的例子. 两组事件的样本数均为 12.

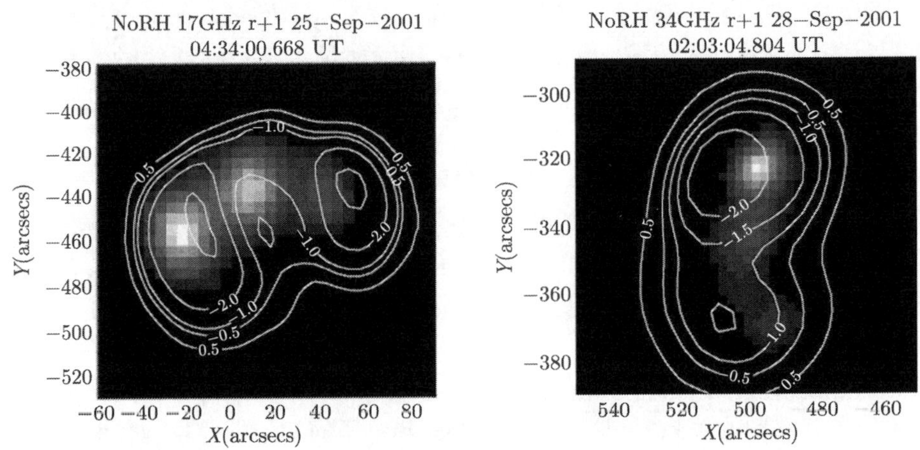

图 2.41 环顶谱比两个环足谱都硬和至少比一个环足谱软的例子

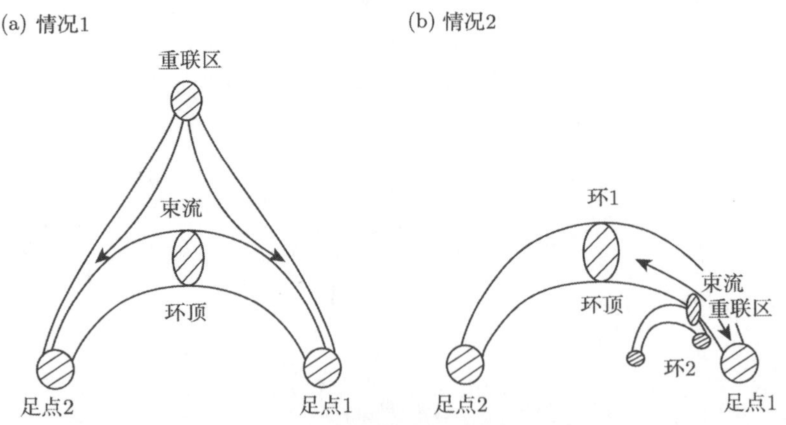

图 2.42 两种常见耀斑模型的示意图

根据经典的耀斑模型, 在单环结构中加速区通常处于环顶上方, 非热电子流经环顶进入环足, 能谱指数随之变软, 应属于图 2.41 中的第一组事例; 还有一种常见的情况是一个大尺度冕环和一个小尺度冕环在一个大环足点附近发生碰撞, 此时加速区位于两环结合部, 从非热电子传播途径可以判断环顶谱指数位于两个足点之间, 应属于图 2.41 中的第二组事例; 图 2.42 给出了两种耀斑模型的示意图. 可以直观预期的是: 第二组事件的足点不对称性应该明显强于第一组事件, 这也是进行如此分类的基本出发点.

3. 两组样本的共同统计特征

对于 6 个基本物理量, 可观测的 17GHz 和 34GHz 的亮温度和 17GHz 的偏振度、从处于光学薄区 17GHz 和 34GHz 辐射计算得到的谱指数、借助于非热回旋同步辐射理论和观测数据计算得到的非热电子柱密度和磁场强度, 对两组事例的足点不对称性进行了统计分析 (图 2.43~ 图 2.45). 结果表明, 两组样本均呈现出较好的相关性, 上述 6 个物理量在两个足点的相关系数分别为 0.722、0.406、0.911、0.566、0.771 和 0.976(第一组); 0.452、0.630、0.810、0.554、0.710 和 0.760(第二组). 对于 12 个样本数, 满足 95% 的置信度的相关系数的阈值为 0.576, 显然, 大多数相关结果是可靠的, 从物理上看也是合理的结果. 在本节所有的图中均用星号和三角符号区分第一组和第二组事件对应的数据点.

从图 2.43~ 图 2.45 中亮温度及其他物理量偏离对角线的程度可以看出, 两个足点的不对称性是普遍存在的, 对于亮温度、磁场强度和非热电子密度, 最大差别可达一到两个数量级. 另外, 图 2.44 中图 (a) 的足点 1 谱指数总是比足点 2 小 (硬) 是前面样本选择的结果, 图 2.44 图 (b) 则反映两个足点的偏振极性大多是相同的 (同正或同负), 这将在耀斑环偏振分析一章中进行更细致的讨论. 图 2.45 的图 (b) 还指出足点 1 的磁场大多强于足点 2, 这表明磁场强度和图 2.44 中统计的谱指数的绝对值成反比.

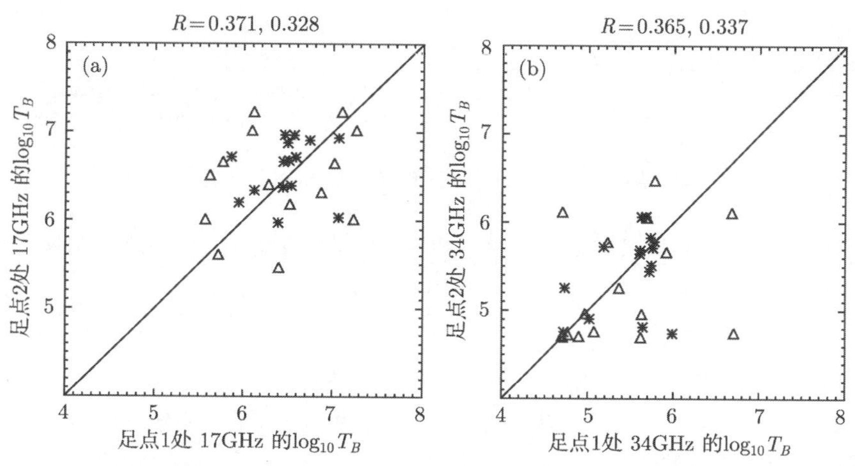

图 2.43 在两组样本中足点的 17GHz 和 34GHz 亮温度的比较

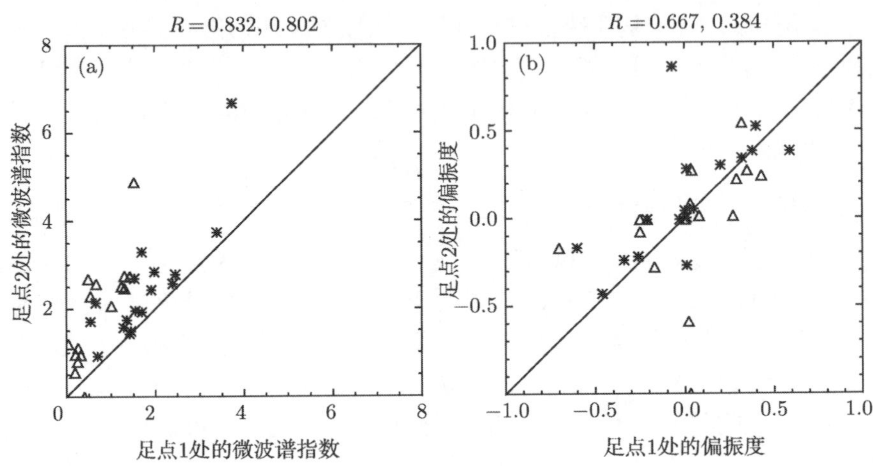

图 2.44 在两组样本中环足的谱指数和偏振度的比较

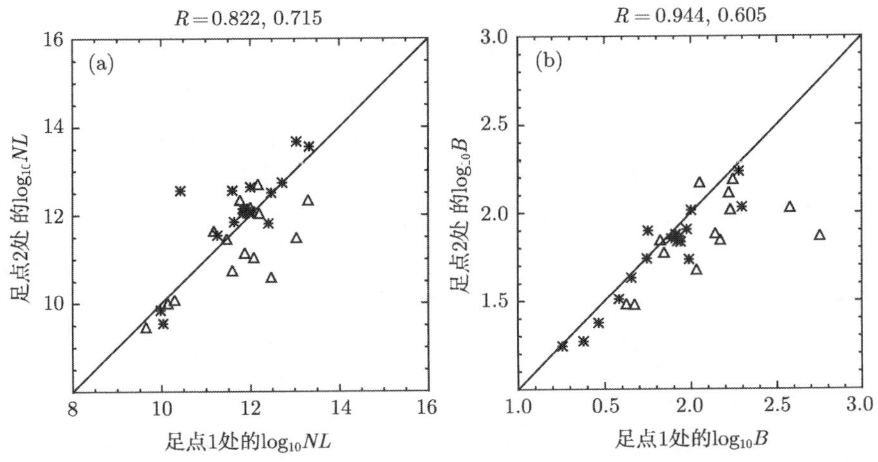

图 2.45 在两组样本中环足的电子密度和磁场强度的比较

为了进一步分析足点物理参数的不对称性, 选择了两个足点的 17GHz 和 34 GHz 亮温度、非热电子密度和磁场强度之比, 谱指数和偏振度绝对值之差等参数, 对两组样本进行了系列的相关分析, 发现 17GHz 和 34 GHz 亮温度之比和磁场强度之比对两组事件均具有反相关 (参见图 2.46), 相关系数分别为 −0.72、−0.68(第一组) 和 −0.577、−0.514(第二组). 17 GHz 亮温度之比和 34 GHz 亮温度之比以及磁场强度之比和谱指数之差对两组事件均呈现正相关 (参见图 2.47), 相关系数分别为 0.974、0.74(第一组) 和 0.528、0.461(第二组).

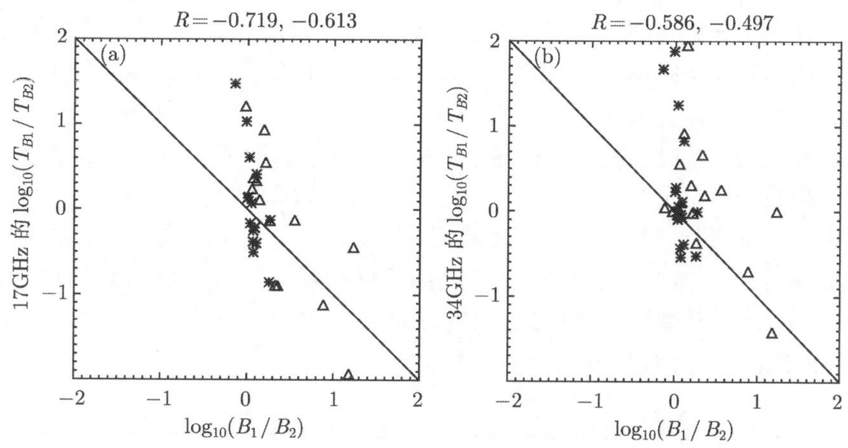

图 2.46 环足 17GHz 和 34 GHz 亮温度之比和磁场强度之比的关系

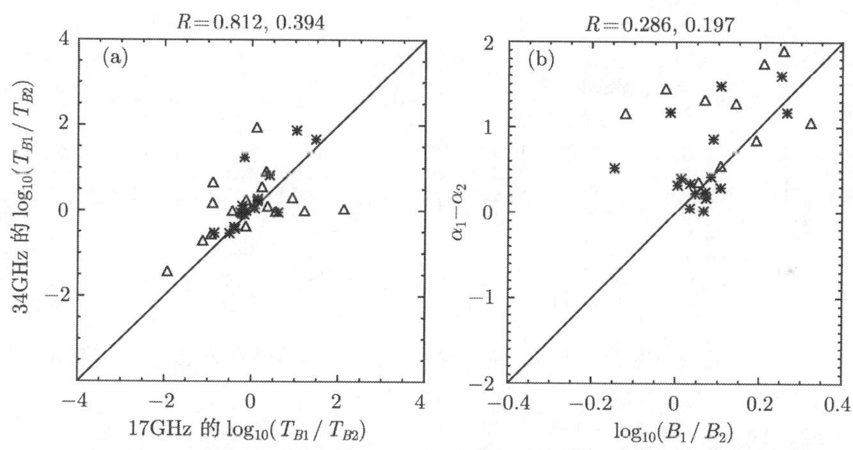

图 2.47 环足 17GHz 和 34GHz 亮温度之比、磁场强度之比和谱指数之差的关系

其中, 图 2.46 中环足亮温度之比和磁场强度之比的负相关和图 2.39 的统计结果是一致的, 图 2.46 还提供了关于环足不对称性的一个重要信息：亮温度的不对称性 (从纵坐标的变化估计为一到两个数量级) 明显强于磁场强度的不对称性 (从横坐标的变化除少数事例外大多集中在零点附近), 说明环足亮度的不对称性不能简单地用磁镜的不对称性来解释. 另外, 图 2.47 的图 (b) 显示足点 1 的磁场大多强于足点 2 的磁场, 与图 2.45 的图 (b) 是一致的.

4. 两组样本的不同统计特征

有趣的是, 在上小节选定的 6 个反映对称性的参数的统计研究中也发现了两组事件的相关系数符号恰好相反的情况, 包括 17GHz 和 34 GHz 的亮温度之比和偏振

度绝对值之差 (图 2.48 的 (a) 和 (b) 图分别表示一、二两组, 星号和三角符号分别表示 17GHz 和 34GHz 的亮温度之比, 两组事件的相关系数分别为 −0.834、−0.815 和 0.607、0.585)、偏振度绝对值之差和磁场强度相对变化 (定义为足点 1、2 磁场强度之差和足点 1 磁场强度之比, 参见图 2.49 的 (a) 和 (b) 图分别表示一、二两组, 两组事件的相关系数分别为 0.399 和 −0.482)、17GHz 和 34GHz 的亮温度之比和非热电子密度之比 (图 2.50 的左右图分别表示一、二两组, 星号和三角符号分别表示 17GHz 和 34GHz 的亮温度之比, 两组事件的相关系数分别为 0.482、0.553 和 −0.812、−0.526)、非热电子密度之比和谱指数之差 (图 2.51 的 (a) 和 (b) 图分别表示一、二两组, 两组事件的相关系数分别为 −0.542、0.453).

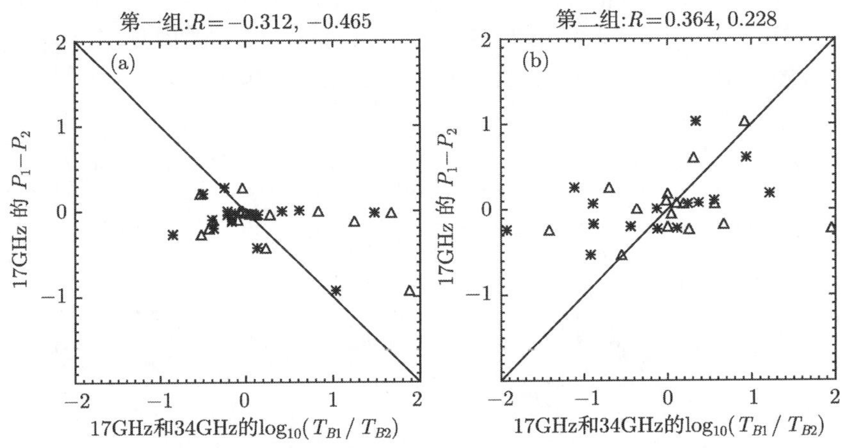

图 2.48 环足 17GHz 和 34GHz 亮温度之比与偏振度绝对值之差的关系

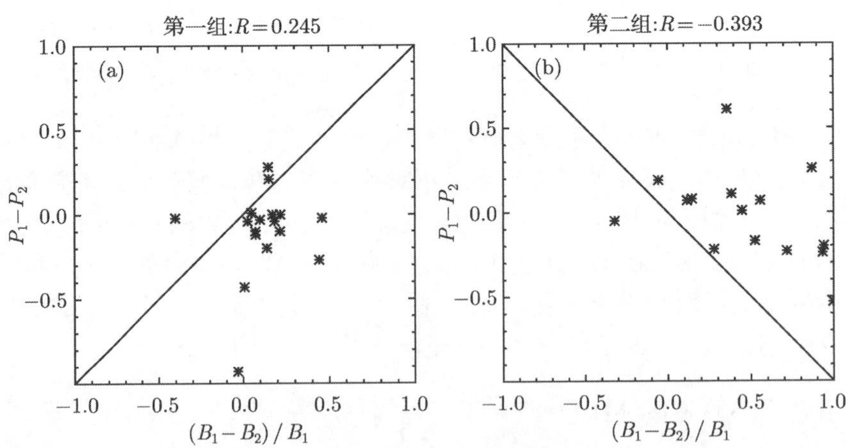

图 2.49 偏振度绝对值之差和磁场强度相对变化的关系

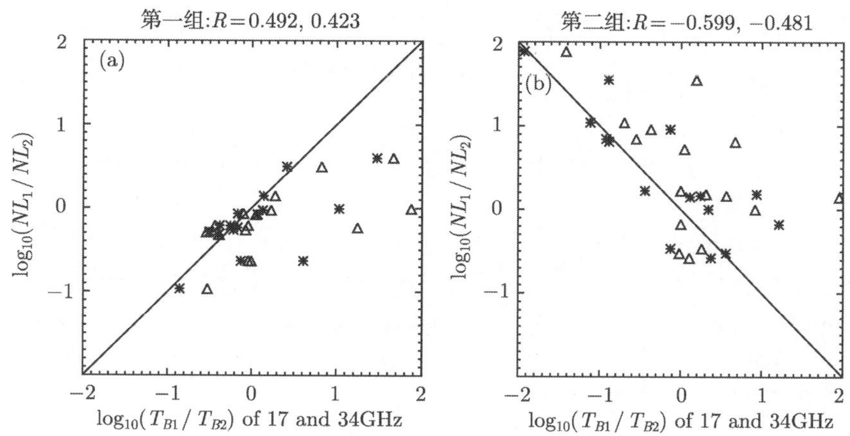

图 2.50 环足 17GHz 和 34GHz 亮温度之比与非热电子密度之比的关系

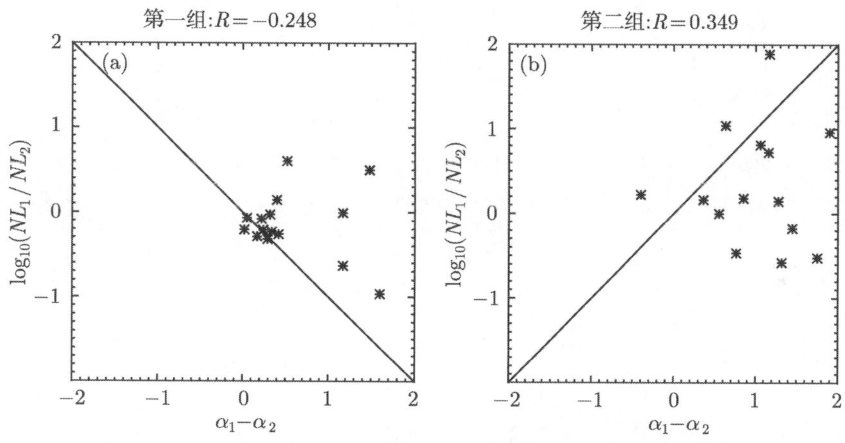

图 2.51 环足非热电子密度之比和谱指数之差的关系

结合图 2.48 和图 2.49 的结果, 两组样本均可得到足点 17GHz 和 34GHz 的亮温度和磁场强度成反比, 与前面几节的统计结果 (图 2.39 和图 2.46) 是完全一致的. 同样, 结合图 2.50 和图 2.51 的结果, 两组样本均可得到 17GHz 和 34GHz 的亮温度和谱指数成反比, 与图 2.40 的统计结果也是完全一致的, 这些结果是由非热回旋同步辐射机制所决定, 有关的解释在前面几节已经给出, 这里就不再重复了. 在这些图中可看出两个环足所有的参数均具有一定程度的不对称性.

5. 两组样本的足点不对称性

在图 2.52 中采用环足 17 GHz 亮温度之比、偏振度绝对值之差、非热电子密度之比和磁场强度相对变化等四个参数分析两组及全部样本的足点不对称性的概率分布.

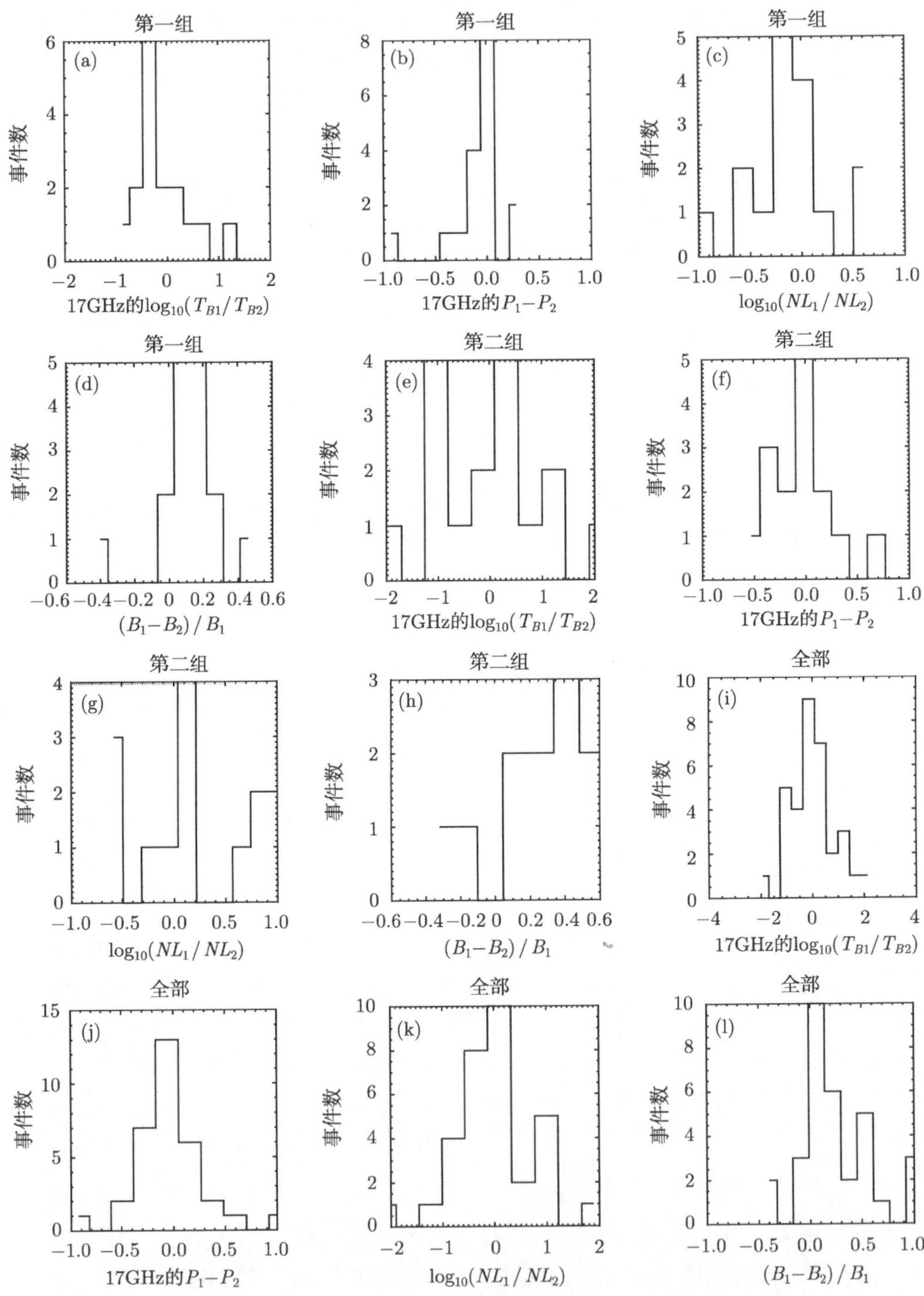

图 2.52　两组及全部样本对不同参数的环足不对称性分布

可以定义上述参数的阈值作为足点不对称性的判据, 例如, 环足 17 GHz 亮温度和非热电子密度之比为 2.0 或者 0.5 (即其对数值为 0.3 或者 −0.3), 环足偏振度绝对值之差和磁场强度相对变化为 0.2 或者 −0.2, 可从图 2.52 得到不对称性事件数及其占整个事件的比例: 对第一组样本的四个参数分别为 4(33%), 3(25%), 4(33%) 和 3(25%); 对第二组样本的四个参数分别为 8(67%), 6(50%), 5(42%) 和 7(58%); 对全部样本的四个参数分别为 12(50%), 9(38%), 9(38%) 和 10(42%). 由此可以得到关于足点不对称性的两个基本结论:

(1) 无论采用上述哪一个参数判断足点的不对称性均可发现: 满足阈值的不对称事件占有相当的比例, 因而足点不对称性是普遍存在的观测事实.

(2) 无论采用上述哪一个参数判断足点的不对称性均可发现: 第二组事件的不对称性明显强于第一组事件, 这与图 2.45 给出的两组事件对应的耀斑模型的预期完全一致, 即冕环相互作用导致的环足不对称性明显强于单环事件.

关于产生不对称性的物理机制仍然存在的疑问是: 为何亮温度的不对称性明显强于磁场强度 (即磁镜) 的不对称性 (图 2.45)? 尽管从图 2.51 来看两者差别并不明显, 这可能是由其阈值选择的标准不同所致. 根据本书中关于电子传输理论的有关章节, 微波辐射主要来自冕环中的捕获电子产生的非热回旋同步辐射, 而环足的亮温度之比由捕获电子密度之比决定:

$$\frac{T_{\mathrm{b1}}}{T_{\mathrm{b2}}}=\frac{\sin\theta_{01}\cos\theta_{c1}}{\sin\theta_{02}\cos\theta_{c2}}, \tag{2.19}$$

这里, θ_0 和 θ_c 分别表示电子初始投射角和磁镜的临界角 (即磁镜比 $\sin\theta_c=(B_{\mathrm{top}}/B_{\mathrm{foot}})^{1/2}$), 假设两个足点辐射其他环境参数 (等离子体密度和温度) 相同, 从图 2.46 中已得到的的足点辐射强度比和磁场强度比, 可计算出两个足点的初始投射角之比及其与 17GHz 和 34GHz 的亮温度之比的相关性 (图 2.53), 其中星号和三角符号分别表示 17GHz 和 34GHz 的亮温度之比.

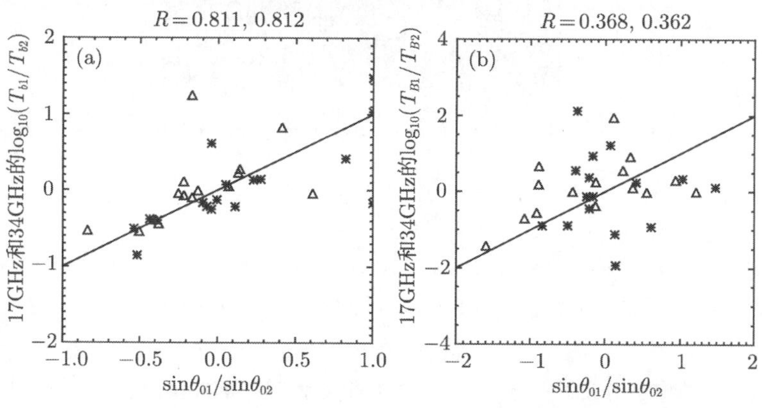

图 2.53 环足 17GHz 和 34GHz 亮温度之比和初始投射角之比的关系

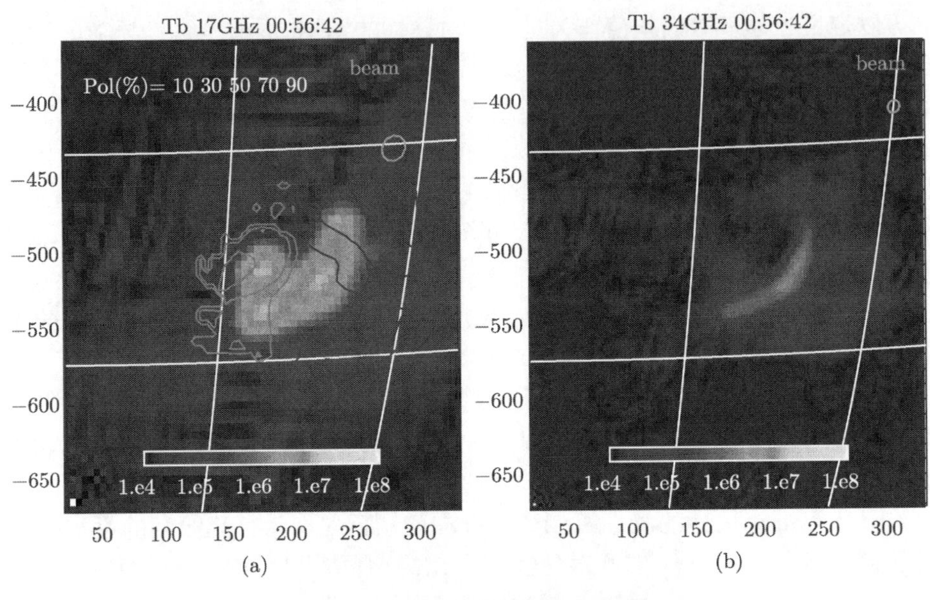

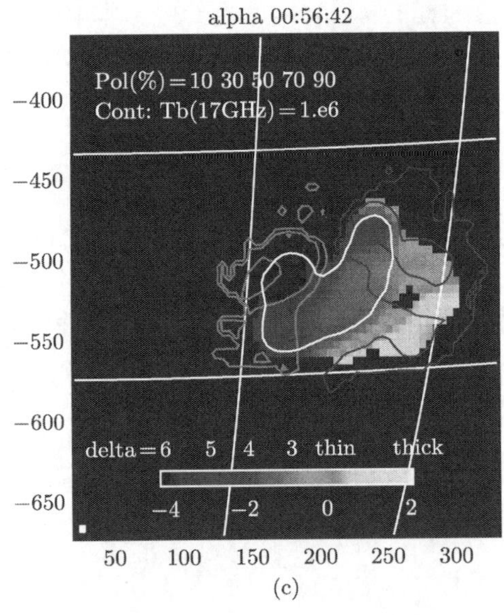

图 2.54　1999 年 8 月 28 日延展耀斑环内的强度和谱斜率的分布[80]。(a)(b) 分别是 NoRH 观测到的 17 和 34 京赫兹微波强度图, 单位 Kelvin(大小由色标给出). (a) 的红色和蓝色等值线标出偏振度 10%、30%、50%、70% 和 90% 的水平. 天线束的半宽在右上角用棕色圆圈表示。(c) 为微波谱斜率 α 的图, 其中彩色的数值由色标显示, 数值在色标下方标注，色标上方标注的是幂律谱的电子分布谱指数 δ, 大小从本章文献 [39] 的模型推出. 白色的等值线表明 17 京赫兹强度 $T_{\rm b}$ =1 MK 的水平. 红色和蓝色等值线的意义和 (a) 相同

显然, 17GHz 和 34GHz 的亮温度总是随初始投射角的增加 (捕获电子数变大) 而变强, 两组事件相关系数分别为 0.822、0.979 和 0.418、0.417, 更重要的是, 在第二组事件中 (图 2.53(b)) 初始投射角的变化范围大约是第一组事件 (图 2.53(a)) 的两倍, 也就是说初始投射角的变化范围与 17GHz 和 34GHz 的亮温度的变化范围完全同步, 从而证明了非热电子的初始投射角的变化是决定环足不对称性的关键因素, 而不是以往认为的由磁镜不对称性决定足点的不对称性.

6. 结论

近年来有关辐射强度在耀斑环不同部位分布的研究引起重视, 原因之一是关于非热电子投射角的各向异性分布可能影响微波和硬 X 射线辐射在耀斑环的分布, 而这一机制在经典辐射理论中没有计入. 例如, 很强的环顶微波辐射 (超过环足亮度) 及其随时间变化引起了广泛的关注. 现把本章的主要结果 (特别是一些新的发现) 归纳如下:

(1) 微波辐射强度与非热电子密度成正比, 与非热电子谱指数和源区磁场强度成反比, 由于众多因素的影响, 上述相关性比较弱, 但其变化趋势是合理可信的. 由于上述参数在耀斑环不同部位的变化一般是同步的, 因而辐射亮度在环顶环足的变化也是同步的.

(2) 微波和硬 X 射线的足点辐射的不对称性是普遍存在的, 这种不对称性与非热电子初始投射角的分布有极为密切的关系 (可能超过磁镜的不对称性的影响). 如果按照单环耀斑和双环相互作用引发的耀斑分类, 后者的环足辐射的不对称性明显强于前者, 而且主要是由于初始投射角的不对称所导致.

2.4 耀斑环中微波辐射的频谱性质

太阳耀斑环中加速的中等相对论电子的能谱特性可以利用它们产生的光学薄回旋同步辐射的观测谱进行研究, 通常可以用幂律分布来描述:

$$F_\nu \propto \nu^\alpha, \tag{2.20}$$

其中, F_ν 和 ν 分别表示流量密度和频率. 与此相关的一个重要的发现是厘米 - 毫米波段脉冲爆发的上升和下降阶段频谱的硬化[26]. 在多数事件中爆发下降阶段的频谱硬化伴随对应的硬 X 射线谱的变软[52]. 这种显著的差异可以解释为捕获加沉降非稳态模型的自然结果, 该模型考虑了由库仑碰撞导致捕获电子的能谱硬化, 以及直接入射和捕获电子能谱演化的差异. 另一方面, 文献 [114] 证明耀斑环非热电子投射角的演化对微波频谱的硬化的解释有非常重要的意义.

直至目前的太阳耀斑的微波光学薄频谱演化的研究主要还是对全日面观测而言, 并未考虑任何空间分辨的观测, 所得到的是整个射电源的平均谱, 由此建立的射电源模型也是非常简化的, 所考虑的耀斑环电子能谱演化也是作为一个整体, 并未计入磁场和等离子体密度在环内的不均匀性. 显然, 研究具有空间可分辨的耀斑环不同部位的谱演化可提供前所未有的新的信息, 并有助于我们去发展更合理的射电源的物理模型, 以便更好地理解耀斑环粒子加速和传输机制.

2.4.1 频谱斜率沿耀斑环的分布

NoRH 提供了两个高频 17GHz 和 34GHz 的成像观测和研究耀斑环中微波谱指数的空间分布及其演化的独特机遇. 描述 17GHz 和 34GHz 之间的谱斜率的特征参数 α 的定义如下:

$$\alpha = \frac{\ln(F_{34}/F_{17})}{\ln(34/17)}. \tag{2.21}$$

在一定程度上该参数可视为频谱指数的一个近似值, 在辐射谱的峰值频率位于 $f < 17$ GHz 时, 该近似是非常合理的, 也是下面要主要讨论的情况. 注意 17GHz 和 34GHz 的分辨率 (天线束的大小) 差异, 对应的强度 F_{34} 和 F_{17} 必须把 17GHz 和 34GHz 成像调整至相同的天线束大小之后才能计算, 可通过对 17GHz 和 34GHz 的图像和束进行相互卷积来完成.

首次对 1999 年 8 月 28 日事件研究了延展耀斑环中微波谱的空间分布[88], 揭示了非常有趣的规律性. 射电谱指数在足点的值相当高于环顶, 而且在整个辐射峰值期间都是如此. 图 2.54 清楚显示环向强度分布 ((a) 和 (b)) 和谱斜率 α 的分布 ((c)). α 彩图的色标清楚表明环足附近的增大. 这一规律性在延展性耀斑环中 17GHz 和 34GHz 负的频谱斜率的详细研究被进一步证实[74,81]. 新的研究在 2004 年 NoRH 研讨会给出[109].

1. 微波谱的演化

在 5 个可明确分辨的环状射电源 (1999 年 8 月 28 日、2000 年 1 月 12 日、2000 年 3 月 11 日和 13 日和 2001 年 10 月 23 日) 的不同部位的微波谱演化研究在文献 [82] 中完成. 为了这些事件的分析, 阳光卫星硬 X 射线望远镜 (Yohkoh/HXT)、BATSE/CGRO 硬 X 射线谱仪以及 SOHO/MDI 磁象仪的观测数据被应用. 17～34GHz 谱指数在微波爆发的脉冲相和全部射电源保持负值.

所有的事件具有如下的共同特征. α 在环状射电源不同部位 (光学薄即 α 为负) 的时间演化行为非常类似, 即在爆发上升和下降阶段逐渐增大, 如图 2.55 所示. 这一微波辐射谱的软硬硬的演化行为与硬 X 射线谱的软硬软行为相关 (图 2.56). 这种微波和硬 X 射线在下降阶段的相反的演化类似于之前研究的整个源进行积分的谱演化[52].

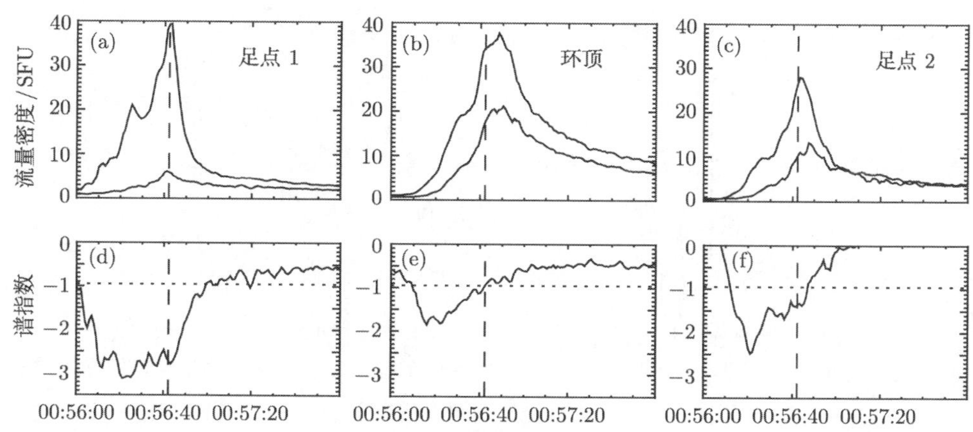

图 2.55 顶部：1999 年 8 月 28 日事件位于耀斑环顶部 ((b)) 和足点 ((a) 和 (c)) $20'' \times 20''$ 方框内的 NoRH 流量密度的时间截面. 底部：对应的从方程 (2.21) 计算的谱指数的时间截面. 垂直线表明硬 X 射线峰值时刻 00:56:42UT

由此发现下降阶段 α 的增大 (微波谱的硬化) 在靠近足点的区域显著快于靠近环顶的区域. 在 1999 年 8 月 28 日事件中 (参见图 2.55), 谱指数 α 在左右两个足点的变化分别为 $-2.7 \sim -1.0$ 和 $-1.3 \sim -0.2$, 而在环顶则是 $-1.0 \sim -0.6$, 以上变化的时段均为硬 X 射线峰值之后的 20s.

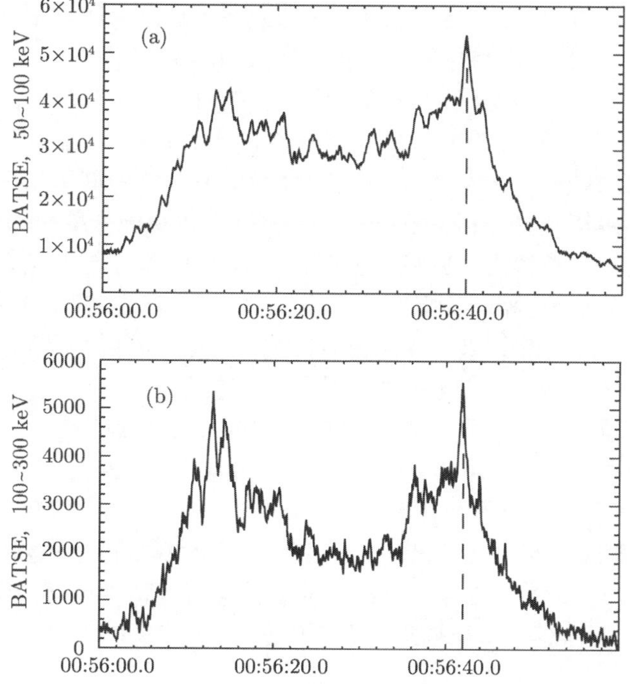

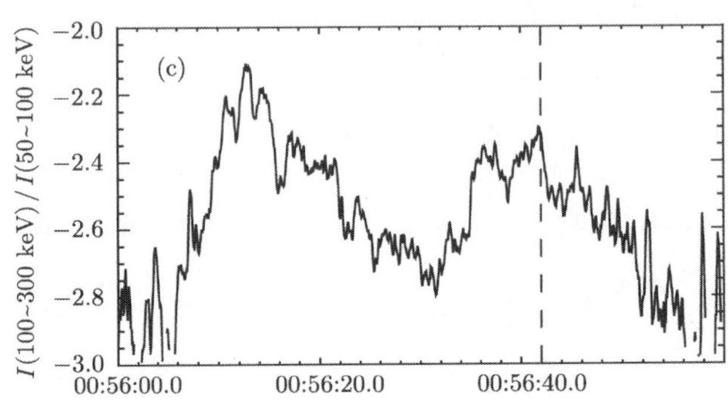

图 2.56　1999 年 8 月 28 日事件的硬 X 射线时间截面. 顶部和中间的能量间隔分别为 $E_1 = 50 \sim 100$ keV 和 $E_2 = 100 \sim 300$ keV. 底部为流量比 $I(E_2)/I(E_1)$ 的时间截面, 对应于硬 X 射线谱 $I(E) \propto E^{-\gamma_x}$ 的谱指数 γ_x 的时间截面. 垂直线表示辐射的峰值时刻 00:56:42UT

2. 频谱属性的可能的物理解释

对环顶和足点微波谱斜率的差别的解释原则上存在下面四种可能性.

第一个是电子投射角分布具有一个垂直各向异性, 由于回旋同步辐射在较高频段具有很强的方向性, 由此产生准平行方向频谱比准垂直方向更陡[30]. 该解释对日面耀斑比较有效, 此时足点源是在准平行方向被观测到, 而环顶源则是在准垂直方向. 从图 2.51(a) 可看到, 在光学薄区 $f > f_{\rm peak}$, 准平行方向的谱指数随各向异性的程度 (即 0~ π/2 改变损失锥角度 θ_c) 有相当大的增加 (0.5~1), 与此同时, 在准垂直方向的谱指数 (图 2.51(b)) 几乎不变. 注意到各向异性对边缘事件的影响预期较小 (虽然该影响依赖于电子投射角分布在环顶和环足的差异). 同时, 对于边缘事件也观测到了相同的谱斜率分布 [61]. 下面的因素将不会受到这一限制.

产生该差异的第二种原因是在一个固定频率处, 磁场强度对频谱斜率的影响. 较低的谐波数的谱指数增大是回旋同步辐射在较低的等离子体密度 $\omega_{pe} < \omega_{Be}$ 下的普遍特征. 该增加是由相对论限制 $\alpha_{\rm rel} = (\delta-1)/2$ 而产生, 在谐波数 $\omega/\omega_{Be} \geqslant 100$ 可以达到 0.5~1, 如同在图 2.57(e) 所见到的情况. 足点的磁场预期大于环顶, 因而在给定的频率会产生较低的谐波数以及比较陡峭的频谱.

第三个可能影响 $f > f_{\rm peak}$ 的频率的谱斜率的物理效应是 Razin 抑制[56]. 由于这一效应的影响, 当微波源的参数 ω_{pe}/ω_{Be} 足够高时, 谱指数 α 相比于 $\alpha_{\rm rel}$ 会小得多 (0.5~2)[30]. 由于该参数在环顶 (磁场较弱) 大于环足, 预期在环顶的谱出现硬化. 进一步的耀斑等离子体诊断表明, 该效应至少可以在某些耀斑中有重要的影响[56]. 从图 2.58 可清楚看到由于 Razin 抑制在耀斑环顶部增长, 谱峰向高频方向漂移, 在 $f > f_{\rm peak}$ 的频谱指数变得比足点附近的源更为平坦.

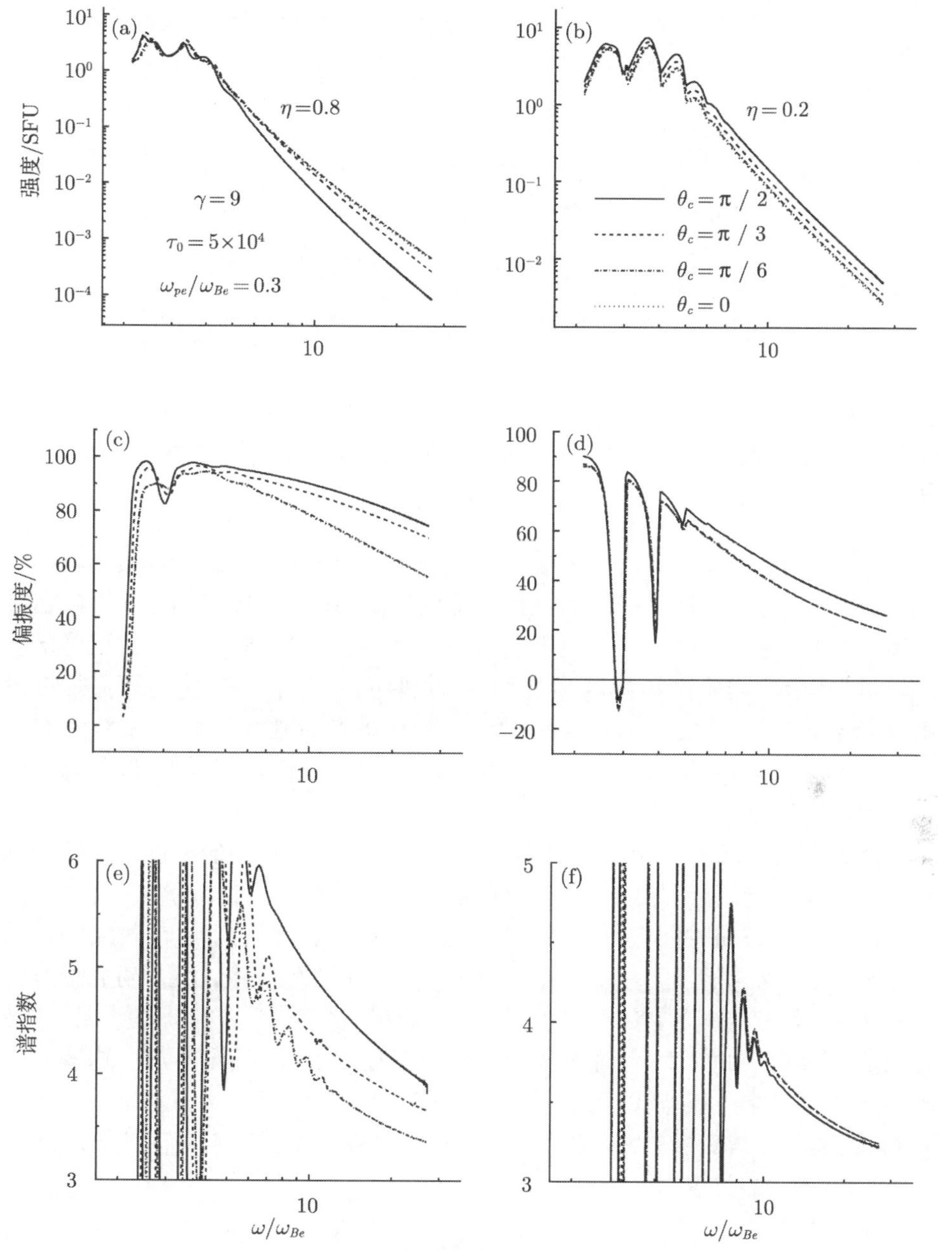

图 2.57 在 sin-N 投射角分布中, 对于不同的损失锥角 θ_c, 回旋同步辐射强度、偏振度和谱指数随频率的变化[30]. 随 θ_c 增大, 在准平行方向 ($\eta=0.8$) 可清楚看到强度的减小和谱指数的增大. 低频谱指数的增大也是非常显著的

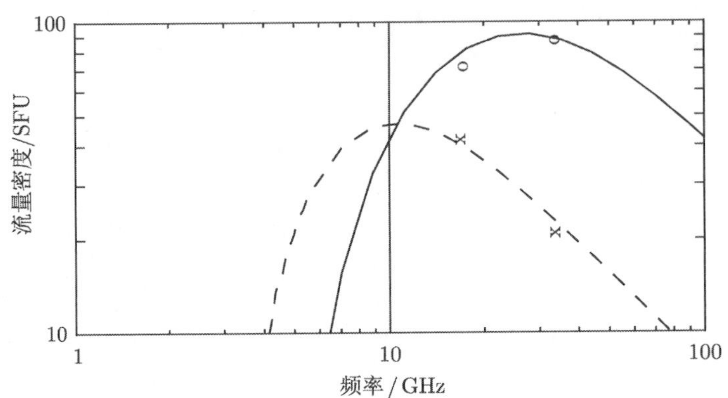

图 2.58 环顶 (圆圈) 和足点 (交叉) 源区 $10'' \times 10''$ 面积中观测到的 17GHz 和 34GHZ 流量以及对这些源区计算得到微波谱的比较 [61]. 等离子体密度假设在环内为常数 $n_0 = 8 \times 10^{10}\ \mathrm{cm}^{-3}$, 磁场强度在环顶和足点分别为 100G 和 200G

第四个可能的原因是电子能谱斜率在传输到环顶和足点的差异. 预期辐射电子的成分由两部分组成: 捕获成分和直接沉降到足点的成分. 第一部分的贡献主要是在环顶的微波辐射, 而第二部分的贡献则在足点. 捕获电子能谱假设比沉降电子更硬, 其原因在于库仑碰撞和背景等离子体的长时间持续相互作用. 因而, 足点的频谱斜率应该比较陡峭, 这一想法可应用于解释从足点的微波和硬 X 射线谱导出的电子能谱比环顶导出的结果符合得更好的原因. 然而, 该想法还需要利用福克尔–普朗克方程进行仔细的验证.

观测到的微波谱的光学薄部分随时间硬化是另一个有趣的属性. 该硬化发生在整个环状源 (从环顶到足点), 同时伴有硬 X 射线谱在爆发下降阶段的软化, 同时观测到的还有高频的时间延迟, 这些属性指出低能电子产生的硬 X 射线辐射和中等相对论电子捕获在耀斑环并产生微波辐射具有不同的谱演化行为. 对此最可能的解释是硬 X 射线产生于直接沉降的电子, 而微波辐射多数来自捕获电子, 其能谱演化是由捕获效应 (例如, 库仑碰撞或者波粒子相互作用) 所决定的[52]. 这些演化行为的新属性可能修改原有关于来自耀斑环顶部和足点的流量和谱斜率的差异的解释, 包括①强度衰减变慢, 以及来自环顶相对于足点的微波辐射之间的时间延迟变慢. ②从足点的辐射谱更快的硬化.

如果考虑耀斑环中的磁场不均匀性, 上述微波谱斜率的时空特征, 及其对空间位置的依赖性可以互相调整. 其物理解释如下. 对于给定频率的环顶的回旋同步辐射和足点相比, 由于其磁场较弱使得谐波次数较高, 由于较高的谐波数产生于更高能量的电子, 其捕获寿命显著加长. 可以很自然地理解这些电子的较长寿命, ①比较慢的强度衰减, ②相比于足点, 来自环顶的辐射的延迟和辐射谱的逐渐硬化. 而且, 如前所述, 较高谐次的辐射也具有更平坦的谱, 与环顶观测的硬化符合较好.

现在还不能排除频谱的某些时空特征是由加速机制本身所导致的. 下结论之前所有的因素都必须用自洽的理论模型和磁场、等离子体密度、电子能谱, 对一个特定耀斑环的相关信息仔细的加以验证.

3. 结论

近期的 NoRH 观测揭示了一批有关微波耀斑环的空间 - 时间 - 频率的新属性. 其中包括: ①在耀斑环顶部可以出现亮度分布的极大, 甚至是光学薄的辐射; ②初始的亮度极大在足点附近, 在爆发的下降阶段变为环顶的亮度极大; ③ 在环顶和足点的时间截面之间存在延迟, 以及在较高频率的时间延迟; ④沿环向的微波谱从环顶到足点变陡; ⑤爆发上升和下降阶段微波谱随时间的硬化; 在下降阶段足点的硬化比环顶更快.

考虑上述性质的可能解释, 揭示了某些物理效应的重要性: ①加速电子的捕获和积累发生在耀斑环上部; ②电子投射角分布存在横向的各向异性, 及其对微波辐射强度和谱斜率的影响; ③高能电子的散射导致其在耀斑环的重新分布, 及其能谱的硬化; ④Razin 抑制及其对微波频谱的影响; ⑤微波频谱的斜率对源区磁场的依赖性. 我们也要强调耀斑环中的加速和投射区的位置的重要性, 对微波耀斑环的空间特性有很大的影响.

到目前为止, 还没有足够的信息回答下面的问题: 关于在这些主要的物理效应中, 哪些是对观测属性最为重要? 我们相信上面列出的物理效应的相对意义将需要复杂的、多波段的和对特定耀斑的细致研究来决定. 无论如何, 上述发现对高能电子在耀斑环的加速、投射和传输机制具有重要的和新的约束条件.

2.4.2 耀斑环顶部和足部微波光学薄谱指数的统计关系[104,106]

为了研究微波辐射的环状结构的顶部和足部的辐射谱的关系或差异, 在 NoRH 的观测数据中选择了 24 个具有环状结构或者一个环顶和两个环足的三源结构, 选择数据和预处理的基本原则在 2.2.2 节中给出. 根据环顶和环足谱指数的差异再次进行分类: 当环顶谱比两个环足谱都硬时作为第一组, 而当环顶谱至少比一个环足谱软时作为第二组, 两组事件的亮度图叠加谱指数等值线的例子已在图 2.41 中给出 (两组事件的样本数均为 12).

图 2.59(a) 给出了两组事件 (分别用星号和三角符号表示) 的足点谱指数的关系, 其中, 两个足点顺序的定义是: 足点 1 总是比足点 2 的谱硬. 因而两组事件的数据点均位于图 2.59(a) 对角线的上方, 从该图可以清楚地看出在两组事件中两个足点的谱指数均具有很好的相关性, 相关系数分别为 0.832 和 0.802. 图 2.59(b) 给出了两组事件的环顶和环足谱指数的关系, 根据两组事件的定义, 第一组事件的环顶谱总是比两个环足的谱硬, 因而所有的星号都处于图 2.59(b) 对角线的上方. 同

样, 两组事件的环顶和环足谱指数均具有正相关的特性, 相关系数分别为 0.490 和 0.499. 上述环顶和环足谱指数的同步变化显然符合通常理论的预期.

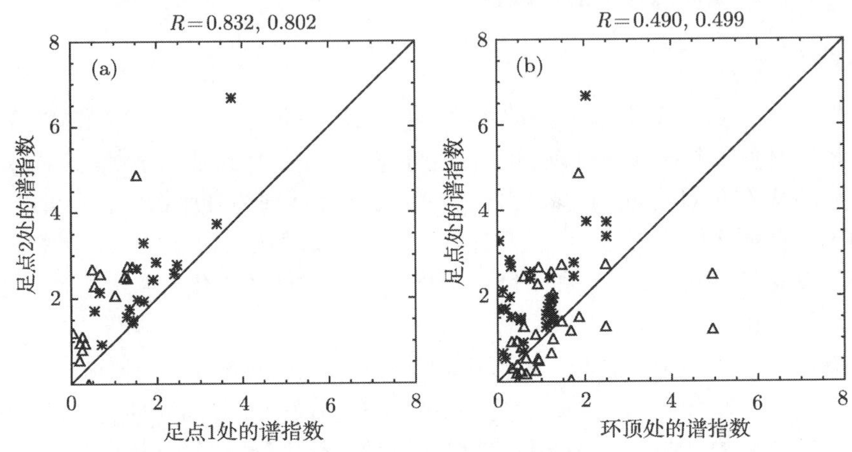

图 2.59　两组微波事件的环足以及环顶和环足谱指数的关系

2.4.3　硬软硬——新的微波谱指数演化特征[117]

在 2.4.2 节选择的 24 个具有微波环状结构的 NoRH 观测到的爆发事件中再次筛选了两组样本研究微波谱演化的特征：第一组包含 5 个具有简单脉冲型时变曲线的事件, 第二组则包含 5 个具有多峰时变曲线的事件. 图 2.60 给出了第一组脉冲事件的一个例子, 其中, (a) 和 (c) 分别给出环顶 (实线) 和两个环足 (虚线和点划线) 的 17GHz 时变曲线和由 17GHz 和 34GHz 计算得到的谱指数演化曲线；图 (b) 则给出了野边山偏振计在同一事件中的 17 GHz(实线) 和 34 GHz(虚线) 总强度的时变曲线, 图 (d) 为该偏振计的 6 个频率的观测流量拟合得到的光学薄谱指数；这样具有空间分辨能力的日像仪数据和总强度观测的偏振计数据可以互相参照.

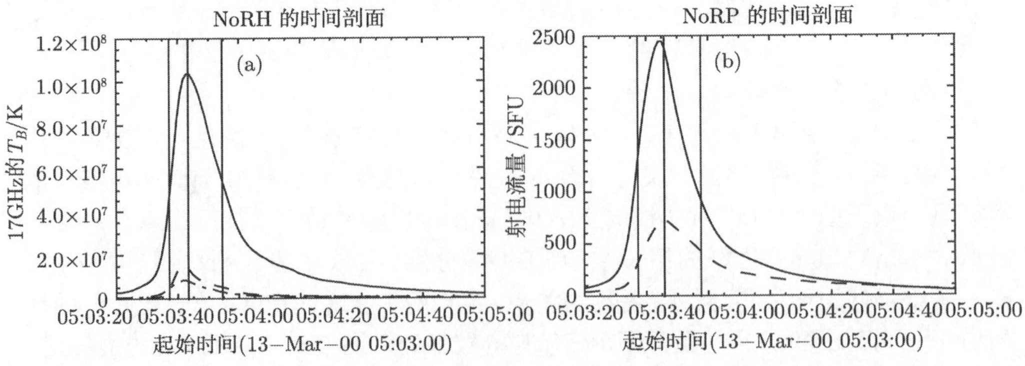

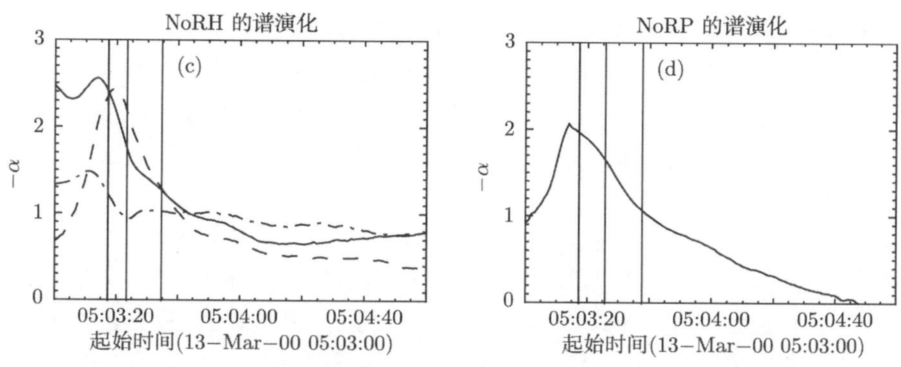

图 2.60 脉冲事件的环顶、环足、总强度的时变曲线和谱指数演化

显然, 对于脉冲事件, 包括环顶、环足、总强度的时变曲线所对应的谱指数演化均具有熟知的软硬硬过程 (即谱指数的绝对值由大单调变小), 并可用耀斑加速的非热电子谱的演化, 加上耀斑环捕获电子的较长寿命来解释, 与众多前人的研究完全一致.

然而从图 2.61 给出的多峰事件的典型例子 (各分图的说明和图 2.54 完全相同, 所有的垂直线标注了主峰和子峰的极大时刻), 发现了一个全新的频谱演化特征, 对

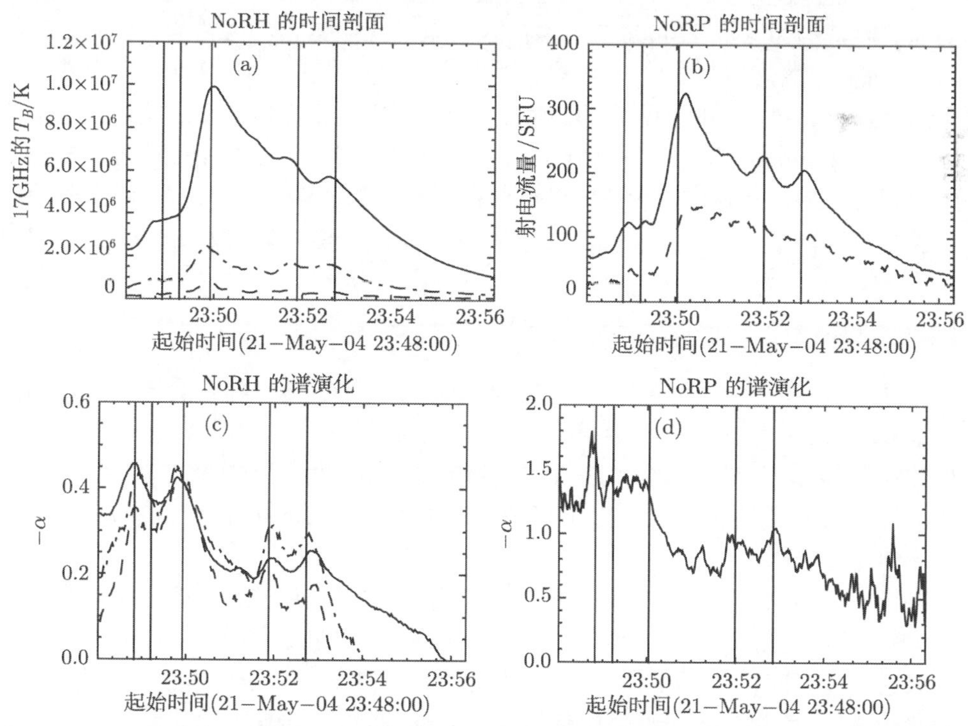

图 2.61 多峰事件的环顶、环足、总强度的时变曲线和谱指数演化

于主峰和每一个子峰, 谱指数的绝对值是由小变大然后由大变小 (与对应的时变曲线反相关), 从而呈现前人未曾提及的硬软硬过程, 值得注意的是, 对于整个爆发时段 (如果把多峰结构进行平滑处理), 谱指数的演化仍然符合熟知的软硬硬过程. 与此同时, 总强度的偏振计在同一事件中的观测 ((b) 和 (d)) 和日像仪 ((a) 和 (c)) 的结果基本一致.

关于对硬软硬这一演化过程的解释, 根据 NoRH 的事件分辨率 10s, 一般大于多峰事件的单峰寿命 (可以用单峰半宽定义), 而多峰事件本身意味着耀斑加速的非热电子并非连续而是脉冲式注入冕环, 从而表明采样周期 (或数据累积周期) 大于电子注入时间. 根据文献 [118] 对捕获效应的研究, 在捕获时间长于数据积累时间进而长于电子注入时间的条件下, 捕获电子的能谱从初始值 δ 向 $\delta - 1.5$ 逐渐变硬, 同时, 沉降电子的谱指数为 $\delta + 0.5$. 另一方面, 产生 17~34 GHz 辐射的电子能量高达几百电子伏特 (中等相对论), 当地磁场小于 500G[29], 可以用电子的能量损失时间估计捕获时间[119,120]:

$$\tau_t = 2.6 \times 10^9 \times \frac{E}{n}, \tag{2.22}$$

其中, 电子能量 E 取 500eV, 背景电子密度 n 取 $3 \times 10^{10}\text{cm}^{-3}$, 由式 (2.22) 计算得到的捕获时间约为 44s, 经过这一时段的入射电子的能谱指数大约为 $\delta - 1.0$, 当新的入射开始时, 能谱指数回软为 δ, 然后由于捕获效应重新变硬, 这样可以定性或半定量的解释上述单峰对应的硬软硬的演化过程. 实际上, 总体电子的能谱指数取值在 $\delta - 1.0 \sim \delta + 0.5$ (取决于捕获和沉降电子的比例). 总之, 多峰事件或者说非热电子的短时标入射是上述捕获效应导致硬软硬过程的必要条件. 换言之, 对于寿命相对较长的单脉冲事件 (如图 2.60), 捕获效应只能导致辐射谱单调的由软变硬的演化.

2.4.4 辐射谱演化对频率的依赖性[121]

图 2.62(a) 和 (c) 分别给出了 2000 年 6 月 10 日 OVSA 观测的 6.6 GHz 的时变曲线和 5~8 GHz 频段拟合的谱指数演化 (较低频段), (b) 和 (d) 分别给出了该事件的 14.0 GHz 的时变曲线和 8~18 GHz 频段拟合的谱指数演化 (较高频段). 该事件的峰值频率一般在 4~5 GHz 附近变化, 从而保证上述计算谱指数的中心频率处于光学薄区.

有趣的是, 在该事件的较低频段, 无论是两条相邻垂直线之间的各个子峰对应的频谱演化, 还是整个爆发频谱的演化过程, 均具有明显的硬软硬特征, 整个时间轮廓和频谱演化之间符合反相关, 相关系数为 −0.28(对于 80 个样本置信度为 0.05). 然而在较高频段, 对各个子峰似乎依然满足硬软硬特征, 但整个爆发频谱的演化则是熟知的软硬硬的过程, 与前面介绍的 5 个多峰事件 (参见图 2.61) 完全一致, 整个时间轮廓和频谱演化之间符合正相关, 相关系数为 0.25(对于 80 个样本置信度为 0.05). 在图 2.62 中叠加的虚线是在考虑和扣除热轫致辐射 (由 Yohkoh/SXT 测量的温度计算而得) 之后的结果.

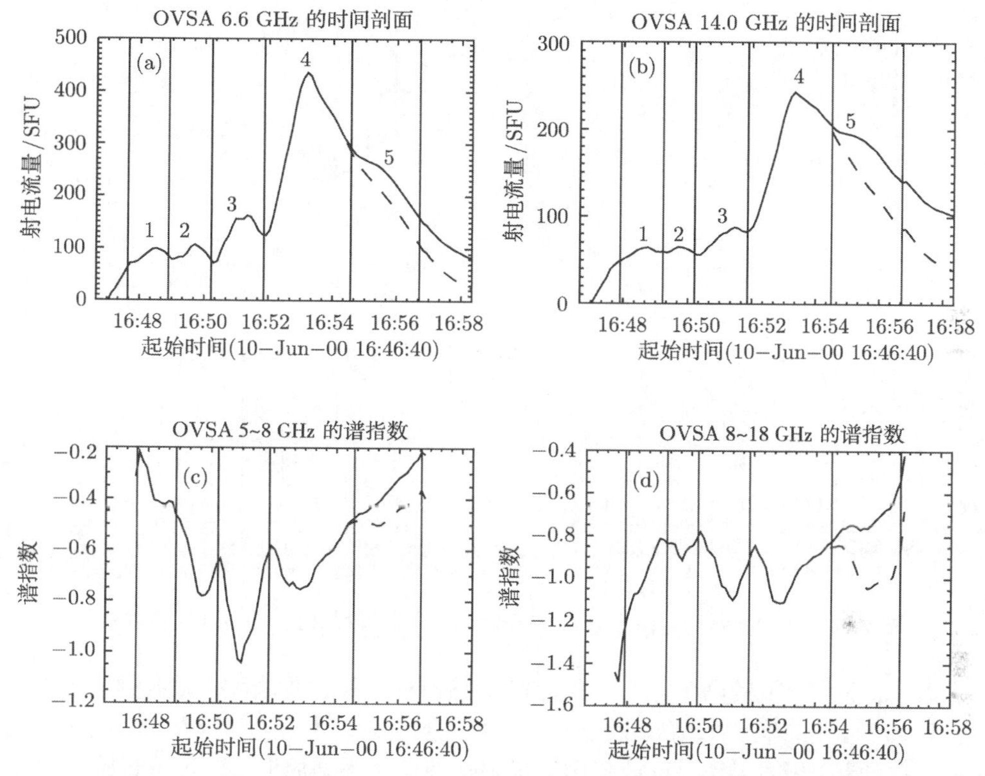

图 2.62 2000 年 6 月 10 日 OVSA 观测的不同频段的时变曲线和频谱演化

图 2.63(a) 和 (c) 分别给出了 2000 年 6 月 10 日 OVSA 观测的 9.0 GHz 的时变曲线和 8~10 GHz 频段拟合的谱指数演化 (较低频段), (b) 和 (d) 分别给出了该事件的 14.0GHz 的时变曲线和 10~18 GHz 频段拟合的谱指数演化 (较高频段). 该事件的峰值频率一般在 6~8 GHz 附近变化, 从而保证上述计算谱指数的中心频率处于光学薄区.

图 2.63 给出的第二个微波爆发事件的分析结果和第一个事件 (图 2.62) 基本一致, 有一点细微的区别是, 在较低频段的各个子峰的频谱演化明显符合硬软硬的过程, 而整体频谱演化具有熟知的软硬硬的特征; 在较高频段的各个子峰的硬软硬特征已经不太明显. 较低和较高频段的时变曲线和频谱演化之间的相关系数分别为 −0.23 和 0.30, 对于 50 个样本的置信度均为 0.05.

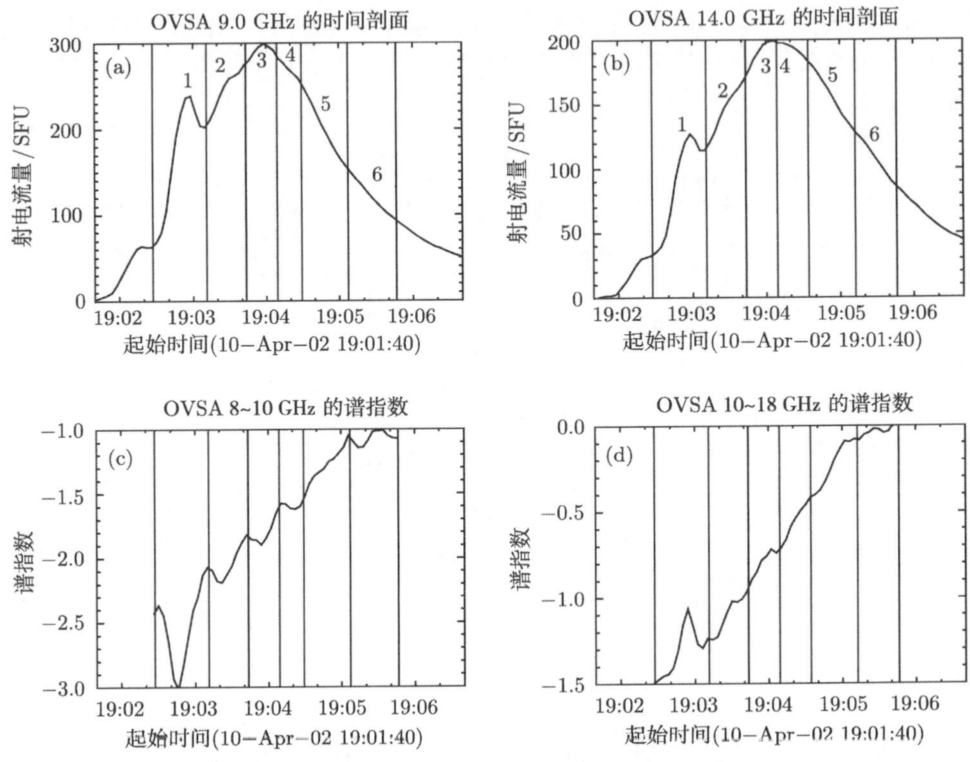

图 2.63 2002 年 4 月 10 日 OVSA 观测的不同频段的时变曲线和频谱演化

总之, 本节分析的两个具有多峰结构的微波爆发事件均表明: 微波频谱的演化随频率而变化, 或者说具有对频率的依赖性. 实际上, 在一般情况下, 较低频段的时变曲线的起伏更加明显, 可能是由于耀斑加速的电子准周期从环顶附近注入冕环后, 到达较低日面时电子能量的准周期起伏被碰撞等物理因素平滑所致, 由此, 不再具备产生硬软硬的必要条件.

前面已经涉及微波和硬 X 射线频谱演化中的硬软硬的初步解释, 首先要求短寿命的非热电子准周期注入冕环 (表现为多峰的时变曲线), 对于微波, 由于捕获效应使入射电子能谱变硬, 在同一能谱的非热电子再次入射时回软, 入射结束后又重新变硬, 如此重复使各个子峰对应的频谱演化产生硬软硬的过程. 对于硬 X 射线, 可能由于回流效应使非热电子能谱 (进而辐射谱) 出现低能段的软硬软和高能段的硬软硬. 实际上类似回流效应的物理机制还有硬 X 射线在光球的反射 (albedo, 详见本书有关低能截止诊断的介绍), 由于反射成分最强的能量在 30~40 keV[122], 由此导致原来的单幂律分布在该能量的强度变大, 即产生低能变硬和高能变软 (类似于回流效应) 的双幂律谱, 同样可以导致辐射谱出现低能段的软硬软和高能段的硬软硬的演化特征.

实际上, 作为同源电子激发的微波和硬 X 射线辐射, 最合理的选择是由同一物理机制解释两个波段的硬软硬特征, 显然, 捕获效应是同时对两个波段都会产生影响的物理机制. 在文献 [123] 中, 采用福克尔–普朗克方程对投射角集中在垂直于磁场的方向 (即具有强捕获效应) 的沉降捕获模型进行了计算, 发现对应的高能段和低能段的硬 X 射线辐射谱演化有显著的时间延迟, 高能段频谱演化和微波是同步的 (均具有硬软硬的特征), 而低能段硬 X 射线辐射谱演化则是通常的软硬软过程, 这样就对本节介绍的两个波段同时观测的结果给出了自洽的解释.

2.4.5 微波辐射谱在耀斑环不同位置的演化[124]

本节试图回答关于微波频谱演化在耀斑环不同部位是否存在差异的问题, 特别是, 如果采用捕获效应来解释硬软硬的演化特征, 势必会产生环顶和环足的演化特征具有差异的预期 (环顶捕获效应一般强于环足). 为此, 选择 2003 年 10 月 24 日由 NoRH 和 RHESSI 卫星同时观测到的具有环状结构的边缘耀斑, 图 2.64 给出了 SOHO/EIT 的紫外亮环, 并叠加了 SOHO/MDI 磁图的等值线 (实线为 100、500、1000G, 点划线为 −100、−500、−1000G), 在图 (a) 和图 (b) 上又分别叠加了 NoRH/34 GHz 亮温度最大值的 0.2、0.4、0.6、0.8 的等值线 (虚线), 和 RHESSI 卫星 15~20 keV(环顶)、35~40 keV(环足) 光子计数最大值的 0.5、0.7、0.9 的等值线 (虚线). 显然, 微波和硬 X 射线的环顶源基本重合在紫外亮度极大处, 但是两个足点的位置和紫外环略有偏差. 有关硬 X 射线的数据分析待本节 4.6 节处理.

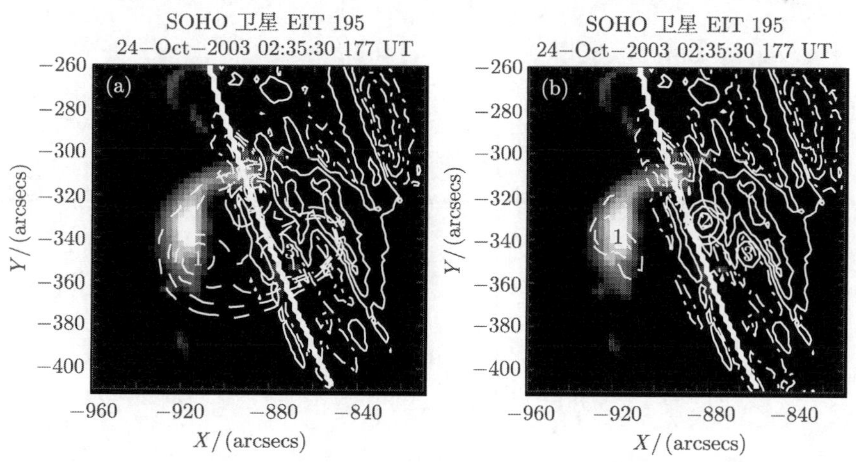

图 2.64 2003 年 10 月 24 日 RHESSI、NoRH、SOHO 同时观测的结果

图 2.65 给出了 NoRP 在该事件中 6 个频率的流量时变曲线, 同样用垂直线标注了各子峰的极大时刻. 图 2.66 分别给出了环顶和两个环足处的 NoRH/17 GHz 的亮温度、由 17~34 GHz 亮温度计算的光学薄区谱指数的演化和两者的相关性. 有

趣的是, 环顶和足点 1 的时变曲线和频谱演化均具有明显的反相关 (即硬软硬), 而足点 2 则呈现正相关 (即软硬软).

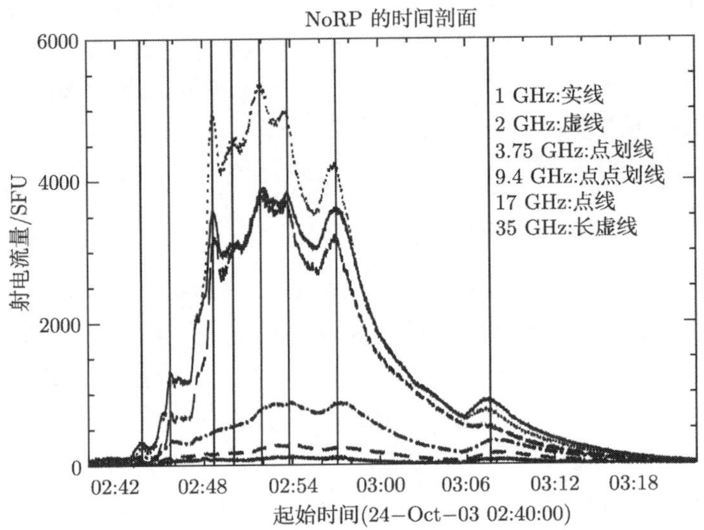

图 2.65 2003 年 10 月 24 日 NoRP 不同频率的时变曲线

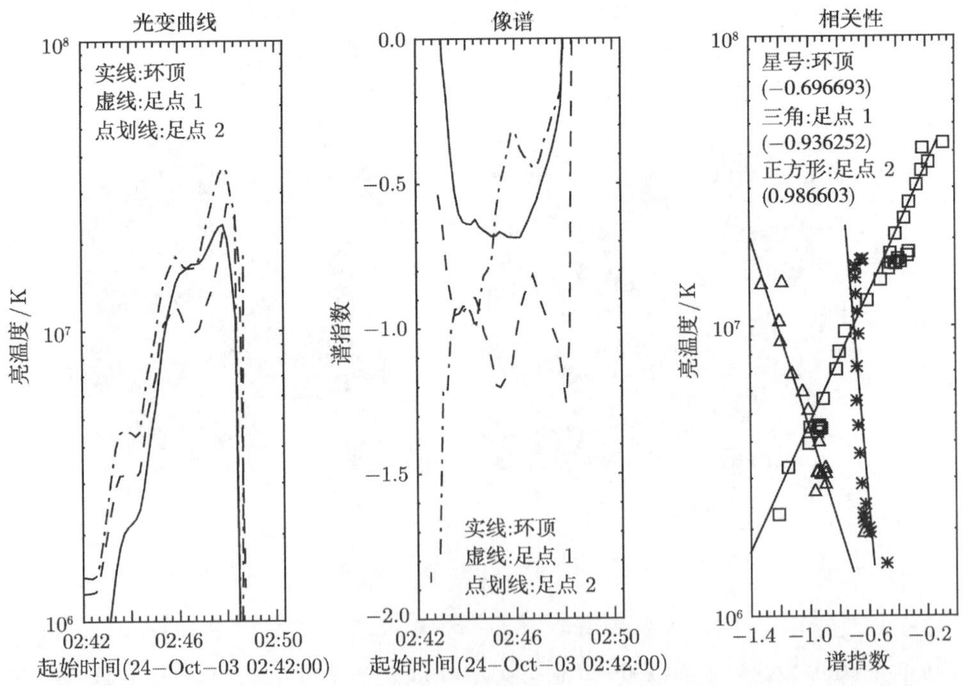

图 2.66 2003 年 10 月 24 日 NoRH 在三个源区的时变曲线、频谱演化和相关性

为了解释本事件中两个足点的频谱演化的明显差异, 采用了 TRACE 卫星的具有更高空间分辨率的观测图像 (图 2.67), 发现本事件并非是一个单环事件, 而是由多个冕环构成环环相互作用的结果, 可用一个简单的卡通 (图 2.68) 来描述, 图 2.67 中的 SOHO 紫外环和另一大尺度环碰撞于环顶附近, 同时与小尺度环碰撞于足点 1, 从而形成环顶和足点 1 的显著增亮, 因而足点 1 实际位于小环顶部 (在图 2.64 中也可看到小环的存在), 因此可以理解为何足点 1 也和环顶源一样, 具有较强的捕获效应和两个波段的硬软硬的频谱演化特征.

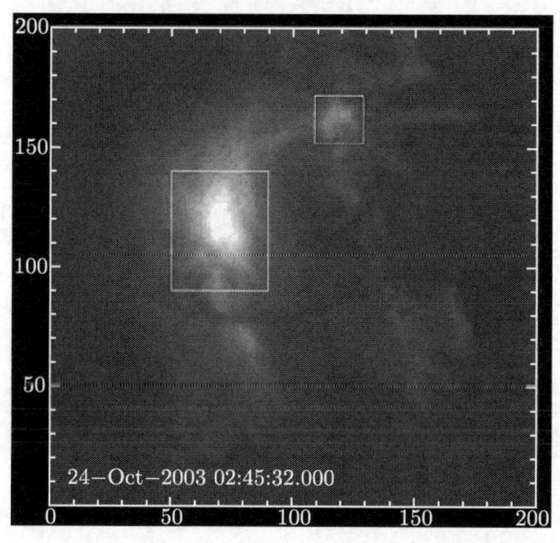

图 2.67 2003 年 10 月 24 日 TRACE 观测的图像

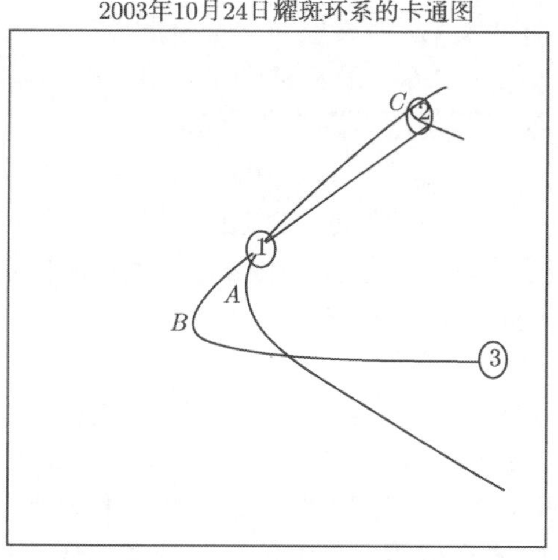

图 2.68 2003 年 10 月 24 日面环相互作用的示意图

2.5 耀斑环中的射电偏振的分布演化

偏振测量是探测天体射电辐射的一个重要环节, 原因之一是偏振含有辐射源区背景磁场的信息. 一般情况下, 可从四个斯托克斯参数的测量 (I、Q、U、V) 获取射电辐射强度和偏振的全部信息, 对于太阳射电, 当电磁波在途经太阳大气磁场传播到地球时, 由于法拉第效应导致电磁波的偏振面旋转和椭圆偏振减弱, 地球观测者只能探测到 (左旋和右旋) 圆偏振信号 (斯托克斯参数退化为两个: I 和 V, 分别对应左旋和右旋分量之和与差, 而 Q、U 仅与线偏振或者椭圆偏振有关). 实际上, 测量信号中包含来自太阳以外的辐射, 包括各种非偏振辐射、干扰信号及仪器本身的寄生偏振等, 均是产生偏振测量误差的原因. 除了俄国的 RATAN-600m 望远镜可达到较高精度 (10^{-4}) 之外, NoRH 的偏振测量精度为 1%, 我国的多通道频谱仪的偏振测量精度仅为 10% 左右, 从而极大限制了对太阳射电偏振信息的定量研究.

另一方面, 从射电辐射理论的角度, 通常不考虑太阳以外的辐射 (包括各种非偏振辐射、干扰信号及仪器的寄生偏振) 对观测的影响. 对于给定的磁场方向, 例如, 在前导黑子为正的情况下, 在磁场正方向观测到的左旋和右旋圆偏振波分别对应于等离子体色散方程中的正常和反常模. 理论上定义的偏振度为反常和正常模辐射强度之差除以两者之和 [39], 在前导黑子为正的情况下, 对应于右旋和左旋辐射强度之差除以两者之和, 后者和部分观测定义的偏振度 (如 NoRH) 一致, 但有些设备是按照左旋和右旋辐射强度之差除以两者之和 (如我国的宽带快速频谱仪). 然而, 当前导黑子极性为负, 即辐射源区磁场极性为负时, 由于理论上是从磁场正方向观测电磁波的旋转方向, 而地球观测者则位于磁场负方向确定电磁波的旋转方向, 两者得到的结果恰好相反, 从而导致在磁场负方向观测到的左旋和右旋圆偏振波分别对应于等离子体色散方程中的反常和正常模. 而事先不知道日面磁场的方向, 只能假定磁场和辐射方向夹角为锐角 (即辐射方向与磁场方向一致), 对于方位角的计算结果无法区分该夹角是等于该锐角还是等于 180° 减去该锐角这两种可能性, 这就是以下将要提及的视向 (纵向) 磁场方向的 180° 不确定性. 除了辐射源区的磁场与偏振极性密切相关之外, 电磁波在日面传播过程中由于磁场的方向和大小的变化也有可能改变其偏振极性或者偏振度的大小, 例如, 本章要详细讨论的线性模转换理论.

到目前为止, 由于观测条件的限制, 有关耀斑环中的射电偏振和演化的研究仍然是太阳射电研究中比较薄弱的一个环节. 包括 NoRH17 GHz 偏振的成像观测数据也未得到充分的分析和利用, 对解决如日面磁场诊断等太阳物理重要问题, 确实是亟待加强的研究方向. 本章就耀斑环中的微波偏振的分布和演化规律进行讨论.

2.5.1 环顶和环足偏振极性和强度的比较[104,106]

为了研究微波辐射的环状结构的顶部和足部的辐射谱的关系或差异, 在 NoRH 的观测数据中选择了 24 个具有环状结构或者一个环顶和两个环足的三源结构, 选择数据和预处理的基本原则在 2.2.2 节中给出. 根据环顶和环足谱指数的差异再次进行分类, 当环顶谱比两个环足谱都硬时作为第一组, 而当环顶谱至少比一个环足谱软时作为第二组, 图 2.41 给出两组事件的亮度图叠加谱指数等值线的典型例子 (两组事件的样本数均为 12).

根据经典的耀斑模型, 在单环结构中加速区通常处于环顶上方, 非热电子流经环顶进入环足, 能谱指数随之变软, 应属于图 2.41 中的第一类事件; 还有一种常见的情况是一个大尺度冕环和一个小尺度冕环在一个大环足点附近发生碰撞, 此时加速区位于两环结合部, 从非热电子传播途径可以判断环顶谱指数位于两个足点之间, 应属于图 2.41 中的第二类事件.

图 2.69 给出上述两组事件 (分别用星号和三角符号表示) 极大时刻的两个足点偏振度的相关分析, 以及环顶和足点偏振度的相关分析, 前者的两组事件的相关系数分别为 0.667 和 0.384, 后者两组事件的相关系数分别为 0.822 和 0.831, 置信度均在 0.05 以上, 表明无论是足点偏振度还是环顶和足点偏振度之间均有较好的相关性. 图 2.69 显示了一个有趣而且重要的结果是, 以横坐标和纵坐标的零点为原点, 图 (a) 和图 (b) 中的大部分数据点都位于坐标系的第一或者第三象限 (环顶和足点具有相同偏振极性的比例为 83%, 而两个足点偏振极性相同的比例在两组样本事件中均达到 82%), 也就是说在多数情况下, 两个足点和环顶具有相同的偏振极性,

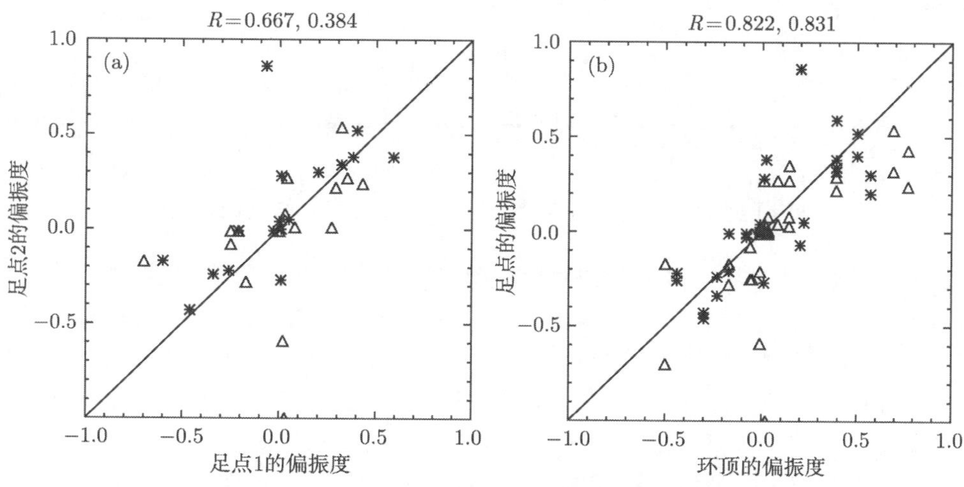

图 2.69 两个环足偏振度以及环顶环足偏振度的相关分析

和较早期的工作中对 4 个事件的偏振分析完全一致[87]. 这一结果和原有的观念似乎矛盾, 因为两个足点通常对应偶极磁场的正负极, 理论所预期的偏振极性应该相反, 这里要涉及的物理机制是线性模耦合的过程, 将在下面详细讨论.

2.5.2 环顶和环足偏振和其他物理量的关系[106]

另外一个传统的观念是, 偏振度的大小应该与磁场强度成正比, 即磁场越强偏振度越高. 然而统计结果并非总是如此. 图 2.70 给出两个足点极大时刻的偏振度绝对值之差和磁场强度相对变化 (定义为足点 1、2 磁场强度之差和足点 1 磁场强度之比) 的相关分析, 图 (a) 和图 (b) 分别表示第一、二两组事件, 相关系数分别为 0.245 和 −0.393. 其中, 第一组事件的相关性和传统观念一致, 而且足点 1 的偏振度大多强于足点 2, 而且足点 1 的磁场大多强于足点 2(这里足点 1、2 的区分原则是前者的辐射谱比较硬); 但是第二组事件的相关性和传统观念相反, 和第一组事件相同的是: 足点 1 的磁场大多强于足点 2, 不同的是, 两个足点偏振度差异没有明显规律.

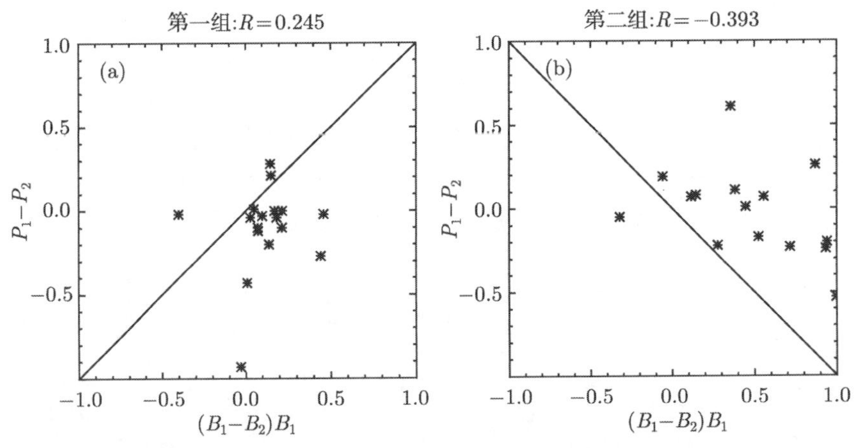

图 2.70 两个环足偏振度绝对值之差和磁场强度相对变化的相关分析

进而, 比较两个足点极大时刻的亮度和偏振度之间的关系, 同样进行了 17GHz 和 34GHz 的亮温度之比和偏振度绝对值之差的相关分析, 图 2.71 的图 (a) 和图 (b) 分别给出了两组事件的统计结果 (星号和三角符号分别表示 17GHz 和 34 GHz 对应的数据点), 第一组事件的亮温度和偏振度成反比关系, 而第二组事件的亮温度和偏振度成正比关系. 为了理解两组事件的偏振度与源区磁场强度之间, 以及偏振度与亮温度之间的统计结果的差异, 进一步分析了两个足点磁场强度之比和 17GHz、34GHz 亮温度之比的相关性 (参见图 2.72), 有趣的是, 图 (a) 和图 (b) 中两组事件均呈现负相关, 相关系数对第一组 17GHz、34 GHz 分别为 −0.719 和 −0.613,

对第二组 17GHz、34 GHz 分别为 −0.586 和 0.497, 其原因在有关磁场诊断一章里已有讨论和解释. 从图 2.70∼ 图 2.72 任意两张图的对应数据可以自然推测第三张图的统计结果, 因而在物理上是自洽的.

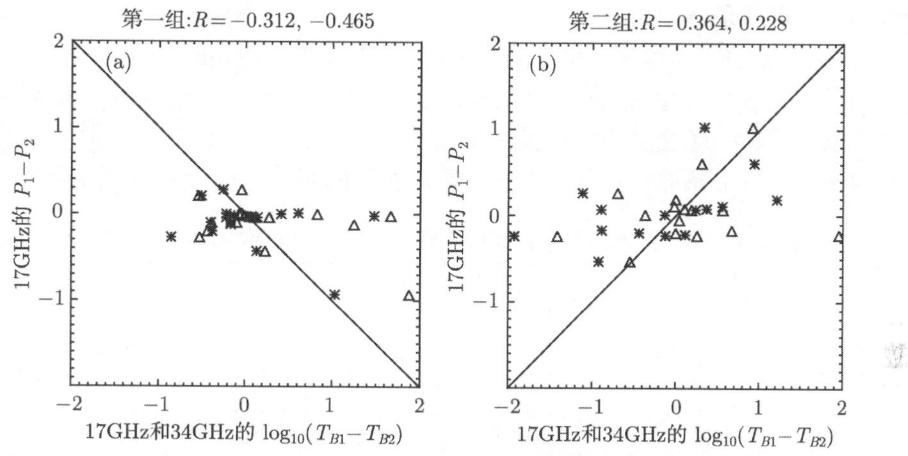

图 2.71 环足 17GHz 和 34 GHz 亮温度之比和偏振度绝对值之差的关系

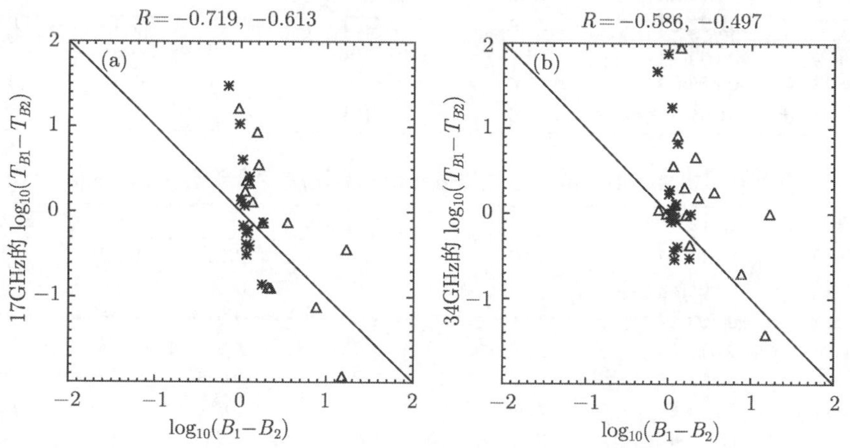

图 2.72 环足 17GHz 和 34GHz 亮温度之比和磁场强度之比的关系

2.5.3 环足偏振度和磁场强度的关系[106]

早在 1995 年, 著名太阳射电学者 M.R. Kundu 就提出在双足点源微波辐射的观测中, 较强辐射往往对应较强的足点磁场, 因而对应较强的偏振[125]; 把这种辐射强度和偏振度强强对应称之为正常的情况, 并且符合磁镜效应的预期. 然而上面几节的统计发现, 对于两组不同的样本事件, 偏振度与磁场以及亮温度之间呈现出完全不同的相关性, 因而可能出现与上述预期相反的或者称之为反常的情况. 表 2.5 和表 2.6 分别给出两组样本事件的两个足点 (下标 1 和 2) 在峰值时刻观测到的 17 GHz 亮温度 T_{b17} 和偏振度 P, 在最后一栏中标注该事件属于正常 (normal) 和反常 (abnormal) 磁镜效应.

实际上, 从表 2.5 和表 2.6 可以看出, 无论是在第一组还是第二组事件中, 均有正常和反常两种情况出现, 而且出现的几率基本相同 (均为 50%), 表明偏振度和辐射强度以及源区磁场强度的对应关系不能简单的用磁镜效应来分析, 本书关于足点源辐射不对称性分析指出, 非热电子初始投射角的影响可能会超过磁镜效应.

表 2.5　第一组事件两个足点峰值时刻的亮温度对数和偏振度的比较

日期	峰值时刻/UT	$\log T_{b117}$/K	$\log T_{b217}$/K	P_1	P_2	磁镜效应
19981128	05:39:52	0.73	5.22	0.01	0.28	正常
19990216	02:57:50	0.89	1.59	−0.01	−0.27	正常
19990828	00:56:42	2.80	4.61	0.08	0.05	反常
20010925	04:34:01	2.90	9.27	0.59	0.38	反常
20011023	00:16:14	3.68	9.21	0.20	0.30	正常
20011122	23:01:46	3.43	2.47	−0.01	0.04	反常
20020818	22:47:22	3.13	7.50	−0.21	−0.01	反常
20031027	06:14:20	20.2	0.676	0.32	0.34	反常
20031028	01:32:33	3.24	4.75	0.40	0.52	正常
20031104	05:49:23	23.4	5.74	0.02	0.01	正常
20050822	00:55:00	11.6	8.56	−0.60	−0.17	正常
20070603	01:57:32	3.86	5.18	−0.03	−0.01	反常

表 2.6　第二组事件两个足点峰值时刻的亮温度对数和偏振度的比较

日期	峰值时刻/UT	$\log T_{b117}$/K	$\log T_{b217}$/K	P_1	P_2	磁镜效应
19990529	03:10:49	1.92	2.56	0.04	0.27	正常
20000312	23:05:48	0.587	4.60	0.01	0.08	正常
20000313	05:03:22	12.6	17.0	0.03	0.01	反常
20010325	04:17:26	2.25	4.45	0.35	0.27	反常
20010928	02:03:05	0.421	3.25	−0.08	−0.25	正常
20020812	02:17:24	7.44	2.08	−0.17	−0.28	反常
20031024	05:07:47	29.5	0.223	0.03	0.08	反常
20031027	01:35:32	18.2	10.5	0.29	0.22	正常
20040105	03:20:34	1.03	10.4	−0.17	−0.7	正常
20040521	23:50:15	3.32	1.53	−1.0	0.03	正常
20040722	00:21:21	1.30	17.0	0.01	0.27	正常
20050115	06:07:44	17.0	1.04	0.24	0.43	反常

2.5.4　环顶和环足偏振随时间的变化[126−128]

为了深入研究耀斑环中不同部位的微波辐射偏振和强度的关系, 下面选择了 NoRH 观测到的若干具有环状结构的个例, 分析爆发过程中的微波辐射偏振和强度的演化及其相关性. 图 2.73 显示了 2003 年 10 月 27 日发生在 NOAA10486 (S20E29) 的一个 C6.2 级耀斑, 同时伴有日面物质抛射, 起始、峰值和结束时间分别为 01:34:53 UT、01:35:31 UT 和 01:38:11 UT.

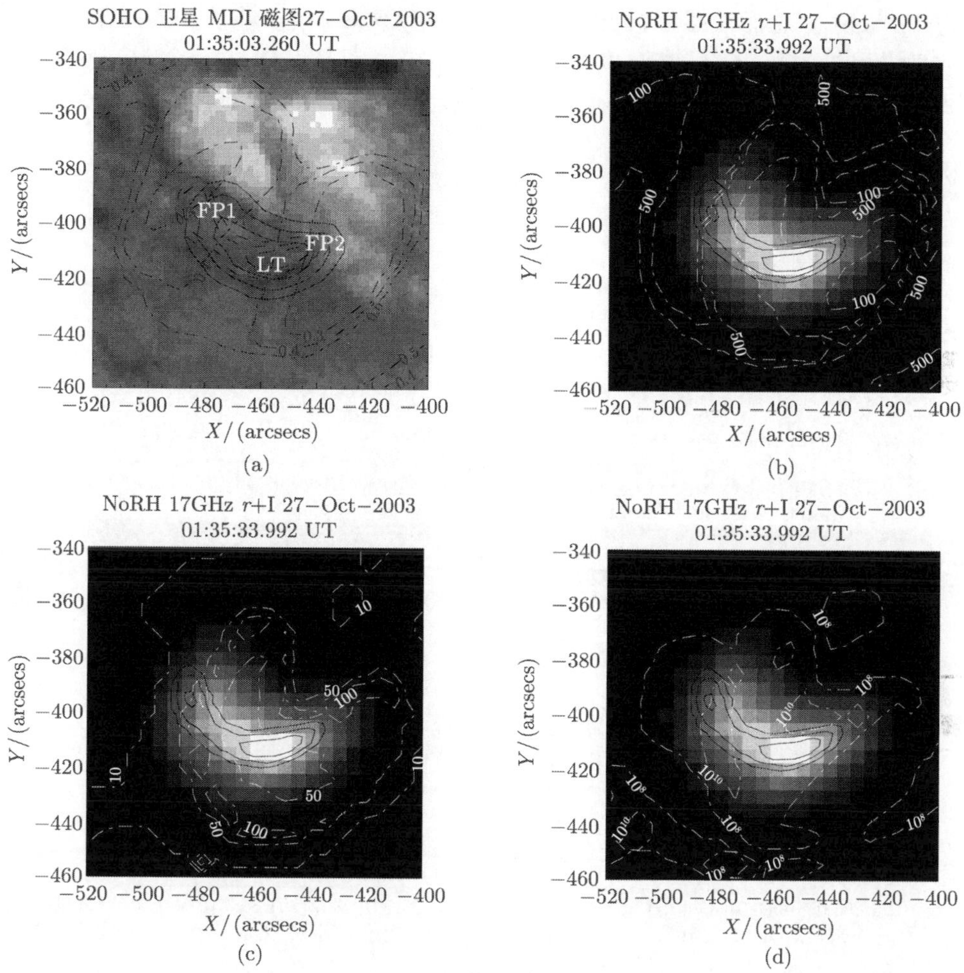

图 2.73 2003 年 10 月 27 日事件峰值时刻的 NoRH、SOHO/MDI 成像观测

图 2.73(a)～图 2.73(d) 四辐图分别给出该事件峰值时刻观测到的: ①SOHO/MDI 磁图叠加 17GHz(实线) 和 34 GHz(虚线) 亮温度等值线, 及 17 GHz 偏振度等值线 (点划线), 其中标注了环顶和足点 1、2 的位置; ②17 GHz 亮温度叠加 34 GHz 亮温度等值线 (实线) 和计算所得的源区磁场强度等值线 (点划线); ③17 GHz 亮温度叠加 34 GHz 亮温度等值线 (实线) 和计算所得的辐射方位角等值线 (点划线); ④17 GHz 亮温度叠加 34 GHz 亮温度等值线 (实线) 和计算所得的非热电子柱密度等值线 (点划线).

从图 2.73 可以看出 17GHz 和 34 GHz 亮温度分布基本为均匀环状结构, 17 GHz 偏振同样也是一个对称的环状结构, 值得注意的是, 较强的辐射对应比较弱的偏振 (即属于 2.5.3 节反常事例). 辐射方位角基本在 50° 以上, 非热电子柱密度大体为 $10^{10}\mathrm{cm}^{-2}$. 进而在图 2.74 给出了该事件在耀斑环顶 (实线)、足点 1 和 2(虚线和点划线) 的: ①17 GHz 亮温度演化, ②34 GHz 亮温度演化, ③17 GHz 偏振度演化和④由 17GHz 和 34 GHz 辐射计算得到的谱指数演化.

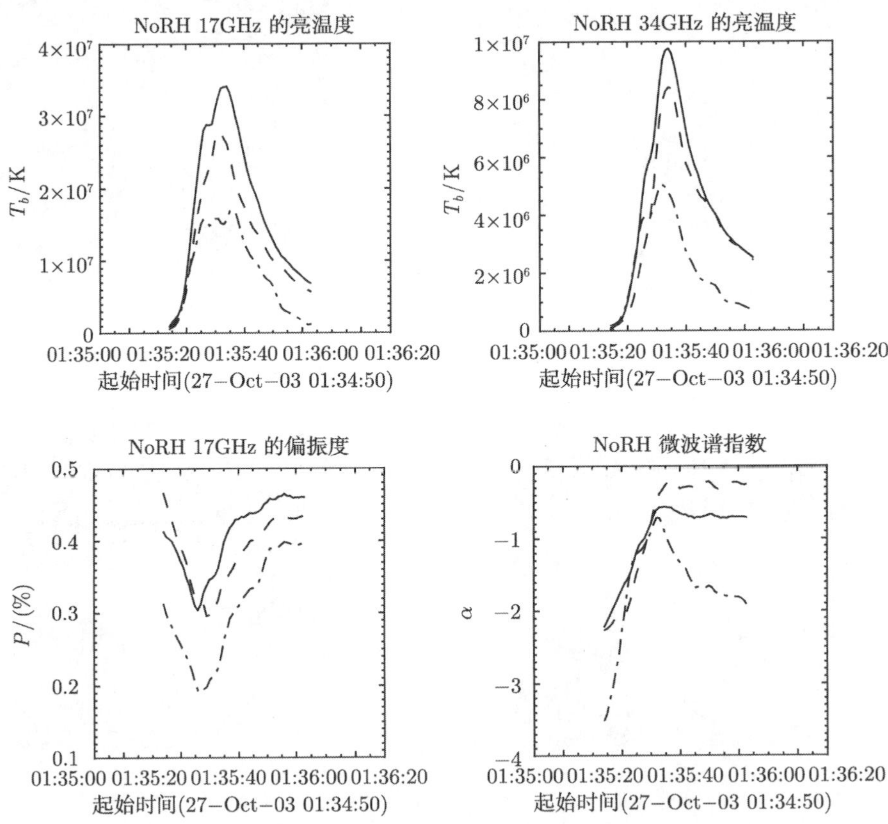

图 2.74　2003 年 10 月 27 日事件观测的亮温度、偏振度和谱指数演化

从图 2.74 可以清楚地看出, 在耀斑环顶部和两个足点的亮温度和偏振度的演化曲线之间均有反相关, 相关系数分别为 −0.376、−0.903 和 −0.582, 确实符合 2.5.3 节反常事例的定义. 同时, 环顶和两个足点的谱指数演化属于典型的软硬软或者软硬硬的过程, 实际上, 该事件中的辐射亮温度的时变轮廓均具有典型的简单脉冲型特征, 和本书有关微波谱演化的讨论完全一致.

为了和 2003 年 10 月 27 日事件相比较, 又选择了另一个具有明显不同特征的事例, 2001 年 9 月 25 日发生在 NOAA9628 (S21E01) 的 M7.6 耀斑, 起始、峰值和结束时间分别为 04:25:09 UT、04:34:00 UT, 和 05:11:47 UT. 图 2.75 (a)~(d) 的内容和图 2.74 完全一致, 图 2.75 和图 2.74 的差异在于, 2001 年 9 月 25 日事件峰值时刻的足点 17GHz 和 34 GHz 亮温度、17 GHz 偏振度和计算得到的足点磁场强度、辐射方位角, 以及非热电子柱密度均具有显著的不对称性. 足点 1 的上述观测或计算值均明显的强于足点 2. 图 2.76((a)~(d) 的内容和图 2.74 相同) 进一步从各观测量的时变曲线证实了两个事件的差异, 除了两个足点对应观测量的显著不对称性之外, 2001 年 9 月 25 日事件具有多个峰值 (复杂性爆发), 环顶和足点亮温度和偏振演化曲线之间均有正相关, 相关系数分别为 0.546、0.382 和 0.782, 显然符合 2.5.4 节正常事例的定义；此外, 环顶和两个足点的谱指数演化具有硬软硬的特征 (详细讨论和解释参见本书有关频谱演化的 2.4.3 节).

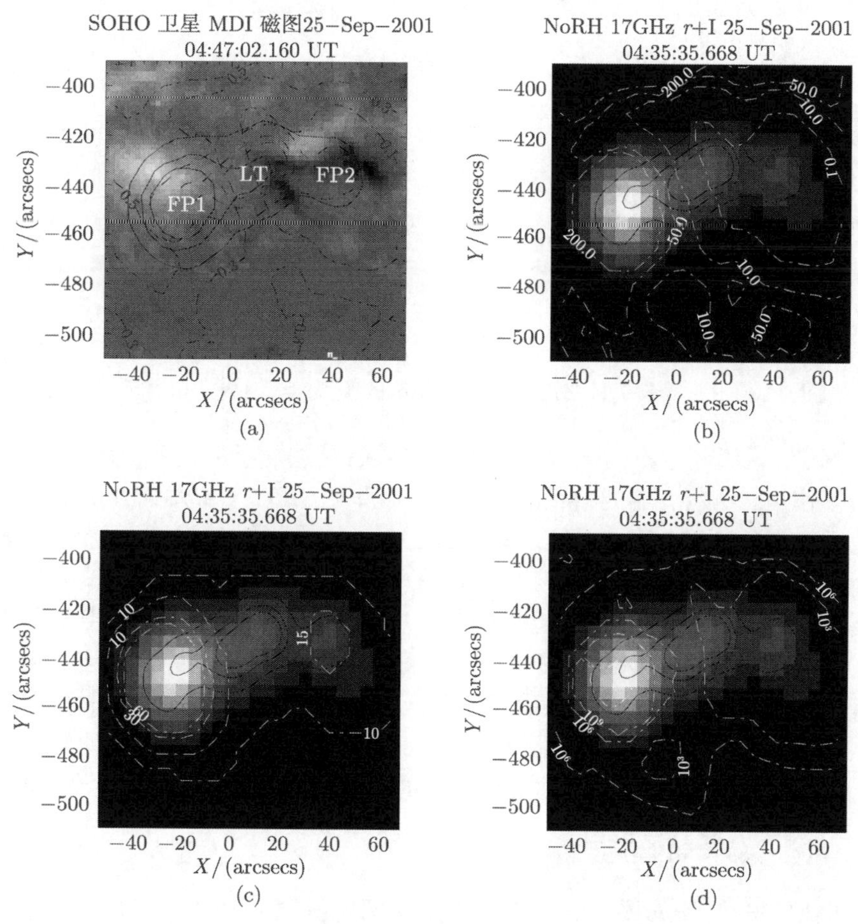

图 2.75 2001 年 9 月 25 日事件峰值时刻的 NoRH、SOHO/MDI 成像观测

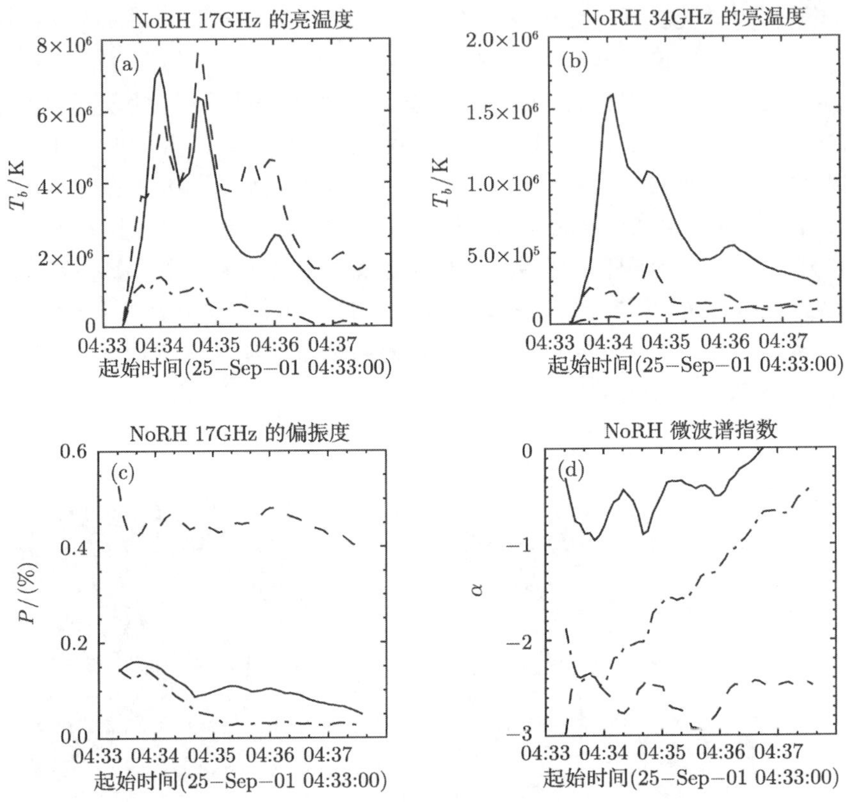

图 2.76　2001 年 9 月 25 日 NoRH 观测的亮温度、偏振度和谱指数演化

实际上, 耀斑环中不同部位的偏振演化还有更加复杂的情况, 例如, 本书关于冕环相互作用一章所介绍的事件 3, 2002 年 4 月 21 日的 X 级耀斑伴随冕环膨胀和日面物质抛射, 有趣的是, 在冕环开始膨胀前的 5min 内, NoRH(17GHz) 的偏振观测显示了环顶的偏振极性发生了 10～20s 的准周期反转, 最终环顶的偏振极性逐渐转化为左旋圆偏振, 与此同时, 足点的偏振极性维持在右旋圆偏振. 由于回旋同步辐射的强度和偏振分别正比和反比于背景磁场 [39], 假设该事件中的强度和偏振的准周期变化是被某种等离子体波引起的背景磁场波动所调制, 两者的时变曲线相位应该是相反的, 然而本书 6.3 节图 6.39(a) 表明两者相位相同, 因而, 比较合理的解释是, 该周期性变化是有磁场重联导致粒子的准周期加速后注入磁环所产生的结果.

2.5.5　线性模转换和偏振反转[27]

射电偏振极性和偏振度的大小主要是由辐射机制、辐射源区的磁场和非热电子等属性决定. 另一方面, 射电辐射的电磁波从日面传播到地面望远镜的路径中, 由于背景等离子体参数 (主要是磁场和密度) 的变化可能导致偏振属性的变化, 例如, 在本章引言中提及的法拉第效应导致太阳射电辐射的椭圆偏振退化为圆偏振; 此外, 由于背景磁场随传播距离而减弱的速率比等离子体密度快. 因此, 相对磁化程度 (通常采用等离子体频率和回旋频率之比来描述) 随日面高度增加呈现出下降的趋势, 由电子回旋脉塞不稳定性放大电磁波的本征模逐渐从反常模转化为正常模. 当上述比值约等于 1.4 所对应的日面高度会出现本征模 (即偏振极性) 的反转, 在作者编写的《等离子体动力学及其在太阳物理中的应用》一书中有相关的介绍[129]. 本章着重讨论的是另一种常见的线性模转换机制, 当电磁波穿越所谓准横区 (quasi-transverse region), 即电磁波的传播方向和当地磁场的夹角经过 90° 附近的变化, 导致等离子体色散关系中的正常模和反常模互相转化. 由于正常模和反常模的色散曲线在频率很高时接近重合 (称为强耦合), 从理论上可以定义一个临界频率, 只有小于该临界频率的正常模和反常模的色散曲线有较为明显的分离, 互相转换才有实际的意义 (称为弱耦合). 因而, 线性模转换的发生必须具备两个必要条件[130]: ① 电磁波必须穿越准横区, ②电磁波的频率必须小于临界频率 (弱耦合). 对于十分常见的发生在扎根于偶极磁场耀斑环足点的射电辐射, 由线性模耦合理论可作出如下的直观推理, 线性模转换一般发生在靠近太阳边缘的足点, 不妨把太阳中心和地球的连线作为观测者的视线方向, 只有靠近太阳边缘的足点发出的射电辐射才有可能穿越准横区. 与此同时, 当双足点射电辐射具有相同偏振极性时, 一定存在弱耦合的线性模转换; 否则双足点射电辐射将具有相反偏振极性 (对应相反的磁场极性), 即便此时射电辐射穿越准横区, 必然属于强耦合的情形 [131]. 在实际观测中, 很难准确判断射电辐射能否穿越准横区, 主要困难在于尚无可靠方法诊断日面磁场 (参见本书有关章节).

另一方面, 基于文献 [39] 给出的非热回旋同步辐射的近似公式, 导出了微波爆发源区的磁场强度和相对于磁场方向的微波辐射方位角所满足的两个方程[127]:

$$\log\left(\frac{\nu}{\nu_B}\right) = \frac{A_1 + 0.5A_2\log(1-x^2)}{A_3}, \tag{2.23}$$

$$\log\left(\frac{\nu}{\nu_B}\right) = \frac{A_4 - 0.071x}{0.782 - 0.545x}, \tag{2.24}$$

$$A_1 = -9.30 + 0.30\delta + (1.30 + 0.98\delta)\log\left(\frac{\nu}{\nu_{\rm p}}\right) + \log T_{b\nu}, \tag{2.25}$$

$$A_2 = 0.34 + 0.07\delta, \tag{2.26}$$

$$A_3 = 0.52 + 0.08\delta, \tag{2.27}$$

$$A_4 = 0.10 + 0.035\delta - \log r_c. \tag{2.28}$$

其中, 磁场强度 B 包含在电子回旋频率 $\nu_B \approx 2.8 \times 10^6 B$ 之中, $x = \cos\vartheta$ 包含了辐射方位角. 方程 (2.23) 和 (2.24) 中的其他参数均为可观测量, 包括辐射频率 ν, 微波辐射谱的峰值频率 $\nu_{\rm p}$, 在给定频率 ν 的辐射亮温度 $T_{b\nu}$, 偏振度 r_c 以及电子谱指数 $\delta \approx (1.22-\alpha)/0.9$, 这里 α 表示微波辐射光薄区的流量密度谱指数 [39]. 进而可消去方程 (2.23) 和 (2.24) 左边与磁场有关的项, 得到 $x=\cos\theta$ 所满足的非线性代数方程:

$$
\begin{aligned}
&0.782A_1 - A_3A_4 + (0.071A_3 - 0.545A_1)x \\
&+0.5A_2(0.782-0.545x)\log(1-x^2) = 0.
\end{aligned}
\tag{2.29}
$$

图 2.77 给出了一组典型的微波爆发数据下的方程 (2.29) 的计算结果, 纵坐标为 $x=\cos\vartheta$ 的值 (在文献 [1] 中的近似公式只能适用于 ϑ 为锐角的情况), 纵坐标 y 为在给定参数下方程 (2.29) 左边的计算值, 图 2.77 的 (a)~(b) 分别表示计算值 y 随偏振度 (0.4、0.5、0.6)、亮温度 (0.8×10^6K、1.0×10^6K、1.2×10^6K)、峰值频率 (4 GHz、5 GHz、6 GHz)、辐射谱指数 (−2.5、−3.0、−3.5) 的变化, 每幅图中的其他参数均取其中间值, 辐射频率则固定在 17 GHz. 由此可见, 所有的计算值 y 均随 x 增大而单调减少, 并穿越 $y=0$ 的横线, 从而表明方程 (2.29) 存在唯一解.

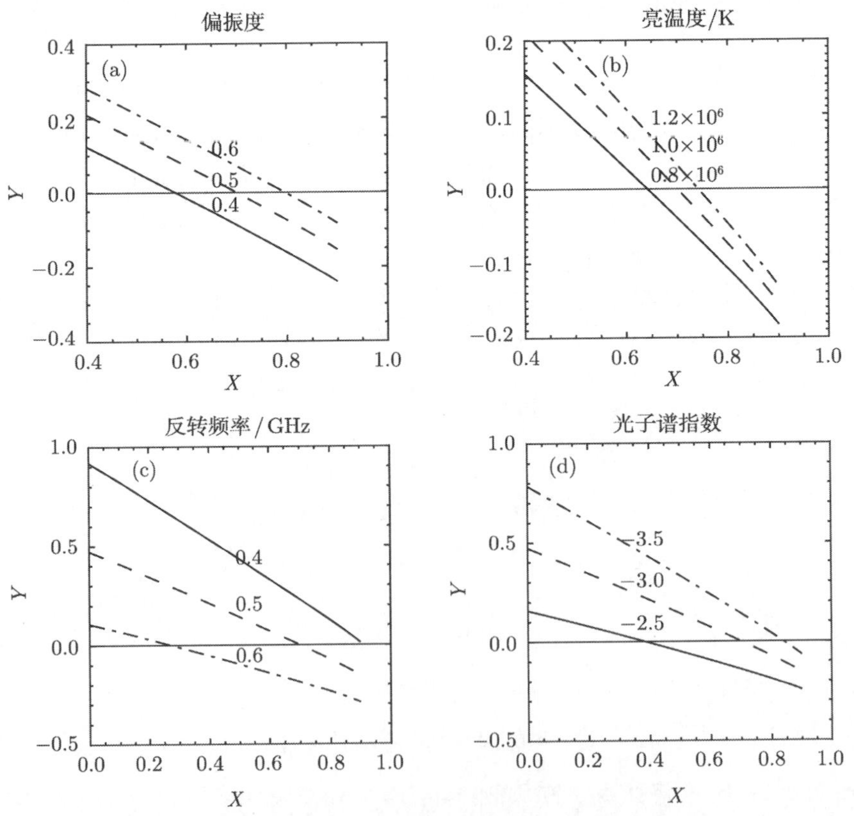

图 2.77　在典型微波爆发参数下求解辐射方向角的存在唯一性

接收到的射电辐射是沿着我们的视线方向, 即太阳和地球中心连线的方向, 那么 ϑ 实际上代表磁场和视线方向的夹角. 如果方程 (2.29) 的解接近于 90°, 即表示射电辐射方向和当地磁场方向接近于垂直, 与上述射电辐射穿越准横区有可比之处, 当然, 后者是指电磁波在传播过程中和当地磁场方向接近于垂直, 而方程 (2.29) 的解接近于 90° 则是与辐射源区的磁场方向接近于垂直. 两者的共同之处是都有可能发生线性模转换和偏振极性 (正常模和反常模) 的反转.

在方程 (2.29) 的计算中有一个隐含而容易忽略的问题, 即文献 [39] 的近似仅适用于反常模为主的情况 (原因将在 2.5.6 节介绍), 在磁场的正方向观测到右旋偏振, 这时辐射和磁场的夹角为锐角, 理论和观测定义的偏振度均为正值. 然而当源区磁场的方向为负时, 辐射和磁场的夹角为钝角, 理论和观测定义的偏振度符号相反, 问题在于事先并不知道日面磁场的方向, 对于方位角的计算结果无法区分该夹角是等于该锐角还是等于 180° 减去该锐角这两种可能性, 从而导致诊断的视向 (纵向) 磁场方向具有 180° 不确定性. 另一方面, 无论是电磁波从锐角变为钝角或者从钝角变为锐角都会穿越准横区, 即都有可能产生线性模转换, 因而上述纵场方向的 180° 不确定性不会影响在 90° 附近可能发生线性模转换的判断.

下面通过一个实例讨论如何利用上述方法检验微波爆发事件中可能发生线性模转换. 2001 年 9 月 25 日事件的 NoRH 数据已在图 2.75 和图 2.76 以及 2.5.4 节的文字中有详细介绍, 图 2.78 分别给出 NoRP 1~35GHz 的 6 个频率在该事件中观测到的总强度 (I)、偏振 (V)、拟合频谱和峰值频率的演化. 其中, 1GHz、2GHz、3.75GHz、9.375GHz、17GHz、35GHz 的总强度和偏振的时变曲线分别用实线、虚线、点划线、长虚线、双点划线、点线加以区分, 三个时刻的频谱分别对应总强度时变曲线中的三个峰值时刻 a、b、c.

从图 2.78 可以看出, 在不同频率有不同的偏振极性, 例如, 包括 17GHz 在内的几个较高频率都具有明显的右旋圆偏振的极性, 和图 2.76 所给出的 NoRH 的观测结果一致; 随着频率的降低右旋偏振度逐渐降低, 在最低的频率 1GHz (对应较高日面) 转化为较强的左旋圆偏振, 基本符合本节提及的当射电辐射从低日面传播到高日面时, 本征模从反常模逐渐转化为正常模的过程. 同时, 三个峰值时刻的频谱基本属于典型的非热回旋同步辐射谱, 峰值频率在 10GHz 左右, 从峰值频率的演化曲线来看可能达到 15GHz 左右, 因而, 35GHz 无疑处在光学薄区, 但是 17GHz 则比较靠近峰值频率, 可能导致谱指数的计算误差, 当然, 仅从 6 个频率拟合峰值频率也会产生较大的误差.

图 2.79(a) 为阳光卫星软 X 射线在该事件峰值时刻的成像上叠加了 NoRH 17 GHz 亮温度和偏振度的等值线, 图 (b) 为 SOHO/MDI 磁图上叠加了 1500、2500G(虚线) 和 −200、−800G(点划线), 以及从方程 (32) 计算得到的辐射方位角 20°、60°、100°(实线) 的等值线. 图 (c) 给出的是两个足点 (参见图 (a) 标注) 的 17 GHz 亮温

度 (实线和虚线) 和偏振度 (点划线和点线) 的时变曲线, 图 (d) 则是理论计算的两个足点的辐射方位角的演化 (计算的有效范围如前所述局限为锐角, 钝角部分用虚线表示).

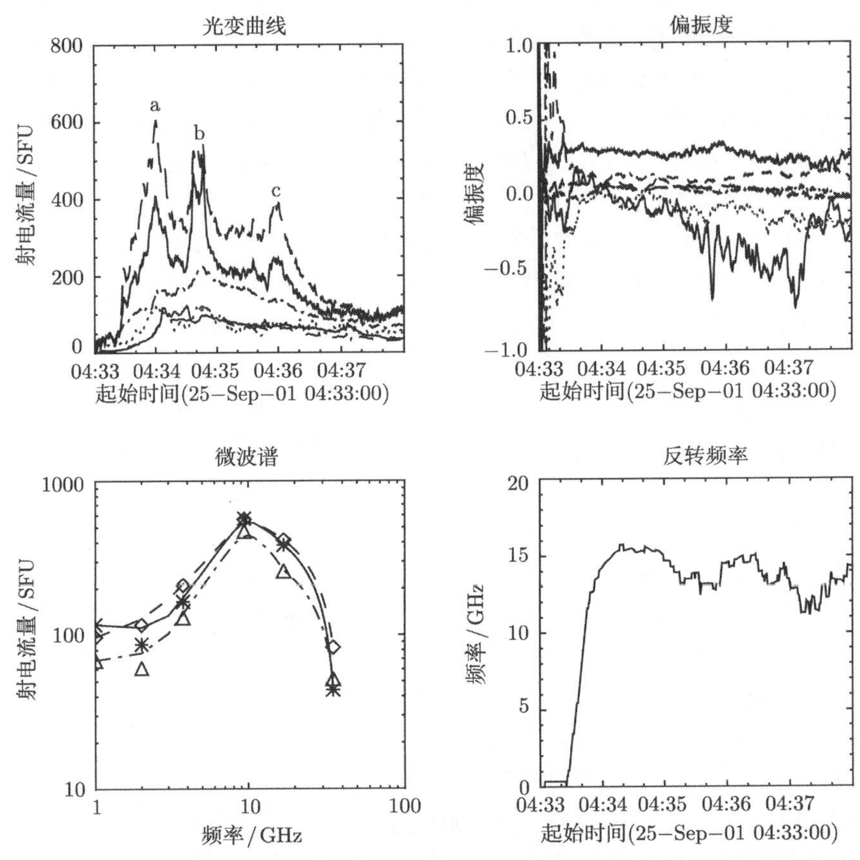

图 2.78　2001 年 9 月 25 日 NoRP 观测的流量、偏振、频谱和峰值频率演化

如前所述, 只要两个足点位于相反方向的磁场区域, 同时又具有相同的射电偏振极性, 即可判断某一足点必然发生线性模转换和偏振极性的反转. 然而, 图 2.79 表明该冕环非常接近日心子午线 (central meridian passage), 两个足点相对于日心子午线基本上是对称的, 很难区分哪一个足点比较靠近日面边缘, 或者有可能穿越准横区产生线性模转换. 实际上, 只要两个足点的中心相对于日心子午线的距离稍有差异, 仍可能导致线性模转换的发生. 图 2.79 关于方位角的计算结果表明, 足点 1 的方位角时变曲线先后在 4 个时刻穿越准横区 (90°), 而足点 2 的方位角始终保持在锐角的范围, 也就是说, 只有足点 1 具备线性模转换的必要条件之一. 与此同时, 足点 1 所处的光球磁场明显大于足点 2(平均值相差接近一个量级), 文献 [131]

定义的发生线性模转换的临界频率正比于当地磁场的三次方 ($f_t^4 = 10^{17}NSB^3$, 其中, N 为背景电子密度, S 为磁场尺度), 假设其他参数没有明显的差异 (比如取 $N = 10^9\text{cm}^{-3}$, $S = 10^9\text{cm}$), 可以估算得到足点 1 的临界频率大于 17GHz, 而足点 2 的临界频率则小于 17GHz, 这样足点 1 也就同时满足线性模转换的第二个必要条件. 由此通过上述分析, 即便是在两个足点相对于日心子午线基本上是对称的情况下, 仍然可以通过辐射方位角的计算准确判断线性模转换能否发生.

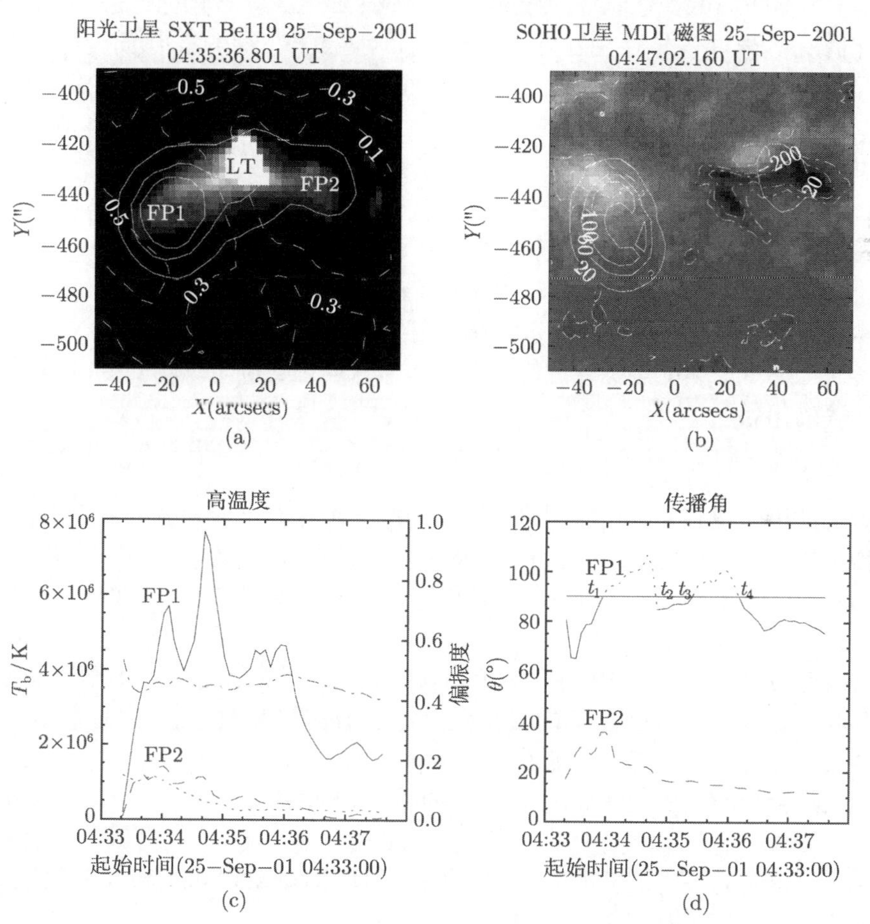

图 2.79 2001 年 9 月 25 日峰值时刻 Yohkoh、SOHO、NoRH 的观测和计算结果

2.5.6 本征模的确定[127]

非热回旋同步辐射是产生微波辐射的主要机制, 该理论的奠基人之一 R. Ramaty 明确提出, 光学薄区的微波辐射以反常模为主, 光学厚区的微波辐射则以正常模为主[36]. 在实际观测中也有若干报道光学薄区的正常模辐射的事例, 一种可能

是热回旋共振的三次谐波吸收压制较低足点 (靠近边缘) 发射的反常模 [132], 导致在靠近日面中心的足点产生的正常模辐射占优, 这就要求足够强的磁场在辐射频率 (如 17 GHz) 产生三次谐波吸收[133]. 另一种可能是通过较强的朗缪尔湍动等离子体层的散射, 而这种散射对反常模比正常模更为有效[134]. 当然, 第三种可能是本节讨论的线性模转换.

显然, 确定本征模的关键在于辐射源区磁场方向的判断, 目前多数研究工作都是以辐射源区下方的光球磁场的极性来推测辐射源区磁场方向, 但是这样处理可能与实际情况不符, 例如, 在图 2.79 中, 足点 1 对应的光球为正, 然而辐射方位角的计算表明在该事件的峰值时刻 4 次穿越准横区, 即源区磁场的极性发生了 4 次反转. 当然, 前面提到的纵场计算的 180° 不确定性, 对于该事件的辐射本征模有如下两种可能:

(1) 足点 1 从初始的反常模辐射在峰值时刻的两个时段 $(t_1 - t_2, t_3 - t_4)$ 转换为正常模, 而足点 2 则始终保持反常模辐射.

(2) 足点 1 从初始的正常模辐射在峰值时刻的两个时段 $(t_1 - t_2, t_3 - t_4)$ 转换为反常模, 而足点 2 则始终保持正常模辐射.

解决上述本征模的不确定性的关键是如何从理论上确定纵场的方向, 这是目前尚未解决的问题.

2.5.7 结论

射电偏振的观测和理论研究是太阳物理的一个重要组成部分, 由于观测条件和测量精度的限制, 至今尚未对耀斑环不同位置的偏振分布演化规律进行细致的分析研究, 本章仅介绍了作者近期的有关耀斑环射电偏振的研究成果, 较新的结论归纳如下:

(1) 根据统计分析, 在多数情况下, 植根于相反极性的光球磁场的耀斑环顶部和两个环足的微波辐射具有相同的偏振极性, 表明线性模转换的发生是非常普遍的, 必然在某一足点由于弱耦合导致偏振极性的反转.

(2) 偏振和辐射强度的关系并不是简单的成正比关系, 我们的统计以及个例的时变分析均发现正比和反比两种情况, 其发生概率基本相同, 表明偏振与磁场之间以及辐射强度与磁场之间并非简单的成正比关系. 对于单环和双环相互作用的两组样本的内在差异还需要进一步的研究.

(3) 通过辐射方位角的计算, 可以比较准确的线性模转换的必要条件之一: 电磁波是否穿越准横区, 另一个必要条件则可以通过磁场强度来估计. 当然, 这里所指的是辐射源区可能发生的线性模转换和传播路径发生的线性模转换仍然要加以区分.

(4) 有关纵场方向的 180° 不确定性不会影响上述有关线性模转换的分析和判断, 但对辐射本征模的判断仍然存在两种相反的可能性.

参考文献

[1] Kai K, Kosugi T, Nitta N. Flux relations between hard X-rays and microwaves for both impulsive and extended solar flares. Publ. Astron. Soc. Japan, 1985, 37: 155-162.

[2] Bai T, Dennis B. Characteristics of gamma-ray line flares. Astrophys. J., 1985, 292: 699-715.

[3] Cliver E W, Dennis B R, Kiplimger A L, Kane S R, Neidig D F, Sheeley N R, Koomen M J. Solar gradual hard X-ray bursts and associated phenomena. Astrophys. J., 1986, 305: 920-935.

[4] Bai T. Two classes of gamma-ray/proton flares - impulsive and gradual. Astrophys. J., 1986, 308: 912-928.

[5] Akimov V V, Leikov N G, Belov A V, Chertok I M, Kurt V G, Magun A, Melnikov V F. High energy gamma-rays at the late state of the large solar flare of June 15, 1991 and Accompanying Phenomena. 23rd ICRC, 1993, 3: 111-114.

[6] Tsuneta S, Takakura T, Nitta N, Ohki K, Makishima K, Marakami T, Oda M, Ogawara Y. Hard X-ray imaging of the solar flare on 1981 May 13 with the HINOTORI spacecraft. Astrophys. J., 1984, 280: 887-891.

[7] Klcin K-L, Trottet G. Energetic electron injection into the high corona during the gradual phase of flares: evidence against acceleration by a large scale shock. In: AIP Conf. Proc., 1994, 294: 187-192.

[8] Melnikov V F. Electron acceleration and capture in impulsive and gradual bursts: results of analysis of microwave and hard x-ray emissions. Radiophys. & Quant.Electron., 1994, 37: 557-568.

[9] Bakunin L M, Ledenev V G, Nefedyev V P et al. Spatial, spectral, and polarization properties of radio emission of the 3 February, 1983 proton flare. Solar Phys., 1991, 135: 107-129.

[10] Trottet G, Vilmer N. Electron spectra deduced from solar hard X-ray bursts. Adv. Space Res., 1984, 4: 153-156.

[11] Klein K-L, Trottet G, Magun A. Microwave diagnostics of energetic electrons in flares. Solar Phys., 1986, 104: 243-252.

[12] Melnikov V F. PhD Thesis, 1990, NIRFI, N. Novgorod.

[13] Bruggmann G, Vilmer N, Klein K-L, Kane S R. Electron trapping in evolving coronal structures during a large gradual hard X-ray/radio burst. Solar Phys, 1994, 149: 171-193.

[14] Kaufmann P, Costa J E R, Vaz A M Z, Dennis B R. Solar burst with millimetre-wave emission at high frequency only. Nature, 1985, 313: 380-382.

[15] Herrmann R, Magun A, Costa J E R, Correira E, Kaufmann P. A multibeam antenna for solar mm-wave burst observations with high spatial and temporal resolution. Solar

Phys., 1992, 142: 157-170.

[16] Kundu M R, White S M, Gopalswamy N, Lim J. Millimeter, microwave, hard X-ray, and soft X-ray observations of energetic electron populations in solar flares. Astrophys. J., Suppl. ser., 1994, 90: 599-610.

[17] Nakajima H, Sekiguchi H, Sawa M, Kai K, Kawashima S et al. The radiometer and polarimeters at 80, 35, and 17 GHz for solar observations at Nobeyama. Publ. Astron. Soc. Japan, 1985, 37: 163-170.

[18] Kaufmann P, Costa J E R, Strauss F M. Time delays in solar bursts measured in the mm-cm range of wavelengths. Solar Phys., 1982, 81: 159-172.

[19] Correia E, Costa J E R, Kaufmann P, Magun A, Herrmann R. Spatial positions of fast-time structures of a solar burst observed at 48 GHz. Solar Phys., 1995, 159: 143-155.

[20] Chertok I M, Fomichev V V, Gorgutsa R V, Hildebrandt J, Krueger A, Magun A, Zaitsev V V. Solar radio bursts with a spectral flattening at millimeter wavelengths. Solar Phys., 1995, 160: 181-198.

[21] Urpo S, Bakhareva N M, Zaitsev V V, Stepanov A V. Comparison of mm-wave and X-ray diagnostics of flare plasma. Solar Phys., 1994, 154: 317-334.

[22] Melrose D B, Brown J C. Precipitation in trap models for solar hard X-ray bursts. Mon. Not. R. Astron. Soc., 1976, 176: 15-30.

[23] MacKinnon A L, Brown J C, Trottet G, Vilmer N. The effect of precipitation on diagnostics for electron trap models of solar hard X-ray bursts. Astron. Astrophys., 1983, 119: 297-300.

[24] Vilmer N, Kane R, Trottet G. Impulsive and gradual hard X-ray sources in a solar flare. Astron. Astrophys., 1982, 108: 306-313.

[25] Hulot E, Vilmer N, Chupp E I, Dennis B R, Kane S R. Gamma-ray and X-ray time profiles expected from a trap-plus-precipitation model for the 7 June 1980 and 27 April 1981 solar flares. Astron.Astrophys., 1992, 256: 273-285.

[26] Melnikov V F, Magun A. Spectral flattening during solar radio bursts at cm-mm-wavelengths and the dynamics of energetic electrons in a flare loop. Solar Phys., 1998, 178: 591-609.

[27] Melnikov V F. Evolution of the spectral index of solar microwave bursts. In: Sol. Aktiv., Nauka, Alma-Ata, 1983, 106-113 (in Russian).

[28] Kundu M R. Radio and X-ray imaging observations of solar flares and coronal transients. Solar Phys., 1996, 169: 389-402.

[29] Bastian T S, Benz A O, Gary D E. Radio emission from solar flares. Ann. Rev. Astron. Astrophys., 1998, 36: 131-188.

[30] Fleishman G D, Melnikov V F. Gyrosynchrotron emission from anisotropic electron distributions. Astrophys. J., 2003, 587: 823-835.

[31] Lee J W. Solar and space weather radiophysics. In: Gary D E, Keller C U (eds.), 2004, Springer, 177.

[32] Bastian T S. Solar physics with the Nobeyama radioheliograph. Nobeyama Solar Radio Observatory Report, 2006 1: 3.

[33] Takakura T, Kai K. Spectra of solar radio type IV bursts. Publ. Astron. Soc. Japan, 1961, 13: 94-107.

[34] Takakura T, Kai K. Energy distribution of electrons producing microwave impulsive bursts and X-ray bursts from the sun. Publ. Astron. Soc. Japan, 1966, 18: 57-76.

[35] Guidice D A, Castelli J P. Spectral distributions of microwave bursts. Solar Phys., 1975, 44: 155-172.

[36] Ramaty R. Gyrosynchrotron emission and absorption in a magnetoactive plasma. Astrophys. J., 1969, 158: 753-770.

[37] Takakura T. The self absorption of gyro-synchrotron emission in a magnetic dipole field: microwave impulsive burst and hard X-ray burst. Solar Phys., 1972, 26: 151-175.

[38] Petrosian V. Synchrotron emissivity from mildly relativistic particles. Astrophys. J., 1981, 251: 727-738.

[39] Dulk G A, Marsh K A. Simplified expressions for the gyrosynchrotron radiation from mildly relativistic, nonthermal and thermal electrons. Astrophys. J., 1982, 259: 350-358.

[40] Gary D E. The numbers of fast electrons in solar flares as deduced from hard X-ray and microwave spectral data. Astrophys. J., 1985, 297: 799-804.

[41] Klein K-L. Microwave radiation from a dense magneto-active plasma. Astron. Astrophys., 1987, 183: 341-350.

[42] Twiss R Q. Philos. Mag., 1954, 45: 249.

[43] Razin V A. Izv. Vyssh. Uchebn. Zaved. Radiofiz., 1960, 3: 584.

[44] Klein K-L, Trottet G, Magun A. Microwave diagnostics of energetic electrons in flares. Solar Phys., 1986, 104: 243-252

[45] Gary D E, Hurford G J. Solar and space weather radiophysics. In: Gary D E, Keller C U (eds.), 2004, Springer, 69.

[46] Bastian T S, Fleishman G D, Gary D E. Radio spectral evolution of an X-ray-poor impulsive solar flare: implications for plasma heating and electron acceleration. Astrophys. J., 2007, 666: 1256.

[47] Stähli M, Gary D E, Hurford G J. High-resolution microwave spectra of solar bursts. Solar Phys., 1989, 120: 351-368.

[48] Belkora L. Time evolution of solar microwave bursts. Astrophys. J., 1997, 481: 532-544.

[49] Nita G M, Gary D E, Lee J W. Statistical study of two years of solar flare radio spectra obtained with the Owens valley solar array. Astrophys. J., 2004, 605: 528-545.

[50] Fleishman G D, Nita G M, Gary D E. Evidence for resonant transition radiation in decimetric continuum solar bursts. Astrophys. J., 2005, 620: 506-516.

[51] Preka-Papadema P, Alissandrakis C E. Spatial and spectral structure of a solar flaring loop at centimeter wavelengths. Astron. Astrophys., 1988, 191: 365-373.

[52] Melnikov V F, Silva A V R. Temporal evolution of solar flare microwave and hard X-ray spectra: Evidence for electron spectral dynamics-II. In: Ramaty R, Mandzhavidze N (eds.), High Energy Solar Physics Workshop — Anticipating Hessi, ASP Conf. Ser., 2000, 206: 475-477.

[53] Silva A V R, Wang H, Gary D E. Correlation of microwave and hard X-ray spectral parameters. Astrophys. J., 2000, 545: 1116-1123.

[54] Krucker S, Hurford G J, MacKinnon A L, Shih A Y, Lin R P. Coronal γ -ray bremsstrahlung from solar flare-accelerated electrons. Astrophys. J., 2008, 678: L63-L66.

[55] Melnikov V F, Shibasaki K, Reznikova V E. Loop-top nonthermal microwave source in extended solar flaring loops. Astrophys. J., 2002, 580: L185-L188.

[56] Razin V A. Izv. Vyssh. Uchebn. Zaved. Radiofiz., 1960, 3: 921.

[57] Ramaty R, Schwarz R A, Enome S, Nakajima H. Gamma-ray and millimeter-wave emissions from the 1991 June X-class solar flares. Astrophys. J., 1994, 436: 941-949.

[58] Ginzburg V L. Uspekhi Fiz. Nau., 1953, 51: 343.

[59] Klein K-L, Trottet G. Gyrosynchrotron radiation from a source with spatially varying field and density. Astron. Astrophys., 1984, 141: 67-76.

[60] Simões P J A, Costa J E R. Solar bursts gyrosynchrotron emission from three-dimensional sources. Astron. Astrophys., 2006, 453: 729-736.

[61] Melnikov V F, Reznikova V E, Shibasaki K, Nakariakov V M. Spatially resolved microwave pulsations of a flare loop. Astron. Astrophys., 2005, 439: 727-736.

[62] Melnikov V F, Gary D E, Nita G M. Peak frequency dynamics in solar microwave bursts. Solar Phys., 2008, 253: 43-73.

[63] Lu E T, Hamilton R J. Avalanches and the distribution of solar flares. Astrophys. J., 1991, 380: L89-L92.

[64] Charbonneau P, McIntosh S W, Liu H-L, Bogdan T J. Avalanche models for solar flares (Invited Review). Solar Phys., 2001, 203: 321-353.

[65] Nita G M, Gary D E, Lanzerotti L J, Thomson D J. The peak flux distribution of solar radio bursts. The Astrophysical Journal, 2002, 570: 423-438.

[66] Song Q, Huang G, Tan B. Frequency dependence of the power-law index of solar radio bursts. The Astrophysical Journal, 2012, 750: 160-163.

[67] Clauset A, Young M, Gleditsch K S. J. Confl. Resolut, 2007, 51: 58.

[68] Clauset A, Shalizi C R, Newman M E J. Power-law distributions in empirical data. SIAM Review, 2009, 51: 661-703.

[69] Song Q, Huang G, Huang Y. Frequency dependence of solar flare occurrence rates-inferred from power-law distribution. Astrophysics and Space Science, 2013, 347: 15-19.

[70] Parker E N. Magnetic neutral sheets in evolving fields - Part Two - Formation of the Solar Corona. Astrophysical Journal, 1983, 264: 642-647.

[71] Marsh K A, Hurford G J. Two-dimensional VLA maps of solar bursts at 15 and 23 GHz with arcsec resolution. Astrophys. J., 1980, 240: L111-L114.

[72] Kundu M, Schmall E J, Velusamy T. Magnetic structure of a flaring region producing impulsive microwave and hard X-ray bursts. Astrophys. J., 1982, 253: 963-974.

[73] Kawabata K, Ogawa H, Takakura T, Tsuneta S, Ohki K, et al. Fan-beam observations of millimeter wave burst associated with X-ray and gamma-ray events detected from HINOTORI. In "Proc. Hinotori Symp. on Solar Flares", 1982, Tokyo: ISAS, 168.

[74] Nakajima H. Particle acceleration in the 1981 April 1 flare. Solar Phys. 1983, 86: 427-432.

[75] Alissandrakis C E, Preka-Papadema P. Microwave emission and polarization of a flaring loop. Astron. Astrophys., 1984, 139: 507-511.

[76] Hanaoka Y. Flares and plasma flow caused by interacting coronal loops. Solar Phys., 1996, 165: 275-301.

[77] Nishio M, Yaji K, Kosugi T, Nakajima H, Sakurai T. Magnetic field configuration in impulsive solar flares inferred from coaligned microwave/X-ray images. Astrophys. J., 1997, 489: 976-991.

[78] Hanaoka Y. High-energy electrons in double-loop flares. Publ. Astron. Soc. Japan, 1999, 51: 483-496.

[79] Melnikov V F, Shibasaki K, Yokoyama T, Nakajima H, Reznikova V E. In Abstracts of the CESRA workshop, July 2-6, 2001, Munich, Germany.

[80] Nindos A, Kundu M, White S. In Abstracts of the CESRA workshop, July 2-6, 2001, Munich, Germany.

[81] Kundu M R, Nindos A, White S M, Grechnev V V. A multiwavelength study of three solar flares. Astrophys. J., 2001, 557: 880-890.

[82] Melnikov V F, Yokoyama T, Shibasaki K, Reznikova V E. Spectral dynamics of mildly relativistic electrons in extended flaring loops. The 10th European Solar Physics Meeting, 9-14 September 2002, Prague, Czech Republic. Ed. A. Wilson. ESA SP-506, 1: 339-342.

[83] White S, Kundu M, Garaimov V, Yokoyama T, Sato J. The Physical Properties of a Flaring Loop. Astrophys. J., 2002, 576: 505-518.

[84] Lee J W, Gary D E, Qiu J, Gallacher P T. Electron transport during the 1999 August 20 flare inferred from microwave and hard X-ray observations. Astrophys. J., 2002, 572: 609-625.

[85] Lee J W, Bong S C, Yun H S. Solar microwave bursts and electron kinetics. J. Korean Astron. Soc., 2003, 36: S63-S73.

[86] Karlicky M, Kosugi T. Acceleration and heating processes in a collapsing magnetic trap. Astron. Astrophys., 2004, 419: 1159-1168.

[87] Su Y N, Huang G L. Polarization of loop-top and footpoint sources in microwave bursts. Solar Phys., 2004, 219: 159-168.

[88] Yokoyama T, Nakajima H, Shibasaki K, Melnikov V F, Stepanov A V. Microwave observations of the rapid propagation of nonthermal sources in a solar flare by the Nobeyama radioheliograph. Astrophys. J., 2002, 576: L87-L90.

[89] Zhou A H, Su Y N, Huang G L. Energetic electrons in loop top and footpoint microwave sources. Solar Phys., 2005, 226: 327-336.

[90] Melnikov V F. Electron acceleration and transport in microwave flaring loops. Proc. Nobeyama Symposium (Kiosato, 26-29 October 2004), Ed. K.Shibasaki, 2006, NSRO Report, 1: 11-22.

[91] Preka-Papadema P, Alissandrakis C E. Two-dimensional model maps of flaring loops at cm-wavelengths. Astron. Astrophys., 1992, 257: 307-314.

[92] Petrosian V. Structure of the impulsive phase of solar flares from microwave observations. Astrophys. J., 1982, 255: L85-L89.

[93] Fleishman G D. Radio emission from anisotropic electron distributions. Proc. Nobeyama Symposium (Kiosato, 26-29 October 2004), Ed. K.Shibasaki, 2006, NSRO Report, 1: 51-62.

[94] Melnikov V F. Electron acceleration and capture in impulsive and gradual bursts: results of analysis of microwave and hard x-ray emissions. Radiophys. Quant. Electr., 1994, 37: 557-568.

[95] Hamilton R J, Lu E T, Petrosian V. Numerical solution of the time-dependent kinetic equation for electrons in magnetized plasma. Astrophys. J., 1990, 354: 726-734.

[96] Gorbikov G D, Melnikov V F. The numerical solution of the Fokker-Plank equation for modeling of particle distribution in solar magnetic traps. Mathematical Modeling, 2007, 19: 112-122.

[97] Somov B V, Kosugi T. Collisionless reconnection and high-energy particle acceleration in solar flares. Astrophys. J., 1997, 485: 859-868.

[98] Fletcher, L. Looptop hard X-ray sources. The 9th European Meeting on Solar Physics, held 12-18 September, in Florence, Italy. Edited by A. Wilson. European Space Agency, ESA SP-448, 1999, 2: 693.

[99] Petrosian V, Donaghy T Q, McTierman J M. Loop top hard X-ray emission in solar flares: images and statistics. Astrophys. J., 2002, 569: 459-473.

[100] Jakimiec J. A new model of electron acceleration in solar flares. In Proc. 10th European Solar Physics Meeting, Solar Variability: From Core to Outer Frontiers, Prague, Czech

Republic, ESA SP-506, 2002, 2: 645-647.

[101] Somov B V, Bogachev S A. The betatron effect in collapsing magnetic traps. Astronomy Letters, 2003, 29: 621-628.

[102] Miller J A, Cargill P J, Emsly, A G, et al. Critical issues for understanding particle acceleration in impulsive solar flares. J. Geophys. Res., 1997, 102: 14631-14660.

[103] Aschwanden M J. Particle acceleration and kinematics in solar flares - a synthesis of recent observations and theoretical concepts (Invited Review). Space Science Reviews, 2002, 101: 1-227.

[104] Huang G L, Nakajima H. Statistical analysis of flaring loops observed by Nobeyama radioheliograph. I. Comparison of Looptop and Footpoints. Astrophysical Journal, 2009, 696: 136-142.

[105] Benka S G, Holman G D. A thermal/nonthermal model for solar microwave bursts. Astrophysical Journal, 1992, 391: 854-864.

[106] Huang G L, Song Q W, Huang Y. Statistics of flaring loops observed by the Nobeyama radioheliograph. III. Asymmetry of Two Footpoint Emissions. Astrophysical Journal, 2010, 723: 1806-1816.

[107] Sakao T. Characteristics of solar flare hard X-ray sources as revealed with the hard X-ray telescope aboard the Yohkoh satellite. Ph.D. thesis, 1994, University of Tokyo.

[108] Sakao T, Kosugi T, Masuda S, Yaji K, Inda-Koide M, Makishima K. Characteristics of hard X-ray double sources in impulsive solar flares. Advances in Space Research, 1996, 17: 67-70.

[109] Aschwanden M J, Fletcher L, Sakao T, Kosugi T, Hudson H. Deconvolution of directly precipitating and trap-precipitating electrons in solar flare hard X-rays. III.Yohkoh Hard X-Ray Telescope Data Analysis. Astrophysical Journal, 1999, 517: 977-989.

[110] Asai A, Shimojo M, Isobe H, Morimoto T, Yokoyama T, Shibasaki K, Nakajima H. Periodic acceleration of electrons in the 1998 November 10 solar flare. Astrophysical Journal, 2001, 562: L103-L106.

[111] Siarkowski M, Falewicz R. Variations of the hard X-ray footpoint asymmetry in a solar flare. Astronomy and Astrophysics, 2004, 428: 219-226.

[112] Alexander D, Metcalf T R. Energy dependence of electron trapping in a solar flare. Solar Phys., 2002, 210: 323-340.

[113] Hanaoka Y. Double-loop configuration of solar flares. Solar Physics, 1997, 173: 319-346.

[114] Lee J, Gary D E. Solar microwave bursts and injection pitch-angle distribution of flare electrons. Astrophysical Journal, 2000, 543: 457-471.

[115] Gary D E, Hurford G J. Coronal temperature, density, and magnetic field maps of a solar active region using the Owens valley solar array. Astrophysical Journal, 1994, 420: 903-912.

[116] Takasaki H, Kiyohara J, Asai A, Nakajima H, Yokoyama T, Masuda S, Sato J, Kosugi T. Imaging spectroscopy of a gradual hardening flare on 2000 November 25. Astrophysical Journal, 2007, 661: 1234-1241.

[117] Huang G L, Nakajima H. Statistics of flaring loops observed by Nobeyama radioheliograph. II. Spectral Evolution. Astrophysical Journal, 2009, 702: 19-26.

[118] Metcalf T R, Alexander D. Coronal trapping of energetic flare particles:Yohkoh/HXT observations. Astrophysical Journal, 1999, 522: 1108-1116.

[119] Ginzburg V L, Syrovatskii S I. The origin of cosmic rays. New York: Macmillan, 1964.

[120] Bai T, Ramaty R. Hard X-ray time profiles and acceleration processes in large solar flares. Astrophysical Journal, 1979, 227: 1072-1081.

[121] Song Q W, Huang G L, Nakajima H. Co-analysis of solar microwave and hard X-ray spectral evolutions. I. In Two Frequency or Energy Ranges. Astrophysical Journal, 2011, 734: 113-124.

[122] Bai, T, Ramaty, R. Backscatter, Anisotropy, and polarization of solar hard X-rays. Astrophysics Journal, 1978, 219: 705-726.

[123] Minoshima T, Yokoyama T, Mitani N. Comparative analysis of nonthermal emissions and electron transport in a solar flare. Astrophysics Journal, 2008, 673: 598-610.

[124] Huang G L, Li J P. Co-analysis of solar microwave and hard X-ray spectral evolutions. II. In Three Sources of a Flaring Loop. Astrophysics Journal, 2011, 740: 46-56.

[125] Kundu M R, Nitta N, White S M, Shibasaki K, Enome S, et al. Microwave and hard X-ray observations of footpoint emission from solar flares. Astrophysics Journal, 1995, 454: 522-530.

[126] Huang G L, Li J P, Song Q W. Calculation of coronal magnetic field and density of nonthermal electrons in 2003 October 27 microwave burst. Research in Astronomy and Astrophysics, 2013, 13: 215-225.

[127] Huang G L, Song Q W, Li J P. Determination of intrinsic mode and linear mode coupling in solar microwave bursts. Astrophysics and Space Science, 2013, 345: 41-47.

[128] Huang G L, Lin J. Quasi-periodic reversals of radio polarization at 17 GHz observed in the 2002 April 21 solar event. Astrophysical Journal, 2006, 639: L99-L102.

[129] 黄光力. “等离子体动力学及其在太阳物理中的应用”. 2009, 北京: 科学出版社.

[130] Cohen M H. Magnetoionic mode coupling at high frequencies. Astrophysical Journal, 1960, 131: 664-680.

[131] Melrose D B, Robinson P A. Reversal of the sense of polarization in solar and steller flares. Astron. Soc. of Australia, Proc., 1994, 11: 16-20.

[132] Preka-Papadema P, Alissandrakis C E. Spatial and spectral structure of a solar flaring loop at centimeter wavelengths. Astronomy and Astrophysics, 1988, 191: 365-373.

[133] Alissandrakis C E, Nindos A, Kundu M R. Evidence for ordinary mode emission from microwave bursts. Solar Physics, 1993, 147: 343-358.

[134] Ledenev V G, Tirsky V V, Tomozov V M, Zlobec P. Polarization changes in solar radio emission caused by scattering from high-frequency plasma turbulence. Astronomy and Astrophysics, 2002, 392: 1089-1094.

第3章　太阳耀斑环中的 X 射线辐射理论

太阳耀斑辐射可以遍布很宽的电磁波谱, X 射线辐射是其中一个重要成分, 也是用以观测和研究太阳耀斑的一个重要手段. X 射线观测大体分为软 X 射线和硬 X 射线两个波段, 其对应的物理起源和辐射机制有所不同, 前者由热成分产生, 而后者是由非热成分产生, 但两者并没有从能量上严格分开. 太阳耀斑的 X 射线辐射时变曲线的典型特征是: 软 X 射线演化平缓, 而硬 X 射线有脉冲式的结构. X 射线辐射空间分布的典型特征是: 一般有两个高能 X 射线足点源和一个低能 X 射线环顶源, 有时在环顶之上可看到低能的日冕源. 软 X 射线观测一直是太阳耀斑的常规手段, 软 X 射线辐射由一团热等离子体的黑体辐射产生, 只要这团等离子体温度和密度足够高, 软 X 射线就很快增亮. 尽管很多太阳耀斑有脉冲式的上升过程, 软 X 射线辐射流量仍然强烈依赖于热等离子的温度和密度. 观测上的软 X 射线变化平缓, 其流量曲线非常平滑, 这是由于热等离子体温度和密度只能平稳的变化, 而不可能发生突变或跃变.

那么太阳耀斑中的这些热等离子体从何而来呢? 观测发现, 这些热等离子体辐射产生的软 X 射线流量与对应的硬 X 射线流量有某种内在的关系: 软 X 射线流量的时间导数与硬 X 射线有很好的相关性, 这就是所谓 Neupert 效应. 由此表明, 太阳耀斑中的热等离子体是由磁场重联加速的电子, 特别是非热电子加热产生的. 耀斑加速的非热电子可向日冕外运动, 通过等离子体辐射机制产生射电 III 型爆发, 同时也向日冕低层或色球层运动产生硬 X 射线辐射. 这些非热电子被色球物质阻挡后把能量转化成热能, 从而加热当地等离子体, 其温度随即迅速上升, 压力增大, 促使热等离子体向耀斑环顶运动, 称之为色球蒸发过程. 也就是热等离子体通过色球蒸发到达日冕, 从而辐射产生软 X 射线. 当然, 太阳耀斑中可能存在直接加热日冕当地等离子体的机制, 但是非热电子加热日冕的贡献占绝对优势.

RHESSI 卫星的观测表明, 在耀斑开始阶段, 当非热辐射很弱时, 耀斑区域已经比周围等离子体温度高一些, 这就说明确实存在可能的其他加热过程. 也有可能是耀斑的先兆中存在非热电子, 耀斑前期预热是由于这些非热电子加热的, 但它们的数量很少而无法观测到. 目前还不能从观测上去证明耀斑前相预热机制是否与耀斑过程中的非热电子加热等离子体机制一致. 观测研究表明, 太阳耀斑中辐射产生硬 X 射线的幂律分布的非热电子, 只是一团热电子 (麦克斯韦分布) 的高能尾. 也就是说, 太阳耀斑可把一个单纯的麦克斯韦分布的热电子团加速成一个麦克斯韦分布加幂律分布, 类似于 Kappa 分布. 幂律分布的高能电子辐射产生太阳耀斑的两个

X射线足点源, 即所谓厚靶辐射, 将在 3.1 节进行介绍. 由于非热电子束的尺度大小不一, 导致硬 X 射线上的尖峰辐射结构. 研究硬 X 射线辐射规律也是理解和研究太阳耀斑中的加速机制的一个重要手段. 具有麦克斯韦分布的热电子则通过薄靶辐射产生太阳耀斑中的环顶源或日冕源.

值得注意的是: 耀斑中的微波和 X 射线 (特别是硬 X 射线) 具有很好的相关性, 一般认为两者是由耀斑加速的同源电子产生. 然而, 产生 X 射线的电子能量从几十 keV 到几百 keV, 而产生微波辐射的电子能量则需要几百 keV 乃至 MeV 的能量. 不仅如此, 两者可能具有不同的能谱指数乃至不同的加速机制. 因而到目前为止, 太阳微波和 X 射线的相关分析一直是太阳物理研究的一个重要课题, 也是本书特别强调这两个波段的观测和理论研究的主要原因.

3.1 厚靶和薄靶模型

3.1.1 概述

太阳耀斑中非热电子产生的辐射, 除去 1.2 节讨论过的通过回旋同步机制产生的微波辐射以外, 另一个非常重要的辐射发生在硬 X 射线波段, 其能段一般认为在 $10 \sim 300$ keV, 是通过太阳耀斑中加速的高能电子与太阳大气色球层的热离子碰撞产生的. 我们不能直接去探测太阳耀斑过程中加速的电子分布及其特征, 但可以通过观测到的这些电子产生的硬X射线光子反演出电子的物理信息. 观测发现, 太阳耀斑中产生的硬X射线谱是由低能段 (一般情况下是小于 20 keV) 的一个热谱 (麦克斯韦型), 和高能段 (大于 20 keV) 的单个或者双幂律谱组成, 幂律 (光子) 的谱指数一般在 3~8[1−4]. 当这些高能电子遇到日冕底层或者色球层的热等离子体时, 经过碰撞会全部热化而产生硬 X 射线辐射, 这就是所谓厚靶模型[5]. 反过来, 这些高能电子穿过热等离子体的同时发生碰撞而辐射产生硬 X 射线, 这种模型叫做薄靶模型. 简单地说, 在太阳耀斑中, 当高能非热电子遇到并穿越致密的热等离子体时, 非热电子的幂律谱分布几乎没有变化, 就是薄靶模型; 若非热电子谱有明显变化, 如变成麦克斯韦分布, 则是厚靶模型.

地球大气层会吸收太阳硬X射线辐射, 因此, 太阳硬X射线望远镜都是在空间卫星上. 例如, SMM、CGRO、Hinotori 与 Yohkoh 等卫星上均放置有硬X射线光谱或者成像望远镜. RHESSI 卫星 (2002 年发射) 是专门观测太阳硬X射线辐射的望远镜[6], 既可以得到高时间分辨率的时变曲线和图像, 也能得到高能谱分辨的时变曲线和图像, 是目前研究太阳耀斑硬X射线的最重要的设备.

3.1.2 薄靶模型

产生硬X射线辐射的薄靶和厚靶模型都属于韧致辐射机制的范畴, 韧致辐射是产生X射线波段连续谱辐射的主要机制. 简单地说, 就是一个电子与一个质子的库仑电场发生散射时由电子产生辐射的过程. 这里我们只考虑电子–质子组成的等离子体中的电子产生轫致辐射的总功率和能谱. 如图 3.1 所示, 一个电子与一个质子发生散射, b 是瞄准距离, 电子速度为 v, 电子和质子的数密度分别是 n_{e} 和 n_{p}, 等离子体温度 $kT \sim mv^2$, 即 $v \sim \sqrt{kT/m}$, 其中 k 为玻尔兹曼常量. 该电子穿过质子电场的特征时间是 $\tau \simeq \dfrac{b}{v}$. 在相互作用中, 电子加速度 $a \simeq \dfrac{e^2}{mb^2}$ 可假设为常数, 即与时间无关. 根据 Larmor 公式, 单个电子产生的辐射总功率为

$$P = \frac{2e^2a^2}{3c^3} \simeq \frac{e^6}{m_{\mathrm{e}}^2c^3b^4}. \tag{3.1}$$

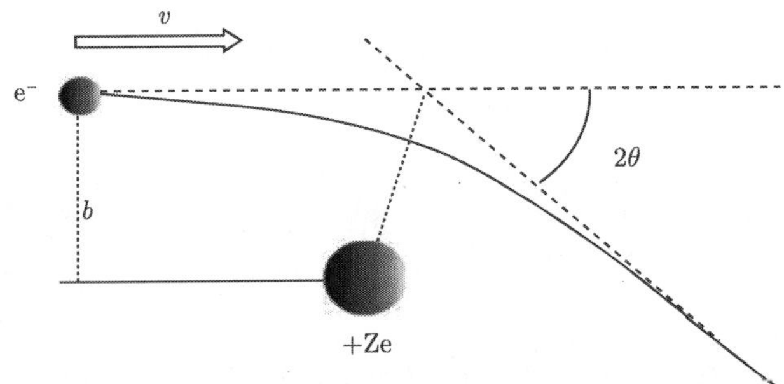

图 3.1　电子和正粒子的弹性碰撞过程. 电子入射速度为 v, 瞄准距离为 b, 电子被散射后运行轨迹偏离角度为 2θ. 电子绕过正粒子时有加速过程, 此时就会产生电磁辐射, 即轫致辐射机制

我们关注的特征时间 τ 和对应的特征频率 ω 之间满足: $\omega \simeq \tau^{-1} = \dfrac{v}{b}$, 则对应辐射频率 ω 的功率为

$$P(\omega) \simeq \frac{P}{\omega} = \frac{e^6}{m_{\mathrm{e}}^2c^3vb^3} = \frac{e^6n_p}{m_{\mathrm{e}}^2c^3v}. \tag{3.2}$$

在电子–质子等离子体中, 瞄准距离可以根据质子数密度来计算: $b \simeq n_{\mathrm{p}}^{-3}$. 辐射率 $j(\omega)$ 是所有电子的辐射功率, 即单个电子的辐射功率和电子数密度的乘积. 假设辐射是各向同性的, 即除以 4π 后, 得到单位立体角内的辐射率为

$$j(\omega) = n_{\mathrm{e}} \times P(\omega)/4\pi \simeq \frac{n_{\mathrm{e}}n_{\mathrm{p}}}{4\pi}\frac{e^6}{m_{\mathrm{e}}^2c^3}\left(\frac{m_{\mathrm{e}}}{kT}\right)^{1/2}, \tag{3.3}$$

其中, $j(\omega)$ 是辐射频率的函数. 对辐射的所有频率积分 (如辐射频率范围是 $0 \sim \omega_{\max}$), 就可以得到总的辐射率. 需要解决的问题是如何确定辐射最大的频率, 一个合理的假设就是根据 $h\omega_{\max} = kT$ 来计算最大辐射频率. 其物理意义是: 一个电子辐射产生的光子不能大于电子本身的特征能量. 这种情况下对辐射频率积分, 即可

得到总辐射率为

$$j = \int_0^{\omega_{\max}} j(\omega)\mathrm{d}\omega \sim \frac{n_\mathrm{e} n_\mathrm{p}}{4\pi} \frac{e^6}{m_\mathrm{e}^2 c^3} \left(\frac{m_\mathrm{e}}{kT}\right)^{1/2} \frac{kT}{h}$$

$$= \frac{n_\mathrm{e} n_\mathrm{p} e^6}{4\pi m_\mathrm{e}^2 c^3} \frac{(m_\mathrm{e} kT)^{1/2}}{h}. \tag{3.4}$$

在更精确的计算中, 能量大于 kT 的电子也会对这个频率范围的辐射有贡献. 这些能量高于 kT 的电子就是热电子麦克斯韦分布的一个高能尾, 通常具有幂律分布特征, 即所谓非热电子. 在太阳耀斑的观测中, 这部分非热电子是产生X射线辐射, 特别是硬X射线 (10 ~ 300 keV) 辐射的主要来源.

关于电子 (−e) 被等离子体中的质子 (+e) 或其他带正电离子 (+Ze) 的弹性散射概率, 常用微分散射面积表示, 根据 Rutherford(1911) 散射理论, 给出了下面的表达式

$$\frac{\mathrm{d}\sigma}{\mathrm{d}\Omega} = \frac{Z^2}{4} \left(\frac{e^2}{mv^2}\right)^2 \frac{1}{\sin^4(\theta/2)}. \tag{3.5}$$

此式表示入射电子在瞄准距离在 $b \sim b + \mathrm{d}b$ 的范围内, 被散射到立体角 $\mathrm{d}\Omega = 2\pi \sin\theta \mathrm{d}\theta$ 范围的概率. 进而对整个立体角积分, 可以得到散射截面 $\sigma = \int \left(\frac{\mathrm{d}\sigma}{\mathrm{d}\Omega}\right) \mathrm{d}\Omega$. 散射截面的量纲是单位光子能量的散射面积 ($\mathrm{cm}^2 \cdot \mathrm{keV}^{-1}$), 为能量的函数. 在太阳耀斑这个具体环境中, 产生能量 E_0 的 X 射线辐射的散射截面, 即所谓 Bethe-Heitle 截面, 其具体表达式为

$$\sigma(E_0, E) = \frac{16\pi e^6}{3h m_\mathrm{e} c^3} \frac{1}{E_0 E} \ln \frac{1 + (1 - E_0/E)^{1/2}}{1 - (1 - E_0/E)^{1/2}}$$

$$= \frac{7.9 \times 10^{-25}}{E_0 E} \ln \frac{1 + (1 - E_0/E)^{1/2}}{1 - (1 - E_0/E)^{1/2}} \ (\mathrm{cm}^2 \cdot \mathrm{keV}^{-1}), \tag{3.6}$$

式中, 参数 h、c、m_e 和 e 分别是普朗克常量、光速、电子质量和电子电荷. 太阳耀斑爆发中, 硬 X 射线辐射总强度与辐射源区中产生韧致碰撞的所有电子 $n_\mathrm{e}(E)$ 和质子 n_p 的总数量成正比, 例如, $\int n_\mathrm{e}(E) n_\mathrm{p} \mathrm{d}V$, V 是辐射源的体积. 同时, 总强度与散射截面和入射电子速度的乘积 $\sigma(E, E_0)v(E)$(相当于单位时间的体积) 成正比. 对于太阳耀斑中观测到在一个确定能量 (如 E_0) 的硬 X 射线辐射, 是由大于这个能量的所有电子共同贡献产生的, 即 $E \geqslant E_0$. 由此得到单位时间单位能量产生的具有能量 E_0 光子强度为

$$\frac{\mathrm{d}N_\mathrm{phot}}{\mathrm{d}t\mathrm{d}E} = \int_{E_0}^{\infty} \sigma(E, E_0) v(E) \left(\int n_\mathrm{p} n_\mathrm{e}(E) \mathrm{d}V\right) \mathrm{d}E \ (\mathrm{s}^{-1}\mathrm{keV}^{-1}). \tag{3.7}$$

进一步假设靶区的物质密度是均匀的, 即 $n_{\rm p}$ 是常数, 则有 $\int n_{\rm p}{\rm d}V = n_0$. 考虑到角分布, 我们在地球上观测到来自太阳的硬 X 射线辐射 (日地距离 $r = 1{\rm AU}$) 是总光子强度的 $\dfrac{1}{4\pi r^2}$, 即地球上观测到的硬 X 射线强度为

$$I(E) = \frac{1}{4\pi r^2}\frac{{\rm d}N_{\rm phot}}{{\rm d}t{\rm d}E} = \frac{n_0}{4\pi r^2}\int_{E_0}^{\infty}\sigma(E, E_0)v(E)n_{\rm e}(E){\rm d}E, \tag{3.8}$$

其量纲是单位时间单位能量在单位 (探测器) 面积上接收到的光子数. 以上公式中的电子密度 $n_{\rm e}$ 和速度 $v(E)$ 是指产生硬 X 射线辐射 $I(E)$ 源区的非热电子的参数, 并不是入射电子的密度和速度. 这个公式中电子速度和密度的乘积 $n_{\rm e}v(E) = N_{\rm e}$ 表示单位时间内产生 X 射线辐射源区的总电子数. 假设辐射源区的电子本身的谱分布函数是 $f_{\rm source}(E)$, 则总电子数的表达式可以写成

$$N_{\rm e} = \int_{E_{\rm min}}^{E_\infty} f_{\rm source}(E){\rm d}E, \tag{3.9}$$

这里的积分上下限是源区电子分布的能量最大值和最小值. 源区的电子谱分布函数 $f_{\rm source}(E)$ 可以是热电子的麦克斯韦分布或者非热的幂律分布, 分别对应热轫致辐射机制或者薄厚靶机制, 后面我们将对这两个机制分别进行简单的讨论. 无论产生 X 射线辐射源区电子是哪种分布, 都会有一个能量最小值或者截止能量 $E_{\rm cutoff}$, 即 $E_{\rm min} = E_{\rm cutoff}$, 但是电子的最大能量理论上是可以是无穷大, 即 $E_{\rm max} = \infty$. 在数学表达式里, 麦克斯韦分布、幂律分布或 kappa 分布在高能端都是随能量衰减的函数, 也就是能量越高, 电子辐射贡献越小, 极高能的电子的贡献几乎可以忽略. 因此, 在处理 X 射线辐射时, 这是式 (3.7) 积分上限取无穷大的原因. 把式 (3.8) 中的电子总数 $n_{\rm e}v(E)$ 用式 (3.9) 代替, 就可以得到用辐射源区分布函数表示的 X 射线流量表达式, 即

$$I(E) = \frac{n_0}{4\pi r^2}\int_{E_0}^{\infty}\sigma(E, E_0)f_{\rm source}(E){\rm d}E. \tag{3.10}$$

该表达式是我们在文献中最常见的 X 射线辐射的公式, 表示具有电子分布为 $f(E)$ 的源区产生的在能量为 E_0 处的 X 射线辐射强度. 这个表达式既适用于薄靶模型, 也适用于厚靶模型. 根据薄靶模型的定义, 入射电子穿过辐射源区时谱分布保持不变, 也就是入射电子和产生 X 射线辐射的电子具有相同的分布, 即 $f_{\rm source}(E) = f_{\rm injection}(E)$. 因此, 薄靶模型的 X 射线辐射流量可以写成

$$I(E_0) = \frac{n_0}{4\pi r^2}\int_{E_0}^{\infty}\sigma(E, E_0)f_{\rm injection}(E){\rm d}E. \tag{3.11}$$

式 (3.11) 明确地描述了入射电子谱 $f_{\rm injection}(E)$ 和观测到的 X 射线光子谱 $I(E)$ 之间的关系.

3.1.3 厚靶模型

对于厚靶模型, 入射电子谱和产生 X 射线辐射的电子谱完全不同. 对于太阳耀斑中的 X 射线辐射, 入射的高能电子全部会被日冕底层或者色球等离子体阻止并热化. 但是, 我们无法得到太阳耀斑中产生 X 射线辐射的源区电子谱分布 f_{source}. 因此, 在计算厚靶模型时, 人们通常还是使用入射电子的谱分布 $f_{\text{injection}}$, 只是对散射截面进行修正. 在太阳耀斑中, 入射电子进入日冕底层或者色球层, 能量损失主要是库仑碰撞损失. 根据动量守恒, 电子–质子碰撞中电子的能量损失率是

$$\frac{\mathrm{d}E}{\mathrm{d}t} = -\frac{2\pi e^4 \ln\Lambda}{E} n_{\mathrm{p}} v = -\frac{C}{E} n_{\mathrm{p}} v, \tag{3.12}$$

其中, 常数 $C = 2\pi e^4 \ln\Lambda$, $\ln\Lambda$ 即所谓 Coulomb 对数, n_{p} 是靶中的质子密度. 在厚靶模型中, 当一个电子与靶作用, 从 t_1(对应能量是 E_0) 时刻运动到 $t_2(E)$ 时刻时辐射产生的光子数 $m(E_0, E)$, 由该电子在这段时间内碰到的质子数量决定, 即质子密度 n_{p} 与电子运动穿过的体积 $\sigma(E_0, E(t))v(t_2 - t_1)$, 写成积分形式就是

$$m(E_0, E) = \int_{t_1}^{t_2} n_{\mathrm{p}} \sigma(E_0, E) v \mathrm{d}t. \tag{3.13}$$

对式 (3.13) 作积分变换, $\int_{E_0}^{E} E_x \mathrm{d}E_x = -C \int_{t_1}^{t_2} n_{\mathrm{p}} v \mathrm{d}t$, 代入式 (3.13) 得到

$$m(E_0, E) = \int_{E_0}^{E} \frac{E_x \sigma(E_0, E)}{C} \mathrm{d}E_x. \tag{3.14}$$

上式表示一个电子遇到厚靶后能量从 E_0 减小 E 到时产生的 X 射线光子. 当入射电子是束流, 具有谱分布为 $f_{\text{injection}}(E)$ 时, 辐射产生在能量为 E_0 的光子应该是大于该能量的电子的贡献, 即

$$\begin{aligned} I(E_0) &= \frac{1}{4\pi r^2} \int_{E_0}^{\infty} f(E) m(E_0, E) \mathrm{d}E \\ &= \int_{E_0}^{\infty} f(E) \left[\int_{E_0}^{E} \sigma(E_0, E_x) \frac{E_x}{C} \mathrm{d}E_x \right] \mathrm{d}E. \end{aligned} \tag{3.15}$$

把散射截面式 (3.7) 代入厚靶模型公式 (3.15), 可以计算入射具有谱分布 $f_{\text{injection}}(E)$ 电子束产生的 X 射线光子谱 $I(E_0)$. 理论上, 只要知道入射电子的谱分布, 就可以计算出产生的 X 射线光子谱; 反之, 已知 X 射线谱, 通过解析或者反演得到入射电子谱. 在太阳耀斑的观测中, 虽然得到了 X 射线光子谱, 但是通常不能通过上面的公式求解出入射的电子谱, 这是因为式 (3.7) 和式 (3.15) 中的数学计算很困难. 在太阳耀斑观测中, 最常用的方法是使用不同的入射电子谱分布进

行理论计算, 用得到的光子谱去拟合观测到的光子谱, 从而得到入射电子谱的参数. 这种方法已经被广泛地使用在太阳耀斑的 X 射线观测中, 包括目前正在轨运行的 RHESSI 卫星, 其数据分析的软件就是基于这种方法, 如图 3.2 所示. RHESSI 卫星可以观测到 3~7000 keV 的光子, 即从 X 射线到 γ 射线. 该图中只是显示了 3~300 keV 能段的 X 射线光子谱和理论拟合结果, 除了高能段的幂律分布以外, 低能段是麦克斯韦分布, 即热电子.

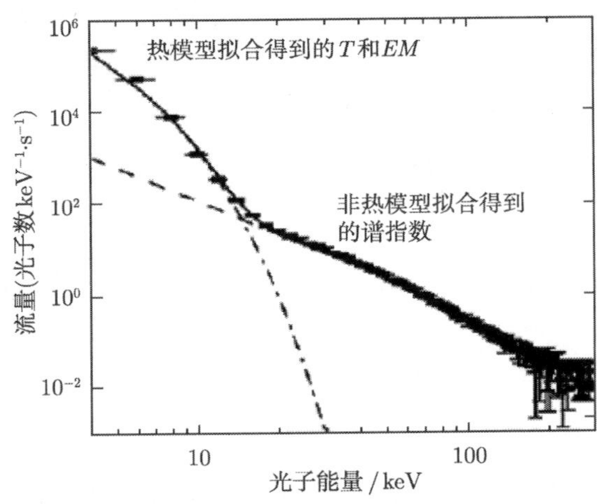

图 3.2　RHESSI 卫星观测到的太阳耀斑的 X 射线谱能量在 3~300 keV, 纵坐标是光子数. 通常使用热模型 (点-短虚线) 和非热模型 (短虚线) 来拟合观测数据 (有纵横误差棒的点), 热模型是麦克斯韦函数, 可以得到辐射源的温度 T 和辐射度 EM, 非热模型是幂律函数, 可以得到谱指数的值 (摘自文献 [7])

以往的大量观测结果显示, 太阳耀斑的硬 X 射线光子谱具有幂律分布, 虽然在耀斑演化的不同时刻也有双幂律谱存在. 这样的结果使我们相信: 产生这些 X 射线辐射的入射电子也具有幂律分布: $f_{\text{injection}}(E_0) = AE_0^{-\delta}$. 把入射电子谱和散射截面 (3.6) 代入式 (3.7) 和式 (3.15), 就可以得到薄靶和厚靶模型产生的 X 射线谱分布为

$$I_{\text{thin}}(E_0) = \frac{7.9^2 \cdot 5n_0 A}{4\pi r^2 E_0} \int_{E_0}^{\infty} E^{-(\delta+1)} \ln \frac{1+(1-E_0/E)^{1/2}}{1-(1-E_0/E)^{1/2}} \mathrm{d}E, \tag{3.16}$$

$$I_{\text{thick}}(E_0) = \frac{7.9^2 \cdot 5A}{4\pi r^2 E_0} \int_{E_0}^{\infty} E^{-\delta} \int_{E_0}^{E} \ln \frac{1+(1-E_0/E)^{1/2}}{1-(1-E_0/E)^{1/2}} \mathrm{d}E_x \mathrm{d}E. \tag{3.17}$$

式 (3.16) 和式 (3.17) 分别是计算 X 射线辐射光子强度的薄靶和厚靶模型公式. 对上面两个式子进行数学运算, 可以得到幂律形式为 $I(E_0) = aE_0^{-\gamma}$ 的 X 射线辐射表达式, 包括薄靶模型和厚靶模型. 对于这两种模型, 公式前面的常数 A 是不

同的, 幂律指数也是不同的, 分别为: $\gamma_{\text{thin}} = \delta + 1$, $\gamma_{\text{thick}} = \delta - 1$. 这样, 对于具有同样谱分布 (谱指数为 δ) 的入射电子, 通过薄靶模型和厚靶模型产生的 X 射线谱指数分别是 $\delta + 1$ 和 $\delta - 1$. 在同一个太阳耀斑爆发中, 在耀斑环顶加速的非热电子束沿着磁力线向日冕运动, 产生 X 射线辐射一般有两个足点源和一个环顶源, 前者被认为是厚靶模型, 而后者则被认为是薄靶模型. 证明这个推测的方法就是比较同一个耀斑中 X 射线环顶源和足点源的谱指数是否差 2. 图 3.3 是 RHESSI 观测到的 2002~2003 年中 5 个太阳耀斑的环顶源和足点源谱指数的差值, 在 $-1 \sim 6$, 但平均值比 2 小. 这样的结果被解释为环顶源并不是单纯的薄靶模型, 所以观测值和理论值会有差别.

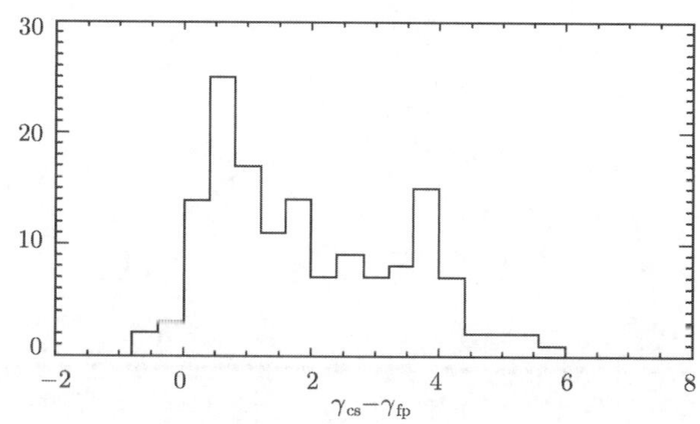

图 3.3 利用 RHESSI 卫星观测到的五个太阳耀斑的 X 射线环顶源和足点源谱指数的差别 (摘自文献 [8])

3.1.4 两种模型的关系

在太阳耀斑的观测中, 薄厚靶模型应该也是相对的概念. 简单地说, 如果入射电子 (具有能量 E) 被靶中的等离子体完全阻当住, 那么这个等离子体相对于这个能量的电子就应该是厚靶模型, 严格意义上是应该利用厚靶模型来计算. 例如, 太阳耀斑的环顶源或者日冕源, 一般在 $10 \sim 20$ keV 能段被观测到, 这个是由日冕等离子体密度所决定. 对于这个能段的电子, 环顶或者日冕等离子体就是厚靶, 应该通过厚靶模型来计算更准确. 但是, 这个观点还没有从观测上得到证明. 但是, 当具有能量 E_0 非热电子入射到日冕等离子体中时, 要被当地等离子体完全阻挡, 其柱密度需要满足

$$N_{\text{stop}} = \frac{\mu_0}{3C} E_0^2 \simeq 10^{17} E_0^2 [\text{keV}] \ (\text{cm}^{-2}), \tag{3.18}$$

其中, 常数 C 和式 (3.12) 相同; μ_0 是非热电子刚进入日冕等离子体时的投射角余弦: $\mu_0 = \dfrac{v_\perp}{v}$, $v_\perp$ 是电子速度 v 的垂直于磁场的分量. 根据式 (3.17), 当日冕等离子体柱密度是分层分布时, 观测上的 X 射线源具有随耀斑环的分布: 能量越低的 X

射线源越靠近环顶, 能量越高的 X 射线源越靠近环足点, 中间能段的 X 射线源就在中间的环高度. 如果耀斑环中的等离子体是理想均匀的分层分布, 那么在耀斑的某个时刻就可以观测到如图 3.4 所示的 X 射线源分布. 但是, 耀斑环中日冕等离子分层分布不具有理想的均匀性, 大量事件观测中只有环顶源和两个足点源, 中间能段的 X 射线源并不是在环高度中间, 而是更靠近足点, 与高能硬 X 射线源靠得非常近,

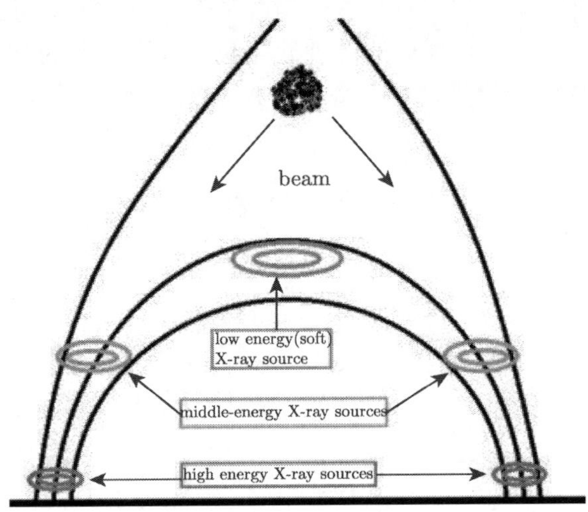

图 3.4　等离子体密度分层分布的太阳耀斑环中的 X 射线源分布图, 高能 X 射线源离足点近, 低能 X 射线源靠近环顶 (摘自本章文献 [10])

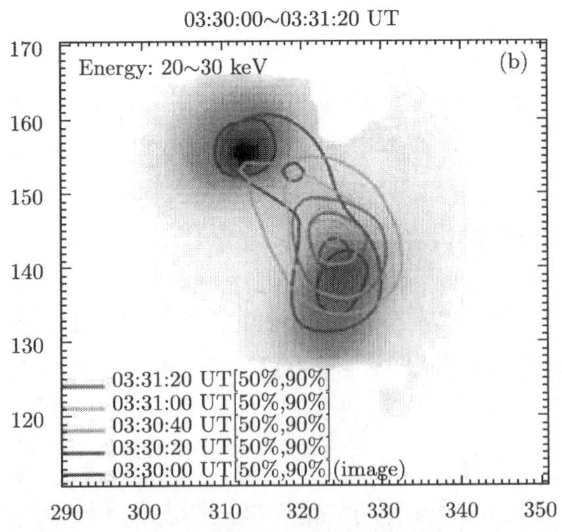

图 3.5　RHESSI 卫星观测到的 2003 年 10 月 30 日太阳耀斑的 20~30 keV 能段 X 射线源的演化 (摘自本章文献 [11])

基本上是很难分辨的. 但是, 太阳耀斑中色球蒸发现象可以让耀斑环中的等离子体分层分布得很均匀. 色球蒸发就是当高能电子入射到色球层被全部热化后加热当地等离子体, 温度快速升高, 当地压力膨胀, 等离子体在高压力作用下迅速沿着磁力线向耀斑环顶运动 (典型速度在 300~500 km/s) 的过程. 这时如果非热电子继续入射到耀斑环, 那么就可以观测到如图 3.4 所示的X射线源分布 (参见彩图附录第三幅), 图 3.5 就是 RHESSI 观测到的 2004 年 10 月 30 日太阳耀斑在色球蒸发过程中的X射线源分布 (参见彩图附录第四幅). 这种由于色球蒸发引起的 X 射线源运动速度和 X 射线源分布特征与紫外光谱的观测完全一致[11].

3.1.5 低能截止对电子能谱指数和光子谱指数的影响[12]

在研究非热电子的低能截止时, 我们采用标准的厚靶模型, 对不同的非热电子能谱 (单幂律) 计算不同能量的发射光子数, 进而用线性拟合得到光子的幂律谱指数. 对厚靶方程 (3.17) 以及薄靶方程 (3.16), 只有在积分下限 (即非热电子的低能截止) 小于光子能量的前提下, 才能得到幂律分布的光子谱的解析结果, 进而得到光子谱指数分别等于电子能谱指数加 1(薄靶) 或减 1(厚靶) 的简单关系. 随着低能截止的增大, 上述积分必须分段进行, 数值计算的结果发现: 对给定的电子能谱指数, 低能截止对辐射谱指数的影响很大, 图 3.6 给出了辐射谱指数随低能截止的变化曲线, 分别为: (a) 不同的电子能谱指数; (b) 不同的光子 (中心) 能量.

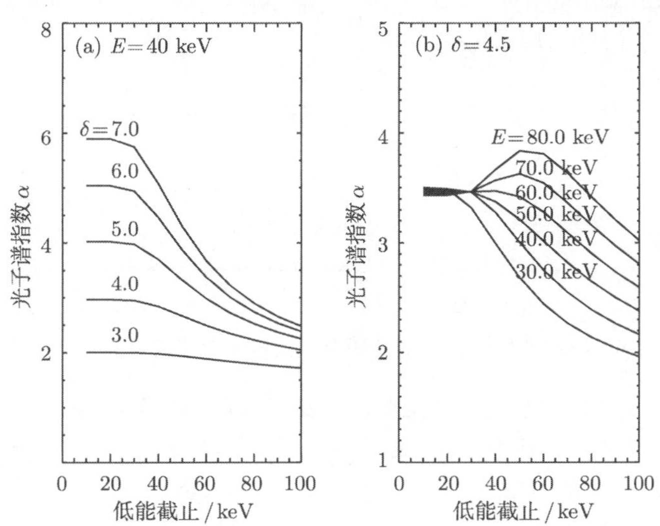

图 3.6 厚靶模型计算得到的辐射谱指数随低能截止的变化曲线

从图 3.6(b) 可以看出: 在低能截止比较小 (20 keV 以下) 时, 辐射谱指数和电子谱指数之间的关系与厚靶的预期基本符合 (后者等于前者加 1), 随着低能截止的增大, 辐射谱指数比理论预期值逐渐变小 (硬), 随着电子能谱指数的增大, 这一变化更为明显.

从图 3.6(a) 可以看出：对给定的电子能谱指数 4.5, 同样只有在低能截止比较小 (20 keV 以下) 时, 辐射谱指数和电子谱指数之间的关系基本符合理论预期；随光子中心能量的变化, 在 60 keV 以下的辐射谱指数随着低能截止的增大单调变小 (硬), 而在 60 keV 以上则出现先变大 (软) 后变小 (硬) 的双向变化.

图 3.7 中给出了电子能谱指数和辐射谱指数的关系曲线 (图 (a) 是对不同低能截止; 图 (b) 是对不同的光子中心能量).

同样, 从图 3.7(a) 可以看出：只有在低能截止比较小 (包括 10 keV 和 30 keV) 时, 辐射谱指数和电子能谱指数的关系基本符合标准厚靶模型的预期, 在 30 keV 以上有十分明显的偏离 (如在 50 kev, 对应电子能谱指数为 7 的辐射谱指数仅为 4.3), 特别是较大的辐射谱指数的偏离更为明显, 而对更大的低能截止其偏离程度逐渐减缓.

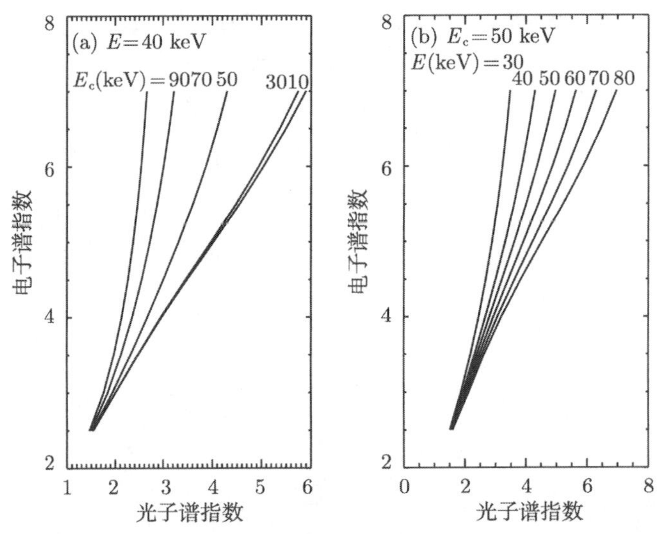

图 3.7　厚靶模型计算得到的辐射谱指数和电子能谱指数的关系

从图 3.7(b) 可以看出：对给定的低能截止 50 keV, 辐射谱指数和电子能谱指数的关系为, 当光子中心能量为 60~70 keV 时基本符合标准厚靶模型的预期, 偏离随光子中心能量的减小而增大, 对理论出现双向的偏离, 即在光子中心能量减小时, 辐射谱指数向较硬的方向变化, 而在光子中心能量增大时, 辐射谱指数向较软的方向变化.

总之, 低能截止的变化可导致硬 X 射线辐射谱指数和电子能谱指数偏离标准厚靶模型的预期, 而这种变化也依赖于光子中心能量 (即能段) 以及光子谱指数, 从而表明低能截止对 X 射线辐射是一个非常敏感的参数. 我们将在第 3 章的有关章节对此作进一步研究.

3.2 电子在耀斑环中的传输及其对 X 射线辐射的影响

3.2.1 概述

众所周知, 耀斑能量的释放通常发生在日冕的环状结构之中, 大量植根于光球活动区磁场高达 $10^3 \sim 10^5$ km 的冕环结构, 被光学、射电、紫外和 X 射线等波段的望远镜所观测到, 被自然解释为向外延伸的光球磁力线, 约束了各种热和非热的高能带电粒子在不同波段产生的辐射. 实际上, 在目前我们还无法直接测量日冕磁场的情况下, 这些单个或者系列的冕环常被用来理解日冕磁场的空间结构, 进而构造出现有的各类耀斑能量释放的物理模型. 例如, 一个典型的单环耀斑模型认为: 磁环顶部具有相反方向的磁力线, 在一定条件下发生拓扑结构的改变 (或称之为磁力线的重联), 导致背景带电粒子被重联感应的电场和激波加速后注入磁环, 进而与磁环底部的高密度等离子体碰撞产生色球蒸发, 使得高温等离子体充满整个磁环. 这些热和非热的带电粒子在不同波段产生的辐射就是我们所观测到的具有不同亮度的冕环.

基于上述冕环的观测和理论模型, 其底部磁场必然明显强于顶部磁场, 从而构成等离子体物理中所定义的磁镜结构. 当被加速的高能带电粒子注入冕环后, 其中一部分具有较大的沿磁力线方向的动能的粒子将会逃离冕环的约束, 并与高密度的色球和光球等离子体碰撞产生轫致辐射而热化; 而另一部分在沿磁力线方向的动能较小的粒子无法逃离冕环的约束, 将在冕环中往返运动产生回旋同步辐射和轫致辐射并最终热化. 因此, 由于磁镜的存在, 冕环中的高能带电粒子被分为两类: 逃逸粒子和捕获粒子. 前者主要贡献于 X 射线等高能辐射, 后者则主要贡献于微波段的射电辐射. 下面将首先介绍磁镜结构及其物理原理, 然后介绍逃逸粒子和捕获粒子的分布函数的推导.

3.2.2 磁镜和损失锥分布[13]

在周期性的力学系统中, 若 $\boldsymbol{q}$ 和 $\boldsymbol{p}$ 为一对共轭正则变量, 在一个周期内定义以下积分为系统的绝热不变量

$$J = \oint \boldsymbol{p} \cdot \mathrm{d}\boldsymbol{q}, \tag{3.19}$$

所谓绝热不变量是指该系统参量随时间缓慢变化时保持守恒. 由此可以定义带电粒子在磁场中运动的磁矩不变量: 对于以垂直于磁场的速度为 $v_\perp$, 半径为 $\rho_B = v_\perp/\Omega$(Ω 为回旋频率) 做回旋运动的单个带电粒子, 其质量为 m, 电量为 q, 从方程

(3.19) 的定义可以得到

$$J_{\perp} = \oint m v_{\perp} \rho_B \mathrm{d}\phi$$
$$= \frac{4\pi m}{q} \mu_{\mathrm{m}}, \tag{3.20}$$

其中

$$\mu_{\mathrm{m}} = \frac{m v_{\perp}^2 / 2}{B}, \tag{3.21}$$

μ_{m} 被定义为该种带电粒子的磁矩 (不变量), 即垂直于磁场方向的动能和磁场强度的比值. 下面考虑一个中间较弱而两端较强的磁场位形, 如图 3.8(a) 所示, 我们通常把这种位形称为磁镜. 假定一个带电粒子从磁镜顶部向两端运动, 随着磁场的逐渐增加, 由于磁矩近似保持不变, 垂直于磁场的动能将同步增加, 而单个粒子的总动能保持守恒, 因此其平行于磁场的动能必然逐步减少; 若平行于磁场的动能在靠近两端的某一位置减少至零, 则粒子将不能向两端继续运动, 而只能从该点返回到磁场较弱的区域, 因此该点被定义为磁镜的反射点; 在这种情况下, 粒子将在磁镜的两个反射点之间做往返运动, 由此可以把粒子分为两类: 一类是平行于磁场的能量 (速度) 较大, 可能在到达两端时继续向外运动而离开磁镜, 该类粒子被定义为逃逸粒子; 另一类是平行于磁场的能量 (速度) 较小, 在到达两端之前就已全部转化为垂直于磁场方向的能量, 从而被约束在磁镜的两个反射点之间, 该类粒子被定义为捕获粒子.

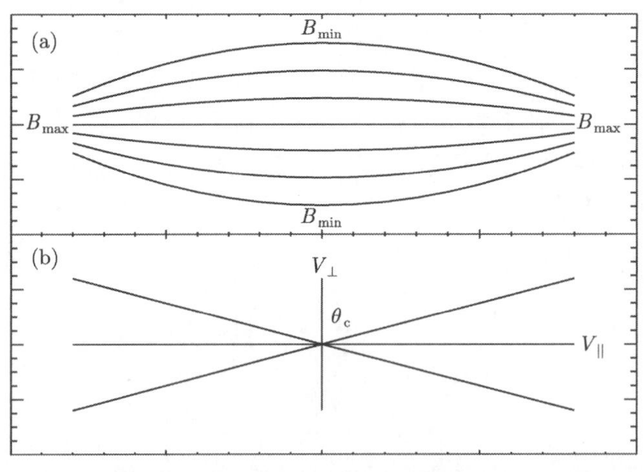

图 3.8 磁镜位形的示意图 (a) 和损失锥分布的示意图 (b)

为了给出逃逸粒子和捕获粒子明确的判据, 假设磁镜顶部 (最弱) 的磁场强度为 $B_{\min}$, 磁镜两端 (最强) 的磁场强度为 $B_{\max}$; 同时, 一个带电粒子在磁镜顶部 (初始位置) 具有平行和垂直于磁场的速度分量分别为 $v_{\parallel}$ 和 $v_{\perp}$, 总速度的大小为 v; 若该粒子在到达磁镜两端时的平行于磁场运动的速度恰好减少为零, 根据磁矩不变量的定义和能量守恒原理, 此时该粒子的垂直于磁场方向的动能应该等于其总动能, 即平行于磁场方向的动能为零. 可由下式定义磁镜的临界角

$$\sin\theta_c = \left(\frac{B_{\min}}{B_{\max}}\right)^{1/2}, \tag{3.22}$$

考虑带电粒子在磁场中的回旋运动具有对磁力线的轴对称性, 可把三维速度空间 $(v_{\perp}, v_{\parallel}, \phi)$ 约化为二维 $(v_{\perp}, v_{\parallel})$. 图 3.8(b) 表示：在两维速度空间中, 可以用临界角 θ_c 区分逃逸粒子和捕获粒子. 凡是在临界角之下, 或位于图 3.8(b) 锥形区中的粒子, 均具有足够大的平行于磁场方向的速度, 并可从磁镜中逃逸出去；反之, 凡是在临界角之上的粒子均被磁镜所捕获. 通常我们把图 3.8(b) 中的锥形区称为损失锥. 实际上, 在太阳物理中, 我们更加关心被捕获的成分, 因为捕获粒子可能在磁镜中存在较长的时间, 并产生相应的辐射. 因此, 所谓损失锥分布往往是指捕获粒子的分布函数. 假设磁镜中的带电粒子的初始分布为热平衡的麦克斯韦分布, 在逃逸成分离开磁镜之后, 捕获粒子的分布显然偏离了热平衡, 或者说具有某种自由能, 进而可以激发微观不稳定性. 另外, $v_{\parallel}$ 具有两个相反的方向, 而 $v_{\perp}$ 总是大于零, 因此, 具有真实物理意义的二维速度空间只是指图 3.8(b) 的上半平面.

目前在太阳物理和等离子体物理中常用的损失锥分布有很多不同的形式, 比如下面给出的[14]

$$f = \begin{cases} A\exp\left(\dfrac{v^2}{2kT/m}\right), & \text{if}\alpha \geqslant \theta_c \\ 0, & \text{if}\alpha \leqslant \theta_c \end{cases} \tag{3.23}$$

上式仅是简单的假定捕获粒子仍然满足麦克斯韦分布 (A 为归一化常数), 下节将从福克尔–普朗克方程推导出相对严格的满足捕获粒子和逃逸粒子的边界条件的解.

在下面的计算中还用了另外一种平移损失锥分布函数[15]

$$\begin{aligned} F_s(u_{\perp}, u_{\parallel}) =& \frac{(2\pi)^{-3/2}}{\beta_{\perp 1}^2 - q\beta_{\perp 2}^2} \exp\left[-\frac{(u_{\parallel} - u_{0\parallel})^2}{2\beta_{\parallel}^2}\right] \\ & \times \left[\exp\left(-\frac{u_{\perp}^2}{2\beta_{\perp 1}^2}\right) - \exp\left(-\frac{(u_{\perp}^2}{2\beta_{\perp 2}^2}\right)\right], \end{aligned} \tag{3.24}$$

其中, q 是一个决定损失锥比例的关键参数. 此外, 所有的速度空间的热扩展均用 β 表示 (包括平行和垂直于磁场方向的两种情况).

3.2.3 损失锥分布的形成[13]

1. 基本方程和边界条件

文献 [13] 讨论了普遍存在于核聚变装置以及太阳大气中的损失锥分布的形成, 提到一种在太阳大气的磁环中常见的损失锥分布, 该分布起源于不均匀磁场导致的磁镜效应, 磁场夹角较小的带电粒子将从磁镜逃逸, 磁场夹角较大的带电粒子则捕获在磁镜中, 两者均偏离了原来的麦克斯韦 (热) 分布. 逃逸电子将会和太阳底层大气的带电粒子碰撞产生 X 射线的轫致辐射, 而捕获电子在磁镜中来回反射, 产生微波爆发的回旋同步辐射.

我们的问题是: 既然速度空间的磁镜效应有明确的表述, 为什么不能严格导出捕获和逃逸电子的分布函数, 而是要用如式 (3.23) ~ 式 (3.24) 那样假设的形式. 实际上, 在文献 [13] 第 5 章中, 已经给出从初始为麦克斯韦分布的热电子, 在福克尔–普朗克方程和磁镜的边界条件下导出捕获电子的分布函数. 但是对天文研究来说, 大量观测表明非热电子初始分布往往具有幂律的形式, 作者在近期的文章中对此进行了重新推导, 并作为分布函数在速度空间长时间扩散的一个例子来介绍.

首先, 文献 [16] 推出的福克尔–普朗克碰撞项 (适用于带电粒子之间的库仑碰撞) 和弗拉索夫方程结合得到如下的福克尔–普朗克方程

$$\frac{\partial f}{\partial t}+\vec{v}\cdot\nabla_{\vec{r}}f+\frac{\vec{F}}{m}\cdot\nabla_{\vec{v}}f+\nabla_{\vec{v}}\cdot\vec{J}=q(\vec{r},\vec{v}), \tag{3.25}$$

$$J_i=A_if-\sum_j D_{ij}\frac{\partial f}{\partial v_j}, \tag{3.26}$$

$$A_i=\langle\Delta v_i\rangle_t-\frac{1}{2}\sum_j\frac{\partial}{\partial v_j}\langle\Delta v_i\Delta v_j\rangle_t, \tag{3.27}$$

$$D_{ij}=\frac{1}{2}\langle\Delta v_i\Delta v_j\rangle_t, \tag{3.28}$$

方程 (3.25) 左边第四项写成式 (3.26) 中的流函数 $\vec{J}$ 的散度, 包含了福克尔–普朗克碰撞项中的两项[13], 分别定义为式 (3.27) 中的动力摩擦系数 A_i 和式 (3.28) 中的扩散张量 D_{ij}. 值得注意的是, 方程 (3.25) 右边增加的源项 q 是用于补偿磁镜中逃逸电子的损失, 从而维持方程 (3.25) 具有一个稳态解; 在太阳物理的观测中, 该项自然代表了从粒子加速区注入磁环内的非热电子流. 因此, 这里所说的稳态解的寿命必须小于粒子加速的特征时间.

进一步考虑下列近似: 均匀的磁化等离子体, 并可忽略洛伦兹力中的电场项, 以及电子和离子之间的碰撞. 由此可令: $\dfrac{\partial f}{\partial t}=0$ 和 $\boldsymbol{v}\cdot\nabla_{\boldsymbol{r}}f=0$. 如果分布函数

$f(\boldsymbol{v})$ 在球坐标中不显含相位角 ϕ, 则有：$\dfrac{\boldsymbol{F}}{m}\cdot\nabla_{\boldsymbol{v}}f=0$. 这样, 方程 (3.25) 被简化为

$$v\frac{\partial}{\partial\theta}(\sin\theta J_\theta)+\sin\theta\frac{\partial}{\partial v}(v^2J_v)=qv^2\sin\theta, \tag{3.29}$$

并可写成

$$D_\perp\frac{\partial}{\partial\theta}\left(\sin\theta\frac{\partial f}{\partial\theta}\right)+\sin\theta\frac{\partial}{\partial v}\left[v^2\left(D_\parallel\frac{\partial f}{\partial v}-Af\right)\right]=-qv^2\sin\theta, \tag{3.30}$$

其中, 扩散张量 D 的平行和垂直分量在麦克斯韦分布的背景下, 由朗道在文献 [17] 中导出. 从太阳物理的观测, 考虑粒子的注入函数具有幂律谱的形式, 因此, 可以把方程 (3.30) 的解写成

$$f=\Theta(\theta)V(v), \tag{3.31}$$

$$V(v)=\left(\frac{E}{E_0}\right)^{-\delta}, \tag{3.32}$$

其中, 动能 $E=\dfrac{mv^2}{2}$ 用热电子能量 $E_0=kT$ 归一化 (k 为玻尔兹曼常量). $\Theta(\theta)$ 是相位角 ϕ 的任意函数. 在麦克斯韦分布的背景下满足 $\left(\dfrac{mv}{kT}D_\parallel+A\right)f=0$ (参见文献 [16] 和 [17]), 以及在 $\dfrac{E}{\delta kT}\approx 1$ 的条件下 (该假定可能导致非热电子能量偏低), 方程 (3.30) 被进一步简化成：

$$D_\perp\frac{\partial}{\partial\theta}\left(\sin\theta\frac{\partial f}{\partial\theta}\right)=-qv^2\sin\theta, \tag{3.33}$$

不失一般性, 我们可把粒子注入源写成 $q(v,\theta)=q_0(v)\phi(\theta)$ 的形式, $\phi(\theta)$ 是投射角 θ 的一个任意函数, 即可得到方程 (3.33) 的积分解：

$$f=C\left(\frac{E}{E_0}\right)^{-\delta}\int_{\theta_c}^{\theta}\frac{\mathrm{d}\theta'}{\sin\theta'}\int_{\theta'}^{\pi/2}\phi(\theta'')\sin\theta''\mathrm{d}\theta'', \tag{3.34}$$

下面分别给出捕获粒子和逃逸粒子在速度空间的边界条件：

$$\begin{cases} f=0 & \text{when}\theta=\theta_c \\ \dfrac{\partial f}{\partial\theta}=0 & \text{when}\theta=\pi/2 \end{cases}, \tag{3.35}$$

$$\begin{cases} f=0 & \text{when}\theta=\theta_c \\ \dfrac{\partial f}{\partial\theta}=0 & \text{when}\theta=0 \end{cases}, \tag{3.36}$$

其中, 由 $\sin\theta_c=\sqrt{B_{\min}/B_{\max}}$ 定义磁镜的临界角. 边界条件式 (3.35) 表示捕获粒子数从 $\theta=\theta_c$ 开始, 随 θ 的变大而增加, 当 $\theta=\pi/2$ 时达到极大. 边界条件式 (3.36) 则表示逃逸粒子数在 $\theta=0$ 时为极大, 然后随 θ 的变大而减少, 直至 $\theta=\theta_c$ 时为零.

2. 各向同性注入的粒子源

假定粒子注入源为各向同性, 与投射角 θ 无关, 从积分解式 (3.34)、边界条件式 (3.35) 和式 (3.36) 可以分别得到捕获粒子和逃逸粒子的解:

$$f_1 = C\left(\frac{E}{E_0}\right)^{-\delta}\ln\left(\frac{\sin\theta}{\sin\theta_c}\right), \tag{3.37}$$

$$f_2 = C\left(\frac{E}{E_0}\right)^{-\delta}\ln\left(\frac{\sin\theta_c}{\sin\theta}\right), \tag{3.38}$$

其中, 常数 C 可从归一化条件 $\int f\mathrm{d}\boldsymbol{v}=n$ 导出, n 为捕获粒子或逃逸粒子的数密度.

$$C = \frac{n}{\left(2\pi\frac{T}{m}\right)^{3/2}\left(\ln^{-1}\left(\tan\frac{\theta_c}{2}\right)-\cos\theta_c\right)}, \tag{3.39}$$

并可从方程 (3.15) 得到注入源的表达式:

$$q = \frac{CD_\perp}{v^2}\left(\frac{E}{E_0}\right)^{-\delta}, \tag{3.40}$$

因此, 捕获粒子和逃逸粒子的幂律分布直接取决于注入源的形式, 投射角分布则由边界条件式 (3.35) 和式 (3.36) 决定, 其形式和文献 [13] 导出的麦克斯韦分布下的结果完全一致.

3. 任意角度注入的粒子源

本节考虑任意角度 θ_0 注入的粒子源, 根据太阳耀斑的观测, 可以估计粒子注入的投射角具有很窄的分布[18].

$$\begin{aligned} q(v,\theta) &= q_0(v)\phi(\theta), \\ &= \frac{CD_\perp}{v^2}\left(\frac{E}{E_0}\right)^{-\delta}\cos\theta_c\delta(\theta-\theta_0), \end{aligned} \tag{3.41}$$

投射角分布 $\phi(\theta)=\cos\theta_c\delta(\theta-\theta_0)$ 必须满足归一化条件:

$$\int_{\theta_c}^{\pi/2}\phi(\theta)\sin\theta\mathrm{d}\theta = \cos\theta_c, \tag{3.42}$$

从而在 $\phi(\theta)=1$ 时, 可以退化到各向同性的情况. 同样, 从积分解式 (3.34)、边界条件式 (3.35) 和式 (3.36) 可分别得到任意角度注入时的捕获粒子和逃逸粒子的解:

$$f_1 = C\sin\theta_0\cos\theta_c\left(\frac{E}{E_0}\right)^{-\delta}\ln\left[\frac{\tan(\theta/2)}{\tan(\theta_c/2)}\right], \tag{3.43}$$

$$f_2 = C\cos\theta_0\sin\theta_c\left(\frac{E}{E_0}\right)^{-\delta}\ln\left[\frac{\tan(\theta_c/2)}{\tan(\theta/2)}\right], \tag{3.44}$$

$$C = \frac{n}{\left(2\pi\dfrac{T}{m}\right)^{3/2}\ln\left(\dfrac{1}{\sin\theta_c}\right)}, \tag{3.45}$$

当 $\theta_0 = \pi/2$ 时, 捕获粒子的分布式 (3.43) 可以退化到文献 [13] 导出的麦克斯韦分布下的结果.

从本节导出的式(3.43)和式(3.44)可以看出, 初始投射角 θ_0 和磁镜比 θ_c 是直接影响捕获粒子和逃逸粒子数量的两个独立参数. 捕获粒子数随磁镜比($B_{\max}/B_{\min}$)的增大或 θ_c 的减小而增加, 逃逸粒子数随磁镜比 ($B_{\max}/B_{\min}$) 的增大或 θ_c 的减小而减少 (注意捕获粒子和逃逸粒子数量并不是简单的依赖于光球磁场的绝对值, 而仅依赖于磁镜比). 另外, 捕获粒子数随初始投射角 θ_0 的增大而增加, 而逃逸粒子数则随初始投射角 θ_0 的增大而减少.

还有一点值得注意的是, 即使初始投射角小于磁镜的临界角 (除了为零的情况), 并不等于所有的粒子都会逃逸, 由于散射的因素, 仍然会有部分粒子被捕获. 反之, 当初始投射角大于磁镜的临界角 (除了 90° 的情况), 并非全部粒子被捕获, 同样由于散射的因素, 仍然会有少数逃逸粒子分量. 这也是为什么有所谓“二次逃逸粒子”的考虑 (即由于散射使原来的捕获粒子再次分类).

4. 捕获粒子的注入深度

太阳微波和硬 X 射线成像观测经常显示出环状的结构, 分别归结于捕获粒子和逃逸粒子产生的辐射. 由于捕获粒子在不同的磁镜中具有不同的注入深度或反射点高度, 从上面导出的捕获粒子分布和磁矩守恒的性质, 以及太阳日冕磁场的径向定标律, 可以推导捕获粒子的注入深度. 对于给定的初始能量 E_i 和初始投射角 θ_0, 令磁环顶部和反射点的磁场强度分别为 B_t 和 B_r, 则有

$$\frac{E_{\perp t}}{E_{\perp r}} = \frac{B_t}{B_r}, \tag{3.46}$$

这里, $E_{\perp t} = E_i\sin\theta_0$ 和 $E_{\perp r}$ 分别为捕获粒子在磁环顶部和反射点的垂直于磁场方向的能量. 为了满足磁矩守恒定律:

$$\frac{E_{\perp t}}{E_{\perp r} - E_{\perp t}} = \frac{B_t}{B_r - B_t}, \tag{3.47}$$

我们从能量守恒得到 $E_{\perp r} - E_{\perp t} = E_{\parallel} = E_i\cos\theta_0$, 这就意味着捕获粒子的注入深度依赖于其平行于磁场方向的初始能量. 进而从具有偶极位形的日冕磁场强度的径向分布[19]:

$$B(h) = B_p \times \frac{d^3}{(d+h)^3}, \tag{3.48}$$

其中, B_p 是指植根于光球的偶极磁场强度, d 表示偶极磁场从光球到磁环顶部距离的典型值, h 是磁环内部的某一高度. 从方程 (3.47) 和方程 (3.48) 可以得到

$$1+\frac{\cos\theta_0}{\sin\theta_0}=\left(\frac{d+h_t}{d+h_r}\right)^3, \tag{3.49}$$

其中, h_t 和 h_r 分别表示环顶和反射点与光球之间的距离即高度. 可从式 (3.49) 得到捕获粒子注入深度 h_r 的表达式及其在较大的投射角时的近似:

$$\begin{aligned}h_r&=\frac{h_t+d}{\left(1+\dfrac{\cos\theta_0}{\sin\theta_0}\right)^{1/3}}-d\\&\approx h_t-\frac{\cos\theta_0(h_t+d)}{3\sin\theta_0},\end{aligned} \tag{3.50}$$

因此, 注入深度随初始投射角 θ_0 的增大而变小, 或者说反射点随 θ_0 的增大而上升. 其物理意义不难从磁矩守恒式 (3.47) 得到直观的理解. 本节的主要推导可以参考文献 [20].

3.2.4 结论

本章在推导福克尔–普朗克方程在注入电子束流的情况下的稳态解时, 得到任意投射角的电子束流所分解的捕获和逃逸 (沉降) 电子分布函数的表达式, 主要结论是, 耀斑环中的捕获电子和沉降电子比例由磁镜比和非热电子投射角共同决定. 上述理论结果在 X 射线和微波辐射观测中的应用将在下章介绍.

3.3 耀斑环中的硬 X 射线亮度的空间分布

具有空间分辨能力的耀斑硬 X 射线探测表明其亮度沿耀斑环的分布是不均匀的. 近年来, 利用 Yohkoh 和 RHESSI 空间卫星观测, HXR 源的极大亮度不仅发生在耀斑环足点, 而且也会出现在环的顶部[21]. 日冕的 GAMMA 射线源的光子谱非常硬, 从而引起我们特别的兴趣[22]. 由于 RHESSI 的动态范围比较小 (大约一个数量级), 日冕源主要是在日面边缘的后面被观测到[23].

现有的 HXR 和 GAMMA 射线辐射的模型在解释日冕源时遇到了困难[23], 首先是在环顶等离子体密度不足够高的情况下. 为了解决这一问题, 提出了以下的假设: ① 在环顶有极高的等离子体密度[21], ② 加速电子捕获区域有高水平的等离子体湍动[24−26], ③ 捕获电子垂直于磁场入射到耀斑环[27], 以及④ 中等相对论的电子和软 X 射线和极紫外光子产生逆康普顿散射[28].

在下面的文章里[29], 我们发展了高能电子捕获和积累在不均匀磁环顶部的想法, 基于更一般和严格的处理, 求解非稳态的相对论动力学方程, 并与上述工作进

行比较. 这些方法成功地应用到中等相对论电子的动力学过程和耀斑环中的微波亮度分布[30,31], 以及用来计算 HXR 的偏振度[32] 和方向性[33]. 在求解动力学方程的过程中, 我们局限于库仑碰撞的考虑, 并在非均匀磁场中改变电子的投射角. 但我们未考虑等离子体湍动对高能电子的散射 (包括朗缪尔波和哨声波), 这些湍动在一些研究中是假设存在于耀斑环之中的[34]. 这一点可以从许多事件观测发现的 HXR 的时间精细结构 (单个脉冲周期为几百毫秒) 来检验. 例如, 文献 [32] 所显示的时间剖面的精细结构在稠密等离子体中完全由库仑碰撞决定, 电子被等离子体波散射的影响是不重要的. 从理论角度, 也有充足理由认为电子被波湍散射的效率是很低的. 例如, 哨声波要承受朗道阻尼, 后者当波的方向偏离磁力线时急剧升高, 为此, 哨声波在具有任意曲率的耀斑环磁场中被有效地减弱[32].

3.3.1 高能电子空间分布的数值模拟

为了获得入射电子在磁环中的空间、时间和能量分布, 我们求解了相对论的福克尔–普朗克动力学方程 (参见 1.4 节中的式 (1.33)). 该方程的数值求解采用了有限差分的方法和分裂运算技术, 边界条件的介绍可参考文献 [35]、[30] 和 [31]. 以磁捕获效应为前提, 磁场的收敛性由下面所选择的形式 $B(s) = B_0 \exp\left[(s-s_1)^2/s_2^2\right]$ 给出, 其中, $s_2^2 = s_{\max}^2/\ln(B_c/B_0)$, B_0 和 B_c 分别为环顶和环足的磁感应强度, $s_1 = 0$ 和 $s_{\max} = 3\times 10^9$ cm 分别为环中心和环足的坐标, s_2 则表征了磁场沿环向的标高. 在计算时采用以下参数值, $B_0 = 200$ G, 磁镜比 $B_c/B_0 = 2$ 和 5. 等离子体密度向足点方向急剧增大, 并采用以下表达式来描述, $n(s) = n_0 \exp[4.6(s/s_{\max})^6]$, 其中, $n_0 = 5\times 10^{10}\ \mathrm{cm}^{-3}$ 为环顶的等离子体数密度. 关于非热电子的注入形式考虑以下的函数 $S(E,\mu,s,t) = S_1(E)S_2(\mu)S_3(s)S_4(t)$, 其中, $S_1(E) = K(E/E_0)^{-\delta}$, 具有 $\delta = 3$, 以及 $\delta = 7$, $E_0 = 511$ keV, 而 K 为普适的归一化常数.

在面的研究中考虑了电子注入的两种情况：各向同性 (模型 1) 和沿磁力线的各向异性入射 (模型 2). 在各向同性入射时, $S_2(\mu) = 1$, 而在各向异性入射时, $S_2(\mu) = \exp[-(\mu-\mu_1)^2/\mu_0^2]$, 其中, $\mu_1 = 1$ 及 $\mu_0 = 0.2$. $\mu_0 = 0.2$ 的值对应于一个锥角为 $\Delta\theta = 36^\circ$ 的圆锥体. 空间分布采用函数 $S_3(s) = \exp[-(s-s_1)^2/s_0^2]$. 入射在磁环顶部的电子 $s = s_1 = 0$ 所在源区的特征宽度为 $s_0 = 2\times 10^8$ cm. 电子入射的时间假设为脉冲式, $S_4(t) = \exp[-(t-t_1)^2/t_0^2]$, 其中, $t_1 = 2.5$ s 及 $t_0 = 1.4$ s.

图 3.9 显示了能量在 49 keV 和 388 keV 范围的环向非热电子数密度分布, 演化时间为 $t = 1$ s、2.5 s、3 s、4 s、6 s 和 10 s. 进行计算的磁镜比为 $B_c/B_0 = 2$, 入射电子的能谱指数为 $\delta = 3$. 对于模型 1, 高能电子分布函数在环中心有一个突然上升的极大值, 其形状特征对所有的能量和整个计算时段 (10 s) 都有所保持. 对于模型 2, 能量为 49 keV 和 388 keV 的电子在磁环分布的极大位置强烈的差异, 低能段极大值靠近环顶, 而高能段的极大则接近环足.

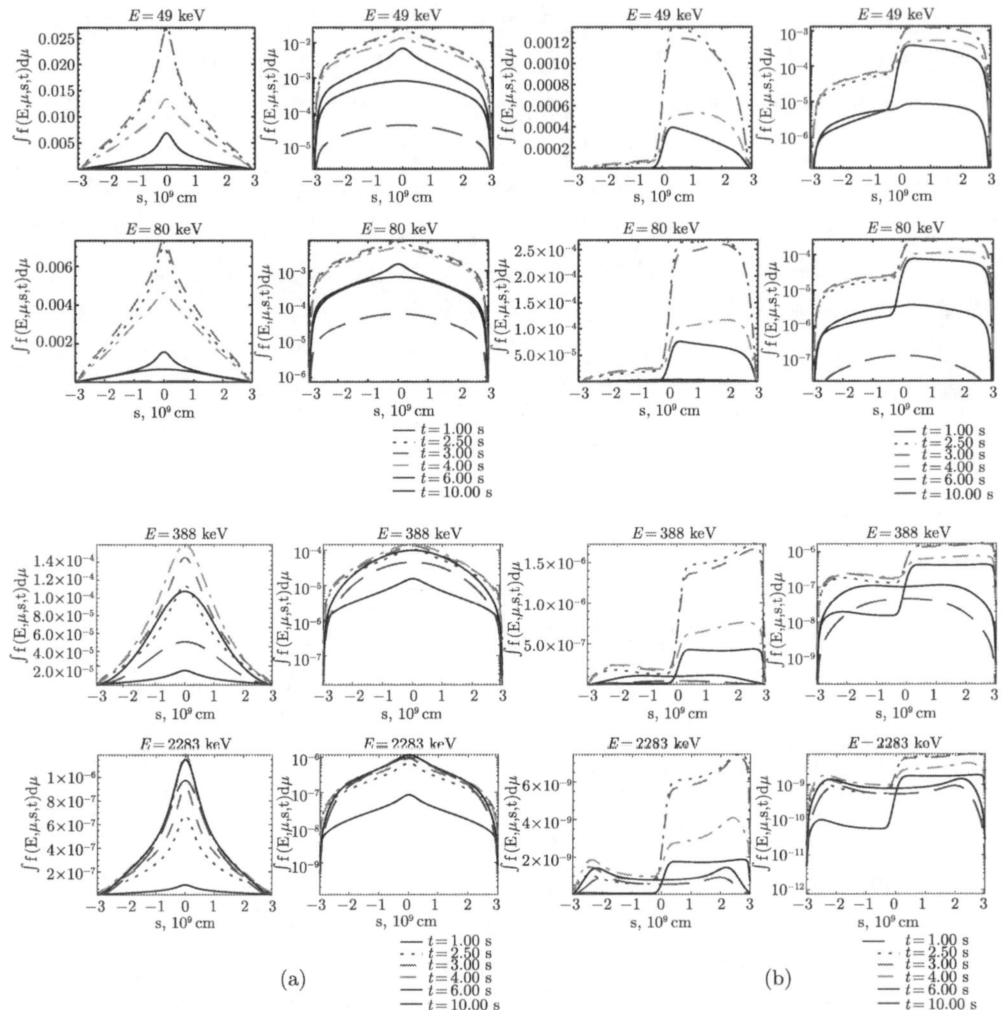

图 3.9　能量为 49~388 keV 的非热电子沿耀斑环分布, 时间为 $t = 1$ s、2.5 s、3 s、4 s、6 s 和 10 s (用实线、点线、点划线、短虚线、多点划线和长虚线表示), (a) 为各向同性注入环顶的情况 (模型 1), (b) 是从环顶纵向注入到右环足的情况 (模型 2). 镜比 $B_c/B_0 = 2$, 注入电子的谱指数为 $\delta = 3$

3.3.2　硬 X 射线和 GAMMA 射线空间分布的模拟结果

计算 HXR 和 GAMMA 射线的空间分布是基于已经得到的电子分布, 所用的形式在我们的早期工作 [32] 中有介绍. 不同的 HXR 强度 (单位长度) 定义为

$$\frac{\mathrm{d}I(\epsilon,\alpha,s,t)}{\mathrm{d}s} = \frac{S(s)\times n(s)}{R^2}\int_{\epsilon}^{\infty} v(E)\mathrm{d}E\int_{-1}^{1} f(E,s,\mu,t)\mathrm{d}\mu\int_{0}^{2\pi}\sigma(\epsilon,E,\alpha,\mu,\varphi)\mathrm{d}\varphi, \tag{3.51}$$

其中, $S(s)$ 表示源 (环) 的横向截面, 并依赖于沿磁环轴向的坐标 (随 s 的增大而变小), $n(s)$ 为等离子体中的离子浓度 (依赖于坐标 s, 并由所用模型决定), 以及 $R = 1.5 \times 10^{13}$ cm 为天文单位. 横向截面对坐标 s 的依赖性由磁通量守恒条件 $B(s)S(s) = \text{const}$, 以及磁场模型对坐标 s 的依赖性来决定.

总的相对论轫致辐射的截面 σ(对偏振的求和) 在文献 [36] 得到. 注意该截面依赖于加速电子的参数, 也依赖于 X 射线的量子能量, 以及观测角 α. 与此同时, 文献 [37] 的计算表明, 观测角和能量分布的依赖性对 HXR 的属性最为重要.

下面, 我们陈述视角为 $\alpha = 90°$ 的计算结果. 图 3.10 和图 3.11 分别对模型 1 和模型 2 显示了 $t = 3$ s 时刻的环向 HXR 的亮度分布. 如同所预期的, 在沿环纵向入射时的 HXR 源位于足点. 而且, 沿入射方向的足点 HXR 源非常明亮 (图 3.11), 这是由于绝大多数的入射电子沉降到损失锥 (稠密的色球层), 那里适用于厚靶近似. 在各向同性的情形, 磁环中出现了三个源: 两个足点的极大和一个环顶的极大 (图 3.10).

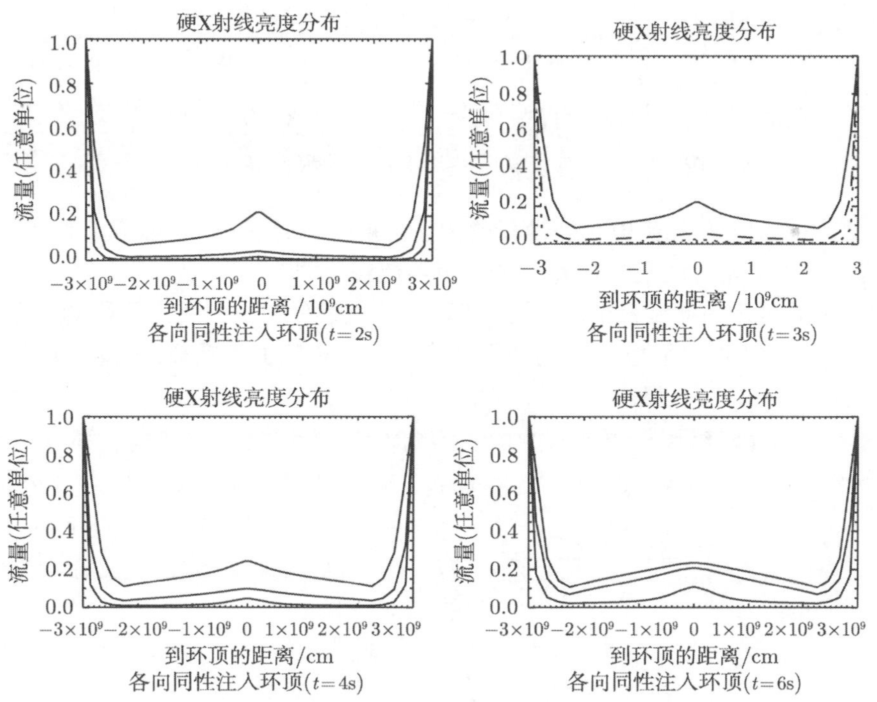

图 3.10 时间 $t = 3$ s 时刻的 HXR 的环向亮度分布, 各向同性入射时能量为 $h\nu = 30$ keV, 98 keV 和 1039 keV 的光子流量 (分别用实线、虚线和点线表示). 镜比 $B_c/B_0 = 2$, $\delta = 3$, 视角 $\alpha = 90°$

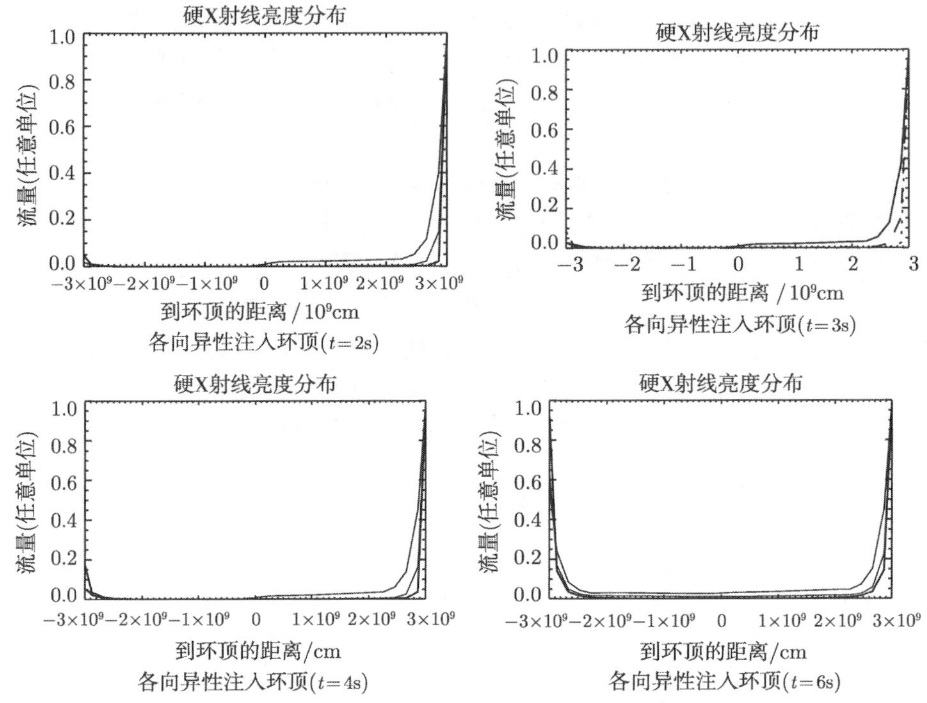

图 3.11　和图 3.10 相同, 对应各向异性入射模型

环顶源的出现与相当数量的具有较大投射角的高能电子的捕获和积累有关 (图 3.9). 然而, 由于相对较低的等离子体密度, HXR 环顶源并不是如同足点源那样明亮. 这种影响对于较高能量的光子尤为明显, 这也是在 RHESSI 高能段的环顶源并非经常被观测到的原因之一, 只有对发生在太阳边缘后面的耀斑, 其足点源被遮盖时才能被检测到.

为了显示镜比对环顶源形成的影响, 图 3.12 展示了 $B_c/B_0 = 5$ 和 $\delta = 3$ 的 HXR 分布. 与图 3.11 相比, 由于镜比 $B_c/B_0 = 2$ 到 $B_c/B_0 = 5$ 的增大, 环顶相对

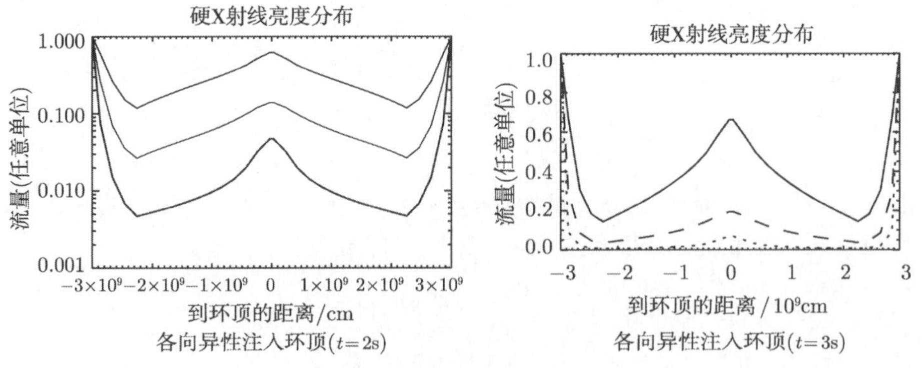

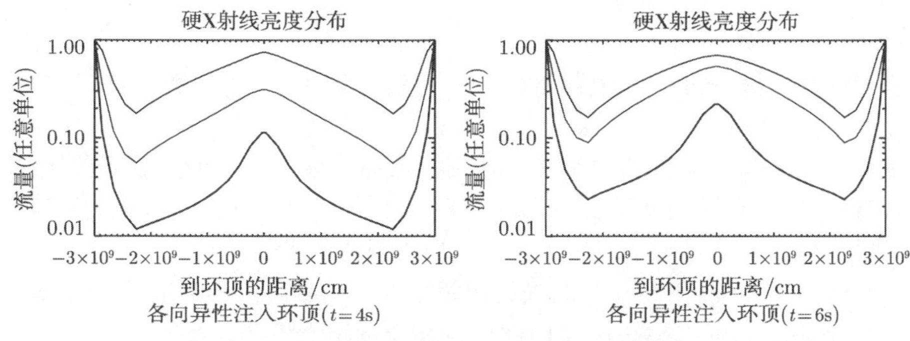

图 3.12 和图 3.10 相同, 对应于镜比 $B_c/B_0 = 5$

于足点的相对亮度急剧增加, 在 $h\nu = 30$ keV, 从 0.25 增大至 0.7, 在 $h\nu = 100$ keV, 从 0.05 增大至 0.2.

图 3.13 给出了环顶亮度特别显著增强的 HXR 源, 对应于陡峭能谱的入射电子 ($\delta = 7$, $B_c/B_0 = 2$). 对于低能段的 HXR 光子 ($h\nu = 30$ keV) 和能谱指数 $\delta = 7$, HXR 环顶源即使在纵向入射时也会出现. 显然, 对于陡峭电子能谱, 低能光子在环顶源亮度的增大是由于加速电子的自由程长度较短而致 ($\lambda \ll s_{\max}$).

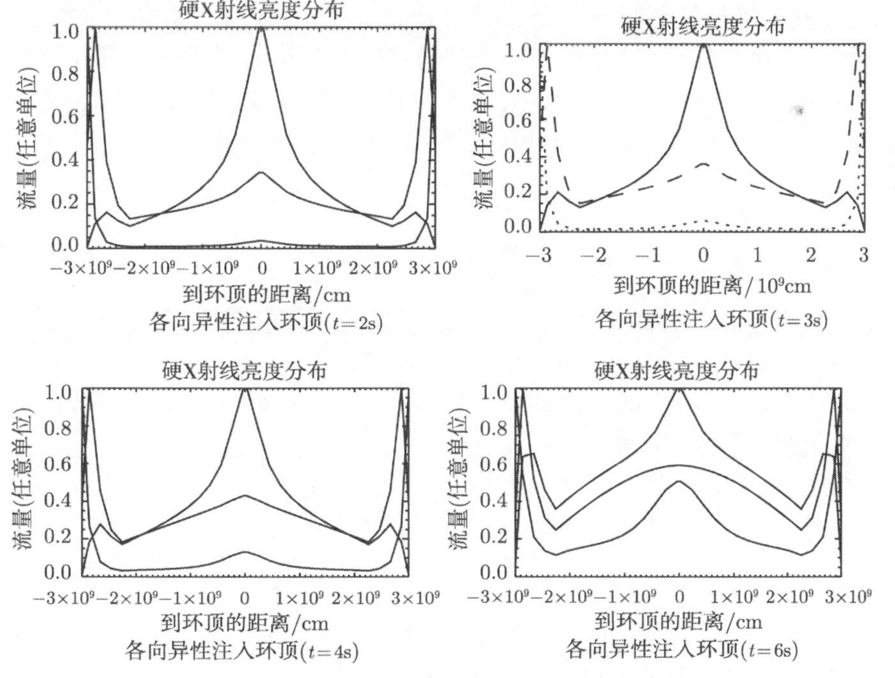

图 3.13 和图 3.10 相同, 对应于陡峭能谱 $\delta = 7$

3.3.3 结论

基于求解非稳态的相对论性的福克尔–普朗克动力学方程, 对 HXR 强度沿磁环的分布进行数值模拟. 结果显示在高能电子各向同性入射到磁环顶部时, 由于投射角较大的高能电子的积累, 环上方的辐射亮度急剧增大. 上述影响在磁镜比增大时更为明显. 另外也发现环顶 HXR 亮度增大也会发生在电子各向异性的沿磁场传播的情形. 然而, 这只能在加速电子能谱陡峭的条件下才有可能.

如果把 HXR 的辐射投影到波矢量和磁场所在平面, 定义为 I_1, 以及在垂直于该平面的方向的投影定义为 I_2, 则 HXR 的偏振度定义为 $P = (I_2 - I_1)/(I_2 + I_1)$, I_1 和 I_2 由对应的散射截面决定[38]. 用上述理论研究了各向同性和各向异性注入时, 耀斑环环顶和足点的 HXR 偏振和谱指数的差异[32].

关于偏振度, 各向异性入射时足点的偏振不超过 8%, 环顶偏振度在入射初期随光子能量从 30 keV 增大到 60 keV 可达到 43%; 在各向同性入射初期环顶偏振度在 30~90 keV 也能达到 15% ~ 18%, 几秒钟后降为零, 再改变符号重新回升至 8%, 而足点的偏振度保持为零. 这些理论预期还有待于观测的进一步证实.

关于谱指数, 和微波结果类似的是谱指数随能量而变 (不是一个简单的幂律分布). 取电子谱指数为 3, 在各向同性入射时, 小于 50 keV 的环顶光子谱指数约等于 3.3, 接近于薄靶模型的预期, 而在足点小于 200 keV 则接近于厚靶模型 (2~2.5). 在各向异性入射时, 小于 50 keV 的环顶光子谱指数约等于 4, 非常接近薄靶模型的预期, 然而随时间变硬 (4.25~1.25), 足点小于 200 keV 的变硬过程非常明显 (2.2~1.2), 接近于厚靶模型, 而且单幂律趋势要好于环顶. 以上偏振和谱指数的理论计算的视角均为 90°.

参 考 文 献

[1] Ramaty R. Gyrosynchrotron emission and absorption in a magnetoactive plasma. The Astrophysical Journal, 1969, 158: 753-770.

[2] Lin R, Schwartz R, Kane S, Pelling R, Hurley K. Solar hard X-ray microflares. The Astrophysical Journal, 1984, 283: 421-425.

[3] Lin R, Barnes W, Hurley K, Smith D, Pelling R. A search for solar hard X-ray microflares near solar minimum. Bulletin of the American Astronomical Society, 1989, 21: 847-847.

[4] Fleishman G, Yastrebov S. On the harmonic structure of solar radio spikes. Solar Physics 1994, 154: 361-369.

[5] Brown J. The directivity and polarisation of thick target X-ray bremsstrahlung from solar flares. Solar Physics, 1972, 26: 441-459.

[6] Lin R, and 65 colleagues. The Reuven Ramaty high-energy solar spectroscopic imager (RHESSI). Solar Physics, 2002, 210: 3-32.

[7] Ning Z. Microwave and hard X-ray spectral evolution in two solar flares. The Astrophysical Journal, 2007, 659: L69-L72.

[8] Battaglia M, Benz A. Relations between concurrent hard X-ray sources in solar flares. Astronomy Astrophysics, 2006, 456: 751-760.

[9] Ning Z. Speed distributions of merging X-ray sources during chromospheric evaporation in solar flares. Solar Physics, 2012, 273: 81-92.

[10] Ning Z. Chromospheric evaporation in solar flares. EAS Publications Series,2012, 55: 245-249.

[11] Ning Z, Cao W. Investigation of chromospheric evaporation in a neuperttype solar flare. The Astrophysical Journal, 2010, 717: 1232-1242.

[12] Huang G L. Diagnostics of the low-cutoff energy of nonthermal electrons in solar microwave and hard X-ray bursts. Solar Physics, 2009, 257: 323-334.

[13] 宫本健郎. 热核聚变等离子体物理学 (金尚宪译). 北京：科学出版社, 1981.

[14] Melrose D B. Plasma astrophysics. London：Cambridge University Press, 1980.

[15] Sharma R R, Vlahos L. Comparative study of the loss cone-driven instabilities in the low solar corona. Astrophysical Journal, 1984, 280: 405-415.

[16] Landau L D. Journal Physics, 1946, 10, 45-49.

[17] Landau L D. Zh. E. T. F.. 1937, 7: 203-209.

[18] Lee J, Gary, D E. Solar microwave bursts and injection pitch-angle distribution of flare electrons. Astrophysical Journal, 2000, 543: 457-471.

[19] Sakao T, Kosugi T, Masuda S, Yaji K, Inda-Koide M, Makishima K. Characteristics of hard X-ray double sources in impulsive solar flares. Advances in Space Research, 1996, 17: 67-70.

[20] Huang G L. Initial pitch-angle of narrowly beamed electrons injected into a magnetic mirror, formation of trapped and precipitating electron distribution, and asymmetry of hard X-ray and microwave footpoint emissions. New Astronomy, 2007, 12: 483-489.

[21] Veronig A M, Brown J C. A coronal thick-target interpretation of two hard X-ray loop events. Astrophys. J. Lett., 2004, 603: L117-120.

[22] Krucker S, Hurford G J, Mackinnon A L, Shih A Y, Lin R P. Coronal X-ray bremsstrahlung from solar flare accelerated electrons. Astrophys. J. Lett., 2008, 678: L63-66.

[23] Krucker S, Battaglia M, Cargill P J, et al. Hard X-ray emission from the solar corona. The Astronomy and Astrophysics Review, 2008, 16: 155-208.

[24] Petrosian V, Donaghy T Q. On the spatial distribution of hard X-rays from solar flare loops. Astrophys. J., 1999, 527: 945-957.

[25] Stepanov A V, Tsap Y T. Electron whistler interaction in coronal loops and radiation signatures. Sol. Phys., 2002, 211: 135-154.

[26] Petrosian V, Liu S. Stochastic acceleration of electrons and protons. I. Acceleration by parallel-propagating waves, Astrophys. J., 2004, 610: 550-571.

[27] Fletcher L, Martens P C H. A Model for hard X-ray emission from the top of flaring loops. Astrophys. J., 1998, 505: 418-431.

[28] Chen B, Bastian T S. The role of inverse Compton scattering in solar coronal hard X-ray and γ-ray sources, Astrophys. J., 2012, 750: 35-51.

[29] Melnikov V F, Charikov Y E, Kudryavtsev I V. Spatial brightness distribution of hard X-rays along flare loops. Geomagnetism and Aeronomy, 2013, 53: 863-866.

[30] Melnikov V F, Gorbikov S P, Reznikova V E, Shibasaki K. Spatial distribution of relativistic electrons in microwave flare loops, Izv. Akad. Nauk, Ser. Fiz., 2006, 70: 1472-1474.

[31] Reznikova V E, Melnikov V F, Shibasaki K, Gorbikov S P, Pyatakov N P, Myagkova I N, Ji H. 2002 August 24 limb flare loop: Dynamics of microwave brightness distribution, Astrophys. J., 2009, 697: 735-746.

[32] Charikov Y E, Melnikov V F, Kudryavtsev I V. Intensity and polarization of the hard X-ray radiation of solar flares at the top and footpoints of a magnetic loop. Geomagn. Aeron., 2012, 52: 1021-1031.

[33] Melnikov V F, Kudryavtsev I V, Charikov Y E. Directivity of hard X-ray and gamma emissions from a flare loop. Proc. Pulkovo All-Russian Annual Int. Conf. on Solar Physics, Stepanov A V, Nagovitsyn Y A. Eds., St. Petersburg, 2012, 275-278.

[34] Kontar E P, Ratcliffe H, Bian N H. Wave-particle interactions in non-uniform plasma and the interpretation of hard X-ray spectra in solar flares. Astron. Astrophys., 2012, 539: 43-51.

[35] Gorbikov S P, Melnikov V F. Numerical solution of the Fokker-Planck equation for modeling the particle distribution in solar magnetic traps. Mat. Model., 2007, 19: 112-122.

[36] Gluckstern R L, Hull M H. Polarization dependence of the integrated bremsstrahlung cross section. Phys. Rev., 1953, 90: 1030-1035.

[37] Bai T, Ramaty R. Backscatter, anisotropy, and polarization of solar hard X-rays. Astrophys. J., 1978, 219: 705-726.

[38] Gluckstern R L, Hull M H. Polarization dependence of the integrated bremsstrahlung cross section. Phys. Rev., 1953, 90: 1030-1035.

第 4 章　耀斑环中 X 射线辐射的观测和解释

4.1 概　述

太阳 X 射线辐射的研究可以提供关于耀斑环的重要信息, 特别是硬 X 射线辐射谱与高能粒子加速过程有直接的联系. 通常太阳硬 X 射线辐射谱包含热与非热两个分量[1,2]. 相当一部分太阳硬 X 射线耀斑的频谱演化呈现软硬软的特征, 可以反映耀斑加速过程中粒子能谱的演化规律[3−11], 然而也有部分硬 X 射线耀斑的频谱演化呈现软硬硬的特征, 通常可用高能粒子在磁镜中的捕获效应来解释[12−14], 上述工作大多是对全日面观测的总硬 X射线功率谱的研究. 此外, 也有若干论文侧重于硬 X 射线和微波辐射谱的比较研究[15,16].

另外, 具有空间分辨能力的空间观测, 从早期的阳光卫星到近期的 RHESSI 卫星, 进行了有关耀斑环中的 X 射线辐射亮度和频谱的分布演化的研究[17−23]. 经典耀斑模型的观点是, 从环顶上方的磁场重联加速的高能电子注入耀斑环后, 由于磁镜效应分为沉降和捕获两个分量, 前者和光球的致密等离子体发生碰撞而热化, 后者在耀斑环中沿磁力线往返运动最终被热化, 与此同时, 分别由非热的韧致辐射和回旋同步辐射产生相应的 X 射线和微波辐射. 首先注意到的是, 在耀斑环足部经常观测到的时空对应的 X 射线和微波辐射的两个足点源, 从而确认两者是来自同一耀斑加速的非热电子的贡献, 和相应的 X 射线与微波时变曲线联合分析的结果完全一致.

随着观测设备的空间分辨能力的不断提高, 首先在阳光卫星在 X 射线波段发现了在耀斑环顶 (或者在环顶上方) 存在较强的辐射 (即所谓Masuda 耀斑)[17], 认为是环顶上方的磁场重联加速高能电子的证据, 进而 RHESSI 卫星发现在环顶上方更加靠近重联即加速区的日冕源[24]. 在 NoRH 的观测中也发现在耀斑环顶部可能存在较强的微波辐射, 并用耀斑环非热电子投射角的各向异性分布来解释[25]. 注意到 X 射线环顶源通常在较低能量才能被观测到, 也就是说 X 射线的环顶和足点源通常是来自不同能段的观测数据, 而同一频率的微波辐射可在环顶和足点同时被观测到.

文献 [21] 研究了 5 个 RHESSI 卫星观测的硬 X 射线耀斑, 发现环顶和环足均具有软硬软的演化特征, 而且环顶谱总是比环足谱明显的软 (类似结果参考文献 [26]). 进而, 在 26 个 RHESSI 卫星观测的硬 X 射线边缘耀斑的统计研究中, 环顶和环足的平均谱指数分别为 6.84 和 3.35, 并发现环顶和环足的谱指数之间具有反相关的趋势, 然而没有给出物理解释[27,28].

4.2　耀斑环顶部和足点的硬 X 射线辐射的亮度分布[22]

在 RHESSI 卫星的观测数据中挑选了 13 个具有单环结构 (即有一个环顶源和两个环足源) 的爆发事件, 而且主要统计爆发峰值时刻不同源区的辐射谱指数之间的关系. 由于部分事件具有多个峰值, 因而一共有 28 个主峰和次峰可以作为统计的样本. 样本选取的基本原则是: ① 在主峰和次峰可以观测到足够的光子数; ② 在主峰和次峰的观测时段内衰减器的状态维持不变; ③ 在主峰和次峰的观测时段内堆垒 (pileup) 效应和强粒子的影响可以忽略; ④ 不考虑 25 ~ 50 keV 范围内光子计数大于 1000 $s^{-1}detector^{-1}$ 的事件, 其目的也是为了减少堆垒效应. 上述事件的一部分被 RHESSI 卫星核心组成员分析过, 可以视为检验数据处理是否正确的参考[8]. 同时这些爆发事件大多发生在日面的边缘, 因此光球反射 (albedo) 的影响可以忽略. 事件日期、时段和参数可参考文献 [22] 表 1.

作为单环结构一个例子, 图 4.1 给出 2005 年 12 月 4 日的爆发峰值时刻的一个环顶源 (10 ~ 12 keV) 和两个环足源 (33 ~ 37 keV) 的图像, 图中的圆圈标注了下面计算的取值范围 (保证各个源之间没有重叠), 并叠加了环顶源的等值线 (80% 和 90%).

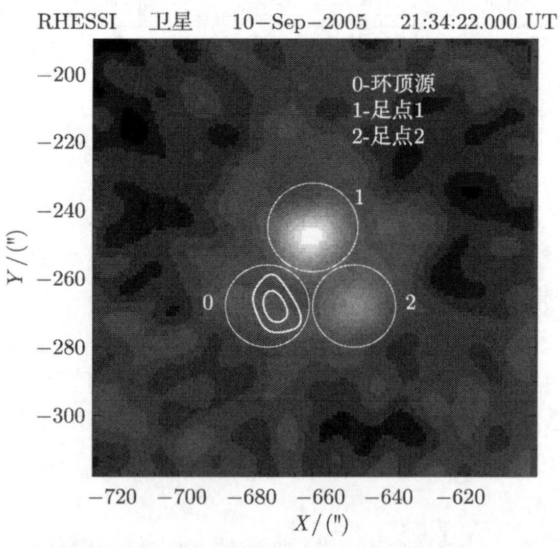

图 4.1　RHESSI 观测的 2005 年 12 月 4 日爆发峰值时刻的环状结构

图 4.2 给出了所选样本 12 keV 的环顶源和 35 keV 的足点源的峰值流量的相关性, 显然, 两者具有非常好的 (置信度 0.01) 的正相关 (相关系数 0.826), 表明环

顶和环足的 X 射线辐射来自不同能段的同源电子 (即由同一耀斑加速形成).

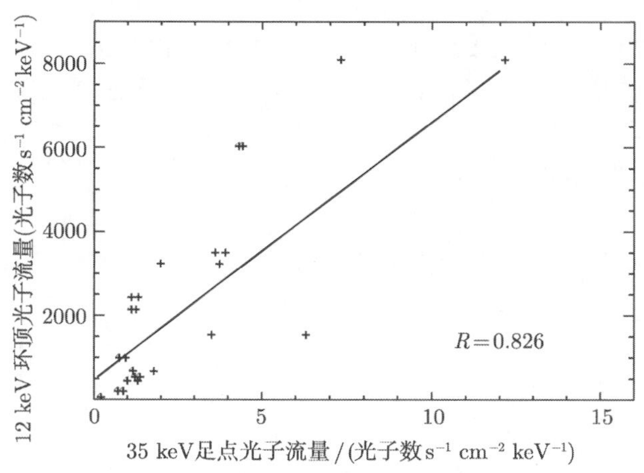

图 4.2 所选样本 12 keV 环顶源和 35 keV 足点源峰值流量的相关性

4.3 耀斑环顶部和足点的硬 X 射线辐射谱指数[22]

采用 RHESSI 标准程序 OSPEX 程序拟合选定源区的光子谱, 环顶 (6~30 keV) 采用热分布加上一个幂律分布, 环足 (30~60 keV) 采用单幂律分布. 图 4.3 给出了所有 28 个样本中环顶源和环足源的光子谱指数之间的相关性, 总体而言, 环顶的谱指数小于环足谱指数 (即环顶谱比环足谱硬, 所有样本均处于图 4.3 对角线上方), 与前人结果一致[21,26−28]. 另外两条与对角线平行的斜线分别表示环顶谱指数和环足谱指数相差 2 和 4, 假设环足源符合标准的厚靶模型, 在相同的电子能谱指数的条件下, 与标准薄靶模型相比辐射谱指数之差为 2. 如果环顶和环足谱指数之差大于 2, 只能用环顶存在热辐射来解释. 由此把全部样本分为两组 (图 4.3 中的 I 和 II), 组 I 表明环顶和环足的辐射机制分别是薄靶和厚靶 (包括环顶辐射为薄靶和厚靶的混合), 组 II 则表明环顶辐射除了薄靶之外还有热辐射的贡献.

最有趣的结果是, 两组样本中组 I 和组 II 分别呈现反相关和正相关, 相关系数分别为 0.865 和 0.665(置信度均达 0.01), 为了进一步分析这一问题, 图 4.4 和图 4.5 分别给出两组样本在环足和环顶的光子流量和谱指数的关系.

图 4.4 指出足点光子流量和谱指数满足反相关, 与经典的厚靶、薄靶和热轫致辐射的预期是一致. 然而图 4.5 中环顶的两组样本的相关性恰好相反, 与图 4.3 的结果相对应, 而且两组样本的分界线都是在环顶谱指数约等于 4.5 附近, 组 I 处在环顶谱指数较小的一侧. 问题是何种物理因素导致组 I 出现光子流量和谱指数正相关. 为此, 采用 RHESSI 软件中给出的薄靶模型计算 18 keV 和 20 keV 的光子流

量和谱指数的理论曲线, 其中, 非热电子能谱指数的取值在 2~7. 关键发现是, 当低能截止较小时, 光子流量总是随谱指数的增大而变小 (即反相关), 然而随着低能截止的增大, 在辐射谱指数较小的一段对应的光子流量逐渐呈现正相关的变化, 而正反相关分界的环顶谱指数与图 4.3 和图 4.5 大体相符, 从而可假设图 4.3 和图 4.5 中组 I 事件的环顶 (捕获电子) 可能存在较大的低能截止, 在薄靶为主的辐射机制下, 可以解释组 I 的反常相关性.

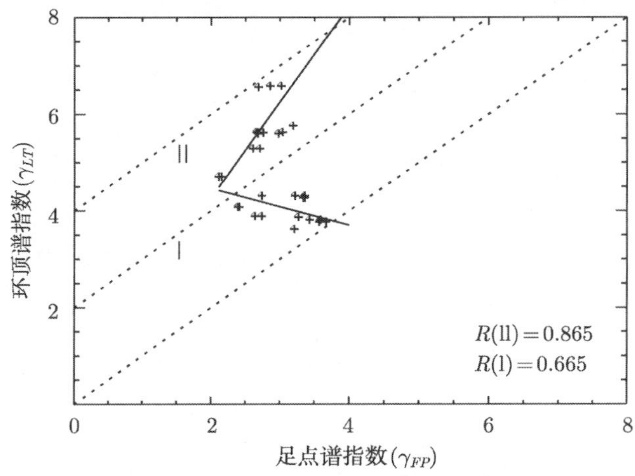

图 4.3　爆发峰值时刻的环顶和环足谱指数的相关分析

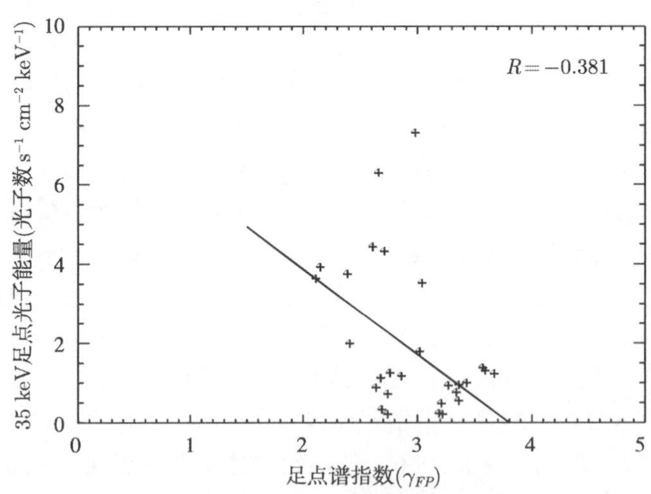

图 4.4　爆发峰值时刻的环足光子流量和谱指数的相关分析

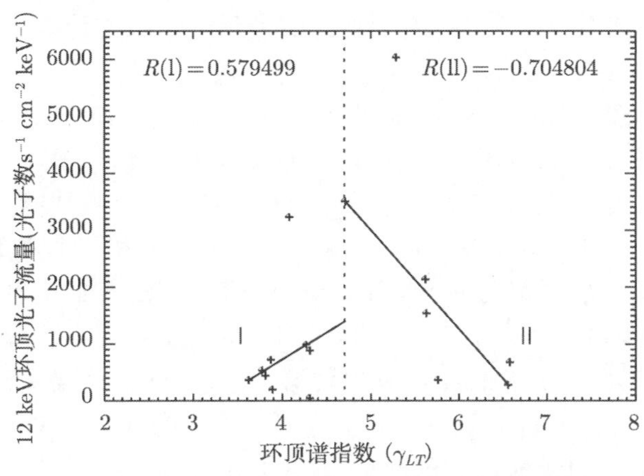

图 4.5 爆发峰值时刻的环顶光子流量和谱指数的相关分析

4.4 硬软硬 —— 新的硬 X 射线谱指数演化特征[23]

因为在具有多峰结构的微波爆发中发现了谱指数演化具有硬软硬的新特征，从而预期硬 X 射线也会出现类似的现象. 为此选取了 2004 年 11 月 3 日由 RHESSI 卫星观测的多峰爆发事件，图 4.6 给出了 12~25 keV、25~50 keV、50~100 keV、100~300 keV 等能量范围的时变曲线，图中的两条垂直虚线之间表示下面进行谱分析的时段. 由于该事件在很宽的能量范围内具有足够多的光子计数，同时 RHESSI 卫星具有高达一个电子伏特的能量分辨率，我们有可能分析不同能段 (20~85 keV 以 5 keV 为间隔) 的辐射谱的演化. 关于用 OSPEX 软件计算谱指数的要点已在 4.3 节介绍，在各个能段均可用单幂律谱进行很好的拟合. 图 4.7 给出以上各能段中心能量的时

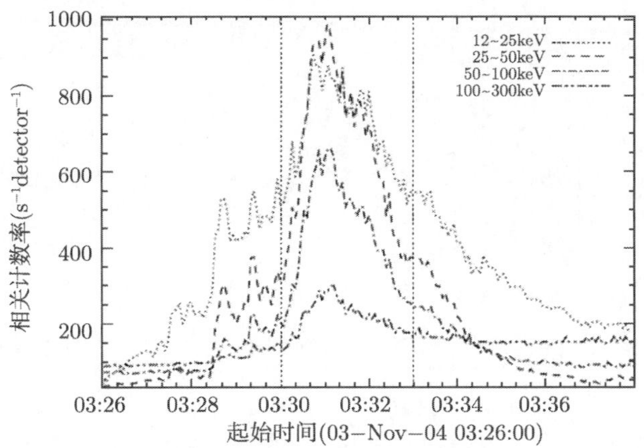

图 4.6 2004 年 11 月 3 日 RHESSI 观测的不同能段的时变曲线

变曲线 (实线) 和谱指数的演化 (用十字符号表示谱指数的计算值并用虚线连接). 进而图 4.8 给出各个能段的光子流量和谱指数的相关分析.

在较低能段 (图 4.7(a) (20~25 keV) 和 (b) (25~30 keV)), 负的谱指数 (每幅图的右方纵坐标) 和光子数之间呈现正相关, 得到的相关系数分别等于 0.659 和 0.472, 即谱演化呈现软硬软的演化过程, 和熟知的硬 X 射线演化规律一致. 然后, 从中间能段开始 (图 4.7(c) (30~40 keV) 和 (d) (50~60 keV)), 时变曲线和谱演化的正相关性逐渐消失 (相关系数分别为 0.250 和 0.080), 然而在较高能段 (图 4.7(e) (60~70 keV) 以及 (f) (70~85 keV)), 时变曲线和谱演化的相关性完全反转, 相关系数分别为 −0.497 和 −0.416, 即谱演化呈现硬软硬这一新的特征. 值得注意的是, 在图 4.7 (e) 和 (f) 中可以清楚地看出, 这种反相关在每一个主峰和子峰都是存在的, 与多峰结构的微波爆发的辐射谱演化完全一致 (参见本书图 2.60). 两者区别在于, 前者的整体演化维持软硬硬的特征, 而后者的整体演化也实现了同样的反转, 同样具备了硬软硬的演化过程.

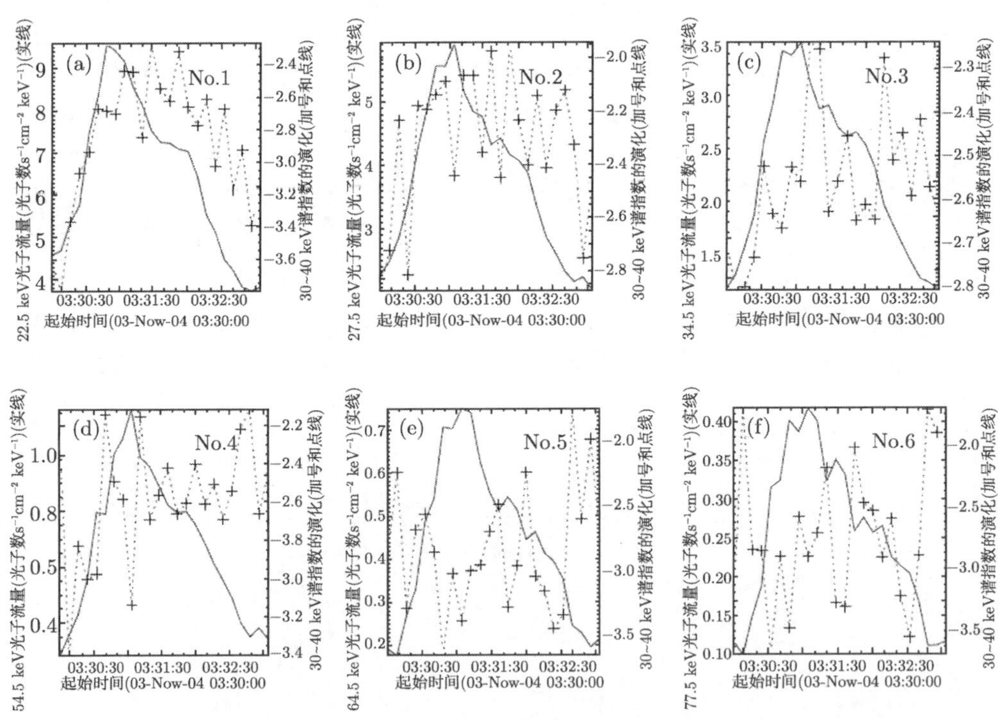

图 4.7 2004 年 11 月 3 日 RHESSI 观测的不同能段的时变曲线和频谱演化

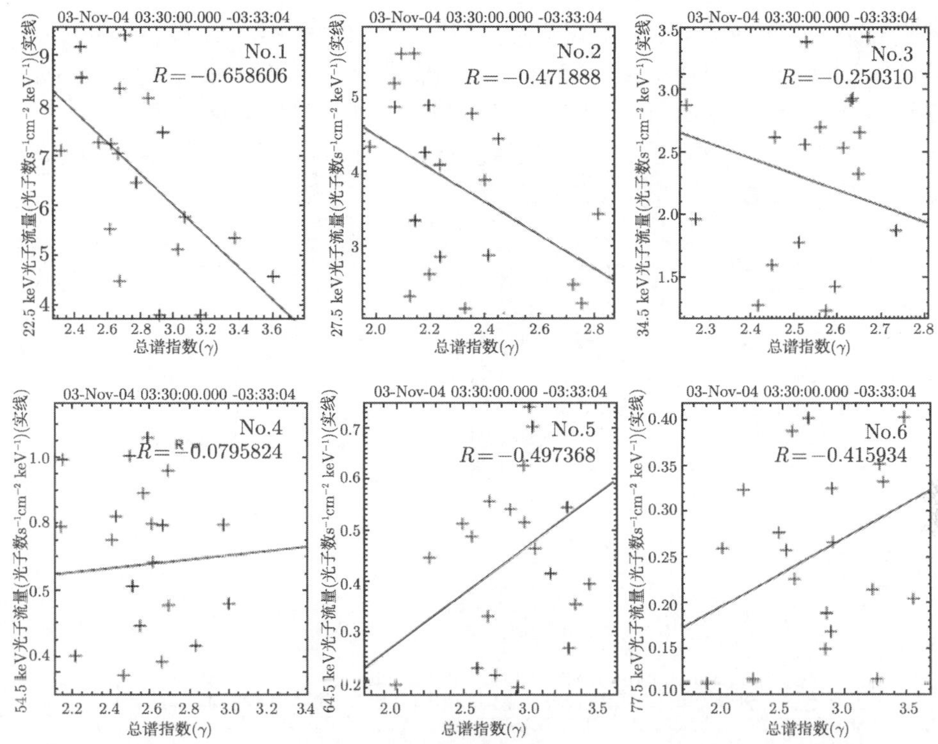

图 4.8 2004 年 11 月 3 日 RHESSI 观测的不同能段光子流量和谱指数的关系

在本节主要参考文献 [23] 中, 提出用回流效应 (return current) 解释硬 X 射线谱演化的硬软硬过程[29], 即由沉降电子经过光球较稠密的等离子体碰撞后, 一部分发生韧致辐射而热化, 另一部分返回冕环形成回流 (理论上的能量限制在 100 keV 以内). 考虑回流电子的贡献后的理论计算表明, 非热电子较低能段的谱变硬, 同时较高能段的谱变软. 由于回流电子数正比于入射电子数, 考虑耀斑的时变规律, 显然会导致低能段辐射的软硬软和高能段辐射的硬软硬, 恰好可以解释图 4.7 和图 4.8 给出的硬 X 射线谱演化随能量变化的规律. 实际上, 还有其他一些物理机制也可解释上述现象.

4.5 硬 X 射线谱指数演化特征对能量的依赖性[30]

从硬 X 射线的上述个例分析发现其频谱演化具有对能量的依赖性, 即硬软硬的特征仅出现在较高能段. 与此同时, 微波辐射谱的演化也具有对频率的依赖性 (参见 2.3.4 节对多个微波爆发事件的分析). 显然, 还需要更多的硬 X 射线耀斑分析证明这一规律的普适性. 因此, 选择了与本书图 2.61 和图 2.62 两个微波爆发同时观测的硬 X 射线耀斑. 图 4.9 给出 2000 年 6 月 10 日由阳光卫星 (Yohkoh/HXT) $M1$、$M2$ 能段的时变曲线, 垂直线条标注了硬 X 射线和微波对应的峰值时刻；图 4.10 给出 2002 年 4 月 10 日由 RHESSI 卫星 27.7 keV、42.7 keV 和 OVSA 在 9.0 GHz、14.0 GHz 观测的时变曲线, 垂直线条标注了硬 X 射线和微波对应的峰值时刻. 以下对两个波段的频谱演化分别进行讨论.

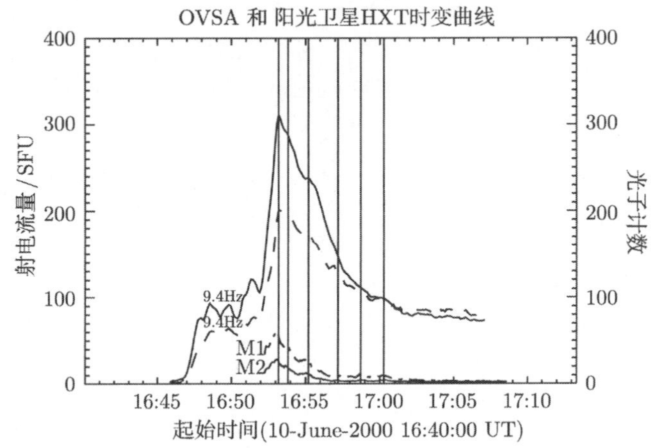

图 4.9　2000 年 6 月 10 日 Yohkoh 和 OVSA 同时观测的时变曲线

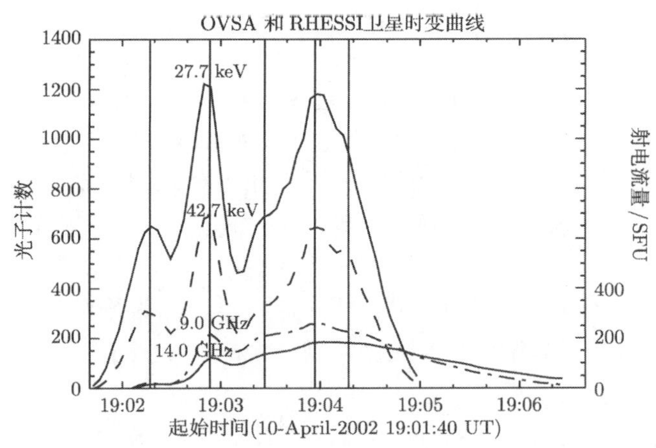

图 4.10　2002 年 4 月 10 日 RHESSI 和 OVSA 同时观测的时变曲线

图 4.11(a) 和 (c) 分别给出了 2000 年 6 月 10 日 Yohkoh/HXT 观测的 $M1$ 能段的时变曲线和 $M1$-$M2$ 能段计算的谱指数演化 (较低能段), (b) 和 (d) 分别给出了该事件的 $M2$ 的时变曲线和 $M2$-H 能段计算的谱指数演化 (较高能段).

从图 4.11 可以看出, $M1$ 能段的时变曲线和 $M1$-$M2$ 能段计算的谱指数演化 (较低能段) 具有明显的正相关, 相关系数为 0.41(置信度 0.01), 表明在较低能段的

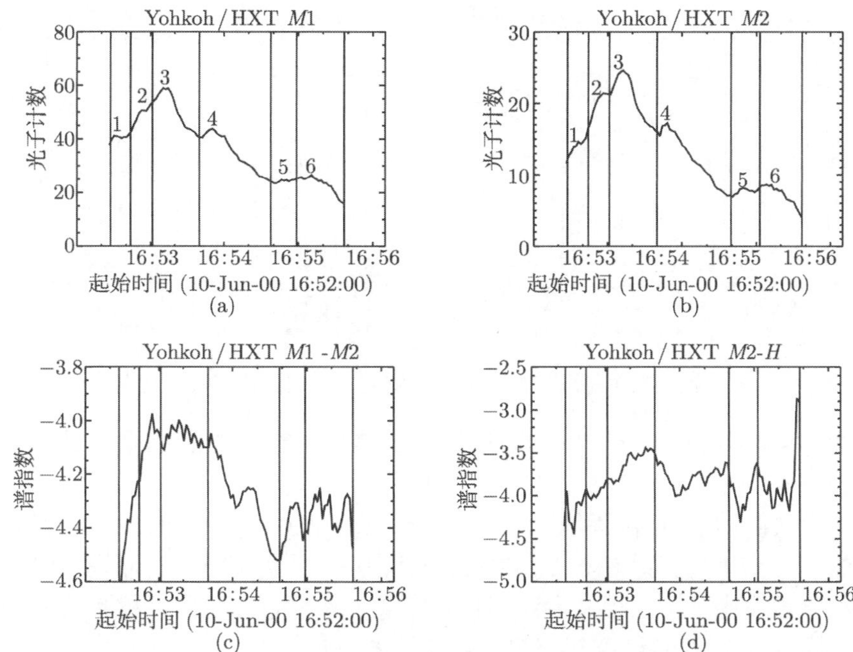

图 4.11 2000 年 6 月 10 日 Yohkoh/HXT 观测的不同能段时变曲线和频谱演化

硬 X 射线频谱演化符合软硬软的特征. 而 $M2$ 能段的时变曲线和 $M2$-H 能段计算的谱指数演化 (较高能段) 具有负的相关性, 相关系数为 -0.19 (置信度 0.05), 样本数为 96. 从而表明较高能段的硬 X 射线频谱演化确实反转为硬软硬的过程, 而且相邻垂直线条之间的各子峰的时变曲线和频谱演化均具有明显的反相关性, 和图 4.7 和图 4.8 中反映的硬 X 射线频谱演化对能量的依赖性完全吻合.

图 4.12(a) 和 (c) 分别给出了 2002 年 4 月 10 日 RHESSI 卫星观测的 22.7~32.7 keV(中心能量 27.7 keV) 的时变曲线和 27.7~42.7 keV 能段计算的谱指数演化 (较低能段), (b) 和 (d) 分别给出了该事件 32.7~52.7 keV (中心能量 42.7 keV) 的时变

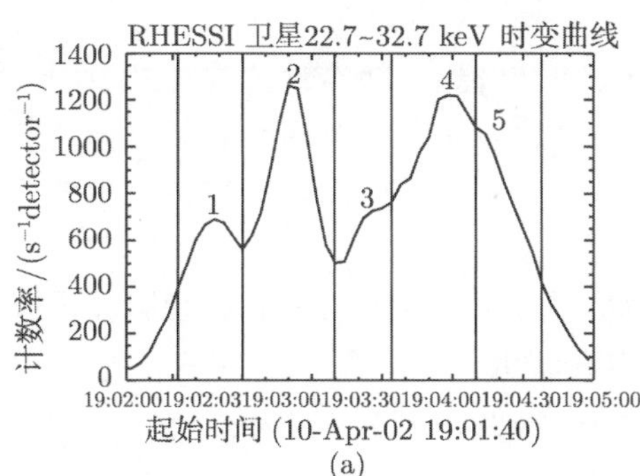

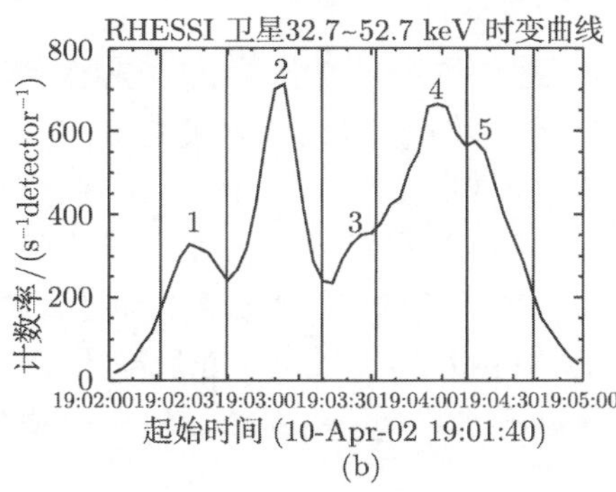

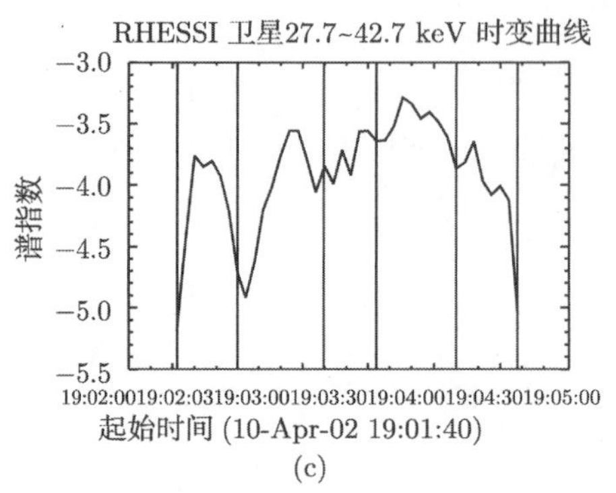

(c)

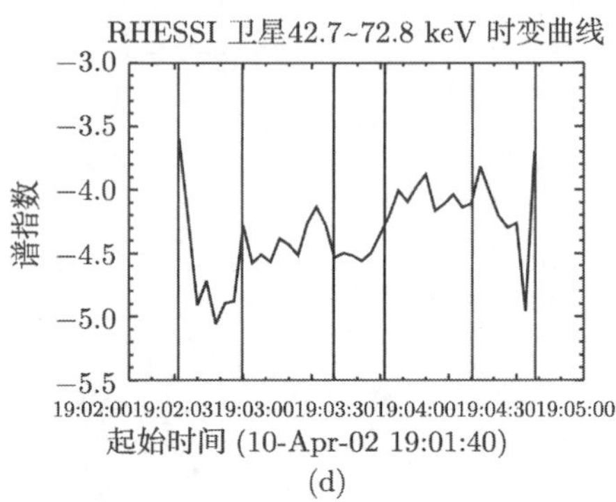

(d)

图 4.12 2002 年 4 月 10 日 RHESSI 卫星观测的不同能段时变曲线和频谱演化

曲线和 42.7~72.8 keV 能段计算的谱指数演化 (较高能段). 上述能段的选择也是按照 Yohkoh/HXT 的四个能段以保持两个事件的可比性.

实际上, 图 4.12 的结果和图 4.11 是完全一致的, 在第二个事件中, 较低能段的时变曲线和频谱演化满足正相关, 相关系数为 0.59(置信度 0.01), 而较高能段的时变曲线和频谱演化满足负相关, 相关系数为 −0.16 (置信度 0.05), 样本数为 45. 从而给出了硬 X 射线频谱演化对能量的依赖性的第三个例证 (包括整体演化和各个子峰的演化). 因而, 我们认为硬 X 射线频谱对能量依赖性可能是普遍存在的.

前面已经涉及微波和硬 X 射线频谱演化中的硬软硬的初步解释, 首先要求短寿命的非热电子准周期注入冕环 (表现为多峰的时变曲线), 对微波而言, 由于捕获效应使入射电子能谱变硬, 在同一能谱的非热电子再次入射时回软, 入射结束后又重新变硬, 如此重复使各个子峰对应的频谱演化产生硬软硬的过程. 对于硬 X 射线, 可能由于回流效应使非热电子能谱 (进而辐射谱) 出现低能段的软硬软和高能段的硬软硬. 实际上类似回流效应的物理机制还有硬 X 射线在光球的反射 (albedo, 详见本书有关低能截止诊断的介绍), 由于反射成分最强的能量在 30~40 keV[31], 由此导致原来的单幂律分布在该能量的强度变大, 即产生低能变硬和高能变软 (类似于回流效应) 的双幂律谱, 同样可以导致辐射谱出现低能段的软硬软和高能段的硬软硬的演化特征.

实际上, 作为同源电子激发的微波和硬 X 射线辐射, 最合理的选择是由同一物理机制解释两个波段的硬软硬特征, 显然, 捕获效应是同时对两个波段都会产生影响的物理机制. 在文献 [32] 中, 采用福克尔–普朗克方程对投射角集中在垂直于磁场的方向 (即具有强捕获效应) 的沉降捕获模型进行了计算, 发现对应的高能段和低能段的硬 X 射线辐射谱演化有显著的时间延迟, 高能段频谱演化和微波是同步的 (均具有硬软硬的特征), 而低能段硬 X 射线辐射谱演化则是通常的软硬软过程, 这样就对于本节介绍的两个波段同时观测的结果给出了自洽的解释.

4.6 硬 X 射线谱指数在耀斑环不同位置的演化[33]

本节试图回答关于微波和硬 X 射线频谱演化在耀斑环不同部位是否存在差异的问题, 特别是, 如果采用捕获效应来解释硬软硬的演化特征, 势必会产生环顶和环足的演化特征具有差异的预期 (环顶捕获效应一般强于环足). 为此, 我们选择 2003 年 10 月 24 日由 NoRH 和 RHESSI 卫星同时观测到的具有环状结构的边缘耀斑, 图 4.13 给出了 SOHO/EIT 的紫外亮环, 并叠加了 SOHO/MDI 磁图的等值线 (实线为 100 G、500 G、1000 G, 点划线为 −100 G、−500 G、−1000 G), 在 (a) 和 (b) 上又分别叠加了 NoRH/34 GHz 亮温度最大值的 0.2、0.4、0.6、0.8 的等值线 (虚线) 和 RHESSI 卫星 15~20 keV (环顶)、35~40 keV (环足) 光子计数最大值的 0.5、0.7、0.9 的等值线 (虚线). 显然, 微波和硬 X 射线的环顶源基本重合在紫外亮度极大处, 但是两个足点的位置和紫外环略有偏差.

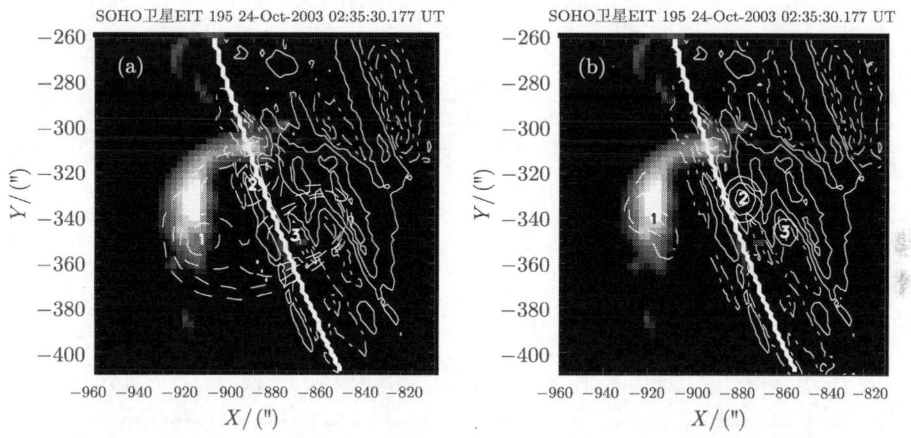

图 4.13 2003 年 10 月 24 日 RHESSI、NoRH、SOHO 同时观测的结果

图 4.14 给出该事件 RHESSI 卫星 12~25 keV、25~50 keV、50~100 keV 的时变曲线, 其中各垂直线标注了各子峰的极大时刻. 以下从图 4.15~ 图 4.17 分别给出环顶和两个环足的不同能段 (12.5~32.5 keV、32.5~52.5 keV、52.5~72.5 keV、72.5~97.5 keV) 光子谱的时变曲线、频谱演化和两者的相关分析.

首先, 无论是在环顶和两个环足的局部谱分析均表明, 硬 X 射线辐射谱演化是从较低能段的正相关 (软硬软) 逐渐反转为较高能段的负相关 (硬软硬), 所有的相关系数和样本数均满足 0.05 以上的置信度, 因而完全支持上述硬 X 射线辐射谱演化对能量依赖性是具有一定普适性的规律.

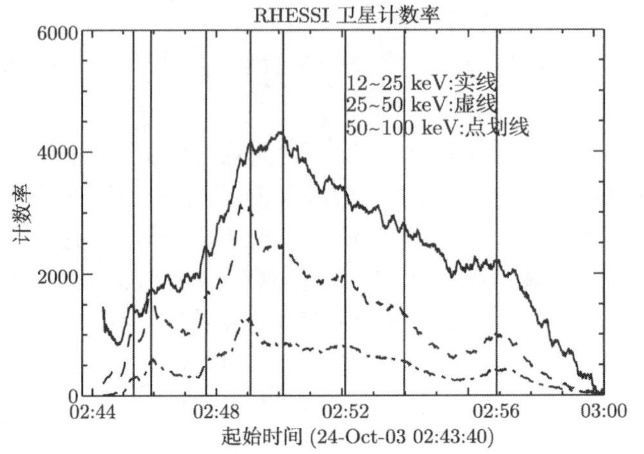

图 4.14　2003 年 10 月 24 日 RHESSI 不同能段的时变曲线

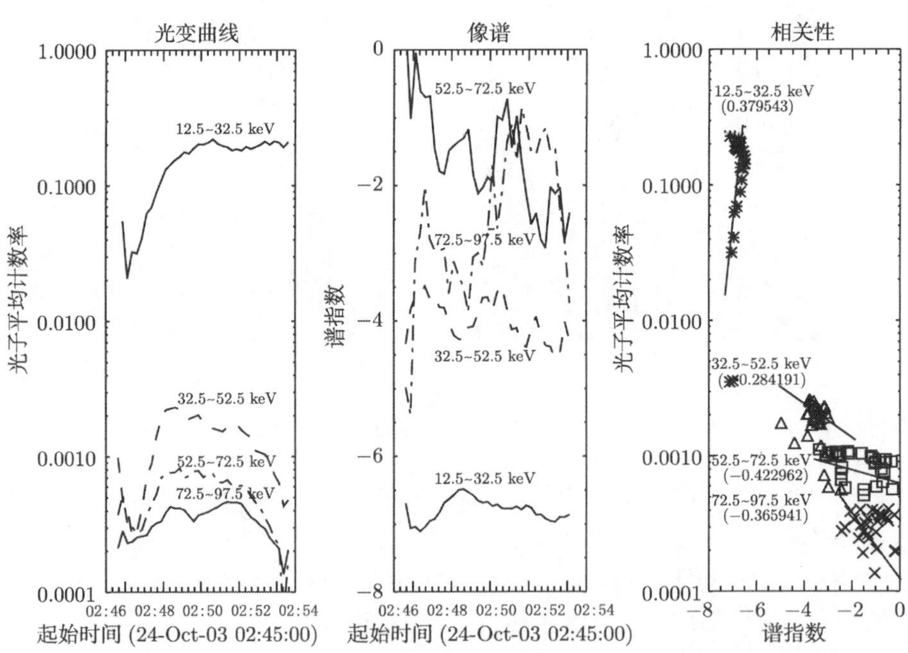

图 4.15　2003 年 10 月 24 日环顶不同能段的时变曲线、频谱演化和相关性

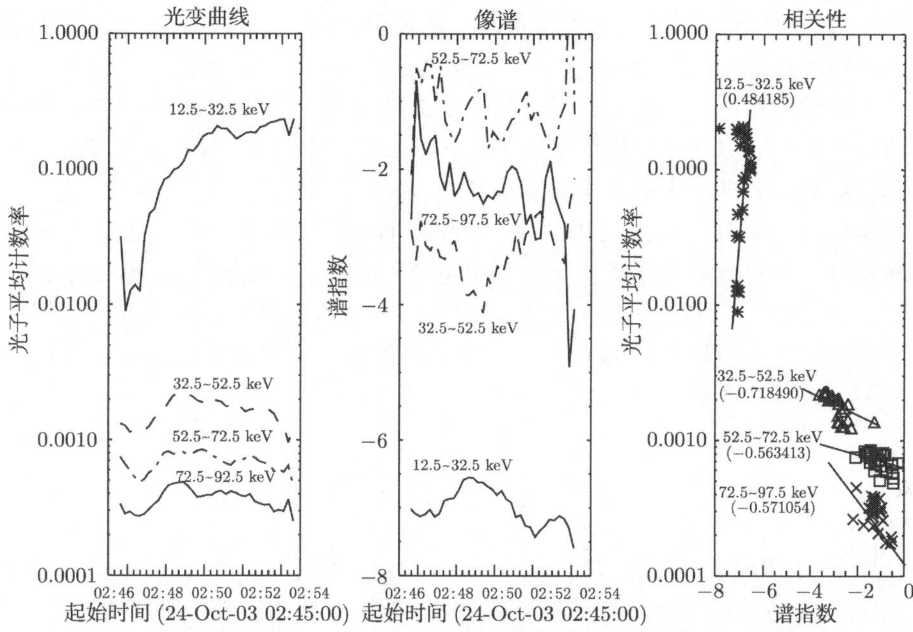

图 4.16　2003 年 10 月 24 日环足 1 不同能段的时变曲线、频谱演化和相关性

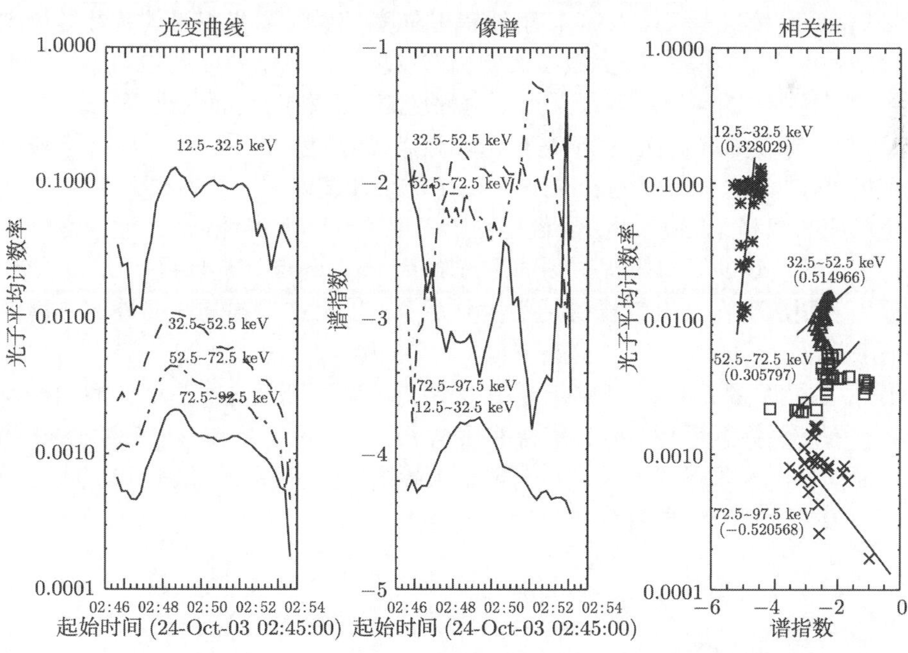

图 4.17　2003 年 10 月 24 日环足 2 不同能段的时变曲线、频谱演化和相关性

更细致的分析可以看出, 环顶和足点 1 都是在 32.5 keV 以上的三个能段实现了从软硬软到硬软硬的反转, 然而在足点 2 则是在最后的一个高能段 (72.5~97.5 keV) 才出现硬软硬的特征. 这就表明环顶和足点 1 的捕获效应强于足点 2, 为何两个足点的捕获效应有明显的差异呢? 我们在本书图 2.66 和图 2.67 对该事件 TRACE 卫星的具有更高空间分辨率的观测图像发现, 本事件并非是一个单环事件, 而是由多个冕环构成环环相互作用的结果, 用一个简单的卡通来描述, 图 4.13 中的 SOHO 紫外环和另一大尺度环碰撞于环顶附近, 同时与小尺度环碰撞于足点 1, 从而形成环顶和足点 1 的显著增亮, 因而足点 1 实际位于小环顶部 (在图 4.13 中也可看到小环的存在), 因此可以理解为何足点 1 也和环顶源一样具有较强的捕获效应和两个波段的硬软硬的频谱演化特征.

4.7 硬 X 射线足点源亮度的不对称性[34]

众所周知, 耀斑环足点的微波和 X 射线辐射分别来自沉降和捕获电子产生的韧致辐射和回旋同步辐射, 因而足点亮度显然是由足点的非热电子密度决定. 早期关于不对称性的研究主要集中在 X 射线波段, 一般是考虑足点磁场的不对称性来解释辐射亮度的不对称性, 即具有较强磁场的足点导致更多电子在到达足点前被反射 (捕获), 从而减少了该足点的 X 射线辐射强度. 例如, 阳光卫星的统计结果大多支持上述观点[35−37], 但是在少数事例中仍然发现了与磁镜效应的预期相反的不对称性[35,38], 更细致的研究还发现足点不对称性随时间和能量而变化等复杂情况, 例如, 不对称性随能量增加而减少, 甚至出现足点辐射的强弱反置[39,40]. 在微波段的研究则相对较少, 这里需要提及的是 NoRH 的统计发现[41,42], 多数事件与 X 射线有时空对应的观测, 有趣的是, 多数事件中出现了双环或多环结构, 通常是一个致密环位于大尺度环的具有较强磁场的足点附近, 小环足点具有较强的 X 射线辐射, 而微波辐射则出现在具有较弱磁场的大环足点. 以上结果都是用简单的磁镜效应所无法解释的.

另外, OVSA 的系列研究表明, 耀斑环足点的微波辐射与非热电子的初始投射角分布有密切的关系[43,44], 而且支持非热电子的初始投射角具有很窄的分布范围, 而非各向同性. 本书在有关电子传输理论中导出了耀斑环中的捕获和沉降电子对给定的初始投射角的分布函数分别为

$$f_1 = C \sin\theta_0 \cos\theta_c \left(\frac{E}{E_0}\right)^{-\delta} \ln\left[\frac{\tan(\theta/2)}{\tan(\theta_c/2)}\right], \tag{4.1}$$

$$f_2 = C \cos\theta_0 \sin\theta_c \left(\frac{E}{E_0}\right)^{-\delta} \ln\left[\frac{\tan(\theta_c/2)}{\tan(\theta/2)}\right], \tag{4.2}$$

$$C = \frac{n}{\left(2\pi\frac{T}{m}\right)^{3/2}\ln\left(\frac{1}{\sin\theta_c}\right)}, \tag{4.3}$$

$$\sin\theta_c = \left(\frac{B_{\min}}{B_{\max}}\right)^{1/2}, \tag{4.4}$$

其中, E_0 为电子所满足的幂律分布中动能的归一化值, 通常取为电子的热能, 归一化常数 C 的表达式 (4.3) 中的 T 和 m 分别表示电子的温度和质量. 从式 (4.1) 和式 (4.2) 可以看出, 捕获粒子数随 θ_c 的减小而增加, 逃逸粒子数则随 θ_c 的减小而减少; 同时, 捕获粒子数随初始投射角 θ_0 的增大而增加, 而逃逸粒子数则随初始投射角 θ_0 的增大而减少. 这些结果用直观的物理分析都是容易理解的.

图 4.18 给出了一个不对称磁环的卡通, 其中, 较强的磁力线 B_2 自然处于较弱磁力线 B_1 之下. 一束非热电子从磁环上方的 P_1 或 P_2 所在的加速区以给定的角度注入磁环.

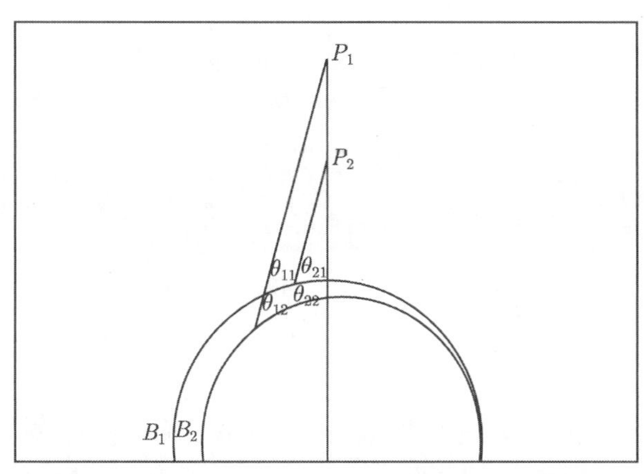

图 4.18 非热电子注入不对称磁环的示意图

显然, 对于给定的加速区高度的入射电子, 其对应较弱磁力线的入射角总是大于较强磁力线的入射角, 即有 $\theta_{11} > \theta_{12}$, $\theta_{21} > \theta_{22}$, 导致较强的磁力线具有更多的沉降电子, 这和磁镜效应导致的结果恰好相反. 注意到上述不同磁力线的入射角的差异随加速区的高度的增加变得更加显著. 在多数情况下, 假设磁场重联产生的加速区位于环顶上方比较近, 由此产生的初始投射角的差异可能不足以抵消不对称磁镜效应的影响. 然而在少数事件中, 假设加速区比环顶高得多, 则可能导致入射角的影响足以抵消不对称磁镜效应的影响.

图 4.19 给出了上述两个尺度不同磁环发生碰撞的卡通, 较大尺度的磁环具有较弱的偶极磁场, 较小尺度的磁环则具有较强的偶极磁场, 两环发生碰撞的部位产生的抗磁电流 (电流片) 应垂直于具有较强磁场的小环, 其感应电场和被加速的电

子应平行于具有较强磁场的小环 (如图 4.19 中的两条线段所示), 表明电子束流沿小环的初始投射角远大于沿大环的对应值. 注入两环的沉降电子密度比为

$$r = \frac{\cos\theta_{01}\sin\theta_{c1}}{\cos\theta_{02}\sin\theta_{c2}}. \tag{4.5}$$

假设小环和大环的磁镜比相差 5 倍, 即 $\sin\theta_{c1}/\sin\theta_{c2} = 0.2$, 这就要求两环不同初始入射角的影响必须足够大, 才能抵消磁镜比的差异, 例如, 我们选取小环和大环的初始投射角分别为 10° 和 88°, 不难算出 $\cos\theta_{01}/\cos\theta_{02} \ll 5.0$, 从式 (4.5) 计算得到注入小环和大环的沉降电子密度值比约等于 5.5, 即小环足点的 X 射线辐射大约比大环足点强 5 倍以上, 从而可以解释图 4.19 中给出的有关双环相互作用的观测特征.

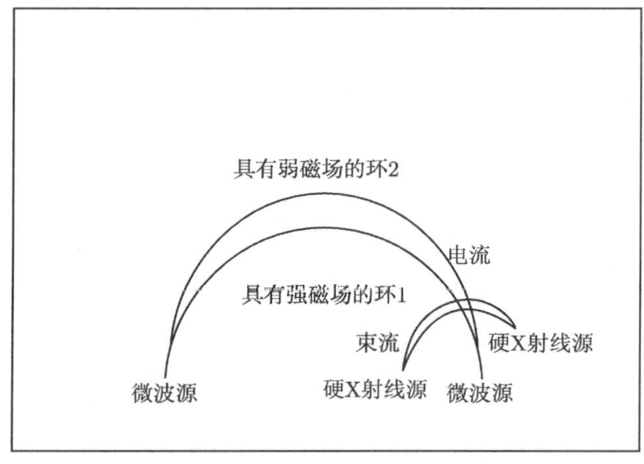

图 4.19　两个尺度不同磁环发生碰撞和辐射的示意图

参 考 文 献

[1] Aschwanden M J. Physics of the Solar Corona. An Introduction. 2004, Chichester, UK, and Springer-Verlag Berlin: Published by Praxis Publishing Ltd.

[2] Dennis B R. Solar hard X-ray bursts. Solar Phys., 1985, 100: 465-490.

[3] Parks G K, Winckler J R. Sixteen-second periodic pulsations observed in the correlated microwave and energetic X-ray emission from a solar flare. Astrophysical Journal, 1969, 155: L117-L120.

[4] Kane S R, Anderson K A. Spectral characteristics of impulsive solar-flare X-rays ⩽10 keV. Astrophysical Journal, 1970, 162: 1003-1018.

[5] Benz A O. Spectral features in solar hard X-ray and radio events and particle acceleration. Astrophysical Journal, 1977, 211: 270-280.

[6] Brown J C, Loran J M. Possible evidence for stochastic acceleration of electrons in solar hard X-ray bursts observed by SMM. Monthly Notices of the Royal Astronomical Society, 1985, 212: 245-255.

[7] Lin R P, Johns C M. Two accelerated electron populations in the 1980 June 27 solar flare. Astrophysical Journal Letters, 1993, 417: L53-L56.

[8] Fletcher L, Hudson H S. Spectral and spatial variations of flare hard X-ray footpoints. Solar Phys., 2002, 210: 307-321.

[9] Hudson H S, F á rn í k F. Spectral variations of flare hard X-rays. In: Solar variability: from core to outer frontiers. The 10th European Solar Physics Meeting, 9-14 September 2002, Prague, Czech Republic. Ed. A Wilson. ESA SP-506, Noordwijk: ESA Publications Division, 2002, 1: 261-264.

[10] Grigis P C, Benz A O. The spectral evolution of impulsive solar X-ray flares. Astronomy and Astrophysics, 2004, 426: 1093-1101.

[11] Grigis P C, Benz A O. Spectral hardening in large solar flares. Astrophysical Journal, 2008, 683: 1180-1191.

[12] Frost K J, Dennis B R. Evidence from hard X-rays for two-stage particle acceleration in a solar flare. Astrophysical Journal, 1971, 165: 655-659.

[13] Cliver E W, Dennis B R, Kiplinger A L, Kane S R, Neidig D F, et al. Solar gradual hard X-ray bursts and associated phenomena. Astrophysical Journal, 1986, 305: 920-935.

[14] Kiplinger A L. Comparative studies of hard X-ray spectral evolution in solar flares with high-energy proton events observed at earth. Astrophysical Journal, 1995, 453: 973-986.

[15] Melnikov V F, Silva A V R. Temporal evolution of solar flare microwave and hard X-ray spectra: evidence for electron spectral dynamics-II. In: Ramaty R, Mandzhavidze N (eds.), High Energy Solar Physics Workshop — Anticipating Hessi, ASP Conf. Ser., 2000, 206: 475-477.

[16] Ning Z. Different behaviors between microwave and hard X-ray spectral hardness in two solar flares. Astrophysical Journal, 1007, 671: L197-L200.

[17] Masuda S, Kosugi T, Hara H, Tsuneta S, Ogawara Y. A loop-top hard X-ray source in a compact solar flare as evidence for magnetic reconnection. Nature, 1994, 371: 495-497.

[18] Petrosian V, Donaghy T Q. On the spatial distribution of hard X-rays from solar flare loops. Astrophysical Journal, 1999, 527: 945-957.

[19] Petrosian V, Donaghy T Q, McTiernan J M. Loop top hard X-ray emission in solar flares: images and statistics. Astrophysical Journal, 2002, 569: 459-473.

[20] Jiang Y W, Liu S, Liu W, Petrosian V. Evolution of the loop-top source of solar flares: heating and cooling processes. Astrophysical Journal, 2006, 638: 1140-1153.

[21] Battaglia M, Benz A O. Relations between concurrent hard X-ray sources in solar flares. Astronomy and Astrophysics, 2006, 456: 751-760.

[22] Shao C, Huang G. Comparative study of solar HXR flare spectra in looptop and footpoint sources. Astrophysical Journal, 2009, 691: 299-305.

[23] Shao C, Huang G. Hard-soft-hard flare spectra and their energy dependence in spectral evolution of a solar hard X-ray flare. Astrophysical Journal Letters, 2009, 694: L162-L165.

[24] Sui L, Holman G D. Evidence for the formation of a large-scale current sheet in a solar flare. Astrophysical Journal, 2003, 596: L251-L254.

[25] Melnikov V F, Shibasaki K, Reznikova V E. Loop-top nonthermal microwave source in extended solar flaring loops. Astrophysical Journal, 2002, 580: L185-L188.

[26] Petrosian V, Liu S. Stochastic acceleration of electrons and protons. I. Acceleration by Parallel-Propagating Waves. Astrophysical Journal, 2004, 610: 550-571.

[27] Liu W, Jiang Y W, Petrosian V, Metcalf T R. A statistical study of limb flares observed by RHESSI: imaging. American Astronomical Society, SPD meeting, Bulletin of the American Astronomical Society, 35: 839.

[28] Liu W, Liu, S, Jiang Y W, Petrosian V. RHESSI observation of chromospheric evaporation. Astrophysical Journal, 2006, 649: 1124-1139.

[29] Zharkova V V, Gordovskyy M. The effect of the electric field induced by precipitating electron beams on hard X-ray photon and mean electron spectra. Astrophysical Journal, 2006, 651: 553-565.

[30] Song Q W, Huang G L, Nakajima H. Co-analysis of solar microwave and hard X-ray spectral evolutions. I. In Two Frequency or Energy Ranges. Astrophysical Journal, 2011, 734: 113-124.

[31] Bai, T, Ramaty, R. Backscatter, anisotropy, and polarization of solar hard X-rays. Astrophysics Journal, 1978, 219: 705-726.

[32] Minoshima T, Yokoyama T, Mitani N. Comparative analysis of nonthermal emissions and electron transport in a solar flare. Astrophysics Journal, 2008, 673: 598-610.

[33] Huang G L, Li J P. Co-analysis of solar microwave and hard X-ray spectral evolutions. II. In Three Sources of a Flaring Loop. Astrophysics Journal, 2011, 740: 46-56.

[34] Huang G L, Song Q W, Huang Y. Statistics of flaring loops observed by the Nobeyama radioheliograph. III. Asymmetry of Two Footpoint Emissions. Astrophysical Journal, 2010, 723: 1806-1816.

[35] Sakao T. Characteristics of solar flare hard X-ray sources as revealed with the Hard X-ray Telescope aboard the Yohkoh satellite. Ph.D. thesis, 1994, University of Tokyo.

[36] Sakao T, Kosugi T, Masuda S, Yaji K, Inda-Koide M, Makishima K. Characteristics of hard X-ray double sources in impulsive solar flares. Advances in Space Research, 1996, 17: 67-70.

[37] Aschwanden M J, Fletcher L, Sakao T, Kosugi T, Hudson H. Deconvolution of directly precipitating and trap-precipitating electrons in solar flare hard X-rays. III.Yohkoh

Hard X-Ray Telescope Data Analysis. Astrophysical Journal, 1999, 517: 977-989.

[38] Asai A, Shimojo M, Isobe H, Morimoto T, Yokoyama T, Shibasaki K, Nakajima H. Periodic acceleration of electrons in the 1998 November 10 solar flare. Astrophysical Journal, 2001, 562: L103-L106.

[39] Siarkowski M, Falewicz R. Variations of the hard X-ray footpoint asymmetry in a solar flare. Astronomy and Astrophysics, 2004, 428: 219-226.

[40] Alexander D, Metcalf T R. Energy dependence of electron trapping in a solar flare. Solar Physics, 2002, 210: 323-340.

[41] Hanaoka Y. Double-loop configuration of solar flares. Solar Physics, 1997, 173: 319-346.

[42] Nishio M, Yaji K, Kosugi T, Nakajima H, Sakurai T. Magnetic field configuration in impulsive solar flares inferred from coaligned microwave/X-ray images. Astrophysical Journal, 1997, 489: 976-991.

[43] Lee J, Gary D E. Solar microwave bursts and injection pitch-angle distribution of flare electrons. Astrophysical Journal, 2000, 543: 457-471.

[44] Gary D E, Hurford G J. Coronal temperature, density, and magnetic field maps of a solar active region using the Owens valley solar array. Astrophysical Journal, 1994, 420: 903-912.

[45] Huang G L. Initial pitch-angle of narrowly beamed electrons injected into a magnetic mirror, formation of trapped nd precipitating electron distribution, and asymmetry of hard X-ray and microwave footpoint emissions. New Astronomy, 2007, 12: 483-489.

第 5 章　用微波和硬 X 射线观测诊断耀斑环物理参数

5.1 概　　述

随着耀斑环研究的不断深入, 基于成熟的理论和观测数据进行耀斑环等离子体参数的诊断已成为耀斑环研究的一个重要组成部分. 在目前的观测条件下, 还无法对太阳大气等离子体参数进行直接测量, 只有通过地面或空间所接收到的不同波段的电磁辐射和对应的理论反演太阳大气等离子体参数. 一般来说, 射电辐射涉及的等离子体参数可以分成三类, 背景等离子体参数 (其中最重要的莫过于日冕磁场以及密度和温度等); 产生辐射的带电粒子 (尤其是产生射电爆发的非热电子) 的密度、谱指数和能量范围 (即低能和高能截止); 射电波属性 (包括频率、波长、传播速度等). 其中, 射电波的频率是可以直接测量的; 进而, 可从对应的等离子体色散方程导出波长和传播速度. 下面首先来讨论日冕磁场的诊断.

太阳活动的能量来源于太阳大气中的磁场, 目前关于太阳磁场的知识主要来源于太阳底层–光球层的谱线测量. 然而, 太阳高层大气–日冕是包括耀斑、日冕物质抛射在内各种太阳爆发的主要起源地. 随着日冕高度的增加, 等离子体密度变得逐渐稀薄, 从而导致光学波段辐射的急剧减弱, 使得我们几乎不可能通过日冕层的光学谱线获取磁场的信息. 同时, 射电辐射是唯一能在整个日冕的不同高度均能进行观测的重要窗口. 其中, 回旋同步辐射、回旋脉塞、回旋共振辐射和吸收等机制均与辐射源区的磁场相关, 通过这些机制的观测响应, 将有可能获取辐射源区磁场的重要信息.

著名太阳射电物理学者 Kundu 在题为射电测量太阳磁场的评述中介绍了利用厘米波段的偏振估算色球上方的活动区磁场, 利用微波段的回旋共振辐射计算活动区上方的日冕磁场强度, 利用回旋谱线测量日冕磁场等方法[1]. 还有用不均匀磁环中的回旋同步辐射诊断耀斑环中的磁场分布[2−4], 利用自由–自由机制产生的微波辐射强度和偏振测量色球和日冕磁场[5], 及利用微波偏振在横向穿越日冕磁场时的变化导出日冕磁图[6]. 此外还有利用各种射电精细结构及其理论反演日冕磁场的许多研究, 在这里就不一一引述了. 早期有关太阳磁场的射电诊断方法还可参考 Gary 和 Keller 的评述论文[7]. 在微波爆发源区磁场的射电诊断方面, Zhou 和 Karlicky[8] 基于 Dulk 和 Marsh[9] 对回旋同步辐射的发射和吸收系数的系列拟合公式, 提出利用回旋同步辐射的流量、谱指数和峰值频率计算磁场和非热电子密度的表达式. 近期 Huang[10,11] 提出增加回旋同步辐射偏振的测量, 可以计算回旋同步辐射与背景磁场的夹角, 即得到日冕磁场在平行和垂直于视线方向的两个分量.

日冕磁场的射电诊断依赖于观测设备的类型. 射电观测可大体分为两类: 动态频谱观测和成像观测. 前者没有空间分辨的能力, 却有较高的时间和频率分辨率, 可获取各种精细结构的信息. 同时, 射电频率和磁场或密度的标高有某种对应关系, 由此可以估计射电源的高度. 因而, 用动态频谱观测可以诊断日冕磁场的强度、演化及其随日冕高度的变化; 成像观测可得到日冕磁场在日冕的二维分布; 利用高空间、高时间和高频率分辨的新一代射电日像仪则有可能实现日冕磁场的三维重构.

耀斑和日冕物质抛射等过程中加速的高能粒子在太阳大气磁能释放中占有相当的份额. 对于磁场重联和加速机制等研究, 高能粒子的诊断无疑是不可或缺的. 微波和硬 X 射线爆发可能由同源的非热电子产生, 分别属于捕获和沉降两个不同分量[12]. 非热回旋同步辐射作为产生微波爆发的主要机制涉及大量未知参数, Huang 等的计算发现, 微波辐射的谱指数取决于相邻频段辐射强度之比, 因而与非热电子密度无关; 而且, 背景等离子体密度、温度、辐射方向, 及非热电子的高能截止等参数对谱指数计算的影响不大. 这样, 仅存的未知参数是背景磁场、非热电子谱指数和低能截止[13]. 如果采用偶极磁场近似[14], 在光球磁场已知的条件下, 只需诊断非热电子谱指数和低能截止. 进而采用美国 OVSA 的高频率分辨观测的微波双幂律谱, 可自洽计算非热电子谱指数和低能截止, 并与 X 射线的诊断结果作比较[15].

5.2 日冕磁场和非热电子密度的诊断

5.2.1 诊断方法

本节侧重讨论射电爆发源区诊断磁场和非热电子密度的基本方法, 其发展过程可大体分为三步.

(1) 考虑均匀磁场下回旋同步辐射的 Dulk 和 Marsh 近似 (在电子谱指数 2~7、回旋频率的谐波数 10~100、传播角 20° ~ 80° 等有限适用范围; 固定的低能截止 10 keV; 发射和吸收系数的拟合误差约 26%; 以及有限尺度的源等)[9], Zhou 和 Karlicky 对给定的传播角, 从可观测的辐射谱指数 (推出电子谱指数)、流量或温度和峰值频率得到磁场和电子密度的解析式. 其中, 采用光学薄的亮温度 (或流量) 的表达式, 以及峰值频率的光学厚度约等于 1 这样两个独立方程[8]:

$$T_{b\nu} \approx \frac{c^2}{k_{\rm B}\nu^2}\eta_\nu L \quad (\tau \ll 1), \tag{5.1}$$

$$\tau_{\nu_{\rm p}} = \kappa_{\nu_{\rm p}} L \approx 1, \tag{5.2}$$

这里, $T_{b\nu}$ 是在给定频率 ν 的亮温度, L 为沿视线 (即观测) 方向的射电源尺度, $\tau_{\nu_{\rm p}}$ 指峰值频率为 $\nu_{\rm p}$ 处的光学厚度 c 为真空光速, $k_{\rm B}$ 为玻尔兹曼常量. 式 (5.1) 和式 (5.2) 中在给定频率 ν 的辐射率 η_ν 和吸收系数 κ_ν 分别为[9]

$$\frac{\eta_\nu}{BN} \approx 3.3 \times 10^{-24-0.52\delta} (\sin\vartheta)^{-0.43+0.65\delta} \left(\frac{\nu}{\nu_B}\right)^{1.22-0.90\delta}, \tag{5.3}$$

$$\frac{\kappa_\nu}{BN} \approx 1.4 \times 10^{-9-0.22\delta} (\sin\vartheta)^{-0.09+0.72\delta} \left(\frac{\nu}{\nu_B}\right)^{-1.30-0.98\delta}, \tag{5.4}$$

其中, B为射电源区的磁场强度, 非热电子密度N是从其单幂律分布在低能截止 E_0 以上的积分所得, δ 为非热电子的能谱指数, ϑ 为磁场和视线 (即电磁波传播方向) 之间的夹角, 电子回旋频率定义为 $\nu_B = 2.8 \times 10^6 B(\mathrm{Hz})$. 把方程 (5.3) 和方程 (5.4) 代入方程 (5.1) 和方程 (5.2), 并在两边取对数后整理得到[10]:

$$\begin{aligned} -(0.30+0.98\delta)\log\left(\frac{\nu}{\nu_B}\right) + \log(NL) &= 2.41 + 0.22\delta \\ +(0.09-0.72\delta)\log(\sin\vartheta) + (1.30+0.98\delta)&\log\nu_{\rm p} - (0.30+0.98\delta)\log\nu, \end{aligned} \tag{5.5}$$

$$\begin{aligned} (0.22+0.90\delta)\log\left(\frac{\nu}{\nu_B}\right) + \log(NL) &= -6.89 + 0.52\delta \\ +(0.43-0.65\delta)\log(\sin\vartheta) &+ \log T_{b\nu} + \log\nu, \end{aligned} \tag{5.6}$$

进而与 Dulk 和 Marsh 近似下的偏振度 r_c 表达式联立[9]:

$$r_c = 1.26 \times 10^{0.035\delta - 0.071\cos\vartheta} \left(\frac{\nu}{\nu_B}\right)^{0.782-0.545\cos\vartheta}, \tag{5.7}$$

导出从可观测的给定频率的亮温度、偏振度、射电流量光学薄辐射谱指数 α(与电子谱指数的近似关系为 $\delta \approx (1.22-\alpha)/0.9$), 以及回旋同步辐射的峰值频率 (亦称为反转频率) 求解日冕磁场B、传播角 ϑ 和非热电子柱密度 (NL) 满足的的三个独立方程[10]. 不难从方程 (5.5) 和方程 (5.6) 消去 $\log(NL)$ 后, 得到磁场和传播角 $(x=\cos\vartheta)$ 所满足的一个方程:

$$\log\left(\frac{\nu}{\nu_B}\right) = \frac{A_1 + 0.5A_2\log(1-x^2)}{A_3}, \tag{5.8}$$

同时把方程 (5.7) 改写为磁场和传播角 $(x=\cos\vartheta)$ 所满足的另一个方程:

$$\log\left(\frac{\nu}{\nu_B}\right) = \frac{A_4 - 0.071x}{0.782-0.545x}, \tag{5.9}$$

最终, 可消去方程 (5.8) 和方程 (5.9) 中的 $\log\left(\frac{\nu}{\nu_B}\right)$, 即唯一含有磁场的项, 导出传播角所满足的非线性方程[16]：

$$0.782A_1-A_3A_4+(0.071A_3-0.545A_1)x+0.5A_2(0.782-0.545x)\log(1-x^2)=0, \quad (5.10)$$

$$A_1=-9.30+0.30\delta+(1.30+0.98\delta)\log\left(\frac{\nu}{\nu_{\rm p}}\right)+\log T_{b\nu}, \quad (5.11)$$

$$A_2=0.34+0.07\delta, \quad (5.12)$$

$$A_3=0.52+0.08\delta, \quad (5.13)$$

$$A_4=0.10+0.035\delta-\log r_c, \quad (5.14)$$

显然, 方程 (5.11)~ 方程 (5.14) 中的系数均由可观测量所决定. 图 5.1 给出从方程 (5.5) 和方程 (5.7) 计算磁场和传播角的一个例子[10]. 图中 $\delta=3.0$, $\frac{\nu}{\nu_{\rm p}}=2.0$, $\log T_{b\nu}=8.0, 8.25, 8.5, 8.75, 9.0$. 从观测到的不同的亮温度和偏振度的等值线交点所对应的横坐标和纵坐标, 可以分别得到谐波系数 (即观测频率和电子回旋频率之比, 由此可得磁场强度) 和传播角的唯一解.

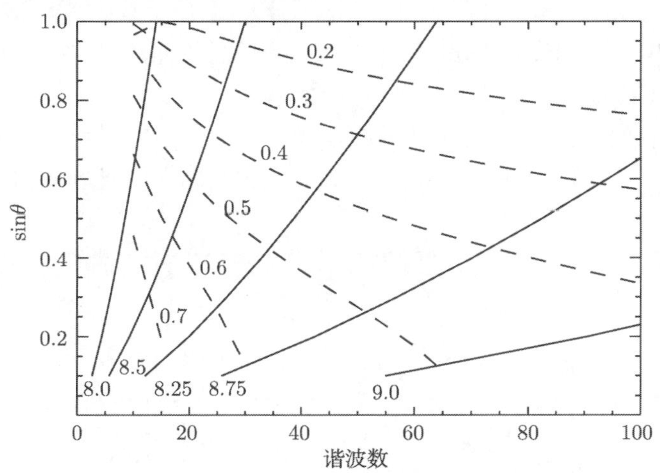

图 5.1 在 Dulk 和 Marsh 近似下求解磁场和传播角的一个例子

同样, 从方程 (5.10) 可求出在一组典型的观测量 $r_c=0.4, 0.5, 0.6$, $T_{b\nu}=0.8\times 10^6$ K, 1.0×10^6 K, 1.2×10^6 K, $\nu_{\rm p}=4.0, 5.0, 6.0$ GHz, $\delta=-2.5, -3.0, -3.5$ 下传播角的唯一解 (参见图 5.2[16]).

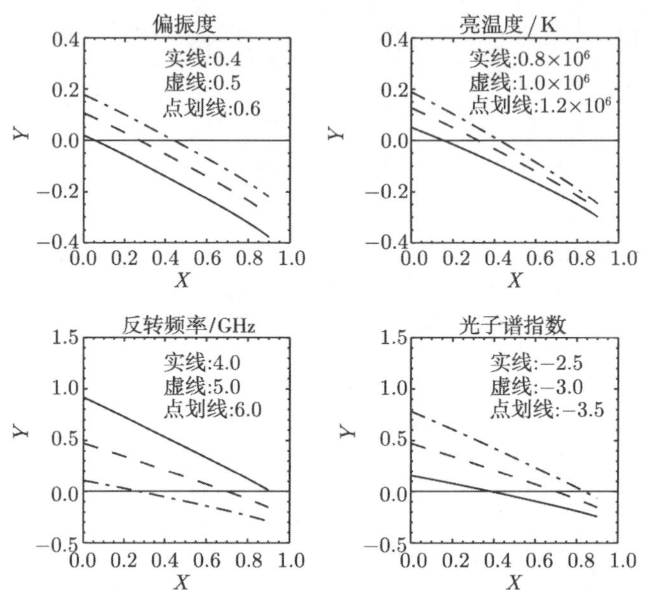

图 5.2　在 Dulk 和 Marsh 近似以及不同的日冕参数下求解传播角

在求解传播角之后, 把结果代入方程 (5.8) 或方程 (5.9), 即可求出磁场强度, 以及磁场在平行和垂直于视线方向的两个分量. 该方法的主要优点是具有磁场、传播角和密度满足的明晰方程, 原则上根据可观测量可求出上述方程的唯一解. 另外该方法的使用条件是必须满足 Dulk 和 Marsh 近似的所有限制条件, 只能在有限的观测参数范围内得到磁场、传播角和密度的唯一解.

(2) 为了克服 Dulk 和 Marsh 对均匀磁场的限制, 必须采用更严格的回旋同步辐射理论. 例如, T. Takakura(1970)[14] 研究了在不均匀偶极磁场下回旋同步辐射的理论:

$$T_{b\nu_{\mp}} = \frac{A\pi e^2 cd}{3k_{\rm B}}(2.8\times10^6 B_0)^{1/3}F_{\nu_{\mp}}, \tag{5.15}$$

$$F_{\nu_{\mp}} = \int \eta_{\nu_{\mp}} s^{-2/3}\exp^{-\sum_{s+1}^{6}\tau_{js}}{\rm d}s, \tag{5.16}$$

$$\eta_{\nu_{\mp}} = \frac{1}{2|\cos\vartheta|}\sum_{n=s+1}\int_{p_{\min}}^{p_{\max}}(a\pm b)^2\frac{(\sqrt{1+p^2}-1)^{-\delta}}{1+p^2}{\rm d}p, \tag{5.17}$$

$$\tau_{js} = \frac{\pi e^2}{m_0 c}\left(\frac{k_{\rm B}T}{m_0c^2}\right)^{s-1}\frac{s^{2s}}{2^s s!}dN\nu(\sin\vartheta)^{2(s-1)}\times n_{\pm}, \tag{5.18}$$

$$n_{\pm} = \frac{(\sin^2\vartheta+2s\cos^2\vartheta\pm\sqrt{\sin^4\vartheta+4s^2\cos^2\vartheta})^2}{\sin^4\vartheta+4s^2\cos^2\vartheta\pm\sin^2\vartheta\sqrt{\sin^4\vartheta+4s^2\cos^2\vartheta}}. \tag{5.19}$$

在式 (5.15)~ 式 (5.19) 中的 $T_{b\nu_\mp}$, $F_{\nu_\mp}$ 和 $\eta_{\nu_\mp}$ 分别表示在给定频率 ν 的亮温度、流量和辐射量；折射率 $n_\pm$ 下标的正负号分别表示正常和反常模；m_0 为单个电子的质量；s为谐波数, 其积分下限由射电频率 ν 和当地的电子回旋频率之比来选取, 即取决于磁场的大小；B_0 表示光球的磁场, d为偶极磁场的空间尺度；N和T分别表示背景等离子体的密度和温度；动量的积分上下限 $p_{\min}$ 和 $p_{\max}$ 分别对应极小和极大能量 $E_{\min}$ 和 $E_{\max}$.

值得注意的是, 辐射谱指数的计算由两个相邻频率的辐射强度决定, 假设这两个频率的辐射是由相同的非热电子分布在类似的等离子体环境中激发, 这样谱指数的计算必然对某些参数的变化不敏感. 事实上, 这些不敏感参数有等离子体密度和温度、非热电子的高能截止及传播角, 这样我们可以取这些参数为固定值 (详细计算参考文献 [13]). 比较敏感的参数有：磁场、非热电子谱指数和低能截止. 给定光球的磁场 (可观测), 对辐射谱作双幂律拟合 (高频段的谱较软), 可得到电子谱指数和低能截止的唯一的数值解, 图 5.3 给出一个计算的实例, 其中, 传播角 $\vartheta = 60°$, 背景温度 $T = 5 \times 10^6$ K, 背景密度 $n = 10^9\ \mathrm{cm}^{-3}$, 高能截止 $E_{\max} = 5$ MeV, 在图 5.3(a) 和图 5.3(b) 中的光球磁场 B_0 分别为 800 G 和 900 G. 辐射的双幂律谱的谱指数分别在 11.2~14.0 GHz 和 14.0~16.4 GHz 范围内拟合而得.

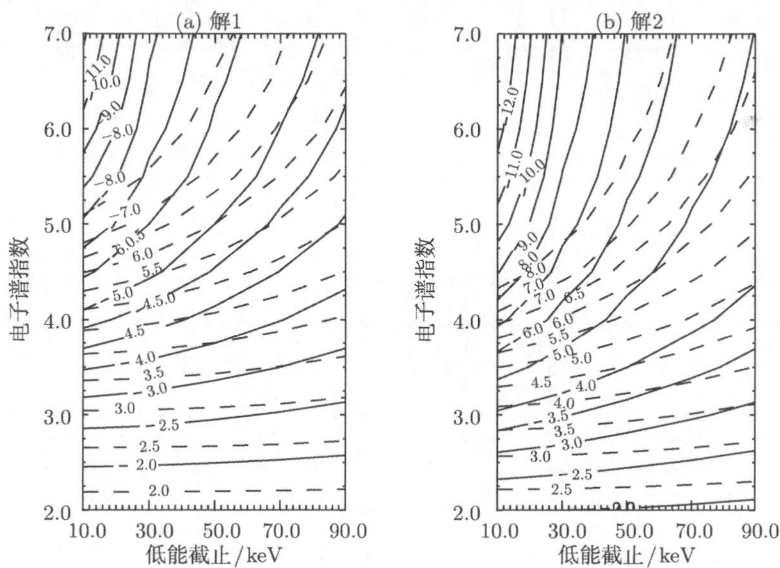

图 5.3 采用 T. Takakura 理论求解电子谱指数和低能截止的一个例子

对于日冕磁场的诊断, 可以从偶极磁场的模型计算出对应的频率 (高度) 的磁场强度. 由于偶极近似和实际磁场分布的差异, 关于射电源的标高和所得到的日冕磁场强度仅有数量级的意义；目前 T. Takakura 理论仅用于低能截止的诊断[15], 有关结果将在本书其他章节中详细介绍.

(3) 目前在太阳射电界广泛使用的在均匀磁场下回旋同步辐射的 R. Ramaty 理论[17], 类似于 T. Takakura 理论的计算证明, 除了选定光子谱指数不敏感的背景电子密度、温度、辐射传播角、高低能截止等参数, 实际上低能截止对辐射谱指数的计算也是不敏感的, 这样利用观测到的光薄区的双幂律谱, 可得到日冕磁场和电子谱指数的唯一解. 进而对导出的磁场和电子谱, 利用可观测的光薄区两个频率的流量求解背景电子流量和传播角. 由此, 原则上可以唯一的诊断上述四个物理量.

图 5.4 表明辐射谱指数的计算对各参数的敏感程度. 显然, 辐射谱指数仅对磁场强度和电子谱指数较为敏感, 这与文献 [13] 的计算结果一致. 其原因在于辐射谱取决于相邻的两个频率的流量比值, 两者对某些参数的依赖程度相同, 由此可理解流量比值对这些参数的不敏感性.

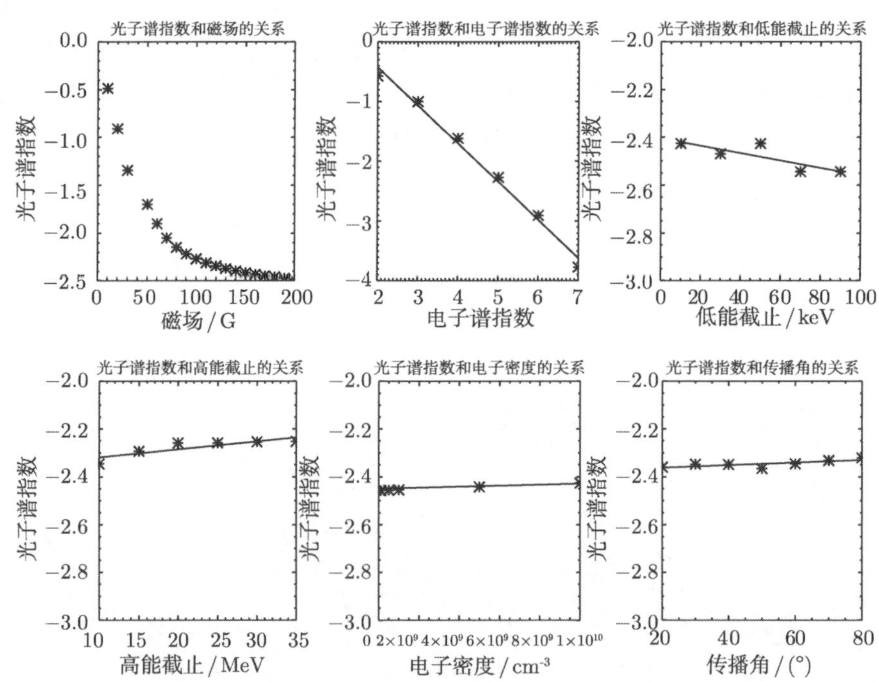

图 5.4 采用 R. Ramaty 理论计算辐射谱指数对各参数的敏感性

作为一个示例, 图 5.5 给出了 OVSA 观测的 2003 年 11 月 1 日事件的不同频率的流量密度演化、峰值前后不同时刻的微波谱、谱指数以及峰值频率的时间演化.

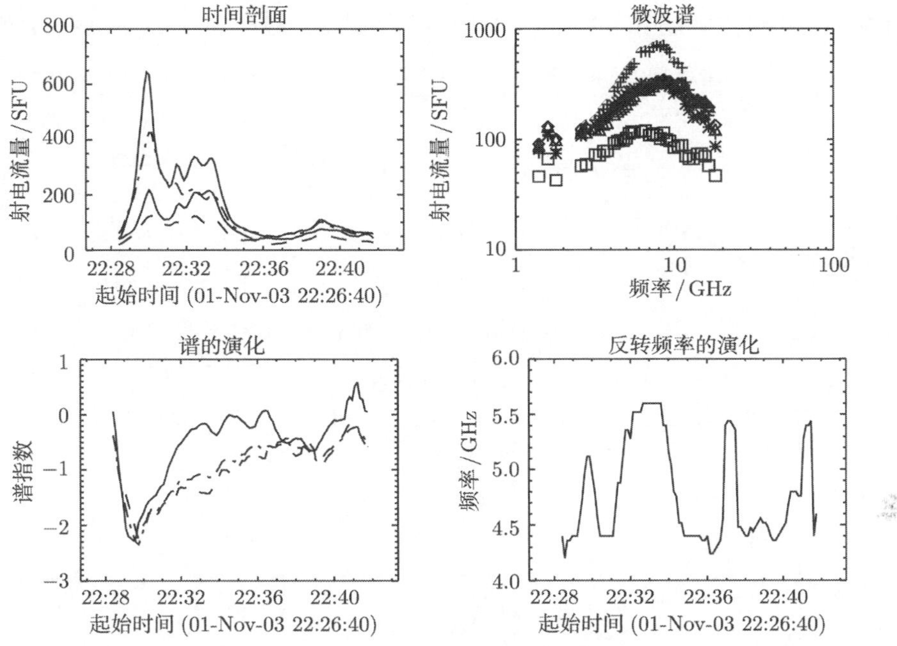

图 5.5 2003 年 11 月 1 日事件的流量、频谱、谱指数和峰值频率演化

图 5.6 对于给定的 $\vartheta = 60°$, $n = 2 \times 10^9\ \mathrm{cm}^{-3}$, $E_{\max} = 20\ \mathrm{MeV}$, $E_{\min} = 20\ \mathrm{keV}$, 双幂律谱的选取则是根据图 5.5 分别在 9~11.2 GHz 和 11.2~18 GHz 范围内的观测拟合, 由此得到电子谱指数和磁场的唯一解 (双幂律谱指数的等值线交点).

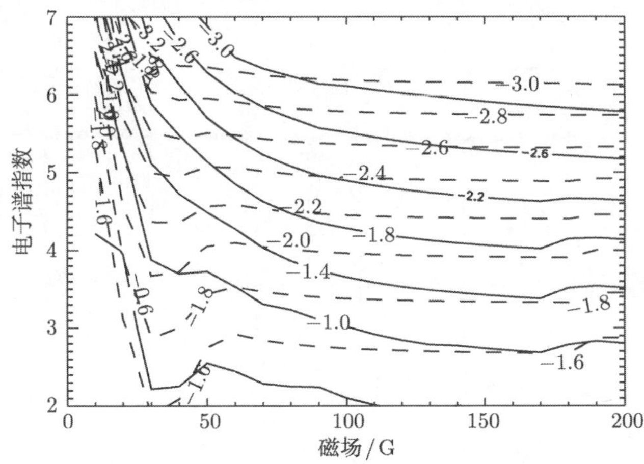

图 5.6 理论和双幂律谱观测求解电子谱指数和日冕磁场的示例

实际上, 在双幂律谱的拟合时, 转折频率的选择具有某种不确定性. 为此可以用

峰值频率和单幂律谱指数来取代, 可从图 5.7 看出峰值频率仅对磁场强度比较敏感.

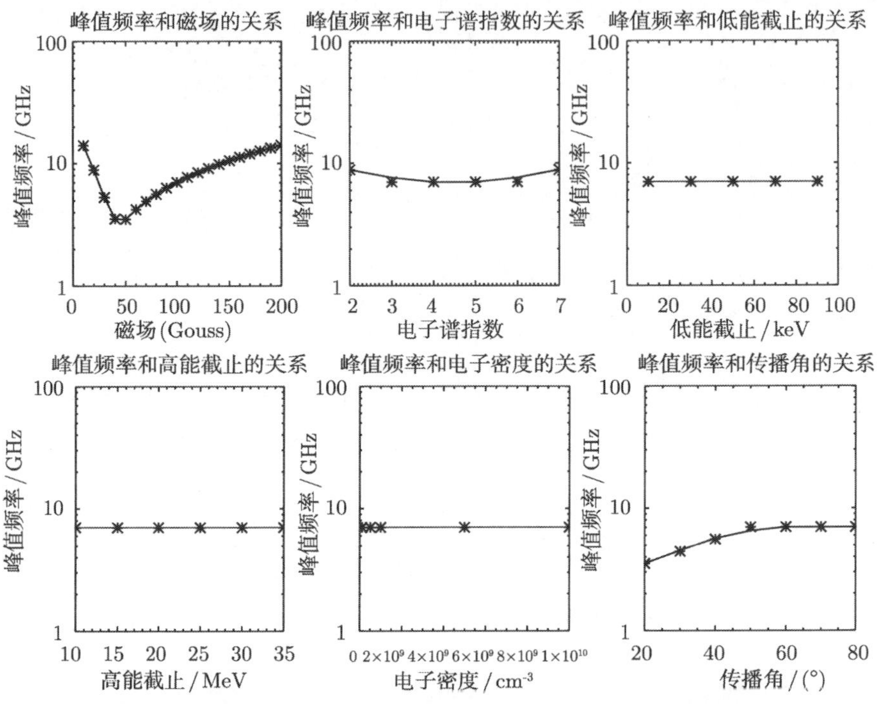

图 5.7 采用 R. Ramaty 理论计算峰值频率对各参数的敏感性

图 5.8 给出理论计算和图 5.5 的观测得到的电子谱指数和磁场的唯一解 (峰值频率和谱指数的等值线交点).

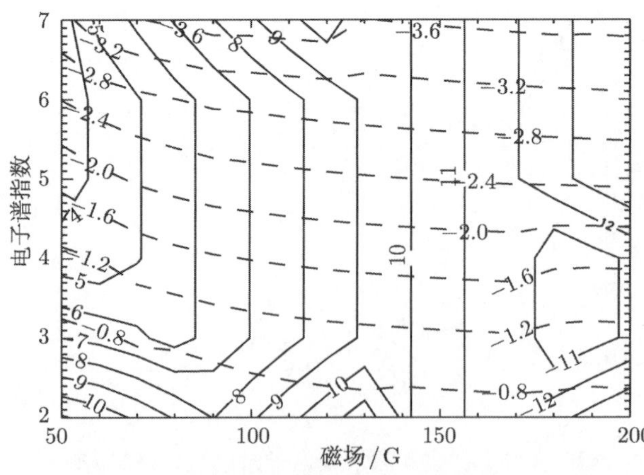

图 5.8 从单幂律谱和峰值频率求解电子谱指数和日冕磁场的示例

注意到微波辐射的流量对磁场强度、电子能谱指数、非热电子密度和传播方向等四个参数较为敏感. 当我们完成了磁场和电子谱指数的诊断之后, 可以进一步用(两个不同频率) 流量诊断非热电子密度和传播方向.

5.2.2 日冕磁场和电子密度的时间演化

利用式 (5.5) 和式 (5.6), 以野边山天文台在 1998 年 11 月 28 日的观测为例, 给出了日冕磁场及其平行和垂直于视线方向的两个分量, 以及电子密度的时变曲线[10]. 图 5.9 给出 NORP 在 1 GHz、2 GHz、3.75 GHz、9.375 GHz、17 GHz、35 GHz 等频率的辐射流量的时变曲线, 图 5.10 是在耀斑不同时刻用以上 6 个频率拟合而得的微波辐射谱, 图 5.11 给出了理论计算得到的总磁场强度、传播角、磁场的平行和垂直分量, 以及电子柱密度的时变曲线.

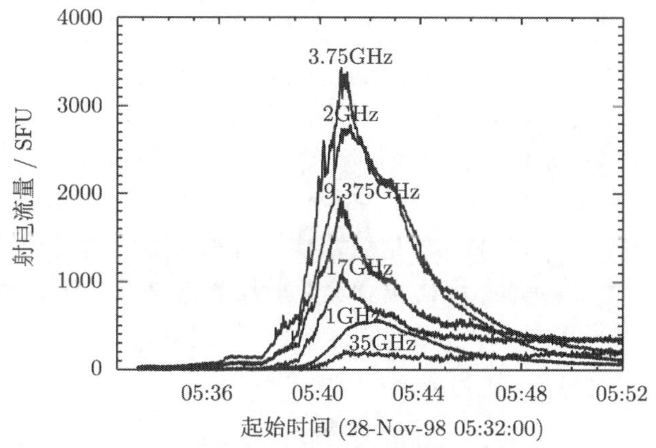

图 5.9 NoRP 在 1998 年 11 月 28 日的微波爆发辐射流量的 1 GHz、2 GHz、3.75 GHz、9.375 GHz、17 GHz、35 GHz 等频率的时变曲线

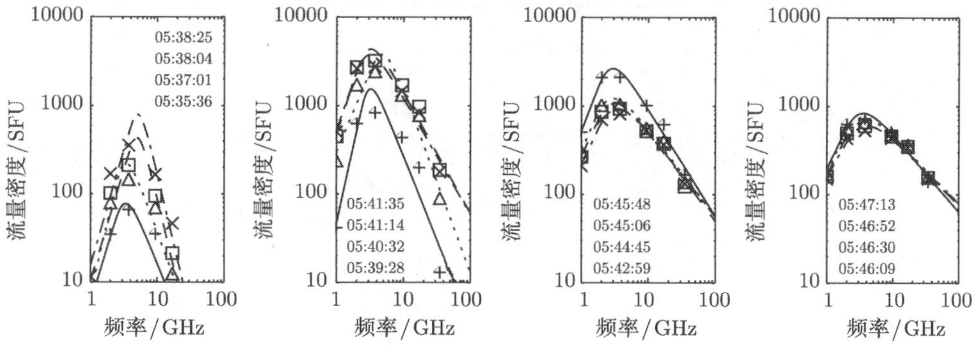

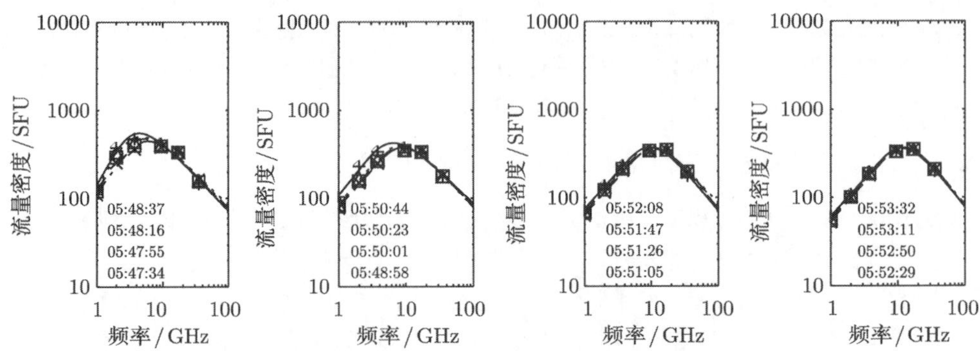

图 5.10　NoRP 在 1998 年 11 月 28 日的微波爆发辐射流量的 1 GHz、2 GHz、3.75 GHz、9.375 GHz、17 GHz、35 GHz 等频率的拟合谱及其时间演化

从图 5.11 可以看出一个明显的趋势, 总的磁场强度和磁场的平行分量 (即纵向磁场) 在爆发过程中随流量的增加而减少, 在爆发峰值处达到极小, 然后逐渐回升, 到爆发结束时恢复到爆发前的值. 这一结果和文献 [8] 中的磁场表达式 (9) 一致, 然而前人从 Dulk 和 Marsh 近似得到过相反的结论. 其原因在于, 上述表达式中磁场和射电流量的关系是复杂的, 还有一些其他的物理量的时变的影响未曾考虑进去 (如电子谱指数和传播角), 不能简单地取其他物理量为固定值讨论磁场和辐射强度的关系. 同样, 也不能简单地认为磁场和流量成反比就是反映磁场随耀斑能量的释放而减小. 另外, 电子密度在爆发上升阶段有一突变, 可能反映了磁场重联引起的粒子加速过程.

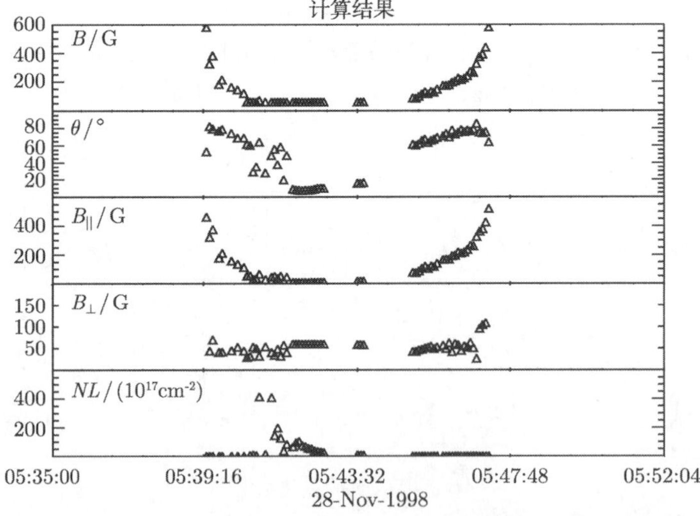

图 5.11　采用 Dulk 和 Marsh 近似在 1998 年 11 月 28 日事件中计算得到的总磁场强度、传播角、磁场的平行和垂直分量及电子柱密度时间演化

5.2.3 日冕磁场和电子密度在日面的二维分布

利用文献 [10] 中介绍的在 Dulk 和 Marsh 近似下的方法, 对野边山天文台在 2004 年 11 月 1 日观测到的另一个事件计算了日冕磁场的二维矢量在日面的分布 (图 5.12), 箭头的垂直分量代表磁场的纵向分量的大小和方向 (向上或者向下), 箭头的水平分量 (始终向右) 代表磁场的横向分量的大小. 图 5.12 中的等值线表示 RHESSI 卫星观测的 25~50keV 的辐射强度, 具有环状结构的分布, 并用文字及方框标明了耀斑环的足点、环顶及中性区的位置. 图 5.12 的 (a)~(d) 分别为耀斑初相、上升相、极大相和衰减相的结果. 由此可以分析在耀斑环不同位置以及日冕磁场的不同分量的时变规律, 将在下节对此进行详细讨论[11].

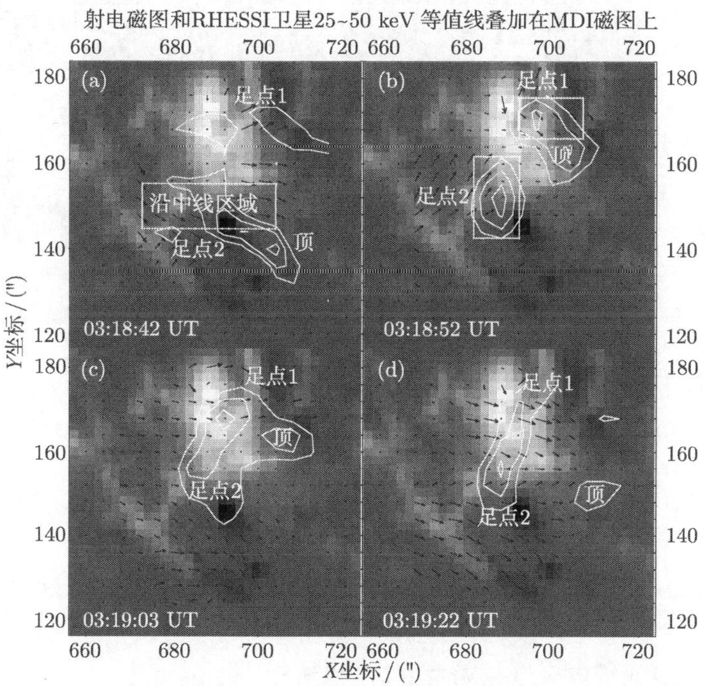

图 5.12 由 Dulk 和 Marsh 近似在 2004 年 11 月 1 日事件中计算得到的二维磁场矢量和 25~50keV 等值线叠加在 MDI 磁图上

同样可以用 Dulk 和 Marsh 近似下的方法计算电子密度在日冕的二维分布, 结果参见图 5.13. 其中, 虚线的等值线为 NoRH 17 GHz 和 34 GHz 亮温度计算得到的谱指数, 实线的等值线为电子密度, 背景为 RHESSI 卫星观测的 25~50 keV 的辐射强度的分布. 从图 5.13 可以明显看出, 电子密度在耀斑极大时刻比较集中在磁环顶部, 而且环顶的辐射谱指数明显小 (硬) 于环足[11].

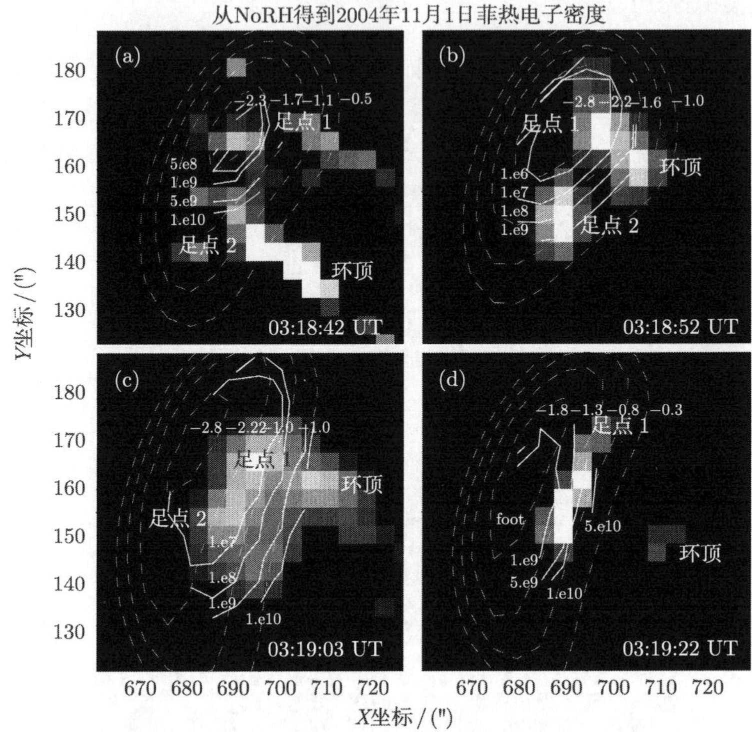

图 5.13　由 Dulk 和 Marsh 近似在 2004 年 11 月 1 日事件中计算得到的电子密度和辐射谱指数等值线叠加在 25~50keV 辐射强度图上

由于 NoRH 仅有两个频率的观测, 所得到的辐射谱指数有较大的误差, 也无法得到峰值频率在耀斑不同位置的分布 (只能借助于偏振计的全日面测量的数据), 因此还需要建立多频成像的新一代观测设备 (如 FASR, CSRH 等), 才能解决上述困难.

5.2.4　日冕磁场的横向分量在磁中性区的突变

下面采用 5.2.3 节的计算结果分析耀斑环不同位置以及日冕磁场的不同分量的时变规律. 图 5.14(a) 是在耀斑环的两个足点 (参见图 5.12 中的相应方框所标注的范围) 的纵向磁场和传播角 (在方框内的平均值) 的时变规律. 显然, 纵向磁场在足点 1 为正值, 而在足点 2 为负值, 这与光球磁场 (MDI) 的极性基本一致. 纵向磁场在足点 1 与辐射强度成正比, 但在足点 2 则呈现持续增长的趋势, 进一步说明磁场和辐射强度之间并没有简单的关系.

图 5.14(b) 给出了磁场的横向分量在图 5.12 中的相应方框所标注的磁中性区域中的平均值, 及其与横向分量在整个爆发源区内的平均值的比较, 尽管两者的变

化规律相似, 但前者的大小和变化范围超过后者一个数量级 (前者从几十高斯突变至上千高斯, 后者始终在几十高斯附近变化).

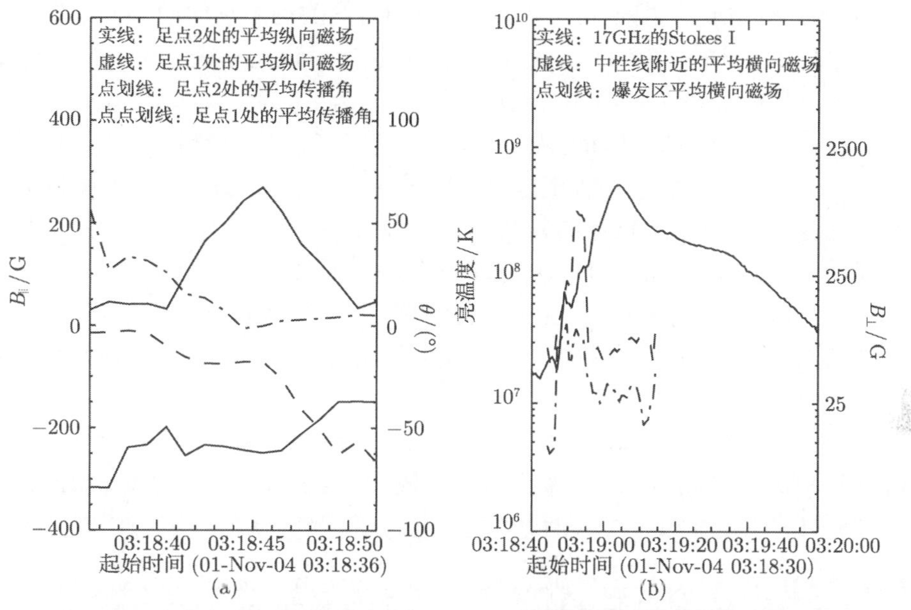

图 5.14 由 Dulk 和 Marsh 近似在 2004 年 11 月 1 日事件中计算得到的日冕磁场的不同分量在不同位置的时变规律

更重要的是, 横向磁场突变的时间发生在耀斑的前相, 对应于 Ji 等在该事件中发现的 RHESSI 卫星 25~50 keV 辐射强度的第一个峰值 (在主峰之前), 同时对应于耀斑环剪切角减小最快的时刻[18]. 众所周知, 耀斑能量更多与磁场的横向分量有关, 同时剪切角的减小也是磁能释放的一个重要标志. 因此, 上述结果可能提供磁场重联导致磁能释放的证据[11].

5.2.5 日冕磁场的纵向分量和横向分量的比较

和耀斑演化的时间尺度相比, 光球磁场的变化通常较慢, 但在太阳爆发期间仍有观测发现光球磁场的快速变化可能与日冕磁场的重构有关[19], 光球磁场的快速变化与耀斑感应的谱线轮廓的快速变化相关[20−22], 表明在耀斑期间确实发生了磁场的不可逆转的变化. 近年来, 寻找和解释与耀斑关联的磁场的变化成为太阳物理研究的热点.

Wang 等发现了磁通快速上浮的明确例证, 发现横向磁场的增长发生在耀斑环的中部[23]. Hundson 等的理论预期耀斑能量释放所需要的日冕磁场的变化会产生对光球乃至太阳内部的洛伦兹力, 其结果使光球磁场变得更加水平, 这一预期得到观测的证实[24−26]. 进一步观测还表明光球磁场会变得更加剪切和倾斜[27].

然而, 上述关于日冕磁场和光球相互作用的理论基于准静态过程的分析, 还不能准确反映日冕磁场能量的释放和由此导致的日冕磁场的重构的快变过程, 同时, 光学观测的时间分辨率仍不能提供由上述相互作用导致光球磁场快变的准确数据.

另外, 日冕磁场 (特别是矢量磁场) 还没有直接测量的手段, 用光球磁场外推只能大体反映日冕磁场的走势和分布, 并没有包含日冕磁场 (包括电流) 和光球相互作用的因素, 因而不可能解决耀斑过程中日冕磁场演化的问题. 上述日冕磁场的射电诊断方法基于射电辐射机制的判断, 若该判断无误且能保证反演结果的唯一性, 耀斑中磁场必然随辐射亮度而快速变化, 可以在一定程度上和光学研究互为补充.

下面给出利用上述 Dulk 和 Marsh 近似在 2001 年 9 月 25 日耀斑中计算得到的日冕磁场的横向和纵向分量的时变规律的比较. 图 5.15(a)~(d) 分别是在耀斑不同阶段的 NoRH 的 17 GHz 和 34 GHz 亮温度 (分别为实线和虚线), 及 17 GHz 偏振度 (点划) 等值线叠加在MDI 磁图, 34 GHz 亮温度 (实线) 和计算的总磁场强度 (点划) 的等值线叠加在 17 GHz 亮温度分布图, 34 GHz 亮温度 (实线) 和计算的传播角 (点划) 等值线叠加在 17 GHz 亮温度分布图, 及 34 GHz 亮温度 (实线) 和计

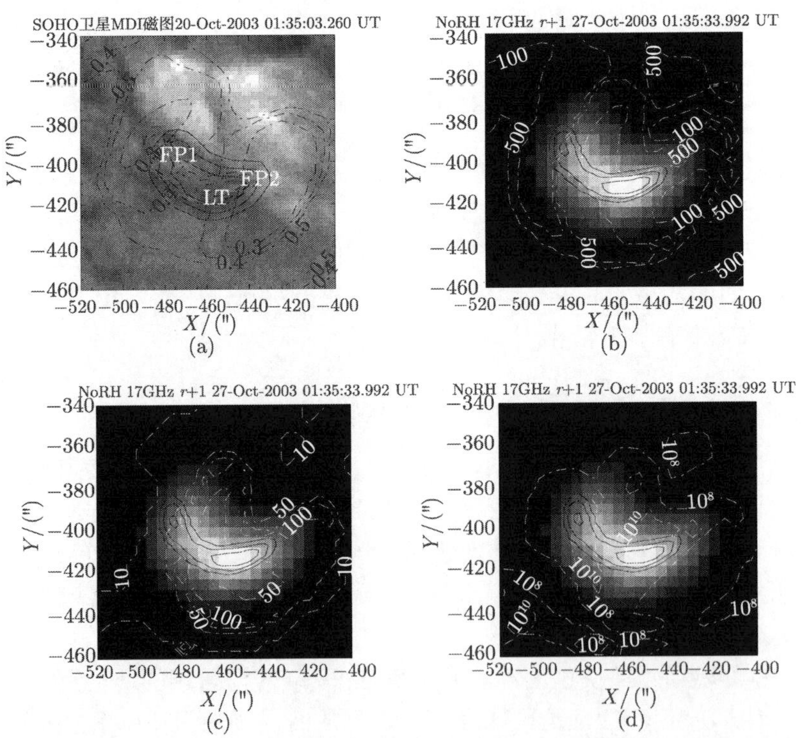

图 5.15 NoRH 在 2003 年 10 月 27 日事件中的观测和计算分布图

算的电子密度 (点划) 的等值线叠加在 17 GHz 亮温度分布图, 并用英文缩写标注了环顶 (LT) 和两个足点 (FP1 和 FP2) 的位置. 显然, 该事件是一个典型的亮度均匀分布的微波耀斑环.

图 5.16(a)~ 图 5.16(d) 分别给出了耀斑环的环顶和两个足点的 17 GHz 和 34 GHz 亮温度的时变曲线, 和 17 GHz 的偏振度的时变曲线, 以及从 17 GHz 和 34 GHz 亮温度分布计算得到的辐射谱指数的时变曲线, 表明这是一个简单的脉冲型微波爆发事件.

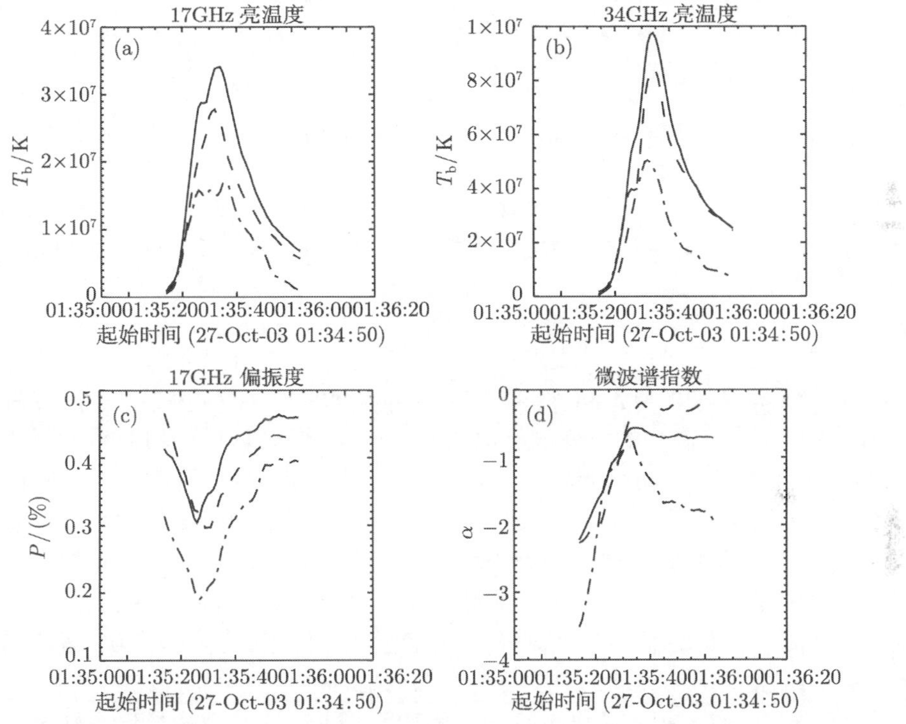

图 5.16 由 NoRH 观测到的在 2003 年 10 月 27 日事件中的 17 GHz 和 34 GHz 亮温度、17 GHz 偏振度和谱指数在不同位置的时变曲线 (实线、虚线和点划线分别表示环顶、足点 1 和足点 2)

图 5.17(a)~(f) 分别给出了耀斑环的环顶和两个足点的传播角、总磁场强度及其横向和纵向分量、两个分量之比以及电子密度的时变曲线.

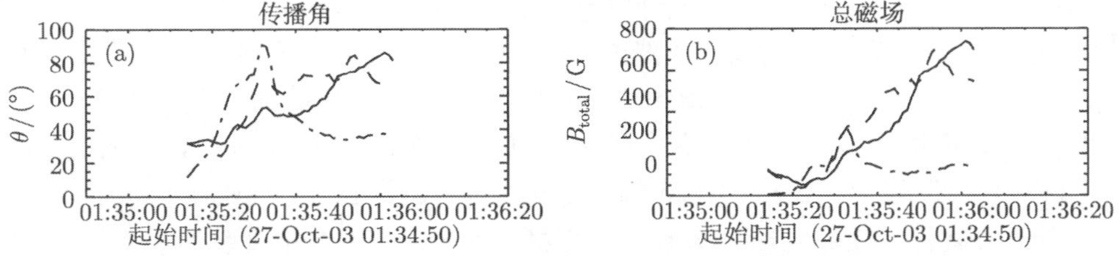

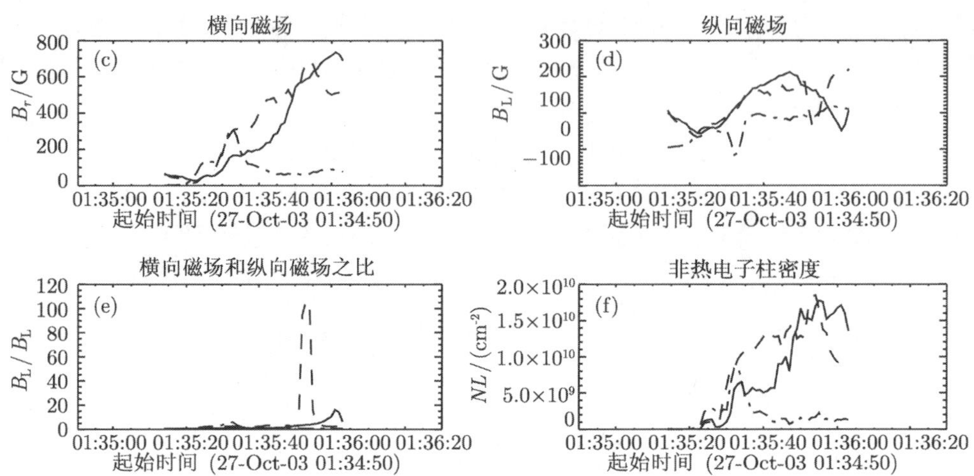

图 5.17　由 Dulk 和 Marsh 近似在 2003 年 10 月 27 日事件中计算的传播角、磁场及其不同分量、两者之比和电子密度在不同位置的时变曲线 (实线、虚线和点划线分别表示环顶、足点 1 和足点 2)

可以把图 5.15～ 图 5.17 表现的 2003 年 10 月 27 日事件的主要特征归纳如下: ① 作为一个典型的脉冲事件, 耀斑环不同位置的 17 GHz 偏振度的时变总是和 17 GHz、34 GHz 亮温度的时变成反比关系, 环顶和两个环足的相关系数分别等于 −0.376、−0.903 和 −0.582 (置信度超过 0.05). 耀斑环不同位置的辐射谱演化呈现出典型的软硬软或软硬硬的关系. ② 耀斑环不同位置的横向磁场的大小和变化范围均明显大于对应的纵向磁场的大小和变化范围. ③ 耀斑环不同位置的横向磁场的大小从耀斑初期的几十高斯上升到几百甚至上千高斯, 在环顶和足点 1 在耀斑衰减相达到极大, 在足点 2 在耀斑峰值时刻达到极大, 然后横向磁场快速下降. ④ 耀斑环不同位置的纵向磁场的时变总是和横向磁场的时变呈现反比的关系, 相关系数分别等于 −0.307、−0.456 和 −0.801 (置信度超过 0.05). ⑤ 耀斑环不同位置的电子密度快速增长一个量级以上, 而且总是和横向磁场的时变保持正比的关系, 相关系数分别等于 0.979、0.980 和 0.978(置信度超过 0.01).

显然, 在该事件中日冕横向磁场的射电诊断结果和上面介绍的光学观测和理论研究的结果是基本一致的, 但仍然有细微的区别: ① 射电诊断的磁场可达到的极大值可能远大于其初值, 而在光学观测的结果通常是极大值小于其初值; 后者表明耀斑释放的能量只是光球磁场自由能的一小部分, 而日冕磁场的重构则完全是耀斑能量释放的对应物, 由此不难理解上述差异. ② 光球磁场的变化通常是永久性或者不可逆转的, 而射电诊断的磁场变化通常呈现脉冲的特征, 即与射电爆发的时间轮廓有某种对应关系. 这里需要强调的是, 射电辐射对磁场强度、传播角 (代表磁场方向)、电子密度和谱指数等四个参数最为敏感, 而这四个参数的变化是相对独立的,由此产生的射电辐射 (射电爆发的时间轮廓) 和反演参数之间不可能具有简单或者一一对应的关系.

还有一点需要说明, 日冕磁场的射电诊断依赖于射电辐射机制, 非热回旋同步机制仅适用于射电爆发的辐射, 而当爆发结束后的磁场反演就不能继续采用该机制; 因此上述计算的磁场只能在射电爆发脉冲相期间有效.

5.2.6 磁场诊断与观测参数的关系

为了仔细分析观测到的 17 GHz 的亮温度和偏振、由 17 GHz 和 34 GHz 亮温度计算得到的谱指数对理论计算的磁场强度及其与视线方向的夹角的影响, 表 5.1 给出了 2003 年 10 月 27 日微波耀斑环不同位置的爆发期间计算值和观测值的相关系数.

表 5.1 在 2003 年 10 月 27 日微波耀斑环顶部和两个足点的计算得到的传播角 ϑ 和磁场强度 B, 相对于观测到的 17 GHz 的亮温度 T_b 和偏振度 p, 及由 17 GHz 和 34 GHz 亮温度计算得到的谱指数 α 的关系

参数	ϑ_{LT}	B_{LT}	ϑ_{FP1}	B_{FP1}	ϑ_{FP2}	B_{FP2}
T_b	−0.081	−0.274	0.268	−0.062	0.837	0.633
p	0.686	0.828	0.096	0.420	−0.643	−0.244
α	0.695	0.575	0.936	0.850	0.865	0.834

显然, 计算的磁场大小及其方向强烈依赖于微波辐射的谱指数 α, 在环顶和两个环足的相关系数均超过置信度 0.01 的水平, 全部为正相关的原因是该耀斑具有典型脉冲事件的软硬软 (软硬硬) 的演化特征 (参见图 5.16). 进而, 计算的磁场大小及其方向强烈依赖于微波辐射的偏振度 p, 大部分相关系数均达到或超过置信度 0.01 的水平. 按照 Dulk 和 Marsh 得到的偏振度的近似公式 (参见文献 [9] 的 (16) 式), 偏振度与磁场强度总是成正比的, 然而表 5.1 给出足点 2 的偏振度与计算的磁场大小和方向成反比, 其原因可能是足点 2 的磁场方向与视线夹角接近于 90°, 以及超出 Dulk 和 Marsh 近似所要求的 20° ~80° 的范围. 此外还可看出, 计算的磁场大小及其方向和 17 GHz 亮温度的相关性多数较弱 (除了足点 2 之外未达到置信度 0.05 的水平), 表明磁场及其方向的诊断对辐射强度并不十分敏感, 原因在于其关系的复杂性 (如 5.2.2 节所述).

5.2.7 与光球磁场外推结果的比较

迄今为止, 光球磁场的外推被普遍用以获取日冕磁力线的走向、结构乃至大小等信息, 外推方法也在不断发展和完善之中. 然而日冕磁场的射电诊断和外推光球磁场的比较仍未进行, 特别是新一代射电日像仪 (如 CRSH) 的主要科学目标就是实现日冕磁场的三维重构, 而光球磁场的外推显然可以为射电诊断的可靠性提供必要的证据.

值得注意的是, 在 5.2.5 节中提到, 光球磁场的变化大体可分为两类[28]: 永久性和不可逆转的变化 (可能反映日面耀斑对光球磁场的反作用[24−26]), 以及与耀斑感应的谱线轮廓相关的快速变化[20−22]. 后者有可能与射电诊断的磁场相对应, 都是由于耀斑能量的快速释放对不同辐射机制的影响, 因而有可能找到两者之间的相关性. 此外, 对外推磁场在射电源所在高度的二维等值线也可与射电结果进行比较.

基于上述考虑, 采用了 SOHO/MDI 的光球磁图, 在常数 α 的无力场近似下, 从半无限具有任意截面的柱状格林函数出发导出磁场三个傅里叶分量的解析表达

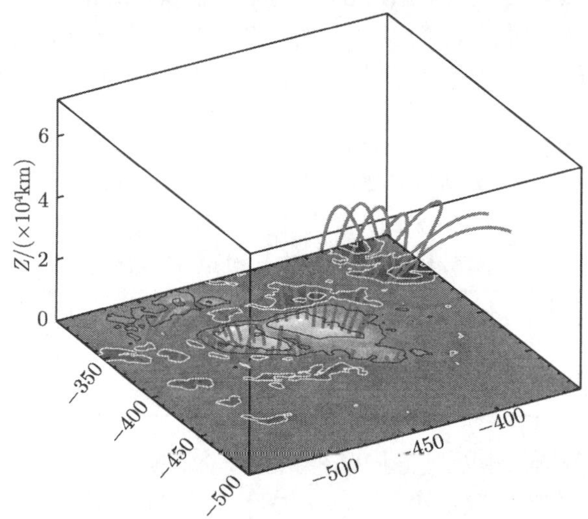

图 5.18 2003 年 10 月 27 日事件峰值时刻的 MDI 磁图的三维外推

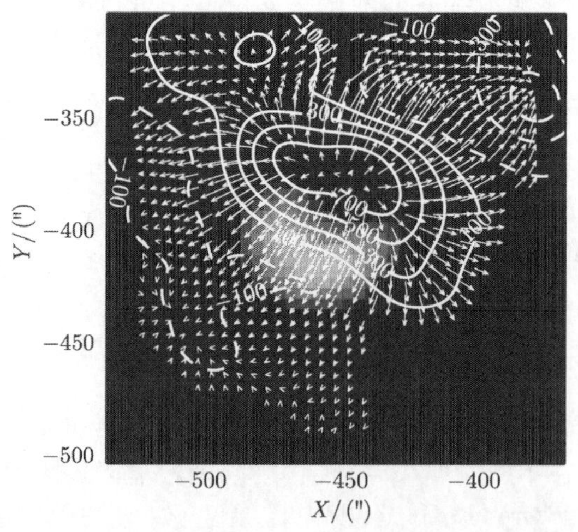

图 5.19 图 5.18 的外推磁场在 10^4km 高度的等值线叠加在 17 GHz 的微波强度分布图之上, 实线和虚线分别表示正负磁极, 箭头表示外推磁力线的方向

式[29]. 关于 17 GHz 射电源的高度可从文献 [14] 的偶极场模型估计为 10^4 km. 图 5.18 和图 5.19 分别给出了 2003 年 10 月 27 日事件峰值时刻的射电源区的光球磁力线的三维走向和在光球以上 10^4 km 的等值线图.

与图 5.15 相比, 可以发现无论是外推磁力线的走向、微波源的磁场的拓扑结构, 以及磁场强度的数量级, 射电诊断与光球外推的结果是基本一致的. 进而, 图 5.20 和图 5.21 分别在微波耀斑环顶部和两个足点, 给出光球外推的纵向和横向分量随时间的演化.

首先, 图 5.20 和图 5.21 清楚的显示在耀斑峰值时刻 (01:35:40 UT), 外推磁场的纵向和横向分量均发生了几个高斯的瞬时变化, 从时间上和图 5.16 中的微波爆发完全对应. 但是 SOHO/MDI 和 NoRH 的时间分辨率分别为分钟和秒量级, 因而无法进行更细致的比较. 此外, 由于该事件偏离日面中心并缺少矢量磁图, 及势场外推等限制下, 无法准确区分外推磁场的纵向和横向分量. 因而, 在日冕磁场的射电诊断和光球外推的比较方面还需要进一步的工作.

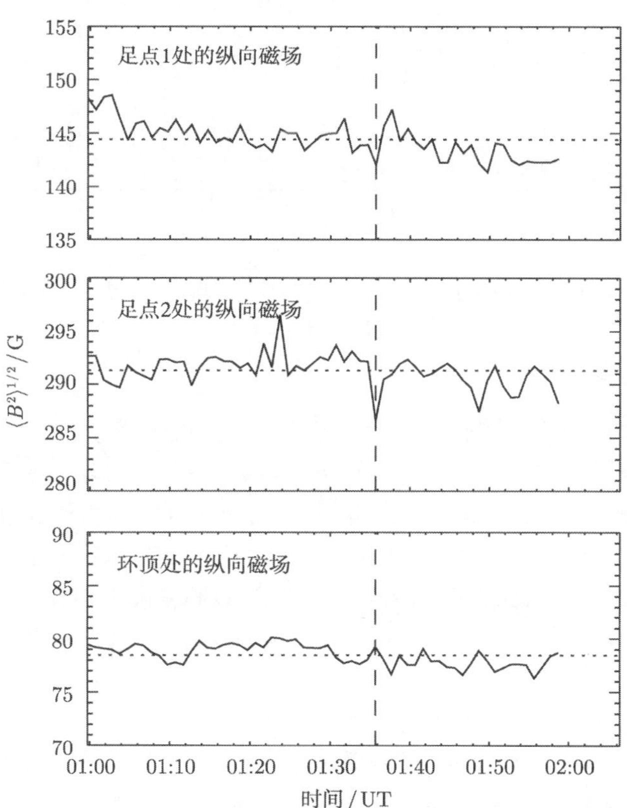

图 5.20 2003 年 10 月 27 日事件外推纵场在耀斑环不同位置的演化 (虚线标注了图 5.16 中微波爆发的峰值时刻)

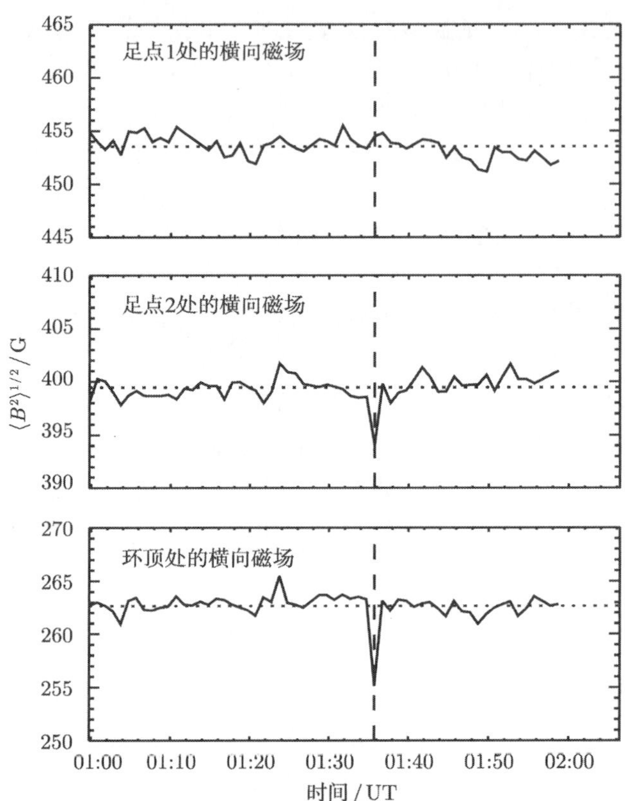

图 5.21 2003 年 10 月 27 日事件外推横场在耀斑环不同位置的演化 (虚线标注了图 5.16 中微波爆发的峰值时刻)

5.2.8 小结和展望

本章基于非热回旋同步辐射理论, 着重讨论在微波爆发源区的磁场强度的分布变化规律. 基于 Dulk 和 Marsh 于 1982 年对严格的回旋同步辐射的发射和吸收系数提出系列经验公式的拟合, Zhou 和 Karlicky 合作提出用回旋同步辐射的流量、谱指数和峰值频率计算微波爆发源区的磁场强度, 及非热电子密度的解析表达式. 此后, Huang 又提出如果增加回旋同步辐射的偏振度的测量, 可以得到回旋同步辐射与背景磁场的夹角, 即同时得到该磁场沿视线方向和垂直于视线方向的两个分量.

然而上述近似公式的利用受到下述条件的限制:

(1) 例如, 均匀磁场的假设, 只能适用于致密源; 又如, 非热辐射的限制, 只能适用于微波爆发的极大或者脉冲相; Dulk 和 Marsh 的近似公式受到谱指数、谐波系数、传播角、低能截止等一系列参数的适用范围的限制, 如果超出这些参数的范围, 相对严格理论将会产生较大的误差; 实际上, 即便在允许的参数范围内, 日冕磁场的数值解只是在有限的观测参数范围内存在 (只有当辐射机制严格满足非热回旋同步辐射时).

(2) 从物理本质上, Dulk 和 Marsh 近似限定了非热电子的低能截止为较小的值, 而该值的变化将会对回旋同步辐射的性质, 特别是电子谱和辐射谱的关系产生较大的影响. 为了解决这一问题, 必须采用严格的回旋同步辐射理论, 才能彻底解决日冕磁场的射电重构的问题. 尽管回旋同步辐射的奠基性工作已由 Ramaty(RHESSI 卫星首字母命名者) 于 1969 年完成, 但是从严格的回旋同步辐射理论出发, 很难如同近似理论那样得到日冕磁场等物理参数的解析表达式 (这也是 Dulk 和 Marsh 近似的优越性所在).

(3) 从观测的角度, 日像仪在给定频率测量的微波亮度分布实际上是来自不同高度的磁场 (对应当地回旋频率的不同谐次) 对微波辐射贡献的叠加, 无论采用 Dulk 和 Marsh 近似或者 Ramaty 的严格理论, 都是在均匀磁场的条件下计算回旋同步辐射的亮温度, 反演所得到的日冕磁场仅是射电源区磁场的均值. 即便采用诸如 Takakura 的偶极磁场的模型, 和实际观测的偏离都是难以避免的问题.

尽管如此, 目前利用 Dulk 和 Marsh 近似以及严格的回旋同步辐射理论已经得到若干重要的结果, 包括横向磁场的大小和变化范围远远超过纵向磁场, 并支持爆发能量主要来自横向磁场的观点. 而上述方法还有待于进一步应用和完善.

5.3 非热电子低能截止和谱指数的诊断

5.3.1 低能截止的意义和争论

天体物理中的高能电子 (包括耀斑加速的非热电子) 普遍具有幂律分布的特征, 即在对数坐标中, 其数密度和能量呈近似的线性关系. 实际上, 高能量分辨的太阳观测 (如 RHESSI 卫星) 显示了电子分布可能偏离单幂律分布, 较常见的是低能段谱变平和双幂律乃至多幂律分布的情况. 对于典型的单幂律分布, 非热 (高能) 电子的属性由四个参数决定, 即上述线性关系的斜率 (即电子能谱指数)、截距 (电子能谱的系数), 及最小和最大能量 (通常称为低能截止和高能截止). 在确定这些参数之后, 可以在能量空间进行积分得到非热电子的总数量. 注意到电子分布随时间和空间而变, 也就是说, 我们是在给定时刻和位置研究单位体积和单位能量间隔中的电子分布, 其在能量空间积分后得到的是在给定时刻和位置的电子数密度.

到目前为止, 即便对于观测条件最好的太阳, 仍然不能直接测量太阳大气中的电子或其他带电粒子的能量分布, 只能同过不同波段的辐射间接得到带电粒子分布的信息. 例如, 在已知的微波和 X 射线辐射机制的前提下, 可以通过理论建立的辐射谱指数和电子能谱指数之间的关系, 利用前者的观测值估计后者的大小. 另外,在低能截止和高能截止之间, 由于幂律分布的电子数随能量快速下降, 使高能截止在能量空间积分的贡献明显小于低能截止, 所以经常假设高能截止为无穷大, 在四个待定参数中, 只剩下电子能谱系数和低能截止需要进行估算或诊断.

近年来, 有包括低能截止、光球的康普顿散射等多种因素可导致观测到的 X 射线低能段变平[30−39]. 部分研究者提出若扣除光球的康普顿散射的影响, 发现无需考虑低能截止便可很好的解释上述观测现象, 从而认为以往对低能截止的诊断有非物理的因素在内, 并在 RHESSI 卫星的数据处理软件中增加了该项功能[36−38]. 另外, 对 RHESSI 卫星的数据统计发现, 即便预先扣除了光球的康普顿散射的影响, 仍有部分事例存在低能段的变平[39], 表明低能截止的影响不能排除.

关于低能截止和高能截止的存在是毋庸可疑的, 因为任何带电粒子的加速机制必然存在一个有效的能量范围. 另外, 任何加速机制均与各种形式电场有关 (包括直流电场和各种等离子体波的电场分量), 而给定的电场只能加速在某一阈值以上的带电粒子, 或者说对给定的能量的电子需要某一阈值以上的电场才能加速[40], 由此明确了低能截止的物理基础. 近期研究表明, 无论对于硬 X 射线辐射还是微波辐射, 其辐射谱指数和电子能谱指数的关系均依赖于低能截止的大小, 通常使用的一些关系 (包括厚靶、薄靶和回旋同步辐射等) 都是在低能截止很小 (接近于零) 时方可使用[15], 而实际诊断的低能截止可能有较大的取值范围.

5.3.2 不同时刻的辐射谱的交点

Gan 等在分析 SMM 卫星观测到的太阳硬 X 射线数据时首次发现, 在耀斑不同时刻的辐射光子所满足的幂律谱可能有一个共同的交点 (有些事例的交点相当集中, 也有些事例的交点比较弥散), 假设不同时刻的 X 射线辐射来源于相同的非热电子分布, 该交点对应的能量可能对应于该电子分布的低能截止[41]. 有趣的是, Huang 在分析 OVSA 射电干涉阵的微波爆发事例时也发现了类似的特征, 即不同时刻的光学薄的辐射谱也近似具有一个共同的交点, 该交点的存在可等价的用非热电子密度与谱指数的线性关系来证实[42]. Huang 另外研究了硬 X 射线和微波辐射中辐射谱交点的含义[43]. 具有单幂律分布的电子能谱的一般形式为

$$n(E) = KE^{-\delta}, \tag{5.20}$$

其中, $n(E)$ 为单位体积内能量介于 $(E-\Delta E)$ 范围内的电子数, E 为归一化的能量. 用 $E_{\max}$、$E_{\min}$ 表示能量的上下限, 则可积分得到单位体积内的电子密度:

$$\begin{aligned} N &= \int_{E_{\min}}^{E_{\max}} KE^{-\delta}\mathrm{d}E \\ &= \frac{K(E_{\max}^{1-\delta} - E_{\min}^{1-\delta})}{1-\delta}, \end{aligned} \tag{5.21}$$

假设 $E_{\max} = 1$ MeV, $E_{\min} = 10$ keV, 任意两个时刻的幂律分布曲线的交点坐标为 $E_{\rm c}$ 和 $n(E_{\rm c})$. 分别讨论下面三种情况：① 该交点位于低能截止, 即 $E_{\rm c} = E_{\min}$, $n(E_{\rm c}) \approx 10^8$ cm^{-3}；② 该交点位于高能截止 $E_{\rm c} = E_{\max}$, $n(E_{\rm c}) \approx 10^2$ cm^{-3}；③ 该交点位于低能截止和高能截止之间, 即 $E_{\rm c} \approx 25$ keV, $n(E_{\rm c}) \approx 10^6$ cm^{-3}. 把上述假设的交点坐标值代入方程 (5.20) 后, 不难得到幂律分布的系数 K 和谱指数 δ 的关系式, 进而把这些关系式代入方程 (5.21), 可在三种情况下得到电子密度 N 和谱指数 δ 的关系式. 图 5.22 给出了三种情况下电子密度和谱指数的关系曲线, 显然, 当该交点位于低能截止时, 电子密度和谱指数成反比关系；当该交点位于高能截止时, 电子密度和谱指数成正比关系；在一般情况下, 该交点应位于低能截止和高能截止之间, 电子密度和谱指数的关系是非单调的, 在谱指数较小时呈现反比关系, 当谱指数较大时则变为正比关系, 反转对应的谱指数大约为 1.8. 由此, 可以采用不同时刻的电子密度和谱指数的关系来判断该交点的属性.

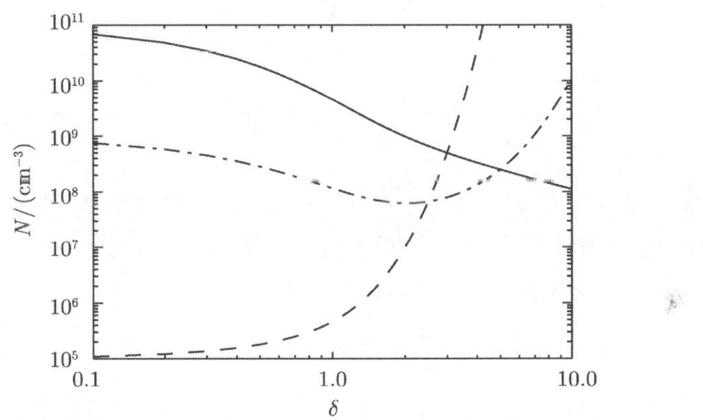

图 5.22 电子密度和谱指数的关系曲线. 实线、虚线和点划线分别表示任意两个时刻的幂律分布曲线的交点位于低能截止、高能截止和两者之间时的非热电子数密度和谱指数的关系

进一步可用解析方法证明, 在不同时刻幂律谱的交点位于低能截止和高能截止之间时, 可能呈现比较弥散的图形, 当该交点接近于低能截止或高能截止时, 其位置竟会变得比较集中, 即出现所谓共同的交点. 当该交点接近低能截止或高能截止时, 从方程 (5.20) 不难得到低能截止和高能截止的表达式分别如下：

$$\log E_{\min} = \frac{\log K_1 - \log K_2}{\delta_1 - \delta_2}, \tag{5.22}$$

$$\log E_{\max} = \frac{\log K_1 - \log K_2}{\delta_1 - \delta_2}, \tag{5.23}$$

这里, K_1 和 δ_1、K_2 和 δ_2 分别表示任意两个时刻的幂律谱的系数和谱指数. 当交点接近低能截止或高能截止时, 方程 (5.21) 可在 $E_{\max} = \infty$ 或 $E_{\min} = 0$ 的近似下分别写成：

$$N \approx \frac{E_{\min}^{1-\delta}}{\delta - 1}, \tag{5.24}$$

$$N = \frac{KE_{\max}^{1-\delta}}{1-\delta}. \tag{5.25}$$

为了保证上述两种近似关系的成立, 分别对谱指数提出了 $\delta \geqslant 1$ 或 $\delta \leqslant 1$ 的限制. 在交点接近低能截止时, 把方程 (5.22) 代入方程 (5.24) 并取对数整理后得到任意两个时刻的电子密度、谱指数和系数 K 所满足的方程：

$$\frac{1-\delta_2}{\delta_1-\delta_2}\log K_1 - \frac{1-\delta_1}{\delta_1-\delta_2}\log K_2 = \log N_1 + \log(\delta_1 - 1), \tag{5.26}$$

$$\frac{1-\delta_2}{\delta_1-\delta_2}\log K_1 - \frac{1-\delta_1}{\delta_1-\delta_2}\log K_2 = \log N_2 + \log(\delta_2 - 1), \tag{5.27}$$

注意到方程 (5.26) 和方程 (5.27) 的左边是完全相同的, 也就是说, 任意两个时刻的幂律谱系数 K_1 和 K_2 存在非零解的必要条件是：

$$\log N + \log(\delta - 1) = \text{constant}, \tag{5.28}$$

而方程 (5.28) 恰恰表明电子密度和谱指数之间必须具有反比的关系, 这一结果与图 5.22 的计算曲线 (实线) 是一致的. 更重要的是, 由于方程 (5.28) 右边的常数对任意时刻的幂律谱都是必须满足的, 从而表明任意时刻的幂律谱具有共同的交点. 同理, 在交点接近高能截止时, 把方程 (5.23) 代入方程 (5.25) 并取对数整理后得到任意两个时刻的电子密度、谱指数和系数 K 所满足的方程：

$$\frac{1-\delta_2}{\delta_1-\delta_2}\log K_1 - \frac{1-\delta_1}{\delta_1-\delta_2}\log K_2 = \log N_1 + \log(1 - \delta_1), \tag{5.29}$$

$$\frac{1-\delta_2}{\delta_1-\delta_2}\log K_1 - \frac{1-\delta_1}{\delta_1-\delta_2}\log K_2 = \log N_2 + \log(1 - \delta_2), \tag{5.30}$$

从而得到在交点接近高能截止时的幂律谱系数 K_1 和 K_2 存在非零解的必要条件是

$$\log N + \log(1 - \delta) = \text{constant}, \tag{5.31}$$

即电子密度和谱指数必须具有反比的关系, 这一结果与图 5.22 的计算曲线 (虚线) 也是一致的. 同样, 在交点接近高能截止时, 任意时刻的幂律谱也会具有共同的交点. 当然, 上述证明只是适用于谱指数的部分取值范围.

此外, 在方程 (5.20) 两边取对数时不难发现, 如果不同时刻的幂律谱曲线相交于一个共同点 ($n(E_0)$ 和 E_0), 这就意味着不同时刻的 $\log K$ 和 δ 之间必然存在线性关系, 其斜率和截距分别为 $\log E_0$ 和 $\log n(E_0)$, 这与不同时刻的幂律谱曲线相交于同一点是完全等价的. 换句话说, 如果得到了不同时刻的 $\log K$ 和 δ 之间必然存在线性关系, 即可从其斜率和截距获取不同时刻的幂律谱曲线的共同交点的坐标. 而且, 当斜率为负值时, 该交点对应低能截止, 反之则对应高能截止.

5.3.3 辐射强度比值或谱指数与低能截止的关系

在以往硬 X 射线研究中大多采用理论和观测的向前拟合的方式获取非热电子分布的信息, 包括低能截止和分布函数的系数, 同时认为电子能谱指数可从辐射谱指数直接获取, 高能截止则近似为无穷大. 注意到辐射谱指数取决于相邻能段的辐射强度的比值, 无论对任何辐射机制均可认为相邻能段辐射是由相同分布的非热电子产生, 因而在理论求解谱指数或相邻能段的辐射强度的比值时, 同一分布函数的系数必然被消去, 从而表明谱指数或相邻能段的辐射强度的比值仅与低能截止相关, 这样就减少了一个需要拟合的参数, 从而大大减少了拟合过程的复杂性, 同时也保证了拟合解的唯一性.

基于上述考虑, Zhang 和 Huang[34] 研究了 (Yohkoh) 阳光卫星观测到的三个具有显著低能变平特征的硬 X 射线爆发事件, 首先假设非热电子具有单幂律分布, 然后对不同的电子能谱指数和低能截止, 利用厚靶模型计算了 L (13.9~22.7 keV)、$M1$(22.7~32.7 keV)、$M2$ (32.7~52.7 keV)、H (52.7~92.8 keV) 四个能段辐射强度的比值, 以及由相邻能段辐射比值决定的三个谱指数 (从低能到高能分别称之为 γ_1、γ_2 和 γ_3). 图 5.23(a) 给出了 $M1$ 和 L 能段辐射强度的比值和由 H 和 $M2$ 能段的谱指数 (γ_3) 的关系曲线, 其中, 低能截止自下而上分别取值为 10 keV、30 keV、40 keV、50 keV 和 60 keV, 图中的三个加误差标记的黑点表示三个事件中对应的观测值, 由此可以直观地估计低能截止为 40~60 keV 左右; 然而, 在图 5.23(b) 中, 从 $M2$ 和 $M1$ 能段辐射强度的比值和 γ_3 的理论曲线和观测值的比较得出了完全不同的估计, 低能截止应该在 10~30 keV 的范围. 这就表明, 无法用一个单幂律分布的非热电子和给定的低能截止解释上述三个事件的低能变平的观测结果, 或者说低能变平不仅是由低能截止所导致的, 必然还有其他的物理因素在起作用. 由此就自然引入了光球对 X 射线光子的康普顿散射, 使得我们观测到的辐射等于原有的辐射和光球反射成分的叠加. 有关的理论计算由 Bai 和 Ramaty 完成[44], 结果表明反射最强的能量大约在 30 keV 附近, 从而导致在该能量附近的辐射强度的上

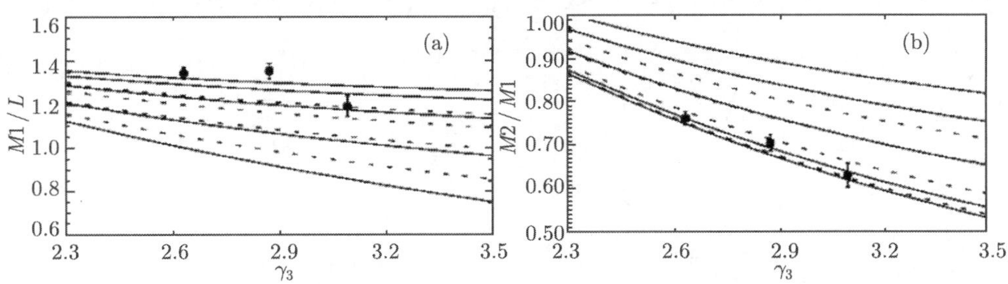

图 5.23 (a) 为 $M1$ 和 L 能段辐射强度的比值; (b) 为 $M2$ 和 $M1$ 能段辐射强度的比值和由 H 与 $M2$ 能段的谱指数 (γ_3) 的理论曲线和观测的比较

凸, 同样会产生较低的能谱变平, 而在较高能段反而会变陡的结果. 因此, 上述事件的定性解释是, 由于低能截止和光球的康普顿散射同时起作用, 使得低能段的显著变平, 并解决了仅用低能截止解释所要求的矛盾结果.

还有一点需要指出的是, 图 5.23 横坐标的辐射谱指数并不是由纵坐标的相邻能段之比计算出来的. 实际上, 只有在两者没有对应关系的条件下, 其理论曲线才会随低能截止的变化产生明显的分离, 这样有可能与观测比较得到低能截止的大小. 反之, 如果两者一一对应的话, 其理论曲线无论低能截止如何变化都不会分离.

5.3.4 低能截止和康普顿散射对 X 射线谱的低能段变平的联合影响

既然观测到的 X 射线低能段的变平可能是由于低能截止和光球的康普顿散射同时起作用的结果, 那么就必须对这两种作用的影响进行联合的理论分析, 才能定量比较两种不同的物理效应对低能变平的影响程度. Zhang 和 Huang[35] 采用了 Bai 和 Ramaty[44] 研究康普顿散射的论文中相同的蒙特卡罗方法, 并在电子分布函数中计入了低能截止的影响, 从而保证在没有低能截止的影响时能够回归到文献 [44] 的结果. 文中对电子能谱采用了双幂律谱的描述, 低能段较平 (较硬) 而高能段较陡 (较软), 而两者的谱指数之差显示了低能段的变平的程度. 图 5.24(a) 的纵坐标为高能段和低能段谱指数之差与高能段谱指数的比值, 横坐标为高能段谱指数; 实线表示同时考虑了低能截止和光球的康普顿散射的情形, 虚线表示仅考虑低能截止的结果, 其中, 不同的实线和虚线自下而上表示低能截止为 15~55 keV, 相邻两条线的间隔为 5 keV, 点线则表示仅考虑光球的康普顿散射的情形. 显然, 同时考虑低能截止和光球的康普顿散射时, 低能变平的程度最为显著; 当低能截止增加时低能段变平的程度更加显著; 而光球的康普顿散射产生低能变平的程度随谱指数的变硬而增强, 上述结果均可从图 5.24(a) 纵坐标的变化直观看出.

为了进一步分析低能截止和康普顿散射对 X 射线谱的低能段变平的联合影响, 以及两者发生作用的参数范围, 图 5.24(b) 对两个典型的单幂律谱 (谱指数分别为 2 和 4) 进行了比较, 实线、点线和虚线分别代表仅考虑光球的康普顿散射、仅考虑

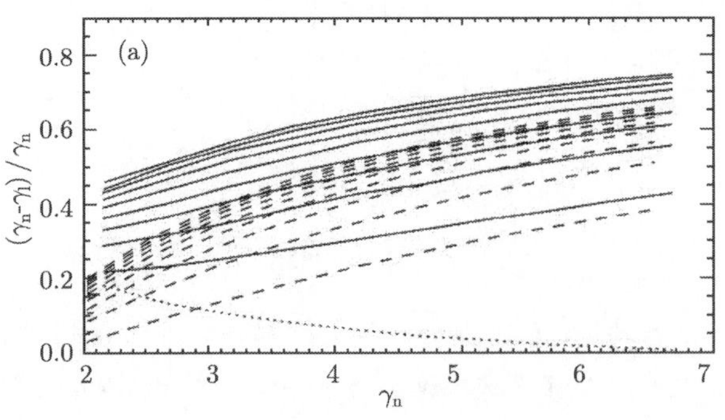

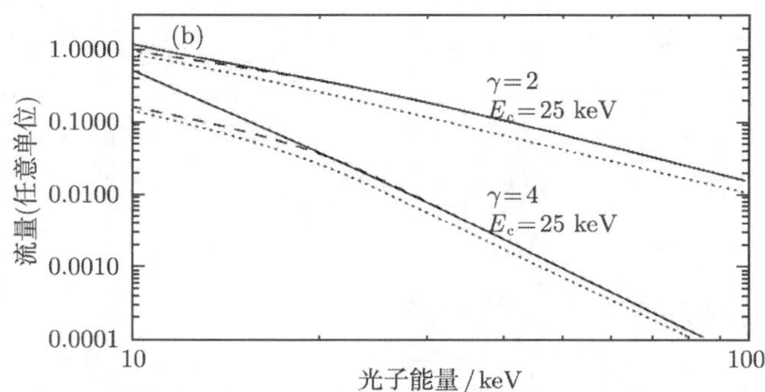

图 5.24 (a) 为高、低能段谱指数之差与高能段谱指数比值随高能段谱指数的变化, (b) 为对于不同的谱指数比较高、低能截止和康普顿散射使低能段变平的影响

低能截止和同时考虑两者的结果. 显然, 在谱指数较硬 ($\gamma = 2$) 的情况下, 康普顿散射对 X 射线谱的低能段变平的影响处于支配的地位, 而在谱指数较软 ($\gamma = 4$) 的情况下, 低能截止对 X 射线谱的低能段变平的影响是主要的. 可大体以谱指数为 3 作为一个分界线来判断两者的作用范围, 即 $\gamma > 3$ 时, 低能截止对低能变平的影响较大, 而当 $\gamma < 3$ 时, 康普顿散射对低能变平的影响较大.

5.3.5 两种方法近似求解微波和 X 射线辐射对应的低能截止

为了检验 5.3.3 节和 5.3.4 节介绍的方法的可行性, 以文献 [13] 选取的 2000 年 6 月 3 日由阳光卫星 (Yohkoh) 的硬 X 射线望远镜 (HXT) 和 OVSA 同时观测到的

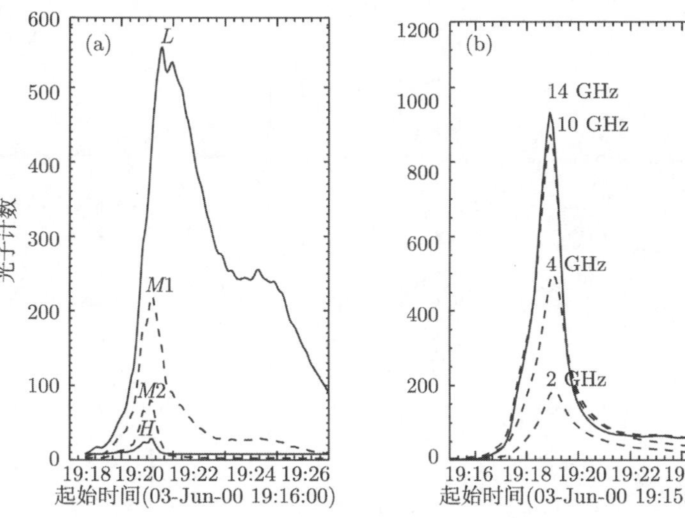

图 5.25 2000 年 6 月 3 日, (a) 为阳光卫星的硬 X 射线望远镜, (b) 为 OVSA 同时观测到的脉冲事件

脉冲事件为例 (图 5.25), 分别采用方法一：根据各自的辐射机制和不同的低能截止计算相邻能 (频) 段的辐射强度比和谱指数的理论关系曲线, 并与观测比较得到低能截止的估计值. 以及方法二：如果不同时刻的幂律谱系数的对数和谱指数之间满足线性关系, 则可从其斜率估计低能截止 (或高能截止) 的大小.

1. *方法一的计算结果*

首先从非热轫致辐射的厚靶模型出发[45]：

$$I_\varepsilon = \frac{SA\kappa_{BH}Z^2}{4\pi R^2 C\varepsilon(\delta-1)}\int_\varepsilon^\infty \mathrm{d}E E^{1-\delta}\ln\frac{1+(1-\varepsilon)^{1/2}}{1-(1-\varepsilon)^{1/2}}, \tag{5.32}$$

其中, I_ε(photons cm^{-2} s^{-1} keV^{-1}) 指的是由 $E_{\min}$ 和 $E_{\max}$ 之间的电子能谱分布 $F(E)=AE^{-\delta}$ (electrons cm^{-2} s^{-1} keV^{-1}) 产生的硬 X 射线辐射强度. 当 $\varepsilon \leqslant E_{\min}$ 时, 积分上限必须改成 $E_{\min}$. S 为耀斑的面积, 常数 $\kappa_{BH}=7.9\times10^{-25}$ cm^2 keV 表示 Bethe-Heitler 截面, 日地距离 $R=1$AU, 常数 $C=2\pi e^4\ln\Lambda$, e 为单位电荷的电量, $\ln\Lambda$ 表示库仑 (Coulomb) 对数, Z 为靶粒子的电荷数.

在图 5.26(a) 中, 实线表示从不同的电子能谱指数和低能截止计算的阳光卫星 $M1$ 和 L 能段的辐射强度之比和由 $M1$ 和 $M2$ 能段计算的谱指数的关系曲线, 当低能截止取值为 10 keV、20 keV、25 keV 时, 上述曲线产生明显的分离. 并用不同的符号不同时段的相应的观测值 (19:16~19:17 UT—— 方格, 19:17~19:18 UT——

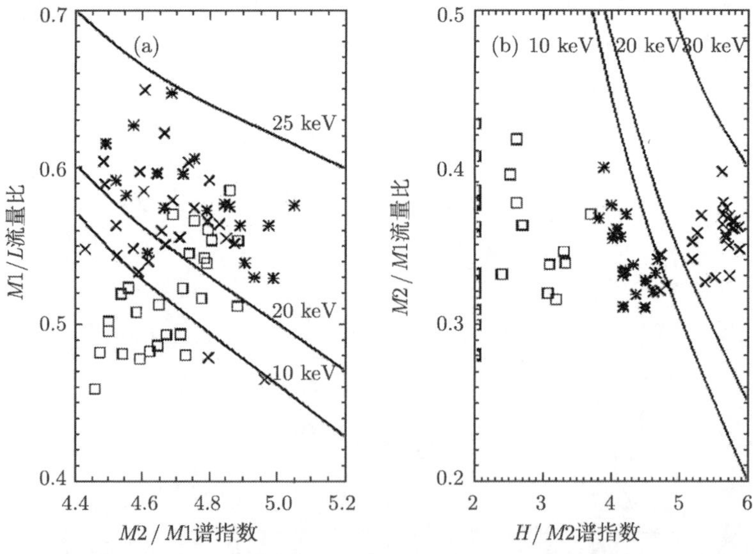

图 5.26 在 2000 年 6 月 3 日的脉冲事件的不同时段, (a) 为阳光卫星硬 X 射线 $M1$ 和 L 能段辐射强度之比和由 $M1$ 和 $M2$ 能段计算的谱指数, (b) 为 $M2$ 和 $M1$ 能段辐射强度之比和由 $M2$ 和 H 能段计算的谱指数和对应的理论曲线的比较

交叉, 19:18~19:19 UT—— 星号), 由此可估计低能截止的取值范围. 同样, 在图 5.26 的 (b) 中, 实线表示从不同的电子能谱指数和低能截止计算的阳光卫星 $M2$ 和 $M1$ 能段的辐射强度之比和由 $M2$ 和 H 能段计算的谱指数的关系曲线, 不同时段的相应的观测值及其符号的定义和图 5.26(a) 相同.

由图 5.26 可以看出, 在该事件的脉冲相所对应的观测数据和在两个不同能段理论计算比较吻合, 低能截止的范围在 10~30 keV, 而且有随时间逐渐增大的趋势.

其次, 我们采用与非热回旋同步辐射机制有关的式 (5.15)~ 式 (5.19)[14], 其中考虑了偶极磁场和热的回旋共振吸收, 而在高频或光学薄区的自吸收和 Razin 效应可以忽略. 用这些公式计算回旋同步辐射时存在 8 个自由参数：电子幂律谱系数 A 和谱指数 δ, 动量积分限 $p_{\min}$ 和 $p_{\max}$, 光球磁场 B_0, 背景等离子体密度和温度 (N 和 T), 以及传播角 ϑ. 当我们计算两个相邻频率的亮温度或者流量的比值, 有些自由参数 (如 A、d、B_0) 显然可以被消去：

$$\frac{T_{b\nu_1}}{T_{b\nu_2}} = \frac{F_{\nu_1}}{F_{\nu_2}}\left(\frac{\nu_1}{\nu_2}\right)^{-4/3}. \tag{5.33}$$

进而, 采用不同的背景等离子体密度和温度、传播角和高能截止对应的动量积分上限, 计算了两个相邻频率的流量的比值和谱指数的关系, 发现上述参数对计算结果的影响可以忽略 (参见图 5.27), 这样唯一保留的自由参数是低能截止对应的动量

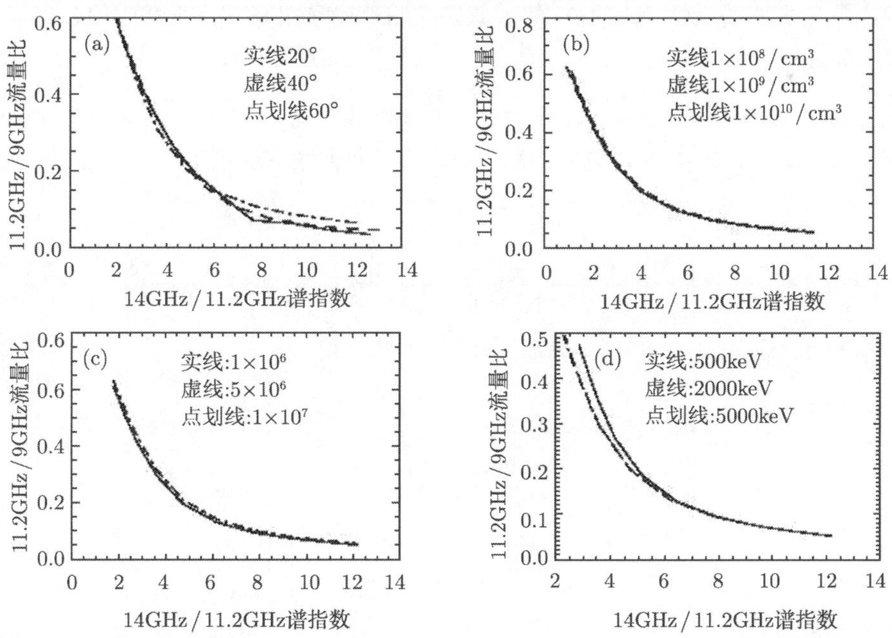

图 5.27 (a) 对应不同的传播角、(b) 背景等离子体密度和 (c) 温度、(d) 高能截止对应的动量积分上限所计算的 9~11.2 GHz 的流量比与 11.2~14 GHz 的谱指数的理论曲线

积分下限, 图 5.28 给出了 9~11.2 GHz 的流量比与 11.2~14 GHz 的谱指数的理论曲线, 自下而上对应的低能截止为 10~90 keV, 相邻两条曲线的间隔为 10 keV, 星号对应 OVSA 在不同时刻的观测值.

从图 5.28 可以看出, 在脉冲爆发的主相估计的低能截止在 10~30keV 的范围, 和图 5.26 阳光卫星硬 X 射线数据估计值基本一致, 仅在爆发的衰减相有明显增大的趋势, 可能与产生微波辐射的捕获电子能量的演化有关.

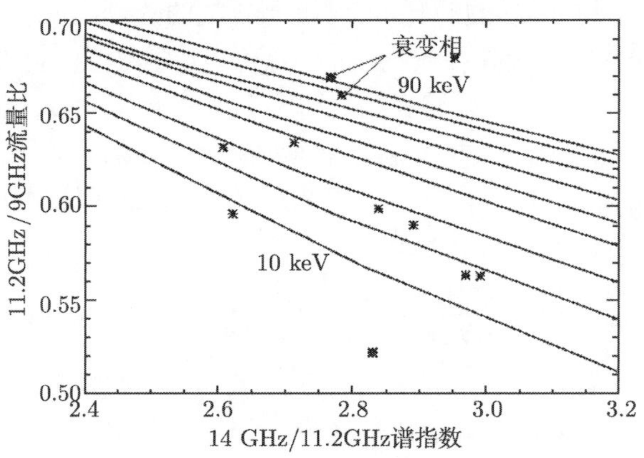

图 5.28 在 2000 年 6 月 3 日的脉冲事件的不同时段由 OVSA 观测的 9~11.2 GHz 的流量比与 11.2~14 GHz 的谱指数和具有不同的低能截止的理论曲线的比较

2. 方法二的计算结果

图 5.29 给出了在 2000 年 6 月 3 日脉冲事件的主相 (19:18~19:20 UT), 阳光卫星观测的 M-$L1$、$M2$-$M1$、H-$M2$ 能段的能谱系数 (用 20 keV 归一化) 的

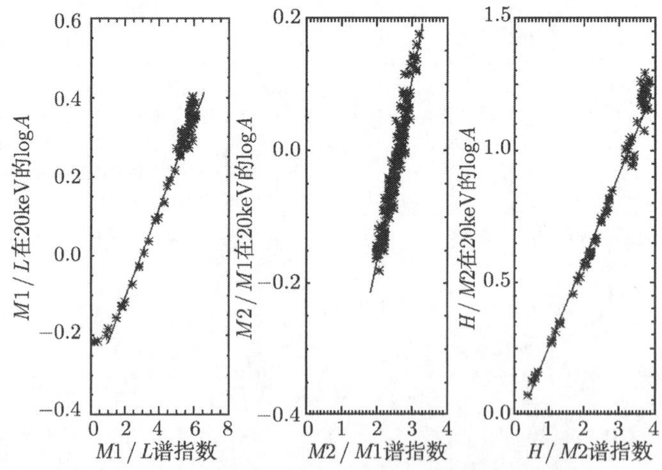

图 5.29 在 2000 年 6 月 3 日的脉冲事件的主相由阳光卫星观测的 M-$L1$、$M2$-$M1$、H-$M2$ 能段的能谱系数的对数与谱指数的线性关系

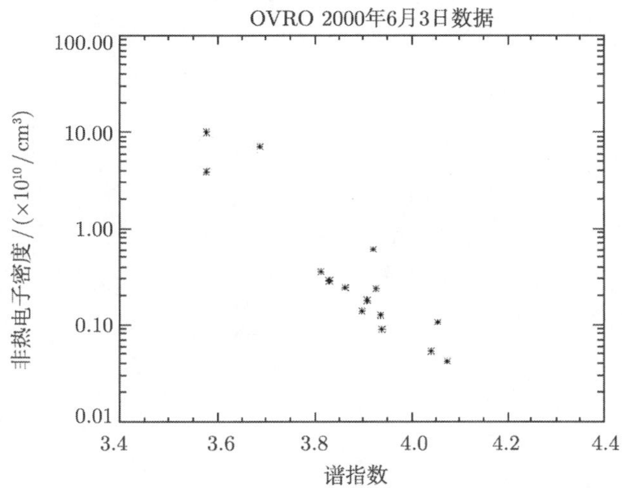

图 5.30 在 2000 年 6 月 3 日的脉冲事件的主相由 OVSA 观测计算的非热电子密度与谱指数的线性关系

对数和谱指数之间的线性关系 (相关系数均满足 99% 的置信度), 其斜率分别为 -0.12、-0.26、-0.28, 由此估算的共同交点的横坐标 (即低能截止) 分别为 26 keV、36 keV、38 keV, 比方法一的结果略大, 仍在可比的范围. 图 5.30 是从 OVSA 在该事件的同一时段计算得到的非热电子密度 (计算方法可参考本书有关章节) 和辐射谱指数之间的线性关系, 两者的反比关系恰好支持式 (5.28) 的预期, 不同时刻的微波辐射光学薄区的幂律谱具有一个共同的交点, 且对应非热电子的低能截止, 但是还不能像硬 X 射线那样直接从微波数据估算低能截止.

有关低能截止随时间增大的趋势, 很有可能与热辐射成分的增长有关, 因为热辐射一般是在硬 X 射线和微波爆发的衰减相更为有效.

5.3.6 严格求解硬 X 射线和微波辐射对应的低能截止和电子谱指数

1. 硬 X 射线波段

硬 X 射线的厚靶模型理论由方程 (5.32) 给出, 该积分在低能截止为零, 即保证低能截止总是小于计算的光子能量时, 可以得到一个常用的解析结果, 表明辐射强度与光子能量满足单幂律谱, 且光子谱指数 γ 和电子能谱指数 δ 之间满足 $\gamma=\delta-1$ 的简单关系[45]. 实际上, Gan 等通过大量低能截止的拟合后提出低能截止有较大的变化范围[30], 当低能截止较大时, 无论是上述单幂律谱的解析结果, 还是光子和电子的谱指数之间的关系随之失效, 从图 5.31 的计算结果非常清楚地说明了低能截止和电子能谱指数对硬 X 射线光子谱的影响[15].

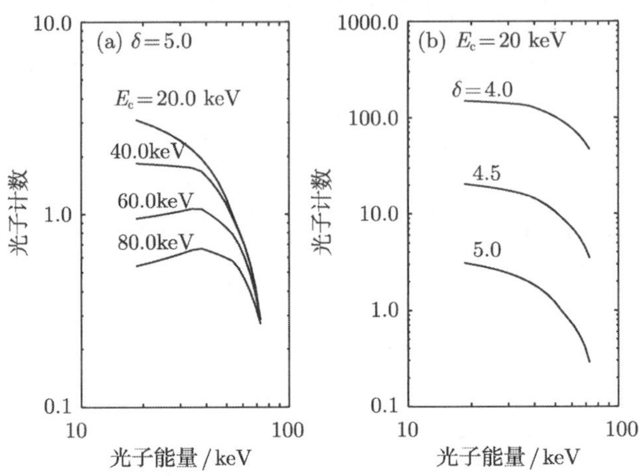

图 5.31　(a) 为不同的低能截止和 (b) 为非热电子能谱指数, 用公式 (5.32) 计算的厚靶辐射的光子谱

显然, 即便是 20keV 附近的低能截止已经导致硬 X 射线光子谱的低能段变平, 从而偏离单幂律分布, 随着低能截止的增大, 低能平坦更为明显. 表 5.2 给出了用方程 (5.32) 计算的阳光卫星相邻能段的辐射强度比和谱指数随低能截止的变化[15]:

表 5.2　用式 (5.32) 计算得到的阳光卫星硬 X 射线望远镜 $M1$ 和 L、$M2$ 和 $M1$、H 和 $M2$ 的辐射强度比和谱指数, 其中, 低能截止为 20~80 keV, 电子谱指数为 4.0、5.0 和 6.0

δ	4.0	4.0	4.0	5.0	5.0	5.0	6.0	6.0	6.0
E_c/keV	20.0	40.0	60.0	20.0	40.0	60.0	20.0	40.0	60.0
$M1/L$	0.91	1.08	1.22	0.65	0.94	1.15	0.47	0.85	1.10
γ_1	3.00	2.48	2.10	3.97	2.89	2.30	4.92	3.18	2.42
$M2/M1$	0.67	0.71	0.83	0.45	0.52	0.70	0.31	0.40	0.63
γ_2	2.97	2.82	2.41	4.03	3.63	2.82	5.04	4.33	3.12
$H/M2$	0.52	0.52	0.56	0.31	0.31	0.37	0.19	0.19	0.26
γ_3	2.95	2.94	2.81	4.00	3.98	3.64	5.03	4.99	4.39

从表 5.2 可以看出, 只有在低能截止较小时, 光子谱指数 γ 和电子能谱指数 δ 之间满足 $\gamma=\delta-1$ 的关系, 随低能截止的增大, 光子谱指数明显变硬从而偏离上述关系; 当光子能量变大时, 低能截止的影响逐渐减弱, 这与图 5.31 的理论曲线完全吻合.

由于低能截止 (包括前面提及的光球的康普顿散射等物理效应) 的影响, 实际观测到的硬 X 射线光子谱经常出现双幂律的分布, 而且低能段的谱一般比高能段的谱更硬, 这样我们自然可以观测到的双幂律谱指数对低能截止和电子能谱指数给出唯一的诊断结果 (参见图 5.32).

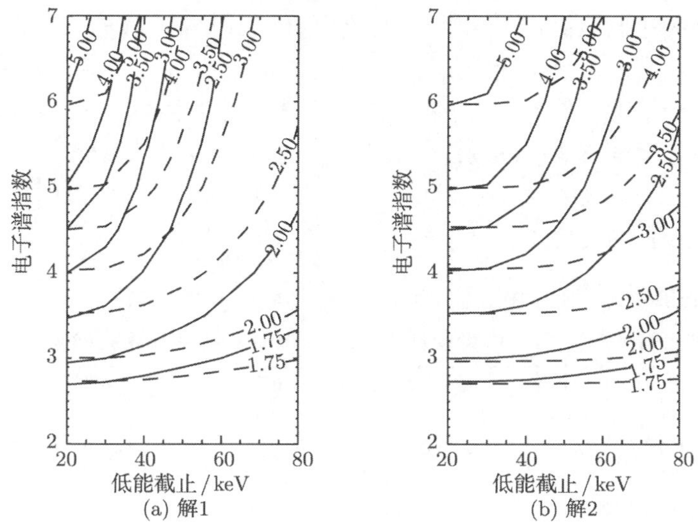

图 5.32 理论计算阳光卫星, (a) 为 L-$M1$ 能段 (实线) 和 $M1$-$M2$ 能段 (虚线), (b) 为 $M1$-$M2$ 能段 (实线) 和 $M1$-H 能段 (虚线) 的双幂律谱指数的等值线的交点诊断低能截止 (横坐标) 和电子能谱指数 (纵坐标)

2. 微波辐射

同理, 可以从非热回旋同步辐射的式 (5.15)~ 式 (5.19) 计算辐射谱随电子能谱指数、光球磁场强度和低能截止的变化, 其中, 一些不敏感的背景参数取其经验值如下, 背景电子密度为 10^9 cm^{-3}, 背景电子温度为 5×10^6 K, 高能截止为 5 MeV, 传播角为 60°, 计算结果如图 5.33 所示[15].

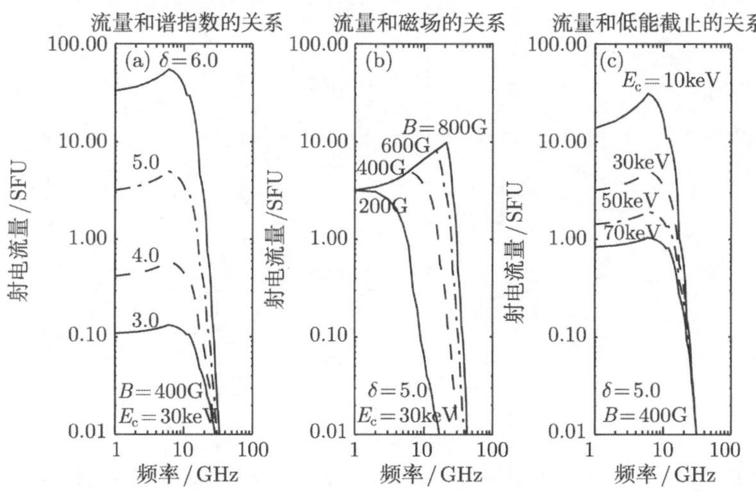

图 5.33 (a) 为非热电子能谱指数 2~6, (b) 为光球磁场强度 200~800 G, (c) 为低能截止 10~70 keV, 用式 (5.15)~ 式 (5.19) 计算的非热回旋同步辐射谱

我们特别关注低能截止对光学薄区的辐射谱的影响, 随着低能截止的变大, 光学薄区的低频段谱也出现了变平的趋势, 与图 5.31 给出的硬 X 射线光子谱随低能截止的变化是一致的, 然而后者对低能截止的变化更为敏感, 而微波辐射所需要的电子能量一般大于硬 X 射线辐射, 低能截止的影响程度必然减弱.

表 5.3 给出了用式 (5.15)~ 式 (5.19) 计算的 OVSA 相邻频段的辐射强度比和谱指数随低能截止的变化[15].

表 5.3 理论计算的 OVSA 在 9.0~11.2 GHz、11.2~14.0 GHz、14.0~16.4 GHz 频段的辐射强度比和谱指数, 其中, 低能截止为 30~70 keV, 电子谱指数为 4.0、5.0、6.0

δ	4.0	4.0	4.0	5.0	5.0	5.0	6.0	6.0	6.0
E_c/keV	30.0	50.0	70.0	30.0	50.0	70.0	30.0	50.0	70.0
11.2/9.0	0.29	0.35	0.40	0.19	0.27	0.33	0.15	0.23	0.30
γ_1	5.74	4.79	4.22	7.49	5.91	5.01	8.55	6.63	4.83
14.0/11.2	0.39	0.43	0.46	0.26	0.33	0.38	0.19	0.27	0.33
γ_2	4.21	3.82	3.51	6.00	5.00	4.39	7.37	5.86	4.99
16.4/14.0	0.48	0.50	0.52	0.35	0.39	0.42	0.25	0.31	0.36
γ	4.59	4.38	4.17	6.71	6.00	5.44	8.84	7.36	6.43

显然, 从表 5.3 可以清楚地看到光学薄区的谱指数随低能截止变大而变硬, 然而辐射谱指数和电子能谱指数之间的关系比效复杂, 不能像 X 射线那样用一个简单的

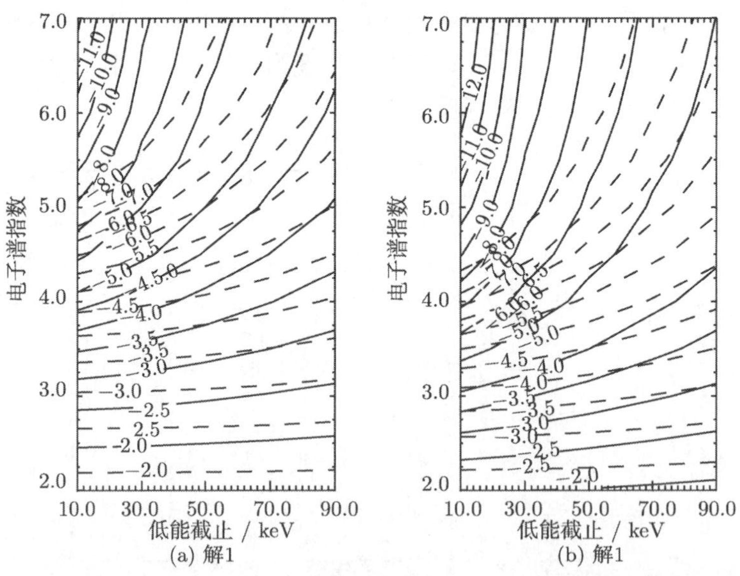

图 5.34 在光球磁场为 (a) 800 G 和 (b) 900 G 时计算的非热回旋同步辐射光学薄区的两个频段 11.2~14.0 GHz 和 14.0~16.4 GHz 的双幂律谱等值线的交点诊断低能截止 (横坐标) 和电子能谱指数 (纵坐标)

关系来描述. 同样, 由于光球磁场可以直接观测到, 可以采用观测到的微波辐射光学薄区的双幂律分布的谱指数诊断电子能谱指数和低能截止, 计算结果参见图 5.34.

3. 应用实例

图 5.35 为阳光卫星硬 X 射线望远镜和 OVSA 同时观测到的 2000 年 6 月 10 日的爆发事件的时变曲线和双幂律谱指数的演化曲线.

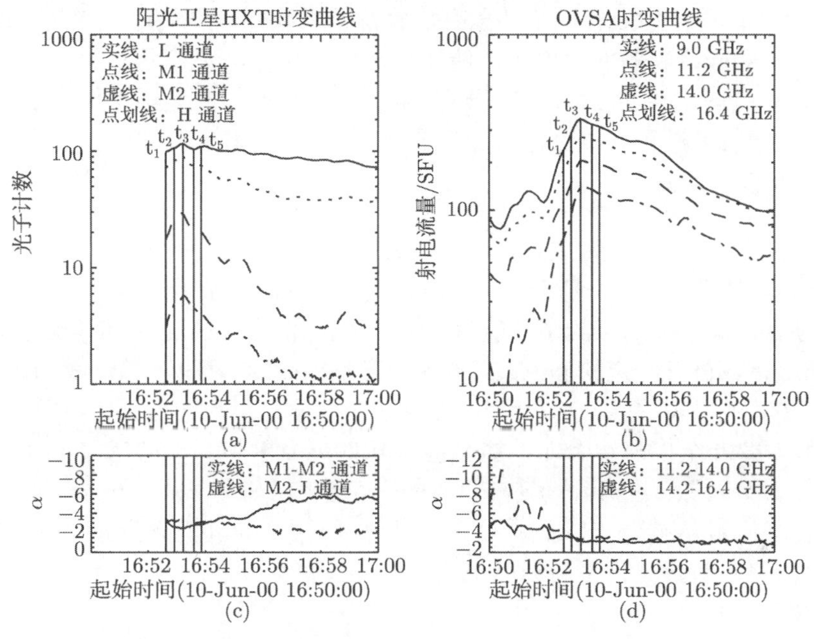

图 5.35 在 2000 年 6 月 10 日的爆发事件的的主相由 (a) 阳光卫星, (b) OVSA 观测的时变曲线和双幂律谱指数的演化曲线 (c) 和 (d)

根据图 5.35 中 5 个不同时刻观测到的硬 X 射线和微波辐射的双幂律谱指数, 及图 5.32 和图 5.34 的理论计算, 诊断出对应时刻的电子能谱指数和低能截止 (见表 5.4).

表 5.4 在 2000 年 6 月 10 日的爆发事件的 5 个不同时刻, 从阳光卫星硬 X 射线望远镜在 $M1$ 和 $M2$ 能段的谱指数 (α_1), 以及 $M2$ 和 H 能段的谱指数 (α_2), OVSA 在 11.2~14.0 GHz(α_3), 和 14.0~16.4 GHz(α_4), 利用图 5.32 和图 5.34 的理论计算诊断的低能截止 (分别用 E_{c1} 和 E_{c2} 表示), 以及电子能谱指数 (分别用 δ_1 和 δ_2 表示)

时间	α_1	α_2	E_{c1}/keV	δ_1	α_3	α_4	E_{c2}/keV	δ_2
t_1	−3.30	−3.50	38.0	4.50	−3.60	−4.00	33.0	3.80
t_2	−2.70	−3.40	58.0	4.60	−3.50	−3.80	32.0	3.70
t_3	−2.60	−3.20	60.0	4.30	−3.40	−3.70	31.0	3.50
t_4	−2.90	−3.10	50.0	4.20	−3.20	−3.40	30.0	3.30
t_5	−3.00	−3.10	35.0	4.10	−3.20	−3.60	34.0	3.40

从表 5.4 可以看出, 在同一事件中, 由硬 X 射线数据诊断的低能截止 (E_{c1}) 明显大于由微波数据诊断的结果 (E_{c2}), 而且前者在爆发的上升相随时间变大 ($t_1 \sim t_3$), 而在爆发的下降相随时间变小 ($t_3 \sim t_5$), 其演化规律和光变曲线有明显的相关性. 对微波的诊断结果中, 基本没有明显的变化, 这也进一步表明低能截止对微波辐射谱的影响小于其对硬 X 射线辐射谱的影响. 就非热电子的能谱指数而言, 无论是硬 X 射线数据还是微波数据的诊断结果都具有软硬硬的变化规律, 和辐射谱的演化基本一致 (但硬 X 射线得两个能段有显著差异, 请参见本书有关章节的讨论), 只是硬 X 射线数据诊断的非热电子的能谱指数总是比微波诊断的结果更软一些, 这也是和以往的研究一致的, 既反映了沉降电子和捕获电子的能谱差异, 或者说硬 X 射线和微波辐射来源于同一耀斑加速的非热电子, 然而对应不同的能段或成分.

5.3.7 讨论和小结

尽管存在低能截止是否重要及其大小的争论, 但对于任何加速机制, 低能截止的存在性是毋庸置疑的 (原则上可由电场加速的逃逸速度决定). 同时, 我们的研究表明, 即便在微波辐射所需的电子能量较大 (中等相对论) 的情形, 低能截止对微波光学薄的谱指数仍有一定的影响 (其敏感程度不如硬 X 射线辐射). 我们认为低能截止和许多其他物理因素一起导致硬 X 射线和微波光学薄辐射谱偏离单幂律分布 (代之以双幂律乃至多幂律分布). 虽然微波辐射涉及的背景参数远多于硬 X 射线辐射, 但是部分参数 (包括背景等离子体密度和温度、辐射方向、电子高能截止等) 对谱指数的计算没有明显的影响), 主要考虑低能截止、电子谱指数和背景磁场等三个参数 (硬 X 射线只需考虑前两个参数). 下面把到目前为止的三种诊断低能截止的方法归纳如下:

(1) 在不同时刻的硬 X 射线和微波光学薄辐射谱可能存在共同的交点, 当该交点接近于低能截止时, 电子数和能谱指数成反比关系, 当该交点接近于高能截止时, 电子数和能谱指数成正比关系, 一般情况下, 该交点位于低能截止和高能截止之间, 且有较为弥散的分布. 实际上, 还可等价的利用电子密度 (或能谱分布系数) 与谱指数之间的线性相关估算低能截止的大小.

(2) 在相邻频段或能段的硬 X 射线或微波光学薄辐射强度之比与非热电子能谱系数无关, 这样可用理论计算的强度比值和辐射谱指数比值和观测值的比较确定低能截止的大小. 注意此时的强度比和谱指数比不能取相同的频段或能段 (此时对低能截止不敏感).

(3) 直接采用严格的轫致辐射和回旋同步辐射的理论, 计算相邻频段或能段的硬 X 射线或微波光学薄辐射谱指数, 利用实际辐射的双幂律谱指数同时诊断非热电子能谱指数和低能截止 (对微波而言, 必须知道光球磁场的大小). 这也表明电子能谱指数和辐射谱指数之间的 (理论) 关系对低能截止的变化是比较敏感的 (可参考有关辐射谱的章节).

5.4 耀斑环中非热电子投射角的诊断

5.4.1 概述

基于目前冕环的观测和理论模型, 其底部磁场一般强于顶部磁场, 从而构成等离子体物理中所定义的磁镜结构. 当在单环顶部或者在双环碰撞的结合部, 由磁场重联导致的高能电子加速然后注入冕环; 由于电子在垂直于磁场方向的动能总是正比于当地的磁场强度, 两者之比被定义为磁矩, 可以证明在准静态条件下磁矩是一个守恒的物理量 (参见本书有关电子传输理论的章节), 因而当电子从环顶向环足运动时, 其垂直于磁场方向的动能逐渐增大, 同时其平行于磁场方向的动能则相应减小 (假设没有新的电子加速机制). 因此, 一部分具有沿磁力线方向的动能较大的电子, 将有较大的可能到达冕环底部并逃离磁镜的约束, 并与高密度的色球和光球等离子体碰撞而热化, 同时产生韧致辐射即通常观测到的 X 射线在两个环足的辐射; 而另一部分粒子在沿磁力线方向的动能较小, 因而无法逃离冕环的约束 (即未抵达冕环底部之前, 平行方向的动能已消耗殆尽), 并将在冕环中往返运动产生回旋同步辐射和韧致辐射 (包括对微波和高能 X 射线辐射的贡献), 而最终被热化.

从而由于磁镜的存在, 冕环中的高能带电粒子被分为上述两类, 分别称为逃逸粒子和捕获粒子. 前者主要贡献于 X 射线辐射, 后者则主要贡献于微波段的射电辐射和高能段 X 射线辐射. 在本书有关电子传输理论的 3.2 节中, 根据有入射源的福克尔–普朗克方程以及捕获和逃逸电子在速度空间所满足的边界条件, 可以导出捕获粒子和逃逸粒子的分布函数的稳态解[46]. 例如, 当电子以任意初始投射角 θ_0 注入冕环时, 两者的表达式如下:

$$f_1 = C \sin\theta_0 \cos\theta_{\mathrm{c}} \left(\frac{E}{E_0}\right)^{-\delta} \ln\left[\frac{\tan(\theta/2)}{\tan(\theta_{\mathrm{c}}/2)}\right], \tag{5.34}$$

$$f_2 = C \cos\theta_0 \sin\theta_{\mathrm{c}} \left(\frac{E}{E_0}\right)^{-\delta} \ln\left[\frac{\tan(\theta_{\mathrm{c}}/2)}{\tan(\theta/2)}\right], \tag{5.35}$$

$$C = \frac{n}{\left(2\pi\dfrac{T}{m}\right)^{3/2} \ln\left(\dfrac{1}{\sin\theta_{\mathrm{c}}}\right)}, \tag{5.36}$$

其中, θ_{c} 表示磁镜结构的临界角, 亦称为磁镜比, 入射角大于该临界角的所有电子均可逃离磁镜的约束, 而沿小于该临界角的方向入射的电子将被磁镜所捕获. 该临界角实际上是由环顶磁场 $B_{\min}$ 和环足磁场 $B_{\max}$ 之比所决定:

$$\sin\theta_{\mathrm{c}} = \left(\frac{B_{\min}}{B_{\max}}\right)^{1/2}, \tag{5.37}$$

此外, E_0 为电子所满足的幂律分布中动能的归一化值, 通常取为电子的热能. 在上述分布函数的归一化常数 C 的表达式中, T 和 m 分别表示电子的温度和质量. 从式 (5.34) 和式 (5.35) 可以看出, 初始投射角 θ_0 和磁镜比 θ_c 是决定捕获粒子和逃逸粒子数量的两个独立参数. 捕获粒子数随磁镜比 $(B_{\max}/B_{\min})$ 的增大或 θ_c 的减小而增加, 逃逸粒子数随磁镜比 $(B_{\max}/B_{\min})$ 的增大或 θ_c 的减小而减少 (注意捕获粒子和逃逸粒子数量并不是简单的依赖于光球磁场的绝对值, 而仅依赖于磁镜比). 另外, 捕获粒子数随初始投射角 θ_0 的增大而增加, 而逃逸粒子数则随初始投射角 θ_0 的增大而减少. 其原因不难从上述捕获粒子、逃逸粒子和产生原因来理解.

对于给定的辐射机制, 例如, 微波段的回旋同步辐射和硬 X 射线波段的韧致辐射 (厚靶或薄靶), 只要把捕获电子或者逃逸电子的能量分布函数代入相应的辐射机制的公式, 就可以得到理论上对应波段的辐射强度. 反过来讲, 如果从观测上可以得到不同波段的辐射强度, 进而, 在可以观测或反演环顶和环足的磁场强度的前提下, 就有可能直接获取初始投射角 θ_0 的信息. 这里需要指出的是, 式 (5.34) 和式 (5.35) 中的投射角 θ 和初始投射角 θ_0 是两个不同的物理量, 前者通常在求辐射强度时被积分, 而后者则是与积分无关的常数, 所以关心的主要因素是初始投射角 θ_0.

5.4.2　冕环磁镜比的诊断[47,48]

关于微波爆发源区的磁场和非热电子密度的联合诊断, 在本书的有关章节中已有详细地介绍. 由于微波段的辐射机制可以确认是以非热回旋同步辐射为主, 利用可观测的信息, 包括给定频率的微波辐射的亮温度 (或流量) 和偏振、从微波辐射谱得到的光学薄区的谱指数和峰值频率 (亦称为反转频率) 和现有的非热回旋同步辐射的理论公式 (如文献 [9]), 可计算出日冕磁场和非热电子密度的唯一解[10].

在 NoRH 的历年观测事例中选取 24 个具有环状结构 (或者具有一个环顶和两个环足的分离结构) 的微波爆发事件 (参见图 5.36 给出的两种典型事例图)[47].

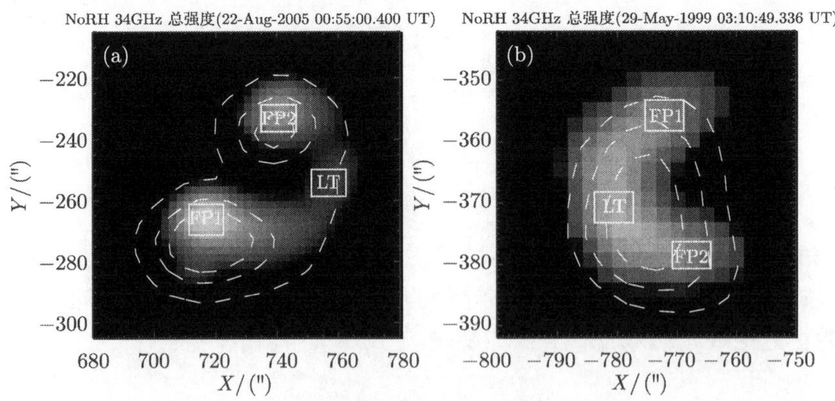

图 5.36　NoRH 观测到的具有类环结构的两个典型事例

进而利用作者早期用非热回旋同步辐射理论导出的日冕磁场和非热电子密度的解析表达式[49], 计算得到所选事件中的环顶和环足的磁场强度和非热电子密度, 并对两者的大小进行了比较 (参见图 5.37)[47].

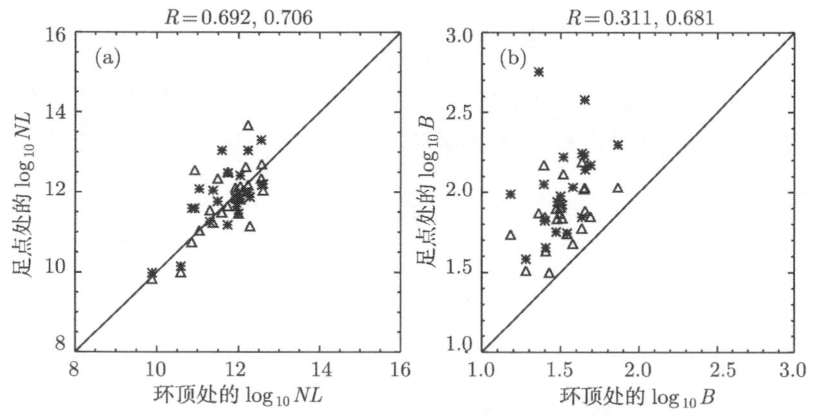

图 5.37 环顶和环足的非热电子密度和磁场强度的比较

图 5.37(b) 十分明显的指出, 两个足点 (分别用星号和三角符号标注) 的磁场强度一般总是大于环顶的磁场强度, 这是和通常假设的冕环中存在的磁镜结构是完全吻合的, 这样就不难计算两个足点和共有环顶的磁镜比, 一般来说, 两个磁镜比总是会有一定程度的不对称性, 因而我们计算了两个足点的磁场比值和 NoRH/17 GHz、34 GHz 亮温度比值的比较 (参见图 5.38)[48].

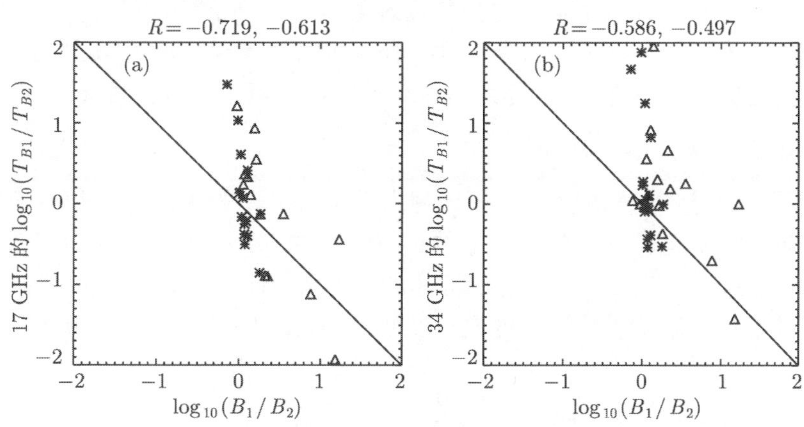

图 5.38 环足磁场强度之比和微波亮温度之比的相关分析

从图 5.38 可以看出, 两个足点的亮温度的不对称性十分明显, 变化范围可达两个数量级以上, 而两个足点的磁场强度的不对称性 (除了个别事件之外) 比较弱. 因而, 下面着重考虑非热电子初始投射角的影响.

5.4.3 初始投射角的诊断[48]

通常认为微波辐射主要来自冕环中的捕获电子的贡献, 根据式 (5.24), 在两个足点 (1 和 2) 的辐射强度之比应由下式决定:

$$\frac{T_{b1}}{T_{b2}}=\frac{\sin\theta_{01}\cos\theta_{c1}}{\sin\theta_{02}\cos\theta_{c2}},\tag{5.38}$$

这里, 假设两个足点辐射其他环境参数 (如等离子体密度和温度) 相同, 对于图 5.38 中已得到的足点辐射强度比和磁场强度比, 不难计算出两个足点的初始投射角之比 (参见图 5.39)[48].

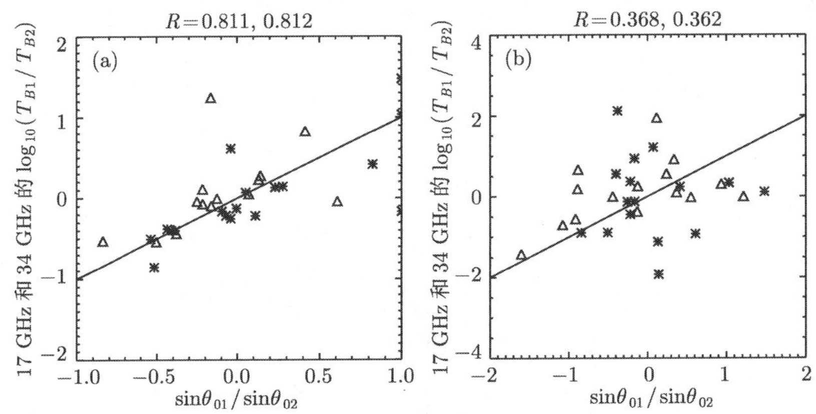

图 5.39　环足初始投射角之比和微波亮温度之比的相关分析

尽管没有分别得到每个足点的初始投射角的大小, 我们可以清楚地看出, 两个足点的初始投射角的不对称性比较明显, 表明足点微波辐射的不对称性可能主要是由初始投射角的不对称性所致, 详细讨论和解释请参见本书对应章节.

5.4.4 结论

耀斑环中的捕获电子和沉降电子比例由磁镜比和非热电子投射角共同决定 (参考 3.2 节电子传输理论部分的理论推导), 投射角的直接诊断尚需更多的观测信息 (正在尝试进行), 目前从耀斑环足点辐射强度之比和计算得到足点磁场强度之比, 结合有关的理论结果可以计算非热电子在环足的初始投射角之比.

5.5 太阳耀斑微波和硬 X 射线谱演化的联合分析 —— 电子能谱动力学演化的证据

5.5.1 概述

众所周知的是太阳微波和硬 X 射线时变曲线的相似性, 从而提示两者是由同一族耀斑加速电子所产生. 然而, 我们也知道在一些太阳脉冲爆发事件中, 从微波辐射谱导出的电子能谱指数 δ_μ 比从硬 X 射线辐射谱得到的 δ_x 更硬[50−52]. Silva 等用 BATSE 和 OVSA 的数据进行了深入微波和硬 X 射线谱演化的联合分析[53], 发现上述现象存在于 75% 的观测事件. 类似的结果在一些微波事件的个例研究中也被发现[54−57].

通常这一矛盾可假设电子能谱在高能段的一个断点, 由此导致比较平坦的微波辐射谱 (参考文献 [58] 中的计算), 可以认为该断点是由加速过程本身产生的. 另外, 捕获电子能谱变平是非稳态"捕获加沉降"模型的自然结果[59−61]. 该效应的重要性由近期厘米–毫米波段的频谱在大耀斑衰变阶段变平所证实[62].

为了验证不同模型的预期, 我们分析了一个耀斑的演化中微波和硬 X 射线谱指数的关系, 数据来源于 1991~1994 年 BATSE 和 OVSA 的观测. 最终, 我们计算了非稳态"捕获加沉降"模型, 同时考虑加速和入射电子能谱的软硬软行为, 并与一个新的观测经验关系进行比较.

5.5.2 微波和硬 X 射线谱演化的理论预期

厚靶模型同时用于硬 X 射线和微波可解释上述观测到的 δ_x 和 δ_μ 的差异, 但必须要假设加速电子具有一个断点的双幂律分布. 近期有若干证据表明该断点存在于一些大耀斑的 X/γ 射线高能段 (约为 300~500 keV) [63−65]. 厚靶模型的定量预期是同一爆发的硬 X 射线和微波谱指数具有相同的演化, 特别是硬 X 射线谱在下降阶段的软化必须伴随微波谱的变陡. 注意, 这仅是在低能和高能加速过程完全相同时成立.

另外, 产生微波辐射的电子的捕获效应已被大量硬 X 射线和微波联合观测所证实. 在观测的硬 X 射线和微波谱中, 加速电子的捕获分量起了相当关键的作用. 按照有关理论, 从硬 X 射线谱得到的电子能谱指数 δ_x(通常定义为 $\delta_x=\gamma+1.5$) 不同于从射电源估算的电子能谱指数 δ_μ, 其差别对于捕获模型可达到 2 或 1.5, 对于"捕获加沉降"模型可达 0.5 或 1.5, 两组差别分别对应于脉冲式或者稳态注入[66]. 无论是稳态的捕获模型还是"捕获加沉降"模型均可得到一定的可检测的频谱演化的预期. 特别是, 预期在电子注入的上升期和下降期, 即便电子谱指数保持不变, 射电谱指数 α 仍会有相当程度的减小[61]. 与之相反的是, 在"捕获加沉降"模型中, 硬 X 射线谱指数 γ 由于捕获电子的影响将会保持不变或略有减小 (特别是在爆发下降阶段). 进而, Melnikov 和 Magun[62] 提出, 由于高能电子寿命较长, 中等相对论捕获电子的能谱不会追随入射谱的软化. 后续结果是, 即使在脉冲爆发中硬 X射线谱同时变软, 厘米–毫米波范围的射电辐射谱会逐渐变平.

总之, 按照上述理论预期, 观测到的硬 X 射线谱指数 γ 和射电谱指数 α 之差在脉冲爆发期间可能增大. 我们将在 5.5.3 节检测这一行为是否存在, 特别是当硬 X 射线谱发生软化时.

5.5.3 观测数据分析

我们一共分析了 BATSE(30∼200 keV) 和 OVSA(1∼18 GHz) 同时观测到的 57 个爆发事件, 这些事件已在文献 [53] 中详细介绍. 硬 X 射线谱用单幂律谱 γ 进行拟合. 每一时段的微波谱则用文献 [67] 给出的类似回旋同步辐射的函数来描述, $f(\nu) = a_1\ \nu^{a_2}\ [1 - \exp(-a_3\ \nu^{-a_4})]$, 由此产生较低频 a_2 和较高频 $\alpha = a_4 - a_2$ 两个频谱斜率. 假设对于产生硬 X 射线辐射的厚靶模型, 电子能谱指数 δ_x 可用光子谱指数 γ 计算, $\delta_x = \gamma + 1.5$. 对于回旋同步辐射, 光学薄区谱指数 α 和加速电子能谱指数 δ_μ 的关系为 $\delta_\mu = (\alpha + 1.22)/0.9$[9]. 该公式并非总是正确的描述 α 和 δ_μ 的关系, 因而我们的近似误差大约在 0.5 的范围内.

图 5.40 给出微波和硬 X 射线谱指数演化的一个典型的事例, 该耀斑发生于 1991 年 8 月 7 日, 峰值时刻为 19:04 UT. 图 5.40(a) 分别为 30 keV 和 10 GHz 的时

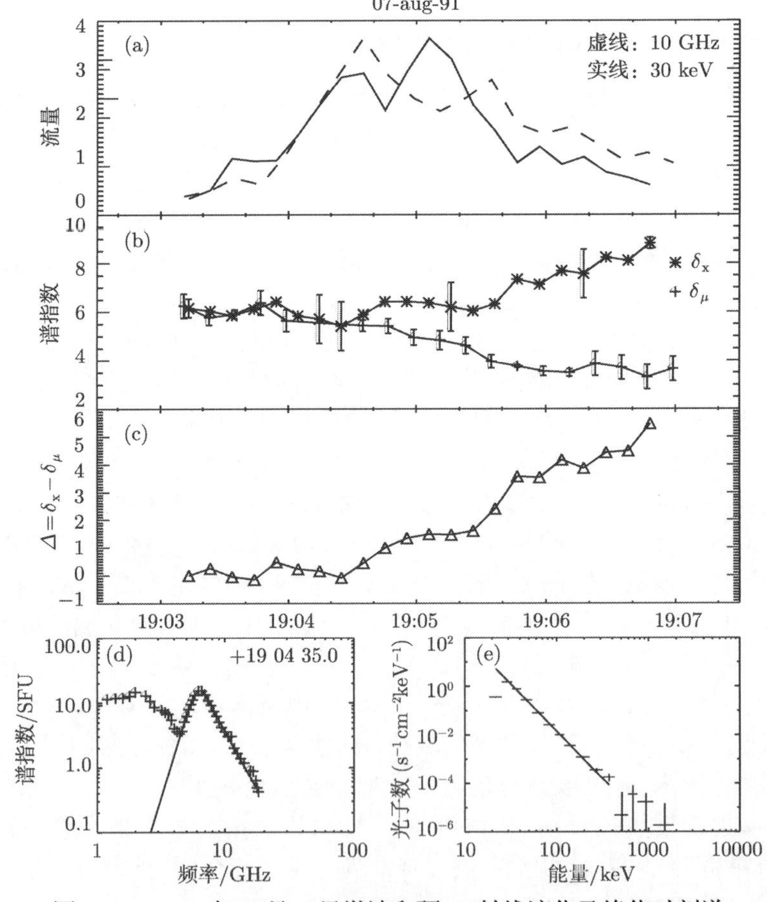

图 5.40　1991 年 8 月 7 日微波和硬 X 射线演化及峰值时刻谱

变曲线, (b) 和 (c) 分别是 δ_x 和 δ_μ 以及两者之差 $\varDelta$ 的演化. 峰值时刻的微波和硬 X 射线谱分别在 (d) 和 (e) 中给出.

从图 5.40 可以发现, 任何波段的谱指数在耀斑初始时刻几乎相同, 而在耀斑下降阶段差别 $\varDelta$ 较为明显, 而且随时间增大. 下面对有关统计结果进行详细地介绍.

1. 上升阶段

我们选择了 34 个具有明显上升阶段的简单爆发进行分析, 正如所预期的那样[68], 多数事件 (75%) 的硬 X 射线谱指数 γ 在上升阶段是减小的, 而剩余的事件则是增大或不变的. 类似的, 多数事件 (70%) 的微波谱指数在上升阶段也是减小的, 在剩余的事件里几乎保持不变 (15%), 或者持续增大 (15%). 整体而言, 上述结果和文献 [62] 研究的厘米–毫米的大爆发的结果一致, 在 55% 的事件中 α 的减小伴随 γ 的减小. 在爆发的上升和峰值阶段, 两个谱指数的差 $\varDelta = \delta_x - \delta_\mu$ 的典型值在 0.5~1.5, 很少超过 +2. 在某些事件里, $\varDelta$ 为零或负值 (通常是在爆发开始时), 其范围为 $-3 \sim 0$.

2. 下降阶段

在下降阶段 γ 和 α 的时间演化完全不同于上升阶段. 在总共分析的 39 个事件里, 74%(29 个) 事件的 γ 增大, 即硬 X 射线谱在下降阶段变软, 其余事件中 γ 减小或不变. 另外, 67%(26 个) 事件的微波谱指数在下降阶段并未增大, 而是减小 (50%) 或不变 (17%), α 的增大仅发生在 33% 的事件. 类似的结果也在文献 [62] 中得到. 进而, 两个谱指数的差 $\varDelta = \delta_x - \delta_\mu$ 在 74% 的事件中增大, 有时达到 4~6. 这一行为和上升阶段截然相反, 后者在多数 (60%) 事件里减小或不变.

5.5.4 微波源电子谱指数演化的理论模拟

为了得到捕获电子能谱演化和由此产生的微波谱的演化, 我们进行了一些理论计算. 基本假设如下, 射电源具有均匀的磁捕获, 入射源函数具有高斯型时间剖面 $J(E,t)$, 加速电子具有单幂律分布, 谱指数按照抛物线规律随时间变化. 我们在很大范围内调整入射周期和等离子体密度, 计算结果显示在图 5.41 中.

我们看到所有能量的捕获电子能谱在上升阶段都是变平的, 因而捕获和入射电子 (分别产生微波和硬 X 射线辐射) 的能谱指数之差在峰值时刻变大. 在下降阶段, 低能谱 (< 100 keV) 随入射电子能谱变软, 而在高能段保持变平, 从而形成一个断点. 上述结果表明产生硬 X 射线和微波辐射的电子具有物理上的区分, 特别是在下降阶段形成彼此之间的差异. 这里硬 X 射线辐射不仅是由沉降电子产生, 也有类似于微波辐射的来自捕获电子的贡献. 然而, 两种辐射谱的时间演化与入射和加速电子能谱密切联系, 其原因在于低能电子的寿命比较短.

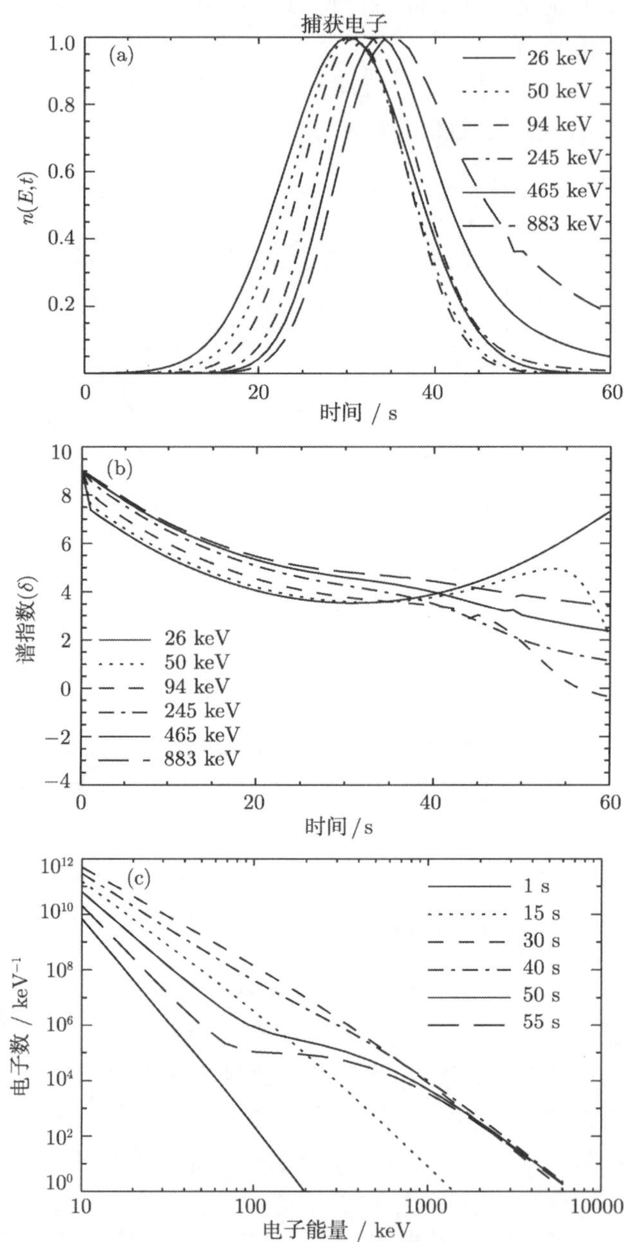

图 5.41 (a) 为不同能量的捕获电子的时间演化, (b) 为对应的捕获电子能谱指数的时间演化, 以及 (c) 为不同入射时刻的捕获电子能谱

在长时间入射的情况下容易证明, 当其时间尺度超过电子寿命, 产生微波辐射的高能电子谱随着入射电子能谱演化会在下降阶段变软. 这与长时间爆发 (> 2

min) 中 α 和 γ 的同时变化大多一致. 注意非稳态“捕获加沉降”模型可以解释 Δ 的大小在爆发初始时刻接近于零, 此时远小于电子寿命, 捕获电子能谱几乎与加速和入射电子相同.

5.5.5 结论

基于 OVSA 和 BATSE 的联合观测, 最有趣的结果是在多数爆发的下降阶段, 同时发生微波谱指数的减小和硬 X 射线谱指数的增大. 通常, 硬 X 射线谱演化呈现软硬软的特征, 即在爆发峰值时刻谱指数达到极小. 然而微波辐射的情况并非如此, 光学薄的谱指数在峰值时刻对多数事件并非达到极小, 而是在下降阶段继续变小. 一般而言, 下降阶段的硬 X 射线和微波谱指数的演化具有相反的趋势. 两个谱指数的差值在上升阶段从 0.5 增大至 1.5, 下降阶段从 4 增大至 6. 在整个耀斑期间, 从微波得到的谱指数通常远小于从硬 X 射线得到的谱指数.

上述结果为产生微波和硬 X 射线的电子能谱在其入射到耀斑环之后的演化提供了很强的证据. 对于厚靶模型, 按照硬 X 射线和微波辐射均产生于沉降电子的设想很难解释上述两个谱指数的差别及其随时间的演化, 除非对加速过程给予很强的假设或者限制, 包括加速导致高能的断点, 以及加速导致低能变软和高能变硬.

另外, 考虑捕获和积累, 以及捕获离子的库仑碰撞 (或波粒相互作用) 引起的能谱演化, 可以很好地解释微波和硬 X 射线谱指数的相关演化的主要特征. 特别是下降阶段同时发生微波谱指数的减小和硬 X 射线谱指数的增大, 不难理解为产生微波辐射的高能电子具有较长寿命, 在捕获过程中和入射电子能谱的快速变化有所区分, 即在入射电子能谱软化的同时, 高能电子在下降阶段持续变平. 也有少数事件发生微波和硬 X 射线谱的同时软化, 可在耀斑环内部高能粒子寿命较短的条件下, 用相同的模型来解释 (如很高的等离子体密度, 或者高水平的湍动), 此时, 产生微波辐射的粒子能谱和入射粒子同步变化, 给出了微波和硬 X 射线谱的同步变化.

5.6 加速区位置和加速电子投射角分布的诊断

5.6.1 概述

太阳耀斑非热电子可以提供至今尚未彻底解决的若干问题的重要信息, 例如, 加速和入射区的位置, 高能电子在耀斑环内的加速和传输机制等. 微波爆发的主要机制是回旋同步 (GS) 辐射, 这样, 光学薄微波辐射的空间结构主要取决于磁场强度和几何位形, 以及非热电子的特征. GS 强度随磁场强度 B、视角 ϑ(磁场和视线夹角), 以及加速电子的数密度的增加而增大.

微波辐射的空间结构的研究在 20 世纪 80 年代采用 VLA[69−72], 之后的研究多用 NoRH/17 GHz[73−75], 显示了单个致密的环顶源和峰值位于共轭足点的双源,以及位于大小耀斑环的足点的三源. 采用 17 GHz 和 34 GHz 两个频率同时观测的 NoRH 具有较高的角分辨率 ($5'' \sim 10''$) 和 0.1 s 的时间分辨率, 提供了一个很好的机会研究微波谱的斜率, 进而研究耀斑环不同部位的光学厚度. 我们首次报道了具有明亮的光学薄环顶源[76,77], 结果与微波亮度分布的数值模拟不一致[78−80]. 单环微波形态初步的统计研究[81−83] 显示大约半数光学薄辐射峰值在两个环足之间, 最合理的解释是非热电子空间分布的不均匀性, 而其最大值位于环顶[77].

另一个未曾预期的结果是亮度空间分布的演化[77,84], 发现某些事件中形态变化是, 爆发早期从两个足点亮度峰到爆发极大和衰变阶段变为单个环顶的亮度峰, 这一变化趋势可用非热电子密度分布的改变导致环顶密度相对增大来解释 [85,86], 环顶源的形成是环顶捕获的具有较大投射角的中等相对论电子的投射角散射和累积的结果. 仅有少数耀斑显示的微波源在环内的传播得到了细致的研究[77,84,87,88]. 基于 NoRH 在 2002∼2007 年的观测统计[82], 多数光学薄微波源显示了沿微波耀斑环的重新分布, 即在上升阶段环顶出现亮度峰的比例大约为 50%, 而在峰值和下降阶段则出现在多数事例中 (比例分别为 80% 和 66%). 进一步分析需要更好地理解该现象的本质, 特别是非热电子的传输加速的动力学过程的研究.

2002 年 8 月 24 日的事件特征是特别巨大的耀斑环, 足点分离达到 5×10^4km, 最大高度达到 3.3×10^4km, 并且清楚地出现在太阳边缘. 该耀斑环非常好地被 NoRH 所分辨, 环面几乎平行于太阳边缘, 因而 GS 辐射的视角影响可以被忽略. 这是一个很好的机会详细分析微波亮度沿耀斑环的分布和演化, 已在文献 [89]∼[91] 中进行了研究, 然而尚未考虑微波亮度沿耀斑环的重新分布.

5.6.2　观测

这是一个强大的耀斑, GOES 分类为 X3.1 级, 发生时间为 2002 年 8 月 24 日 01:00 UT, 接近于太阳西边缘 $S01°$ 和 $W73°$. 这是与活动区 NOAA 10069 关联的最后一个事件, 随后发生了高速的 CME. 对应的微波爆发由 NoRH 观测到[92], 遗憾的是 17 GHz 和 34 GHz 数据在峰值阶段均达到了饱和. 为了诊断耀斑物理参数, 需要完整的光学、紫外和软硬 X 射线数据. 为此, 我们采用 SOHO/MDI[93]、TRACE[94] 和 GOES(http://www.oso.noaa.gov/goes/) 数据, 未能使用 RHESSI 的硬 X 射线成像观测 (脉冲阶段处于 RHESSI 的夜间), 幸运的是, 所需全日面的 HXR 数据处于 CORONAS-F [95] 的 SONG 探测器[96] 的有效工作时段内.

1. 微波和 HXR 辐射的时变曲线

该事件产生的微波辐射极为强烈, 极大时刻的 17 GHz 流量达到 $F_{17} = 1.6\times10^4$ SFU, 而 34 GHz 流量也达到 $F_{34} = 1.1\times10^4$ SFU, NoRP 的微波谱在极大时刻的峰值频率为 17 GHz. 总流量的时变曲线在图 5.42 中给出, 其中, 17 GHz(细线) 和

35 GHz(粗线) 是从 NoRP 获取. 该曲线显示彼此分离的多峰结构, 在图 5.42 顶部标出各个峰的序号. 射电爆发的寿命 $\Delta T_{0.5} \approx 300$ s (按 35 GHz 的半宽度估计).

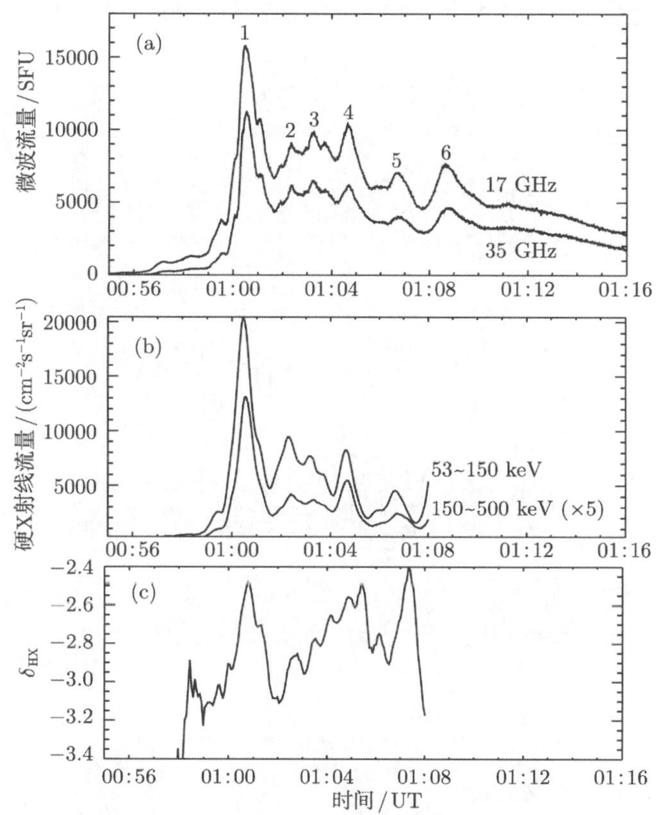

图 5.42 (a) NoRP 总流量在 17 GHz(细线) 和 35 GHz(粗线) 时变, (b) SONG/CORONAS-F/53~150 keV(细线) 和 150~500 keV(粗线) 的硬 X 射线流量 (后者乘以 5), (c) 从两个通道计算的硬 X 射线谱指数

图 5.42 显示在 01:08 UT 以后, HXR 信号因地球辐射带的高能粒子影响而缺失, 总体而言, HXR 时变曲线与微波非常相似, 包括两者的子峰具有一一对应的关系. 图 5.42 还显示 HXR 的谱指数演化表现为软硬软的类型. 然而仔细察看谱指数的演化后发现在每一子峰之后出现硬化 (即软硬硬的行为).

互相关分析揭示了微波和 HXR(53~150 keV) 辐射的主峰之间的时间延迟, 对于 17 GHz 为 6 s(±2 s), 对于 35 GHz 为 8 s(±2 s). 这样的延迟在长周期的渐变爆发中十分常见[97,66].

2. 射电、光学, 和紫外成像

图 5.43 给出耀斑上升阶段初期 00:57:40 UT, 在射电流量有一小的增长之后 (参

见图 5.42) 的射电成像. 两个频率的射电源的投影均显示出充分发展的环状结构, 微波等值线叠加在 SOHO/MDI 磁图之上, 后者是在 01:35:00 UT 的数据. 白色和黑色分别表示活动区的正负磁结构, 和两个微波环足很难对应好, 其原因在于该区域

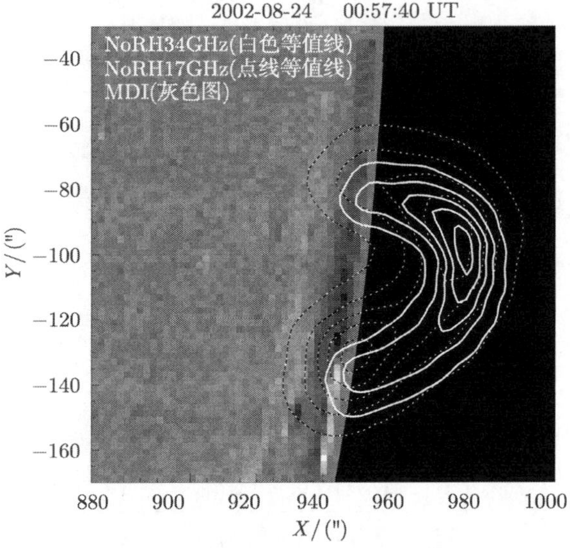

图 5.43　SOHO/MDI 光球磁图 (灰色) 叠加了射电极大亮度的 0.1、0.3、0.5、0.7 和 0.9(17 GHz 点线和 34 GHz 实线) 磁图观测时间接近射电, 白色和黑色分别为正负磁极

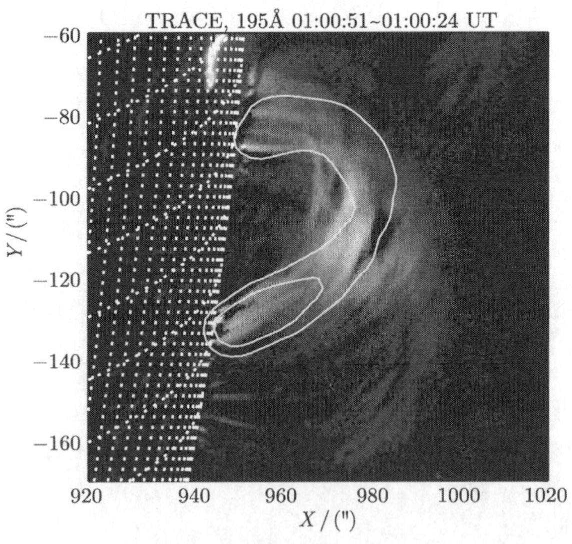

图 5.44　TRACF(195Å) 差分图 (彩色) 是把较早 (01:00:24 UT) 的图从稍晚 (01:00:51 UT) 的图中减去得到, 进而叠加了 34 GHz 的白色等值线, 分别对应极大亮温度的 0.25 和 0.5 的水平

靠近日面边缘. 然而, 大约两天之前获取的磁图对相同的活动区显示 $B_{\min} \approx -1200$ G, $B_{\max} \approx +1000$ G. 沿环的轴向的最大亮度的 50% 的射电源角径分别为 $80''$(34 GHz) 和 $90''$(17 GHz).

高空间分辨的 TRACE 图像使我们能比射电成像更好地估计耀斑磁环的横向尺度. 图 5.44 给出紫外 (195 Å) 的差分图, 是把较早期 (01:00:24 UT) 的图从稍晚 (01:00:51 UT) 的图中减去, 可以反映两张图的最显著的变化. 由此在该图可以看出仅有涉及耀斑时段的这些磁环、磁纤维或磁绳 (接近于图 5.42 的极大时刻即第一个峰). 叠加的 34 GHz 的 NoRH 白色等值线, 分别对应极大亮温度的 0.25 和 0.5 的水平. 图 5.44 表明涉及耀斑的特定紫外环的宽度大约是 $1'' \sim 3''$, 但是它们结合成共同的一束, 几乎对应于微波环, 后者的截面大约为 $10''$(靠近南足点 $0.5 \times T^{34}_{B\max}$), 仅有一部分被明亮的紫外纤维 (环) 所填充, 这些纤维之间有黑色间隔互相区分. 因而, 我们估计微波环的填充因子为 $k = 2$, 该因子在后面将用于诊断射电环内的等离子体参数.

5.6.3 亮温度的演化

17 GHz 和 34 GHz 射电爆发都是在 00:54:00 UT 起始于南边足点. 在上升阶段早期的几个子峰, 亮温度分布从几乎均匀分布, 到 00:57:40 UT 变为 34 GHz 亮度峰 ($T_B^{34} = 25$ MK) 位于环顶 (参见图 5.43). 在爆发最强烈的时段甚至发生了更为引人注目的变化.

1. 34 GHz 亮温度的演化

首先, 我们考虑较高频率即 34 GHz 亮温度的成像, 图 5.45 给出了图 5.42 的主峰 (标号 1) 期间的 34 GHz 亮温度成像的演化. (a)~(d) 展示了四个不同时刻, 即上升、峰值、衰减以及第二峰开始之前 (定义为谷底) 的射电源. 等值线为亮温度极大值的 0.1、0.4、0.6、0.75 和 0.95 的水平. 从主峰的上升阶段 00:59:00 UT 开始, 南边的足点再次成为 34 GHz 的最亮点, 并保持至极大时刻 01:00:30 UT. 从图 5.45(a) 和 (b) 中, 可以看出另外两个亮度峰, 一个接近相反的足点, 另一个接近环顶, 但它们相对较弱, 只有到下降阶段, 环顶源变得比足点源更亮 (图 5.45(c)), 后者在谷底几乎消失不见 (图 5.45(d)).

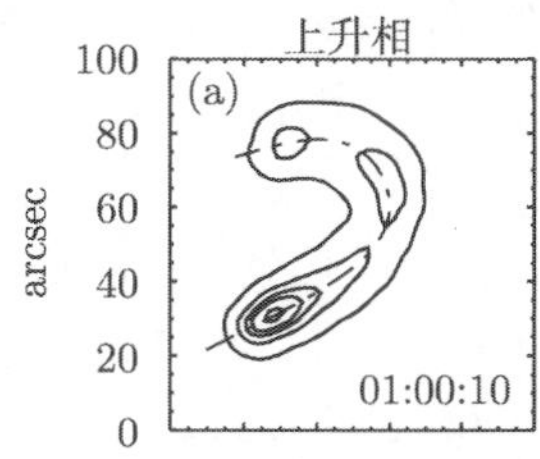

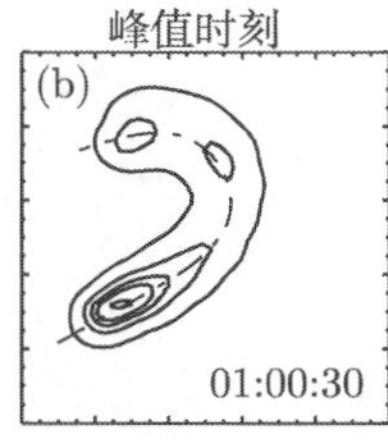

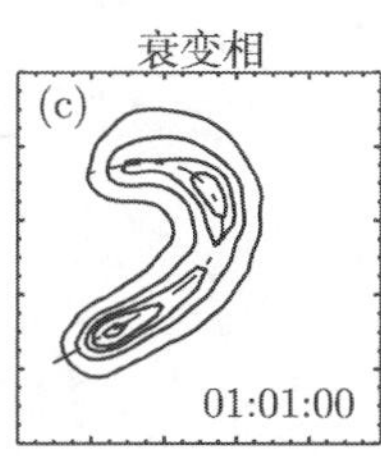

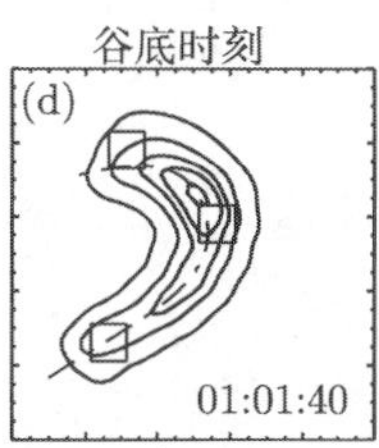

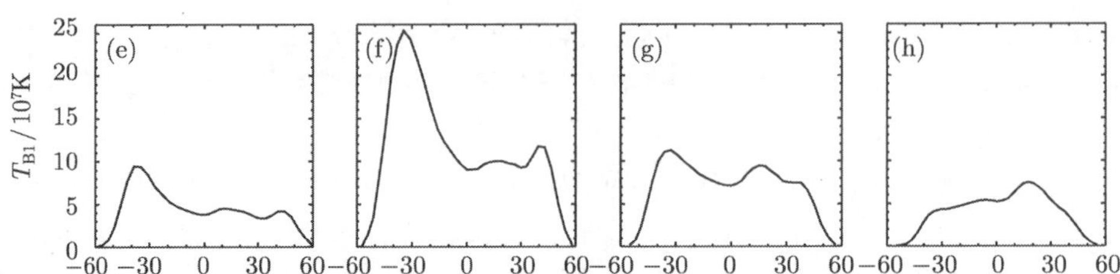

图 5.45　(a)~(d) 展示了四个不同时刻, 即上升、峰值、衰减以及第二峰开始之前 (定义为谷底) 的 34 GHz 射电源. 等值线为亮温度极大值的 0.1、0.4、0.6、0.75 和 0.95 的水平. 点划线表示环轴线. 底部表示 34 GHz 亮温度的沿环轴线的空间分布, 零点表示环顶, 负值表示南边足点

从图 5.45(f)~(h), 在主峰的下降阶段南边足点的亮温度减小了 5 倍, 但是环顶仅减小 2 倍 (从 100 MK 变为 50 MK). 而且, 环顶的 T_B^{34} 在谷底之后的两峰期间 (图 5.42 中标号为 2 和 3) 保持在 50 MK 直至 01:04:10 UT (参见图 5.46 的第一和第二行). 有趣的是, 同一耀斑环中类似的亮温度演化出现在图 5.42 中的 1~6 号子峰. 图 5.46 显示了 34 GHz 图像在第 2~6 号子峰和其后的谷底. 从图 5.45 和图 5.46 还可看到, 峰值时刻南边足点最亮时, 北边足点也有一个附加的亮点, 而在谷底阶段, 伴随环中心的变亮, 亮度极大分布稍微偏向了北边足点. 另外, 在谷底时刻的环顶亮度相对于原来的峰值时刻 (图 5.42) 没有明显减小, 例如, 在第 2 和第 3 峰保持在 50 MK, 第 4 峰为 40 MK, 第 5 峰为 20 MK, 在第 6 峰甚至从 10 MK 增至 20 MK. 然而, 在南边足点的亮温度则有明显下降.

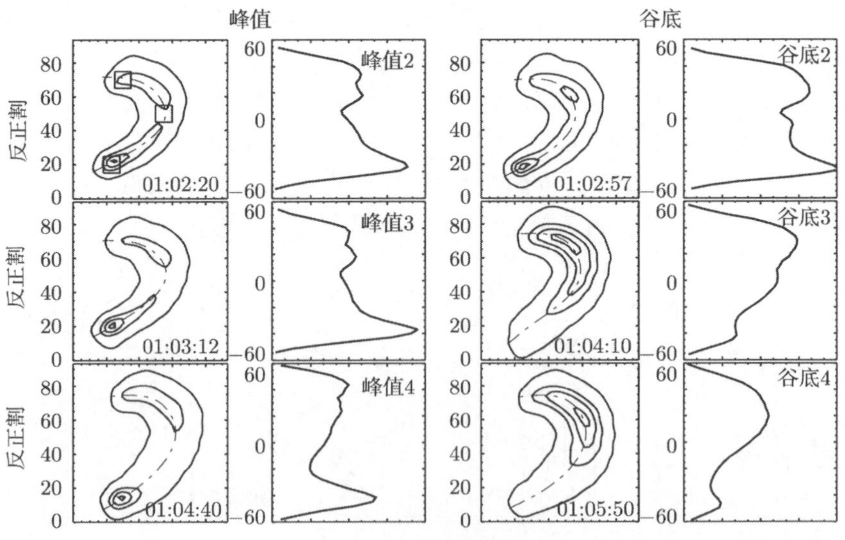

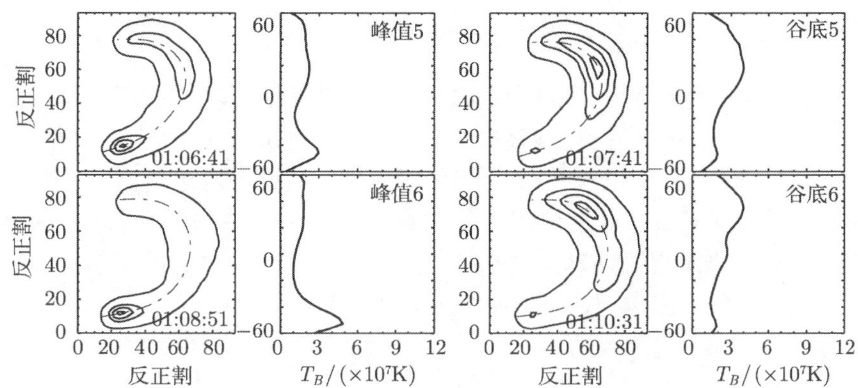

图 5.46 图 5.42 中第 2~6 峰时刻 (左列) 及随后的谷底时刻 (左起第三列) 的 34 GHz 等值线图, 分别为极大亮温度的 0.1、0.5、0.75 和 0.95 的水平. 点划线表示环轴线, 左起第二、四列是对应时刻亮温度沿环轴线的空间分布, 横坐标表示沿环轴的距离, 零点表示环顶, 负值表示南边足点

2. 17 GHz 亮温度的演化

在图 5.42 中第 4~6 峰, 另一个频率 17 GHz 的亮度分布有类似的变化趋势, 然而在第 1~3 峰, 却不同于 34 GHz. 在主峰极大时刻环顶已经达到最亮, 图 5.45 和图 5.47 的比较清楚地显示了 17 GHz 最亮区域比 34 GHz 偏向于耀斑环的中段, 即使在主峰上升阶段就可十分明显地看到.

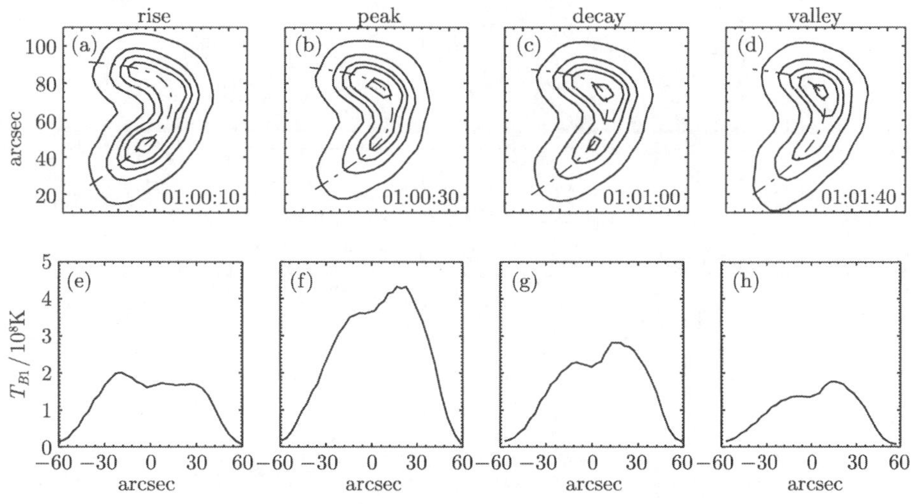

图 5.47 完全相同于图 5.45, 频率改为 17 GHz

3. 耀斑环上下部分的微波辐射的时变曲线

关于耀斑环亮度的重新分布, 图 5.48 给出了微波耀斑环的不同部位的流量变化曲线的比较. 两个频率的流量密度 F_{17} 和 F_{34} 从 NoRH 成图计算而得, 所取区域大小为 $10'' \times 10''$, 具体位置在图 5.45(d) 中标出. 从位于南边足点 (SFP)、环顶 (LT) 和北边足点 (NFP) 分别显示在图 5.48(a)~(c) 中. 图中的时间分辨率为 1 s, 时间间隔局限于主峰. 点线和实线分别表示 17 GHz 和 34 GHz 的辐射.

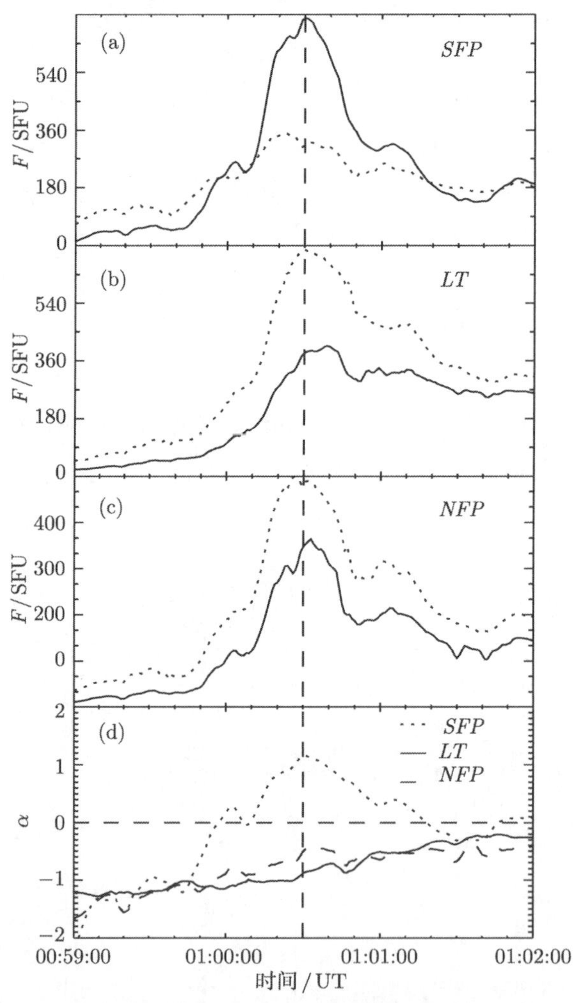

图 5.48 图 5.45(d) 中标出的三个方框的 2 s 平均流量密度时变曲线 (a) 南边足点 (SFP), (b) 环顶 (LT) 和 (c) 北边足点 (NFP). 点线和实线分别表示 17 GHz 和 34 GHz 的辐射. (d) 5 s 平均的谱指数, 点线、实线和虚线分别表示 SFP、LT 和 NFP 源

非常有趣的特征是, 这些时变曲线之间的时间延迟. 可以看到环顶辐射的极大时刻在两个频率都会延迟于足点源, 在 34 GHz 的延迟 (对于 NFP 为 6 ± 1 s, 对于 SFP 为 9 ± 1 s) 比 17 GHz 更加显著 (对于 NFP 为 4 ± 1 s, 对于 SFP 为 8 ± 1 s). 进而, 34 GHz 在环顶的辐射时间剖面较宽, 而且延迟于来自足点的时间剖面. 另一种时间延迟是较高频率 34 GHz 的极大时刻相对于 17 GHz 时间延迟.

图 5.48(d) 给出谱指数 $\alpha=\ln(F_{34}/F_{17})/\ln(34/17)$ 在耀斑环不同部位的演化. α 总为负值, 且在 LT 和 NFP 源在主峰期间总是增大的. 在其他次峰谱指数几乎保持不变 (在 $-0.5\sim-0.3$). 因而, 在环的这些部位的辐射是光学薄的, 至少在 34 GHz 是如此. 然而, 在南边足点, α 在主峰期间变为正值, 因为图 5.48(a) 显示该处的 34 GHz 流量密度超过了 17 GHz. 由于 SFP 源的亮温度值非常高 $T_B\geqslant10^8$ K, 该结果意味耀斑环南边足点的 17 GHz 为光学厚的回旋同步辐射源. 谱指数的演化确认了这一点, 在上升阶段增大, 在爆发极大之后回落, 此时加速电子的数密度减少导致光学厚度变小. 如果 Razin 效应是谱指数出现正值的原因的话, 谱指数将会出现不同的演化行为[98].

5.6.4 讨论

1. 主要观测特征的解释

感兴趣的是在 34 GHz 和 17 GHz 亮度演化具有相似性的同时, 两者也有巨大的差异. 在 34 GHz 辐射亮度极大仅在衰减阶段后期位于环的中部, 而 17 GHz 则早在爆发主峰的极大相和衰减相初期就具有该特征. 在 17 GHz 的不同演化可用微波耀斑环的光学厚度 ($\tau\geqslant1$) 的增大来解释, 5.6.3 节关于南边足点的谱指数分析提供了很强的观测证据. 对于图 5.45 和图 5.47 的一个简单比较显示主峰期间环中部的 17 GHz 亮度数倍于南边和北边的足点 (34 GHz 亮度在上升和极大阶段的 SFP 和 NFP 源也是如此).

在光学厚微波环的亮度分布这一特征是众所周知的[78−80]. 在环中部给定频率亮温度较高的原因是, 光学厚的源具有较弱的磁场, 其辐射源于较高能的电子, 并具有较高的谐波数. 以上对于 34 GHz 的成像讨论较多出于两个因素: ① 具有较高的空间分辨率; ② 具有较小的光学厚度 (通常满足 $\tau<1$), 由此可以避免自吸收对亮度分布的影响.

5.6.2 节中最有趣的结果是 34 GHz 亮度分布对所有爆发峰值均有相同的演化趋势, 即亮度每一个峰的上升阶段均会向足点 (多数是 SFP) 重新分布. 相对应的是, 在峰值极大后, 环上部的辐射成为主导, 而足点源逐渐消失.

有关上升和极大相环足的亮度峰的观测和众所周知的数值模拟一致[78,79], 预期光学薄的 GS 辐射的亮度峰靠近磁场 $B(s)$, 不均匀地延展环的足部, 同时假设非热电子具有均匀的分布, 即沿环向满足 $N(s)=\mathrm{const}$. 这样, GS 辐射强烈地依赖于磁场强度, 因而预期在环足附近强度比较大. 然而, 观测到的环顶附近衰减阶段的亮度极大不可能在上述模型的假设下得到解释, 特别是对所分析的边缘环, 其平面几乎垂直于视线.

最可能解释环上部的亮度相对增大的因素是电子数密度在环顶的增加, 类似于著名的光学薄环顶微波源的解释[77]. 至少有两点理由, 其一, 可能在衰变阶段有新的加速电子源出现在环顶, 这样假设的困难是必须出现在每个峰值. 其二, 是传输效应的影响, 即非热电子的快速散射, 进入环顶的损失锥分布, 或者说累积在环的上部[85]. 后者自然作用于每一次新的电子入射之后, 导致观测到的一系列准周期的亮度沿环轴向的重新分布.

已有很强的证据支持上述自然的想法. 第一个证据是 34 GHz 在环顶的绝对亮度对多数谷底相比于之前的流量峰值没有变小 (参见 5.6.3 小节), 这就表明环上部的加速电子的累积过程. 其次, 存在微波和 HXR 强度变化的时间延迟, 以及较高和较低频率的微波极大时刻的延迟, 可以作为电子捕获在微波辐射源的证据[99,62]. 进而, 环上部和下部微波辐射的延迟以及环顶辐射的较长延迟也是高能电子在耀斑环上部被捕获的强大证据.

上述想法将在下节用数值模拟的方法加以验证, 主要是计算捕获磁环的不同部位非热电子的演化及其产生的微波辐射. 在数值模拟之前, 必须要知道观测的耀斑环背景等离子体、磁场和非热电子有关参数.

2. 环上下部分的磁场强度和高能电子数密度的诊断

首先估计主峰 (图 5.42 中标号 1) 的极大和衰变阶段的环上下部分电子数密度之比 N_{LT}/N_{SFP}, 方法是对两个源的 17 GHz 和 34 GHz 观测流量用文献 [17] 给出的 GS 辐射的发射率和吸收率进行拟合. 我们需要知道电子能谱指数、投射角分布、微波源尺度、磁场强度 B 和源区等离子体密度 n_0, 由于 n_0/B 的比值较大, Razin 效应对 GS 辐射及频谱的影响会比较强烈[100]. 对于我们的粗略估算, 多数信息来自观测, 某些将借助于合理的假定.

首先假设非热电子具有各向同性的投射角分布和双幂律能谱, 高能段谱指数 $\delta_{\rm h}$ 从 HXR 辐射获得, 低能段谱指数从 $\delta_{\rm l}=\delta_{\rm h}-1.5$ 的关系计算, 能量断点 $E_{\rm break}=1$ MeV 取决于电子寿命对能量的依赖性, 其中, 寿命是由主峰 1 来决定[99,66]. 背景等离子体密度从 GOES/SXT 在主峰 1 的数据获取, $n_0=8\times10^{10}\ {\rm cm}^{-3}$. 源深度取为 $L\approx3.6\times10^{8}$ cm, 等于微波环的宽度 $10''$ 除以填充因子 $k=2$.

为估计磁场强度, 考虑 SFP 源在主峰 1 的 17 GHz 辐射是光学厚的 (参见本节第 3 小节). 假设视角 $\vartheta\approx80^\circ\sim85^\circ$, 幂律谱指数 $\delta=3.6$ 从 HXR 辐射的厚靶模型得到 (参见 5.6.2 节), 由此估算南边足点磁场 $B_{SFP}\approx1000$ G. 这里也要用 5.6.2 节从紫外观测得到的微波环填充因子 $k=2$ 乘以观测到的亮温度 T_B. 进而从估算的磁场强度计算加速电子在 SFP 源主峰 1 的数密度 $N_{SFP}(E>0.5\ \mathrm{MeV})=3\times10^4$ cm^{-3}, 谷底时刻有 $\delta=4.1$(图 5.42(c)), 以及 $N_{SFP}(E>0.5\ \mathrm{MeV})=3\times10^3\ \mathrm{cm}^{-3}$. 这里令辐射电子能量 $E>0.5$ MeV, 是考虑观测频率 17 GHz 和 34 GHz、估计的磁场强度、等离子体密度以及微波和 HXR 的峰值延迟等因素[99].

从图 5.48 可以看出环顶和北边足点源是光学薄的, 因而可用不同的程序估计磁场强度, 即向前拟合频谱的方式. 环顶频谱的最佳拟合给出 $B_{LT}\approx200$ G, 峰值时刻电子数密度 $N_{LT}(E>0.5\ \mathrm{MeV})=9\times10^5\ \mathrm{cm}^{-3}$, 谷底时刻为 $N_{LT}(E>0.5$ $\mathrm{MeV})=6\times10^5\ \mathrm{cm}^{-3}$. 类似的拟合给出北边足点的磁场强度 $B_{NFP}\approx800$ G, 低于南边足点的磁场与北边足点辐射相对较弱的预期吻合. 同时在耀斑初始阶段 (00:54 UT) 北边足点存在 HXR 源, 而在南边足点则没有 HXR 源, 并与磁镜效应的预期吻合[91].

从估算的结果, 我们确认环顶的中等相对论电子数密度远远高于南边足点, 即使是在主峰 1 的极大阶段也是满足该条件的 ($N_{LT}/N_{SFP}\approx30$), 环顶亮温度比环足大 2.5 倍的结果非常出乎意料. 下降阶段南边足点电子数密度急剧下降一个数量级, 而环顶电子数密度仅下降 1.5 倍, 由此导致 N_{LT}/N_{SFP} 增大 7 倍, 即达到了 200. 上述结果证实了关于环上部的电子数密度在下降阶段的相对变大的预期.

3. *磁环中电子和微波分布的演化*

为理解观测到的微波亮度分布演化, 我们对磁环中的非热 GS 辐射的空间分布及其时间演化进行了理论的计算, 主要通过求解非稳态福克尔–普朗克方程, 其中, 包含库仑碰撞和磁镜效应[101]:

$$\begin{aligned}\frac{\partial f}{\partial t}=&-c\beta\mu\frac{\partial f}{\partial s}+c\beta\frac{\mathrm{d}\ln B}{\mathrm{d}s}\frac{\partial}{\partial\mu}\left[\frac{1-\mu^2}{2}f\right]+\frac{c}{\lambda_0}\frac{\partial}{\partial E}\left(\frac{f}{\beta}\right)\\&+\frac{c}{\lambda_0\beta^3\gamma^2}\frac{\partial}{\partial\mu}\left[\left(1-\mu^2\right)\frac{\partial f}{\partial\mu}\right]+S,\end{aligned}\tag{5.39}$$

其中, $f=f(E,\mu,s,t)$ 为电子动能 $E=\gamma-1$ (单位是 mc^2) 的分布函数, 投射角的余弦 $\mu=\cos\alpha$, s 是到耀斑环中心的距离, t 为时间, $S=S(E,\mu,s,t)$ 表示入射率, $\beta=v/c$, v 和 c 分别为电子速度和光速, $\gamma=1/\sqrt{1-\beta^2}$ 为洛伦兹因子, $B=B(s)$ 和 $n(s)$ 分别表示磁场和等离子体密度沿环轴向的分布, $\lambda_0=10^{24}/n(s)\ln\Lambda$, $\ln\Lambda$ 为库仑对数.

为了类比显示磁捕获下电子分布的空间动力学演化, 采用文献 [86] 的假设, 某些模型参数接近于 3.6.4 节得到的值, 磁环是对称的, 半长度 $s_{\max}=3\times10^9$ cm, 等离子体密度轴向均匀 $n_0=5\times10^{10}\ \mathrm{cm}^{-3}$. 磁场是不均匀的 $B(s)=B_0\ \exp(s^2/s_B^2)$, 其中, $s_B=2.37\times10^9$ cm. 入射函数 $S(E,\mu,s,t)$ 假设为可以分离变量, 即单独依赖

于每一个自变量 (能量 E、投射角的余弦 μ、位置 s 和时间 t):

$$S(E,\mu,s,t)=S_1(E)S_2(\mu)S_3(s)S_4(t), \tag{5.40}$$

这里, 能量依赖满足幂律谱 $S_1(E)=(E/E_{\min})^{-\delta}$, $E_{\min}=30$ keV, 具有单幂律谱指数 $\delta=3.6$, 即为 HXR 谱指数的计算值 (5.6.4 节). 投射角分布为高斯类型, 沿磁力线方向 (或者束流形状), 具体表示为 $S_2(\mu)=\exp[-(1-\mu^2)/\mu_0^2]$, 或者是在磁力线的横向 (或者馅饼形状), 具体形式为 $S_2(\mu)=\exp[-\mu^2/\mu_0^2]$. 空间分布也是高斯类型的 $S_3(s)=\exp[-(s-s_1)^2/s_0^2]$, 时间关系则为 $S_4(t)=\exp[-(t-t_{\rm m})^2/t_0^2]$, $t_{\rm m}=25$ s, 以及 $t_0=14$ s, 入射周期为 50 s, 类似于所研究耀斑的单个峰值的寿命.

分布函数 $f=f(E,\mu,s,t)$ 可由不同的参数组合计算得到, 主要调整三个参数: ① s_1 高能电子位置 (环顶 $s_1=0$, 环足 $s_1=2.4\times10^9$ cm); ② s_0 表示环向的延展度 (致密源 $s_0=3\times10^8$ cm, 扩展源 $s_0=2\times10^9$ cm, 连续的捕获 $s_0\gg s_{\max}=3\times10^9$ cm); ③ 投射角分布类型 (各向同性 $\mu_0\gg1$, 磁力线的纵向和横向).

所得到的电子分布在耀斑环不同位置呈现出非常各向异性的类型 (类似馅饼或束流), 由于 GS 辐射对中等相对论电子的各向异性十分敏感[102], 对应耀斑环的 GS 辐射的分布采用文献 [17] 的严格表述进行计算. 其中, 对临边耀斑, 视角取 $\vartheta=78.5^\circ$(参见图 5.43), 假设模型耀斑环的空间大小和本节的第 2 小节采用的完全一致.

不同模型下数值模拟结果与 34 GHz 和 17 GHz 的环向 GS 辐射分布进行比较, 多数模型与观测不吻合, 例如, 致密和各向同性源 (或者各向异性馅饼类型) 给出 34 GHz 的 GS 辐射分布是在所有入射周期内具有环顶的单个极大峰, 这与观测到的上升和极大时刻的微波辐射峰值位于足点是不符合的. 又如, 致密的具有任何形式各向异性的电子分布位于足点附近均不能得到上升和极大时刻环上部的辐射峰, 这与 5.6.4 节介绍的环顶电子密度明显大于南边足点的结果是矛盾的.

只有两种情况的 GS 空间分布演化与 34 GHz 和 17 GHz 比较类似, 这时电子源均位于环顶, 一种是高斯类型的扩展源, 即 $S_3(s)=\exp[-s^2/s_0^2]$, $s_0=2\times10^9$ cm, 具有各项同性的入射函数 $S_2(\mu)=\text{const}$. 另外一种最好的拟合在图 5.49 中给出, 其中, 一个致密电子源 $S_3(s)=\exp[-s^2/s_0^2]$, $s_0=3\times10^8$ cm 位于捕获环的中心 ($s=0$), 投射角分布沿磁力线具有轻微的各向异性 $S_2(\mu)=\exp[-(1-\mu^2)/\mu_0^2]$, 束流较宽 $\mu_0=0.6$, 并指向右边足点.

从图 5.49 可以看到, 归一化的能量为 $E=405$ keV 和 $E=2460$ keV 的环向电子数密度的演化. 单个电子分部的峰值在耀斑上升 (点线)、极大 (实线) 和下降 (虚线) 阶段始终位于捕获环的中心位置. 在下降阶段, 具有较高能量 $E=2460$ keV 的电子数密度减少的速率明显慢于较低能量 $E=405$ keV. 在下降阶段后期, 各个能量的分布变窄, 环顶的中等相对论电子数密度逐渐的相对增大, 这是因为在环两端的磁镜反射点附近发生了电子快速沉降所致. 一般而言, 沉降和库仑碰撞导致的能量损失在较低能量更为迅速.

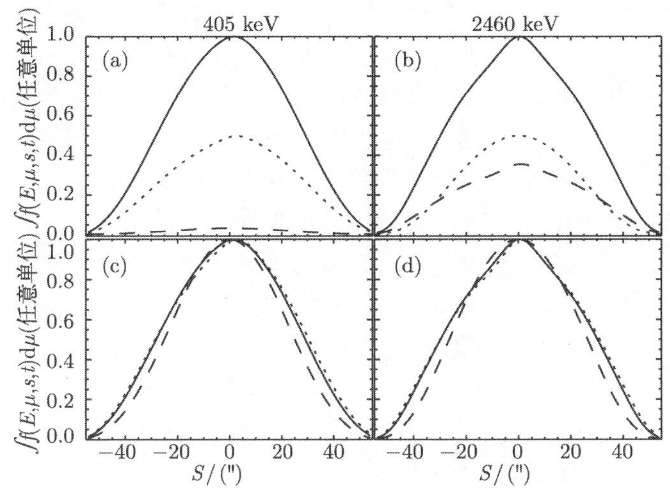

图 5.49 福克尔–普朗克方程的模拟结果, 上升阶段 ($t = 18.2$ s) 环向电子数密度用点线表示, 峰值时刻 ($t = 31.8$ s) 为实线, 下降阶段 ($t = 99$ s) 为虚线. 电子能量在 (a)、(c) 和 (b)、(d) 分别为 $E = 405$ keV 和 $E = 2460$ keV. (c) 和 (d) 幅的分布用其极大值归一. 位于环顶 $s = 0$ cm 的入射函数投射角分布是沿环指向右边足点

图 5.50 给出了沿模型耀斑环分布的 17 GHz(图 5.50(a)) 和 34 GHz(图 5.50(b)) GS 辐射分布在不同时刻的演化. 在电子入射的上升阶段, 34 GHz 强度的空间分布有两个明显的靠近足点的峰值, 其距离大约为 80″. 同时也可以看出在捕获环的中心有一个小的隆起 (电子数密度的第三个峰值), 其大小比足点小两倍, 这显然是由于足点磁场要数倍于环顶, 而 GS 强度对磁场的强烈依赖的结果.

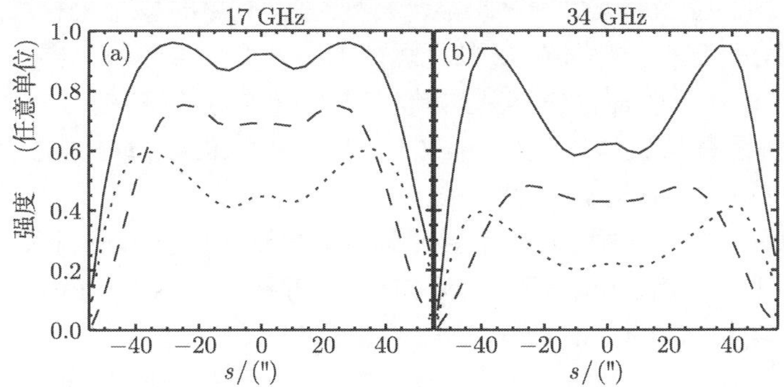

图 5.50 GS 辐射沿模型耀斑环分布的演化. (a) 17 GHz, (b) 34 GHz. 计算时间和图 5.49 完全相同

在入射的极大阶段 (图 5.50 中的实线), GS 强度分布有类似的形态, 但是两个亮度峰的距离变小, 约为 75″. 在下降阶段 (图 5.50 中的虚线), 该距离变得更小 (50″) 而且更平坦, 两个较强的亮度峰值几乎消失, 大部分辐射来自环的上部. 这样的亮度再分布出于两个原因, 其一, 主要是低能电子较快衰减 (比较图 5.49(a) 和 (b)), 在给定频率的 GS 辐射在较强磁场区域产生于较低的谐波数, 从而与较弱磁场区域相比, 更多是较低能量的电子的贡献. 因而, 来自足点的辐射强度比环顶下降更快. 第二个原因则是上述环顶的辐射电子相对增长的缘故.

理论模拟和观测的比较, 显示 34 GHz 的空间剖面 (参见图 5.45(e)~(h)) 具有非常相似的演化过程. 两个亮度峰值的分离在上升阶段约为 80″, 峰值时刻约为 75″, 并在下降和谷底时刻消失. 然而, 该模型不能解释: ① 两个足点强度之差, ② 衰变阶段后期在环中心观测到的亮度隆起.

在图 5.50(a) 可以看到上升阶段 17 GHz 辐射分布非常类似于 34 GHz, 然而与 34 GHz 不同的是, 在爆发极大, 相更加狭窄, 并且集中在环的上部, 辐射集中在环上部的原因在于 17 GHz 源在极大相已经变为光学厚, 特别是在足点附近. 上述演化过程与爆发各个阶段的观测非常一致 (参见图 5.47(e)~(h)), 在本节的第 1 小节的开始就提及该想法了.

5.6.5 结论

采用高分辨率的 NoRH 在 17 GHz 和 34 GHz 的射电观测研究了 2002 年 8 月 24 日的大耀斑的亮度分布动力学过程. 该耀斑具有 6 个明显的辐射峰, 发现在所有的峰均有类似的变化趋势, 射电亮度从足点到环顶的重新分布. 同时在 34 GHz 和 17 GHz 的亮度分布的演化也具有相似性, 但也有明显的区别. 在 34 GHz 仅在衰变阶段后期亮度极大才会位于环的中部, 而在 17 GHz 则发生得更早一些, 在爆发峰极大相和衰变相初期就是如此了.

在环的不同部位的时变曲线分析显示, 两个频率的环顶辐射的极大时刻比足点源的极大时刻有所延迟, 在 34 GHz 的延迟更加明显 (对北边足点为 6 s ± 1 s), 对南边足点为 9 s ± 1 s). 我们也发现较高频率 34 GHz 的极大时刻相对于 17 GHz 存在时间延迟, 此外还有微波和 53~150 keV 的 HXR 对应的峰值时刻之间的延迟 (17 GHz 为 6 s ± 2 s, 35 GHz 为 8 s ± 2 s).

既然该事件为临边耀斑, 其视角对耀斑环所有位置几乎相同, 我们有机会很容易的诊断出环内的等离子体参数. 采用 GS 辐射理论对观测亮温度谱的拟合, 同时采用软和硬 X 射线、极紫外和光学数据. 结果得到了磁场强度在南边足点 $B_{SFP} \approx$ 1000 G, 在环顶 $B_{LT} \approx 200$ G; 500 keV 以上的加速电子的数密度为 $N_{SFP} = 3 \times 10^4$ cm^{-3} 和 $N_{LT} = 9 \times 10^5\ \text{cm}^{-3}$(在主峰 1 极大时刻), 以及 $N_{SFP} = 3 \times 10^3\ \text{cm}^{-3}$ 和 $N_{LT} = 6 \times 10^5\ \text{cm}^{-3}$(在随后的谷底时刻). 这些结果显示了两个重要属性: ① 中等相对论电子数密度在环顶远大于环足 (包括每一个峰的上升、极大和衰变相), ② 电子数密度在环顶和足点的比值从极大相到衰变相有显著的增大.

我们考虑这些观测事实和诊断结果可以作为中等相对论电子在耀斑环上部被有效捕获, 以及它们沿耀斑环重新分布的可靠证据. 为定量的描述这一想法, 利用诊断得到的环参数, 求解了非稳态福克尔–普朗克方程, 得到了电子空间分布沿磁环的演化. 理论模拟显示了在两种模型下, 亮度分布的动力学过程与观测类似. 两者有共同特征都是电子源位于环顶, 一个是高斯类型和各向同性的扩展电子源, 另一个是致密电子源而稍微具有各向异性的纵向入射. 模拟显示在衰变相后期, 清楚看到环内电子逐渐有重新的分布, 该分布变得更加狭窄, 中等相对论电子在环顶逐渐增加. 这样的重新分布的发生基于两个理由: ① 低能电子相对快的衰变, 对磁场较强的足点 GS 辐射影响更大; ② 电子在靠近足点的磁镜反射点的快速沉降.

观测到的 17 GHz 和 34 GHz 辐射分布的差异在模拟中有清楚的表现. 17 GHz 辐射比较早地进入极大相, 并且集中在环的中心, 其原因是 17 GHz 源在此时已经是光学厚的, 特别是在足点附近. 除了模型拟合对亮度分布的成功解释之外, 还是有一些观测现象没有得到解释, 例如, 在衰变相后期的环中心的隆起, 以及两个足点强度的差异, 因而, 该模型还需进一步完善.

5.7 太阳耀斑中微波和 X 射线辐射反演的非热电子谱指数

5.7.1 概述

标准模型表明太阳耀斑实质上把磁场能量转化成热能、非热能等其他能量形式的过程. 观测上也证明了耀斑中的这些能量由热等离子体和非热等离子体或非热电子所携带. 热等离子体可以产生软 X 射线、紫外、光学 (Hα) 和白光等波段的辐射, 非热等离子则产生非热运动、物质流动等现象, 非热电子则产生硬 X 射线和微波辐射 (通常指辐射频率大于 1GHz).

通过观测到的电磁辐射现象和辐射机制来反演辐射源的物理过程和特征参量是天文研究中的一种有效途径. 例如, 根据微波和硬 X 射线辐射来反演研究太阳耀斑中非热电子特性. 大量观测证明太阳耀斑加速的非热电子具有幂律分布的特征, 通过轫致辐射机制和回旋同步辐射机制分别产生 X 射线和微波辐射.

观测上微波流量谱具有倒 V 字的形状 (在 3~80 GHz 频率范围内), 图 5.51 是 NoRP 的观测事例 [103], 其中, 流量最大值对应的频率为反转频率, 此处对应的光学厚度为 1 , 而小于反转频率部分为光学厚, 由于受到非热电子本身的自吸收和太阳大气中的同步吸收影响, 大于反转频率的部分为光学薄, 完全反映非热电子的特性. 高谱分辨观测 (owens valley solar array, OVSA) 发现, 在有些耀斑中, 微波辐射谱并不是单一的倒 V 字成分, 而是有两个成分, 分别呈现倒 V 字型, 一个集中在分米波段, 另一个集中在厘米波段, 如图 5.52 所示 [104].

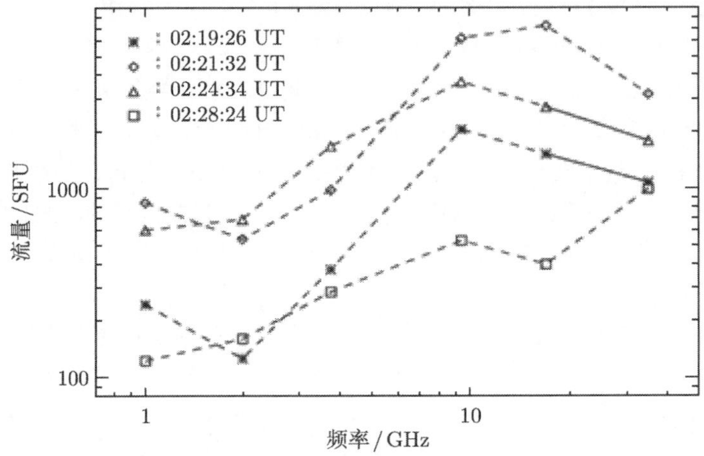

图 5.51　NoRP 观测到 2003 年 5 月 13 日太阳耀斑不同时期在 6 个单频率流量, 17GHz 和 35GHz 流量用来反演微波谱指数 (摘自文献 [103])

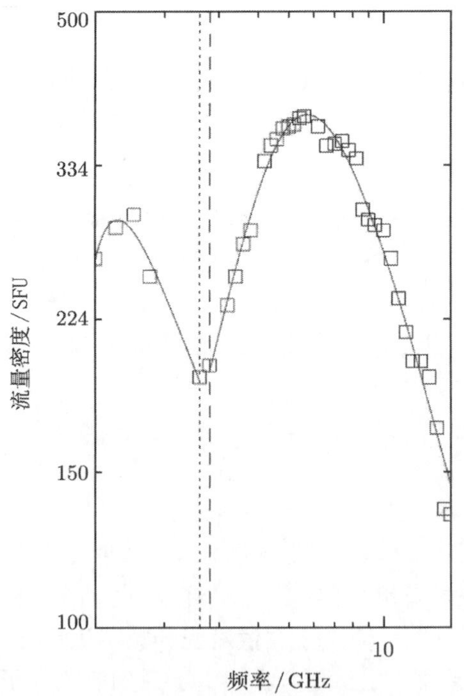

图 5.52　OVSA 太阳射电望远镜观测到的太阳耀斑中的分米和厘米波成分, 分别具有两个倒 V 字型谱 (摘自文献 [104])

在更高频率 (太赫兹) 或者亚毫米波段的观测发现, 有些耀斑的微波辐射谱在大于反转频率处并不是单调减小, 而是增加后在太赫兹频率上才减小, 也就是在亚毫米波段有一个新射电辐射成分, 射电谱可能呈现又一个倒 V 字型. 目前亚毫米观测事件很少, 谱分辨率很低, 观测上已经发现太赫兹射电谱的又一次上升, 而谱随频率的上升而再次下降还没有被仪器观测到, 目前只是理论上推测, 如图 5.53 所示[105]. 如果有一个从厘米、毫米到亚毫米的宽带射电望远镜, 可能会观测到某些太阳耀斑中有三个倒 V 型的成分, 即厘米波成分、毫米波成分和亚毫米波成分, 这有待于将来的观测去验证. 因此, 开展亚毫米射电望远镜研制和常规观测将来可能是太阳射电发展的一个新方向. 如果都是回旋同步辐射机制所产生[106], 那么就分别对应三个反转频率、三个射电波成分和三个射电谱指数. 这里主要是讲的微波段射电辐射, 即厘米波段反演出的非热电子谱.

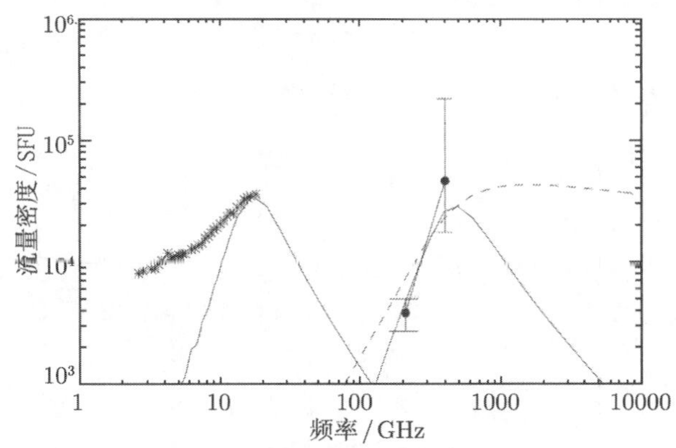

图 5.53 OVSA 和 SST(Solar Submillimeter Telescope) 太阳射电望远镜观测到的微波辐射 (星号) 和太赫兹流量 (实点), 短线是理论计算的热电子韧致辐射谱, 两个黑点表示两个非热源的同步辐射谱 (摘自文献 [105])

硬X射线光子通常表现为简单的幂律谱. 观测研究微波谱和硬X射线谱的谱指数及其随耀斑演化的时间变化规律, 是理解非热电子特性, 特别是加速特性的重要手段. X 射线厚靶模型表明 X 射线光子谱 δ 和源区非热电子谱指数 γ 只是相差个常数 1, 而同步辐射机制表示微波辐射流量谱指数 δ 和源区非热电子谱指数 γ 满足公式 $\gamma = 1.1(\delta + 1.2)$. 因此, 无论 X 射线的光子谱指数还是微波辐射流量谱指数, 其时间演化规律是与源区非热电子谱演化类似, 只是数值大小的区别, 下面将直接使用 X 射线光子谱和微波辐射谱导出非热电子谱.

5.7.2 太阳耀斑中微波和 X 射线辐射的非热谱指数的对比

太阳耀斑中非热电子谱首先在 X 射线观测中得到研究. 以往的观测根据硬 X 射线谱把耀斑分成三类, 即 A、B、C 类. A 类耀斑又称热耀斑, 顾名思义, 这类耀斑中热成分或者热辐射相对于非热成分或非热辐射占主导, 观测上就是 X 射线谱指数很软 (谱指数绝对值较大), 一般在 40keV 以上的 X 射线谱指数大于 7. B 类耀斑又称脉冲式耀斑, 随着耀斑硬 X 射线流量的上升–极大–衰减, B 类耀斑的硬 X 射线谱指数表现出软–硬–软的演化规律. 也就是在耀斑硬 X 射线流量的上升相, 谱指数逐渐变小, 在硬X射线流量达到最大时谱指数最小, 而后谱指数随着硬X射线流量的减小而逐渐增大, 基本恢复到耀斑初期的谱指数. 观测上 B 类耀斑的 X 射线谱指数和硬 X 射线流量是反相关的, 这也是常用来判断是否是 B 类耀斑的标准或者观测证据. RHESSI 的高时间分辨观测发现, 在脉冲式耀斑中硬 X 射线有很多的脉冲峰, 这种软硬软的 X 射线谱指数变化规律不仅对整个耀斑演化而成立, 对其中的每个脉冲尖峰也成立, 如图 5.54 所示[107]. C类耀斑又称缓变耀斑. 这类耀斑的硬 X 射线谱指数随着耀斑硬 X 射线流量的上升–极大–衰减而表现出软 - 硬 - 硬的演化规律. 也就是耀斑的 X 射线谱指数在耀斑演化过程中是单调减小的. RHESSI 观测还发现了一种新的所谓硬–软–硬的演化规律 (参见本书 4.4 节).

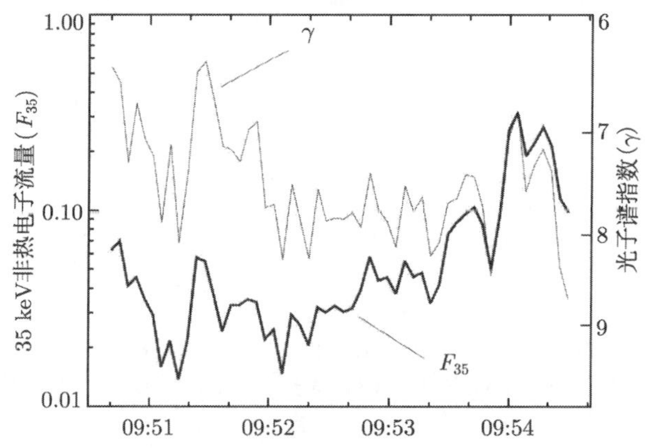

图 5.54 RHESSI 观测到太阳耀斑中的尖峰结构和对应的X射线谱指数演化 (摘自文献 [107])

微波段谱指数也是非热电子谱指数的另一个可观测量. 在太阳射电的微波观测中, 目前是 NoRP 观测时间最长, 太阳耀斑的观测事件最多. 野边山偏振计工作在 7 个离散的单个频率上, 分别是 1 GHz、2 GHz、3.75 GHz、9.4 GHz、17 GHz、35 GHz 和 80 GHz, 其中, 80GHz 上的微波辐射受到地球大气影响很大, 在研究工作中不常被采用. 该望远镜在 1998~2005 年共观测到大约 500 个太阳耀斑事件, 这些资料足以来统计研究太阳耀斑中微波谱指数的演化规律.

如前面所述, 太阳耀斑的微波谱具有倒 V 字型, 完全符合回旋同步辐射机制模型. 观测结果显示, 大多数耀斑的微波辐射谱的反转频率在 10~20 GHz, 当然也不排除小于 10 GHz 和大于 20 GHz 的耀斑事件, 而非热谱指数是由微波的倒 V 字谱的光学薄部分来测量. 在 NoRP 观测的不同太阳耀斑事件或者同一事件的不同时间段中, 反转频率基本上是 9.4 GHz 或者 17 GHz, 光学薄的频率有可能是 9.4 GHz、17 GHz 和 35 GHz, 或者只有 17 GHz 和 35 GHz. 由于各个单通道之间频带分离大, 从观测上得不到确切的反转频率.

在选取研究分析事件时, 第一, 太阳耀斑的峰值频率必须是小于 9.4 GHz, 这样就可以保证 17 GHz 和 35 GHz 是光学薄成分, 利用它们的辐射流量来反演非热电子谱指数, 那些峰值频率是 17 GHz 的太阳耀斑事件将被排除. 第二, 在 35 GHz 上辐射流量最大值不小于 50 SFU. 这是为了提高 35 GHz 流量的信噪比, 如果流量太小, 噪声就很大, 反演出来的谱指数就不准确. 这两个条件下, 原来 500 多个事件中, 有 103 个太阳耀斑完全符合条件.

关于微波谱指数的计算方法, 文献 [103] 指出利用微波辐射流量关系式 $S(\mu,t)=F_0\mu^{\delta(t)}$, 其中, μ 是频率, S 是流量, 单位为 SFU, δ 是微波流量谱指数. 在具体事件的计算中, 频率只有 17 GHz 和 35 GHz, 谱指数计算公式简化成

$$\delta(t)=\frac{\log(S_1(t)/S_2(t))}{\log(\mu_1/\mu_2)}=\frac{\log(S_{17}(t)/S_{35}(t))}{\log(17/35)}. \tag{5.41}$$

如果在某一个耀斑事件演化中, 峰值频率在 9.4 GHz 和 17 GHz 之间变化, 根据我们的计算原则, 峰值频率是 17 GHz 时段的谱指数 $\delta(t)$ 不被计算, 如图 5.55 所

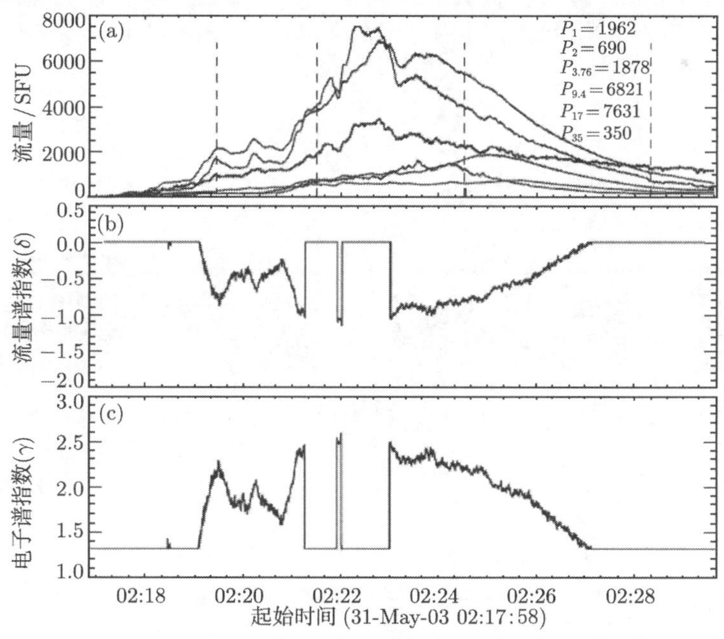

图 5.55 NoRP 观测到的太阳耀斑微波辐射流量 (a)、反演得到流量谱指数 (b), 和非热电子谱指数 (c)(摘自文献 [108])

示[103], 图中 $\gamma(t)$ 和 $\delta(t)$ 的平台部分就是峰值频率为 17 GHz, 这时候无法保证反转频率是否小于 17 GHz. 计算得到的谱图指数 $\delta(t)$ 是流量谱指数, 对应源区电子谱指数 $\gamma(t)$ 由公式计算得到, $\gamma(t) = -1.1(\delta(t) - 1.32)$.

利用这个方法, 对 103 个微波耀斑谱指数进行统计研究, 结果发现两类谱演化规律. 第一类就是微波谱呈现软–硬–软的演化, 类似X射线中的B类脉冲式耀斑; 第二类则呈现软–硬–硬演化规律, 类似X射线中的C类耀斑. 在微波耀斑中没有发现类似 A 类X射线的热耀斑. 这是符合耀斑理论模型, 因为 X 射线观测中有软 X 射线成分, 主要是热等离子体的贡献, 但微波辐射是来自高能电子的回旋同步辐射, 没有非热电子, 就没有强烈的微波辐射. 太阳耀斑中加速的高能电子产生 X 射线辐射和微波射电辐射, 那么同一个耀斑中从 X 射线和微波辐射反演的非热谱应该有相同的演化规律.

利用野边山和 RHESSI 的共同观测, 图 5.56[108] 表示两个耀斑的 X 射线谱和微波谱演化有相同的演化规律, 左边是软硬软的谱演化, 右边是软硬硬的演化. 因此同一个耀斑中 X 射线谱和微波谱指数之间是正相关, 如图 5.57[108] 所示. 这里可以看出, 由X射线和微波辐射反演出的非热电子谱指数的演化规律相同, 但数值大小不同, 微波辐射得到电子谱指数更小. 谱指数的数值大小和反演谱指数的模型和方法有关, 也和观测仪器的定标有关系. 对于同一个耀斑事件, 选择X射线还是微波辐射反演的谱指数为源区电子谱指数都可以, 但文献中常选择X射线反演的谱指数为标准, 这是由于X射线辐射过程相对简单, 不如微波辐射那样复杂.

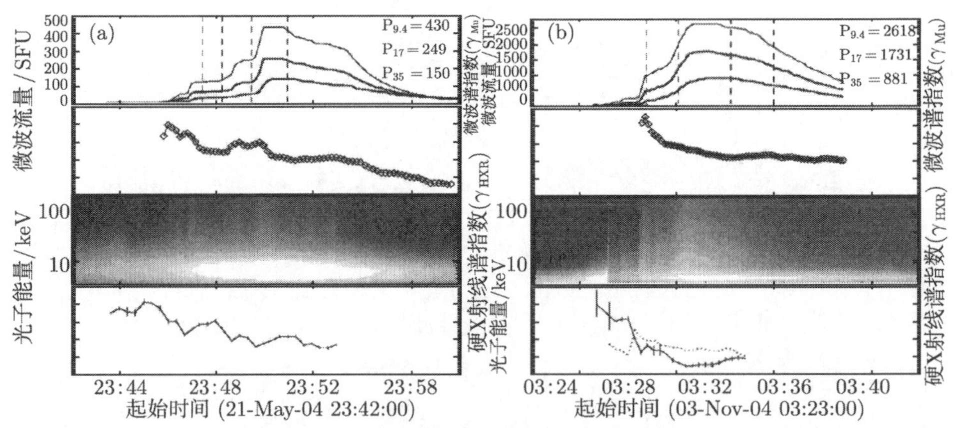

图 5.56 同一个耀斑中利用X射线和微波辐射反演得到的谱指数演化, 图 (a) 耀斑是软硬软规律, 图 (b) 耀斑是软硬硬规律 (摘自文献 [108])

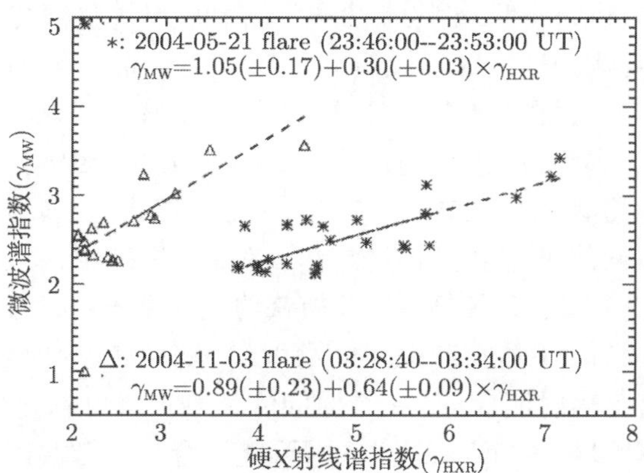

图 5.57 利用同步辐射机制从微波 (野边山) 的观测流量反演的非热电子谱与利用厚靶模型反演 X 射线 (RHESSI) 非热电子的谱指数正相关, 这里是两个耀斑的例子 (摘自文献 [108])

统计结果显示, 103 个微波耀斑中第二类耀斑数量有 91 个, 完全占主导, 这和 X 射线耀斑中 B 类耀斑占主导的结果不一致. 由此导致在同一个耀斑中, X 射线反演的谱指数可能与微波谱指数演化规律不同, 很可能在 X 射线中为脉冲式耀斑, 即软硬软的演化规律, 但微波中就是软硬硬的演化. 野边山和 RHESSI 的联合观测, 确实存在这样的耀斑事件, 如图 5.58[109] 所示.

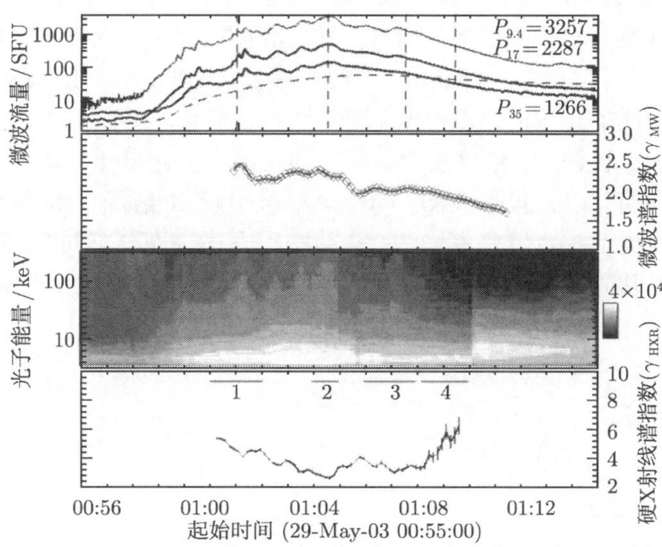

图 5.58 2003 年 5 月 29 日太阳耀斑的微波 (野边山) 和X射线 (RHESSI) 观测, 并反演出的谱指数变化, 微波谱是随着耀斑的上升极大衰减表现出软硬硬规律, 而 X 射线则是软硬软的演化 (摘自文献 [109])

那么对于这样的耀斑事件, 源区非热电子谱到底是那种演化规律呢? 目前理论模型结合太阳耀斑观测, 从 X 射线反演的非热谱演化能基本反映耀斑源区非热电子特性. 因为微波产生过程很复杂, 这也导致了 X 射线谱和微波谱演化不同, 可能有三个原因[109], 第一, 产生微波辐射的电子比 X 射线对应的非热电子能量高一个量级, 前者是 MeV, 后者则是 keV; 第二, 耀斑中非热电子的沉降捕获模型对微波辐射贡献大, 特别是对微波中高频辐射流量, 在耀斑衰减相减小很慢, 这是由于捕获电子寿命和电子能量有关, 高能电子被捕获的时间更长; 第三, 耀斑源区等离子体温度随耀斑演化而升高, 热辐射也随之增大, 特别在微波高频辐射中, 除了回旋同步辐射流量, 也有热辐射流量. 这三个原因的某一个就可以使微波辐射高频率流量衰减比低频率流量慢得多, 或者三个原因可能综合导致微波谱的软硬硬演化.

5.7.3　总结

太阳耀斑中非热电子 (幂律分布) 产生的辐射包括微波射电和硬X射线. 前者是通过回旋同步辐射机制, 后者是通过厚靶韧致机制. 通过观测得到的微波和硬X射线辐射来反演源区电子的物理特性和参数, 是通用和有效的方法之一, 像非热电子的谱指数及其演化规律. 观测发现, 太阳耀斑的非热电子谱指数在 2~8, 而且随着太阳耀斑流量的上升极大衰减过程, 由硬X射线和微波反演得到的幂律谱指数具有软硬软或者软硬硬的演化规律. 太阳耀斑中观测到的微波和硬 X 射线被认为有共同的起源, 是由共同的电子束流产生. 因此, 从微波和硬 X 射线反演得到的非热电子谱指数应该是具有相同的演化规律, 而且谱指数值大小应该是正相关. 在太阳耀斑开始阶段, 微波辐射是同步辐射机制, 但是随着时间的演化, 太阳耀斑环中由于色球蒸发热物质的充满而温度升高, 这时候热辐射也增强, 特别是对微波段的高频辐射流量增加比较快. 这样导致了微波反演出的非热电子谱指数变小, 也就是呈现出软硬硬的谱演化. 也就是导致了同一个耀斑中硬 X 射线反演得到的谱指数演化和微波反演得到谱指数演化不一致. 统计结果显示, 从硬 X 射线反演的谱指数看出大多数耀斑是软硬软的演化规律, 而从微波反演的谱指数, 大多数耀斑是软硬硬的演化.

参 考 文 献

[1] Kundu M R. Measurement of solar magnetic fields from radio observations. Societá Astronomica Italiana, Memorie, 1990, 61: 431-455.

[2] Preka-Papadema P, Alissandrakis C E, Dennis B R, et al. Modeling of a microwave burst emission. Solar Physics, 1997, 172: 233-238.

[3] Nindos A, White S M, Kundu M R, et al. Observations and models of a flaring loop. Astrophysical Journal, 2000, 533: 1053-1062.

[4] Kundu M R, Nindos A, Grechnev V V. The configuration of simple short-duration solar microwave bursts. Astronomy Astrophysics, 2004, 420: 351-359.

[5] Grebinskij A, Bogod V, Gelfreikh G, et al. Microwave tomography of solar magnetic fields. Astronomy Astrophysics Supplements, 2000, 144: 169-180.

[6] Ryabov B I, Maksimov V P, Lesovoi S V, et al. Coronal magnetography of solar active region 8365 with the SSRT and NoRH radio heliographs. Solar Physics. 2005, 226: 223-237.

[7] Gary D E, Keller C U, eds. Solar and space weather radiophysics-current status and future developments. ASTROPHYSICS AND SPACE SCIENCE LIBRARY, 314. Dordrecht: Kluwer Academic Publishers, 2004.

[8] Zhou, A H, Karlicky M. Magnetic field estimation in microwave radio sources. Solar Physics, 1994, 153: 441-444.

[9] Dulk G A, Marsh K A. Simplified expressions for the gyrosynchrotron radiation from mildly relativistic, nonthermal and thermal electrons. Astrophysical Journal, 1982, 259: 350-358.

[10] Huang G L. Calculations of coronal magnetic field parallel and perpendicular to line-of-sight in microwave bursts. Solar Physics, 2006, 237: 173-183.

[11] Huang G L, Ji H S, Wu G P. The radio signature of magnetic reconnection for the M-class flare of 2004 November 1. Astrophysical Journal, 2008, 672: L131-L134.

[12] Kosugi T, Dennis B R, Kai K. Energetic electrons in impulsive and extended solar flares as deduced from flux correlations between hard X-rays and microwaves. Astrophysical Journal, 1988, 324: 1118-1131.

[13] Huang G L, Zhou A H, Su Y N, Zhang J. Calculations of the low-cutoff energy of nonthermal electrons in solar microwave and hard X-ray bursts. New Astronomy, 2005, 10: 219-236.

[14] Takakura T, Scalise E. Gyro-synchrotron emission in a magnetic dipole field for the application to the center-to-limb variation of microwave impulsive bursts. Solar Phys., 1970, 11: 434-455.

[15] Huang G L. Diagnostics of the low-cutoff energy of nonthermal electrons in solar microwave and hard X-ray bursts. Solar Phys., 2009, 257: 323-334.

[16] Huang G, Song Q, Li J. Determination of intrinsic mode and linear mode coupling in solar microwave bursts. Astrophysics and Space Science, 2013, 345: 41-47.

[17] Ramaty R. Gyrosynchrotron emission and absorption in a magnetoactive plasma. Astrophysical Journal, 1969, 158: 753-770.

[18] Ji H S, Huang G L, Wang H M. The relaxation of sheared magnetic fields: a contracting process. Astrophysical Journal, 2007, 660: 893-900.

[19] Wang H, Spirock T, Qiu J, et al. Rapid changes of magnetic fields associated with six X-class flares. Astrophysical Journal, 2002, 576: 497-504.

[20] Sakurai T, Hiei E. New observational facts about solar flares from ground-based observations. Advances in Space Research, 1996, 17: 91-100.

[21] Ding M D, Qiu J, Wang H. Non-LTE calculation of the Ni I 676.8 nanometer line in a flaring atmosphere. Astrophysical Journal, 2002, 576: L83-L86.

[22] Qiu J, Gary D. Flare-related magnetic anomaly with a sign reversal. Astrophysical Journal, 2003, 599: 615-625.

[23] Wang H, Qiu J, Jing J, et al. Evidence of rapid flux emergence associated with the M8.7 flare on 2002 July 26. Astrophysical Journal, 2004, 605: 931-937.

[24] Hudson H S, Fisher G H, Welsch B T. Flare energy and magnetic field variations. Subsurface and Atmospheric Influences on Solar Activity, Howe R, Komm R W, Balasubramaniam, K S, Petrie G J D, eds. ASP Conference Series, 2008, 383: 221-226.

[25] Fisher G H, Bercikl D J, Welsch B T, Hudson H S. Global forces in eruptive solar flares: the lorentz force acting on the solar atmosphere and the solar interior. Solar Physics, 2012, 277: 59-76.

[26] Wang H, Liu C. Observational evidence of back reaction on the solar surface associated with coronal magnetic restructuring in solar eruptions. Astrophysical Journal, 2010, 716: L195-L199.

[27] Wang S, Liu C, Liu R, et al. Response of the photospheric magnetic field to the X2.2 flare on 2011 February 15. Astrophysical Journal, 2012, 745: L17-L19.

[28] Maurya R A, Vemareddy P, Ambastha A. Velocity and magnetic transients driven by the X2.2 white-light flare of 2011 February 15 in NOAA 11158. Astrophysical Journal, 2012, 747: 134-145.

[29] Seehafer N. Determination of constant alpha force-free solar magnetic fields from magnetograph data. Solar Physics, 1978, 58: 215-223.

[30] Gan W Q, Li Y P, Chang J. Energy shortage of nonthermal electrons in powering a solar flare. Astrophysics Journal, 2001, 552: 858-862.

[31] Kontar E P, Brown J C, McArthur G. Nonuniform target ionization and fitting thick target electron injection spectra to RHESSI data. Solar Physics, 2002, 210: 419-429.

[32] Kontar E P, Brown J C, Emslie A G, Schwartz R A, Smith D M, Alexander R C. An explanation for non-power-law behavior in the hard X-ray spectrum of the 2002 July 23 solar flare. Astrophysics Journal, 2003, 598: L123-L126.

[33] Holman G D. The effects of low- and high-energy cutoffs on solar flare microwave and hard X-ray spectra. Astrophysics Journal, 2003, 586: 606-616.

[34] Zhang J, Huang G L. The effect of the compton backscattering component on the photon spectra of three Yohkoh/hard X-ray telescope flare. Astrophysics Journal, 2003, 592: L49-L52.

[35] Zhang J, Huang G L. Joint effects of Compton backscattering and low-energy cutoff on the flattening of solar hard X-ray spectra at lower energies. Solar Physics, 2004, 219:

135-148.

[36] Kašparová J, Karlický M, Kontar E P, Schwartz R A, Dennis B R. Multi-wavelength analysis of high-energy electrons in solar flares: a case study of the August 20, 2002 flare. Solar Physics, 2005, 232: 63-86.

[37] Kontar E P, MacKinnon A L, Schwartz R A, Brown J C. Compton backscattered and primary X-rays from solar flares: angle dependent Green's function correction for photospheric albedo. Astronomy Astrophysics, 2006, 446: 1157-1163.

[38] Kašparová J, Kontar E P, Brown J C. Hard X-ray spectra and positions of solar flares observed by RHESSI: photospheric albedo, directivity and electron spectra. Astronomy Astrophysics, 2007, 466: 705-712.

[39] Han G, Li Y P, Gan W Q. A study of the low energy cutoff of nonthermal electrons in RHESSI flares. 2008, Chinese Astronomy and Astrophysics, 2009, 33: 168-178.

[40] 宫本健郎. 热核聚变等离子体物理学 (金尚宪译). 北京：科学出版社, 1981.

[41] Gan W Q. A comparison between the spectral parameters of both electron and proton dominated events. Astrophysics and Space Science, 2000, 274: 481-488.

[42] Huang G L. The common cutoff energy of non-thermal electrons with power law distribution. Astrophysics and Space Science, 2000, 272: 325-332.

[43] Huang G L. Energy cutoff, energy index, and density of nonthermal electrons responsible for solar microwave and HXR bursts. Solar Physics, 2000, 196: 395-402.

[44] Bai, T, Ramaty, R. Backscatter, anisotropy, and polarization of solar hard X-rays. Astrophysics Journal, 1978, 219: 705-726.

[45] Tandberg-Hanssen E, Emslie A G. The physics of solar flares. Cambridge: Cambridge University Press, 1988.

[46] Huang G L. Initial pitch-angle of narrowly beamed electrons injected into a magnetic mirror, formation of trapped and precipitating electron distribution, and asymmetry of hard X-ray and microwave footpoint emissions. New Astronomy, 2007, 12: 483-489.

[47] Huang G L, Nakajima H. Statistical analysis of flaring loops observed by Nobeyama radioheliograph. I. Comparison of Looptop and Footpoints. Astrophysical Journal, 2009, 696: 136-142.

[48] Huang G L, Song Q W, Huang Y. Statistics of flaring loops observed by the Nobeyama radioheliograph. III. Asymmetry of Two Footpoint Emissions. Astrophysical Journal, 2010, 723: 1806-1816.

[49] Huang G L, Zhou A H. Temporal and spatial distribution of the magnetic field and density of nonthermal electrons in the source of solar microwave bursts. New Astronomy, 2000, 4: 591-599.

[50] Marsh K A, Hurford G J, Zirin H, Dulk G A, Dennis B R, et al. Properties of solar flare electrons, deduced from hard X-ray and spatially resolved microwave observations. Astrophysical Journal, 1981, 251: 797-804.

[51] Alissandrakis C E. Gyrosynchrotron emission of solar flares. Solar Physics, 1986, 104: 207-221.

[52] Nitta N, White S M, Schmahl E J, Kundu M R. On the reconciliation of simultaneous microwave imaging and hard X-ray observations of a solar flare. Solar Physics, 1991, 132: 125-136.

[53] Silva A V R, Wang H, Gary D E. Correlation of microwave and hard X-ray spectral parameters. Astrophysical Journal, 2000, 545: 1116-1123.

[54] White S M, Kundu M R. Solar observations with a millimeter-wavelength array. Solar Physics, 1992, 141: 347-369.

[55] Kundu M R, White S M, Gopalswamy N, Lim J. Millimeter, microwave, hard X-ray, and soft X-ray observations of energetic electron populations in solar flares. Astrophysical Journal Supplement Series, 1994, 90: 599-610.

[56] Silva A V R, Gary D E, White Stephen M, Lin R P, de Pater I. First images of impulsive millimeter emission and spectral analysis of the 1994 August 18 solar flare. Solar Physics, 1997, 175: 157-173.

[57] Raulin J-P, White S M, Kundu M R, Silva A V R, Shibasaki K. Multiple components in the millimeter emission of a solar flare. Astrophysical Journal, 1999, 522: 547-558.

[58] Hildebrandt J, Kr ü ger A, Chertok I M, Fomichev V V, Gorgutsa R V. Solar microwave bursts from electron populations with a 'broken' energy spectrum. Solar Physics, 1998, 181: 337-349.

[59] Melrose D B, Brown J C. Precipitation in trap models for solar hard X-ray bursts. Monthly Notices of the Royal Astronomical Society, 1976, 176: 15-30.

[60] Vilmer N, Kane S R, Trottet G. Impulsive and gradual hard X-ray sources in a solar flare. Astronomy and Astrophysics, 1982, 108: 306-313.

[61] Melnikov V F, Magun A. Dynamics of energetic electrons in a solar flare loop and the flattening of its millimeter-wavelength radio emission spectrum. Radiophysics and Quantum Electronics, 1996, 39: 971-977.

[62] Melnikov V F, Magun A. Spectral flattening during solar radio bursts at cm-mm wavelengths and the dynamics of energetic electrons in a flare loop. Solar Physics, 1998, 178: 153-171.

[63] Yoshimori M, Suga K, Morimoto K, Hiraoka T, Sato J, et al. Gamma-ray spectral observations with YOHKOH. Astrophysical Journal Supplement Series, 1994, 90: 639-643.

[64] Trottet G, Vilmer N, Barat C, Benz A, Magun A, et al. A multiwavelength analysis of an electron-dominated gamma-ray event associated with a disk solar flare. Astronomy and Astrophysics, 1998, 334: 1099-1111.

[65] Vilmer N, Trottet G, Barat C, Schwartz R A, Enome S, et al. Hard X-ray and gamma-ray observations of an electron dominated event associated with an occulted solar flare.

Astronomy and Astrophysics, 1999, 342: 575-582.

[66] Melnikov V F, Silva A V R. Dynamics of solar flare microwave and hard X-ray spectra. magnetic fields and solar processes. The 9th European Meeting on Solar Physics, held 12-18 September, 1999, in Florence, Italy. Edited by Wilson A. European Space Agency, ESA SP-448, 1999, 1053.

[67] Stahli M, Gary D E, Hurford G J. High-resolution microwave spectra of solar bursts. Solar Physics, 1989, 120: 351-368.

[68] Dulk G A, Kiplinger A L, Winglee R M. Characteristics of hard X-ray spectra of impulsive solar flares. Astrophysical Journal, 1992, 389: 756-763.

[69] Marsh K A, Hurford G J. Two-dimensional VLA maps of solar bursts at 15 and 23 GHz with arcsec resolution. Astrophysical Journal, 1980, 240: L111-L114.

[70] Kundu M R, Schmahl E J, Velusamy T, Vlahos L. Radio imaging of solar flares using the very large array - New insights into flare process. Astronomy and Astrophysics, 1982, 108: 188-194.

[71] Kawabata K, Ogawa H, Takakura T, Tsuneta S, Ohki K, et al. Fan-beam observations of millimeter wave burst associated with X-ray and gamma-Ray events detected from HINOTORI. Solar Flares, Proceedings of the Hinotori Symposium held, 1982, 168.

[72] Nakajima H. Particle acceleration in the 1981 April 1 flare. Solar Physics, 1983, 86: 427-432.

[73] Hanaoka Y. Double-loop configuration of solar flares. Solar Physics, 1997, 173: 319-346.

[74] Nishio M, Yaji K, Kosugi T, Nakajima H, Sakurai T. Magnetic field configuration in impulsive solar flares inferred from coaligned microwave/X-ray images. Astrophysical Journal, 1997, 489: 976-991.

[75] Hanaoka Y. High-energy electrons in double-loop flares. Publications of the Astronomical Society of Japan, 1999, 51: 483-496.

[76] Kundu M R, Nindos A, White S M, Grechnev V V. A multiwavelength study of three solar flares. Astrophysical Journal, 2001, 557: 880-890.

[77] Melnikov V F, Shibasaki K, Reznikova V E. Loop-top nonthermal microwave source in extended solar flaring loops. Astrophysical Journal, 2002, 580: L185-L188.

[78] Alissandrakis C E, Preka-Papadema P. Microwave emission and polarization of a flaring loop. Astronomy and Astrophysics, 1984, 139: 507-511.

[79] Klein K-L, Trottet G. Gyrosynchrotron radiation from a source with spatially varying field and density. Astronomy and Astrophysics, 1984, 141: 67-76.

[80] Bastian T S, Benz A O, Gary D E. Radio emission from solar flares. Annual Review of Astronomy and Astrophysics, 1998, 36: 131-188.

[81] Tzatzakis V, Nindos A, Alissandrakis C E, Shibasaki K. A statistical study of microwave flare morphologies. RECENT ADVANCES IN ASTRONOMY AND ASTROPHYSICS:

7th International Conference of the Hellenic Astronomical Society. AIP Conference Proceedings, 2006, 848: 248-252.

[82] Martynova O V, Melnikov V F, Reznikova V E. Proc. of 11th Pulkovo International Conf. on Solar Physics, 2007, Saint-Peterburg, 241.

[83] Huang G L, Nakajima H. Statistical analysis of flaring loops observed by Nobeyama radioheliograph. I. Comparison of Looptop and Footpoints. Astrophysical Journal, 2009, 696: 136-142.

[84] White S M, Kundu M R, Garaimov V I, Yokoyama T, Sato J. The physical properties of a flaring loop. Astrophysical Journal, 2002, 576: 505-518.

[85] Melnikov V F. Electron acceleration and transport in microwave flaring loops. Proc. Nobeyama Symposium (Kiosato, 26-29 October 2004), Ed. K.Shibasaki, 2006, NSRO Report, 1: 11-22.

[86] Melnikov V F, Gorbikov S P, Reznikova V E, Shibasaki K. Bull. of the Russ. Acad. of Scien. Phys., 2006, 70: 1684.

[87] Yokoyama T, Nakajima H, Shibasaki K, Melnikov V F, Stepanov A V. Microwave observations of the rapid propagation of nonthermal sources in a solar flare by the Nobeyama radioheliograph. Astrophysical Journal, 2002, 576: L87-L90.

[88] Stepanov A V, Yokoyama T, Shibasaki K, Melnikov V F. Turbulent propagation of high-energy electrons in a solar coronal loop. Astronomy and Astrophysics, 2007, 465: 613-619.

[89] Su Y N, Huang G L. Polarization of loop-top and footpoint sources in microwave bursts. Solar Phys., 2004, 219: 159-168.

[90] Karlicky M. Loop-top gyro-synchrotron source in post-maximum phase of the August 24, 2002 flare. New Astronomy, 2004, 9: 383-389.

[91] Li Y P, Gan W Q. The Shrinkage of Flare Radio Loops. Astrophysical Journal, 2005, 629: L137-L139.

[92] Nakajima H, Nishio M, Enome S, Shibasaki K, Takano T, et al. The Nobeyama radioheliograph. Proc. IEEE, 1994, 82: 705-713.

[93] Domingo V, Fleck B, Poland A I. The SOHO Mission: an Overview. Solar Physics, 1995, 162: 1-37.

[94] Handy B N, Acton L W, Kankelborg C C, Wolfson C J, Akin D J, et al. The transition region and coronal explorer. Solar Physics, 1999, 187: 229-260.

[95] Oraevsky V N, Sobelman I I, Zitnik I A, Kuznetsov V D, Stepanov A I. CORONAS-F observations of active phenomena on the sun. Advances in Space Research, 2003, 32: 2567-2572.

[96] Kuznetzov S N, Kudela K, Myagkova I N, et al. Indian J. Radio Space Physics, 2004, 33: 353.

[97] Bai T. Two classes of gamma-ray/proton flares - Impulsive and gradual. Astrophysical Journal, 1986, 308: 912-928.

[98] Melnikov V F, Gary D E, Nita G M. Peak frequency dynamics in solar microwave bursts. Solar Phys., 2008, 253: 43-73.

[99] Melnikov V F. Electron acceleration and capture in impulsive and gradual bursts: Results of analysis of microwave and hard X-ray emissions. Radiophys. & Quant.Electron., 1994, 37: 557-568.

[100] Razin V A. Izv. Vyssh. Uchebn. Zaved. Radiofiz., 1960, 3: 584.

[101] Hamilton R J, Lu E T, Petrosian V. Numerical solution of the time-dependent kinetic equation for electrons in magnetized plasma. Astrophys. J., 1990, 354: 726-734.

[102] Fleishman G D, Melnikov V F. Gyrosynchrotron emission from anisotropic electron distributions. Astrophys. J., 2003, 587: 823-835.

[103] Ning Z, Ding M. Microwave spectral evolution of solar flares. Publications of the Astronomical Society of Japan, 2007, 59: 373-379.

[104] Nita G, Gary D, Lee J. Statistical study of two years of solar flare radio spectra obtained with the Owens valley solar array. The Astrophysical Journal, 2004, 605: 528-545.

[105] Silva A, Share G, Murphy R, Costa J, de Castro C, Raulin J, Kaufmann P. Evidence that synchrotron emission from nonthermal electrons produces the increasing submillimeter spectral component in solar flares. Solar Physics,2007, 245: 311-326.

[106] Zhou A, Huang G, Li J. New explanations for some observation phenomena of the peak frequency of solar radio bursts. The Astrophysical Journal, 2010, 708: 445-449.

[107] Grigis P, Benz A. The spectral evolution of impulsive solar X-ray flares. Astronomy and Astrophysics, 2004, 426: 1093-1101.

[108] Ning Z. Microwave and Hard X-ray spectral evolution in two solar flares. The Astrophysical Journal, 2007a, 659: L69-L72.

[109] Ning Z. Different behaviors between microwave and hard X-ray spectral hardness in two solar flares. The Astrophysical Journal. 2007b, 671: L197-L200.

第 6 章　耀斑环的整体不稳定行为

6.1　多波段观测揭示的耀斑环整体行为

6.1.1　耀斑环在膨胀之前的收缩

太阳耀斑是磁场能量的瞬时释放所产生的爆发现象, 一般认为, 耀斑环尤其是双带耀斑的亮环在爆发期间呈现出不断膨胀的运动特征, 同时, 耀斑亮带在空间上不断彼此分离, 这样的观测现象在理论上解释为紧随爆发磁绳 (或暗条) 而不断上升的磁场重联的位置所导致的. 然而, 从 YOHKOH 硬 X 射线观测结果统计分析表明, 只有 13% 的耀斑的足点呈现标准的分离运动[1], 更多的呈现一种平行于耀斑亮带的运动, 甚至有相互靠近的趋势. Ji 等[2] 在美国大熊湖天文台 (BBSO) 利用高时间分辨率的耀斑成像观测发现, H_α 亮核之间的距离在耀斑上升期减少, 过了极大相之后, 该距离开始增大. 与此相对应的是, 该耀斑的 X 射线环顶源的高度先下降, 在极大相过后才上升. 我们从图 6.1 可以看出, 耀斑辐射、亮核之间的距离, 和环顶源高度的时间演化曲线不但在总体上呈现出高度的反相关或相关, 即使在一些细节上也是如此.

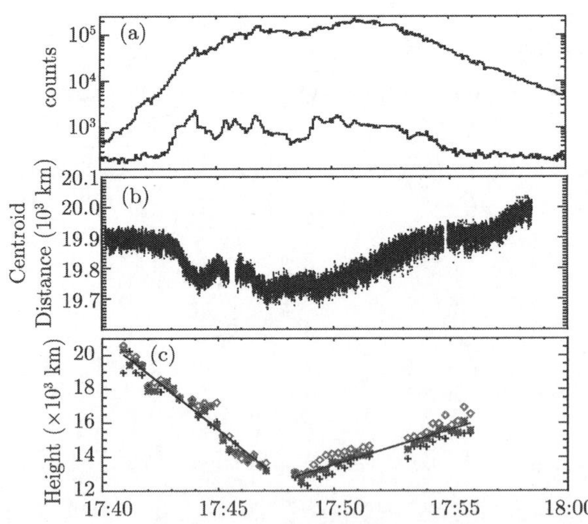

图 6.1　(a) 为 2002 年 9 月 9 日耀斑在 12~25keV 和 25~50keV 的光变曲线; (b) 为该耀斑 H_α 亮核之间的距离; (c) 为该耀斑三个能段的环顶源高度随时间的变化曲线. 加号 (+) 为 8~10keV, 钻石号 (◊) 为 10~13keV; 星号 (∗) 为 13~16keV

通过分析同样的耀斑资料, Shen 等[3] 发现, 在环顶源下降即耀斑上升相阶段, 不同能段的 X 射线环顶源混杂在一起; 只有在环顶源上升时即耀斑衰退阶段, 它们在位置上才得以分开. 在整个衰退期间, 高能段环顶源始终位于低能段之上. 依据现有耀斑理论, 当重联发生过后, 产生向上和向下的喷流, 向下的喷流轰击日冕中较密的等离子体, 由此产生了 X 射线环顶源. 由于辐射和冷却的原因, 加上位于低处的环顶源部分稍稍远离轰击, 我们可以预期, 高能段环顶源应该更高一些. 因此, 在耀斑上升相阶段和衰退阶段存在着不同的磁场重联过程.

Ji 等[4] 在赣榆观测站利用高时间分辨率的耀斑成像观测进一步发现, 耀斑足点的汇聚和分离运动是一种退剪切运动 (unshear). 这就说明耀斑期间的磁场重联发生在剪切磁场之中. 最有说服力的事例的是 2003 年 10 月 29 日发生的一个 X10 级耀斑 (著名的诸多万圣节事件之一), 这个事件整个过程分为之形阶段和磁拱 (archade) 阶段[5], 足点的退剪切汇聚运动和环顶源的下降运动发生在之形 (sigmoid) 阶段, 而耀斑环的膨胀阶段对应于耀斑后期的耀斑磁拱阶段. 同样重要的是, 这是之形磁场结构首次在硬 X 射线观测到, 参见图 6.2.

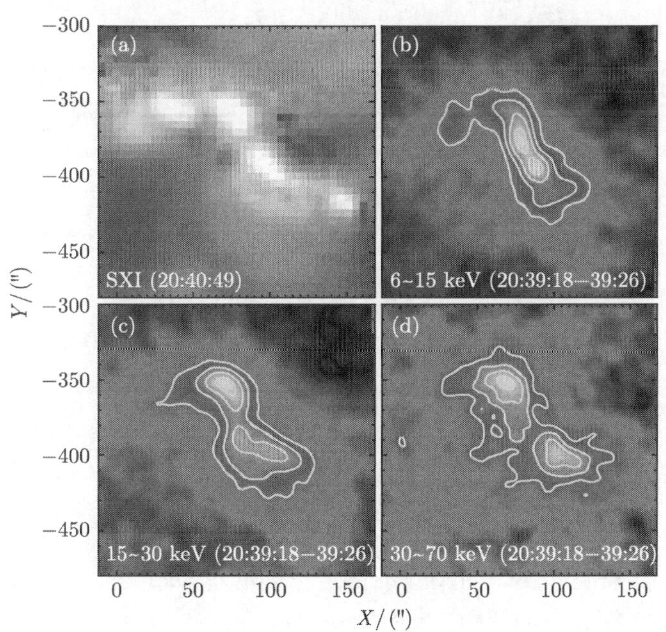

图 6.2 2003 年 10 月 29 日观测到的硬 X 射线之形结构

由于投影效应, 日面耀斑更加能够清晰地展示出足点运动, 而边缘耀斑更加能够清晰地展示出环顶源或耀斑环的运动. 因此, 更多的文献涉及的是单独的足点运动或环顶源运动, 很少在同一个事件中讨论足点和环顶源之间的相关. 例如, Sui 等利用 RHESSI 卫星对 2002 年 4 月 15 日 M1.2 边缘耀斑的观测, 第一次发现了环顶源的下降运动[6,7], 另外, 有些耀斑的足点发生了汇聚运动[8,9]. 从开始于这一章节的介绍可以看出, 耀斑环在耀斑上升相阶段存在着整体的收缩行为, Li 等所发现的微波耀斑环和紫外耀斑环在耀斑早期的收缩在一个侧面说明了这一点[10,11].

耀斑环的动力学演化可以归纳为如下新的结论, 耀斑环先收缩 (early contraction) 后膨胀 (later expansion); 收缩运动表现在足点的汇聚运动、整个环的下降或环顶源的下降, 膨胀运动表现在足点的分离运动、整个环的上升或环顶源的上升. 在收缩和膨胀过程中, 耀斑剪切持续减少. 2005 年 1 月 20 日发生的一个 X7.1 耀斑给出了这一图像最好的一个观测例子[12] (参见图 6.3). 值得一提的是这里所提的耀斑环的收缩不同于 Švestka 等所观测到的耀斑环的收缩[13], 文中提出的是耀斑环在冷却过程中有明显的高度变低和密度增加, 高的 X 射线环变成了低冷的 H_α 环.

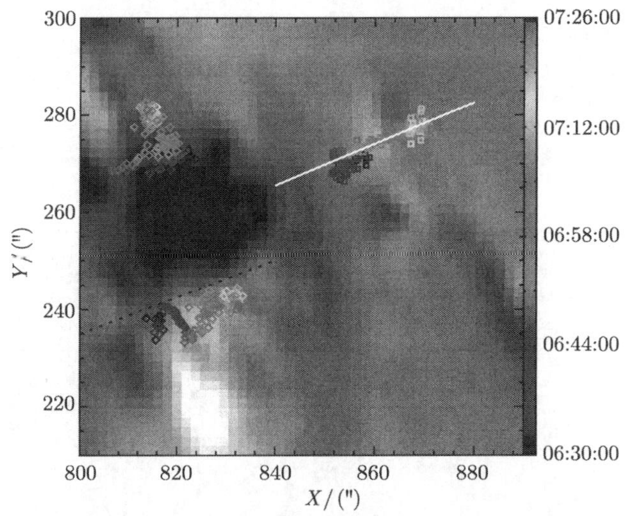

图 6.3 2005 年 1 月 20 日发生的 X7.1 耀斑. 背景为磁图, 白色为磁场正极性, 黑色为磁场负极性, 点线给出位于正负磁场之间的中性线. 中性线的两旁给出了硬 X 射线点源的运动轨迹, 白色线条下方给出了 X 射线环顶源的运动轨迹, 颜色代表了不同的时间

实际上来说, 收缩和膨胀的过程不一定总是沿着太阳的高度或径向方向. 例如, 对于发生在 2002 年 4 月 4 日的一个 M6.1 级足隐耀斑 (foot-point occulted flare), 日冕源的轨迹几乎平行于太阳表面 (图 6.4). 此类轨迹可定义为 U 形运动轨迹, U 形轨迹的拐点 (turning-point) 对应着耀斑极大相时刻, 日冕源到拐点的距离可以定义为环顶源的“高度”, 利用这样的定义, 可以看出, 在耀斑上升相阶段, 不同能段的 X 射线环顶源混杂在一起, 过了极大相之后, 高能段的日冕源位于低能段日冕源之上.

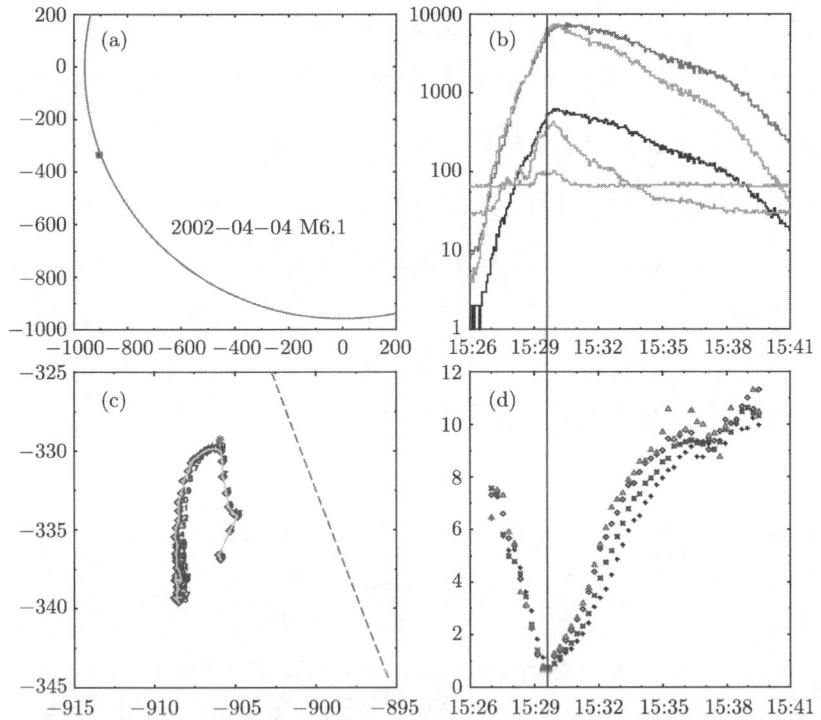

图 6.4 RHESSI 卫星所观测到的发生在 2002 年 4 月 4 日的 M6.1 级足隐耀斑 (footpoint occulted flare). 图 (a) 给出了该耀斑在日冕中的硬 X 射线辐射 (日冕源) 相对于太阳的位置; 图 (c) 给出了该日冕源 12～25keV 的辐射在耀斑期间的轨迹, 耀斑的 X 射线流量曲线在图 (b) 给出, 分别对应于 3～6keV、6～12keV、12～25keV、25～50keV 和 50～100keV 的计数; 图 (d) 给出了 6～9keV、9～12keV、12～16keV 和 16～20keV 日冕源辐射“高度”随时间的变化

6.1.2 剪切磁场的能量减少

如何解释耀斑环收缩现象给现有耀斑理论和模拟提出了挑战, Sui 等基于观测, 将环顶源的下降解释为二维标准耀斑模型下的电流片的形成[6,7]. 对于 2002 年 4 月 15 日 M1.2 耀斑, 他们同时观测到的一个 X 射线日冕源, 在环顶源向下运动时, 该日冕源向上运动. 支持这一解释的观测现象是存在于日冕源和环顶源之间的温度结构, 然而, 这一现象是很不常见的. Veronig 等利用二维重联模型模拟了重联后的磁环的塌缩, 并由此模型解释粒子加速[14], 然而以上图像均无法解释耀斑足点退剪切的汇聚运动. Hudson 提出了内爆 (implosion) 的概念, 其关键思想是: 由于磁能的消耗, 磁压降低, 在观测上将会表现为磁环的降低[15].

在磁化的太阳日冕等离子体中, 洛伦兹力起着决定性的作用. 由此, 磁场的实质为无力场. 可以通过一个磁拱的线性无力场模型理解上述内爆的概念:

$$\boldsymbol{B}(x,y,z)=\boldsymbol{B}_0(x,y)\mathrm{e}^{-\gamma z}, \tag{6.1}$$

在这个方程之中, $\boldsymbol{B}_0(x,y)$ 有三个分量, 参数 γ 代表了磁场在空间上的衰减, 因而, 在某种程度上可以用来代表磁拱的高度 $\left(H\propto\dfrac{1}{\gamma}\right)$. 假设 γ 和下面用到的无力场因子 α 只是时间的函数. 利用线性无力场方程

$$\nabla\times\boldsymbol{B}=\alpha\boldsymbol{B}, \tag{6.2}$$

和磁场的无散条件

$$\nabla\cdot\boldsymbol{B}=0, \tag{6.3}$$

可以得到磁场的每个分量所必须满足的亥姆霍兹方程:

$$\nabla^2\boldsymbol{B}=\alpha^2\boldsymbol{B}. \tag{6.4}$$

将式 (6.1) 代入式 (6.4), 得到 $\boldsymbol{B}_0(x,y)$ 三个分量所满足的方程:

$$B_{0x}=-k^{-2}\left(-\gamma\frac{\partial B_{0z}}{\partial x}+\alpha\frac{\partial B_{0z}}{\partial y}\right), \tag{6.5}$$

$$B_{0y}=-k^{-2}\left(-\alpha\frac{\partial B_{0z}}{\partial x}-\gamma\frac{\partial B_{0z}}{\partial y}\right), \tag{6.6}$$

$$B_{0z}=-k^{\ 2}\left(\frac{\partial^2 B_{0z}}{\partial x^2}+\frac{\partial^2 B_{0z}}{\partial y^2}\right). \tag{6.7}$$

其中, $k^2=\alpha^2+\gamma^2$. 在耀斑过程中, 假设光球磁场不发生变化, 即 k 为常数, 这相当于 B_{0z} 在耀斑过程中基本不会改变. 这里, 将光球磁场发生变化的情形留待后面讨论. 如此, 我们得到

$$B_z\propto\mathrm{e}^{-\gamma z}, B_\perp\propto\mathrm{e}^{-\gamma z}, \tag{6.8}$$

其中, $B_\perp=\sqrt{B_x^2+B_y^2}$. 另外, 在耀斑期间, 总的磁场能量必须减少, 即

$$\frac{\mathrm{d}}{\mathrm{d}t}E=\frac{\mathrm{d}}{\mathrm{d}t}\int\frac{\boldsymbol{B}^2}{8\pi}\mathrm{d}V<0, \tag{6.9}$$

这里, $\mathrm{d}V=\mathrm{d}x\mathrm{d}y\mathrm{d}z$, 以及

$$\int\boldsymbol{B}^2\mathrm{d}V=\frac{1}{2\gamma}(1-\mathrm{e}^{-2\gamma H_U})\int(B_{0\perp}^2+B_{0z}^2)\mathrm{d}x\mathrm{d}y=\frac{1}{2\gamma}\int(B_{0\perp}^2+B_{0z}^2)\mathrm{d}x\mathrm{d}y, \tag{6.10}$$

其中, H_U 代表耀斑区域上边界的高度, 让 $H_U\to\infty$, 可以看出, 为了让磁能减少, γ 必须增加, 这也就是说, 磁场的标高减小了. 由此, 我们证明, 磁拱的跨度 (正比于 $B_\perp$) 和高度 (正比于 B_z) 在耀斑期间同时减小. 耀斑剪切对应着 B_{0y}/B_{0x}, 有

$$\frac{B_{0y}}{B_{0x}}=\left(\frac{\alpha}{\gamma}\frac{\partial B_0z}{\partial x}+\frac{\partial B_0z}{\partial y}\right)\left(\frac{\partial B_0z}{\partial x}-\frac{\alpha}{\gamma}\frac{\partial B_0z}{\partial y}\right)^{-1}. \tag{6.11}$$

另外, 由以上假设, k 大致是常数, α 必须减小. 由此, 不难看出在耀斑期间, 耀斑剪切一直减小.

在推导以上方程的过程之中, 实质是同一个边界条件下的不同能量的无力场. 大的剪切对应标高大的磁场位形, 与此对应的是, 小的剪切对应标高小的磁场位形. 因而, 当耀斑 (磁能释放) 过后, 磁环在三维尺度上变小, 对应着耀斑环的收缩. 换句话讲, 耀斑环的收缩是磁能释放后的必然效果. 这里, 摒弃了所谓的磁力线的系接 (line-tying) 效应, 即磁环在光球扎根的地方是不动的. 我们的推导说明, 在释能过后, 从一个地方出去的磁力线再也不可能到达原来的地方 (参见图 6.5 和图注中的说明).

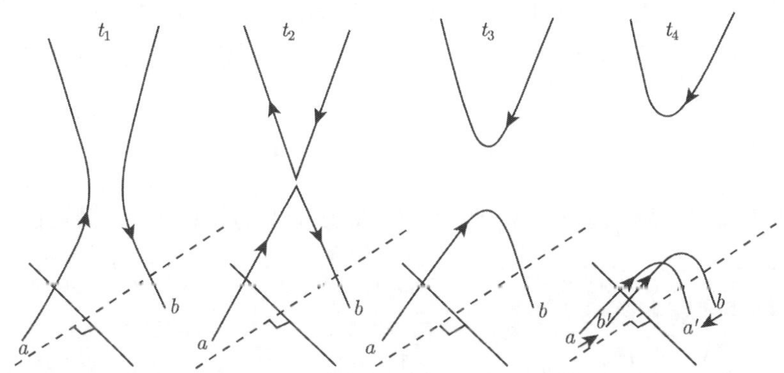

图 6.5 释能期间磁环的收缩, 原来从 a 到 b 的磁环只能连接到另外的地方. 结果导致剪切的减小, 而磁环的整体尺度也变小了

最近的 SDO/AIA 的高分辨率观测显示, 位于活动区边缘的非耀斑环 (即没有参与重联的磁环) 在耀斑期间也会发生收缩过程. 多个非耀斑环在耀斑期间依次发生收缩, 低环先收缩, 高环后收缩. Shen 等的研究表明, 这一收缩是由于暗条 (磁绳) 爆发过后在活动区原位置处所留下的热压力“真空”向外的传播, 进而导致外围的磁环不断收缩[16]. 在另一文献中的几个事件的分析表明[17], 热压力“真空”向外的传播的速度约为 300 km/s, 相应于快模阿尔芬波的速度.

6.1.3 对低层大气的作用

众所周知, 耀斑能量的释放主要来自日冕中的磁能. 因而, 一般的观点认为, 在耀斑期间光球磁场不会发生变化. 二十多年前, 美国大熊湖天文台已发现矢量磁场在太阳耀斑所在位置表现出快速和永久性的变化[18,19]. 之后人们又发现黑子半影纤维在耀斑过后也会发生快速和永久性的变化. 初步研究结果表明, 半影纤维消失, 而暗色的米粒组织演变成谱斑[20]. 这就意味着磁场能量的消耗所引起活动区磁场的重组 (restructure) 延伸到了太阳低层大气. 在磁场重组期间, 之形磁场结构的爆发使得局地日冕磁场向下塌缩, 整个自由能的高度分布由此压低, 磁环变低和变平. 因而, 在耀斑中性线附近, 耀斑脉冲相过后, 横向磁场发生快速不可逆转的增强, 幅度增加为 10%~30%. 同时, 光球磁场变得更剪切和更倾斜. Jing 等的工作也支持他们的推断[21], 其研究表明磁剪切 (反映磁场非势性) 虽然在高层日冕持续减弱, 但在低层日冕却持续增强. Sun 等的工作更清楚的显示在耀斑中性线, 电流密度在光球层附近确实在增加, 而越往高层却在加速减弱[22]. 这也许可以解释为耀斑过后, 总的磁自由能减小, 但同时在日冕低层的局部区自由能却在增加.

Hudson 等[23] 与 Fisher 等[24] 认为, 在耀斑发生后, 磁张力发生变化, 其变化量的方向是指向光球的. 直观上来讲, 这是动量守恒的结果. 在耀斑期间, 尤其是大耀斑期间, 通常会伴随物质向上的运动, 如 CME 的抛射. 因而, 耀斑期间的磁场重组会向下传递动量. 假设光球磁场的变化为 $\delta\boldsymbol{B}$, 磁场随高度的衰减足够快, 文献 [23] 估算光球表面单位面积上受到的洛伦兹力为

$$\delta f_z = (B_z \delta B_z - \delta B_x B_x - B_y \delta B_y)/4\pi. \tag{6.12}$$

由于耀斑环收缩, 磁场变平, 因而, 式 (6.12) 所给出的力是向下的, 横场的快速增强可能会导致向下的洛伦兹力的突然增加. 这样的力可能是日震波产生的一个原因.

6.1.4 之形磁流管和耀斑环结构

Hudson 等[25] 分析了 1996~1997 年的晕状 CMEs, 找到 7 个能够在软 X 射线证认出的日冕对应事件, 在这些事件中均出现了“S 形结构转变到磁拱结构”的过程 (sigmoid to arcade development). 耀斑前的结构爆发出去, 并留下了瞬现冕洞结构. 在 CME 爆发的过程之中, 发亮的 S 形结构爆发出去, 其后留下一系列发亮的磁拱结构. 许多的研究者曾经注意到这一现象[26,27], 该现象代表了爆发耀斑 (eruptive flare) 的标准重联模型中的一个基本元素: S 形磁绳, 这一阶段的耀斑环收缩无可避免地与发生在磁绳中的重联或不稳定过程有所关联.

在柱坐标中, 从线性无力场所满足的亥姆霍兹方程 (6.4), 不难得出, 线性无力场的解是一系列贝塞尔函数的叠加. Taylor[28] 给出了柱坐标中线性无力场的一般解如下

$$B_r^{mk}(r,\theta,z) = \frac{-1}{\sqrt{\alpha^2-k^2}}\left[k\mathrm{J}_m'(\rho) + \frac{m\alpha}{\rho}\mathrm{J}_m(\rho)\right]\sin(m\theta+kz), \tag{6.13}$$

$$B_\theta^{mk}(r,\theta,z) = \frac{-1}{\sqrt{\alpha^2-k^2}}\left[\alpha\mathrm{J}_m'(\rho) + \frac{mk}{\rho}\mathrm{J}_m(\rho)\right]\cos(m\theta+kz), \tag{6.14}$$

$$B_z^{mk}(r,\theta,z) = \mathrm{J}_m(\rho)\cos(m\theta+kz), \tag{6.15}$$

其中, $\rho = (\sqrt{\alpha^2-k^2})r$. 最简单的螺旋形无力场位形是 $m=0$ 和 $k=0$ 的轴对称情形:

$$B_r = 0, \quad B_\theta = A\mathrm{J}_1(\alpha r), \quad B_z = A\mathrm{J}_0(\alpha r), \tag{6.16}$$

这就是 Lundquist 解. Rust 和 Kumar 利用 $m = 0$ 和 $m = 1$ 解的叠加给出了 S 形磁流管的可能的解析形式[29]：

$$\mathbf{B} = C_1 B^{00}(r) + C_2 B^{1k}(r, \theta, z). \tag{6.17}$$

图 6.6 给出了利用式 (6.17) 所画出的最简单的螺旋形无力场位形和一个 S 形磁流管. 利用无穷远处边界条件 ($|b| < r^{-1}$) 和零阶贝塞尔函数的第一个零点, 文献 [29] 分别给出了最简单的螺旋形无力场位形和之形磁场无力场位形的半径, 它们分别为 $R \sim 0.8/\alpha$ 和 $R \sim 2.405/\alpha$.

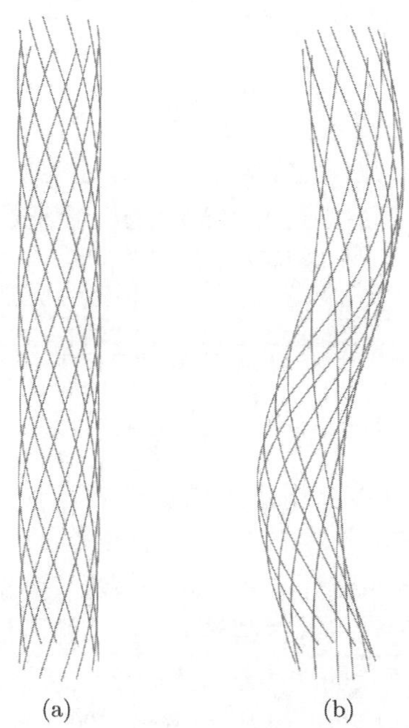

图 6.6 (a) 为选取参数 $C_1 = 1, C_2 = 0$, 对应于最简单的螺旋形无力场位形; (b) 为选取参数 $C_1 = 0.75, C_2 = 0.25$, 对应于之形磁场结构

磁绳存在着扭折不稳定性, 假设磁绳的磁场为无力场, 从 MHD 基本方程出发, 可以得到一个小的扰动位移 ξ 所引起的能量扰动, 假设小的扰动矢量为 ξ, 得到能量变化为

$$\delta W = \frac{1}{2}\int_V [(\nabla \times \boldsymbol{A})^2 - \alpha \boldsymbol{A} \cdot (\nabla \times \boldsymbol{A})]\mathrm{d}\tau, \tag{6.18}$$

其中, $\boldsymbol{A} = \xi \times \boldsymbol{B}$. 式 (6.18) 中的第一项恒为正, 依据能量原理[30], 第一项是绝对的稳定项, 第二项在某些情况下会变成不稳定项, 其大小和符号依赖于扰动矢量 ξ 的

形式并直接与无力场因子 α 的值相关, 例如, 势场 (对应于 $\alpha=0$) 是稳定的, α 的值其实决定了扭缠的程度. 利用能量原理分析系统的不稳定性时, 一般找出 δW 的最小值, 如果 δW 的最小值小于零, 那么系统一定是不稳定的.

值得一提的是, 对于轴对称的线性无力场, Voslamber 和 Callebaut[31] 给出如下不稳定性条件

$$m=\pm 1, \quad \left|\frac{k}{\alpha}\right| \leqslant 0.272, \tag{6.19}$$

k 的最小值可以估计为磁绳长度的倒数 $1/L$. 由此, 可以看出, 对于长度为 L 的磁绳, 稳定的条件是

$$|\alpha| \leqslant \frac{1}{0.272L}. \tag{6.20}$$

或者, 对于一定的 α 值, 磁绳稳定的条件是

$$L \leqslant \frac{1}{0.272|\alpha|}. \tag{6.21}$$

Rust 和 Kumar[29] 提出, 暗条的磁场位形基本上是螺旋形的, 沿着轴向伸展, 只有在两头扎根在光球之中, 该结果可用来估计稳定暗条长度的最大值. 同样利用稳定条件 (6.19), Rust 和 Kumar[27] 解释了所观测到的软 X 射线之形磁场结构 $2\pi R/L$ 参数在统计上集中在 0.7 左右.

Anzer[32] 利用能量式 (6.18) 分析了于无限长的磁流管绳的稳定性, 他假设

$$\xi=f(r)\exp[\mathrm{i}(m\theta+kz)], \tag{6.22}$$

并发现, 对于无限长的磁流管绳, 扭折不稳定性总是存在. 这就产生了一个问题, 能量不能被有效地储存在磁流管绳之中, 因此, 无法解释耀斑能量的积累问题, 也无法解释日冕中长时间稳定的磁环. 为了解决磁流管绳的能量积累问题, Kuperus Raadu[33] 考虑了有限长度的轴对称的磁流管, 该磁流管绳扎根于稠密的光球之中, 于是, 对于所有的扰动, 在两头的磁力线是静止的, 这就是所谓的系接 (line-tying) 效应. 在 Anzer[32] 所用原有扰动 ξ 之上, Raadu 假设扰动为[33]

$$\xi_1=f(z)\cdot\xi, \tag{6.23}$$

假设磁绳的长度为 L, $f(0)=f(L)=0$, 这就是系接效应在数学上的表达. 理解系接效应需要数学上繁琐的推导, 但是, 简单说来, 系接效应使得 $\delta W_{\min}$ 在原有的基础之上增加了一项, 具体可以表达为

$$\delta W_{\min}=(\pi/L)^2A+C. \tag{6.24}$$

式 (6.24) 中的第一项就是增加的一项, 该项的值恒为正. 由此, 可以看出, 系接效应使得磁流管变得更加稳定. 另外, 该项正比于 L^{-2}, 因而, 磁绳越短越稳定.

A 项的大小依赖于磁绳的截面尺度. 综合来说, 日冕环异常稳定的原因来自环两段的系接. 当扭曲超过某一值的时候, 日冕环变得不稳定. 该值依赖于环的纵横比 (aspect ratio). 在利用理论或观测分析磁绳时, 一个有用的量即所谓的磁力线围绕磁绳的圈数. 利用磁力线方程

$$\mathrm{d}\theta = \frac{B_\theta}{rB_z}\mathrm{d}z, \tag{6.25}$$

得到长度为 $2L$ 的磁绳从一段到另一段轴线缠绕的圈数 Φ:

$$\Phi(r) = \frac{2LB_\theta}{rB_z}. \tag{6.26}$$

对于均匀扭曲的无力场, 临界值是 3.3π, 对于其他的磁场, 这一值位于 2π ∼ 6π.

6.2 失败的暗条爆发

CME 是从太阳抛射到行星际空间的大量磁化等离子体, 这些抛射物质最初是以暗条、软 X 射线之形结构、连接活动区或者跨赤道的磁环等形式存在. 从目前的观测来说, 光球磁场在 CME 的爆发期间并未发生变化, 因而, 爆发所要求的磁能必须储存在日冕之中. 爆发之前的大量的磁能储存势必导致日冕磁场的扭缠 (twisted) 或高度剪切 (sheared). 前者对应于一个两段扎根于光球的具有轴向磁通量的磁场, 称之为磁绳, 后者的提出针对的是磁拱分布. 数值模拟显示, 对于不断剪切的磁拱, 最终也会演化为磁绳爆发出去[34]. 因而, 对于爆发之前的磁结构, 在一般意义上都称为磁绳. 这里值得一提的是, 耀斑期间的磁场快变是在爆发以后由于磁场的重新组织 (restructure) 引起的, 是磁能释放的产物.

从观测上来说, 磁绳爆发表现为缓慢上升和急剧上升两个过程, 在物理上分别对应于磁能积累和磁场释放两个不同阶段. 前面介绍过, 磁能 (表现为电流) 积累在日冕之中, 这相应于磁绳的扭缠或剪切的积累, 扭折不稳定只是在爆发过程产生, 并非爆发的驱动力. 爆发驱动力来自磁压 (magnetic pressure), 与此同时, 磁绳之上的磁场所产生的张力 (magnetic tension) 起到阻力的作用, 当磁张力大于磁压时, 磁绳无法爆发. 即使产生了爆发, 在某一高度发生了磁张力大于磁压的情况, 爆发磁绳由此进入不了行星际空间, 形成所谓的“失败的爆发”[35]. 此外, 磁绳之上的磁场强度还决定了最终的 CME 速度[36].

图 6.7 给出了 Ji 等[35] 在 BBSO 所观测到“失败的暗条爆发”, 该项目是配合 RHESSI 在空间的观测, 在 H_α 蓝翼 (−1.3Å) 对耀斑进行高时间分辨率 (25 fps) 观测. 选择 H_α 蓝翼的原因可以避免 H_α 线心的热成分和 H_α 红翼的沉降分量, 因而, H_α 蓝翼适宜于研究非热电子的轰击过程[37,38], 其观测结果可以区分色球热和非热的加热, 验证色球加热模型, 高时间分辨率观测有望观测到亚秒时间尺度的时间精

细结构. 选择了 NOAA 9957 活动区进行观测, 其原因是该活动区有一个小的暗条, 通过降低视场的大小, TRACE 卫星对该活动区进行了高时间分辨率的联测. Ji 等首次利用高时间分辨观测到了暗条爆发, 其中有很多的细致过程是普通时间分辨率所观测不到的, 譬如, 当暗条经过重联点 (HXR 环顶源) 时, 暗条发生断裂, 断裂过程只持续了不到 10s, 这些过程都值得在有条件的情况下继续观测.

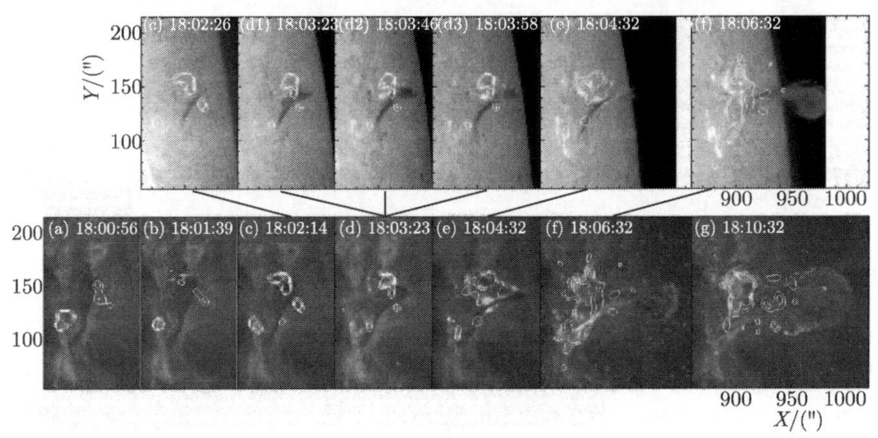

图 6.7 第二行图 (a)~(g): TRACE Fe XII 195 Å所观测到的 2002 年 5 月 27 日发生在日冕西边缘的“失败的暗条爆发”和与之相伴的 M2.0 级耀斑. 第一行图 ((c), (d1)~(d3) 和 (e)、(f)):BBSO 在 H_α 蓝翼与 TRACE 联测时对该暗条爆发所进行的观测. 白色的等值线是 RHESSI 卫星所观测到的同时的 12~25keV 的 X 射线辐射, (d1)、(d2) 中的 X 射线辐射与 (d1) 相同 (18:03:46~18:03:58UT 非常接近 RHESSIX 射线衰减时段)

总体来说, 从这一爆发事件中, 可以清晰地观测到三个方面的物理过程: ①暗条的减速过程, 其负的加速度比太阳的重力加速度高出 10 倍左右, 这充分说明了磁绳之上的磁场所产生的张力对爆发暗条起到强大的阻力作用. ②暗条爆发时所呈现的扭折不稳定性过程, 从图 6.7H_α 蓝翼的观测中可以看出, 南边的腿呈现出蓝移 (表现为增强的吸收), 北边的腿没有任何蓝移成分, 推测北边的腿在爆发过程中是红移的. 这一运动过程是扭曲 (twist) 转化为扭缠 (writhe) 过程所表现出了典型运动. 为清楚起见, 由卡通图 6.8 描绘了这一过程. ③暗条物质落下以后, 加热了太阳大气. 如图 6.9 显示, 在耀斑衰减阶段 (表现为 X 射线流量的下降), H_α 的辐射有一个突然的上升. 这说明, 暗条的落下加热了太阳大气, 其中磁能的释放可能起着主要的作用.

磁绳爆发模型一般从两个方面考虑, 一个方面是通过 (如 kinematic flux emergence) 增加磁绳中的磁压[39,40], 此类爆发最终还得求助于环形不稳定性[41]. Aulanier 等[42] 模拟了光球磁对消驱动的重联对一个剪切磁拱的驱动, 结果显示, 剪切磁拱最终演化成了一个缓慢上升且稳定的磁绳, 当上升到一定的高度, 而且从此高度之上的背景磁场 $-\partial \ln B/\partial \ln z$ 大于 3/2 时, 环形不稳定性发生, 磁绳的运动得到加速. 另外一个方面是通过减少磁绳之上的磁场张力, 其代表是 Break-out 模型和 Chen 等[43] 的磁场浮现模型. tether-cutting 模型兼有两个方面, tether-cutting 重联不但加快了磁绳的形成, 还减少了磁绳之上的张力.

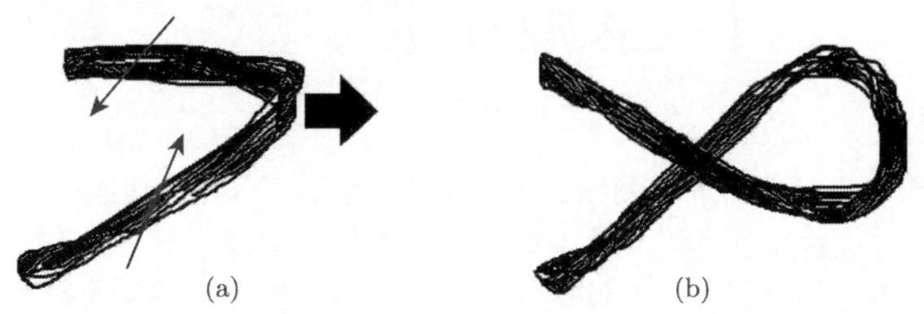

图 6.8 (a) 暗条爆发过程 (黑色箭头表示向上运动) 中所呈现的扭折不稳定性发生时所产生的运动, 红色箭头表示红移, 蓝色箭头表示蓝翼. (b) 扭折 (kink) 不稳定性所产生的形态

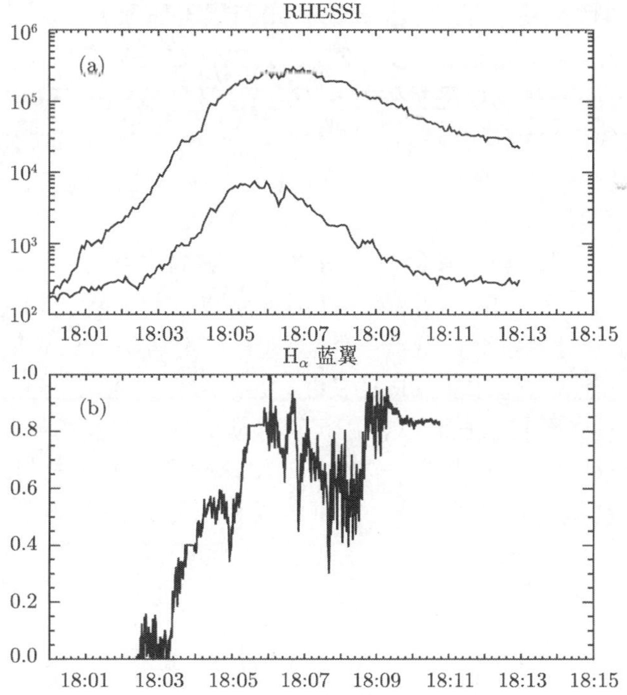

图 6.9 图 (a) 为“失败的暗条爆发”伴随着一个 M2.0 级耀斑的发生, RHESSI 所观测到的该耀斑的光变曲线, 分别对应 3～6keV 和 6～12keV 能段. 图 (b) 为 H_α 蓝翼所观测到的光变曲线, 可看出在耀斑衰减阶段 (表现为 X 射线流量的下降), H_α 的辐射有一个突然的上升

在这一“失败的暗条爆发”事件中, 并没有观测到驱动尤其是触发磁绳爆发的磁压力是如何形成的. 然而, 从图 6.7 中, 可以看出, 在暗条上升之前, 暗条之上产生了 X 射线辐射, 该 X 射线辐射很有可能是暗条之上的磁场重联迹象, 磁场重联降低了暗条之上的磁张力, 暗条由此爆发, 这与 Break-out 模型所预期的结果相符.

6.3　耀斑环的脉动和振荡

6.3.1　引言

大的双带耀斑是一种非常复杂的观测现象, 可伴随日冕物质抛射 (CMEs) 和日珥喷发 (参见评述性论文 [44]). 此类耀斑的基本模型被称为标准重联模型, 即众所周知的 CSHKP 模型[45−48]. 在该模型中, 耀斑发生在包含日珥的冕弧结构, 其触发因素是在上升冕弧之下的重联. 由于耀斑激发的快速喷发导致冕弧磁力线的延伸, 并在磁场反转线的上方形成电流片, 进而产生高能粒子和耀斑重联. 这一物理图像经过多人发展, 包括 Priest[49], Moore 等[50,51] 和 Shibata[52−54]. 该模型预期了下列形态特征, 如耀斑双带即足点距离的扩张和耀斑环系的发展. 过去十年里, 一种新的观测现象被关注, 耀斑环在上升阶段的收缩, 这是标准耀斑模型所未曾预期的. 通常耀斑环的膨胀运动仅是发生在收缩之后, 环的收缩由三种不同的观测要素组成, 从硬 X 射线辐射测量到足点会聚[2,4,55−57], 软 X 射线观测到的环顶下降运动[6,7,58,3], 以及环的长度的收缩[10,59]. 该现象是对标准耀斑模型的挑战, 并推动耀斑模型的进一步发展和完善.

微波辐射产生于围绕磁力线回旋运动的中等相对论电子的回旋同步辐射, 因而可以作为耀斑环的一个很好地示踪器. 在某些耀斑中可以观测到完整的微波耀斑环, 特别是在高空间分辨的微波观测条件下, 可以研究耀斑环的长度和高度的变化, 足点的运动, 以及耀斑过程中环指向的变化. 如果结合 X 射线和微波的观测, 可以更为深入的进行此类研究. 进而, 微波耀斑环的研究还有可能给出中等相对论电子的加速区域及其投射角分布[60−62], 与对应的耀斑模型和加速机制进行比较. 下面将着重对 NoRH 观测到和 RHESSI 卫星部分观测到的 2005 年 8 月 22 日的双带大耀斑进行分析.

6.3.2　观测

在 2005 年 8 月 22 日 00:54 UT 发生的大耀斑, 其日球坐标为 $S12°$ 和 $W49°$, 这是与活动区 NOAA 10798 相关的系列耀斑之一, 并伴随一个高速的 CME. 图 6.10 显示了软 X 射线、微波和硬 X 射线的时变曲线. 图 6.10(a) 给出 GOES 在 1 ∼ 8Å通道的流量 (粗线) 和 0.5 ∼ 4 Å 的流量 (细线). 该耀斑在 GOES 分类的级别为 M2.6, 并与长时间事件相关联. 对应的 17 GHz 和 34 GHz 的微波爆发由 NoRH 观测到[63], 空间分辨率分别为 10″ 和 5″. 图 6.10(b) 显示了 NoRH 的局部图 (313″×313″, 包含了整个活动区) 的总积分流量的时变曲线, 在 17 GHz(粗线) 和 34 GHz(细线) 两个频率都显示了时间从 3~8 min 的多个辐射峰. RHESSI 卫星处于地球的阴影中直至 01:02 UT, 因而, X 射线爆发的观测仅从 NoRP 时变曲线的主峰之后才开始的, RHESSI 观测的 25~50 keV 的时变曲线显示在图 6.10(c).

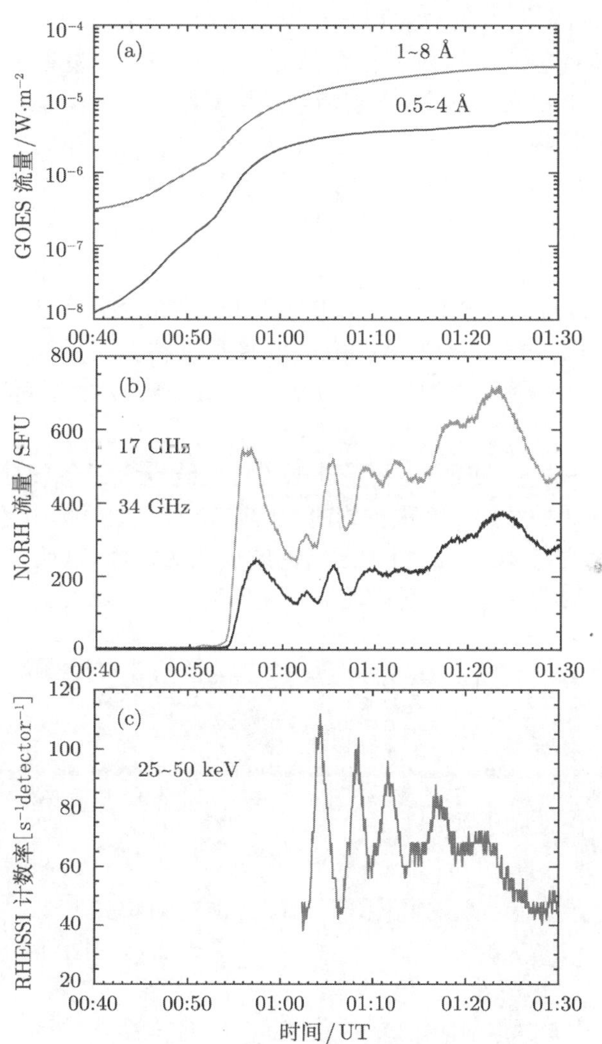

图 6.10 2005 年 8 月 22 日耀斑的光变曲线, (a)GOES 在 1~8Å(粗线) 和 0.5~ 4Å的流量 (细线); (b)NoRH 在 17GHz(粗线) 和 34GHz(细线) 的活动区总积分流量的时变曲线; (c)RHESSI 在硬 X 射线 25~50keV 通道观测的计数率

6.3.3　耀斑前相的 H_α 和极紫外在活动区 10798 的形态特征

2005 年 8 月 22 日耀斑前的活动区演化在文献 [64] 中进行了分析, 结果显示在图 6.11. 按照该项研究, 活动区 NOAA 10798 在 2005 年 8 月 22 日浮现出来, 并迅速的演化和形成. 弧状暗条系统显示在 8 月 18 日 H_α 图像中, 连接相反极性的太阳黑子的磁势场 (图 6.2(a)). SOHO/MDI 磁图显示 8 月 18~19 日太阳黑子对具有逆时针方向的旋转运动. 我们也发现具有正极性的前导黑子在 8 月 19 日之后的顺时针旋转, 该旋转特别清晰的显示在 8 月 21 日. 由于这一复杂的 H_α 弧型系统的旋转运动在 8 月 21 日突然改变, 出现清晰的倾斜结构 (图 6.11(b)), 随后演化形成一个大的暗条. 该暗条位于正负黑子之间的磁中性线附近, 在耀斑前的极紫外图上 (图 6.12) 看起来像一个 J 形的明亮结构, 该图像由 TRACE 171 Å在微波耀斑起始的 20min 之前观测到 (图 6.12(a)), 同时在图 6.12(b) 给出 SOHO/EIT 195 Å的观测. TRACE 171 Å谱线主要对 1 MK (Fe IX) 的等离子体比较敏感, 而 SOHO/EIT 195 Å则对应于 1.5 MK(Fe XII). 该 J 形结构由北部和南部两部分组成, 但两者之间没有连接. 高空间分辨 (约 1″) 的 TRACE 图像使得我们更加清楚地看到在暗条北部的左边有多个小环系. 叠加的 17 GHz 的 NoRH 环为白色等值线 (极大亮温度 $T_b^{\max}$ 的 0.04 和 0.1 的水平), 分别在耀斑起始时刻 (a)00:52 UT 和 (b)00:53 UT. 在稍晚一点的 $T_b^{\max} = 7.4 \times 10^5$ K, 环足外面的等值线包含了暗条对应的部分. 在耀斑期间的一个时刻 01:03:20 UT 观测到的 RHESSI 的 HXR 源用红底白点等值线叠加在图 6.12(b), 南面的 HXR 源和 J 形结构的较低端相合. 该明亮的极紫外暗条在耀斑和对应的 CME 之后消失, 在微波爆发期间没有 H_α 和极紫外观测.

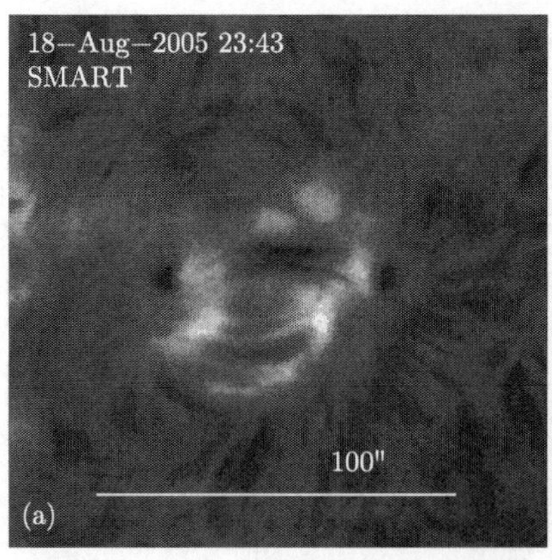

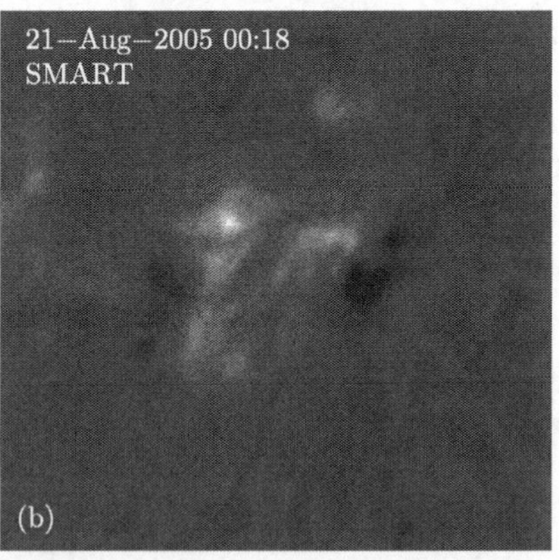

图 6.11　活动区 NOAA 10798 的演化, Hida 天文台的 SMART 观测到的 H_α 图像 (此图基于文献 [64] 中的图 4)

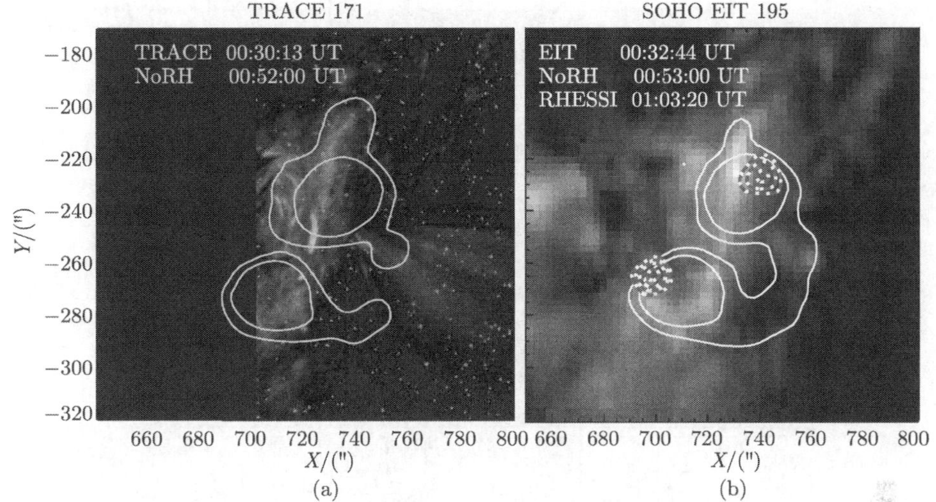

图 6.12 (a) TRACE 171Å和 (b) SOHO/EIT 195Å得到的耀斑前极紫外图像. 17 GHz 环为耀斑起始时刻极大亮温度的 0.04 和 0.1 水平的白色等值线. (b) 幅中点状等值线为 RHESSI 的 HXR 源的极大计数的 0.6, 0.7, 0.8 和 0.95 水平

6.3.4 耀斑的射电、光学和硬 X 射线图像

微波耀斑的形态和演化在图 6.13 中给出. 图 6.13 的左右两列分别给出微波源的 17 GHz(斯托克斯 I) 和 34 GHz 图像, 同时叠加了极大亮温度 $T_b^{\max}$ 的 0.1、0.3、0.5、0.7 和 0.9 的黑色等值线. 在辐射的第一个峰值时刻 00:56:34 UT, 在 34 GHz 的 $T_b^{\max} = 2.3 \times 10^7$ K, 和在 17 GHz 的 $T_b^{\max} = 3.6 \times 10^6$ K. 图 6.13(a) 也给出了 0.05 水平的 $T_b^{\max}$ 的等值线. 白色的点线显示了耀斑环的中轴线, 该中轴线是对最亮点采用样条逼近的方法画出, 并可用于测量环的表观长度. 在图 6.13 的中间一列是在 SOHO/MDI 磁图上叠加了 17 GHz(斯托克斯 V) 的黑色等值线, 表示了极小亮温度 $T_b^{\min}$ 的 0.2、0.4、0.6、0.8 和 0.95 的水平. 对于耀斑期间的典型偏振度 30%, 观测到的仅有负的亮温度. 磁图显示了负极 (黑色) 和正极 (白色) 的结构, 两者之间的白线标志磁场极性的反转线.

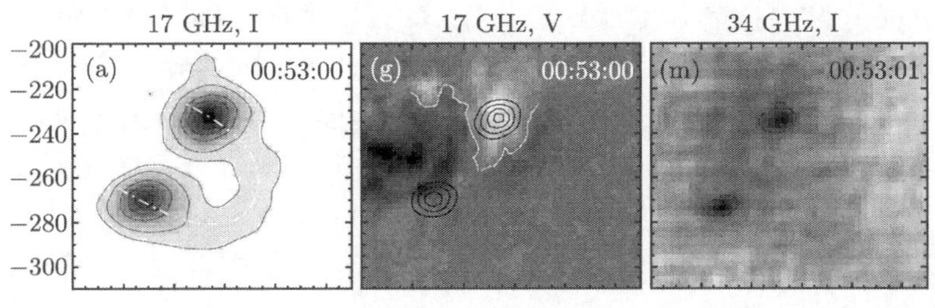

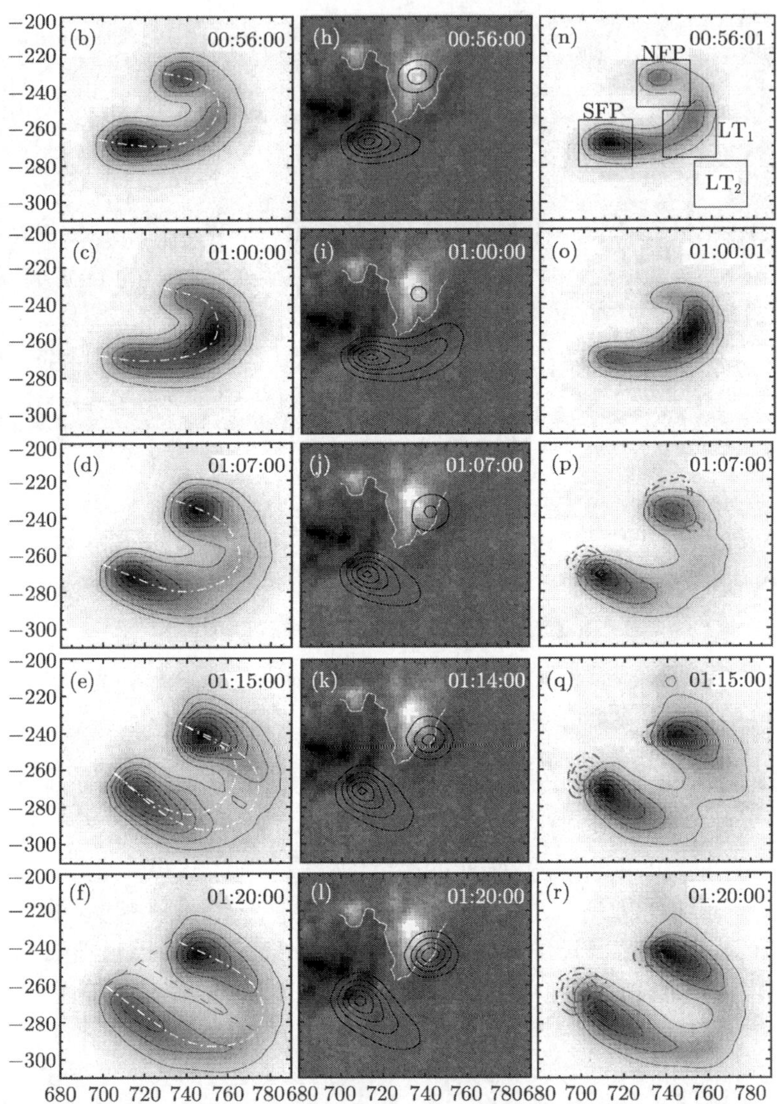

图 6.13　微波源的形态演化. 左列为 17GHz 的斯托克斯 I, 对应极大亮温度的 0.1、0.3、0.5、0.7 和 0.9 的水平. 白色点划线为环轴, (f) 幅的黑色虚线给出环的跨度和高度. 中列为 00:53:00 UT 的磁图叠加 17GHz 的斯托克斯 V, 对应极小亮温度的 0.2、0.4、0.6、0.8 和 0.95 的水平, 且均为负值. 白线表示磁场反转线. 右列为 34GHz 图像, 叠加等值线水平和 17GHz 相同. (p)、(q) 和 (r) 幅的红色点划线为 HXR 在 25~50keV 极大计数的 0.4、0.6、0.8 和 0.95

在耀斑上升阶段 (图 6.13(a)~(m)) 可看到定义明确的圆形环足结构, 并对应 SOHO MDI 磁图中的相反极性 (图 6.13(g)). 磁场强度在南边和北边 0.1 和 $0.4T_b^{\min}$ 水平的偏振源中分别为 $B_{\min}\approx -1300$ G, 以及 $B_{\max}\approx +1800$ G.

注意两个足点源具有相同的负的 17 GHz(斯托克斯 V) 圆偏振极性, 这是不同寻常的. 我们预期正的光球磁场具有正的斯托克斯 V, 而负的光球磁场具有负的斯托克斯 V. 这种情况发生在接近日面中心的磁环中光学薄的回旋同步辐射[65]. 偏振极性的翻转发生在耀斑环北边的足点 (原本预期的斯托克斯 V 为正值), 一个简单的解释是考虑北边源区的光学厚度, 然而, 从 NoRH 得到的 17 GHz 和 34 GHz 的谱指数在包括北边足点的整个环区始终为负值. 因而, 北边源区的辐射是光学薄的, 上述偏振翻转的解释不能成立.

还有两种关于偏振翻转的可能解释. 其一是北边源的辐射发生了模耦合, 原因是源区磁场与视线方向垂直. 其二可能是耀斑环具有的一个特别的指向, 即远离日面中心并转向东西方向, 在其磁轴上的磁场矢量相对于视线方向的夹角为钝角. 这样在环上任何地方观测到的偏振符号相同. 当然, 上述解释还需要观测证据的支持. 事实上, 近期 NoRH 统计发现, 环足具有相同偏振极性的比例达到了约 80%[66], 表明模耦合的发生是非常普遍的[67], 而上述两种解释均与模耦合有关 (磁场与视线夹角从锐角变为钝角)[68].

在 17GHz 和 34 GHz 两个频率的强度 (斯托克斯 I) 演化具有几乎相同的演化, 在爆发全程清晰可见, 然而其指向、长度和大小随时间而变化. 采用观测到的图像测量该环的表观长度和环顶高度, 时间段从 00:58:50~01:01:00 UT, 射电亮度逐渐集中到环顶, 环足逐渐昏暗, 然后开始相反的过程. 大约在 01:15 UT, 一个新的亮环出现在较高处 (图 6.13(e)), 新环顶部称为 LT_2. 与此同时, 较低的环仍然可见. 在 01:23 UT 之后, 环系结构发生了强烈的变化, 不再讨论进一步的演化.

图 6.13(p)~(r) 叠加了 RHESSI 硬 X 射线 25~50 keV 的极大计数的 0.4、0.6、0.8 和 0.95 水平的等值线. 采用 CLEAN 方法[69] 构建 HXR 图像, 其空间分辨率约为 10″. 图中可看出, 两个 HXR 源对应于 34 GHz 环的 $T_b^{\max}$ 的 0.1 水平的等值线. 必须指出的是北边的 HXR 源变弱时可能难以测出, 而南边的 HXR 源则在耀斑期间总是存在的. 这里昏暗的北边 HXR 足点与较弱的磁场有很好的对应 (符合磁镜效应的预期).

注意到在某些时刻 HXR 辐射在射电环顶部之上存在, 其水平为极大流量的 0.4~0.5, 并显示在图 6.14 中. 该图代表 SOHO/EIT 195 Å 在 02:32:44 UT 的观测, 大约在耀斑发生的一小时之后, 图像给出了耀斑后环的可见部分. 把 17 GHz 环用白色等值线叠加, RHESSI 的 HXR 源用红底白点的等值线表示该时刻的辐射峰, 这里仅选择了那些包含射电环顶部附近的 HXR 源的图像. 6~12 keV 的 RHESSI 的 SXR 图像分析显示软 X 射线环系位于 HXR 日冕源的下方 (分别在 01:12 UT 和

01:19:40 UT). 图 6.14 表明耀斑是沿着伸长的弧拱从北到南发展而成, 射电源连同硬 X 射线源都是符合极紫外弧拱的方向和定位的.

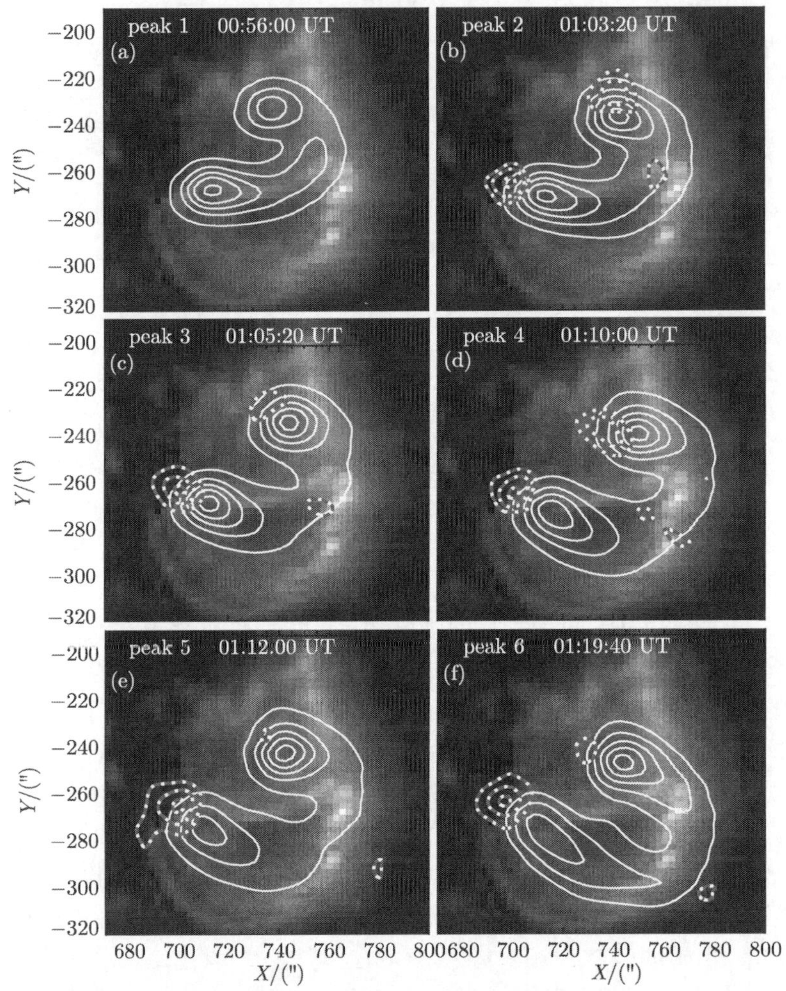

图 6.14 02:32:44UT 耀斑后环的 SOHO/EIT 195Å图像 (对数尺度). 上面叠加的是每一峰值时刻的 17GHz 环的 $T_b^{\max}$ 的 0.1、0.3、0.5、0.7 和 0.95 的白色等值线. RHESSI 在 25~50keV 观测的 HXR 源的 0.4、0.7 和 0.95 水平的红底白点等值线叠加在 (b)~(f) 幅同一时间的 NoRH 图像上

6.3.5 时变曲线

图 6.15 给出耀斑环不同部位的射电和 HXR 流量时变曲线. NoRH 的流量密度是由 $25'' \times 25''$ 尺度的源区亮温度的积分计算得到, 因而, 该尺度可包含足点和环

顶在耀斑期间的位置变化. 其时间分辨率为 2s. 垂直虚线是为了区分不同的辐射峰, 并在 (a) 幅上标出了辐射峰的编号. 有趣的是南边 (SFP) 和北边 (NFP) 足点的时变曲线均是由 6 个辐射峰组成, 而环顶源 (LT_1) 仅有第一个辐射峰, 且其时变曲线比较平滑. 我们限制了 LT_1 的流量演化到 01:15 UT 为止, 此后环顶辐射上升至更高, 并到达了 LT_2 的辐射水平, 北边的环腿占据了 LT_1 的面积, LT_2 源的辐射在 4~6 峰逐渐上升.

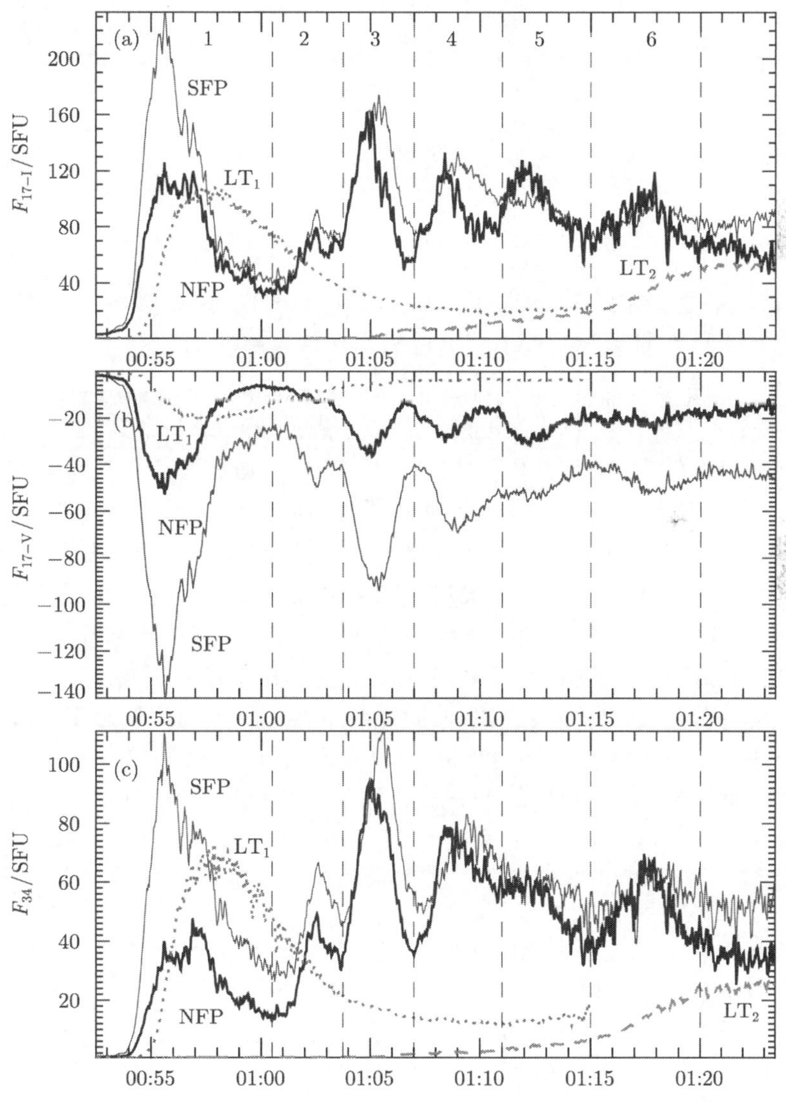

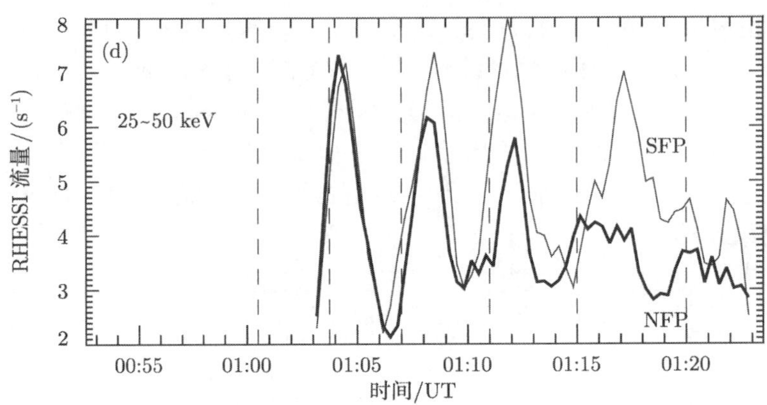

图 6.15 时变曲线 (a)NoRH 的 17GHz(斯托克斯 I); (b)NoRH 的 17GHz(斯托克斯 V); (c)34GHz 和 (d)RHESSI 的 25～50keV. 蓝细线表示南足点, 黑粗色表示北足点, 红点线表示 LT_1, 绿虚线表示 LT_2. 各位置在图 4.4 给出, 均为 $25'' \times 25''$ 的积分值

令人奇怪的是, 在前三个峰值的 17GHz 和 34 GHz 两个频率均为南足点强于北足点, 而且南足点的偏振在整个耀斑期间也保持较高的 (绝对) 值. 考虑到北足点的磁场较强, 该结果与通常认为的较强磁场具有较强的射电辐射和较弱的 X 射线辐射的观念是矛盾的. 我们认为可能解释该矛盾的理由是两个共轭足点具有不同的视角, 而南足点的视角较大. 事实上, 文献 [66] 中对微波耀斑环的统计发现, 上述共轭足点射电辐射出现反常不对称的概率高达 50%.

甚至可以看到南足点和北足点辐射极大的时间延迟是由巨大的耀斑环内的运动学效应产生. 同时也看到两个共轭足点的辐射流量在较小的时间尺度 (15s) 具有很好的时间相关性, 包括峰峰之间的同步对应. 这些小尺度的辐射峰可能与各个精细磁流管中的加速有关, 然而 NoRH 的空间分辨率还不足以证实.

图 6.15(d) 描述 HXR 的 25～50 keV 在两个共轭足点的流量时变曲线, 也是从 RHESSI 图像在所在位置 $33'' \times 33''$ 的计数积分结果, 以便提高信噪比. 时间分辨率为 20s. 微波和 HXR 的辐射时变相比显示了峰峰对应以及射电辐射的延迟长达 1min.

6.3.6 空间特征参量的演化

图 6.16(a) 和 (b) 分别表示耀斑环表观长度和高度的时变曲线. 环的长度是在图 6.13 的两个足点之间沿亮温度极大值的 0.1 水平的等值线 (可见的环轴线) 测量得到的. 该水平对应于 HXR 源的中心, 从而对应于环足植根于太阳色球的位置. 环顶的高度则由环轴中点到两个足点跨度中点的距离测定 (参见图 6.13(f)).

发生在第一峰的衰变阶段和第二峰的上升阶段的环向亮度的重新分布显然会影响 $T_b^{\max}$ 的 0.1 等值线所在位置. 该水平的等值线上升和下降伴随亮度峰的重新

定位. 为了发现该影响发生的时段, 按照图 6.15(a) 给出的足点和环顶亮度的真实时变曲线定义耀斑环的模型. 结果发现亮度重新分布会影响 $T_b^{\max}$ 的 0.1 等值线在 00:56:30 UT 和 01:02:00 UT 之间的位置, 在此期间对两个足点均有足点和环顶流量比值满足 $F_{FP}/F_{LT} < 1$.

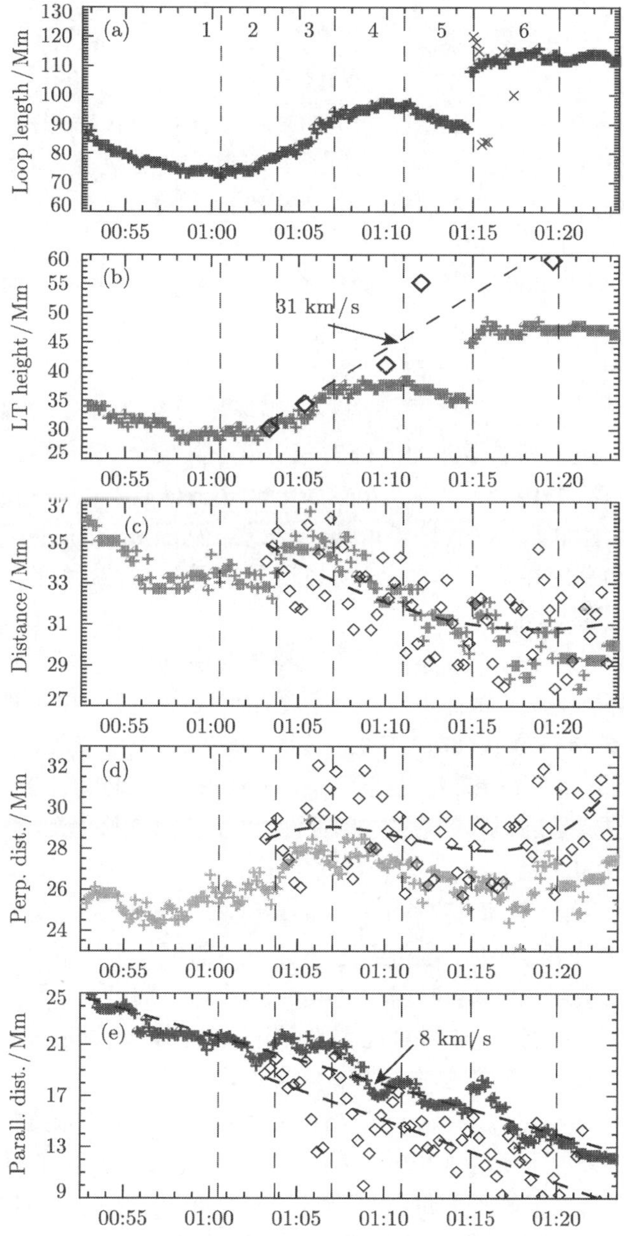

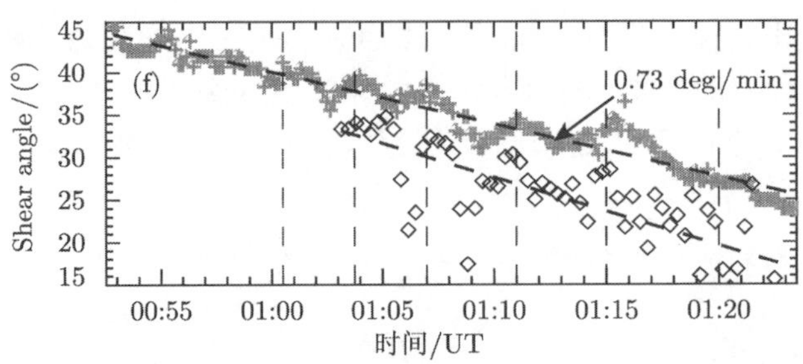

图 6.16　一系列 NoRH 的 17GHz(十字) 和 RGESSI 的 25~50keV(菱形) 的测量结果的时变曲线, (a) 环的表观长度和 (b) 高度, (c) 投影的足点距离及其 (d) 垂直和 (e) 平行于磁场的反转线的分量, (f) 剪切角. (b)~(f) 的虚线分别为多项式和线性拟合

环的长度和环顶高度两者在上升阶段均变小, 长度和高度分别减小 12% 和 8%, 然后在第三峰增大. 在第五峰再次看到射电环的收缩, 长度和高度分别减小 12% 和 8%, 同时在更高处形成新的射电环. 观测到 4min 的环顶下降, 向下运动的平均速度为 16 km/s. 大约在 01:15 UT, 一个新的亮环出现在 45 Mm 的高度, 大约比原来的环高 10 Mm. 更详细的微波图像分析表明若干其他环同时存在于不同高度, 长度范围在 80 Mm 和 120 Mm 之间. 从第三峰到第五峰期间, 环顶上升的平均速度为 21 km/s. 高度增加了 38 %, 环长增加了 28 %. 从图 6.16(b) 也可看出菱形标示的 HXR 源的观测高度在射电环之上. 可以清楚地看到 HXR 源的上升快于射电环顶高度, 其平均速度为 31 km/s.

图 6.16(c) 给出两个射电环足的投影距离的时变曲线, 实际测量的是极大亮温度的 0.1 水平的环轴两端点的距离. 环足距离在平行和垂直于磁中性线方向的两个分量的演化分别显示在图 6.16(d) 和 (e), 为此, 画出 SOHO MDI 磁图的简化磁中性线. 在上升阶段足点距离减小, 其速度为 $v \approx 16$ km/s. 该收缩是由平行和垂直两个分量的减小造成. 足点距离的表观减小再次出现在第二峰之后, 然而后一次减小很可能是非剪切运动的缘故.

图 6.16(f) 表示耀斑剪切角的演化, 该角度定义为两个共轭足点的连线与垂直于磁中性线方向的夹角. 因而, 这与上述环足距离的平行分量类似. 如文献 [69] 所示, 耀斑的剪切与从磁图计算的磁剪切基本一致, 因而, 估价一个环结构的非磁势性是非常重要的, 剪切角越大, 非磁势性越强. 剪切角在耀斑期间从 45° 下降至 25°. 有关 34 GHz 的参数演化趋势与 17 GHz 完全相同.

图 6.16(c)~(f) 中含有菱形标示的 RHESSI 的 25~50 keV 的测量参数. 为了确定源的重心位置, 采用了质心处理的方法. 有时, 在北边足点存在两个 HXR 源, 把其视为单个源, 采用加权的平均位置, 可以看出, 多项式近似下从 HXR 获得的所有四个参数对时间的依赖性与微波的结果的变化趋势相同. 与此同时, 可以看到两者

之间在垂直方向的移动 (差距). 为了分析这些移动的原因, 我们测量了各个足点的 HXR 源和微波源之间的距离随时间的变化. 我们发现南边足点的该距离相对于北边足点有系统的偏大 (3″). 这一非对称性给出与微波相比较, HXR 测量的足点距离的平行分量和剪切角偏小, 而足点距离的垂直分量偏大.

一个重要的因素是测量精度. 从众所周知的干涉仪理论 (如参考文献 [70]), 确定所在水平的等值线位置或亮度中心位置的误差明显小于干涉仪的方向瓣的大小, 即对于 17 GHz 大约为 10″. 该精度随信噪比的增加而显著增加. 由于 NoRH 的灵敏度很高, 对流量密度约为 5×10^{-3} sfu, 在耀斑期间的信噪比也是很高的 (不会小于 5). 本文采用探测器 3-7 来重构 RHESSI 的清洁图, 以这种方式 RHESSI 的 HXR 图具有半宽度的空间分辨率大约为 10″. 即使 RHESSI 的探测器 3-7 能够确定源的质心位置好于 1″, 在两个源明显可区分的条件下. 然而, 由于低的信噪比, 特别是北边足点, 我们的测量参数有较大的离散. 拟合标准偏差对于距离为 2 Mm、对于剪切角为 3.7°, 对应的 NoRH 的标准偏差分别为 1 Mm 和 1.4°.

6.3.7 足点和环顶的变化轨迹

图 6.17 画出了光球上简化的磁中性线 (白色直线) 和足点及环顶源的位置, 图中每种颜色代表各个不同的辐射峰. 其中, SOHO MDI 磁图的时间为 00:50 UT, 上面叠加的红色和蓝色等值线分别表示正负磁极, 两种极性的等值线对应的磁场大小皆为 150 G、400 G、600 G 和 800 G. 可以看出表观亮环的北边足点主要是沿着磁中性线即南北向运动, 而南边足点的位置几乎不变. 在上升阶段, 环顶从南向北运动 (黑色菱形), 然后, 整个环逐渐向上延伸. 在第四个峰值以后, 大部分亮环同时下降, 并在较高位置形成一个新的微波环.

6.3.8 讨论

为了有助于耀斑图像的重构, 下面对一些比较感兴趣的观测发现分别进行讨论.

1. 耀斑前的演化

如上所述, 由于耀斑前的太阳黑子逆时针旋转运动, 以及前导黑子的顺时针旋转, H_α 弧拱系统从磁势场的状态演化成剪切状态, 即明显的倾斜磁环结构. 按照图 6.13, 整体的磁中性线具有反 S 形状, 这也是剪切磁场的另一个间接的证据. 以往, 耀斑前的剪切发展在色球 H_α([71] 及其他文献) 和光球磁图 ([72] 及其他文献) 都观测到间接的证据. 这些被考虑为通过非势磁场产生日冕上的自由能积累过程. 磁剪切的存在从而成为大耀斑初始化的重要的指标.

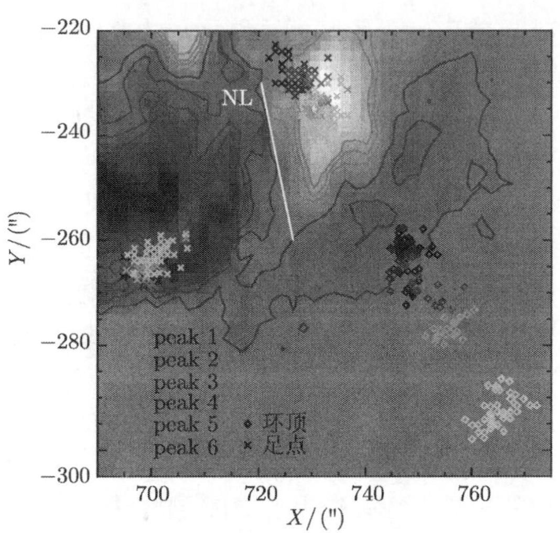

图 6.17　17GHz 得到的足点 (叉形) 和环顶 (菱形) 在耀斑中的轨迹, 叠加在 MDI 磁图上, 演化时间编码从黑色到浅色. MDI 磁图叠加的红色和蓝色等值线分别表示正负磁极. 简化的磁中性线为白色直线

从图 6.12 非常清楚地看到耀斑起始与跨越极紫外磁中性线的 J 形热结构相关, 17 GHz 环的南北部分的形态构成了 J 形结构的对应部分, 南边的 HXR 源与 J 形结构的南端相合. 既然观测到的 J 形结构在 TRACE 171 Å和 SOHO/EIT 195 Å都十分明亮, 其温度应该在 1~1.5 MK. 这一类结构和 S 形或 sigmoid 结构经常在大耀斑/CME 事件初期的软 X 射线和极紫外波段被观测到 (文献 [27] 及其后的研究). 这些研究预示高度剪切的磁通量管绳是增强的日冕加热的产生地[73]. 在近期的数值模拟中[34], 一个磁通量绳被缓慢的光球局部重联所加热, 同时有早期形成的 sigmoid 结构. 这里注意对所研究的活动区, 文献 [64] 报告了大约在 2005 年 8 月 21 日 09:00 UT 磁中性线附近一个新的磁流浮现和暗条的形成.

Sigmoid、S 形或 J 形结构的爆发在大的耀斑/CME 事件中的重要作用是可信的, 该爆发可以在两条磁绳之间触发某些不稳定性 (如扭曲或圆环) 或者重联[34,73,74].

2. 耀斑环的去剪切运动

耀斑环从强剪切到较小剪切的变化经常在 H_α、HXR 和极紫外等波段被观测到[4,55,75−78]. 这里是首次在微波观测中发现去剪切运动. 正如 6.3.7 节介绍的耀斑过程中环的剪切角稳步减小, 该事件中的剪切变小是由于环的北足点沿磁中性线从弧拱北部向南部运动所致. 因而, 耀斑剪切的减小必须视为耀斑模型的一个重要的组成部分.

3. 耀斑沿环的弧拱传播

有趣的是几乎在耀斑全过程中观测到单个微波环, 跟踪环的足点和环顶在耀斑中的运动, 发现能量释放和相对论电子加速沿环的巨大弧拱持续发生. 该弧拱在 H_α 的耀斑前的图像以及耀斑后的极紫外图像中清楚地看到. 明亮可见的射电环和在环足的 HXR 沿极紫外弧的方向和定位从其北部向南部运动. 这就意味着时变曲线中连续的辐射峰是发生在弧拱的不同部位, 但并不是在单一磁环. 在 01:15 UT, 几个环顶同时存在于不同高度 (参见图 6.13(e) 和图 6.16(a)、(b)), 表明至少有若干个磁环涉及该耀斑的演化过程.

4. 耀斑环的收缩和延伸

在微波爆发的第一个峰发现环的长度收缩和环顶下降运动的速度 $v \approx 16$ km/s (参见图 6.16(a)、(b)). 第一个峰之后的下一阶段, 从 01:02 UT 开始整个环逐渐向上延伸, 其平均速度 $v \approx 21$ km/s. 在第四峰之后, 亮环主要部分同时下降, 一个新的微波环出现在更高的位置.

一个类似的行为在文献 [10] 关于 2002 年 8 月 24 日 NoRH 观测到的耀斑的多分量时变曲线中发现, 作者假设观测到的微波环的扩张是在第一个爆发峰的巨大能量注入引起的色球蒸发所致.

在 2005 年 8 月 22 日的耀斑事件中, 微波环的膨胀 (向上延伸) 可能并非是由于色球蒸发的巨大压力所致. 我们更倾向于用一个新的微小耀斑环出现在较高日冕层来解释, 该解释可用若干辐射峰 (即若干重复入射) 的存在, 进而由图 6.8 观测到的环足位置的改变来确认.

日冕源的下降运动在许多其他耀斑初始阶段是非常典型的[3,4,6,7,10,14,55,58,59,78]. 导出的射电环收缩速度和 HXR 环顶[6,7,78] 的 8~45 km/s 的观测和极紫外[58,59] 的 15 km/s 观测结果一致.

在 2005 年 8 月 22 日的耀斑事件中, 环长的收缩伴随两个足点的会聚运动, 分别出现在第一个辐射峰的上升阶段和第五个辐射峰. 这两个时段的有关现象在一些其他事件中也有类似的发现[4,55,78].

现有两个理论模型试图解释上述耀斑空间发展的两个阶段. 其中关于耀斑爆发的第二个 (膨胀) 阶段的解释非常类似. 基本想法是在此阶段重联发生的方式类似于大的耀斑爆发的标准模型, 新的重联磁力线沿着垂直电流片出现的位置越来越高, 这一过程跟随着新的耀斑环的高度逐渐增加, 及其足点横越磁中性线的分离逐渐增大. 在文献 [79] 和 [1] 进一步加入剪切磁场在磁中性线附近的弛张推广了上述模型, 从而不仅能解释足点的横向分离, 而且给出了足点沿磁中性线去剪切运动的方向.

2005 年 8 月 22 日的观测与上述理论预期完全吻合. 该事件足点分离发生在第

二和第三辐射峰, 分离达到约 2 Mm (图 6.16(d)). 由于该环位于中心子午线 (日球坐标 $S12°$ 和 $W49°$), 投影效应限制了沿视线方向, 即足点距离在垂直于磁中性线方向的分量的测量精度. 然而, 我们还是能可靠的测量平行于磁中性线方向的足点分离的分量.

关于收缩的动力学过程的解释, 在太阳耀斑的磁重联过程中, 预期新生的重联磁力线的弛张向下收缩形成封闭磁环系统[13,80−82]. 在考虑热传导的磁重联数值模拟方面[83−85], 向下的喷流与磁力线相连的磁环发生碰撞, 继而在磁环顶部出现一个中止激波. 亮环的高度从耀斑开始迅速降低, 直至环顶到达其最低位置. 然后几乎匀速的上升, 伴随两个足点的分离. 环的高度显示的时间变化依赖于模型参数, 有时会落下与上升的背景形成对照[85].

文献 [14] 在标准耀斑重联模型和塌缩的磁捕获模型[86,87] 的框架里给出环顶高度下降的一种解释. 文献 [7] 提出观测到的环顶源下降与从缓慢的 X- 型奇点变为快速 Petscheck- 型重联相关, 不仅是能量释放率的增大, 而且推动电流片的下边界向下移动. 然而, 这样的图像无法解释足点的会聚运动. 还有观测到的耀斑沿弧拱传播过程和去剪切运动也是无法解释的.

足点的会聚运动、环顶下降和耀斑环的去剪切可能在三维模型框架里同时得到解释. 在"彩虹重联模型"[79] 里这些现象可作为日冕分界线发生的三维磁重联的系列行为. 该分界线位于光球磁中性线上方, 类似于河流上方的一道彩虹. 在耀斑演化的第一阶段, 重联释放剩余的磁能, 并与耀斑前的光球剪切流产生的磁张力有关. 分界线的重联之后向下流动形成塌缩的磁捕获可解释环顶源的下降运动. 在耀斑演化的第二阶段, 正常的重联过程描述了大耀斑爆发的标准模型下的能量释放, 伴随足点的分离和环顶的向上运动. 在这样一个去剪切的过程中, 观测到的耀斑沿弧拱传播过程也能得到理解[1].

注意到上述模型并未考虑接近磁中性线的 J 形或者 S 形暗条的可能作用. 然而, 在 2005 年 8 月 22 日及其他强烈的耀斑爆发事件中, 这样的暗条和对应的 CME 是十分重要的属性. 按照 SOHO/LASCO 的 CME 在线目录, 一个 halo 型 CME 在 01:31 UT 出现于高度为 $h = 3.92R_{SUN}$ 处, 是由 SOHO 卫星搭载的 Large Angle Spectrometric Coronograph (LASCO) 观测到. 外推显示该 CME 起始于 01:02∼01:05 UT 的 1 R_{SUN} 处, 恰好是在第一个辐射峰之后. 这也是耀斑前观测到的暗条爆发的一个很强的证据.

近期许多作者的想法是: 由不同类型的不稳定性失去平衡态, 导致稠密等离子体爆发, 和伴随的耀斑过程[34,73,74,88,89]. 文献 [5] 基于通量绳爆发的想法, 用以解释耀斑的第一个 (收缩) 和第二个 (膨胀) 阶段, 作者假设弧拱磁力线分布使其在磁中性线附近具有相当大的剪切程度, 而在远离磁中性线处的磁力线剪切较小. 在 sigmoid 结构的中部, 由磁重联触发了一个耀斑, 同时产生了单个不稳定的向上运

动的扭曲长环 (通量绳), 首先遇到内部具有较强剪切的磁力线, 然后遇到外部具有较小剪切的磁力线. 基于磁场爆发的猜想[15], 文献 [55] 证实磁能释放将减少磁剪切, 而且去剪切磁拱将有较小的高度和跨度. 向上移动的通量绳使其覆盖的磁场延伸形成垂直电流片. 第二阶段磁重联发生在高度增长的电流片之中, 产生两个分离的足点和耀斑的双带. 我们认为这种图像满足多数观测事件, 包括耀斑前和第二阶段.

5. 微波辐射发展过程的两个阶段

从微波辐射的流量时变曲线 (图 6.15) 可以清楚地区分两个不同的阶段. 第一阶段对应微波时变曲线的第一个辐射峰, 在 17 GHz 和 34 GHz 的两个足点和环顶均有显著的响应. 第二阶段对应第二至第六个辐射峰, 在此阶段两个足点和环顶辐射的时变行为完全不同. 第二至第六峰的足点区域的辐射比较显著, 其强度与第一峰可比. 与此同时, 环顶辐射远弱于第一峰, 看起来是缓变的, 并未显示任何辐射峰, 除了第六峰的 LT_2 源之外.

回旋同步和自由–自由辐射皆可贡献于 17 GHz 和 34 GHz 的射电辐射. 然而我们估计在该耀斑中回旋同步机制更为有效. 为了评估自由–自由辐射对总流量的贡献, 利用 GOES 得到的等离子体温度和辐射量计算了整个环顶的热辐射, 结果显示在第一峰其比例小于 1%, 而在 01:23 UT 其比例仅有 4%, 因而自由–自由辐射的贡献很小. 同样, NoRP 数据给出典型的回旋同步辐射的谱形, 其峰值频率 $f_{\text{peak}} \leqslant$ 10 GHz, 耀斑期间大于峰值频率的谱斜率为负. 利用图 6.15(a) 和 (c) 给出的 17 GHz 和 34 GHz 的流量密度计算幂律谱指数 α, 结果在上升阶段环的所有部分均有 $\alpha = -3$, 然后其均值增大至 $\alpha = -1$. 在自由–自由的光学薄辐射的情况, 预期的谱指数十分平坦, 即 $\alpha \approx 0$.

利用非稳态的福克尔–普朗克方程进行数值模拟和回旋同步辐射的计算[60,62,90], 结果显示第二个辐射峰在环顶的缺失可能是因为加速电子主要是沿磁力线各向异性的注入耀斑环的, 此时, 注入的电子很快地通过环顶, 只产生了很小的辐射, 然后在接近磁环捕获的两端处反射时, 由于较强的磁场和较大的投射角而产生较强的辐射. 观测的结果发生的条件是: 加速电子在耀斑第一阶段具有较宽的投射角分布, 然后在第二阶段改变为沿环轴的类似束流的加速.

我们考虑以上的第二阶段的微波辐射属性可在塌缩的磁捕获的电子加速模型中得到解释[79,1]. 塌缩的磁捕获是收缩的磁力线和在电流片之下的磁场尖角 (cusp) 处的流动等离子体组成的系统, 位于相对稠密的软 X 射线耀斑环和准稳态磁场之上. 文献 [79] 和 [1] 证明了这样一个收缩的局部捕获可能存在 1~10 s, 并可提供足够的电子加速, 直至相对论能级, 主要通过费米加速和回旋加速等机制.

回旋电场通常会增加垂直于磁场方向的动量, 因而与我们关于第二阶段高能电子沿磁力线各向异性的注入是矛盾的. 一阶费米加速给出了纵向粒子动量的增加, 并减少局部捕获的磁镜的分离. 即使初始粒子分布是各向同性的, 在费米加速的作用下, 电子投射角减小, 其分布在较大的捕获顶部伸长, 并与我们的预期一致. 在第二阶段, 费米加速变得比回旋加速更为有效, 其原因可能是电流片的位置高于耀斑弧拱 (换言之是由于较长的局部捕获), 导致沿环轴的束流状注入.

6. 硬 X 射线日冕源和微波环顶源的相对位置

有趣的是, 硬 X 射线日冕源在若干图像中可见 (图 6.14), 以位置高于微波环的顶部, 并呈现快速地向上运动. 高于软 X 射线环顶的源通常称为 Masuda 源, 其发现是在耀斑脉冲的峰值, 并被解释为软 X 射线环上方发生磁重联的证据[75]. 然而在 Masuda 耀斑以及之后 (如文献 [1] 等) 的报告中, 较高光子能量的硬 X 射线环顶源处于更高的位置. 按照标准模型, 重联渐进的发生在越来越高处. 较低能量的电子则处于较低处, 那里重联发生的更早. 在我们研究的事件里的情况正好相反, 产生微波辐射的几百 keV 的电子处于 25~50 keV 的 HXR 源的下方.

再次试图在塌缩的磁捕获的框架中理解这种情况. 大量的低能电子 (几十 keV) 产生于重联区域, 被塌缩磁力线捕获在准稳态磁场的上方的寿命为秒级, 并产生环上方的 HXR 源. 显然, 同时一部分相对论加速电子可在大的磁捕获中存在较长时间 (与局部捕获的寿命相比), 并对微波辐射产生贡献, 即使收缩磁力线的高度达到其最低处.

6.3.9 结论

我们研究了 2005 年 8 月 22 日大耀斑/CNE 事件中耀斑环的空间演化. 在 H_α 波段发现, 耀斑前的形态具有较强的剪切弧拱, 并伴随极紫外波段明亮的 J 形暗条. 耀斑起始时刻两组极紫外明亮暗条与 17 GHz 两个足点源空间位置相合. 在整个爆发期间, 环的整体结构在 17 GHz 和 34 GHz 清晰可见, 但是环的取向、长度和大小均随时间变化. RHESSI 观测显示 25~50 keV 的两个足点源, 还有日冕源有时也在射电环顶上方出现.

跟踪足点和环顶的运动发现能量释放和高能电子加速沿大的弧拱依次发生, 并在耀斑前出现在 H_α 图像, 耀斑后出现在极紫外图像. 磁环的运动从高度剪切到低剪切状态. 亮环的北足点沿磁中性线运动, 而南足点的位置几乎不变, 因而剪切角在耀斑过程中稳定地减少.

我们发现第一个辐射峰期间, 环的长度收缩和环顶下降, 并伴随足点在上升阶段的汇聚运动, 然后整个环逐渐向上延伸. 在第四峰之后最亮的环下降, 同时在较高处形成一个新的微波环. RHESSI 观测的硬 X 射线的分析显示其结果与微波具有很好的相关性.

我们不能发现单个耀斑模型能解释所有的观测发现. 我们认为耀斑的图像类似于文献 [73] 的建议, 以及文献 [5] 的报告. 该耀斑可能是由 J 形通量绳的激活, 及其与高度剪切的弧拱相互作用所触发. 向上运动的通量绳延伸下面的磁场形成垂直的电流片. 在磁重联的第二阶段, 发生在电流片中的磁重联的高度增加, 产生上升的环顶和环长的延伸. 对此, 附加的证据是 SOHO/LASCO 的观测, 给出外推的暗条上升的起始时间, 恰好是在第一个辐射峰之后.

揭示的微波时变曲线的属性确认了耀斑发展两个阶段的存在. 在第一个阶段, 对应于时变曲线的第一个辐射峰, 该辐射峰在 17 GHz 和 34 GHz 两个频率同时呈现在环顶和足点区域. 在第二阶段, 对应于第一辐射峰值之后的辐射峰仅存在于足点区域. 我们相信这两个阶段与不同的加速过程相联系, 在第一阶段具有较宽投射角范围的高能电子的注入, 而在第二阶段变为沿环轴的类似束流的加速, 并发生在整个耀斑弧拱. 上述情况可用塌缩磁捕获来解释[79,1], 其中费米加速在耀斑第二阶段更为有效. 注意塌缩的磁捕获模型还可解释微波环以及 HXR 日冕源的位移, 后者位于前者上方.

6.4 准周期振荡中的重复率和爆发流量的关系

6.4.1 概述

基于 22~90 GHz 的亚秒周期爆发流量脉动的统计研究, Kaufmann 等发现脉动重复率 R 与对应的爆发本底流量即平均流量 S 之间的正比关系, 简称为 R-S 关系, $S = UR + b$, 这里, 常数 U 代表了单次脉动所辐射的能量, 在 22~90 GHz 范围, U 的平均值为 5 sfu·s, 并被定义为“准量子化能量释放”[91,92]. 此后, 在 10~15 GHz 具有秒级脉动的爆发事件的统计研究中也发现了类似的 R-S 关系, 然而 U 的平均值增大至 1443 sfu·s[93], 同时还发现脉动的调制深度反比于对应的爆发本底流量.

基于上述观测现象提出: 耀斑能量释放过程可能是由一系列具有不同时间尺度的元耀斑组成, 由太阳大气中不同尺度的磁元 (或元磁流管) 发生的等离子体不稳定性所激发[94], 从而导致高能电子的准周期加速和注入耀斑环产生的电磁辐射被调制的现象[95]. 假设波粒相互作用满足能量守恒的条件, 可证明不稳定性的饱和时间反比于初始辐射强度, 同时正比于辐射强度的调制深度, 在连续脉动的情况下可以自然地解释上述统计结果[95].

然而, 不同频率的脉动周期和准量子化释能 (即 U 值) 的差异始终未能得到进一步的研究, 这里可能涉及耀斑能释放的高度分布等重要问题, 非常类似于 2.1.3 节讨论的雪崩模型对频率的依赖性.

6.4.2　数据处理

首先为了比较不同频率的脉动现象的统计规律, 最好选择相同设备对覆盖整个微波段的不同频率的观测数据, 为此, 采用 NoRP 在 1~35 GHz 范围 6 个频率的全日面观测数据. 在对应的 NoRH 所研究的 24 个具有环状结构的爆发中[96], 选取了 14 个有明显秒级到亚秒级脉动调制的事件 (表 6.1), 选取的原则是脉动幅度远大于接收机灵敏度 (5~10 sfu) 和噪声水平, 数据处理的具体步骤如下[97].

(1) 由数字滤波器从观测数据中分离缓变的爆发本底流量和快变的脉动信号, 分别为图 6.18 的 (a) 中的虚线 (实线为原始观测数据) 和 (b) 中的实线所示 (以 2007 年 6 月 3 日事件的 17 GHz 为例).

(2) 对脉动信号进行小波变换, 注意到小波变换的时间和频率的定义有别于傅里叶变换, 因而必须在小波变换后回归到傅里叶变换的时间和频率[98], 这里小波变换的频率实际上就是脉动的重复率, 参见图 6.18 的 (c).

(3) 分别对该事件不同频率的爆发本底流量、脉动幅度、重复率和调制深度进行相关分析, 结果显示在图 6.18 的 (d)~(f). 注意图题中的相关系数表示 17 GHz 的线性拟合.

表 6.1　14 个所选事件的日期、起始、峰值、结束时间、中心坐标和 GOES 级别

编号	日期	起始时刻/UT	峰值时刻/UT	结束时刻/UT	中心	等级
1	19990216	02:52:32	02:57:50	05:37:20	S26W16	M3.2
2	19990828	00:52:28	00:56:42	01:05:07	S25W11	M2.8
3	20010325	04:15:15	04:17:26	04:21:45	N17E49	M2.5
4	20010925	04:25:09	04:34:01	04:51:42	S21E01	M7.6
5	20011023	00:13:50	00:16:14	00:20:59	S18E12	M1.3
6	20030613	04:33:59	04:34:30	04:35:10	N12W72	M1.7
7	20031024	05:06:48	05:07:47	05:11:47	S21E70	M4.2
8	20031029	00:26:14	00:29:31	00:44:12	S19E07	M1.1
9	20031104	05:35:42	05:49:23	06:17:07	S16W71	M2.6
10	20040105	02:37:37	03:20:34	06:12:41	S11E35	M6.9
11	20040521	23:41:39	23:50:15	00:06:44	S10E53	—
12	20040722	23:51:35	00:31:15	01:28:05	N05E16	M9.1
13	20050115	05:55:38	06:07:44	06:30:05	N14E02	M8.6
14	20070603	01:57:07	01:57:32	02:42:56	S07E66	—

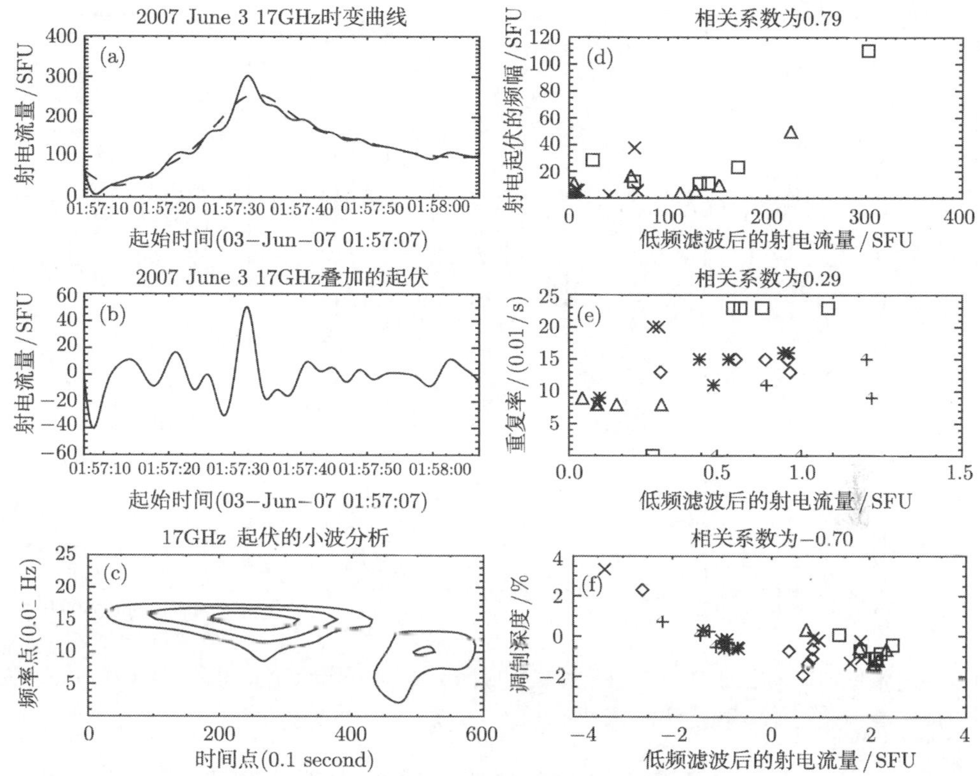

图 6.18 (a)2007 年 6 月 3 日事件的 17 GHz 及其缓变背景流量叠加, 分别用实线和虚线表示; (b) 高通滤波后的脉动信号; (c) 脉动信号的小波变换, 爆发本底流量与 (d) 脉动幅度、(e) 重复率和 (f) 调制深度的相关分析, 十字、星号、菱形、三角形、正方形和叉号分别表示 1 GHz、2 GHz、3.75 GHz、9.4 GHz、17 GHz 和 35 GHz 的数据

6.4.3 各种统计关系对频率的变化

在图 6.18 中仅显示了 2007 年 6 月 3 日事件的数据处理结果, 实际上对所有 14 个事件的全部 6 个频率的分析结果表明: 上述爆发本底流量与脉动幅度、重复率和调制深度的线性相关均满足 0.95 的置信度水平, 图 6.19 给出了所选事件的相关系数的平均值及其误差范围随频率的变化.

从图 6.19 可以看出, 爆发本地流量与脉动幅度的相关系数在 0.4~0.8, 随频率增大有单调下降的趋势, 表明脉动强烈依赖于爆发流量的大小, 在低频信号中尤为明显. 爆发本底流量与脉动幅度和重复率成正比, 与调制深度成反比的相关系数分别在 0.4~0.6 以及 −0.5 ~ −0.8, 都是比较可靠的统计结果, 但其随频率变化的幅度和误差范围可比, 因而没有实际讨论的意义.

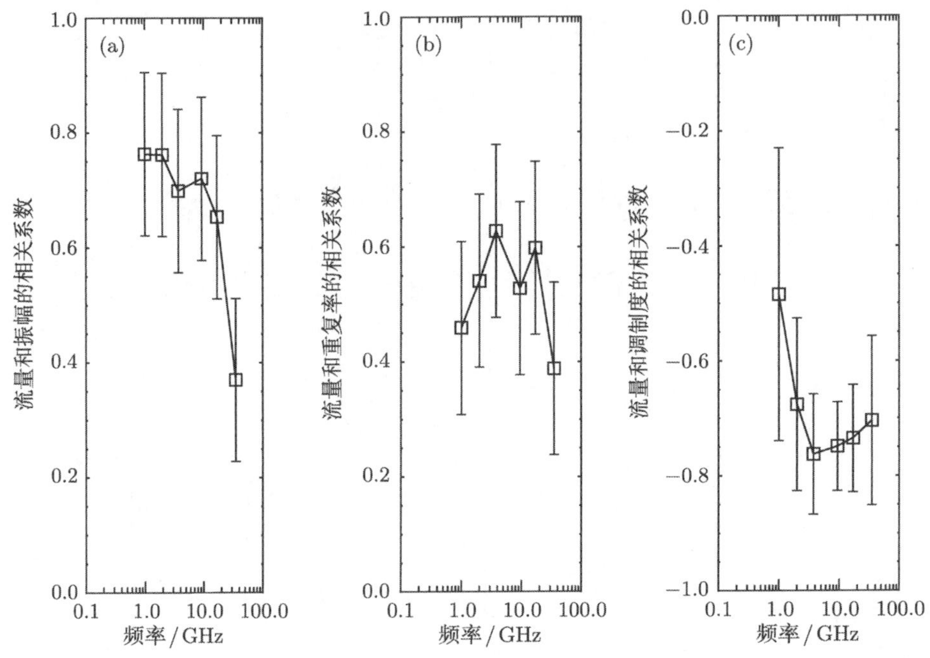

图 6.19　从 NoRP 选出的 14 个事件的爆发本底流量与 (a) 脉动幅度、(b) 重复率和 (c) 调制深度的相关系数平均值及其误差随频率的变化

图 6.20 进一步给出了爆发本底流量与脉动幅度、重复率和调制深度的线性拟合的斜率在 14 个所选事件中的均值及其误差随频率的变化. 图 6.20 的 (a) 表明脉动幅度随爆发本地流量增大的速率随频率的增大而变小, 有趣的是, 图 6.20 的 (b) 显示了在某一中间频率 (10 GHz 附近), 爆发本底流量与脉动重复率线性拟合的斜率最大, 注意该斜率就是单次脉动所辐射的能量 U, 最大平均值约为 2700 sfu·s, 然后随频率升高而急剧下降, 外推到 100 GHz 接近为零, 这和前人的统计结果基本一致. 图 6.20 的 (c) 中有关爆发本底流量与调制深度成反比的斜率随频率的变化比较复杂, 变化幅度和误差范围可比, 也没有实际的意义.

6.4.4　讨论

统计结果证明了对于叠加在微波爆发之上的秒级和亚秒级脉动与本地爆发流量有很强的相关性, 对于所选的 14 个事件和 NoRP 观测的 6 个频率, 爆发本底流量与脉动重复率和调制深度的相关性普遍存在. 特别是表示准量子化能量释放的 U 值在 10 GHz 附近有一个极大, 表明在该频率对应的日冕高度可能是耀斑能量释放比较剧烈的区域, 这与雪崩模型的有关统计有可比之处[99].

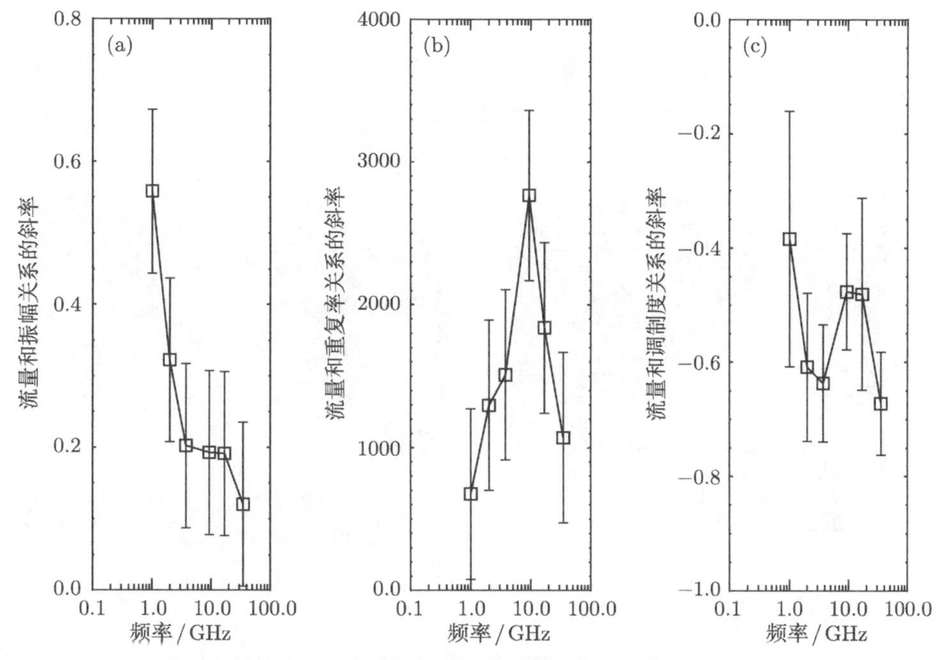

图 6.20　从 NoRP 选出的 14 个事件的爆发本底流量与 (a) 脉动幅度、(b) 重复率和 (c) 调制深度的线性斜率平均值及其误差随频率的变化

6.5　X 射线源沿耀斑环的运动

6.5.1　概述

大量太阳耀斑事件的观测结果表明, 在某一确定时刻, X 射线有三个源：两个足点源 (能量一般都在 25keV 以上) 和一个环顶源 (能量一般小于 10keV). 有个别事例观测到了 X 射线日冕源, 也就是环顶源的上方的一个 X 射线源 (能量小于 10keV). 理论上认为日冕源和环顶源之间存在太阳耀斑标准模型中的电流片. 高能谱分辨观测发现日冕源和环顶源的 X 射线辐射能量的梯度分布, 即高能量的 X 射线辐射源相距较近, 而低能量源的分布较远, 更进一步证明了电流片的存在[6,7,100]. 太阳耀斑中日冕源和环顶源的辐射强度相当, 所处于的能量范围也几乎相同, 所以当日冕观测中出现这样的源, 判断是环顶源还是日冕源有一定的难度. 目前, 除了相对位置远近, 再无其他标准来区分这两种源. 环顶源的观测实例都是在边缘耀斑中, 日冕源则在日冕边沿甚至太阳表面之外, 这样就很容易消除投影效应. 此时环顶源和两个足点源的位置就基本上可以勾画太阳耀斑环的空间结构和位置. 观测上已经证明, X 射线一般有两个足点源, 而且它们的位置就是耀斑环的共轭足点. 从

模型上也容易理解, 在耀斑环顶附近的高能非热电子机会均等的沿着耀斑环向两个环足点运动而辐射产生硬 X 射线辐射, 环顶源则是这些高能电子穿越日冕层时, 其中的低能电子被阻挡而产生的 X 射线辐射. 因此, 根据 X 射线源的位置, 参考光球磁场的观测, 就可以确定耀斑环的位置、尺度和形状.

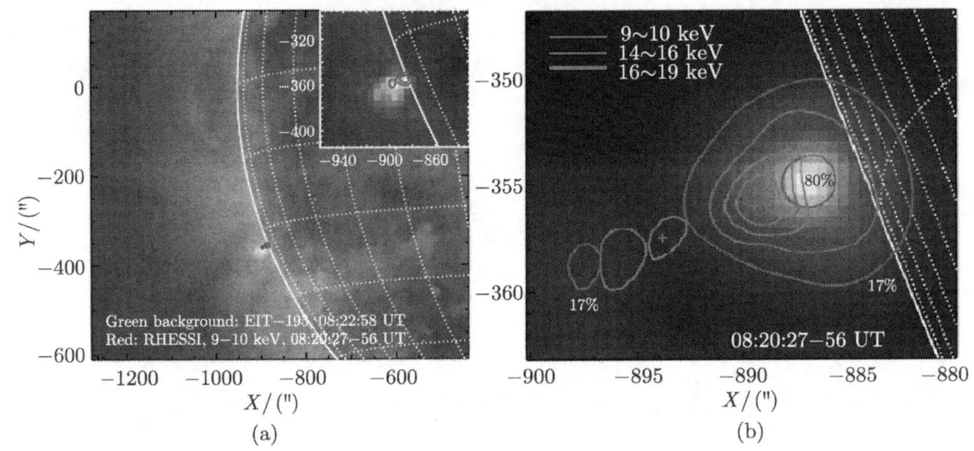

图 6.21　2002 年 4 月 30 日太阳耀斑. 图 (a) 是 SOHO/EIT195Å的图像, 叠加了 RHESSI9-10keV 的 X 射线等值线. 图 (b) 是 RHESSI9-10keV 的图像上叠加的 9~10keV、14~16keV 和 16~19keV 等值线 (摘自 Liu 等[100])

6.5.2　X 射线源在耀斑环中的运动

研究 X 射线源在耀斑环中的运动, 首先就是要确定耀斑环的空间位置. 例如, 在边缘耀斑中, 可根据耀斑的环顶源和两个足点源来确定耀斑环. 实际观测中, 大多数耀斑都是在日面上, 投影效应明显, 这对确定耀斑环的空间位置增加了难度, 但是上述确定耀斑环的方法仍是可行的. 在中间能段的X射线辐射, 如 10~15keV, 可能分布在整个耀斑环中, 也就是说这个能段的X射线源就是整个耀斑环.

X射线源的这种基本特征完全是由其辐射机制决定的, 不论薄靶或者厚靶模型, 日冕环中的等离子体分布和密度完全确定了不同能量 X 射线源应该在环的某个具体位置, 也就是由靶的位置来确定 X 射线源的位置, 由靶中等离子体密度决定 X 射线源的能段. 我们研究 X 射线源在耀斑环中的运动, 实质上反应了耀斑环中的等离子体密度的变化, 或者高密度等离子体的运动规律. 事件观测证明, 耀斑环中运动物质的密度是有上限的, 不可能非常高, 反映在 X 射线源观测中, 只有小于 20keV 能量的 X 射线源才可以在耀斑环中运动, 高于 25keV 能量的 X 射线源基本位于足点处, 不会沿着耀斑环运动, 但是可以随着耀斑带运动, 具有平行、垂直和反平行运动[101,102,1,57], 这是由于高能电子沿着不同磁环运动沉降到不同足点而产生的运动, 和我们这里讨论 X 射线源在耀斑环中的运动有本质区别.

为了研究 X 射线源在耀斑环中的运动, 首先从观测上得到耀斑环的位置和尺度. 图 6.22 表示 2002 年 9 月 10 日 RHESSI 观测到的耀斑[103]. 低能段 3~6keV 的辐射给出耀斑环的形状, 高能 45~60keV 的 X 射线源位于两个足点. 这个例子中的耀斑环有点不规则, 并不是完整的半圆, 有投影效应, 也有被其他非耀斑磁环挤压的可能性. 图中两条虚线勾画出这个耀斑环的位置, 两线之间距离是均匀的, 约为 12″(大约 9000km). 根据 RHESSI 的观测, X 射线辐射源的主体亮度始终在虚线之间, 而且随着时间的演化也没有离开.

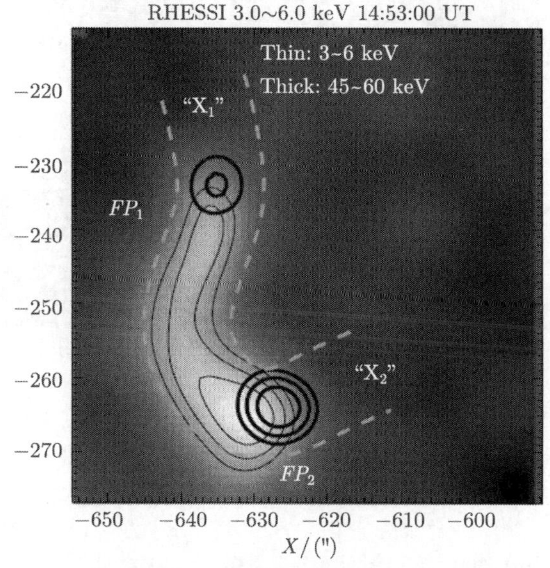

图 6.22 2002 年 9 月 10 日太阳耀斑. 背景图像是 RHESSI 观测到的 3~6keV X 射线辐射及其等值线 (细黑线), FP_1 和 FP_2 是两个足点源, 粗黑线是 45~60keV 能段等值线, 黄虚线勾画出耀斑环的投影结构 (摘自 Ning 等[78])

第二步就是对耀斑环中的X射线强度积分, 也就是把这两条虚线之间的X射线辐射沿着虚线加起来, 就可以得到X射线辐射强度随着耀斑环的分布, 表示某一时刻的X射线辐射的一维分布. 第三步, 随着X射线耀斑的演化时间, 重复第二步操作, 就可以得到X射线辐射沿耀斑环强度分布的时间演化. 第四步, 由于 RHESSI 是高能谱分辨观测, 可把X射线能量分成任意的能段, 前提是光子数足够多, 也就是X射线辐射强度要大于观测背景. 如分成 3~6 keV、6~8 keV、8~10 keV、10~12 keV、12~14 keV, 14~16 keV、16~18 keV, 18~20 keV、20~22 keV、22~25 keV、25~28 keV、28~31 keV、31~37 keV、37~45 keV 和 45~60 keV, 成图时间也就是图像的时间分辨率为 8s. 这样就可以得到耀斑X射线辐射沿耀斑环强度分布 8s 分辨的时间演化, 如图 6.23 所示.

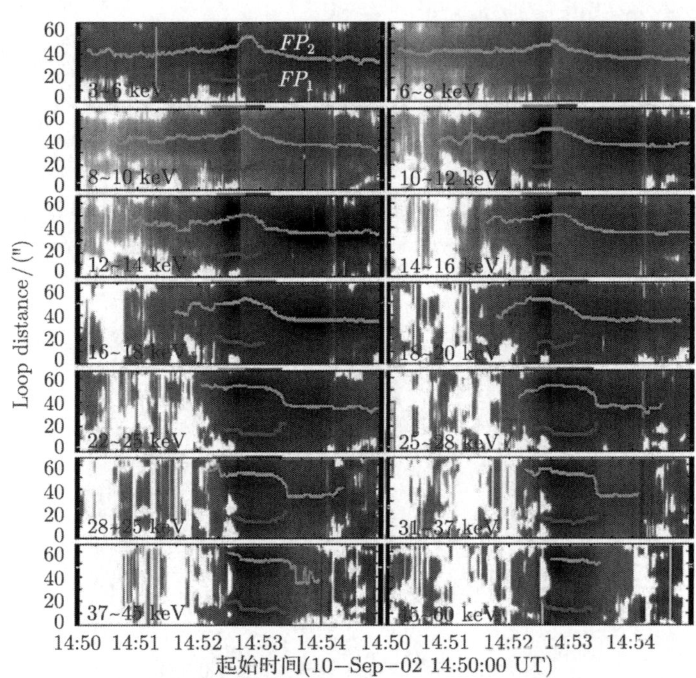

图 6.23　2002 年 9 月 10 日太阳耀斑的 14 个能段 (参见 4.5.2 节)X 射线辐射沿着耀斑环分布的时间演化. 图中蓝色加号和绿色星号分别标出耀斑环中两个源的辐射极大位置 (摘自 Ning 等[103])

图中蓝线和绿线分别代表X射线辐射的极大, 也就是X射线源在耀斑环中的位置. 图中的上端和下端分别是耀斑环的两个足点, 中间则是耀斑环顶. 对于 6~8keV 能段的X射线源, 随着耀斑流量的上升和衰减过程, X射线源沿着耀斑环有下降和上升的运动. 耀斑开始时在环顶附近, 而随着耀斑流量的增大, 分裂成两个源且沿着耀斑环向两个足点运动. 在耀斑达到极大时, 两个足点源离开的最远. 随着耀斑流量的减小, 这两个源沿着耀斑环又逐渐上升, 然后回到环顶附近重合到一起. 再看看高能段X射线辐射源, 例如，大于 25keV, 在耀斑的演化过程中, 始终只有两个足点源, 而且是固定在足点附近, 没有这样的下降和上升运动. 而处于中间能段的X射线源, 如 10~25keV, X射线源比较复杂, 有运动的趋势, 能量越低运动越明显, 能量越高更趋向于固定在足点附近. 其实X射线源在耀斑环中的这种下降和上升运动在 3~6keV 能段最明显.

图 6.24 给出 2002 年 9 月 10 日耀斑 3~6keV 能段源的运动过程和速度变化. X射线源开始时的运动速度较小, 到达足点处时 (两个源之间距离最大时) 的速度

减小到零, 然后反方向运动到环顶. 在耀斑环顶和足点中间时 X 射线源的速度最大, 可以达到 1000km/s, 源的运动时间大概 1min 左右.

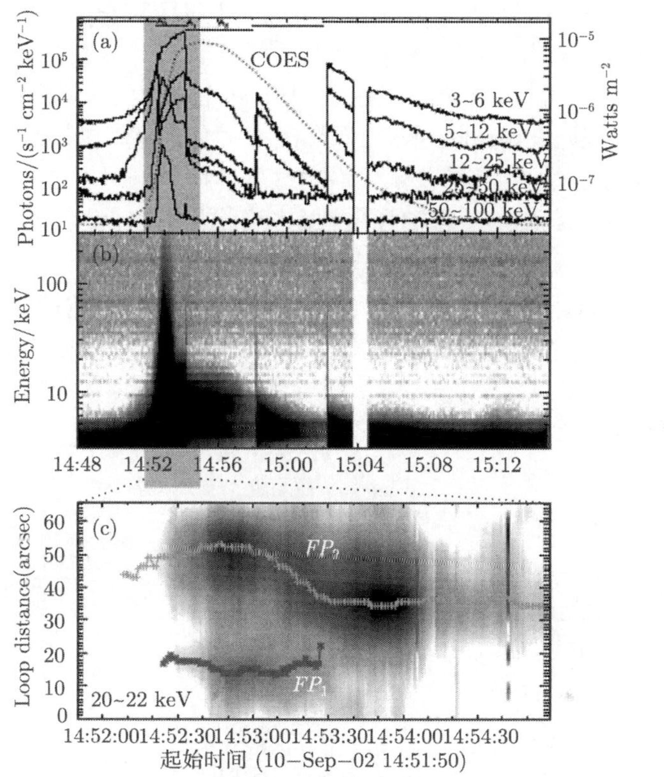

图 6.24 2002 年 9 月 10 日太阳耀斑. 图 (a) 是 GOES 软 X 射线和 RHESSI 五个能段 3~6keV、6~12keV、12~25keV、25~50keV 和 50~100keV 曲线; 图 (b) 是 RHESSI 观测到 3~300keV 能段的强度演化图; 图 (c) 是 3~6keV 能段 X 射线强度沿耀斑环分布的时间演化图, 与图 4.14 一样, 绿线和蓝线标出两个 X 射线源的位置及其演化 (摘自 Ning 等[103])

除了 2002 年 9 月 10 日耀斑例子, 2002 年 11 月 28 日的太阳耀斑 X 射线源被发现有同样的运动规律[104]. 但是, 这种实例在观测上发现的还是很少. 那么, 是什么原因引起 X 射线源沿着耀斑环的这种下降和上升运动呢？结合 X 射线辐射产生机制, X 射线源在耀斑环中的运动就反映了 X 射线靶的运动. 这和 X 射线足点的平行、垂直或者反平行的相对运动不一样, 后者是由于加速电子在不同磁环的入射位置不同, 或者说由于加速电子到达不同的位置而产生的表观运动现象, 所以这种运动反映了磁场结构的特点. 那么, 怎么理解耀斑中 X 射线源沿着耀斑环的下降和上升运动现象. 文献 [104] 指出了最可能的一种物理图像, 就是这样的运动反应了耀斑环顶等离子体密度的先稀疏再稠密的变化, 从而导致阻挡高能电子的 X 射线靶向足点运动再返回的过程. 耀斑环顶等离子体密度变疏的原因是: 入射非热电子部分被当地等离子体阻挡 (产生 X 射线环顶源), 通过库仑碰撞而加热当地等离子体温度升高则压力增大, 致使当地等离子体沿着耀斑环膨胀, 环顶当地等离子体密度变疏, 能阻挡非热电子对应的等离子体层也沿着耀斑环分别向两个足点运动, 观测上就是两个耀斑 X 射线源向足点运动. 当这两个 X 射线源到达足点附近时, 即这时候入射的非热电子也能到达足点, 同样因为库仑碰撞而加热足点当地的等离子体温度升高、压力增大, 当地等离子体沿着耀斑环向足点运动, 导致环顶的等离子体密度升高, 观测上是 X 射线源向环顶运动. 这就是所谓色球蒸发过程.

图 6.25 表示 2004 年 10 月 30 日太阳耀斑中色球蒸发引起的 X 射线源沿着耀斑环的运动, 其源运动速度可以达到 300~400km/s. 因为色球蒸发导致的 X 射线源从足点向环顶运动的例子可参考文献 [105-107]. 另一方面, 这种在耀斑初期 X 射线源沿着耀斑环的下降运动是否和观测上发现 X 射线环顶源的下降运动或者耀斑环的收缩 (参见 4.1.1 节) 有关系, 将有待于下一步的研究.

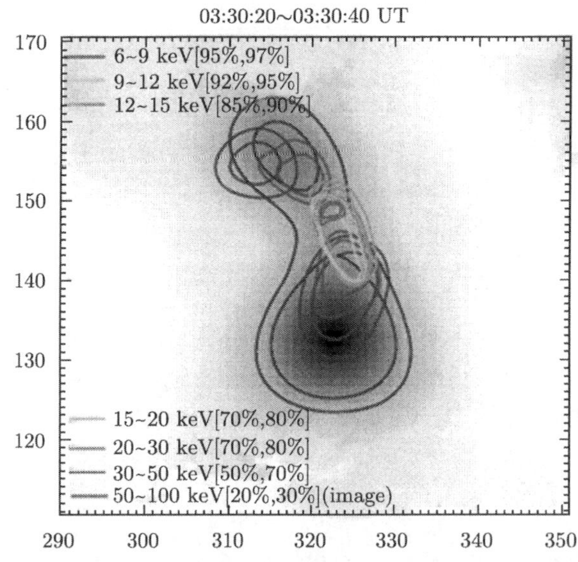

图 6.25 2004 年 10 月 30 日太阳耀斑的 X 射线源 20~30keV 能段的时间演化等值线图. 背景图像是色球蒸发开始时的 20~30keV 强度图 (摘自 Ning 等[107])

6.5.3 总结

研究X射线源在耀斑环中的运动现象, 首先根据观测来确定耀斑环的空间位置和尺度形状. 大多数太阳耀斑的 X 射线辐射显示出是一个简单的耀斑环结构, 而在光学和紫外等波段上可能显示出耀斑环系, 即有一系列磁环按先后顺序增亮, 因而研究耀斑环中X射线源的运动相对比较简单.

观测发现, 耀斑X射线源运动与X射线流量变化密切相关. 需要强调的是X射线环顶源随着耀斑X射线流量的上升–极大–衰减演化过程, X射线环顶源沿着耀斑环有下降–距离最大–上升的过程. 在耀斑的初始阶段, 环顶源只有一个, 而且就在耀斑环顶附近, 随后分裂成两个 X 射线源沿着耀斑环向两个足点方向运动, 在 X 射线峰值流量极大时距离最远, 随后这两个X射线源又沿着耀斑环上升合并成一个源, 而且位于最初的位置附近. 该过程可能是由于太阳耀斑中等离子体密度被非热电子碰撞加热引起的变化而导致, 当非热电子被加速向耀斑环顶注入时, 其中的低能电子和当地等离子碰撞并被阻止将其自身能量全部转化成热能来加热当地等离子, 同时辐射产生 X 射线, 就是 X 射线环顶源. 当地等离子体温度升高, 压力增大, 促使环顶等离子沿着耀斑环向足点方向扩散运动, 这就是 X 射线的靶在运动, 从而直接导致观测上X射线源分裂并沿着环向下运动. 这种等离子体运动随着非热电子注入量的增加而加大. 同时, 这些等离子体所到之处也会受到耀斑环当地等离子体密度升高而产生的压力阻止这些等离子体的扩散, 而且其作用力是随着等离子体向足点扩散运动越近而增大. 这两种作用力和反作用力使得环顶等离子体扩散运动开始很快, 逐渐变慢, 最后停止. 观测上反映了 X 射线源沿着耀斑环向下运动, 并逐渐停止. 在X射线峰值时刻, 非热电子最多, 此时两个X射线源离开距离最远. 此时, 足点处已经有高能非热电子被碰撞阻挡而将其所有能量转化成热能来加热足点处, 当地等离子体温度升高而产生更大的反作用力, 促使向下扩散的环顶等离子体停止并向环顶运动. 这个过程就是太阳耀斑中经常观测到的色球蒸发现象. 观测上就是X射线源从足点附近又返回到环顶的过程, 此后, X射线源就停在环顶附近不再运动了. 在环顶X射线源 (3~6keV) 的整个运动过程中, 高能 X 射线源 (大于 22keV) 是一直停在足点附近而没有类似运动. 处于中间能段的 X 射线源都有运动趋势, 只是能量越低, 这种运动越明显, 能量越高的X射线源则趋于不动.

6.6 耀斑环的相互作用

由两个或多个冕环的碰撞导致磁场重联和磁能释放是产生耀斑的一种重要方式. 在有环向电流存在的情况下, 由冕环碰撞引起的相互作用亦被称之为结合 (coalescence) 不稳定性, 并有系列的理论研究[108−116]. 在观测方面, 随着地面和空间太阳望远镜的空间分辨能力的提高, 两个或多个冕环相互作用的过程在光学、射电、紫外和 X 射线等波段被大量观测到[117−131]. 注意到上述冕环相互作用的观测和理论研究大多侧重于冕环的空间结构和位形, 而对由于相互作用导致的时变和频谱特征考虑较少, 或者说对空间成像观测之外的数据没有充分的利用. 本节将从若干个例的研究到统计分析, 试图发现冕环相互作用对应的时空和频谱共同特征, 以及个别事例中呈现出的有趣现象.

6.6.1 相互作用的典型事例

事件 1：1998 年 4 月 15 日[125].

这是一个典型的耀斑和日冕物质抛射共生的事件, 同时被光学、X 射线、射电和紫外等波段的许多设备所记录, 也是我国的宽带射电频谱仪投入使用后被重点研究过的事件. 图 6.26 给出了 NoRP 在 1 GHz(实线)、2 GHz(虚线)、3.75 GHz(点划线) 和 9.375 GHz(双点划线) 在 1998 年 4 月 15 日记录的时变曲线, 图 6.27 给出的是 BATSE 卫星在同一时段观测到的硬 X 射线时变曲线 (该事件的阳光卫星硬

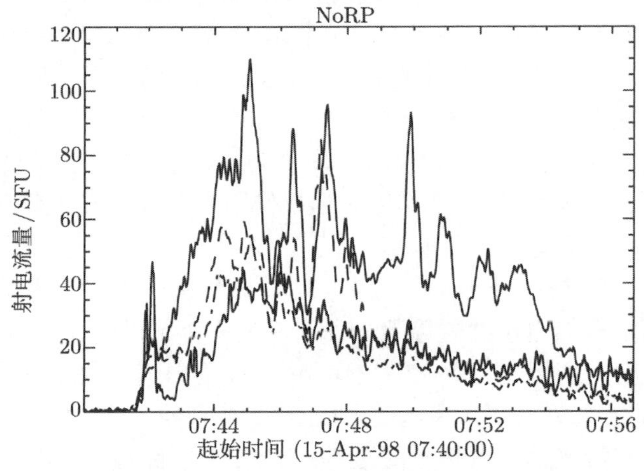

图 6.26 NoRP 在 1998 年 4 月 15 日的射电观测数据

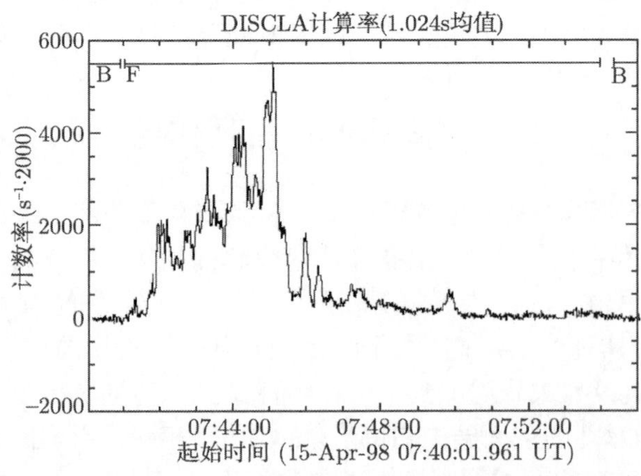

图 6.27 BATSE 卫星在 1998 年 4 月 15 日的硬 X 射线观测数据

X 射线数据质量较差). 显然, 射电爆发的持续时间随频率的升高逐渐变窄, 在 9.375 GHz 的起始和结束时间, 以及缓慢上升和急剧衰减的时变特征和硬 X 射线完全吻合, 射电和硬 X 射线时变曲线的另一个共同特征是具有明显的多峰结构, 在上升阶段的 4 个子峰在两个波段基本上是一一对应的.

该事件的最大特点是在阳光卫星软 X 射线和 SOHO 卫星紫外成像观测中呈现的环系相互作用所导致的冕环突然开放, 大约十分钟后开放的冕环又重新闭合. 有趣的是, 冕环开放的时间 07:50 UT 和对应的日冕物质抛射的起始时间 07:55 UT 大体吻合, 后者是从 SOHO/LASCO 的观测数据外推估计的[125]. 图 6.28 是阳光卫星软 X 射线的等强度线叠加在 SOHO/EIT 的图像之上, 两者观测的冕环开放和闭合的时间和形态基本一致.

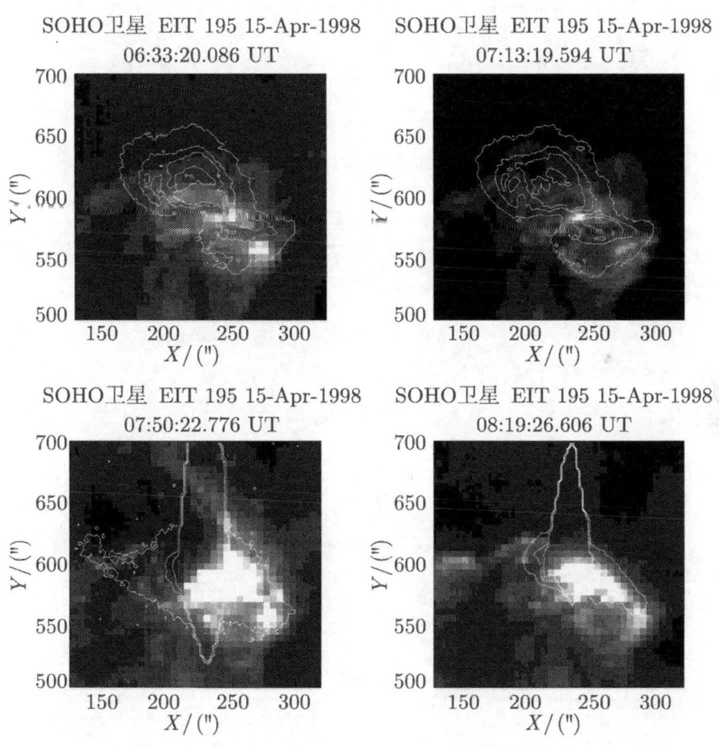

图 6.28 阳光和 SOHO 卫星在 1998 年 4 月 15 日的成像观测

众所周知的是, 日冕物质抛射和米波 IV 型爆发有很好的对应关系, 图 6.29 给出了 OSRA 射电频谱仪在 1998 年 4 月 15 日观测到的运动 IV 型爆发, 起始时间 07:49 UT 和图 6.28 中的冕环开放时间 07:50 UT 及对应的日冕物质抛射起始时间 07:55 UT 大体吻合.

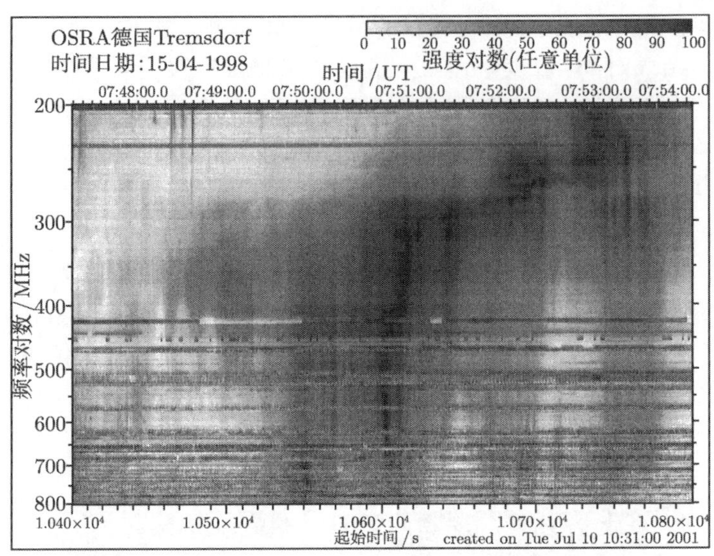

图 6.29　OSRA 射电频谱仪在 1998 年 4 月 15 日的观测

更有趣的是, 在我国 1~2 GHz 射电频谱仪在该事件的记录中呈现出极其有序的对称结构, 图 6.30(a) 和 (b) 分别给出了 07:42 UT 前后 1min 的左旋 (a) 和右旋 (b) 不同频率的时变曲线, 大约可以辨别出 10 组射电爆发, 同一组爆发的峰值时间随频率而变化 (频率漂移), 其方向在大约 1.76 GHz 附近发生反转, 即在小于 1.76 GHz 时向低频漂移, 在大于 1.76 GHz 时向高频方向漂移. 由于射电频率和背景等

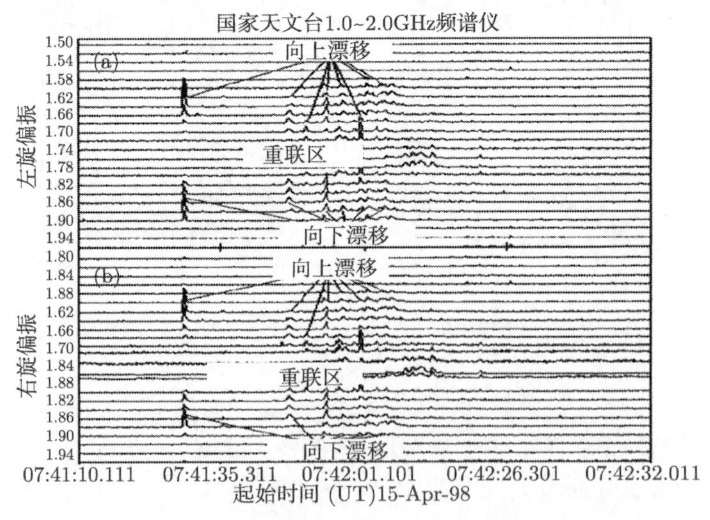

图 6.30　我国射电频谱仪在 1998 年 4 月 15 日的观测

离子体密度 (或者磁场) 有对应的关系, 根据相应的密度或磁场随高度变化的规律可以得到射电源 (非热电子) 的运动速度的大小和方向. 因而, 对于图 6.30 中的每一组射电爆发 (包括左旋和右旋分量) 均可看出, 非热电子从 1.76 GHz 对应高度出发, 同时向高日冕和低日冕进行双向的流动, 由此可以估算磁场重联区的高度大约就在 1.76 GHz 对应的高度. 另外, 1~2 GHz 的 10 组射电爆发的中心时刻 07:42 UT 恰好对应图 6.26(射电) 和图 6.27(硬 X 射线) 上升相的第一个峰值时刻, 从而提供了磁场重联发生的直接证据.

除了上述特征之外, 该事件中冕环相互作用还在我国 2.6~3.8 GHz 射电频谱仪上产生了分米波 IV 型爆发, 并伴有丰富的斑马纹等精细结构[125], 在这里就不详细介绍了.

事件 2：1999 年 8 月 25 日[124].

我国射电频谱仪观测研究的另一个典型事例发生在 1999 年 8 月 25 日, 这是一个 GOES 分类的 M3.6 级耀斑, 同时有 BATSE 和阳光卫星的硬 X 射线、我国射电频谱仪和日本 NoRH 等设备的观测数据. 图 6.31 给出紫金山天文台 6.57 GHz 和 BATSE 卫星不同能段的时变曲线的比较, 同样把注意力集中在耀斑发生的前兆 (01:34:10~01:34:50 UT), 即有可能是冕环相互作用引发的磁场重联的信号, 图 6.32

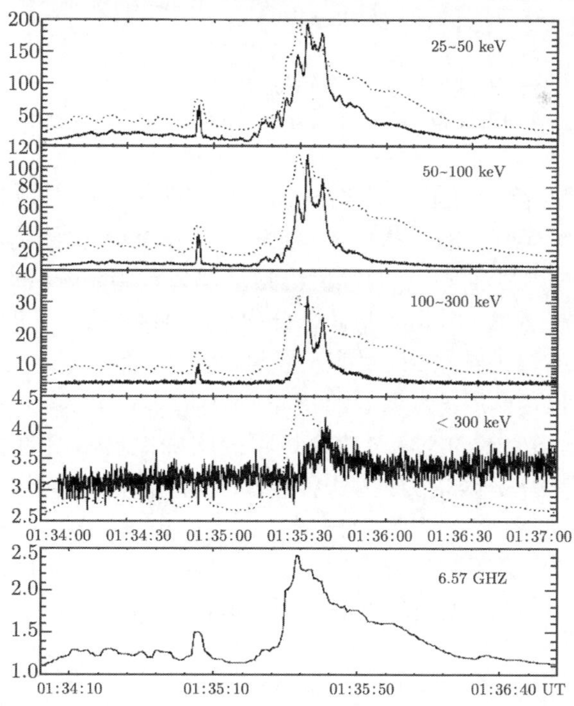

图 6.31 我国射电频谱仪和 BATSE 卫星在 1999 年 8 月 25 日的观测比较之一

顶部和底部分别给出紫金山天文台 4.5~7.5 GHz 的动态频谱和积分流量, 其精细结构和 BATSE 卫星不同能段的时变曲线有很好的对应.

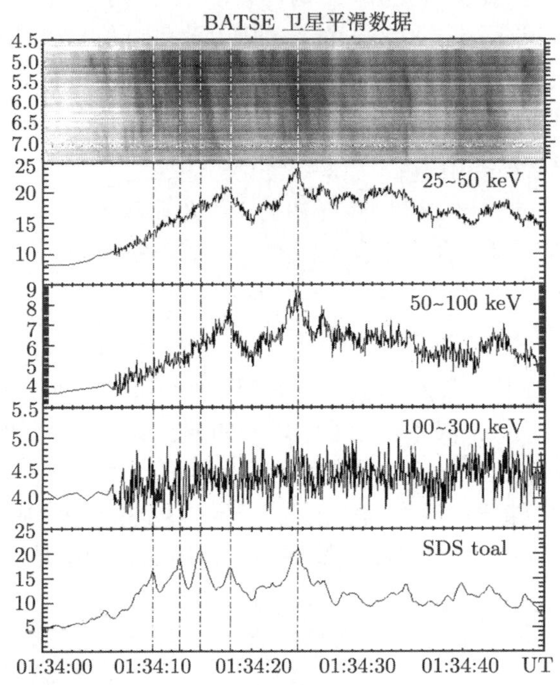

图 6.32　我国射电频谱仪和 BATSE 卫星在 1999 年 8 月 25 日的观测比较之二

图 6.33 给出的是阳光卫星软 X 射线在该事件四个不同时刻的成像观测, 大体为一个粗 (10″) 而短 (40″) 的环状位形, 实际上其亮度分布很不均匀, 更像一个扭曲的冕环. 叠加的 NoRH 17 GHz 的等值线则呈现为双源结构, 图 6.34 给出了对应的强度和偏振的时变曲线, 由此可明显区分出图 6.33 中的上下源分别为强偏振的主爆发源和弱偏振的精细结构源 (对应于图 6.22 的时段).

该事件中冕环相互作用的最重要的特征是扭曲磁环的碰撞引发的磁场重联, 尽管由于阳光卫星和 NoRH 的空间分辨率还不能明确地显示扭曲磁环的存在, 我国具有很高的时间和频率分辨能力的射电频谱仪却清楚地给出了一组缠绕的磁环的时空形态. 图 6.35 和图 6.36 分别给出紫金山天文台 4.5~7.5 GHz 和国家天文台 5.2~7.6 GHz 频谱仪同时观测的该事件在耀斑前兆 (对应于图 6.32) 阶段的动态频谱, 而相隔千里的异地同时观测足以证明该结果的可靠性.

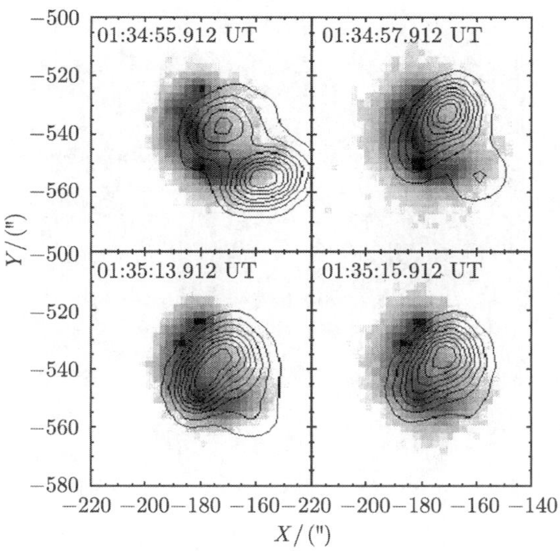

图 6.33 NoRH 和阳光卫星在 1999 年 8 月 25 日的观测比较

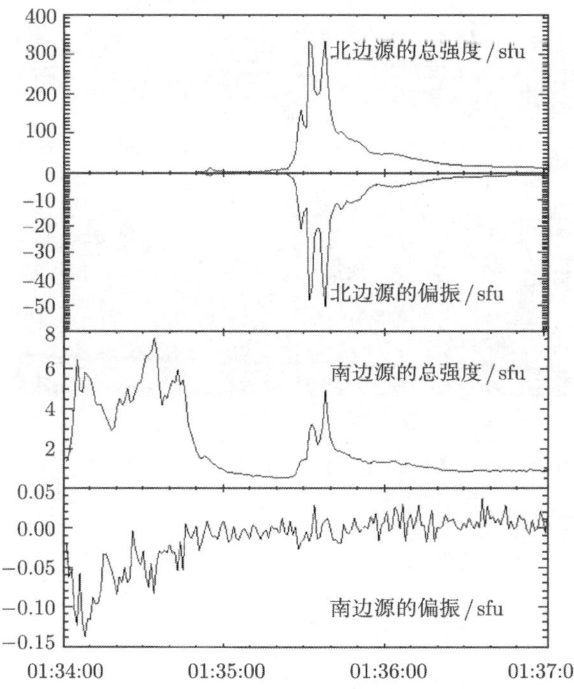

图 6.34 NoRH 在 1999 年 8 月 25 日观测到的 17 GHz 强度和偏振

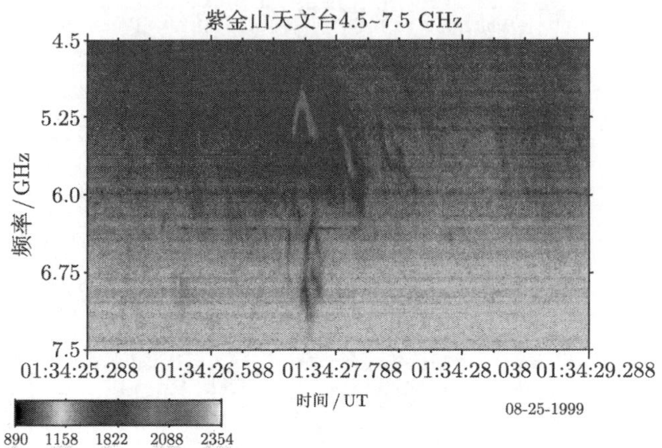

图 6.35　紫金山天文台射电频谱仪在 1999 年 8 月 25 日的观测

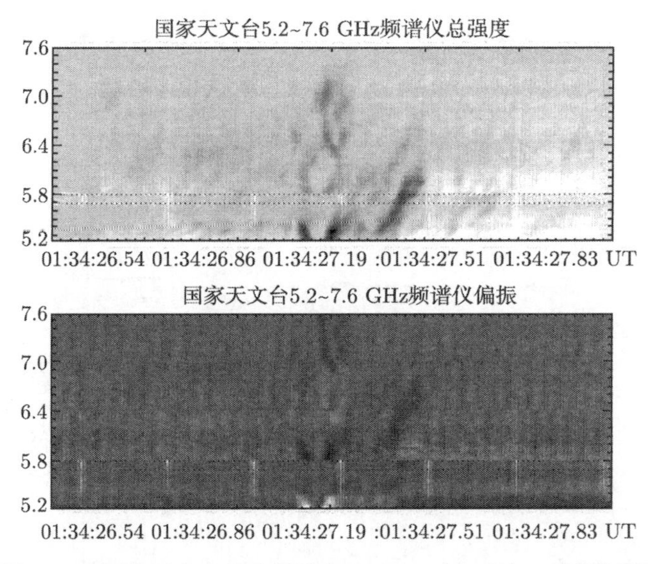

图 6.36　国家天文台射电频谱仪在 1999 年 8 月 25 日的观测

进而, 可以从偶极磁场中的回旋同步辐射模型[132,133] 估算扭曲磁环的尺度和对应的等离子体波:

$$h = d\left[\left(\frac{5.6B_0}{f_{\text{MHz}}}\right)^{1/3} - 1\right], \tag{6.27}$$

$$\Delta h = -\frac{d}{3}(5.6B_0)^{1/3} f_{\text{MHz}}^{-4/3} \Delta f_{\text{MHz}}, \tag{6.28}$$

其中, B_0 为光球磁场强度, 在该事件中由 SOHO/MDI 观测估计为 800G, 偶极磁场的尺度 d 取其典型值 10^4km, 扭曲磁环的持续时间大约为 0.3s, 一个磁环单元 (波长) 所跨越的频率范围大约为 0.5 GHz, 代入式 (6.28) 可以估算出扭曲磁环的空间尺度为几千 km, 而对应的等离子体波的相速度为典型的阿尔芬波速 (10^6m/s). 因而, 磁环的扭曲和相互作用过程 (包括强度和偏振的时变) 均受到阿尔芬波的调制.

事件 3：2002 年 4 月 21 日[129].

2002 年 4 月 21 日发生的 X 级耀斑伴随日冕物质抛射被 SOHO、TRACE、RHESSI 等卫星, 以及 NoRH 等地面设备同时观测到, 也是广泛关注和研究的一个典型的太阳爆发事件. 在该事件中冕环相互作用的特征是, 一个复杂的环系以 10km/s 的速度从边缘向外膨胀, 同时在环系顶部发生碰撞导致当地磁能释放和局部增亮, 图 6.37(a)~(f) 显示了该事件在 TRACE 紫外图像的背景上叠加了 NoRH/17 GHz 的等值线随时间的演化过程, 比较图 6.37(g) 给出的 SOHO/MDI 磁图和叠加的 NoRH/34 GHz 的等值线, 可以看到从最初的足点 1 较强的微波双极辐射逐渐转化为足点 2 和环顶源的辐射, 图 6.37(h) 则指出足点 2 和环顶源的偏振极性恰好相反, 而偏振的时空变化也是本事件中冕环相互作用的一个重要特征.

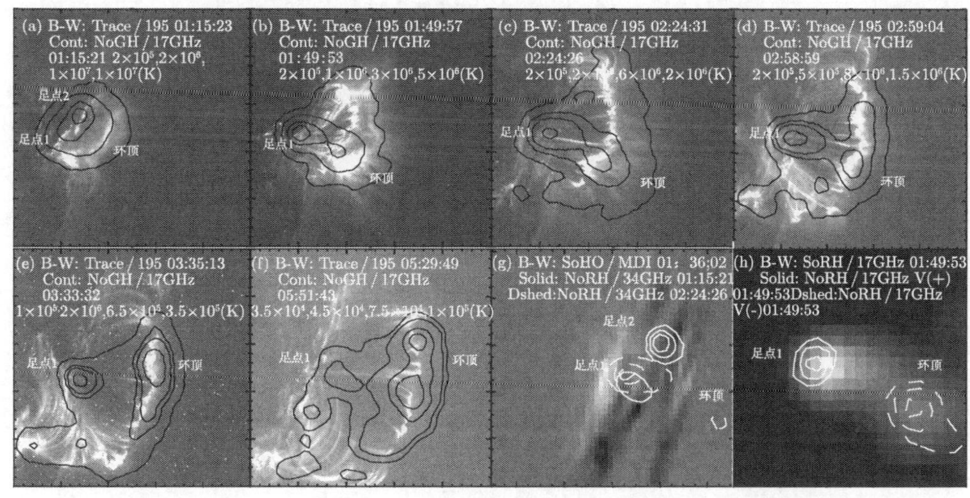

图 6.37 TRACE 卫星和 NoRH 在 2002 年 4 月 21 日的观测

有趣的是, 在环系开始膨胀前的 5min 内, NoRH/17 GHz 的偏振观测显示了环顶的偏振极性发生了 10~20s 的准周期反转, 最终环顶的偏振极性逐渐转化为左旋圆偏振 (如图 6.38 所示), 与此同时, 足点的偏振极性维持在右旋圆偏振. 实际上, 这种准周期变化是冕环相互作用导致磁场重联的重要特征, 也是耀斑–日冕物质抛射发生的前兆 (在以上几个示例中同样如此). 在本事件中还可确认冕环相互作用发生在环系顶部.

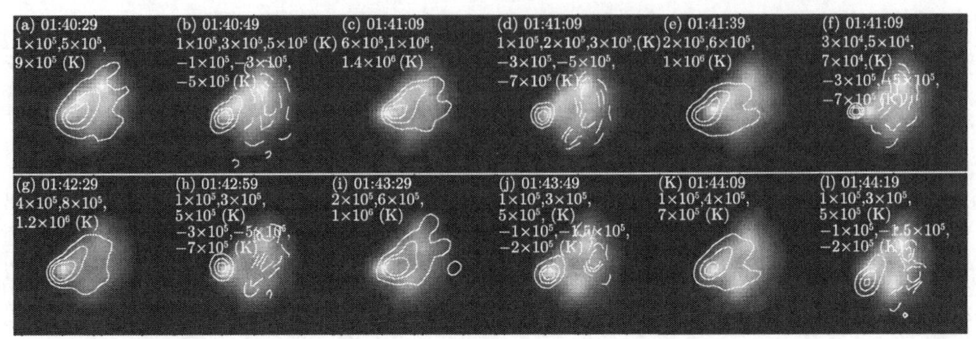

图 6.38　2002 年 4 月 21 日事件初期 NoRH 17 GHz 的强度和偏振

为了进一步探讨偏振极性的准周期反转的物理机制, 在图 6.39(a) 中给出了 NoRH/17 GHz 在足点和环顶的强度和偏振时变曲线, 清楚地显示了环顶的偏振在零点附近振荡且最终转向左旋极性, 而足点的偏振始终维持在右旋极性. (a) 中内插的小图显示了环顶和足点的谱指数的演化特征, 其数量级属于典型的回旋同步辐射机制. 由于回旋同步辐射的强度和偏振分别正比和反比于背景磁场[134,135], 假设该事件中的强度和偏振的准周期变化是被某种等离子体波引起的背景磁场波动所调制, 两者的时变曲线相位应该是相反的, 然而图 6.39 表明两者相位相同, 因而, 比

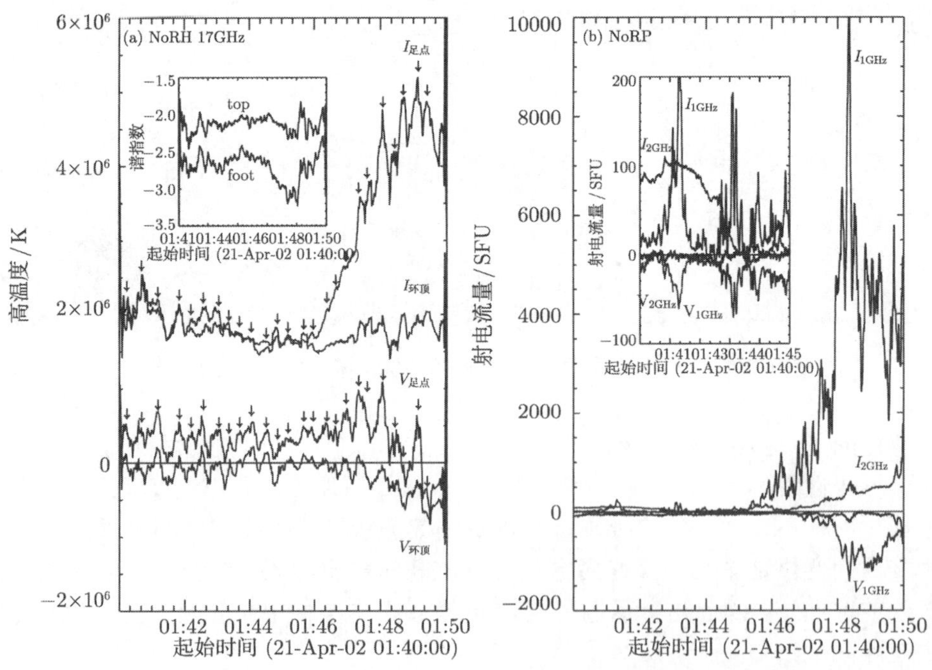

图 6.39　2002 年 4 月 21 日 NoRH 和 NoRP 的强度和偏振观测

较合理的解释是, 该周期性变化是有磁场重联导致粒子的准周期加速后注入磁环所产生的结果. 图 6.39(b) 给出了 NoRP(总强度观测) 在 1~2 GHz 的强度和偏振的演化, 从内插的小图可以看出, 其强度和偏振也具有准周期变化的特征. 另外, 无论是 NoRH 还是 NoRP 的强度和偏振演化, 从总体变化趋势来看都是反相关的, 正是因为上述与背景磁场的相关性导致.

事件 4: 2002 年 9 月 9 日[127,128].

和射电、X 射线观测相比, 光学观测的时间分辨率一般比较低, 在本事件中, 美国大熊湖天文台具有高时间分辨的成像观测, 以及欧文斯谷太阳射电阵 1~18 GHz、SOHO 与 RHESSI 等卫星的同时观测, 可以同时分析冕环相互作用的时空特征. 图 6.40(a) 给出 SOHO/EIT 的图像背景叠加了 OVSA/4.8 GHz 的等值线, 前者具有双环碰撞的位形, 后者则位于双环接触部位 (环顶); a_1、a_2 和 $b_1 \sim b_2$ 为两组

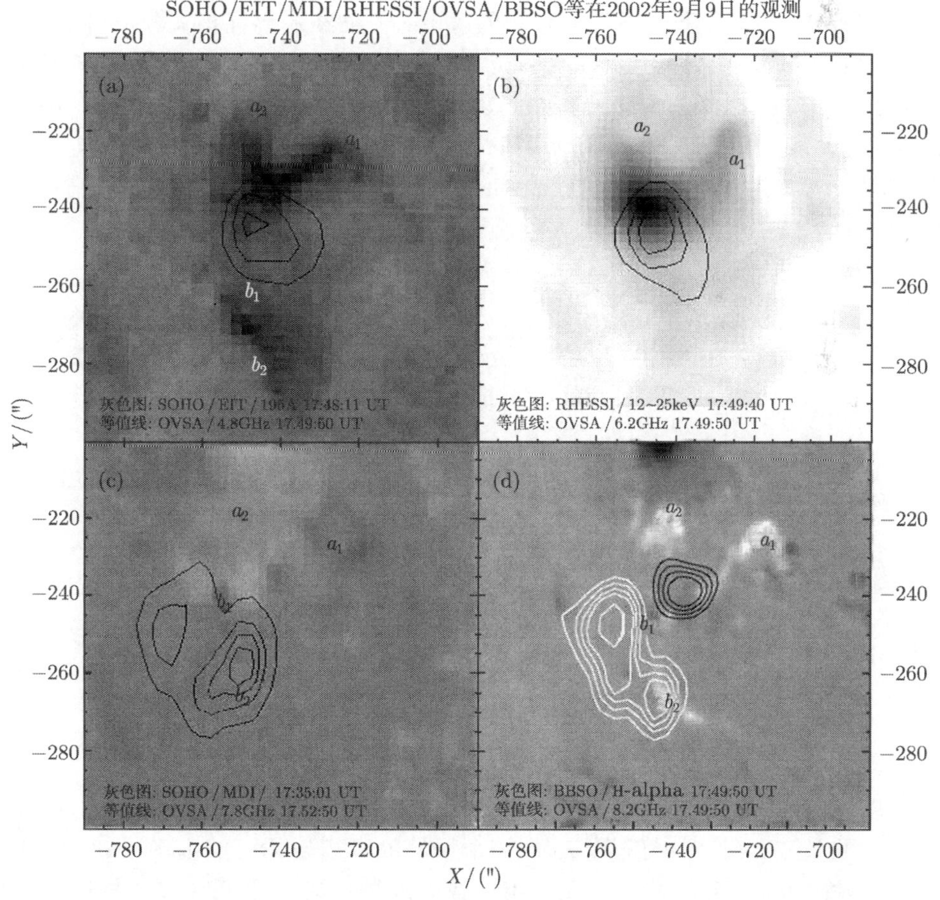

图 6.40 2002 年 9 月 9 日 BBSO、OVSA、SOHO 与 RHESSI 的观测

光学共轭亮点的位置, 恰好位于双环的对应足点 (参见图 6.40(d)); 图 6.40(b) 是在 OVSA/6.2 GHz 图像上叠加 RHESSI/12~25 keV 的等值线, 两者均位于环顶附近; 图 6.40(c) 是在 SOHO/MDI 磁图上叠加了 OVSA/7.8 GHz 等值线, 表明双环的足点 (即两组光学共轭亮点) 对应极性相反的两组偶极磁场, 而较高频 (7.8 GHz) 的射电源已经移至下环足点的位置; 图 6.40(d) 在 BBSO 图像背景上叠加了 OVSA/8.2 GHz(白色) 和 RHESSI/12~25 keV(黑色) 的等值线, X 射线和射电源分别位于环顶和下环的足点.

图 6.41 给出了 OVSA/5.0GHz、8.2 GHz, RHESSI/12~25keV、25~50 keV; BBSO/a_1、a_2 和 b_1+b_2 的时变曲线, 可以清楚地看出不同波段具有对应的准周期结构, 表明冕环相互作用对不同波段辐射的影响. 显然, 硬 X 射线和光学辐射的演化规律有更好的关联, 而射电辐射在硬 X 射线和光学辐射衰减之后又出现了两个强的辐射峰, 恰好与 b_1+b_2 的上升阶段相对应, 因而, 在该事件中可能存在两个能量释放区[127]. 进而, 我们对不同频率的射电时变曲线进行互相关分析, 图 6.42 分别给出了 OVSA/7.0~7.8GHz、7.8~8.6GHz、8.6~9.4GHz、9.4~10.6 GHz 在图 6.40 中的第一个峰 (17:44:20~17:44:24 UT) 期间的时间延迟. 有趣的是, 在 7.8 GHz 和 9.4 GHz 两个频率处向低频和高频都具有相反的时间延迟 (数量级为 1s, 对应的速度从方程 (6.27) 和方程 (6.28) 估计为 10^4 km/s), 表明射电源 (非热电子) 可能是从 7.8 GHz 和 9.4 GHz 两个频率对应的高度被加速后同时向上和向下传播.

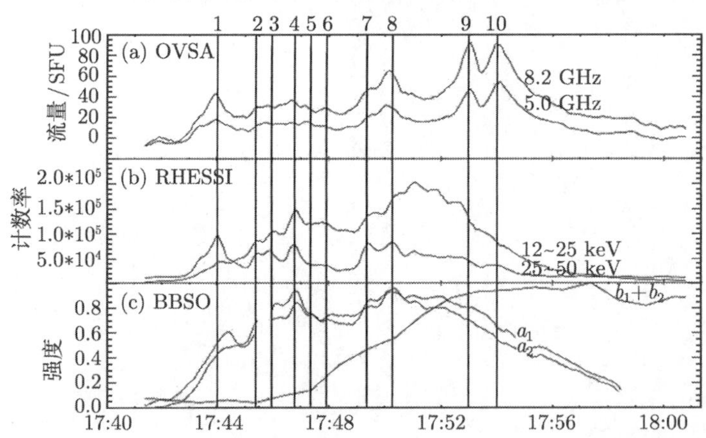

图 6.41 2002 年 9 月 9 日 BBSO、OVSA、RHESSI 的时变曲线

事件 5：2003 年 10 月 24 日[136].

在以往研究中从未考虑冕环相互作用对频谱演化的影响. 近期研究发现, 对于多峰结构的微波和硬 X 射线爆发, 每一个子峰的频谱演化可能出现硬软硬的新特征[136], 多峰结构往往是冕环相互作用导致的准周期磁场重联和粒子加速的结果. 另外, 理论研究表明, 硬 X 射线低能段和高能段的辐射谱有一明显的时间延迟, 随着能量的增加, 硬 X 射线辐射谱和微波辐射谱逐渐同步, 其原因在于捕获电子对微波辐射和高能段的硬 X 射线的贡献逐渐增大[137], 而捕获电子的能谱会比入射电子的能谱更硬[138], 由此可以解释单个子峰对应的硬软硬的演化特征 (详见本书有关章节). 在典型的日冕磁环中, 一般环顶的磁场弱于足点的磁场, 从而形成所谓磁镜结构, 捕获电子将集中在磁环顶部, 或者说冕环顶部相比于足点有更强的捕获效应, 在微波或硬 X 射线爆发中更容易导致辐射谱出现硬软硬的演化过程. 图 6.43 给出了 2003 年 10 月 24 日 SOHO/EIT 观测到的一个冕环结构 (边缘事件), 叠加了 MDI 磁图及 NoRH/17 GHz(a)、RHESSI/15~20keV、35~40 keV((b)) 的等值线. 显然, 微波辐射和 X 射线辐射均具有环状或者一个环顶 (1) 和两个环足 (2、3) 的三源结构, 和紫外环基本吻合.

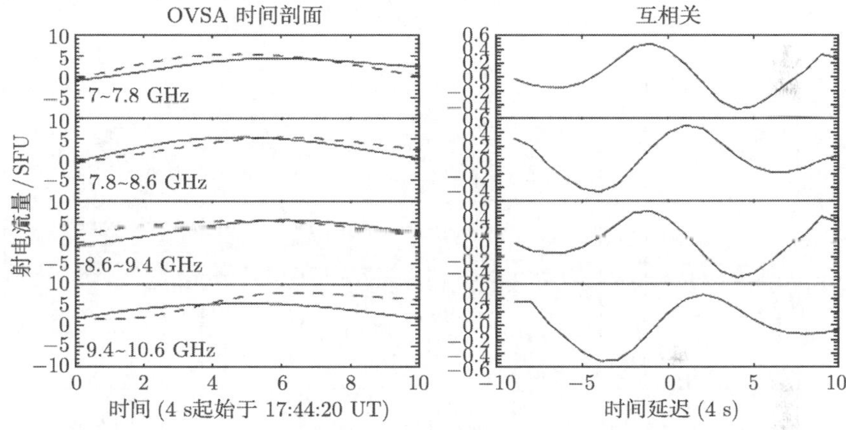

图 6.42 2002 年 9 月 9 日 OVSA 不同频率时变曲线的相关分析

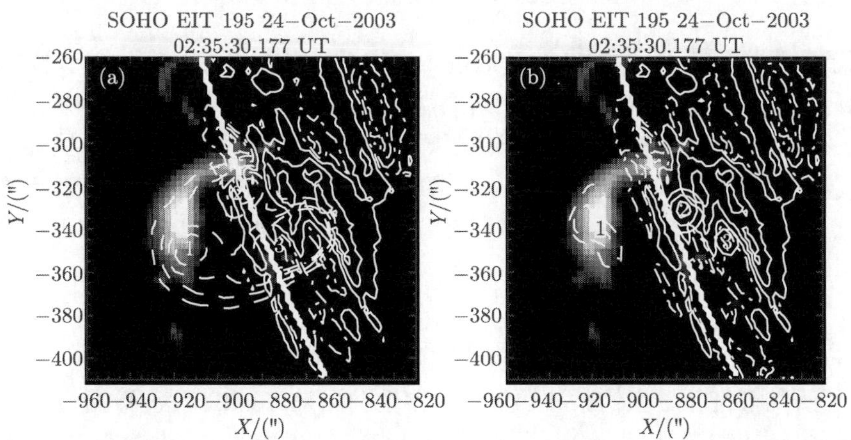

图 6.43 2003 年 10 月 24 日 SOHO/EIT/MDI、NoRH、RHESSI 的观测

图 6.44 给出了 NoRH/17 GHz 观测到的该事件的亮温度和谱指数在环顶和环足的时变曲线及其相关性分析. 按照上面的讨论, 环顶的捕获效应可能导致硬软硬的频谱演化特征, 而在环足捕获效应较弱则应呈现通常的软硬软或软硬硬的演化特征, 然而, 相关分析表明, 环顶和环足 1 均具有硬软硬的频谱演化特征 (亮温度和谱指数成反比), 只有环足 2 具有软硬硬的演化特征 (亮温度和谱指数成正比).

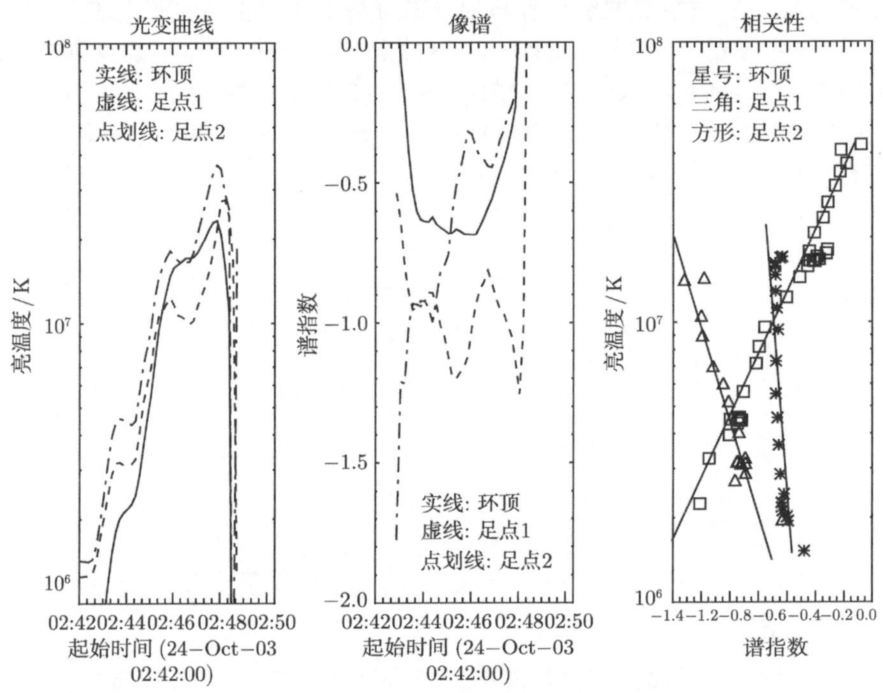

图 6.44 2003 年 10 月 24 日环顶和环足的亮度和频谱演化及其相关性

为了解释观测和理论的矛盾, 我们进一步查看了具有更高时间分辨率的 TRACE 紫外图像, 发现图 6.43 中的紫外单环实际上是一组复杂的环系, 可以分辨出两个尺度较大的冕环在环顶 1 处发生碰撞并明显增亮, 同时有一个小尺度的冕环在大环足点 2 发生碰撞并有增亮 (参见图 6.45 的两个方框标出的位置), 这样就不难理解为何足点 2 和环顶 1 具有硬软硬的频谱演化特征, 因为足点 2 同时位于小环的环顶, 所以也具有较强的捕获效应.

6.6.2 相互作用的统计证据

为了研究耀斑环足点的微波辐射不对称性[139], 在 NoRH 观测数据中选择了 24 个具有环状结构或者具有一个环顶和两个足点的分离源的 24 个爆发事件, 并按照环顶谱指数比足点硬或者至少比一个足点软的两种情况, 两组事件的数量恰好相同. 图 6.46 给出两组事件的各一个例子, 背景为 NoRH/17 GHz 的成像观测, 叠加的等值线为 NoRH/17~34 GHz 计算的 (光学薄区) 谱指数.

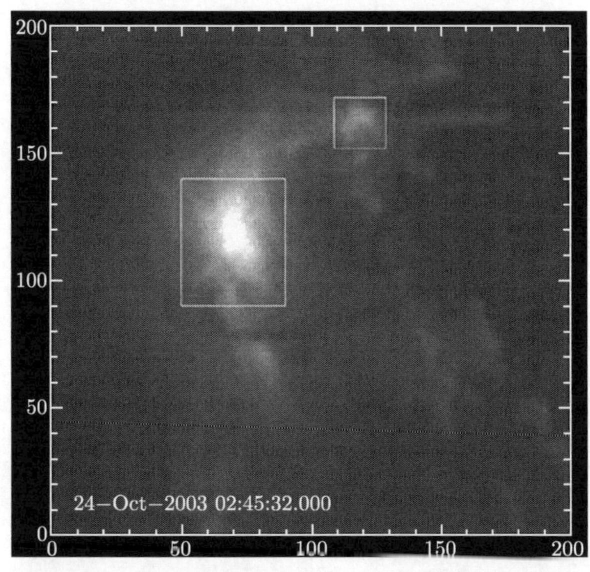

图 6.45 2003 年 10 月 24 日 TRACE 卫星的观测

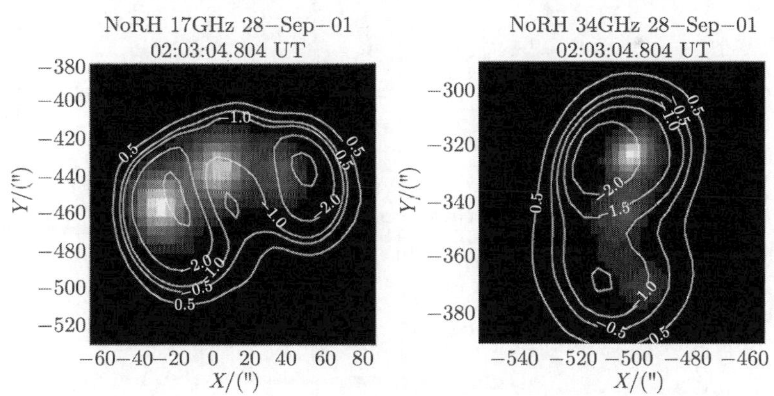

图 6.46 NoRH 观测到的具有环状结构的两个事例

根据经典的耀斑模型, 在单环结构中加速区通常处于环顶上方, 非热电子流经环顶进入环足, 能谱指数随之变软, 应属于图 6.46 中的第一种情况; 另一种常见的情况是一个大尺度冕环和一个小尺度冕环在一个大环足点附近发生碰撞[117], 此时加速区位于两环结合部, 从非热电子传播途径可以判断环顶谱指数位于两个足点之间, 应属于图 6.46 中的第二种情况 (参见图 6.47).

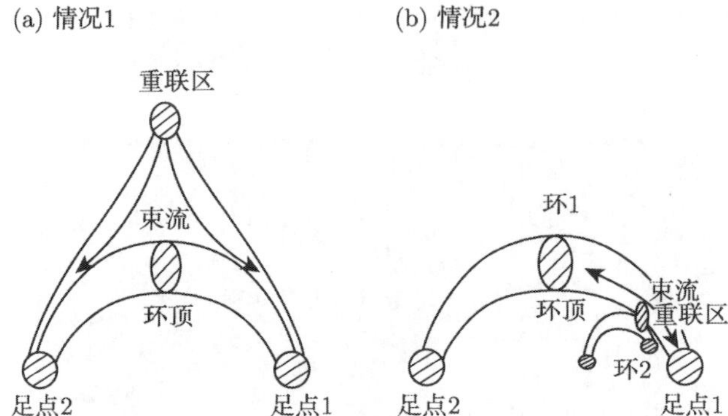

图 6.47　图 6.46 中的两类事件的耀斑模型的卡通图

分别采用 17 GHz 亮温度、偏振和计算得到的非热电子数密度及背景磁场等四个参数分析上述两类事件的足点辐射的不对称性, 所有统计结果均显示第二组事例

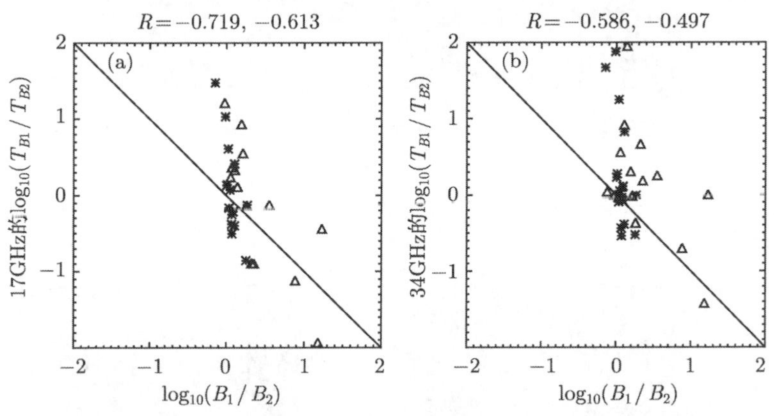

图 6.48　图 6.47 中的两类事件的足点磁场的不对称性

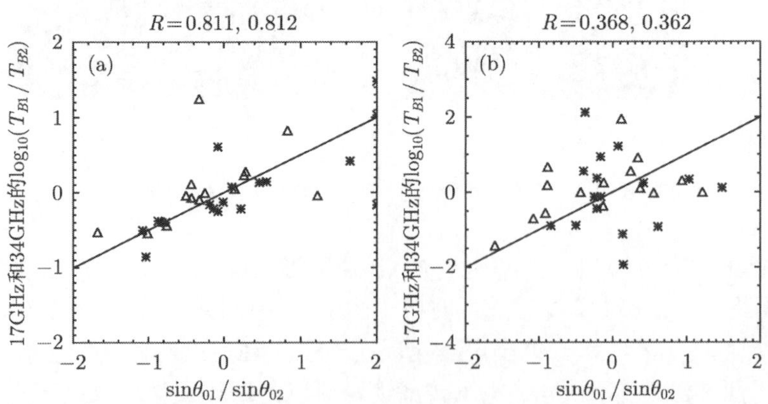

图 6.49　图 6.47 中的两类事件的足点投射角的不对称性

的不对称性明显大于第一组事例, 这也是符合正常的逻辑分析的结果. 有趣的是, 两组事例的足点磁场除了少数事例外只有很弱的不对称性, 同时计算得到的非热电子在两个足点的投射角则具有明显的不对称性. 这就表明非热电子投射角的不对称性才是导致辐射不对称性的主要原因 (参见图 6.48 和图 6.49).

6.6.3 结论

从上面研究的冕环相作用的个例表明: ①相互作用导致的磁场重联 (粒子加速) 普遍具有秒级准周期振荡的时变特征, 而且通常发生在耀斑初期, 可以视为耀斑或日冕物质抛射的先兆; ②对不同频率的射电爆发的频率漂移或者时间延迟分析可能得到重联或加速区的高度; ③在微波爆发和硬 X 射线爆发高能段, 对单个短时标脉冲可能出现硬软硬的频谱演化特征, 而整体演化仍然保持通常的软硬软或软硬硬的特征; ④从足点不对称性统计分析的结果来看, 两个冕环相互作用导致磁能释放的事例占有相当的比例 (约 50%); ⑤个别事例中出现了扭曲磁环的相互作用, 以相互作用导致磁环开放和日冕物质抛射等有趣现象.

参 考 文 献

[1] Bogachev, S. A., Somov, B. V., Kosugi, T., Sakao, T. The motions of the hard X-ray sources in solar flares: images and statistics. The Astrophysical Journal, 2005, 630: 561-572.

[2] Ji, H., Wang, H., Goode, P. R., Jiang, Y., Yurchyshyn, V. Traces of the dynamic current sheet during a solar flare. The Astrophysical Journal, 2004, 607, L55-L58.

[3] Shen, J., Zhou, T., Ji, H., Wang, N., Cao, W., Wang, H., Early abnormal temperature structure of X-ray loop-top source of solar flares. The Astrophysical Journal, 2008, 686: L37-L40.

[4] Ji, H., Huang, G., Wang, H., Zhou, T., Li, Y., Zhang, Y., Song, M. Converging motion of Hα conjugate kernels: the signature of fast relaxation of a sheared magnetic field. The Astrophysical Journal, 2006 636: L173-L174.

[5] Ji, H., Wang, H., Liu, C., Dennis, B. R. A hard X-ray sigmoidal structure during the initial phase of the 2003 October 29 X10 flare. The Astrophysical Journal, 2008, 680: 734-739.

[6] Sui, L., Holman, G. D. Evidence for the formation of a large-scale current sheet in a solar flare. The Astrophysical Journal, 2003, 596: L251-L254.

[7] Sui, L., Holman, G. D., Dennis, B. R. Evidence for magnetic reconnection in three homologous solar flares observed by RHESSI. The Astrophysical Journal, 2004, 612: 546-556.

[8] Fletcher, L., Hudson, H. S. Spectral and spatial variations of flare hard X-ray footpoints.

Solar Physics, 2002, 210: 307-321.

[9] Krucker, S., Hurford, G. J., Lin, R. P. Hard X-ray source motions in the 2002 July 23 gamma-ray flare. The Astrophysical Journal, 2003, 595: L103-L106.

[10] Li, Y. P., Gan, W. Q. The shrinkage of flare radio loops. The Astrophysical Journal, 2005, 629: L137-L139.

[11] Li, Y. P., Gan, W. Q. The oscillatory shrinkage in TRACE 195 Å loops during a flare impulsive phase. The Astrophysical Journal, 2006, 644: L97-L100.

[12] Zhou, T.-H., Wang, J.-F., Li, D., Song, Q.-W., Melnikov, V., Ji, H.-S. The contracting and unshearing motion of flare loops in the X 7.1 flare on 2005 January 20 during its rising phase. Research in Astronomy and Astrophysics, 2013, 13: 526-536.

[13] Svestka, Z. F., Fontenla, J. M., Machado, M. E., Martin, S. F. Neidig, D. F. Multi-thermal observations of newly formed loops in a dynamic flare. Solar Physics, 1987, 108: 237-250.

[14] Veronig, A. M., Karlický, M., Vršnak, B., Temmer, M., Magdalenić, J., Dennis, B. R., Otruba, W. Pötzi, W. X-ray sources and magnetic reconnection in the X3.9 flare of 2003 November 3. Astronomy and Astrophysics, 2006, 446: 675-690.

[15] Hudson, H. S. Implosions in coronal transients. The Astrophysical Journal, 2000, 531: L75-L77.

[16] Shen, J., Zhou, T., Ji, H., Wiegelmann, T., Inhester, B., Feng, L. Well-observed dynamics of flaring and peripheral coronal magnetic loops during an M-class limb flare. The Astrophysical Journal, 2014, 791: 83-91.

[17] Liu, R., Liu, C., Török, T., Wang, Y., Wang, H. Contracting and erupting components of sigmoidal active regions. The Astrophysical Journal, 2012, 757: 150-162.

[18] Wang, H. Evolution of vector magnetic fields and the August 27 1990 X-3 flare. Solar Physics, 1992, 140: 85-98.

[19] Wang, H., Ewell, M. W., Jr., Zirin, H., Ai, G. Vector magnetic field changes associated with X-class flares. The Astrophysical Journal, 1994, 424: 436-443.

[20] Wang, S., Liu, C., Liu, R., Deng, N., Liu, Y., Wang, H. Response of the photospheric magnetic field to the X2.2 flare on 2011 February 15. The Astrophysical Journal, 2012, 745: L17-L22.

[21] Jing, J., Song, H., Abramenko, V., Tan, C., Wang, H. The statistical relationship between the photospheric magnetic parameters and the flare productivity of active regions. The Astrophysical Journal, 2006, 644: 1273-1277.

[22] Sun, X., Hoeksema, J. T., Liu, Y., Wiegelmann, T., Hayashi, K., Chen, Q., Thalmann, J. Evolution of magnetic field and energy in a major eruptive active region based on SDO/HMI observation. The Astrophysical Journal, 2012, 748: 77-93.

[23] Hudson H S, Fisher G H, Welsch B T. Flare energy and magnetic field variations. subsurface and atmospheric influences on solar activity. Howe R, Komm R W, Bala-

subramaniam, K S, Petrie G J D, eds. ASP Conference Series, 2008, 383: 221-226.

[24] Fisher, G. H., Bercik, D. J., Welsch, B. T., Hudson, H. S. Global forces in eruptive solar flares: the Lorentz force acting on the solar atmosphere and the solar interior. Solar Physics, 2012, 277: 59-76.

[25] Hudson, H. S., Lemen, J. R., St. Cyr, O. C., Sterling, A. C., Webb, D. F. X-ray coronal changes during Halo CMEs. Geophysical Research Letters, 1998, 25: 2481-2484.

[26] Sakurai, T., Shibata, K., Ichimoto, K., Tsuneta, S., Acton, L. W. Flare-related relaxation of magnetic shear as observed with the Soft X-ray Telescope of YOHKOH and with vector magnetographs. Publications of the Astronomical Society of Japan, 1992, 44: L123-L127.

[27] Rust, D. M., Kumar, A., Evidence for helically kinked magnetic flux ropes in solar eruptions. The Astrophysical Journal, 1996, 464: L199-L202.

[28] Taylor, J. B. Relaxation and magnetic reconnection in plasmas. Reviews of Modern Physics, 1986, 58: 741-763.

[29] Rust, D. M., Kumar, A. Helical magnetic fields in filaments. Solar Physics, 1994, 155: 69-97.

[30] 唐玉华, 许敖敖. 宇宙电动力学导论. 北京：高等教育出版社, 1987.

[31] Voslamber, D., Callebaut, D. K. Stability of force-free magnetic fields. Physical Review,1962, 128: 2016-2021.

[32] Anzer, U. The stability of force-free magnetic fields with cylindrical symmetry in the context of solar flares. Solar Physics, 1968, 3: 298-315.

[33] Raadu, M. A. Suppression of the kink instability for magnetic flux ropes in the chromosphere. Solar Physics, 1972, 22: 425-433.

[34] Aulanier, G., Török, T., Démoulin, P., DeLuca, E. E. Formation of torus-unstable flux ropes and electric currents in erupting sigmoids. The Astrophysical Journal, 2010, 708: 314-333.

[35] Ji H, Wang H, Schmahl E J, Moon Y-J, Jiang Y. Observations of the failed eruption of a filament. The Astrophysical Journal, 2003, 595: L135-L138.

[36] Liu, Y. Halo coronal mass ejections and configuration of the ambient magnetic fields. The Astrophysical Journal, 2007, 654: L171-L174.

[37] Fang, C., Henoux, J. C., Gan, W. Q. Diagnostics of non-thermal processes in chromospheric flares. 1. Hoe and CaII K line profiles of an atmosphere bombarded by 10-500 keV electrons. Astronomy and Astrophysics, 1993, 274: 917-922.

[38] Ding, M. D., Qiu, J., Wang, H., Goode, P. R. On the fast fluctuations in solar flare Hα blue wing emission. The Astrophysical Journal, 2001, 552: 340-347.

[39] Fan, Y., Gibson, S. E. On the nature of the X-ray bright core in a stable filament channel. The Astrophysical Journal, 2006, 641: L149-L152.

[40] Amari, T., Luciani, J. F., Aly, J. J. Coronal magnetohydrodynamic evolution driven by subphotospheric conditions. The Astrophysical Journal, 2004, 615: L165-L168.

[41] Fan, Y., Gibson, S. E. Onset of coronal mass ejections due to loss of confinement of coronal flux ropes. The Astrophysical Journal,2007, 668: 1232-1245.

[42] Aulanier, G., Török, T., Démoulin, P., DeLuca, E. E. Formation of torus-unstable flux ropes and electric currents in erupting sigmoids. The Astrophysical Journal, 2010, 708: 314-333.

[43] Chen, P. F., Shibata, K. An emerging flux trigger mechanism for coronal mass ejections. The Astrophysical Journal, 2000, 545: 524-531.

[44] Priest E R, Forbes T G. The magnetic nature of solar flares. The Astronomy and Astrophysics Review, 2002, 10: 313-377.

[45] Carmichael H. A process for flares. The Physics of Solar Flares, Proceedings of the AAS-NASA Symposium held 28-30 October, 1963 at the Goddard Space Flight Center, Greenbelt MD. Edited by Wilmot N H. Washington, DC: National Aeronautics and Space Administration, Science and Technical Information Division, 1964, 451.

[46] Sturrock P A. Model of the high-energy phase of solar flares. Nature, 1996, 211: 695-697.

[47] Hirayama T. Theoretical model of flares and prominences. I: Evaporating Flare Model. Solar Phys., 1974, 34: 323-338.

[48] Kopp R A, Pneuman G W. Magnetic reconnection in the corona and the loop prominence phenomenon. Solar Phys., 1976, 50: 85-98.

[49] Priest E R. Book-review - solar flare magnetohydrodynamics. Science, 1981, 214: 356.

[50] Moore R L. Evidence that magnetic energy shedding in solar filament eruptions is the drive in accompanying flares and coronal mass ejections. Astrophysical Journal, 1988, 324: 1132-1137.

[51] Moore R L, Roumeliotis G. Triggering of eruptive flares - destabilization of the preflare magnetic field configuration. Eruptive Solar Flares. Proceedings of Colloquium 133 of the International Astronomical Union, held at Iguazu, Argentina, August 2-6, 1991. Editors Z, Svestka B V, Jackson M E M. New York: Publisher, Springer-Verlag, 1992, 69.

[52] Shibata K. New observational facts about solar flares from YOHKOH studies - evidence of magnetic reconnection and a unified model of flares. Advances in Space Research, 1996, 17: 9-18.

[53] Shibata K. A unified model of solar flares. Observational Plasma Astrophysics : Five Years of Yohkoh and Beyond. Edited by Tetsuya Watanabe, Takeo Kosugi, and Alphonse C. Sterling. Boston, Mass.: Kluwer Academic Publishers, 1998, 229: 187.

[54] Shibata K. Evidence of magnetic reconnection in solar flares and a unified model of flares. Structure Formation and Function of Gaseous, Biological and Strongly Coupled Plasmas, 1999, 74.

[55] Ji H, Huang G, Wang H. The relaxation of sheared magnetic fields: a contracting process. Astrophysical Journal, 2007, 660: 893-900.

[56] Liu R, Wang H, Alexander D. Implosion in a coronal eruption. Astrophysical Journal, 2009, 696: 121-135.

[57] Yang Y H, Cheng C Z, Krucker S, Lin R P, Ip W H. A statistical study of hard X-ray footpoint motions in large solar flares. Astrophysical Journal, 2009, 693: 132-139.

[58] Li Y P, Gan W Q. On the peak times of thermal and nontheral emissions in solar flares. Astrophysical Journal, 2006, 652: L61-L63.

[59] Joshi B, Veronig A, Cho K-S, Bong S-C, Somov B V, et al. Magnetic reconnection during the two-phase evolution of a solar eruptive flare. Astrophysical Journal, 2009, 706: 1438-1450.

[60] Melnikov V F, Shibasaki K, Reznikova V E. Loop-top nonthermal microwave source in extended solar flaring loops. Astrophys. J., 2002, 580: L185-L188.

[61] Altyntsev A T, Fleishman G D, Huang G L, Melnikov V F. A broadband microwave burst produced by electron beams. Astrophysical Journal, 2008, 677: 1367-1377.

[62] Reznikova V E, Melnikov V F, Shibasaki K, Gorbikov S P, Pyatakov N P, Myagkova I N, Ji H. 2002 August 24 limb flare loop: dynamics of microwave brightness distribution. Astrophysical Journal, 2009, 697. 735-746.

[63] Nakajima H, Nishio M, Enome S, Shibasaki K, Takano T, et al. The Nobeyama radioheliograph. Proc. IEEE, 1994, 82: 705-713.

[64] Asai A, Shibata K, Ishii T T, Oka M, Kataoka R, et al. Evolution of the anemone AR NOAA 10798 and the related geo-effective flares and CMEs. J. Geophys. Res., 2009, 114: A00A21.

[65] Bastian T S, Benz A O, Gary D E. Radio emission from solar flares. Ann. Rev. Astron. Astrophys., 1998, 36: 131-188.

[66] Huang G L, Nakajima H. Statistical analysis of flaring loops observed by Nobeyama radioheliograph. I. Comparison of Looptop and Footpoints. Astrophysical Journal, 2009, 696: 136-142.

[67] Melrose D B, Robinson P A. Reversal of the sense of polarization in solar and steller flares. Astron. Soc. of Australia, Proc., 1994, 11: 16-20.

[68] Huang G L, Song Q W, Li J P. Determination of Intrinsic mode and linear mode coupling in solar microwave bursts. Astrophysics and Space Science, 2013, 345: 41-47.

[69] Zhou T, Ji H. A comparison between magnetic shear and flare shear in a well-observed M-class flare Research in Astron. Astrophys, 2009, 9: 323-332.

[70] Thomson A R, Moran J M, Swenson G W. Jr. Interferometry and synthesis in radio astronomy. Wiley-Interscience, 1986.

[71] Tanaka K, Nakagawa Y. Force-free magnetic fields and flares of August 1972. Solar Physics, 1973, 33: 187-204.

[72] Hirayama T. Theoretical model of flares and prominences. I: evaporating flare model. Solar Physics, 1974, 34: 323-338.

[73] Moore R L, Sterling A C, Hudson H S, Lemen J R. Onset of the magnetic explosion in solar flares and coronal mass ejections. Astrophysical Journal, 2001, 552: 833-848.

[74] Kliem B, Titov V S, Török T. Formation of current sheets and sigmoidal structure by the kink instability of a magnetic loop. Astronomy and Astrophysics, 2004, 413: L23-L26.

[75] Masuda S, Kosugi T, Hudson H S. A hard X-ray two-ribbon flare observed with Yohkoh/HXT. Solar Physics, 2001, 204: 55-67.

[76] Asai A, Ishii T T, Kurokawa H, Yokoyama T, Shimojo M. Evolution of conjugate footpoints inside flare ribbons during a great two-ribbon flare on 2001 April 10. Astrophysical Journal, 2003, 586: 624-629.

[77] Su Y, Golub L, Van Ballegooijen A A. A statistical study of shear motion of the footpoints in two-ribbon flares. Astrophysical Journal, 2007, 655: 606-614.

[78] Liu W, Petrosian V, Dennis B, Holman G. Conjugate hard X-ray footpoints in the 2003 October 29 X10 flare: unshearing motions, correlations, and asymmetries. Astrophysical Journal, 2009, 693: 847-867.

[79] Somov B V. Non-neutral current sheets and solar flare energetics. Astronomy and Astrophysics, 1986, 163: 210-218.

[80] Lin J, Forbes T G, Priest E R, Bungey T N. Models for the motions of flare loops and ribbons. Solar Physics, 1995, 159: 275-299.

[81] Forbes T G, Acton L W. Reconnection and field line shrinkage in solar flares. Astrophysical Journal, 1996, 459: 330-341.

[82] Lin J. Motions of flare ribbons and loops in various magnetic configurations. Solar Physics, 2004, 222: 115-136.

[83] Yokoyama T, Shibata K. Magnetic reconnection coupled with heat conduction. Astrophysical Journal, 1997, 474: L61-L64.

[84] Yokoyama T, Shibata K. A two-dimensional magnetohydrodynamic simulation of chromospheric evaporation in a solar flare based on a magnetic reconnection model. Astrophysical Journal, 1998, 494: L113-L116.

[85] Chen P F, Fang C, Tang Y H, Ding M D. Flaring loop motion and a unified model for solar flares. Astrophysical Journal, 1999, 520: 853-858.

[86] Somov B V, Kosugi T. Collisionless reconnection and high-energy particle acceleration in solar flares. Astrophysical Journal, 1997, 485: 859-868.

[87] Karlický M, Kosugi T. Acceleration and heating processes in a collapsing magnetic trap. Astronomy and Astrophysics, 2004, 419: 1159-1168.

[88] Shibasaki K. High-beta disruption in the solar atmosphere. Astrophysical Journal, 2001, 557: 326-331.

[89] Tsap Y T, Kopylova Y G, Stepanov A V, Melnikov V F, Shibasaki K. Ballooning instability in coronal flare loops. Solar Phys., 2008, 253: 161-172.

[90] Gorbikov S P, Melnikov V F. Math. Modeling, 2007, 19: 112.

[91] Kaufmann P, Strauss F M, Laporte C, Opher R. Evidence for quasi-quantization of solar flare mm-wave radiation. Astronomy and Astrophysics, 1980, 87: 58-62.

[92] Sturrock P A, Kaufmann P, Moore R L, Smith D F. Energy release in solar flares. Solar Physics, 1984, 94: 341-357.

[93] Qin Z, Huang G. Some characteristics of pulsations in radio bursts at 9.375 GHz. Astrophysics and Space Science, 1994, 218: 213-222.

[94] Aschwanden M J. Theory of radio pulsations in coronal loops. Solar Physics, 1987, 111: 113-136.

[95] Huang G, Qin Z, Yao Q. A model for solar radio pulsations at short centimetric band. Astrophysics and Space Science, 1996, 243: 401-412.

[96] Huang G, Nakajima H. Statistical analysis of flaring loops observed by Nobeyama radioheliograph. I. Comparison of Looptop and Footpoints. Astrophysical Journal, 2009, 696: 136-142.

[97] Huang G, Song, Q. Frequency dependence of the relation between repetition rate and burst flux in solar radio pulsations. Solar Physics, 2010, 264: 345-351.

[98] Huang G, Wang D, Song Q. Whistler waves in Freja observations. J. Geophys. Res., 2003, 109: A02307.

[99] Song Q, Huang G. A tentative statistical analysis of flare events observed by NoRH and NoRP. Adv. Space Res., 2008, 41: 1188-1190.

[100] Liu W, Petrosian V, Dennis B, Jiang Y. Double coronal hard and soft X-ray source observed by RHESSI: evidence for magnetic reconnection and particle acceleration in solar flares. The Astrophysical Journal, 2008, 676: 704-716.

[101] Sakao T, Kosugi T, Masuda S. Energy release and particle acceleration in solar flares with respect to flaring magnetic loops. Observational Plasma Astrophysics: Five Years of YOHKOH and Beyond, 1998, 229: 273.

[102] Gan W, Li Y, Miroshnichenko L. On the motions of RHESSI flare footpoints. Advances in Space Research, 2008, 41: 908-913

[103] Ning Z, Cao, W. Hard X-ray source distributions on EUV bright kernels in a solar flare. Solar Physics, 2011, 269: 283-293.

[104] Ning Z. X-ray source motion along the loop in two solar flares. Astrophysics and Space Science, 2013, 346: 307-318.

[105] Liu W, Liu S, Jiang Y, Petrosian V. RHESSI observation of chromospheric evaporation. The Astrophysical Journal, 2006, 649: 1124-1139.

[106] Ning Z, Cao W, Huang J, Huang G, Yan Y, Feng H. Evidence of chromospheric evaporation in the 2004 December 1 solar flare. The Astrophysical Journal, 2009, 699: 15-22.

[107] Ning Z, Cao W. Investigation of chromospheric evaporation in a neupert-type solar flare. The Astrophysical Journal, 2010, 717: 1232-1242.

[108] Tajima T, Brunel F, Sakai J-I, Vlahos L, Kundu M R. The coalescence instability in solar flares. Proceedings of the 107th IAU Symposium, Dordrecht: D. Reidel Publishing Co., 1985, 197-208.

[109] Sakai J-I, Ohsawa, Y. Particle acceleration by magnetic reconnection and shocks during current loop coalescence in solar flares. Space Science Reviews, 1987, 46: 113-198.

[110] Sakai J-I, de Jager C. Coronal explosions as a signature of current loop coalescence in solar flares. Solar Physics, 1989, 123: 393-396.

[111] Sakai J-I, Koide S. Classification of magnetic reconnection during two current-loop coalescence. Solar Physics, 1992, 142: 399-402.

[112] Chargeishvili B, Zhao J, Sakai J-I. Dynamics of the physical state during two-current-loop collisions. Solar Physics, 1993, 145: 297-315.

[113] Zhao J, Chargeishvili B, Sakai J-I. Prompt high-energy particle acceleration during two-current-loop collisions. Solar Physics, 1993, 146: 331-341.

[114] Zhao J, Chargeishvili B, Sakai J-I. Characteristics of plasma temperature variation during two-current-loop collisions. Solar Physics, 1993, 147: 131-136.

[115] Sakai J-I, de Jager C. Solar flares and collisions between current-carrying loops types and mechanisms of solar flares and coronal loop heating. Space Science Reviews, 1996, 77: 1-192.

[116] Smith P D, Sakai J-I. Chromospheric magnetic reconnection: two-fluid simulations of coalescing current loops. Astronomy Astrophysics, 2008, 486: 569-575.

[117] Hanaoka Y. A flare caused by interacting coronal loops. Astrophysical Journal, 1994, 420: L37-L40.

[118] Hanaoka Y. Flares and plasma flow caused by interacting coronal loops. Solar Physics, 1996, 165: 275-301.

[119] Hanaoka Y. Double-loop configuration of solar flares. Solar Physics, 1997, 173: 319-346.

[120] Inda-Koide M, Sakai J-I, Koide S, Kosugi T, Sakao T, Shimizu T. Publications of the Astronomical Society of Japan, 1995, 47: 323-330.

[121] Aschwanden M J, Benz A O. Electron densities in solar flare loops, chromospheric evaporation upflows, and acceleration sites. Astrophysical Journal, 1997, 480: 825-835.

[122] Kundu M R, Grechnev V V, Garaimov V I, White S M. Double loop configuration of a flaring region from microwave, extreme-ultraviolet, and X-ray imaging data. Astrophysical Journal, 2001, 563: 389-402.

[123] Pohjolainen S. Repeated flaring from loop-loop interaction. Solar Physics, 2003, 319-339.

[124] Huang G L, Wu H A, Grechnev V V, Sych R A, Altyntsev A T. The radio signature of twisted magnetic ropes and reconnection site in the low corona. Solar Physics, 2003,

213: 341-358.

[125] Huang G L. Radio and multiwavelength evidence of coronal loop eruption in a flare-coronal mass ejection event on 15 April 1998. Journal of Geophysical Research, 2004, 109: A02105.

[126] Wu G P, Huang G L, Tang Y H, Xu A A. The observational evidence on the loop interaction in a flare CME event on April 15, 1998. Solar Physics, 2005, 227: 327-337.

[127] Huang G L, Ji H S. Microwave, Optical, EUV, and hard X-ray signature of possible coronal loop interaction. Solar Physics, 2005, 229: 227-236.

[128] Huang G L, Ji H S. Radio, hard X-ray, EUV and optical study of September 9, 2002 solar flare. Astrophysics and Space Science, 2006, 301: 65-71.

[129] Huang G L, Lin J. Quasi-periodic reversals of radio polarization at 17 GHz observed in the 2002 April 21 solar event. Astrophysical Journal, 2006, 639: L99-L102.

[130] Kolomański S, Karlický M. The interaction of a plasmoid with a loop-top kernel. Astronomy Astrophysics, 2007, 475: 685-693.

[131] Kumar P, Srivastava A K, Somov B V, Manoharan P K, Erdélyi R, Uddin W. Evidence of solar flare triggering due to loop-loop interaction caused by footpoint shear motion. Astrophysical Journal, 2010, 723: 1651-1664.

[132] Takakura T, Scalise E. Gyro synchrotron emission in a magnetic dipole field for the application to the center-to-limb variation of microwave impulsive bursts. Solar Physics, 1970, 11: 434-455.

[133] Fu Q J, Qin Z H, Ji H R, Pei L B. A broadband spectrometer for decimeter and microwave radio bursts. Solar Physics, 1995, 160: 97-103.

[134] Dulk G A, Marsh K A. Simplified expressions for the gyrosynchrotron radiation from mildly relativistic, nonthermal and thermal electrons. Astrophysical Journal, 1982, 259: 350-358.

[135] Zhou, A H, Karlicky M. Magnetic field estimation in microwave radio sources. Solar Physics, 1994, 153: 441-444.

[136] Huang G L, Li J P. Co-analysis of solar microwave and hard X-ray spectral evolutions. II. In Three Sources of a Flaring Loop. Astrophysical Journal, 2011, 740: 46-56.

[137] Minoshima T, Yokoyama T, Mitani N. Comparative analysis of nonthermal emissions and electron transport in a solar flare. Astrophysical Journal, 2008, 673: 598-610.

[138] Metcalf T R, Alexander D. Coronal trapping of energetic flare particles: Yohkoh/HXT observations. Astrophysical Journal, 1999, 522: 1108-1116.

[139] Huang G L, Song Q W, Huang Y. Statistics of flaring loops observed by the Nobeyama Radioheliograph. III. Asymmetry of Two Footpoint Emissions. Astrophysical Journal, 2010, 723: 1806-1816.

结　语

多波段数据联合分析是包括太阳耀斑在内的当代天文学研究的发展趋势, 克服了早期局限于单波段研究甚至老死不相往来的片面性, 逐步建立了关于研究对象的比较客观和完整的认识. 本书前两位作者主要侧重于射电波段的观测和理论研究, 这就形成了本书以射电 (特别是以微波连续谱) 为主的特色. 由于太阳射电和 X 射线爆发同时来源于耀斑加速的高能电子的贡献, 尽管对应的高能电子的能量范围、加速机制和辐射机制均有所不同, 然而, 两个波段的辐射强度和频谱的时空特征具有明显的关联 (包括共性和差异), 长期以来都是太阳耀斑研究的一个重要方向.

另外, 在内蒙古自治区即将建立多个频率同时成像的、具有高空间、高频率和高时间分辨率的射电综合孔径系统, 有可能在国内外首次实现在光球以上的几十个太阳半径范围内对耀斑的立体成像观测. 与此同时, 高速发展的国际空间卫星观测, 包括近期的 SDO、STEREO、Hinode、RHESSI 等, 提供了前所未有的光学、紫外和 X 射线的高空间分辨的观测数据, 使得太阳物理研究者获得了极其难得的解决一些长期困扰问题的机遇. 本书的第二、三两位作者长期从事光学、X 射线和紫外等波段的耀斑研究, 适当弥补了本书过于偏重射电波段的局限性.

作为一本专著, 本书集中了四位作者近 5~10 年的代表性工作, 不但已在国际学术期刊发表, 而且其中的相当一部分已经引起了国际同行的关注. 例如, 电子投射角的各向异性分布对回旋同步辐射性质的影响, 是近年来对经典辐射机制的重要推进, 也有足够的观测证据表明该影响是普遍存在的. 又如, Razin 效应尽管早已提出, 但其物理意义及在微波辐射 (特别是光学薄区) 观测中的影响还是经常被忽略的. 考虑到英文表述对国内读者的限制, 同时对这些研究内容也需要进行系统的归纳、整理和提高, 为国内读者, 特别是刚步入天文领域的研究生, 提供一本能够反映最新的太阳耀斑研究的观测和理论成果的参考书, 同时也请广大读者关注我国学者近期得到的研究成果, 例如, 耀斑环先收缩后膨胀和未遂爆发等新概念、微波和硬 X 射线谱演化的硬软硬新特征等, 这就是本书写作的主要宗旨.

当然, 本书介绍的内容仅是近年来太阳物理研究的一部分, 大量的相关研究成果在本书的前言和各章节的评述中已有适当介绍, 包括参考文献的引用, 读者可以根据需要进行更广泛的阅读和比较. 任何天文研究均包含基本理论、观测个例的分析和大样本的统计分析, 所有的研究成果均以观测检验为第一标准, 欢迎广大读者对本书内容提出批评和指正.

索　　引

彩　　图

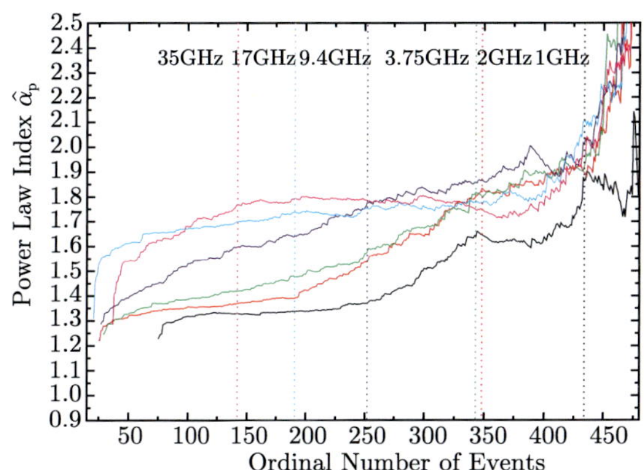

图 2.22　不同颜色的曲线表示 NoRP 的 6 个不同频率的幂律谱指数随低端截止的变化, 同时由改进后的最大似然法得到的低端截止的位置用垂直的点线标出

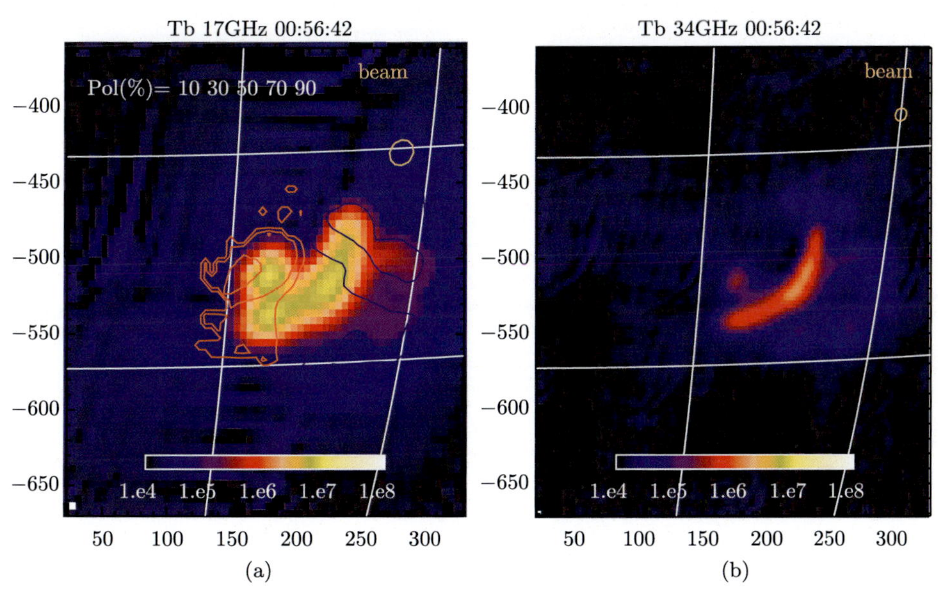

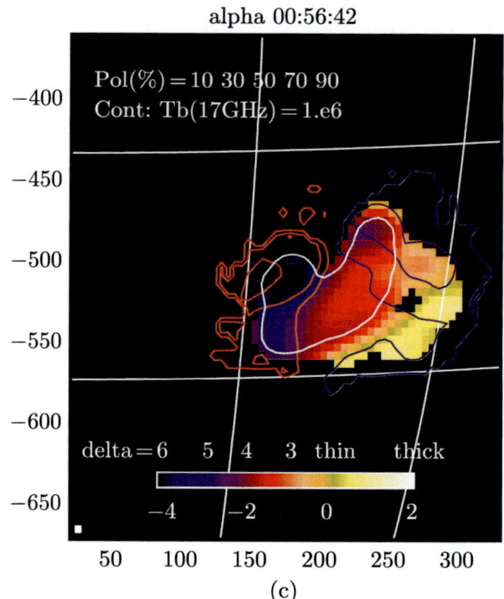

图 2.54 1999 年 8 月 28 日延展耀斑环内的强度和谱斜率的分布[80]。(a)(b) 分别是 NoRH 观测到的 17 和 34 京赫兹微波强度图, 单位 Kelvin(大小由色标给出). (a) 的红色和蓝色等值线标出偏振度 10%、30%、50%、70% 和 90% 的水平. 天线束的半宽在右上角用棕色圆圈表示。(c) 为微波谱斜率 α 的图, 其中彩色的数值由色标显示, 数值在色标下方标注，色标上方标注的是幂律谱的电子分布谱指数 δ, 大小从本章文献 [39] 的模型推出. 白色的等值线表明 17 京赫兹强度 T_{b} =1 MK 的水平. 红色和蓝色等值线的意义和 (a) 相同

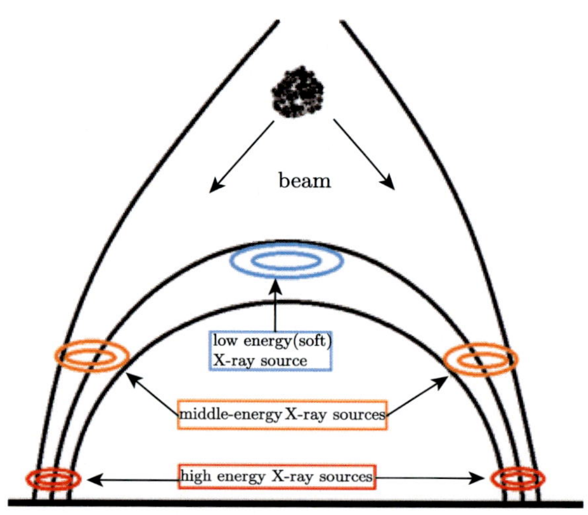

图 3.4 等离子体密度分层分布的太阳耀斑环中的 X 射线源分布图, 高能 X 射线源离足点近, 低能 X 射线源靠近环顶 (摘自本章文献 [10])

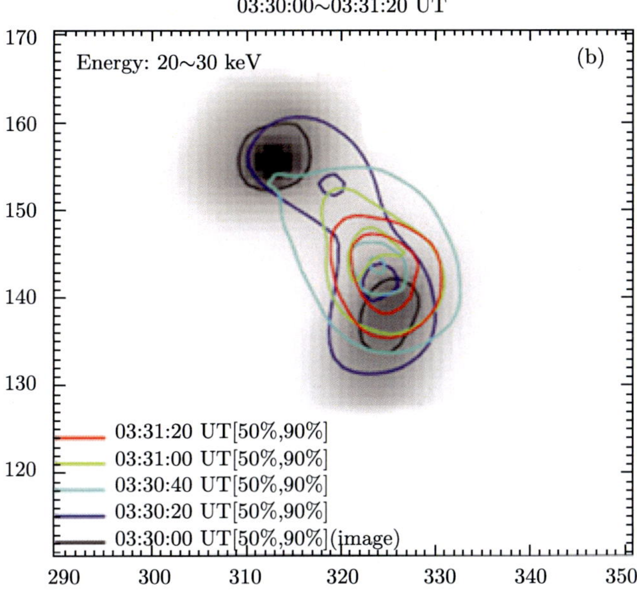

图 3.5 RHESSI 卫星观测到的 2003 年 10 月 30 日太阳耀斑的 20~30 keV 能段 X 射线源的演化 (摘自本章文献 [11])

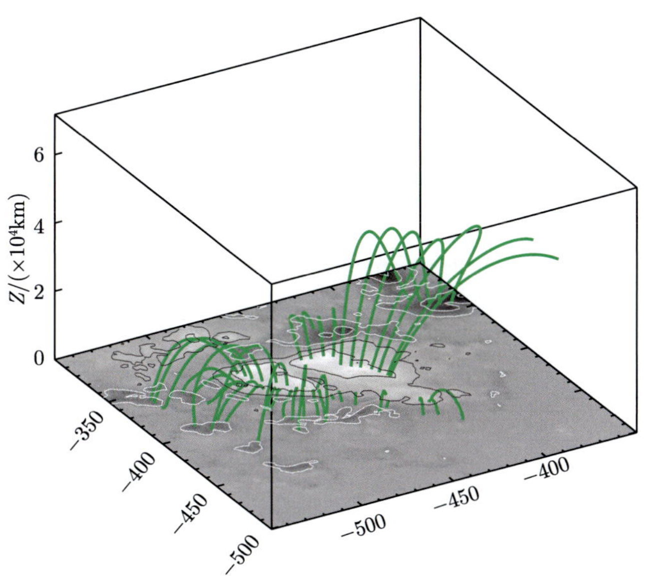

图 5.18 2003 年 10 月 27 日事件峰值时刻的 MDI 磁图的三维外推

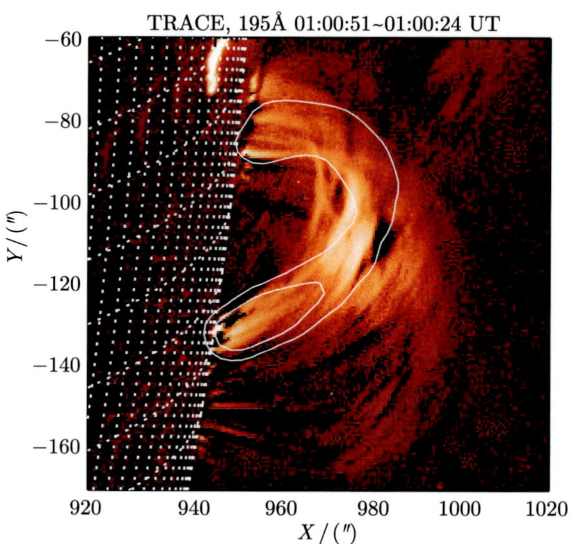

图 5.44 TRACF(195Å) 差分图 (彩色) 是把较早 (01:00:24 UT) 的图从稍晚 (01:00:51 UT) 的图中减去得到, 进而叠加了 34 GHz 的白色等值线, 分别对应极大亮温度的 0.25 和 0.5 的水平

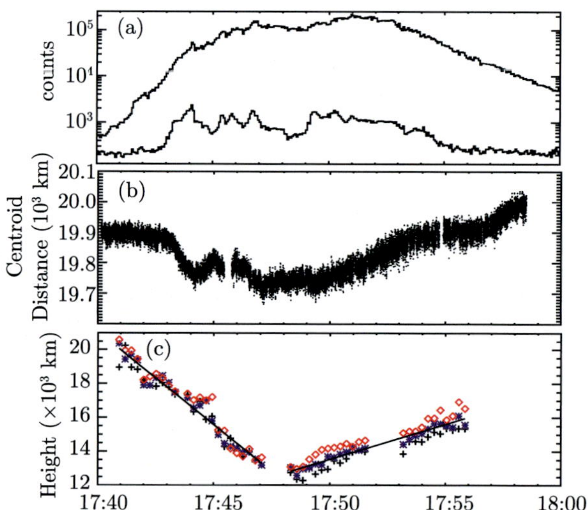

图 6.1 (a) 为 2002 年 9 月 9 日耀斑在 12~25keV 和 25~50keV 的光变曲线; (b) 为该耀斑 H_α 亮核之间的距离; (c) 为该耀斑三个能段的环顶源高度随时间的变化曲线. 加号 (+) 为 8~10keV, 钻石号 (◊) 为 10~13keV; 星号 (*) 为 13~16keV

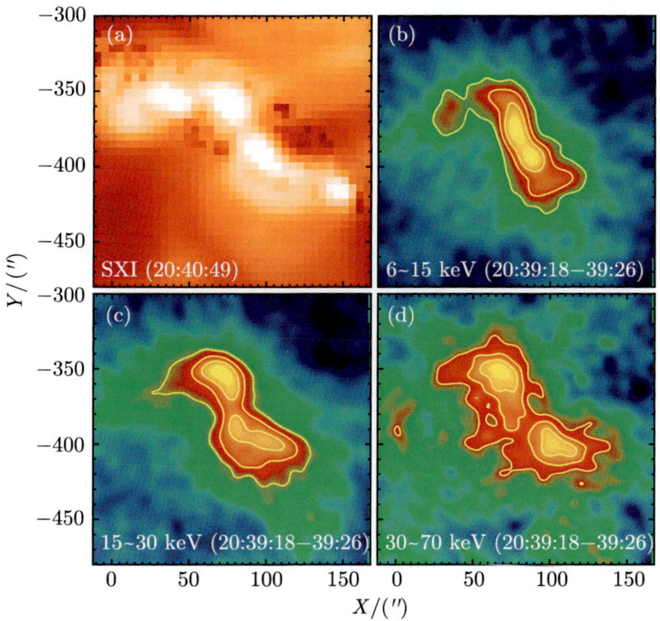

图 6.2　2003 年 10 月 29 日观测到的硬 X 射线之形结构

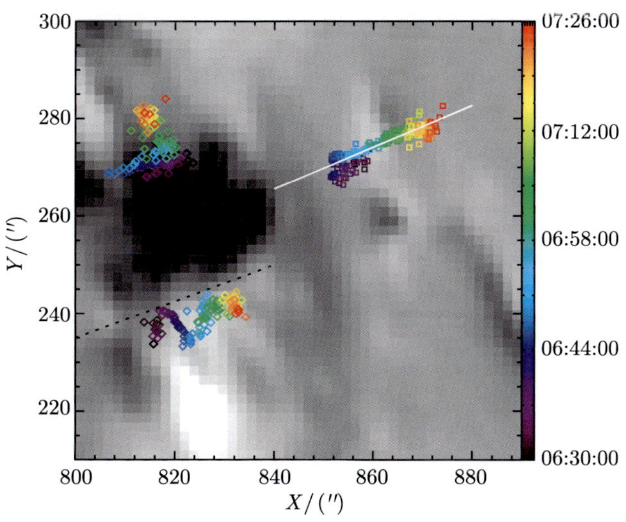

图 6.3　2005 年 1 月 20 日发生的 X7.1 耀斑. 背景为磁图, 白色为磁场正极性, 黑色为磁场负极性, 点线给出位于正负磁场之间的中性线. 中性线的两旁给出了硬 X 射线点源的运动轨迹, 白色线条下方给出了 X 射线环顶源的运动轨迹, 颜色代表了不同的时间

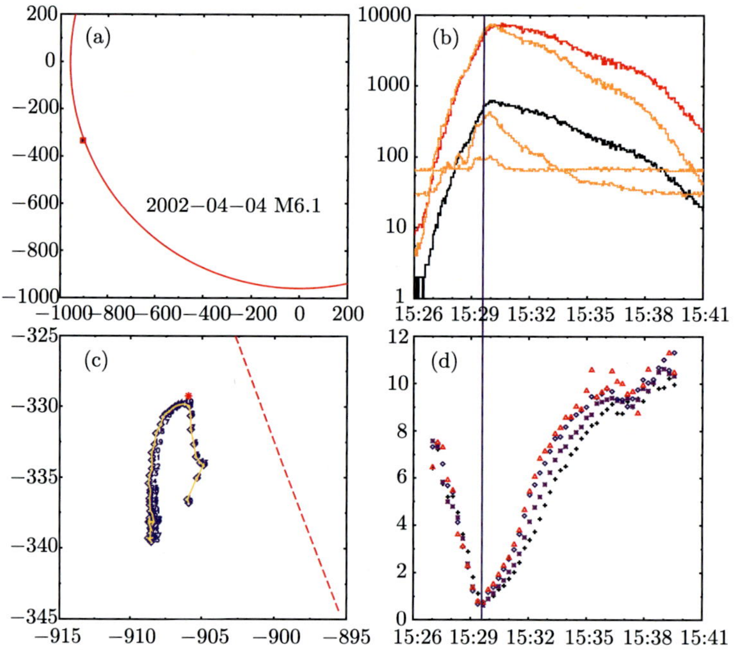

图 6.4　RHESSI 卫星所观测到的发生在 2002 年 4 月 4 日的 M6.1 级足隐耀斑 (footpoint occulted flare). 图 (a) 给出了该耀斑在日冕中的硬 X 射线辐射 (日冕源) 相对于太阳的位置; 图 (c) 给出了该日冕源 12～25keV 的辐射在耀斑期间的轨迹, 耀斑的 X 射线流量曲线在图 (b) 给出, 分别对应于 3～6keV、6～12keV、12～25keV、25～50keV 和 50～100keV 的计数; 图 (d) 给出了 6～9keV、9～12keV、12～16keV 和 16～20keV 日冕源辐射“高度”随时间的变化

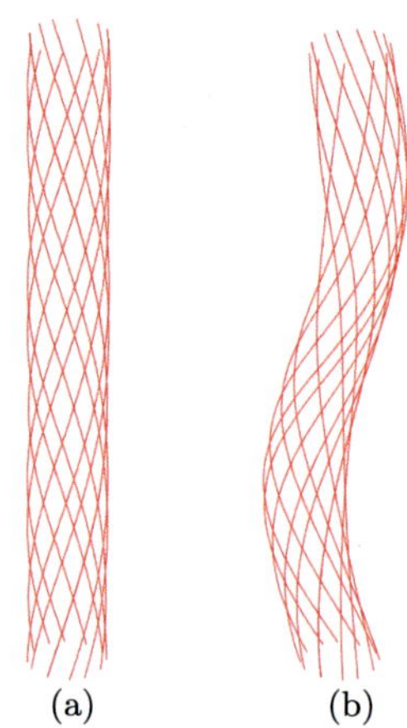

图 6.6　(a) 为选取参数 $C_1 = 1, C_2 = 0$, 对应于最简单的螺旋形无力场位形; (b) 为选取参数 $C_1 = 0.75, C_2 = 0.25$, 对应于之形磁场结构

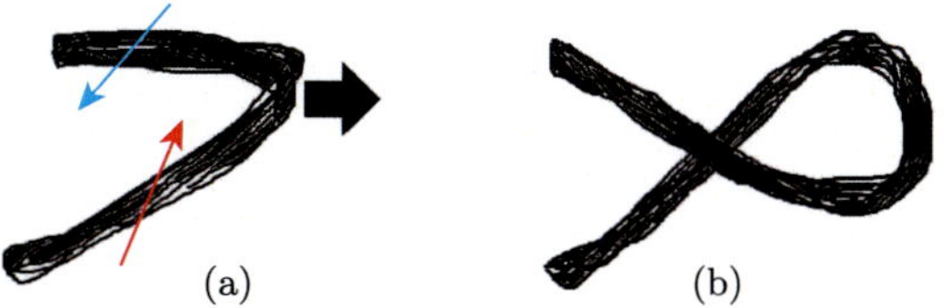

图 6.8 (a) 暗条爆发过程 (黑色箭头表示向上运动) 中所呈现的扭折不稳定性发生时所产生的运动, 红色箭头表示红移, 蓝色箭头表示蓝翼. (b) 扭折 (kink) 不稳定性所产生的形态

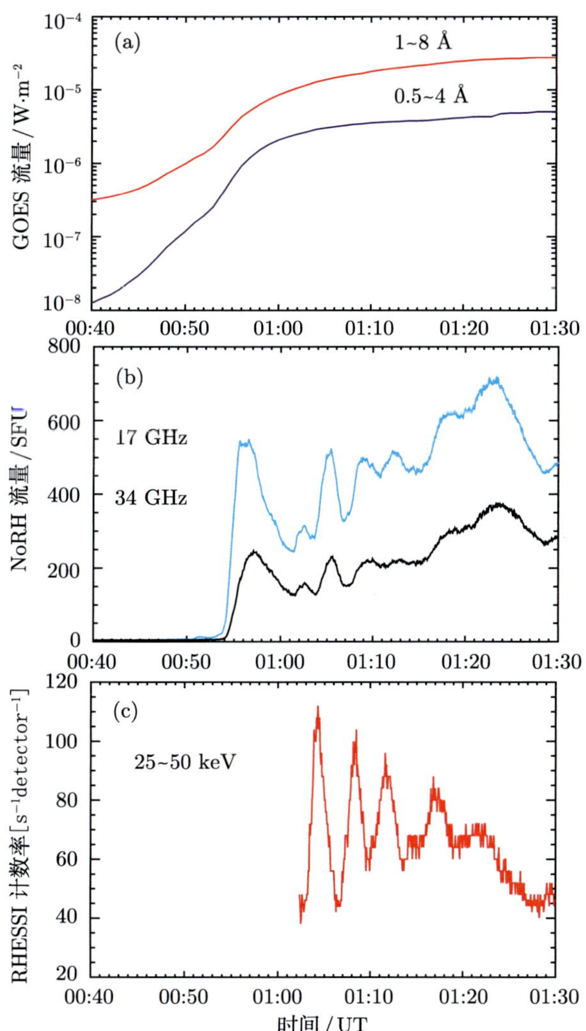

图 6.10 2005 年 8 月 22 日耀斑的光变曲线, (a)GOES 在 1~8Å(粗线) 和 0.5~ 4Å的流量 (细线); (b)NoRH 在 17GHz(粗线) 和 34GHz(细线) 的活动区总积分流量的时变曲线; (c)RHESSI 在硬 X 射线 25~50keV 通道观测的计数率

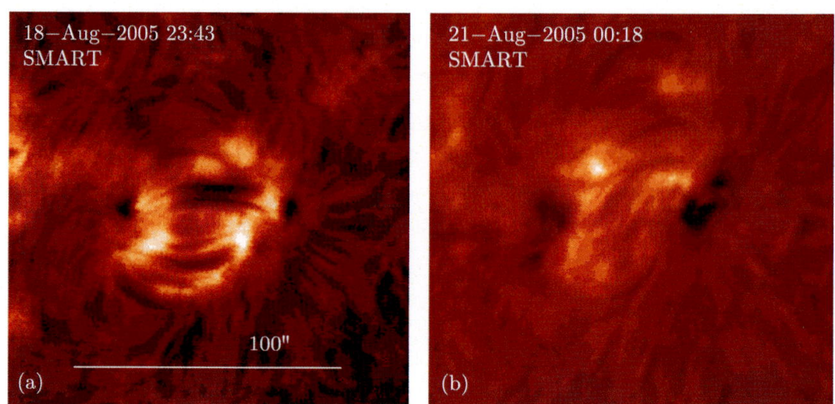

图 6.11　活动区 NOAA 10798 的演化, Hida 天文台的 SMART 观测到的 H_α 图像 (此图基于文献 [64] 中的图 4)

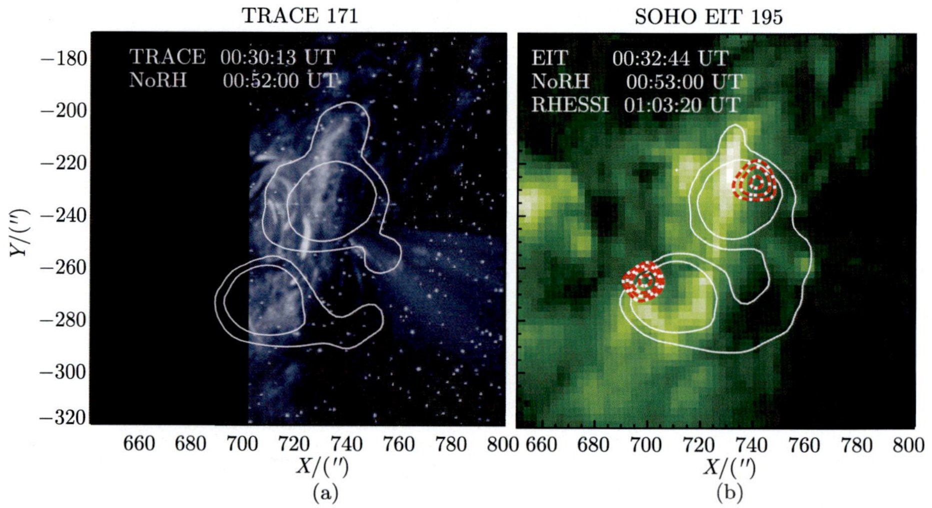

图 6.12　(a) TRACE 171Å和 (b) SOHO/EIT 195Å得到的耀斑前极紫外图像. 17 GHz 环为耀斑起始时刻极大亮温度的 0.04 和 0.1 水平的白色等值线. (b) 幅中点状等值线为 RHESSI 的 HXR 源的极大计数的 0.6, 0.7, 0.8 和 0.95 水平

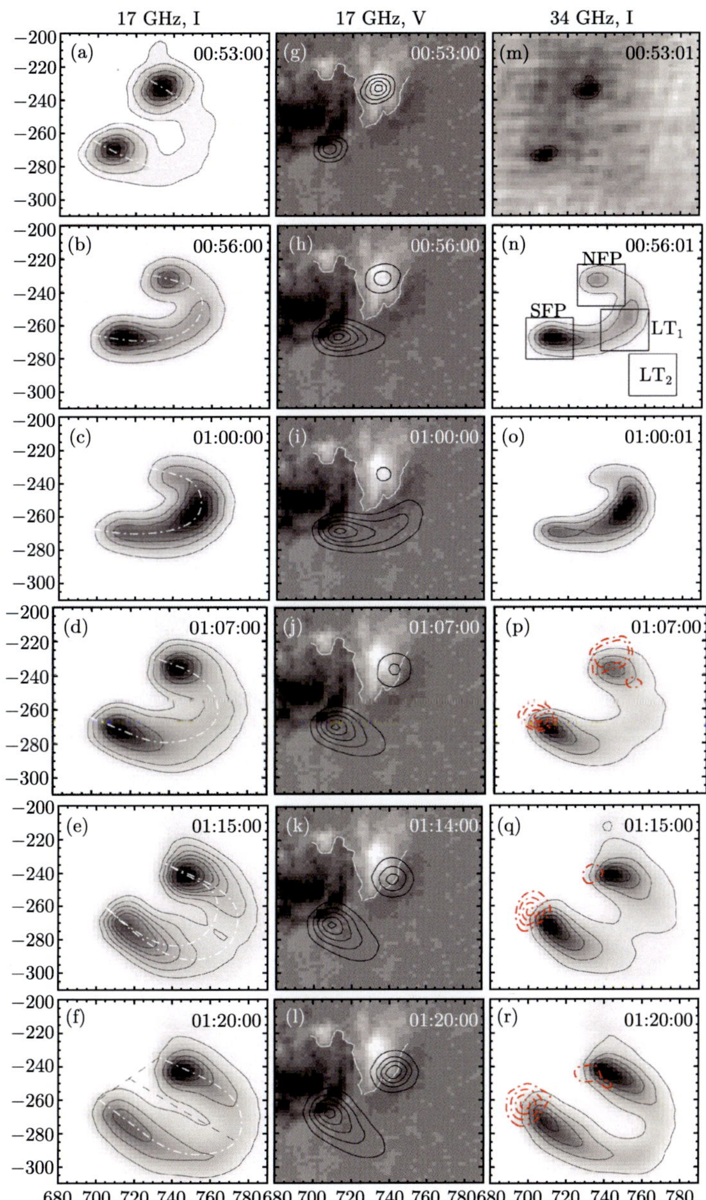

图 6.13　微波源的形态演化. 左列为 17GHz 的斯托克斯 I, 对应极大亮温度的 0.1、0.3、0.5、0.7 和 0.9 的水平. 白色点划线为环轴, (f) 幅的黑色虚线给出环的跨度和高度. 中列为 00:53:00 UT 的磁图叠加 17GHz 的斯托克斯 V, 对应极小亮温度的 0.2、0.4、0.6、0.8 和 0.95 的水平, 且均为负值. 白线表示磁场反转线. 右列为 34GHz 图像, 叠加等值线水平和 17GHz 相同. (p)、(q) 和 (r) 幅的红色点划线为 HXR 在 25~50keV 极大计数的 0.4、0.6、0.8 和 0.95

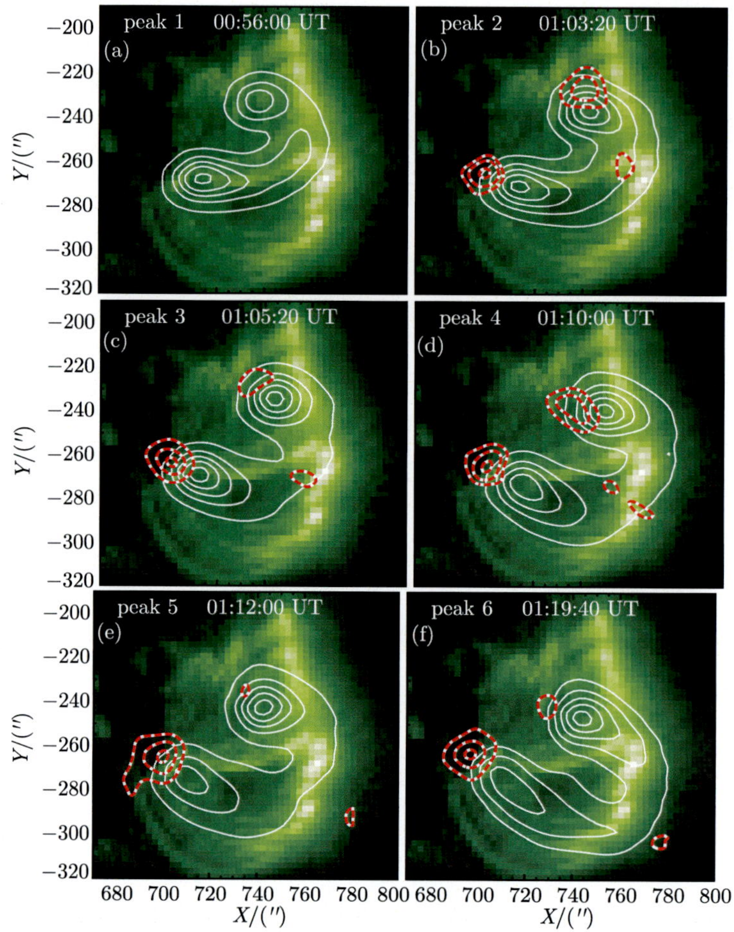

图 6.14　02:32:44UT 耀斑后环的 SOHO/EIT 195Å图像 (对数尺度). 上面叠加的是每一峰值时刻的 17GHz 环的 $T_b^{\max}$ 的 0.1、0.3、0.5、0.7 和 0.95 的白色等值线. RHESSI 在 25~50keV 观测的 HXR 源的 0.4、0.7 和 0.95 水平的红底白点等值线叠加在 (b)~(f) 幅同一时间的 NoRH 图像上

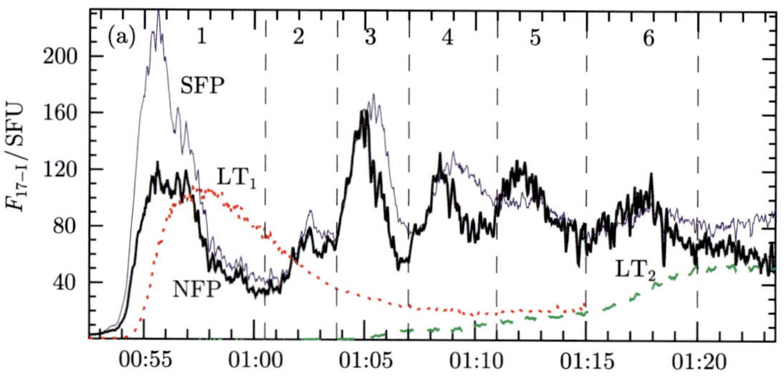

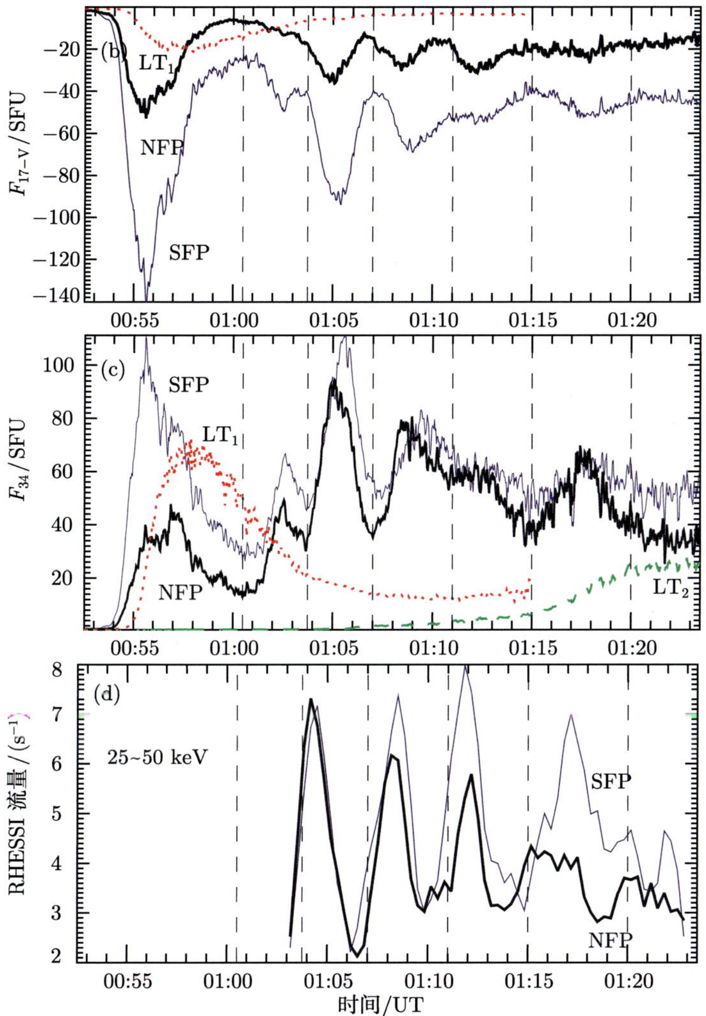

图 6.15 时变曲线 (a)NoRH 的 17GHz(斯托克斯 I); (b)NoRH 的 17GHz(斯托克斯 V); (c)34GHz 和 (d)RHESSI 的 25~50keV. 蓝细线表示南足点, 黑粗色表示北足点, 红点线表示 LT_1, 绿虚线表示 LT_2. 各位置在图 4.4 给出, 均为 $25'' \times 25''$ 的积分值

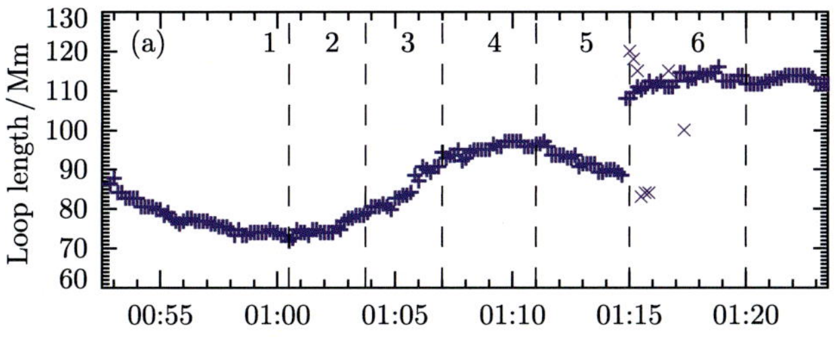

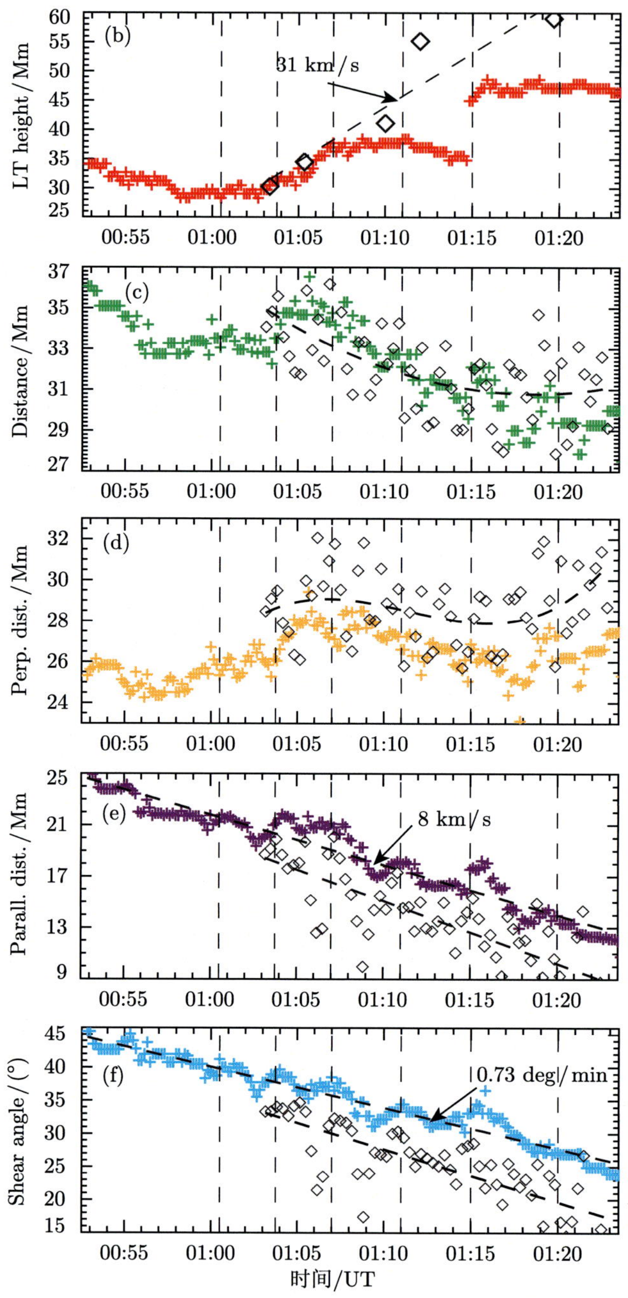

图 6.16　一系列 NoRH 的 17GHz(十字) 和 RGESSI 的 25~50keV(菱形) 的测量结果的时变曲线, (a) 环的表观长度和 (b) 高度, (c) 投影的足点距离及其 (d) 垂直和 (e) 平行于磁场的反转线的分量, (f) 剪切角. (b)~(f) 的虚线分别为多项式和线性拟合

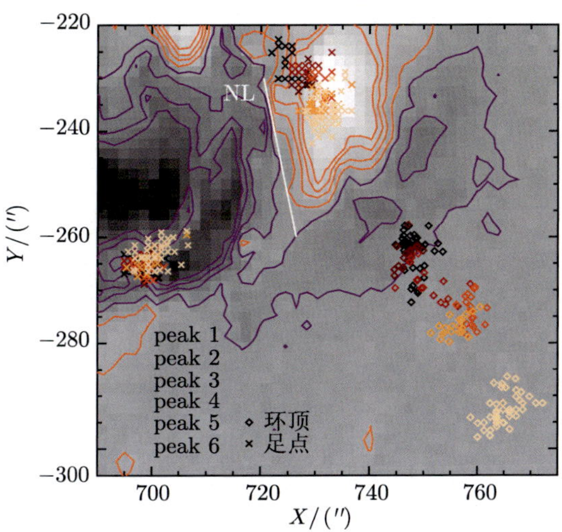

图 6.17　17GHz 得到的足点 (叉形) 和环顶 (菱形) 在耀斑中的轨迹, 叠加在 MDI 磁图上, 演化时间编码从黑色到浅色. MDI 磁图叠加的红色和蓝色等值线分别表示正负磁极. 简化的磁中性线为白色直线

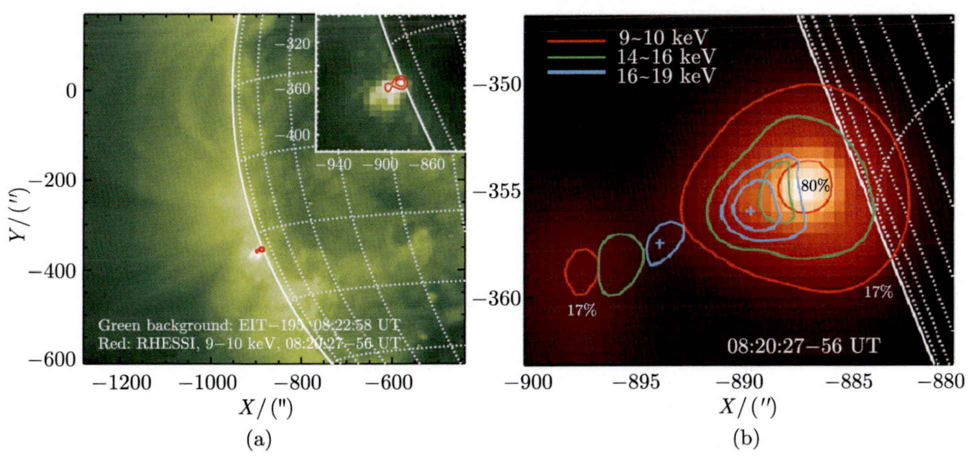

图 6.21　2002 年 4 月 30 日太阳耀斑. 图 (a) 是 SOHO/EIT195Å的图像, 叠加了 RHESSI9-10keV 的 X 射线等值线. 图 (b) 是 RHESSI9-10keV 的图像上叠加的 9~10keV、14~16keV 和 16~19keV 等值线 (摘自 Liu 等 [100])

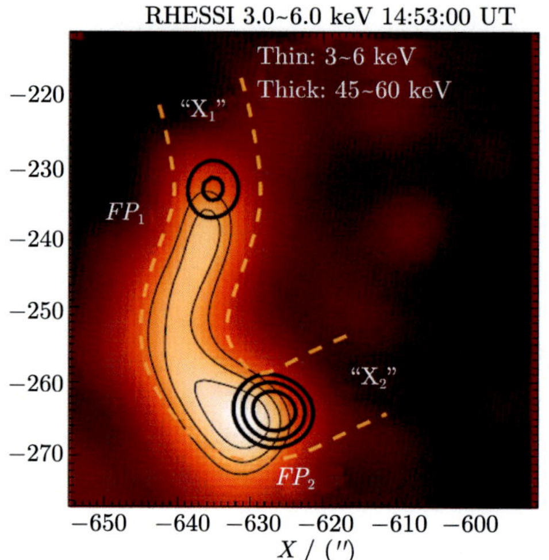

图 6.22　2002 年 9 月 10 日太阳耀班. 背景图像是 RHESSI 观测到的 3~6keV X 射线辐射及其等值线 (细黑线), FP_1 和 FP_2 是两个足点源, 粗黑线是 45~60keV 能段等值线, 黄虚线勾画出耀班环的投影结构 (摘自 Ning 等 [78])

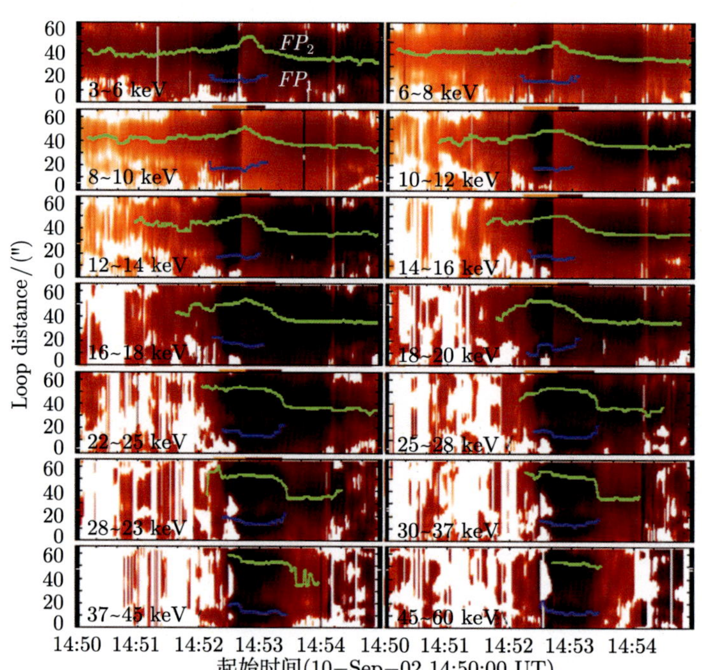

图 6.23　2002 年 9 月 10 日太阳耀班的 14 个能段 (参见 4.5.2 节)X 射线辐射沿着耀班环分布的时间演化. 图中蓝色加号和绿色星号分别标出耀斑环中两个源的辐射极大位置 (摘自 Ning 等 [103])

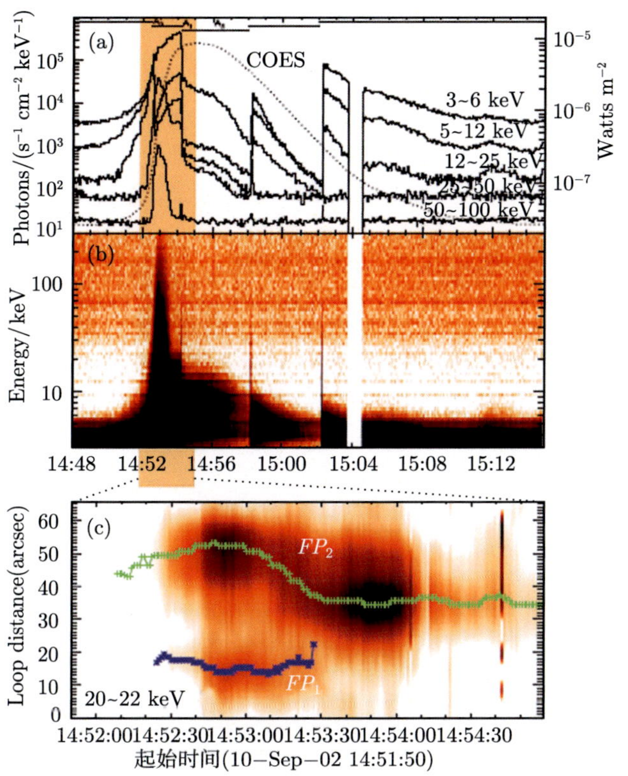

图 6.24　2002 年 9 月 10 日太阳耀斑. 图 (a) 是 GOES 软 X 射线和 RHESSI 五个能段 3∼6keV、6∼12keV、12∼25keV、25∼50keV 和 50∼100keV 曲线; 图 (b) 是 RHESSI 观测到 3∼300keV 能段的强度演化图; 图 (c) 是 3∼6keV 能段 X 射线强度沿耀斑环分布的时间演化图, 与图 4.14 一样, 绿线和蓝线标出两个 X 射线源的位置及其演化 (摘自 Ning 等 [103])

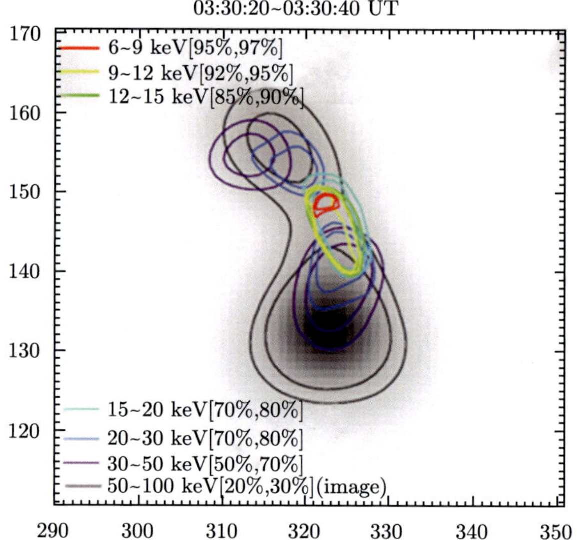

图 6.25　2004 年 10 月 30 日太阳耀斑的 X 射线源 20～30keV 能段的时间演化等值线图. 背景图像是色球蒸发开始时的 20～30keV 强度图 (摘自 Ning 等 [107])